Mathematische Methoden in der Hochfrequenztechnik

Von

Dr. rer. nat. Klaus Pöschl
Entwicklungsabteilung der Röhrenfabrik
der Siemens & Halske AG., München

Mit 165 Abbildungen

Springer-Verlag
Berlin / Göttingen / Heidelberg
1956

ISBN-13:978-3-642-92683-9 e-ISBN-13:978-3-642-92682-2
DOI: 10.1007/978-3-642-92682-2

Softcover reprint of the hardcover 1st edition 1956

Vorwort.

Das Buch ist aus dem Bedürfnis heraus entstanden, die bei theoretischen Problemen der Hochfrequenztechnik am häufigsten benötigten mathematischen Hilfsmittel und Beziehungen in einem Band zur Hand zu haben. Eine Vollständigkeit in irgendeinem Sinne kann dabei nicht beansprucht werden. Für die Stoffauswahl hatte der Verfasser den Vorzug, sich auf die Ratschläge von Herrn Prof. Dr. W. Kleen und die Erfahrungen mehrerer Kollegen stützen zu können; ihnen allen sei für ihre Unterstützung gedankt. Es erschien zweckmäßig, auch mehr oder minder elementare mathematische Hilfsmittel einzubeziehen und von einem übergeordneten Standpunkt zu entwickeln. In den Anwendungen lassen sich mitunter verschiedene Methoden zugleich heranziehen; manche davon entsprechen mehr dem Standpunkt des Elektrotechnikers, andere mehr dem des Physikers. Auf strenge mathematische Beweise wurde fast durchweg verzichtet, an verschiedenen Stellen jedoch auf Grenzen der Anwendbarkeit hingewiesen, die für die Praxis bedeutsam sein können. Am Schluß der einzelnen Kapitel finden sich einige Literaturangaben für näher interessierte Leser.

Der Verfasser ist einigen Herren aus dem Hause Siemens zu großem Dank verpflichtet, insbesondere Herrn Prof. Dr. Kleen für die Ermunterung zu dieser Arbeit und seine stete Anteilnahme daran, und Herrn Prof. Dr. J. Labus für Förderung, Durchsicht und viele Verbesserungsvorschläge.

München, im Dezember 1955.

K. Pöschl.

Inhaltsverzeichnis.

Bezeichnungen.

a) Physikalische Konstanten

Einheiten: cm, s, V, A, Grad

$\varepsilon_0 = 8{,}85 \cdot 10^{-14}$ A s V^{-1} cm^{-1}	Dielektrizitätskonstante des Vakuums
$\mu_0 = 1{,}257 \cdot 10^{-8}$ V s A^{-1} cm^{-1}	Permeabilität des Vakuums
$c = (\varepsilon_0 \mu_0)^{-1/2} = 3 \cdot 10^{10}$ cm s^{-1}	Lichtgeschwindigkeit im Vakuum
$Z_0 = (\mu_0/\varepsilon_0)^{1/2} = 377$ VA^{-1}	Wellenwiderstand des freien Raumes
$e = 1{,}60 \cdot 10^{-19}$ A s	Betrag der elektrischen Elementarladung
$m = 9{,}11 \cdot 10^{-35}$ VA s^3 cm^{-2}	Masse des Elektrons
$k = 1{,}38 \cdot 10^{-23}$ VA s Grad^{-1}	BOLTZMANNsche Konstante
$h = 6{,}6 \cdot 10^{-34}$ VA s^2	PLANCKsches Wirkungsquantum

b) 1. Komplexe Schreibweise sinusförmiger Vorgänge: In

$$U(t) = U \exp \mathrm{j}\, \omega t$$

ist $U = |U| \exp \mathrm{j}\, \varphi$ ($\varphi = \operatorname{arc} U$) die komplexe Amplitude.
Physikalische Bedeutung hat nur

$$\operatorname{Re} U \exp \mathrm{j}\, \omega t = |U| \cos(\omega t + \varphi)\,.$$

Effektivwerte werden nicht verwendet.
In Kap. 15, wo vielfach eine Gleichstromgröße hinzutritt, wird die folgende Schreibweise benutzt:

$$\bar{U} + \tilde{U} = \bar{U} + U \exp \mathrm{j}\, \omega t;$$

U ist wieder die komplexe Amplitude des Wechselstromvorganges.
Komplexe Zahlen werden in der Schreibweise von reellen nicht unterschieden.

2. Vektoren werden fett gedruckt (Beispiele $\boldsymbol{v}$, $\boldsymbol{E}$, $\boldsymbol{i}$), Matrizen in Blockschrift ($\mathbf{Z} = \|Z_{ik}\|$).

3. Überstreichen bedeutet Mittelung. Sofern Mittelung über viele Exemplare von zeitlicher Mittelung unterschieden werden muß, wird letztere durch $\langle x \rangle$, erstere durch $\bar{x}$ bezeichnet.

4. $\mathfrak{f}(x) = O[g(x)]$ bedeutet: $\left|\dfrac{\mathfrak{f}(x)}{g(x)}\right|$ bleibt beschränkt.

c) Verzeichnis der wichtigsten Symbole.

a	Dämpfungsmaß
$\boldsymbol{A}$	magnetisches Vektorpotential (Vs cm^{-1})
$A(\omega)$	Betrag der Übertragungsfunktion für reelle Frequenzen
$A(t)$	Zeitlich veränderliche Amplitude
b	Phasenmaß
B	Bandbreite (Hz)
$\boldsymbol{B}$	Induktion (V s cm^{-2})
B	Blindleitwert (S)
C	Kapazität (V s A^{-1})
$\boldsymbol{D}$	dielektrische Verschiebung (A s cm^{-2})
$\mathbf{e}$	Einheitsvektor
$\boldsymbol{E}$	elektrische Feldstärke (V cm^{-1})
f	Frequenz (Hz)
$\mathfrak{f}(x)$	skalare Funktion
$\mathfrak{f}(t)$	Zeitfunktion
$F(p) = \mathfrak{L}\{\mathfrak{f}(t)\}$	LAPLACE-Transformierte der Funktion $\mathfrak{f}(t)$
$\mathfrak{F}$, $\mathfrak{F}^{-1}$	FOURIER-Transformation und ihre Umkehrung
$g = a + \mathrm{j}b$	komplexes Übertragungsmaß
$G(p)$	Übertragungsfunktion in der komplexen Frequenzebene
$G(\mathrm{j}\omega) = A(\omega)\exp(-\mathrm{j}\,\Theta(\omega)) = P(\omega) + \mathrm{j}Q(\omega)$	Übertragungsfunktion auf der Achse der reellen Frequenzen
G	Wirkleitwert (S)
$\boldsymbol{H}$	magnetische Feldstärke (A cm^{-1})
h_i ($i = 1, 2, 3$)	Maßstabsfaktoren in orthogonalen krummlinigen Koordinatensystemen
$\boldsymbol{i}$	Stromdichte
$\boldsymbol{i}_g$	Gesamtstromdichte

$\boldsymbol{i}_c$ Konvektionsstromdichte
I Strom
$I_0, \bar{I}$ Gleichstrom
Im Imaginärteil
$\mathrm{j} = \sqrt{-1}$
$k = \sqrt{\varepsilon\mu}\,\omega$ Wellenzahl (cm^{-1}); im Vakuum $k = \frac{2\pi}{\lambda}$
$k' = \sqrt{\varepsilon'\mu}\,\omega$
K Kettenmatrix
K Leistungscharakteristik (VA je Einheit des Raumwinkels)
L Induktivität ($\mathrm{V\,s\,A^{-1}}$)
$\mathfrak{L}, \mathfrak{L}^{-1}$ LAPLACE-Transformation
M Modulationsgrad
m Modulationsindex
m Welligkeit
$\boldsymbol{n}$ Normaleinheitsvektor
$p = \sigma + \mathrm{j}\omega$ komplexe Frequenz (s^{-1})
P Leistung
P Wirkleistung (VA)
q Ladung
Q Gütezahl eines Resonators
r Reflexionskoeffizient
r Radius in Kreiszylinderkoordinaten
R Abstand, Radius in räumlichen Polarkoordinaten
$\boldsymbol{R}$ Ortsvektor im Raum
R Wirkwiderstand (Ω)
R_s Strahlungswiderstand (Ω)
$R_\square$ Flächenwiderstand (Ω)
Re Realteil
Res Residuum
$S(\omega) = \mathfrak{F}\{\mathfrak{f}(t)\}$ FOURIER-Transformierte der Zeitfunktion $\mathfrak{f}(t)$
$\boldsymbol{S}$ POYNTINGscher Vektor ($\mathrm{VA\,cm^{-2}}$)
t Zeit (s)
T Periode (s)
T absolute Temperatur (° K)
tr transversal
U Spannung, Potential
$u, u^\times$ skalare Wellenpotentiale vom E- bzw. H-Typ
$\boldsymbol{v}$ Vektor, insbesondere Geschwindigkeitsvektor
v Geschwindigkeit ($\mathrm{cm\,s^{-1}}$)
v_{ph} Phasengeschwindigkeit ($\mathrm{cm\,s^{-1}}$)
v_{gr} Gruppengeschwindigkeit ($\mathrm{cm\,s^{-1}}$)
w Wahrscheinlichkeit
$w(f)$ Leistungsspektrum
w Energiedichte ($\mathrm{VA\,s\,cm^{-3}}$)
W Energie (VA s)
x, y, z Kartesische Koordinaten
x_1, x_2, x_3 allgemeine, insbesondere orthogonale krummlinige Koordinaten
X Blindwiderstand (Ω)
$Y = G + \mathrm{j}B$ komplexer Leitwert, Admittanz (S)
$Z = R + \mathrm{j}X$ komplexer Widerstand, Impedanz (Ω)

Z Wellenwiderstand einer Leitung (Ω)
Z_W Wellenwiderstand eines symmetrischen Vierpols (Ω)
Z_L Abschlußwiderstand (Ω)
Z_E Eingangswiderstand (Ω)
Z_A Eingangswiderstand einer Antenne (Ω)
Z_n Zylinderfunktion vom Index n
α Dämpfungskonstante (cm^{-1})
β Phasenkonstante (cm^{-1})
$\gamma = \alpha + \mathrm{j}\beta$ Übertragungskonstante (cm^{-1})
δ Skintiefe (cm)
$\delta(t)$ Delta-Funktion
$\delta_{ik} = \begin{cases} 0 & i \neq k \\ 1 & i = k \end{cases}$ KRONECKER-Symbol
δx Abweichung vom Mittelwert $\bar{x}$
$\delta x(t)$ Schwankung zur Zeit t um den Mittelwert $\langle x \rangle$
$\triangle$ LAPLACE-Operator
$\triangle_{\mathrm{tr}}$ transversaler LAPLACE-Operator
ε Dielektrizitätskonstante ($\mathrm{A\,s\,V^{-1}\,cm^{-1}}$)
$\varepsilon' = \varepsilon - \mathrm{j}\frac{\sigma}{\omega}$ komplexe Dielektrizitätskonstante ($\mathrm{A\,s\,V^{-1}\,cm^{-1}}$)
$\zeta = \sqrt{\beta^2 - k^2}$ (cm^{-1})
$\eta = \sqrt{k^2 - \beta^2}$ (cm^{-1})
ϑ geographische Breite in einem räumlichen Polarkoordinatensystem
$-\Theta(\omega)$ Phase der Übertragungsfunktion $G(\mathrm{j}\omega)$
$\Theta = \omega\tau$ Laufwinkel
λ Eigenwert
λ Wellenlänge im Vakuum (cm)
λ_c Grenzwellenlänge (cm)
λ_g Wellenlänge in einer Leitung (cm)
ϱ dimensionslose Veränderliche
$\varrho(\tau)$ Autokorrelationsfunktion
ϱ Raumladungsdichte ($\mathrm{A\,s\,cm^{-3}}$)
P Oberflächenladung ($\mathrm{A\,s\,cm^{-2}}$)
σ Leitfähigkeit ($\Omega\ \mathrm{cm}^{-1}$)
σ Realteil der komplexen Frequenz (s^{-1})
$\sigma(t)$ Einheitssprung
τ zeitlicher Abstand, Laufzeit (s)
ϕ Potential
φ, Φ Phasenwinkel
Φ magnetischer Kraftfluß (V s)
φ Azimut in Kreiszylinderkoordinaten
ψ Azimut in räumlichen Polarkoordinaten
ω, Ω Kreisfrequenz (s^{-1})
ω_c Grenzfrequenz in einem Wellenleiter (s^{-1})
ω_0 Grenzfrequenz eines Tiefpasses (s^{-1})
Ω_0 Trägerfrequenz (s^{-1})
ω_m, ω_M Modulationsfrequenz (s^{-1})
$\omega_L = \frac{e}{2m}B$ LARMOR-Frequenz (s^{-1})
$\omega_p = \sqrt{-\frac{e\,\bar{i}}{m\,\varepsilon_0\,\bar{v}}}$ Plasmafrequenz (s^{-1})

01 Skalar- und Vektorfelder.

011 Skalare und Vektoren.

Die mathematische Beschreibung eines physikalischen Vorgangs bedient sich symbolischer Zeichen für die auftretenden Größen, die Funktionen des Ortes („Aufpunkts"), der Zeit oder noch anderer Variablen (Parameter) sind. Derartige Größen können, wie Potential, Ladungsdichte, Temperatur, bereits durch Angabe einer Zahl festgelegt sein; dann nennen wir sie „Skalare". Daneben treten Größen „höherer Stufe" auf, zu deren Kennzeichnung außer ihrem Betrag eine Richtung im Raume anzugeben ist. Geschwindigkeit, Kraft, elektrische und magnetische Feldstärke sind bekannte Beispiele für solche Größen, Vektoren genannt, die man geometrisch als im betrachteten Punkt beginnende gerichtete Strecken veranschaulichen kann. Für jeden festen Wert der Zeit und der übrigen veränderlichen Parameter kann man sich so in jedem Punkt des euklidischen dreidimensionalen Raumes R_3 oder eines Teiles davon die skalare Zahl angeschrieben bzw. den Vektor angeheftet denken, die zur physikalischen Größe gehören. Die Gesamtheit all dieser Zahlen bzw. Vektoren bildet dann ein „Skalarfeld" bzw. „Vektorfeld". Ein solches Feld kann als Ganzes noch zeitabhängig sein. Besitzt eine physikalische Größe f, wie oft bei Wechselstromvorgängen, in allen Punkten dieselbe Zeitabhängigkeit entsprechend einer Sinus- oder Cosinusfunktion, so daß wir sie (siehe Kap. 033)

$$f(t) = f \exp \mathrm{j}\, \omega\, t$$

schreiben können, so stellt nach Abspaltung des Exponentialfaktors auch die „Amplitude" f ein Skalar- oder Vektorfeld dar.

Man denke sich im Raum R_3 ein (im allgemeinen schiefwinkliges) geradliniges Koordinatensystem x_1, x_2, x_3. Es wird festgelegt durch drei vom Nullpunkt 0 ausgehende Vektoren $\boldsymbol{v}_i$ („Ortsvektoren"), die nicht in einer Ebene liegen und die die Richtung der Koordinatenachsen besitzen (Abb. 01.1). Die Vektoren der Länge 1 in Richtung $\boldsymbol{v}_i$ $(i=1, 2, 3)$ nennen wir kurz Einheitsvektoren $\mathbf{e}_i$. Ein beliebiger Ortsvektor $\boldsymbol{R}$ ist dann durch die Koordinaten des Endpunktes in diesem System oder, wie man auch sagt, die Komponenten nach diesen Koordinatenrichtungen bestimmt. Umgekehrt wird durch den Vektor

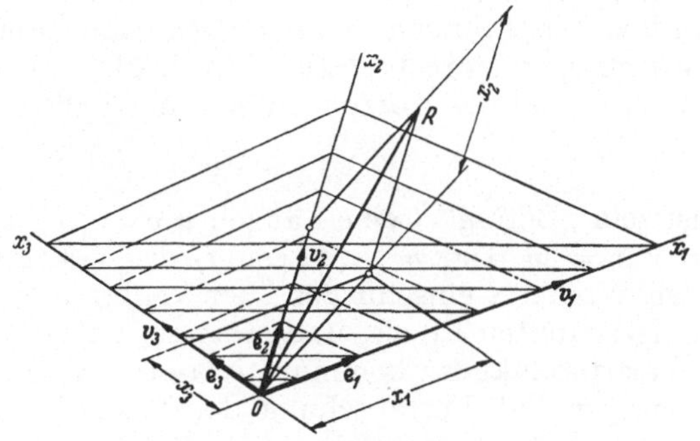

Abb. 01.1. Vektordarstellung in einem schiefwinkligen geradlinigen System mit Koordinaten x_1, x_2, x_3.

$$\boldsymbol{R} = x_1 \mathbf{e}_1 + x_2 \mathbf{e}_2 + x_3 \mathbf{e}_3$$

ein Punkt im Raum, sein Endpunkt, festgelegt.

Zur Festlegung irgendeines nicht von 0 ausgehenden Vektors genügt die Angabe der Koordinaten des Anfangspunktes und der Komponenten des parallelen Ortsvektors bzw. allgemeiner der Komponenten nach drei Richtungen, die nicht in einer Ebene liegen. Diese drei Bezugsrichtungen selbst können, wie dies bei allgemeinen krummlinigen Koordinaten der Fall ist, sich stetig von Punkt zu Punkt im R_3 ändern. Bei differentiellem Fortschreiten in einer dieser Richtungen variiert jeweils nur eine Koordinate. Stehen sie immer paarweise senkrecht aufeinander, so ist das betreffende Koordinatensystem orthogonal. Das Tripel der Einheitsvektoren (Vektoren der Länge 1) in den Koordinatenrichtungen bildet in diesem Fall ein rechtwinkliges ,,Dreibein'', das vom betrachteten Punkt abhängt (Abb. 01.2). Erfährt dieses orthogonale Dreibein bei Übergang zu einem anderen Punkt lediglich eine Verschiebung parallel zu sich selbst, so liegt speziell ein kartesisches Koordinatensystem vor. Ist im Raum R_3 ein orthogonales Koordinatensystem gegeben, so wird durch den Vektor $\boldsymbol{v}$ in seinem Anfangspunkt P jeder Richtung des R_3 eine Zahl, die Komponente in dieser Richtung, zugeordnet. Geometrisch ist diese Komponente die Projektion auf die betrachtete Richtung.

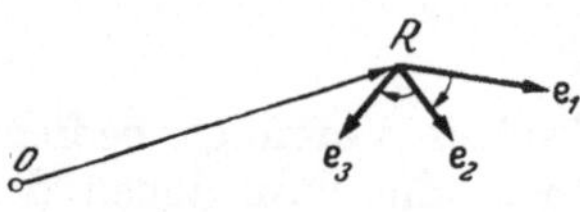

Abb. 01.2. Orthogonales Dreibein von Einheitsvektoren eines Rechtssystems.

In Erweiterung dieser Betrachtung gelangt man zu Größen höherer (zweiter) Stufe, die in ähnlicher Weise jeder Richtung einen Vektor zuordnen, zu deren Beschreibung also neben der Angabe des Raumpunktes $3 \cdot 3 = 9$ Zahlen nötig sind. Es sind dies die sogenannten ,,Dyaden'' oder ,,Tensoren'' (zuweilen bleibt der letztere Name nur Dyaden mit gewissen Symmetrieeigenschaften vorbehalten). Da Tensorfelder im Rahmen der Hochfrequenztechnik wenig gebraucht werden, verzichten wir auf ihre Behandlung.

Im folgenden wird vielfach von Skalar- oder Vektorfeldern die Rede sein, also von in ihrer Gesamtheit betrachteten ,,Funktionen'', die in jedem Raumpunkt eine Zahl oder einen Vektor definieren. Wir werden uns auf den Fall orthogonaler Systeme beschränken. Bezüglich schiefwinkliger Systeme siehe z. B. [*45*].

Es bezeichnen x, y, z kartesische, x_1, x_2, x_3 allgemeine orthogonale Koordinaten, jeweils *Rechts*systeme, d. h. in dieser Reihenfolge folgen die Koordinatenrichtungen in demselben Sinn aufeinander wie Daumen-, Zeige- und Mittelfinger der rechten Hand (Abb. 01.2). v_1, v_2, v_3 bzw. v_x, v_y, v_z im kartesischen System sind die Komponenten eines Vektors $\boldsymbol{v}$ in den Koordinatenrichtungen;

$$|\boldsymbol{v}| = \sqrt{v_1^2 + v_2^2 + v_3^2} \tag{011.1}$$

ist sein ,,Betrag'' (seine Länge). $\boldsymbol{u}\,\boldsymbol{v} = |\boldsymbol{u}|\,|\boldsymbol{v}|\cos\alpha$ bedeutet das Skalarprodukt, $\boldsymbol{u} \times \boldsymbol{v} = \boldsymbol{w}$ ($|\boldsymbol{w}| = |\boldsymbol{u}|\,|\boldsymbol{v}|\sin\alpha$) das Vektorprodukt zweier Vektoren $\boldsymbol{u}, \boldsymbol{v}$, die den Winkel α einschließen; der Vektor $\boldsymbol{w}$ steht senkrecht auf der durch $\boldsymbol{u}, \boldsymbol{v}$ aufgespannten Ebene, und zwar so, daß $\boldsymbol{u}, \boldsymbol{v}, \boldsymbol{w}$ ein Rechtssystem bilden. Das Skalarprodukt ist kommutativ ($\boldsymbol{u}\,\boldsymbol{v} = \boldsymbol{v}\,\boldsymbol{u}$), bei der vektoriellen Multiplikation hingegen hat Vertauschung der Faktoren eine Vorzeichenumkehr zur Folge:

$$\boldsymbol{u} \times \boldsymbol{v} = -\boldsymbol{v} \times \boldsymbol{u}. \tag{011.2}$$

Das Skalarprodukt eines Vektors $\boldsymbol{v}$ mit einem Einheitsvektor $\mathbf{e}$ ist gleich der Komponente von $\boldsymbol{v}$ in Richtung $\mathbf{e}$. Bilden $\mathbf{e}_x, \mathbf{e}_y, \mathbf{e}_z$ ein festes Dreibein parallel den kartesischen Achsen, so stellt sich ein beliebiger Einheitsvektor $\mathbf{e}$ durch seine ,,Richtungskosinus'' $\cos\alpha_1 = \mathbf{e}\,\mathbf{e}_x$, $\cos\alpha_2 = \mathbf{e}\,\mathbf{e}_y$, $\cos\alpha_3 = \mathbf{e}\,\mathbf{e}_z$ dar. Die α_i ($i = 1, 2, 3$) sind die Winkel, die $\mathbf{e}$ mit den Achsen bildet. Ist $\mathbf{e}_1, \mathbf{e}_2, \mathbf{e}_3$ ein orthogonales Dreibein von Einheitsvektoren im Anfangspunkt P der Vektoren $\boldsymbol{u}$, $\boldsymbol{v}$, so erhält man das Vektorprodukt $\boldsymbol{u} \times \boldsymbol{v}$ durch Entwicklung der Determinante (s. Kap. 031)

$$\boldsymbol{u} \times \boldsymbol{v} = \begin{vmatrix} \mathbf{e}_1 & \mathbf{e}_2 & \mathbf{e}_3 \\ u_1 & u_2 & u_3 \\ v_1 & v_2 & v_3 \end{vmatrix}.$$

Der Skalar $(\boldsymbol{v}_1 \times \boldsymbol{v}_2)\,\boldsymbol{v}_3 = [\boldsymbol{v}_1 \boldsymbol{v}_2 \boldsymbol{v}_3]$ heißt das Spatprodukt der drei Vektoren $\boldsymbol{v}_1$, $\boldsymbol{v}_2$, $\boldsymbol{v}_3$ und stellt das Volumen des von ihnen als Kanten erzeugten Parallelepipeds dar, versehen mit positiven oder negativen Vorzeichen, je nachdem, ob $\boldsymbol{v}_1$, $\boldsymbol{v}_2$, $\boldsymbol{v}_3$ ein Rechtssystem bilden oder nicht. Es ist daher

$$[\boldsymbol{v}_1 \boldsymbol{v}_2 \boldsymbol{v}_3] = [\boldsymbol{v}_2 \boldsymbol{v}_3 \boldsymbol{v}_1] = [\boldsymbol{v}_3 \boldsymbol{v}_1 \boldsymbol{v}_2] = -[\boldsymbol{v}_1 \boldsymbol{v}_3 \boldsymbol{v}_2] = -[\boldsymbol{v}_3 \boldsymbol{v}_2 \boldsymbol{v}_1] = -[\boldsymbol{v}_2 \boldsymbol{v}_1 \boldsymbol{v}_3]. \qquad (011.3)$$

Wir geben noch die häufig gebrauchten Vektorformeln:

$$(\boldsymbol{v}_1 \times \boldsymbol{v}_2) \times \boldsymbol{v}_3 = \boldsymbol{v}_2 (\boldsymbol{v}_1 \boldsymbol{v}_3) - \boldsymbol{v}_1 (\boldsymbol{v}_2 \boldsymbol{v}_3); \qquad (011.4)$$

$$(\boldsymbol{v}_1 \times \boldsymbol{v}_2)(\boldsymbol{v}_3 \times \boldsymbol{v}_4) = (\boldsymbol{v}_1 \boldsymbol{v}_3)(\boldsymbol{v}_2 \boldsymbol{v}_4) - (\boldsymbol{v}_1 \boldsymbol{v}_4)(\boldsymbol{v}_2 \boldsymbol{v}_3). \qquad (011.5)$$

012 Differentialoperatoren, angewandt auf Skalare und Vektoren, in kartesischen Systemen.

Bei den Anwendungen der Vektoranalysis in Physik und Technik spielen die Begriffe Gradient eines Skalars, Divergenz und Rotor eines Vektors eine fundamentale Rolle. Wir geben ihre Definition zunächst in kartesischen Koordinaten x, y, z.

Es liege einerseits ein Skalarfeld $f(x, y, z) = f(\boldsymbol{R})$ ($\boldsymbol{R} = x\,\mathbf{e}_x + y\,\mathbf{e}_y + z\,\mathbf{e}_z$ $\mathrel{\hat=}$ Ortsvektor des Raumpunktes x, y, z), andererseits ein Vektorfeld $\boldsymbol{v}(\boldsymbol{R})$ vor. Für beide setzen wir in dem räumlichen Bereich, den wir betrachten, Stetigkeit voraus, die auch für alle vorkommenden partiellen Ableitungen nach x, y, z oder einem Parameter bestehen soll. Die Differentiation eines Vektors erstreckt sich in einem kartesischen System wegen der Unabhängigkeit des Dreibeins vom Ort einfach auf alle seine Komponenten:

$$\frac{\partial}{\partial \xi} \boldsymbol{v} = \mathbf{e}_x \frac{\partial v_x}{\partial \xi} + \mathbf{e}_y \frac{\partial v_y}{\partial \xi} + \mathbf{e}_z \frac{\partial v_z}{\partial \xi}; \qquad (012.1)$$

ξ steht hier für irgendeine skalare Variable.

Unter einem Operator wollen wir ganz allgemein das mathematische Symbol für eine Vorschrift verstehen, die an der dahinterstehenden Größe auszuführen ist; darunter fällt also auch jede Funktion wie sin, exp usf., ferner $\mathrm{d}/\mathrm{d}\xi$ bzw. $\partial/\partial\xi$, $\int \mathrm{d}\xi$ usf. Differentialoperatoren enthalten neben Differentiationssymbolen nur Funktionen, keine Integrationen. In der Vektoranalysis tritt besonders der lineare Operator „Nabla"

$$\nabla = \mathbf{e}_x \frac{\partial}{\partial x} + \mathbf{e}_y \frac{\partial}{\partial y} + \mathbf{e}_z \frac{\partial}{\partial z} \qquad (012.2)$$

auf, ein symbolischer Vektor. Wird dieser auf ein Skalarfeld f angewendet, so erhält man dessen „Gradienten", den Vektor

$$\nabla f \equiv \mathbf{grad}\, f = \mathbf{e}_x \frac{\partial f}{\partial x} + \mathbf{e}_y \frac{\partial f}{\partial y} + \mathbf{e}_z \frac{\partial f}{\partial z}. \qquad (012.3)$$

Skalare Multiplikation von ∇ mit einem Vektor $\boldsymbol{v}$ ergibt die „Divergenz“ von $\boldsymbol{v}$:

$$\operatorname{div} \boldsymbol{v} \equiv \nabla \boldsymbol{v} = \left(\mathbf{e}_x \frac{\partial}{\partial x} + \mathbf{e}_y \frac{\partial}{\partial y} + \mathbf{e}_z \frac{\partial}{\partial z}\right)(\mathbf{e}_x v_x + \mathbf{e}_y v_y + \mathbf{e}_z v_z)$$

$$= \frac{\partial v_x}{\partial x} + \frac{\partial v_y}{\partial y} + \frac{\partial v_z}{\partial z}, \tag{012.4}$$

da

$$\mathbf{e}_x \mathbf{e}_y = \mathbf{e}_y \mathbf{e}_z = \mathbf{e}_z \mathbf{e}_x = 0.$$

Der Operator div ordnet dem Vektorfeld $\boldsymbol{v}$ ein Skalarfeld zu. Das Vektorprodukt $\nabla \times \boldsymbol{v}$ schließlich stellt den „Rotor“[1] des Vektorfeldes $\boldsymbol{v}$ dar, der wieder ein Vektorfeld ist:

$$\mathbf{rot}\, \boldsymbol{v} = \nabla \times \boldsymbol{v} = \mathbf{e}_x\left(\frac{\partial v_z}{\partial y} - \frac{\partial v_y}{\partial z}\right) + \mathbf{e}_y\left(\frac{\partial v_x}{\partial z} - \frac{\partial v_z}{\partial x}\right) + \mathbf{e}_z\left(\frac{\partial v_y}{\partial x} - \frac{\partial v_x}{\partial y}\right)$$

$$= \begin{vmatrix} \mathbf{e}_x & \mathbf{e}_y & \mathbf{e}_z \\ \frac{\partial}{\partial x} & \frac{\partial}{\partial y} & \frac{\partial}{\partial z} \\ v_x & v_y & v_z \end{vmatrix}. \tag{012.5}$$

Als „LAPLACE-Operator“ $\triangle$ wird der Operator

$$\triangle \equiv \frac{\partial^2}{\partial x^2} + \frac{\partial^2}{\partial y^2} + \frac{\partial^2}{\partial z^2} \tag{012.6}$$

bezeichnet. Für ein Skalarfeld ist

$$\triangle f \equiv \operatorname{div} \mathbf{grad} f = \frac{\partial^2 f}{\partial x^2} + \frac{\partial^2 f}{\partial y^2} + \frac{\partial^2 f}{\partial z^2}, \tag{012.7}$$

für ein Vektorfeld

$$\triangle \boldsymbol{v} = \mathbf{e}_x \triangle v_x + \mathbf{e}_y \triangle v_y + \mathbf{e}_z \triangle v_z. \tag{012.8}$$

Skalarfelder f und Vektorfelder $\boldsymbol{v}$ mit folgenden in einem Gebiet des R_3 bestehenden Eigenschaften nehmen eine Sonderstellung ein:

a) LAPLACEsche Differentialgleichung

$$\triangle f = 0; \tag{012.9}$$

f ist dann ein „Potentialfeld“ (Potentialfunktion).

b) $$\nabla \boldsymbol{v} \equiv \operatorname{div} \boldsymbol{v} = 0. \tag{012.10}$$

Das Vektorfeld $\boldsymbol{v}$ ist *quellenfrei* und läßt sich als Rotor eines anderen Feldes darstellen: $\boldsymbol{v} = \mathbf{rot}\, \boldsymbol{u}$.

c) $$\nabla \times \boldsymbol{v} \equiv \mathbf{rot}\, \boldsymbol{v} = 0. \tag{012.11}$$

Das Feld ist *wirbelfrei* und läßt sich als Gradient eines Skalars f darstellen. Das Linienintegral $\int_{P_0}^{P} \boldsymbol{v}\, d\boldsymbol{s}$ ist unabhängig vom Weg ($d\boldsymbol{s} = ds\, \mathbf{e}_t$, ds = Bogenelement, $\mathbf{e}_t$ = Tangenteneinheitsvektor). Die Aussage $\boldsymbol{v} = \nabla f$ folgt aus der allgemeingültigen Gleichung

$$\nabla \times \nabla f \equiv \mathbf{rot}\, \mathbf{grad} f \equiv 0, \tag{012.12}$$

[1] Im Englischen „curl“.

die gemäß den Definitionen von **grad** und **rot** gleichbedeutend ist mit $\frac{\partial^2 f}{\partial x \partial y} = \frac{\partial^2 f}{\partial y \partial x}$ usf. Das Differential

$$\boldsymbol{v}\, \mathrm{d}\boldsymbol{s} = v_x\, \mathrm{d}x + v_y\, \mathrm{d}y + v_z\, \mathrm{d}z$$

ist wegen $\frac{\partial v_x}{\partial y} = \frac{\partial v_y}{\partial x}$ usf. total. Halten wir in $\int\limits_{P_0}^{P} \boldsymbol{v}\, \mathrm{d}\boldsymbol{s}$ den Anfangspunkt fest und definieren das Integral als Funktion $f(P)$ der oberen Grenze P, so erfüllt dieses f die gewünschte Beziehung $\nabla f = \boldsymbol{v}$.

Die Aussage $\boldsymbol{v} = \nabla \times \boldsymbol{u}$ im Fall b folgt aus der Beziehung

$$\operatorname{div} \mathbf{rot}\, \boldsymbol{v} = 0. \tag{012.13}$$

Aus den Definitionen ergibt sich ferner

$$\mathbf{rot}\, \mathbf{rot}\, \boldsymbol{v} = \mathbf{grad} \operatorname{div} \boldsymbol{v} - \triangle \boldsymbol{v}, \tag{012.14}$$

$$\operatorname{div} \triangle \boldsymbol{v} = \triangle \operatorname{div} \boldsymbol{v}, \tag{012.15}$$

$$\triangle\, \mathbf{rot}\, \boldsymbol{v} = \mathbf{rot} \triangle \boldsymbol{v}, \tag{012.16}$$

$$\triangle\, \mathbf{grad}\, f = \mathbf{grad} \triangle f, \tag{012.17}$$

d. h. allgemein $\triangle \nabla = \nabla \triangle$;

$$\mathbf{grad}(f g) = f\, \mathbf{grad} g + g\, \mathbf{grad} f, \tag{012.18}$$

$$\operatorname{div}(f \boldsymbol{v}) = f \operatorname{div} \boldsymbol{v} + \boldsymbol{v}(\mathbf{grad} f), \tag{012.19}$$

$$\mathbf{rot}(f \boldsymbol{v}) = f\, \mathbf{rot}\, \boldsymbol{v} + (\mathbf{grad} f) \times \boldsymbol{v}, \tag{012.20}$$

$$\operatorname{div}(\boldsymbol{u} \times \boldsymbol{v}) = \boldsymbol{v}(\mathbf{rot}\, \boldsymbol{u}) - \boldsymbol{u}(\mathbf{rot}\, \boldsymbol{v}). \tag{012.21}$$

Wegen der Linearität von ∇ ist

$$\nabla(f_1 + f_2) = \nabla f_1 + \nabla f_2, \qquad \nabla(\boldsymbol{v}_1 + \boldsymbol{v}_2) = \nabla \boldsymbol{v}_1 + \nabla \boldsymbol{v}_2,$$
$$\nabla \times (\boldsymbol{v}_1 + \boldsymbol{v}_2) = \nabla \times \boldsymbol{v}_1 + \nabla \times \boldsymbol{v}_2.$$

Der Operator ∇ dient auch zur Darstellung der partiellen Ableitung eines Skalar- oder Vektorfeldes nach einer beliebigen Richtung mit dem Einheitsvektor $\mathbf{e} = \mathbf{e}_x \cos\alpha_1 + \mathbf{e}_y \cos\alpha_2 + \mathbf{e}_z \cos\alpha_3$.

Bei Fortschreiten um ein Längenelement $\mathrm{d}s$ in Richtung $\mathbf{e}$ ändert sich f um

$$\mathrm{d}f = \frac{\partial f}{\partial x} \mathrm{d}x + \frac{\partial f}{\partial y} \mathrm{d}y + \frac{\partial f}{\partial z} \mathrm{d}z.$$

Wegen

$$\mathbf{e}\, \mathrm{d}s = \mathbf{e}_x\, \mathrm{d}x + \mathbf{e}_y\, \mathrm{d}y + \mathbf{e}_z\, \mathrm{d}z$$

ist daher

$$\frac{\mathrm{d}f}{\mathrm{d}s} = \mathbf{e}(\mathbf{grad} f) = \frac{\partial f}{\partial x} \cos\alpha_1 + \frac{\partial f}{\partial y} \cos\alpha_2 + \frac{\partial f}{\partial z} \cos\alpha_3 = (\mathbf{e} \nabla) f. \tag{012.22}$$

Ähnlich lautet die Richtungsableitung eines Vektors

$$\frac{\mathrm{d}\boldsymbol{v}}{\mathrm{d}s} = \cos\alpha_1 \frac{\partial \boldsymbol{v}}{\partial x} + \cos\alpha_2 \frac{\partial \boldsymbol{v}}{\partial y} + \cos\alpha_3 \frac{\partial \boldsymbol{v}}{\partial z} = (\mathbf{e} \nabla) \boldsymbol{v}. \tag{012.23}$$

$(\mathbf{e} \nabla)$, anzuwenden auf ein Skalar- oder Vektorfeld, symbolisiert also den Operator $(\mathbf{e} \nabla) = \cos\alpha_1 \frac{\partial}{\partial x} + \cos\alpha_2 \frac{\partial}{\partial y} + \cos\alpha_3 \frac{\partial}{\partial z}$. Entsprechend gilt mit einem beliebigen Vektor $\boldsymbol{w} = w_x \mathbf{e}_x + w_y \mathbf{e}_y + w_z \mathbf{e}_z$

$$(\boldsymbol{w}\nabla) = w_x \frac{\partial}{\partial x} + w_y \frac{\partial}{\partial y} + w_z \frac{\partial}{\partial z}. \qquad (012.24)$$

Für ein Skalarfeld folgert man: Der Vektor ∇f steht auf allen Richtungen senkrecht, in denen f sich nicht ändert, also senkrecht auf den Flächen $f = \text{const}$ im Raum, den sogenannten „Niveauflächen" des Skalarfeldes. Der Ausdruck $\frac{\mathrm{d}f}{\mathrm{d}s}$ ist maximal in Richtung des Gradienten.

Nun sei $f = f(\boldsymbol{R}, t)$ bzw. $\boldsymbol{u} = \boldsymbol{u}(\boldsymbol{R}, t)$ ein zeitlich veränderliches Skalar- bzw. Vektorfeld derart, daß das Medium, in dem die Feldgröße definiert ist, sich in Bewegung befindet. $\boldsymbol{v} = \frac{\mathrm{d}\boldsymbol{R}}{\mathrm{d}t}$ sei der Vektor der Geschwindigkeit für den Raumpunkt $\boldsymbol{R}$. Die totale zeitliche Ableitung von f bzw. $\boldsymbol{u}$ setzt sich dann zusammen aus der partiellen Ableitung nach t und der infolge der Bewegung hinzutretenden Richtungsableitung in Richtung der Geschwindigkeit:

$$\frac{\mathrm{d}f}{\mathrm{d}t} = \frac{\partial f}{\partial t} + (\boldsymbol{v}\nabla) f \quad \text{bzw.} \quad \frac{\mathrm{d}\boldsymbol{u}}{\mathrm{d}t} = \frac{\partial \boldsymbol{u}}{\partial t} + (\boldsymbol{v}\nabla)\boldsymbol{u}. \qquad (012.25)$$

Insbesondere lautet dann die Beschleunigung für orts- und zeitabhängiges $\boldsymbol{v}$:

$$\frac{\mathrm{d}\boldsymbol{v}}{\mathrm{d}t} = \frac{\partial \boldsymbol{v}}{\partial t} + (\boldsymbol{v}\nabla)\boldsymbol{v}. \qquad (012.26)$$

Dieser Ausdruck gibt in einem bewegten kontinuierlichen Medium die Beschleunigung eines Masseteilchens an, das am Orte $\boldsymbol{R}$ die Geschwindigkeit $\boldsymbol{v}(\boldsymbol{R}, t)$ besitzt.

013 Allgemeinere Koordinatensysteme.

Nun sollen die Ausdrücke für $\mathbf{grad} f$, $\operatorname{div} \boldsymbol{v}$, $\mathbf{rot}\, \boldsymbol{v}$ und $\triangle f$ in orthogonalen krummlinigen Koordinaten angegeben werden. Dazu denken wir uns im R_3 ein kartesisches System x, y, z festgelegt und die orthogonalen krummlinigen Koordinaten x_1, x_2, x_3 als Funktionen von x, y, z ausgedrückt.

$$x_i = f_i(x, y, z), \quad i = 1, 2, 3. \qquad (013.1)$$

Die Flächen $f_i(x, y, z) = \text{const}$ sind die Koordinatenflächen des krummlinigen Systems; beim Fortschreiten auf einer Kurve senkrecht zu $f_i = \text{const}$ variiert nur x_i; für eine solche Kurve gilt

$$\mathrm{d}s_i = \frac{1}{h_i}\mathrm{d}x_i. \qquad (013.2)$$

Die Funktionen h_i charakterisieren das krummlinige System; wie sie analytisch zu gewinnen sind, geht aus dem Folgenden hervor. Geht durch den betrachteten Punkt des R_3 je eine Koordinatenfläche jeder Sorte, so läßt sich das System der Gl. (013.1) nach x, y, z auflösen, so daß dann auch die kartesischen Koordinaten als Funktionen der x_i erscheinen. Weiter ist dann

$$\mathrm{d}x = \sum_1^3 \frac{\partial x}{\partial x_i}\mathrm{d}x_i, \quad \mathrm{d}y = \sum_1^3 \frac{\partial y}{\partial x_i}\mathrm{d}x_i, \quad \mathrm{d}z = \sum_1^3 \frac{\partial z}{\partial x_i}\mathrm{d}x_i. \qquad (013.3)$$

Das Bogenelement einer Kurve im Raum schreibt sich einmal

$$\mathrm{d}s^2 = \mathrm{d}x^2 + \mathrm{d}y^2 + \mathrm{d}z^2, \qquad (013.4)$$

zum anderen gilt aber wegen der Orthogonalität auch

$$ds^2 = ds_1^2 + ds_2^2 + ds_3^2 = \frac{dx_1^2}{h_1^2} + \frac{dx_2^2}{h_2^2} + \frac{dx_3^2}{h_3^2}. \qquad (013.5)$$

Durch Gleichsetzen von Gl. (013.5) und Gl. (013.4) mit Gl. (013.3) findet man, da zufolge der Orthogonalität wieder die gemischten Glieder verschwinden,

$$\frac{1}{h_i^2} = \left(\frac{\partial x}{\partial x_i}\right)^2 + \left(\frac{\partial y}{\partial x_i}\right)^2 + \left(\frac{\partial z}{\partial x_i}\right)^2, \quad i = 1, 2, 3. \qquad (013.6)$$

Mit Hilfe der h_i lassen sich nun die Differentialoperatoren der Vektoranalysis wie folgt darstellen:

$$\nabla f \equiv \mathbf{grad} f = \mathbf{e}_1 h_1 \frac{\partial f}{\partial x_1} + \mathbf{e}_2 h_2 \frac{\partial f}{\partial x_2} + \mathbf{e}_3 h_3 \frac{\partial f}{\partial x_3}, \qquad (013.7)$$

$$\nabla \boldsymbol{v} \equiv \operatorname{div} \boldsymbol{v} = h_1 h_2 h_3 \left\{\frac{\partial}{\partial x_1}\left(\frac{v_1}{h_2 h_3}\right) + \frac{\partial}{\partial x_2}\left(\frac{v_2}{h_3 h_1}\right) + \frac{\partial}{\partial x_3}\left(\frac{v_3}{h_1 h_2}\right)\right\}, \qquad (013.8)$$

$$\nabla \times \boldsymbol{v} \equiv \mathbf{rot}\, \boldsymbol{v} = \mathbf{e}_1 h_2 h_3 \left\{\frac{\partial}{\partial x_2}\left(\frac{v_3}{h_3}\right) - \frac{\partial}{\partial x_3}\left(\frac{v_2}{h_2}\right)\right\} + \mathbf{e}_2 h_3 h_1 \left\{\frac{\partial}{\partial x_3}\left(\frac{v_1}{h_1}\right) - \frac{\partial}{\partial x_1}\left(\frac{v_3}{h_3}\right)\right\}$$
$$+ \mathbf{e}_3 h_1 h_2 \left\{\frac{\partial}{\partial x_1}\left(\frac{v_2}{h_2}\right) - \frac{\partial}{\partial x_2}\left(\frac{v_1}{h_1}\right)\right\}, \qquad (013.9)$$

$$\triangle f \equiv \operatorname{div} \mathbf{grad} f = h_1 h_2 h_3 \left\{\frac{\partial}{\partial x_1}\left(\frac{h_1}{h_2 h_3} \frac{\partial f}{\partial x_1}\right) + \frac{\partial}{\partial x_2}\left(\frac{h_2}{h_3 h_1} \frac{\partial f}{\partial x_2}\right)\right.$$
$$\left. + \frac{\partial}{\partial x_3}\left(\frac{h_3}{h_1 h_2} \frac{\partial f}{\partial x_3}\right)\right\}. \qquad (013.10)$$

$\mathbf{e}_i$ sind die Einheitsvektoren in Richtung x_i, d. h. senkrecht zu den Flächen $f_i = \text{const.}$

Die erste dieser Gleichungen folgt leicht, wenn man einmal die Richtungsableitung von f nach einer Richtung $\mathbf{e}$ direkt bildet:

$$\frac{df}{ds} = \sum \frac{\partial f}{\partial x_i} \frac{dx_i}{ds} = \sum \frac{\partial f}{\partial x_i} \frac{1}{h_i} \frac{ds_i}{ds} = \sum \frac{1}{h_i} \frac{\partial f}{\partial x_i} \mathbf{e}\, \mathbf{e}_i = \mathbf{e} \sum \frac{1}{h_i} \frac{\partial f}{\partial x_i} \mathbf{e}_i,$$

zum anderen Gl. (012.22) dafür benützt. Der Vergleich ergibt Gl. (013.7). Um von einem Vektorfeld $\boldsymbol{v} = \sum_1^3 v_i \mathbf{e}_i$ Divergenz und Rotor in einem krummlinigen System zu bilden, muß man die Ortsabhängigkeit der $\mathbf{e}_i$ berücksichtigen. Wenn man $\nabla \mathbf{e}_i$, $\nabla \times \mathbf{e}_i$ berechnet hat, kann man auf die Summanden $v_i \mathbf{e}_i$ die Gl. (012.19), (012.20) anwenden und so $\nabla \boldsymbol{v}$, $\nabla \times \boldsymbol{v}$ erhalten. Da nach Gl. (012.21)

$$\operatorname{div} \mathbf{e}_1 = \operatorname{div}(\mathbf{e}_2 \times \mathbf{e}_3) = \mathbf{e}_3(\mathbf{rot}\, \mathbf{e}_2) - \mathbf{e}_2(\mathbf{rot}\, \mathbf{e}_3)$$

usf. ist, genügt es, $\mathbf{rot}\, \mathbf{e}_i$ zu kennen. Dies erhält man z. B. auf folgendem Wege: Nach Gl. (012.20) ist

$$\mathbf{rot}\, h_i \mathbf{e}_i = h_i\, \mathbf{rot}\, \mathbf{e}_i - \mathbf{e}_i \times \mathbf{grad}\, h_i.$$

Andererseits ist auf Grund von Gl. (013.7) $\mathbf{grad}\, x_i = h_i \mathbf{e}_i$. Daher verschwindet die linke Seite der letzten Gleichung als Rotor eines Gradienten identisch. Somit ist

$$\mathbf{rot}\, \mathbf{e}_i = \frac{1}{h_i} \mathbf{e}_i \times \mathbf{grad}\, h_i;$$

nun braucht man nur ∇h_i nach Gl. (013.7) einzusetzen.

Eine andere Herleitung mit Hilfe der in Kap. 014 behandelten Integralsätze findet man z. B. in [*3*].

Definiert man für Vektoren $\triangle \boldsymbol{v} = \sum \mathbf{e}_i \triangle v_i$, so gilt in diesen allgemeineren Koordinatensystemen die Gl. (012.14) nicht mehr. Folgende Definition ist gebräuchlich:

$$\nabla^2 \boldsymbol{v} = \mathbf{grad}\,\mathrm{div}\,\boldsymbol{v} - \mathbf{rot}\,\mathbf{rot}\,\boldsymbol{v} = \nabla(\nabla \boldsymbol{v}) - \nabla \times \nabla \times \boldsymbol{v}. \qquad (013.11)$$

Im allgemeinen ist daher $\nabla^2 \boldsymbol{v} \neq \triangle \boldsymbol{v}$. Siehe dazu auch [*103*].

Beispiele. a) Kreiszylinderkoordinaten (Abb. 01.3):

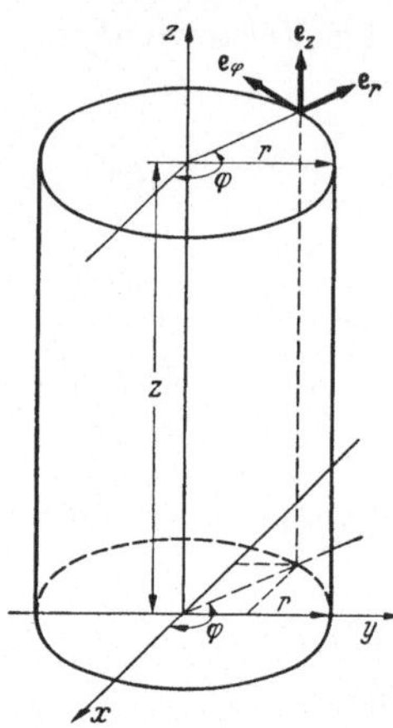

Abb. 01.3. Kreiszylinderkoordinaten r, φ, z und zugehörige Einheitsvektoren.

$x_1 = r = \sqrt{x^2 + y^2}$ (Abstand von der Achse),

$x_2 = \varphi = \arc\tan \frac{y}{x}$,

$x_3 = z$ (Achsenrichtung),

r = const: Kreiszylinder mit der Achse z,

φ = const: Meridianebenen durch die Achse,

z = const: Ebenen senkrecht zur Achse.

$$x = r\cos\varphi, \qquad y = r\sin\varphi, \qquad z = z.$$

$$\frac{1}{h_1^2} = \left(\frac{\partial x}{\partial r}\right)^2 + \left(\frac{\partial y}{\partial r}\right)^2 + \left(\frac{\partial z}{\partial r}\right)^2 = \cos^2\varphi + \sin^2\varphi = 1;$$

$$\frac{1}{h_2^2} = r^2\sin^2\varphi + r^2\cos^2\varphi = r^2; \qquad \frac{1}{h_3^2} = 1.$$

$$h_1 = h_3 = 1, \qquad h_2 = \frac{1}{r}.$$

$$\nabla f = \mathbf{e}_r \frac{\partial f}{\partial r} + \mathbf{e}_\varphi \frac{1}{r}\frac{\partial f}{\partial \varphi} + \mathbf{e}_z \frac{\partial f}{\partial z},$$

$$\nabla \boldsymbol{v} = \frac{1}{r}\frac{\partial}{\partial r}(r\,v_r) + \frac{1}{r}\frac{\partial v_\varphi}{\partial \varphi} + \frac{\partial v_z}{\partial z},$$

$$\nabla \times \boldsymbol{v} = \mathbf{e}_r\left(\frac{1}{r}\frac{\partial v_z}{\partial \varphi} - \frac{\partial v_\varphi}{\partial z}\right) + \mathbf{e}_\varphi\left(\frac{\partial v_r}{\partial z} - \frac{\partial v_z}{\partial r}\right) + \mathbf{e}_z\left(\frac{1}{r}\frac{\partial (r\,v_\varphi)}{\partial r} - \frac{1}{r}\frac{\partial v_r}{\partial \varphi}\right),$$

$$\triangle f = \frac{1}{r}\frac{\partial}{\partial r}\left(r\frac{\partial f}{\partial r}\right) + \frac{1}{r^2}\frac{\partial^2 f}{\partial \varphi^2} + \frac{\partial^2 f}{\partial z^2}.$$

b) Räumliche Polarkoordinaten (Abb. 01.4):

$x_1 = R$ (Abstand von 0), $x_2 = \vartheta$ (Winkel gegen die Nord-Süd-Achse z),

$x_3 = \psi$ (Azimut = geographische Länge),

$x = R\sin\vartheta\cos\psi, \qquad y = R\sin\vartheta\sin\psi,$

$z = R\cos\vartheta.$

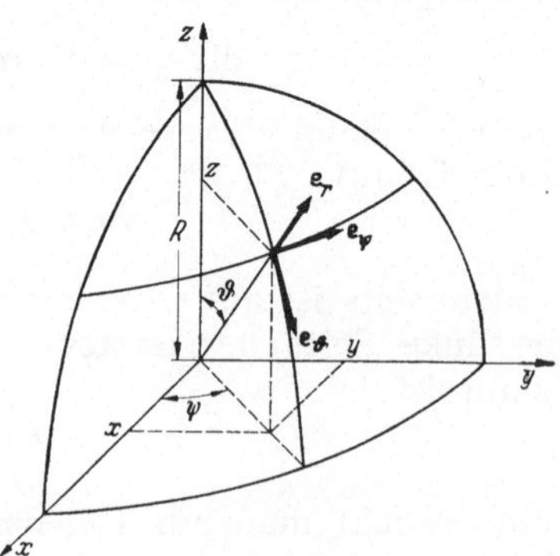

Abb. 01.4. Räumliche Polarkoordinaten R, ϑ, ψ und zugehörige Einheitsvektoren.

$$h_1 = 1, \quad h_2 = \frac{1}{R}, \quad h_3 = \frac{1}{R\sin\vartheta}.$$

$$\nabla f = \mathbf{e}_R \frac{\partial f}{\partial R} + \mathbf{e}_\vartheta \frac{1}{R}\frac{\partial f}{\partial\vartheta} + \mathbf{e}_\psi \frac{1}{R\sin\vartheta}\frac{\partial f}{\partial\psi},$$

$$\nabla \boldsymbol{v} = \frac{1}{R^2}\frac{\partial(R^2 v_R)}{\partial R} + \frac{1}{R\sin\vartheta}\frac{\partial(v_\vartheta\sin\vartheta)}{\partial\vartheta} + \frac{1}{R\sin\vartheta}\frac{\partial v_\psi}{\partial\psi},$$

$$\nabla\times\boldsymbol{v} = \mathbf{e}_R\frac{1}{R\sin\vartheta}\left[\frac{\partial(v_\psi\sin\vartheta)}{\partial\vartheta} - \frac{\partial v_\vartheta}{\partial\psi}\right] + \mathbf{e}_\vartheta\left[\frac{1}{R\sin\vartheta}\frac{\partial v_R}{\partial\psi} - \frac{1}{R}\frac{\partial(R v_\psi)}{\partial R}\right] + \mathbf{e}_\psi\frac{1}{R}\left[\frac{\partial(R v_\vartheta)}{\partial R} - \frac{\partial v_R}{\partial\vartheta}\right],$$

$$\triangle f = \frac{1}{R^2}\frac{\partial}{\partial R}\left(R^2\frac{\partial f}{\partial R}\right) + \frac{1}{R^2\sin\vartheta}\left[\frac{\partial}{\partial\vartheta}\left(\sin\vartheta\frac{\partial f}{\partial\vartheta}\right) + \frac{\partial^2 f}{\partial\psi^2}\right].$$

c) Allgemeine Zylinderkoordinaten: $x_3 = z$;

$x_1 = x_1(x, y)$ und $x_2 = x_2(x, y)$ sind irgendwelche orthogonalen Koordinaten in den Ebenen senkrecht zur Achse z. Es ist dann

$$\frac{1}{h_1^2} = \left(\frac{\partial x}{\partial x_1}\right)^2 + \left(\frac{\partial x}{\partial x_2}\right)^2, \quad \frac{1}{h_2^2} = \left(\frac{\partial y}{\partial x_1}\right)^2 + \left(\frac{\partial y}{\partial x_2}\right)^2, \quad h_3 = 1. \tag{013.12}$$

h_1 und h_2 sind unabhängig von z.

Es folgt dann insbesondere

$$\triangle f = \triangle_{\mathrm{tr}} f + \frac{\partial^2 f}{\partial z^2}, \tag{013.13}$$

wenn $\triangle_{\mathrm{tr}}$ der LAPLACE-Operator in den Transversalebenen $z = \mathrm{const}$ bedeutet:

$$\triangle_{\mathrm{tr}} f = h_1 h_2 \left\{\frac{\partial}{\partial x_1}\left(\frac{h_1}{h_2}\frac{\partial f}{\partial x_1}\right) + \frac{\partial}{\partial x_2}\left(\frac{h_2}{h_1}\frac{\partial f}{\partial x_2}\right)\right\}; \tag{013.14}$$

ferner

$$\nabla^2 \boldsymbol{v} = \nabla_{\mathrm{tr}}^2 \boldsymbol{v} + \frac{\partial^2 \boldsymbol{v}}{\partial z^2},$$

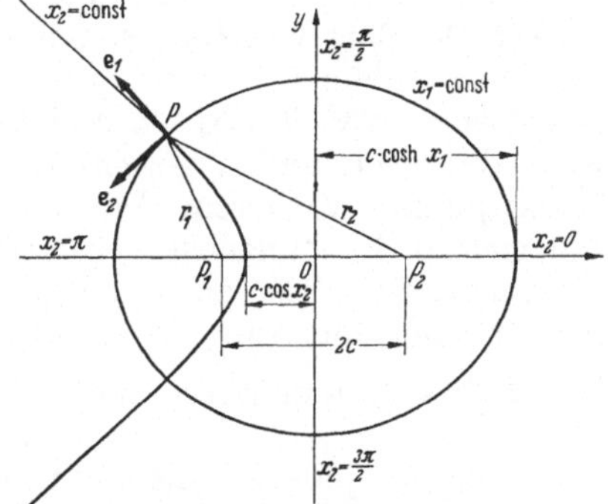

Abb. 01.5. Ebene elliptische Koordinaten x_1, x_2.

wo in dem Operator ∇_{tr}^2 nur Ableitungen nach x_1 und x_2 vorkommen. In diesen Ausdrücken erweist sich der kartesische Charakter der Koordinate z.

Beispiel a) ist der Sonderfall eines solchen Systems, in dem für x_1, x_2 ebene Polarkoordinaten genommen werden. Ein weiterer Spezialfall sind die

d) Koordinaten des elliptischen Zylinders. Hier sind x_1, x_2 in c) elliptische Koordinaten in der Ebene. Diese sind wie folgt definiert: r_1, r_2 seien die Abstände eines beliebigen Punktes P in der x, y-Ebene von den beiden festen Zentren $P_1(-c, 0)$ und $P_2(+c, 0)$ auf der x-Achse (Abb. 01.5). Dann sind die elliptischen Koordinaten x_1, x_2 von P durch

$$\cosh x_1 = \frac{r_1 + r_2}{2c}, \quad \cos x_2 = \frac{r_1 - r_2}{2c}$$

gegeben. $x_1 = \mathrm{const}$ bzw. $x_2 = \mathrm{const}$ sind in der Ebene die konfokalen Ellipsen bzw. Hyperbeln zu den Brennpunkten P_1 und P_2, im Raum die dazugehörigen elliptischen bzw. hyperbolischen Zylinder. Die Ellipse $x_1 = \text{const}$ besitzt die Halbachsen $a = c\cosh x_1$ und $b = c\sinh x_1$, daher lautet ihre Gleichung

$$\frac{x^2}{\cosh^2 x_1} + \frac{y^2}{\sinh^2 x_1} = c^2.$$

Entsprechend die der Hyperbeln $x_2 = \text{const}$

$$\frac{x^2}{\cos^2 x_2} - \frac{y^2}{\sin^2 x_2} = c^2.$$

Auflösung ergibt

$$x = c\cosh x_1 \cos x_2, \qquad y = c\sinh x_1 \sin x_2,$$

und daraus folgt nach Gl. (013.12)

$$h_1 = h_2 = \frac{1}{c\sqrt{\cosh^2 x_1 - \cos^2 x_2}}, \qquad h_3 = 1.$$

014 Integralsätze.

Die Integralsätze von Gauss, Green und Stokes finden vielfache Anwendung bei der Behandlung elektromagnetischer Felder. Wir beschränken uns auf die Formulierung dieser Sätze unter recht allgemeinen Voraussetzungen und auf anschauliche Deutungen, während wir die Beweise nur skizzieren.

0141 Der Satz von Gauss. Sei V ein räumlicher Bereich, der von einer geschlossenen Fläche F mit gewissen Regularitätseigenschaften begrenzt wird: bis auf endlich viele Kanten und Ecken soll auf F die Tangentialebene — und damit der nach außen gerichtete Normaleinheitsvektor $\boldsymbol{n}$ — stetig mit dem Flächenpunkte variieren. Sei ferner f ein beliebiges stetig differenzierbares Skalarfeld in V. Zunächst werde noch vorausgesetzt, daß die Berandung F von V mit jeder Parallelen zur z-Achse entweder keinen Punkt oder einen Punkt oder eine Strecke gemeinsam hat, nicht aber mehrere getrennte Punkte (Abb. 01.6a). Dann läßt sich in dem Ausdruck $\iiint\limits_V \frac{\partial f}{\partial z}\, dx\, dy\, dz$ die Integration nach z direkt ausführen; für jede Parallele zur z-Achse, die die Fläche trifft, ergibt sich die Differenz von $f\, dx\, dy$ am oberen bzw. unteren Durchstoßungspunkt. Dort ist

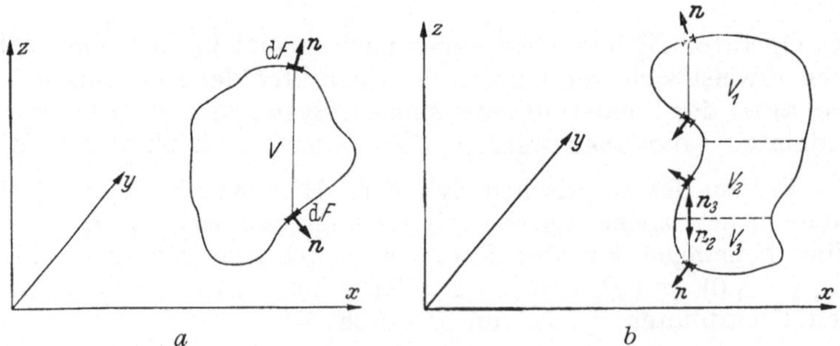

Abb. 01.6 a u. b. Zur Ableitung des Gaussschen Satzes.

$dx\, dy = +dF\cos(\boldsymbol{n}, \mathbf{e}_z)$ bzw. $-dF\cos(\boldsymbol{n}, \mathbf{e}_z)$ (vgl. Abb. 01.6a), so daß das negative Vorzeichen von der unteren Integrationsgrenze wieder aufgehoben wird (dF = Flächenelement, $dx\, dy\, dz = dV$ = Volumenelement).

Demnach ist

$$\iiint\limits_V \frac{\partial f}{\partial z}\,\mathrm{d}V = \iint\limits_F f\cos(\boldsymbol{n}, \mathbf{e}_z)\,\mathrm{d}F, \tag{014.1}$$

wo das Flächenintegral über die ganze Berandung zu erstrecken ist.

Von der obigen zusätzlichen Voraussetzung über V kann man sich frei machen. Durch Querschnitte parallel zur x, y-Ebene, die zum Flächenintegral keinen Beitrag liefern, kann man stets eine endliche Anzahl Bereiche der obigen Art herstellen (Abb. 01.6b).

Analoge Beziehungen bestehen für x und y an Stelle von z in Gl. (014.1). Daher gilt auch

$$\iiint\limits_V \mathbf{grad} f\,\mathrm{d}V = \iint\limits_F f\,\boldsymbol{n}\,\mathrm{d}F. \tag{014.2}$$

Wendet man Gl. (014.1) nacheinander auf v_x hinsichtlich x, v_y hinsichtlich y, v_z hinsichtlich z an, wo v_x, v_y, v_z die Komponenten eines Vektorfeldes $\boldsymbol{v}$ sind, und summiert, so erhält man den GAUSSschen Satz:

$$\iiint\limits_V \operatorname{div}\boldsymbol{v}\,\mathrm{d}V = \iint\limits_F \boldsymbol{v}\,\boldsymbol{n}\,\mathrm{d}F. \tag{014.3}$$

$\boldsymbol{v}\,\boldsymbol{n} = v_n$ ist die Komponente von $\boldsymbol{v}$ in Richtung der äußeren Normalen. Die Divergenz in einem Punkt P erscheint danach als der Grenzwert

$$\operatorname{div}\boldsymbol{v} = \lim_{V\to 0} \frac{\iint\limits_F \boldsymbol{v}\,\boldsymbol{n}\,\mathrm{d}F}{V},$$

worin $V = \iiint \mathrm{d}V$ ein kleines Volumen, etwa eine Kugel ist, das P im Innern enthält, F seine Berandung.

In Anlehnung an Begriffe aus der Strömungslehre bezeichnet man das Integral rechts in Gl. (014.3) als den „Hüllenfluß" durch die Fläche F, während $\operatorname{div}\boldsymbol{v}$ die örtliche „spezifische Ergiebigkeit" oder „Quelldichte" darstellt. Bedeutet $\boldsymbol{v}$ den Geschwindigkeitsvektor in einem zeitlich konstanten Strömungsfeld, so besagt der Satz von GAUSS nichts anderes, als daß pro Zeiteinheit ebensoviel Flüssigkeit durch die Hülle austritt (eintritt), wie von den „Quellen" („Senken") in ihrem Innern erzeugt (vernichtet) wird.

Ist $\boldsymbol{v}$ die dielektrische Verschiebungsdichte $\boldsymbol{D} = \varepsilon\boldsymbol{E}$ in einem elektrostatischen Feld, so stellen die Ladungen beiderlei Vorzeichens die Quellen und Senken dieses Vektorfeldes dar. Den Satz von GAUSS können wir dann so aussprechen:

Der Fluß des Vektors $\boldsymbol{D} = \varepsilon\boldsymbol{E}$ durch eine geschlossene Fläche F, d. i. das über F erstreckte Integral der Normalkomponente von $\boldsymbol{D}$, ist gleich der Summe der im Innern enthaltenen Ladungen:

$$\iint\limits_F \varepsilon\,\boldsymbol{E}_n\,\mathrm{d}F = \iiint\limits_V \varrho\,\mathrm{d}V \tag{014.4}$$

(ϱ = räumliche Ladungsdichte). Die Differentialform dieses Gesetzes, das für beliebige Flächen F gültig ist, lautet

$$\operatorname{div}\varepsilon\boldsymbol{E} = \varrho. \tag{014.5}$$

Gl. (014.5) gilt sowohl für zeitlich konstante wie auch veränderliche Felder und Ladungsverteilungen. Ist ε im betrachteten Gebiet ortsunabhängig und läßt sich zudem $\boldsymbol{E}$ als negativer Gradient aus einem skalaren Potential ableiten, $\boldsymbol{E} = -\nabla U$, so folgt aus Gl. (014.5) die sogenannte POISSONsche Gleichung

$$\nabla^2 U \equiv \triangle U = -\frac{\varrho}{\varepsilon}. \tag{014.6}$$

Ein Sonderfall davon für $\varrho \equiv 0$ ist die LAPLACEsche Gl. (012.9).

Der GAUSSsche Satz, Gl. (014.3), werde auf das Vektorfeld $\boldsymbol{v} = \boldsymbol{u} \times \boldsymbol{a}$ angewendet, in dem $\boldsymbol{a}$ ein beliebiger konstanter Vektor ist; es ist daher $\mathbf{rot}\,\boldsymbol{a} = 0$ und nach Gl. (012.21)

$$\operatorname{div} \boldsymbol{u} \times \boldsymbol{a} = \boldsymbol{a}\,\mathbf{rot}\,\boldsymbol{u},$$

folglich unter Benützung von Gl. (014.3) u. (011.3)

$$\boldsymbol{a} \iiint\limits_V \mathbf{rot}\,\boldsymbol{u}\,\mathrm{d}V = \iint\limits_F (\boldsymbol{u} \times \boldsymbol{a})\,\boldsymbol{n}\,\mathrm{d}F = \boldsymbol{a} \iint\limits_F (\boldsymbol{n} \times \boldsymbol{u})\,\mathrm{d}F$$

und da $\boldsymbol{a}$ beliebig war,

$$\iiint\limits_V \mathbf{rot}\,\boldsymbol{u}\,\mathrm{d}V = \iint\limits_F (\boldsymbol{n} \times \boldsymbol{u})\,\mathrm{d}F. \tag{014.7}$$

Die Beziehungen Gl. (014.2) und Gl. (014.7) sind dem Satz von GAUSS Gl. (014.3) an die Seite zu stellen.

Das Analogon von Gl. (014.3) in der Ebene lautet: Sei B ein Bereich der x, y-Ebene mit der Randkurve Γ, diese so orientiert, daß das Bereichinnere zur Linken liegt, und $\boldsymbol{w} = w_x\,\mathbf{e}_x + w_y\,\mathbf{e}_y$ ein ebenes Vektorfeld. Dann gilt

$$\iint\limits_B \left(\frac{\partial w_x}{\partial x} + \frac{\partial w_y}{\partial y}\right) \mathrm{d}x\,\mathrm{d}y = \int\limits_\Gamma (w_x\,\mathrm{d}y - w_y\,\mathrm{d}x). \tag{014.8}$$

Zum Schluß noch eine Anwendung der oben schon einmal herangezogenen hydrodynamischen Vorstellungen:

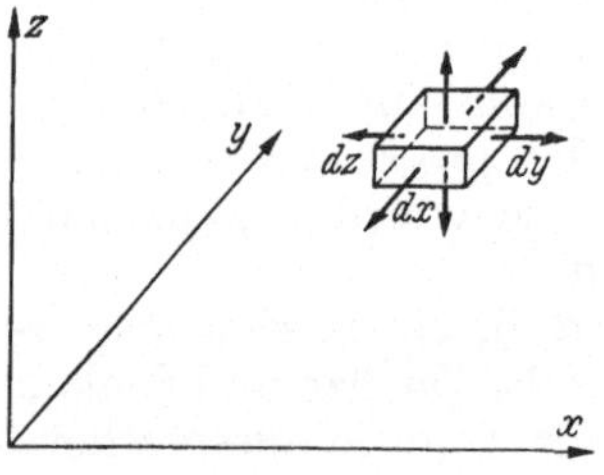

Es bedeute $\boldsymbol{v} = v_x\,\mathbf{e}_x + v_y\,\mathbf{e}_y + v_z\,\mathbf{e}_z$ wieder der Geschwindigkeitsvektor in einem (nun nicht mehr zeitlich konstant vorausgesetzten) Strömungsfeld, $\varrho(x, y, z, t)$ die Dichte des strömenden Mediums. Es sei $\mathrm{d}V$ ein infinitesimales rechtwinkliges Parallelepiped mit dem Mittelpunkt (x, y, z), dessen Kanten den Achsen parallel sind (Abb. 01.7); $\mathrm{d}x$, $\mathrm{d}y$, $\mathrm{d}z$ sind die Kantenlängen.

Abb. 01.7. Zur Ableitung der Kontinuitätsgleichung.

Durch die Flächen, die der y, z- bzw. x, z-bzw. x, y-Ebene parallel sind, tritt pro Zeitelement $\mathrm{d}t$ die Flüssigkeitsmenge

$$-\left(\varrho v_x - \frac{1}{2}\frac{\partial}{\partial x}(\varrho v_x)\,\mathrm{d}x\right)\mathrm{d}y\,\mathrm{d}z\,\mathrm{d}t \quad \text{bzw.} \quad -\left(\varrho v_y - \frac{1}{2}\frac{\partial}{\partial y}(\varrho v_y)\,\mathrm{d}y\right)\mathrm{d}x\,\mathrm{d}z\,\mathrm{d}t$$

$$\text{bzw.} \quad -\left(\varrho v_z - \frac{1}{2}\frac{\partial}{\partial z}(\varrho v_z)\,\mathrm{d}z\right)\mathrm{d}x\,\mathrm{d}y\,\mathrm{d}t$$

und

$$+\left(\varrho v_x + \frac{1}{2}\frac{\partial}{\partial x}(\varrho v_x)\,\mathrm{d}x\right)\mathrm{d}y\,\mathrm{d}z\,\mathrm{d}t \quad \text{bzw.} \quad +\left(\varrho v_y + \frac{1}{2}\frac{\partial}{\partial y}(\varrho v_y)\,\mathrm{d}y\right)\mathrm{d}x\,\mathrm{d}z\,\mathrm{d}t$$

$$\text{bzw.} \quad +\left(\varrho v_z + \frac{1}{2}\frac{\partial}{\partial z}(\varrho v_z)\,\mathrm{d}z\right)\mathrm{d}x\,\mathrm{d}y\,\mathrm{d}t$$

hindurch Insgesamt verläßt also pro Zeiteinheit die Flüssigkeitsmenge

$$\mathrm{d}m = \left[\frac{\partial}{\partial x}(\varrho v_x) + \frac{\partial}{\partial y}(\varrho v_y) + \frac{\partial}{\partial z}(\varrho v_z)\right] \mathrm{d}x\,\mathrm{d}y\,\mathrm{d}z = \operatorname{div}(\varrho \boldsymbol{v})\,\mathrm{d}V$$

das Volumen $\mathrm{d}V$. Diese Menge ist andererseits durch $-\frac{\partial \varrho}{\partial t}\mathrm{d}V$ gegeben, so daß

$$\operatorname{div}(\varrho \boldsymbol{v}) = -\frac{\partial \varrho}{\partial t}. \tag{014.9}$$

Gl. (014.9) trägt den Namen Kontinuitätsgleichung und ist, mit ϱ als Raumdichte der elektrischen Ladung, eine fundamentale Beziehung der Elektrodynamik.

0142 Die Sätze von Green. Nimmt man als $\boldsymbol{v}$ den Vektor

$$\boldsymbol{v} = f \nabla g,$$

wo f, g zwei Skalare sind, und wendet darauf den Gaussschen Satz Gl. (014.3) an, so folgt wegen $\nabla \boldsymbol{v} = \nabla f\, \nabla g + f \triangle g$ und $\boldsymbol{v}\,\boldsymbol{n} = f \nabla g\, \boldsymbol{n} = f \frac{\partial g}{\partial n}$ sogleich die 1. Greensche Formel

$$\iiint\limits_V \nabla f\, \nabla g\, \mathrm{d}V + \iiint\limits_V f \triangle g\, \mathrm{d}V = \iint\limits_F f \frac{\partial g}{\partial n}\, \mathrm{d}F. \tag{014.10}$$

$\frac{\partial}{\partial n}$ bedeutet Richtungsableitung nach der äußeren Normalen von F. Vertauscht man hierin die Rolle von f und g und zieht die entstehende Gleichung von Gl. (014.10) ab, so erhält man die 2. Greensche Formel:

$$\iiint\limits_V (f \triangle g - g \triangle f)\, \mathrm{d}V = \iint\limits_F \left(f \frac{\partial g}{\partial n} - g \frac{\partial f}{\partial n}\right) \mathrm{d}F. \tag{014.11}$$

Sonderfälle von Gl. (014.10):

a) $g \equiv f$ und f eine Potentialfunktion ($\triangle f = 0$):

$$\iiint\limits_V (\nabla f)^2\, \mathrm{d}V = \iint\limits_F f \frac{\partial f}{\partial n}\, \mathrm{d}F. \tag{014.12}$$

b) $f \equiv 1$:

$$\iiint\limits_V \triangle g\, \mathrm{d}V = \iint\limits_F \frac{\partial g}{\partial n}\, \mathrm{d}F. \tag{014.13}$$

c) $f \equiv 1$, $\triangle g \equiv 0$:

$$\iint\limits_F \frac{\partial g}{\partial n}\, \mathrm{d}F = 0. \tag{014.14}$$

Beim Satz von Gauss und den Greenschen Formeln, die eine Folge davon sind, kann man die anfangs gemachte Voraussetzung des einfachen Zusammenhanges[1] von V fallenlassen. Gilt sie nicht, besteht z. B. V aus mehreren getrennten Gebieten oder ist es etwa vom Typ einer Hohlkugel oder des Innern

[1] Wir nennen ein räumliches (bzw. ebenes) Gebiet einfach-zusammenhängend, wenn sich jede im Innern verlaufende geschlossene Fläche (Kurve) stetig auf einen im Gebiet enthaltenen Punkt zusammenziehen läßt, wobei nur Punkte des Gebietes überstrichen werden. Die Annahme einer einzigen geschlossenen Berandung ist für den einfachen Zusammenhang hinreichend.

eines Torus (Ringfläche) (Abb. 01.8), so können wir durch geeignete Hilfsflächen immer ein einfach-zusammenhängendes Integrationsgebiet herstellen; über diese Hilfsflächen ist dann zweimal zu integrieren, wobei $\boldsymbol{n}$ entgegengesetzte Orientierung besitzt, so daß hieraus keine Beiträge entspringen.

Wenn f und g in Gl. (014.10) oder (014.11) für großen Abstand R vom Nullpunkt wie $\frac{1}{R}$, ihre Ableitungen wie $\frac{1}{R^2}$ verschwinden, so bleiben diese Gleichungen auch für ein unendliches Gebiet V gültig. Stellt man nämlich mit Hilfe einer großen Kugel zunächst ein endliches Gebiet her und läßt deren

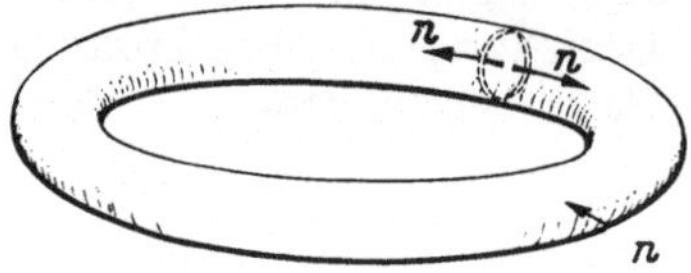

Abb. 01.8. Zur Erweiterung der Integralsätze von GAUSS und GREEN auf allgemeinere Gebiete: Torus.

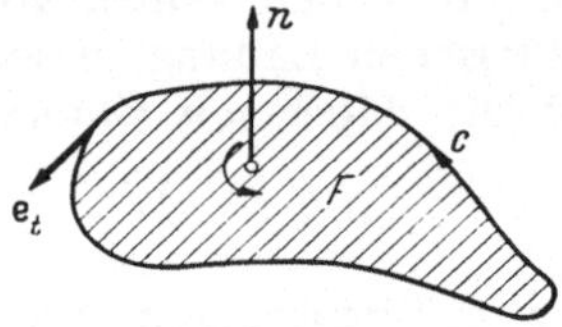

Abb. 01.9. Zur Ableitung des STOKESschen Satzes.

Radius R dann $\to\infty$ gehen, so strebt das Oberflächenintegral über die Kugel $\to 0$, denn deren Fläche wächst wie R^2, der Integrand ist aber $O\left(\frac{1}{R^3}\right)$.

Eine Vektorform der GREENschen Sätze erhält man, wenn man den Satz von GAUSS auf den Vektor

$$\boldsymbol{v} = \boldsymbol{u} \times \operatorname{rot} \boldsymbol{w}$$

anwendet und Gl. (012.21) heranzieht. Dann folgt

$$\iiint_V \{(\operatorname{rot} \boldsymbol{u})\,(\operatorname{rot} \boldsymbol{w}) - \boldsymbol{u} \times \operatorname{rot}\operatorname{rot} \boldsymbol{w}\}\, \mathrm{d}V = \iint_F (\boldsymbol{u} \times \operatorname{rot} \boldsymbol{w})\, \boldsymbol{n}\, \mathrm{d}F\,. \tag{014.15}$$

0143 Der Satz von STOKES. Sei F ein im obigen Sinne reguläres Flächenstück, das von einer mit stetiger Tangente (Einheitsvektor $\mathbf{e}_t$) versehenen geschlossenen Kurve C berandet wird. C darf auch endlich viele Ecken besitzen. Für die Kurve C sei ein bestimmter Durchlaufssinn vorgeschrieben, der zusammen mit der Richtung von $\boldsymbol{n}$ auf F eine Rechtsschraube bildet (Abb. 01.9).

Ist ein Vektorfeld $\boldsymbol{v}$ in einem Bereich V des R_3 gegeben, der F ganz im Innern enthält, so besagt der Satz von STOKES:

$$\iint_F (\operatorname{rot} \boldsymbol{v})\, \boldsymbol{n}\, \mathrm{d}F = \int_C \boldsymbol{v}\, \mathbf{e}_t\, \mathrm{d}s \tag{014.16}$$

($\mathrm{d}s$ = Bogendifferential auf C). Das über F erstreckte Integral der Normalkomponente des Rotors von $\boldsymbol{v}$ ist also gleich dem Randintegral des Vektors $\boldsymbol{v}$ selber. Nach Gl. (014.16) ist das Flächenintegral vom speziell gewählten Flächenstück unabhängig und verschwindet insbesondere für eine geschlossene Fläche. Letzteres folgt auch aus dem GAUSSschen Integralsatz, angewandt auf $\boldsymbol{w} = \nabla \times \boldsymbol{v}$, denn dieses Feld ist quellenfrei [Gl. (012.13)].

Beim Beweis von Gl. (014.16) kann man z. B. so vorgehen, daß man F approximiert durch ein benachbartes Flächenstück aus vielen kleinen Ebenenstücken und die Richtigkeit von Gl. (014.16) zunächst für ein solches ebenes Flächenstück zeigt. Bei der Aufteilung in kleine Teilflächen, für die man die vorkommenden Integrale bildet, heben sich die Beiträge der inneren Konturen zum Linienintegral weg, und es bleibt $\int\limits_C$. Macht man die ebenen Flächenstücke feiner und feiner, so läßt sich F immer besser approximieren, und in der Grenze folgt Gl. (014.16) für ein allgemeines F der betrachteten Art.

Um Gl. (014.16) für ein ebenes Flächenstück zu zeigen, betrachten wir in einer ξ, η-Ebene (kartesisches Koordinatensystem) einen einfach-zusammenhängenden Bereich B mit der Berandung Γ; für diesen Fall folgt aber der STOKESsche Satz

$$\int\limits_\Gamma (v_\xi \,\mathrm{d}\xi + v_\eta \,\mathrm{d}\eta) = \iint\limits_B \left(\frac{\partial v_\eta}{\partial \xi} - \frac{\partial v_\xi}{\partial \eta}\right) \mathrm{d}\xi \,\mathrm{d}\eta$$

direkt aus dem Satz von GAUSS Gl. (014.8), wenn man ihn auf den Vektor

$$\boldsymbol{w} = -v_\eta \,\mathbf{e}_\xi + v_\xi \,\mathbf{e}_\eta$$

anwendet.

Literatur: [*2*, *3*, *19*, *45*].

02 Determinanten und Matrizen.

021 Determinanten.

Wir geben hier die wichtigsten Eigenschaften von und Rechenregeln für Determinanten.

Eine Determinante

$$D = |a_{ik}| = \begin{vmatrix} a_{11} & a_{12} & \cdots & a_{1n} \\ a_{21} & a_{22} & \cdots & a_{2n} \\ \vdots & & & \\ a_{n1} & a_{n2} & \cdots & a_{nn} \end{vmatrix} \tag{021.1}$$

ist eine Zahl, die in bestimmter Weise aus den a_{ik}, ihren „Elementen", gebildet wird. Die a_{ik} sind selbst reelle oder komplexe Zahlen, die man in dem quadratischen Schema Gl. (021.1) anordnet. Der erste Index i ist die Nummer der Zeile, der zweite die der Spalte dieses Schemas. Die Zahl n der Zeilen und Spalten heißt der Grad der Determinante.

a) Die Zahl D, der „Wert" von D läßt sich durch Entwicklung nach einer beliebigen Zeile oder Spalte berechnen:

$$D = a_{i1} A_{i1} + a_{i2} A_{i2} + \cdots + a_{in} A_{in} \tag{021.2a}$$

$$= a_{1k} A_{1k} + a_{2k} A_{2k} + \cdots + a_{nk} A_{nk}. \tag{021.2b}$$

Dabei ist A_{ik} die „Adjunkte" des Elements a_{ik}. Sie wird aus D erhalten, wenn man ihre i-te Zeile und k-te Spalte streicht und die so entstehende Determinante $(n-1)$-ten Grades mit dem Vorzeichenfaktor $(-1)^{i+k}$ versieht. Die Adjunkte von a_{32}, dem Element in der 3. Zeile und 2. Spalte ist also

$$A_{32} = (-1)^{3+2} \begin{vmatrix} a_{11} & a_{13} & a_{14} & \cdots & a_{1n} \\ a_{21} & a_{23} & a_{24} & \cdots & a_{2n} \\ a_{41} & a_{43} & a_{44} & \cdots & a_{4n} \\ a_{51} & a_{53} & a_{54} & \cdots & a_{5n} \\ \vdots & & & & \\ a_{n1} & a_{n3} & a_{n4} & \cdots & a_{nn} \end{vmatrix}.$$

Stehen in D ober- oder unterhalb der Hauptdiagonale lauter Nullen, so ist D gleich dem Produkt der Elemente in der Hauptdiagonale

$$\begin{vmatrix} a_{11} & 0 & 0 & \dots & 0 \\ a_{21} & a_{22} & 0 & \dots & 0 \\ \vdots & & \ddots & & \\ a_{n1} & a_{n2} & a_{n3} & \dots & a_{nn} \end{vmatrix} = a_{11} a_{22} \dots a_{nn} = \prod_{i=1}^{n} a_{ii}. \tag{021.3}$$

b) Bei Vertauschung von Zeilen und Spalten („Transposition") des quadratischen Zahlenschemas bleibt der Wert von D erhalten.

$$|a_{ki}| = |a_{ik}|. \tag{021.4}$$

c) Der Wert von D ändert sich nicht, wenn ein Vielfaches einer Zeile (bzw. Spalte) zu einer anderen Zeile (bzw. Spalte) addiert wird. Daher verschwindet D, wenn sich eine Zeile (bzw. Spalte) linear aus den übrigen kombinieren läßt, insbesondere, wenn zwei Zeilen (bzw. Spalten) gleich oder einander proportional sind.

d) Die Vertauschung zweier benachbarter Zeilen oder zweier benachbarter Spalten bewirkt eine Vorzeichenumkehr im Wert von D.

e) Aus einer Zeile oder Spalte läßt sich ein den Elementen dieser Zeile (bzw. Spalte) gemeinsamer Faktor herausziehen.

$$\begin{vmatrix} a_{11} & a_{12} & \dots & a_{1n} \\ \vdots & & & \\ \lambda a_{i1} & \lambda a_{i2} & \dots & \lambda a_{in} \\ \vdots & & & \\ a_{n1} & a_{n2} & \dots & a_{nn} \end{vmatrix} = \begin{vmatrix} a_{11} & \dots & \lambda a_{1k} & \dots & a_{1n} \\ a_{21} & \dots & \lambda a_{2k} & \dots & a_{2n} \\ \vdots & & & & \\ a_{n1} & \dots & \lambda a_{nk} & \dots & a_{nn} \end{vmatrix} = \lambda |a_{ik}|. \tag{021.5}$$

Multipliziert man daher alle Elemente von D mit einer Konstanten λ, so ist der Wert der neuen Determinanten $= \lambda^n D$:

$$|(\lambda a_{ik})| = \lambda^n |a_{ik}|. \tag{021.6}$$

f) Das Produkt zweier Determinanten n-ten Grades $|a_{ik}|$, $|b_{ik}|$ ist wieder eine Determinante n-ten Grades und wird auf vier verschiedene Weisen erhalten, wovon wir eine angeben:

$$|a_{ik}|\,|b_{ik}| = |c_{ik}| \tag{021.7}$$

mit

$$c_{ik} = \sum_{j=1}^{n} a_{ij} b_{jk}. \tag{021.7a}$$

Das bedeutet: Man erhält das in der i-ten Zeile und k-ten Spalte stehende Element der Produktdeterminante, wenn man die i-te Zeile des ersten Faktors, a_{ij} $(j = 1, \dots, n)$, mit der k-ten Spalte des zweiten Faktors b_{jk} $(j = 1, \dots, n)$, kombiniert, d. h. das erste Element mit dem ersten Element, das zweite mit dem zweiten usf. multipliziert und die Produkte addiert. Dies entspricht der Bildung des Skalarproduktes zweier Vektoren im n-dimensionalen Raum, deren Komponenten a_{ij} bzw. b_{jk} $(j = 1, \dots, n)$ sind.

Bei den drei anderen Multiplikationsarten werden Spalten des 1. Faktors mit Spalten des 2., bzw. Zeilen des 1. Faktors mit Zeilen des 2., bzw. Spalten des 1. Faktors mit Zeilen des 2. kombiniert.

g) Die Ableitung einer Determinante, deren Elemente Funktionen einer Variablen x sind, nach x ist die Summe von n Determinanten, in denen jeweils die Elemente einer Spalte (oder auch Zeile) differenziert werden:

$$\frac{\mathrm{d}}{\mathrm{d}x}\left|a_{ik}(x)\right|$$
$$=\begin{vmatrix} a'_{11} & a_{12} & \cdots & a_{1n} \\ \vdots & & & \\ a'_{n1} & a_{n2} & \cdots & a_{nn} \end{vmatrix} + \begin{vmatrix} a_{11} & a'_{12} & \cdots & a_{1n} \\ \vdots & & & \\ a_{n1} & a'_{n2} & \cdots & a_{nn} \end{vmatrix} + \cdots + \begin{vmatrix} a_{11} & a_{12} & \cdots & a'_{1n} \\ \vdots & & & \\ a_{n1} & a_{n2} & \cdots & a'_{nn} \end{vmatrix} \tag{021.8}$$

mit $a'_{ik} = \frac{\mathrm{d}a_{ik}}{\mathrm{d}x}$.

h) Nimmt man in Gl. (021.2 a) bzw. (021.2b) statt der Adjunkten zur i-ten Zeile (bzw. k-ten Spalte) die zu einer anderen Zeile (bzw. Spalte), so erhält man Null:

$$a_{i1}A_{j1} + a_{i2}A_{j2} + \cdots + a_{in}A_{jn} = 0 \quad (j \neq i), \tag{021.9a}$$
$$a_{1k}A_{1l} + a_{2k}A_{2l} + \cdots + a_{nk}A_{nl} = 0 \quad (l \neq k). \tag{021.9b}$$

Dies folgt bei der Entwicklung der aus D entstehenden Determinante, wenn die j-te Zeile durch die i-te (bzw. l-te Spalte durch die k-te) ersetzt wird, nach dieser Zeile (bzw. Spalte). In der neuen Determinante stimmen jetzt zwei Zeilen (bzw. Spalten) überein. Mit dem KRONECKERschen Symbol

$$\delta_{ik} = \begin{cases} 0, & i \neq k \\ 1, & i = k \end{cases} \tag{021.10}$$

kann man Gl. (021.2a), (021.9a) gemeinsam schreiben in der Form

$$\sum_{\mu=1}^{n} a_{i\mu} A_{j\mu} = D\,\delta_{ij}, \tag{021.11 a}$$

ebenso

$$\sum_{\mu=1}^{n} a_{\mu k} A_{\mu l} = D\,\delta_{kl}. \tag{021.11 b}$$

022 Matrizen.

Derartigen quadratischen Zahlenschemata, wie sie in Gl. (021.1) stehen, begegnet man bei linearen Gleichungssystemen oder linearen Transformationen. Im ersten Fall ist, bei gleicher Anzahl n von Unbekannten x_i ($i = 1, 2, \ldots, n$) und Gleichungen, die Lösung eines Systems

$$\begin{aligned} a_{11}x_1 + a_{12}x_2 + \cdots + a_{1n}x_n &= b_1 \\ a_{21}x_1 + a_{22}x_2 + \cdots + a_{2n}x_n &= b_2 \\ \vdots \\ a_{n1}x_1 + a_{n2}x_2 + \cdots + a_{nn}x_n &= b_n \end{aligned} \tag{022.1}$$

gesucht. Im zweiten Falle wird durch eben dieses Gleichungssystem das n-Tupel von bekannten Zahlen $x_1, x_2 \ldots x_n$ in ein neues $b_1, b_2 \ldots b_n$ transformiert. Dies geschieht z. B. in einem Vierpol, wo die Ströme am Ein- und Ausgang I_1, I_2

mit den Spannungen am Ein- und Ausgang U_1, U_2 durch die beiden Gleichungen [16]

$$\begin{aligned} U_1 &= Z_{11} I_1 + Z_{12} I_2 \\ U_2 &= Z_{21} I_1 + Z_{22} I_2 \end{aligned} \tag{022.2}$$

zusammenhängen. Hier wird das Schema von den vier Größen

$$\begin{matrix} Z_{11} & Z_{12} \\ Z_{21} & Z_{22} \end{matrix} \tag{022.2a}$$

gebildet. Es hat sich nun als zweckmäßig erwiesen, das Koeffizientenschema in Gl. (022.1) als eine einzige Rechengröße, eine „*Matrix*" anzusehen und dafür Rechenregeln zu definieren, die der Verwendung bei linearen Gleichungssystemen und Transformationen angepaßt sind. Matrizen sind keine Zahlen in gewöhnlichem Sinn, besitzen auch nicht, wie Determinanten, einen Zahlenwert.

Es bezeichne also

$$\mathsf{M} = \|a_{ik}\| = \left\| \begin{matrix} a_{11} & a_{12} & \dots & a_{1m} \\ a_{21} & a_{22} & \dots & a_{2m} \\ \vdots & & & \\ a_{n1} & a_{n2} & \dots & a_{nm} \end{matrix} \right\| \tag{022.3}$$

eine Matrix mit n Zeilen und m Spalten (wir lassen zunächst ein rechteckiges Schema zu). Ihre $n \cdot m$ Elemente a_{ik} seien irgendwelche reelle oder komplexe Zahlen. Ist insbesondere $n = m$, wie in Gl. (022.1) oder (022.2), so nennen wir die Matrix *quadratisch*. Mit Matrizen lassen sich folgende Rechenoperationen ausführen:

Addition von Matrizen. Die Addition zweier Matrizen ist nur erklärt, wenn die beiden Summanden in Zeilenanzahl n *und* Spaltenanzahl m übereinstimmen, und wird elementweise vorgenommen, d. h. man addiert an gleicher Stelle stehende Elemente:

$$\|a_{ik}\| \underset{(-)}{+} \|b_{ik}\| = \|c_{ik}\|$$

mit $$(i = 1, \dots, n;\; k = 1, \dots, m). \tag{022.4}$$

$$c_{ik} = a_{ik} \underset{(-)}{+} b_{ik}$$

Beispiel:

$$\left\| \begin{matrix} a_{11} & a_{12} \\ a_{21} & a_{22} \end{matrix} \right\| + \left\| \begin{matrix} b_{11} & b_{12} \\ b_{21} & b_{22} \end{matrix} \right\| = \left\| \begin{matrix} a_{11} + b_{11} & a_{12} + b_{12} \\ a_{21} + b_{21} & a_{22} + b_{22} \end{matrix} \right\|. \tag{022.5}$$

Dementsprechend nennen wir zwei Matrizen nur dann gleich, wenn sie in allen Elementen übereinstimmen. Ihre Differenz ist dann die „Nullmatrix", die als Elemente lauter Nullen hat:

$$\mathsf{0} = \left\| \begin{matrix} 0 & \dots & 0 \\ \vdots & & \\ 0 & \dots & 0 \end{matrix} \right\|.$$

Bei der Multiplikation einer Matrix mit einer (reellen oder komplexen) Zahl c wird jedes Element mit diesem Faktor versehen:

$$c\,\mathsf{M} = c\,\|a_{ik}\| = \|c\,a_{ik}\| = \left\| \begin{matrix} c\,a_{11} & \dots & c\,a_{1m} \\ \vdots & & \\ c\,a_{n1} & \dots & c\,a_{nm} \end{matrix} \right\|. \tag{022.6}$$

Man beachte den Unterschied gegenüber einer Determinante n-ten Grades, bei der $|(c\,a_{ik})| = c^n\,|a_{ik}|$.

Die *Differentiation* einer Matrix, deren Elemente Funktionen eines Parameters x sind, nach x wird ebenfalls elementweise ausgeführt:

$$\frac{\mathrm{d}}{\mathrm{d}x}\,\mathsf{M} = \frac{\mathrm{d}}{\mathrm{d}x}\,\|a_{ik}\| = \left\|\frac{\mathrm{d}a_{ik}}{\mathrm{d}x}\right\| = \begin{Vmatrix} \frac{\mathrm{d}a_{11}}{\mathrm{d}x} & \cdots & \frac{\mathrm{d}a_{1m}}{\mathrm{d}x} \\ \vdots & & \\ \frac{\mathrm{d}a_{n1}}{\mathrm{d}x} & \cdots & \frac{\mathrm{d}a_{nm}}{\mathrm{d}x} \end{Vmatrix}. \tag{022.7}$$

Der „Operator" $\frac{\mathrm{d}}{\mathrm{d}x}$ verhält sich hier wie eine skalare Zahl. Entsprechend gilt für die Integration:

$$\int \|a_{ik}\|\,\mathrm{d}x = \left\|\left(\int a_{ik}\,\mathrm{d}x\right)\right\|. \tag{022.8}$$

Multiplikation zweier Matrizen. Das Produkt $\mathsf{M}_1\,\mathsf{M}_2$ zweier Matrizen $\mathsf{M}_1 = \|a_{ik}\|$, $\mathsf{M}_2 = \|b_{ik}\|$ läßt sich immer dann bilden, wenn

$$m_1 = n_2,$$

d. h., wenn die Spaltenanzahl m_1 des ersten Faktors mit der Zeilenanzahl n_2 des zweiten Faktors übereinstimmt, und zwar nach der in Gl. (021.7a) ausgedrückten Vorschrift der Kombination der Zeilen des ersten Faktors mit den Spalten des zweiten Faktors. Das Element c_{ik} der Produktmatrix $\mathsf{M} = \mathsf{M}_1\,\mathsf{M}_2$, das in die i-te Zeile und k-te Spalte kommt, ist das „Skalarprodukt" der i-ten Zeile von M_1

$$a_{i1}\,a_{i2}\,\ldots\,a_{im_1}$$

mit der k-ten Spalte von M_2:

$$\begin{matrix} b_{1k} \\ b_{2k} \\ \vdots \\ b_{n_2 k} \end{matrix}$$

d. h.

$$c_{ik} = a_{i1}\,l_{1k} + a_{i2}\,b_{2k} + \cdots + a_{im_1}\,b_{m_1 k} = \sum_{j=1}^{m_1} a_{ij}\,b_{jk}. \tag{022.9}$$

Die Produktmatrix $\mathsf{M} = \|c_{ik}\|$ hat soviel Zeilen, n_1, wie der erste Faktor und soviel Spalten, m_2, wie der zweite Faktor.

Beispiel:

$$\begin{Vmatrix} a_{11} & a_{12} \\ a_{21} & a_{22} \end{Vmatrix} \begin{Vmatrix} b_{11} & b_{12} \\ b_{21} & b_{22} \end{Vmatrix} = \begin{Vmatrix} a_{11}\,b_{11} + a_{12}\,b_{21} & a_{11}\,b_{12} + a_{12}\,b_{22} \\ a_{21}\,b_{11} + a_{22}\,b_{21} & a_{21}\,b_{12} + a_{22}\,b_{22} \end{Vmatrix}. \tag{022.10}$$

Auf die Reihenfolge der Faktoren $\|a_{ik}\|$, $\|b_{ik}\|$ ist zu achten, da das Matrizenprodukt im allgemeinen nicht kommutativ ist. Dies zeigt schon das einfache Beispiel

$$\mathsf{M}_1 = \begin{Vmatrix} 1 & 0 \\ -1 & 1 \end{Vmatrix}, \qquad \mathsf{M}_2 = \begin{Vmatrix} 0 & 1 \\ 1 & 0 \end{Vmatrix},$$

$$\mathsf{M}_1\,\mathsf{M}_2 = \begin{Vmatrix} 0 & 1 \\ 1 & -1 \end{Vmatrix} \neq \mathsf{M}_2\,\mathsf{M}_1 = \begin{Vmatrix} -1 & 1 \\ 1 & 0 \end{Vmatrix}.$$

Für die Matrizenmultiplikation gilt jedoch allgemein das assoziative Gesetz

$$(\mathsf{M}_1\,\mathsf{M}_2)\,\mathsf{M}_3 = \mathsf{M}_1\,(\mathsf{M}_2\,\mathsf{M}_3). \tag{022.11}$$

023 Spezielle Matrizen.

Transponierte Matrix. Vertauscht man Zeilen und Spalten, so entsteht eine neue Matrix M', die jetzt m Zeilen und n Spalten hat, die „Transponierte" zu $\mathsf{M} = \|a_{ik}\|$

$$\mathsf{M}' = \|a_{ki}\| \qquad (k = 1, \ldots, m;\; i = 1, \ldots, n). \tag{023.1 a}$$

Zeilen- und Spaltenmatrizen. Eine Matrix mit $n = 1$ bzw. $m = 1$, die also nur aus einer Zeile bzw. einer Spalte besteht, heißt eine Zeilenmatrix

$$\mathsf{A} = \|a_1\, a_2 \ldots a_m\| \tag{023.1 b}$$

bzw. eine Spaltenmatrix

$$\mathsf{B} = \begin{Vmatrix} b_1 \\ b_2 \\ \vdots \\ b_n \end{Vmatrix}. \tag{023.2}$$

Die Transponierte einer Zeilenmatrix ist eine Spaltenmatrix und umgekehrt. Faßt man in dem Gleichungssystem Gl. (022.1) die Unbekannten $x_1, x_2 \ldots x_n$ zu einer Spaltenmatrix X, die rechten Seiten zu einer Spaltenmatrix B zusammen, und ist $\mathsf{M} = \|a_{ik}\|$ die (quadratische) Koeffizientenmatrix, so läßt es sich in Matrizenform nach unserer Vorschrift Gl. (022.9) für das Produkt kurz schreiben

$$\mathsf{M}\,\mathsf{X} = \mathsf{B}; \tag{023.3}$$

ähnlich lautet Gl. (022.2), wenn $\mathsf{I} = \begin{Vmatrix} I_1 \\ I_2 \end{Vmatrix}$, $\mathsf{U} = \begin{Vmatrix} U_1 \\ U_2 \end{Vmatrix}$ und Z die Widerstandsmatrix $\mathsf{Z} = \begin{Vmatrix} Z_{11} & Z_{12} \\ Z_{21} & Z_{22} \end{Vmatrix}$ ist,

$$\mathsf{U} = \mathsf{Z}\,\mathsf{I}. \tag{023.4}$$

Diese Gleichung hat die Form des OHMschen Gesetzes.

In den Anwendungen kommt man im allgemeinen mit den Spaltenmatrizen und den quadratischen Matrizen aus. Die folgenden Definitionen beziehen sich auf quadratische Matrizen. n, die Zeilen- und Spaltenanzahl, ist der „Grad" einer solchen.

Symmetrische und schiefsymmetrische Matrix. Eine quadratische Matrix heißt symmetrisch, wenn sie bei Spiegelung an der Hauptdiagonalen in sich übergeht, das bedeutet

$$a_{ki} = a_{ik} \qquad (i \neq k), \tag{023.5}$$

dagegen schiefsymmetrisch, wenn für *alle* i und k

$$a_{ki} = -a_{ik}, \tag{023.6}$$

was insbesondere das Verschwinden der Elemente a_{ii} in der Hauptdiagonale nach sich zieht.

Diagonalmatrizen sind solche, bei denen alle Elemente außerhalb der Hauptdiagonalen $= 0$ sind:

$$a_{ik} = 0 \qquad (i \neq k). \tag{023.7}$$

Das Produkt zweier Diagonalmatrizen ist unabhängig von der Reihenfolge. Eine beliebige quadratische Matrix M n-ten Grades geht in sich über, wenn man sie mit der *Einheitsmatrix* (n-ten Grades)

$$\mathsf{E} = \|\delta_{ik}\| = \left\| \begin{matrix} 1 & 0 & \dots & 0 \\ 0 & 1 & \dots & 0 \\ \vdots & & & \\ 0 & 0 & \dots & 1 \end{matrix} \right\| \tag{023.8}$$

multipliziert. Die Multiplikation von M mit der Zahl c läßt sich auch als Produkt von M mit der Diagonalmatrix

$$\|c\,\delta_{ik}\| = \left\| \begin{matrix} c & 0 & \dots & 0 \\ 0 & c & \dots & 0 \\ \vdots & & & \\ 0 & 0 & \dots & c \end{matrix} \right\|$$

ausdrücken:

$$c\,\mathsf{M} = \|c\,\delta_{ik}\|\,\mathsf{M}.$$

Singuläre Matrix. Einer quadratischen Matrix $\mathsf{M} = \|a_{ik}\|$ läßt sich die Determinante

$$D = D(\mathsf{M}) = |a_{ik}| \tag{023.9}$$

zuordnen. Ist $D(\mathsf{M}) = 0$, so nennen wir M singulär, anderenfalls nichtsingulär.

Beispiel: $D(\mathsf{E}) = 1$; E ist nicht singulär. Die Matrix $\left\| \begin{matrix} 1 & 2 \\ 2 & 4 \end{matrix} \right\|$ ist singulär.

Inverse Matrix. Die Inverse M^{-1} zu M ist diejenige Matrix, die bei Multiplikation mit M die Einheitsmatrix E ergibt:

$$\mathsf{M}^{-1}\mathsf{M} = \mathsf{E}. \tag{023.10}$$

Um sie zu gewinnen, gehen wir von Gl. (021.9a u. b) aus. Wenn wir die von den Adjunkten A_{ik} gebildete Matrix transponieren und die so erhaltene Matrix $\|A_{ki}\|$ mit $\|a_{ik}\|$ multiplizieren, so besagen diese Gl. (021.9a u. b) nach der Vorschrift für das Matrizenprodukt gerade, daß

$$\|a_{ik}\|\,\|A_{ki}\| = \|A_{ki}\|\,\|a_{ik}\| = D\,\mathsf{E}, \tag{023.11}$$

so daß wir in

$$\mathsf{M}^{-1} = \left\| \frac{A_{ki}}{D} \right\| = \frac{1}{D}\|A_{ki}\| \tag{023.12}$$

bereits die Inverse zu M gefunden haben. Und zwar gilt Gl. (023.10) auch bei Umstellung der Faktoren [vgl. Gl. (023.11)]

$$\mathsf{M}^{-1}\mathsf{M} = \mathsf{M}\,\mathsf{M}^{-1} = \mathsf{E}. \tag{023.10a}$$

Da man $D \neq 0$ voraussetzen muß, gibt es eine Inverse nur zu einer nichtsingulären Matrix.

Beispiel:

$$\mathsf{M} = \left\| \begin{matrix} a_{11} & a_{12} \\ a_{21} & a_{22} \end{matrix} \right\| \quad \text{mit} \quad D = a_{11}a_{22} - a_{12}a_{21} \neq 0,$$

$$\mathsf{M}^{-1} = \left\| \begin{matrix} \frac{a_{22}}{D} & -\frac{a_{12}}{D} \\ -\frac{a_{21}}{D} & \frac{a_{11}}{D} \end{matrix} \right\| = \frac{1}{D} \left\| \begin{matrix} a_{22} & -a_{12} \\ -a_{21} & a_{11} \end{matrix} \right\|. \tag{023.13}$$

Nach Gl. (022.10) bestätigt man

$$\mathsf{M}\,\mathsf{M}^{-1} = \frac{1}{D}\begin{Vmatrix} a_{11}a_{22} - a_{12}a_{21} & -a_{11}a_{12} + a_{12}a_{11} \\ a_{21}a_{22} - a_{22}a_{21} & -a_{21}a_{12} + a_{11}a_{12} \end{Vmatrix} = \frac{1}{D}\begin{Vmatrix} D & 0 \\ 0 & D \end{Vmatrix} = \mathsf{E}.$$

Mit Hilfe der inversen Matrix läßt sich aus einer Matrizengleichung, z. B.

$$\mathsf{M}\,\mathsf{N}\,\mathsf{P} = \mathsf{Q}, \tag{023.14}$$

ein in einem Produkt stehender Faktor herausrechnen. Statt einer Division durch eine Matrix multipliziert man mit der Inversen, wobei es auf die Reihenfolge der Faktoren ankommt. Will man z. B. aus der obigen Gl. (023.14) N erhalten, so multipliziere man von links mit M^{-1}, von rechts mit P^{-1} und findet

$$\mathsf{N} = \mathsf{M}^{-1}\mathsf{Q}\,\mathsf{P}^{-1}.$$

Entsprechend erhält man

$$\mathsf{P} = \mathsf{N}^{-1}\mathsf{M}^{-1}\mathsf{Q}.$$

Die Inverse des Produktes $\mathsf{M}\,\mathsf{N}$ ist, wie man hieraus erkennt, also das Produkt der Inversen mit veränderter Reihenfolge. Die inverse Matrix liefert auch formal die Lösung des Gleichungssystems Gl. (022.1) bzw. (023.3)

$$\mathsf{M}\,\mathsf{X} = \mathsf{B}, \tag{023.3}$$

sofern $D(\mathsf{M}) \neq 0$. Das Ergebnis

$$\mathsf{X} = \mathsf{M}^{-1}\mathsf{B} \tag{023.15}$$

ist, wenn man es für die Unbekannten x_i ($i = 1, \ldots, n$) einzeln anschreibt, die sogenannte CRAMERsche Regel. Sind z. B. in den Vierpolgleichungen, Gl. (022.2) bei bekannter Widerstandsmatrix Z die Spannungen U_1, U_2 gegeben und die Ströme gesucht, so findet man nach Gl. (023.15), (023.13) sofort

$$\begin{Vmatrix} I_1 \\ I_2 \end{Vmatrix} \equiv \mathsf{I} = \mathsf{Z}^{-1}\mathsf{U} = \frac{1}{|Z_{i\lambda}|}\begin{Vmatrix} Z_{22} & -Z_{12} \\ -Z_{21} & Z_{11} \end{Vmatrix}\begin{Vmatrix} U_1 \\ U_2 \end{Vmatrix}, \tag{023.16}$$

d. h.

$$I_1 = \frac{Z_{22}U_1 - Z_{12}U_2}{Z_{11}Z_{22} - Z_{12}Z_{21}}, \qquad I_2 = \frac{-Z_{21}U_1 + Z_{11}U_2}{Z_{11}Z_{22} - Z_{12}Z_{21}}. \tag{023.16a}$$

Häufig tritt das Problem auf, eine gegebene Matrix $\mathsf{M} = \|a_{ik}\|$ durch eine Transformation der folgenden Art

$$\mathsf{T}^{-1}\mathsf{M}\,\mathsf{T} = \mathsf{D} \tag{023.17}$$

in eine Diagonalmatrix D mit den Elementen d_{ii} überzuführen. Gl. (023.17) ist gleichbedeutend mit

$$\mathsf{M}\,\mathsf{T} = \mathsf{T}\,\mathsf{D}. \tag{023.17a}$$

Diese Matrizengleichung, in der die Elemente t_{ik} von T und d_{ii} von D unbekannt sind, ist einem System von n^2 linearen Gleichungen in den t_{ik} äquivalent (jedes Element der Produktmatrix links vom Grade n soll gleich dem betreffenden Element der Produktmatrix rechts sein); in den Koeffizienten kommen die a_{ik} und d_{ii} vor. Setzen wir für den Augenblick alle $d_{ii} = \lambda$. Für jede Spalte t_{jk} ($j = 1, \ldots, n$) von T sind dann die n Gleichungen

$$\begin{aligned}(a_{11} - \lambda)\, t_{1k} + \quad a_{12} t_{2k} + \cdots + \quad a_{1n} t_{nk} &= 0\\ a_{21} t_{1k} + (a_{22} - \lambda)\, t_{2k} + \cdots + \quad a_{2n} t_{nk} &= 0\\ \vdots \qquad\qquad &\\ a_{n1} t_{1k} + \quad a_{n2} t_{2k} + \cdots + (a_{nn} - \lambda)\, t_{nk} &= 0\end{aligned} \tag{023.18}$$

zu erfüllen ($k = 1, \ldots, n$). Dies ist nur möglich, wenn die Koeffizientendeterminante verschwindet:

$$|(a_{ik} - \lambda\, \delta_{ik})| = 0. \tag{023.19}$$

Gl. (023.19) ist eine algebraische Gleichung n-ten Grades in λ, deren Lösungen die *Eigenwerte* λ der Matrix $\mathsf{M} = \|a_{ik}\|$ heißen. Für symmetrische Matrizen M sind alle Eigenwerte λ reell. Sind sie sämtlich positiv, so heißt M positiv definit. Algebraische Bedingungen für diesen Fall finden sich z. B. in [*56*].

Wir wollen ihre Bestimmung und die der t_{ik} nur in dem für die Anwendungen wichtigen Fall der Matrix 2-ten Grades durchführen. Dann lautet Gl. (023.19)

$$\begin{vmatrix} a_{11} - \lambda & a_{12} \\ a_{21} & a_{22} - \lambda \end{vmatrix} = 0. \tag{023.20}$$

Diese quadratische Gleichung

$$\lambda^2 - (a_{11} + a_{22})\, \lambda + |a_{ik}| = 0, \qquad |a_{ik}| = a_{11} a_{22} - a_{12} a_{21},$$

hat die Lösungen

$$\begin{aligned}\lambda_{1,2} &= \tfrac{1}{2}\left\{a_{11} + a_{22} \pm \sqrt{(a_{11} + a_{22})^2 - 4\,|a_{ik}|}\right\}\\ &= \tfrac{1}{2}\left\{a_{11} + a_{22} \pm \sqrt{(a_{11} - a_{22})^2 + 4 a_{12} a_{21}}\right\}.\end{aligned} \tag{023.21}$$

Dies sind die beiden Eigenwerte von $\|a_{ik}\|$. Die Gl. (023.17) bzw. (023.18) lauten jetzt

$$\begin{aligned}(a_{11} - \lambda)\, t_{11} + \quad a_{12} t_{21} &= 0,\\ a_{21} t_{11} + (a_{22} - \lambda)\, t_{21} &= 0,\\ (a_{11} - \lambda)\, t_{12} + \quad a_{12} t_{22} &= 0,\\ a_{21} t_{12} + (a_{22} - \lambda)\, t_{22} &= 0.\end{aligned}$$

Setzen wir in die ersten beiden, in denen nur t_{11} und t_{21} vorkommen, $\lambda = \lambda_1$, in die beiden anderen $\lambda = \lambda_2$ ein, so folgt

$$\frac{t_{21}}{t_{11}} = \frac{\lambda_1 - a_{11}}{a_{12}}, \qquad \frac{t_{12}}{t_{22}} = \frac{\lambda_2 - a_{22}}{a_{21}}.$$

Zwei der Elemente, etwa t_{11}, t_{22}, bleiben unbestimmt. Mit der so erhaltenen Matrix

$$\mathsf{T} = \begin{Vmatrix} t_{11} & \dfrac{\lambda_2 - a_{22}}{a_{21}}\, t_{22} \\ \dfrac{\lambda_1 - a_{11}}{a_{12}}\, t_{11} & t_{22} \end{Vmatrix} \tag{023.22}$$

wird $\mathsf{M} = \|a_{ik}\|$ nach Gl. (023.17) in die Diagonalmatrix $\mathsf{D} = \begin{Vmatrix} \lambda_1 & 0 \\ 0 & \lambda_2 \end{Vmatrix}$ transformiert:

$$\mathsf{T}^{-1} \mathsf{M}\, \mathsf{T} = \begin{Vmatrix} \lambda_1 & 0 \\ 0 & \lambda_2 \end{Vmatrix}.$$

Die quadratische Gl. (023.20) wird, als Matrixgleichung mit einer Matrix statt λ geschrieben, von M erfüllt:

$$\mathsf{M}^2 - (a_{11} + a_{22})\,\mathsf{M} + |a_{ik}|\,\mathsf{E} = 0\,. \qquad (023.23)$$

Denn es ist

$$\mathsf{M}^2 = \begin{Vmatrix} a_{11}^2 + a_{12}a_{21} & a_{12}(a_{11} + a_{22}) \\ a_{21}(a_{11} + a_{22}) & a_{22}^2 + a_{12}a_{21} \end{Vmatrix}.$$

Nach Gl. (023.23) lassen sich M^2 und damit alle M^n $(n \geqq 2)$ durch M und E ausdrücken.

Der Nutzen des Matrizenkalküls wird vor allem dann ersichtlich, wenn man mehrere lineare Transformationen nacheinander auszuführen hat. Eine solche, die ein als Spaltenmatrix A geschriebenes n-Tupel von Zahlen $a_1, a_2 \ldots a_n$ in eine Spaltenmatrix $\mathsf{B} = \begin{Vmatrix} b_1 \\ \vdots \\ b_n \end{Vmatrix}$ überführt, können wir nach Gl. (022.1)

$$\mathsf{B} = \mathsf{M}_1\,\mathsf{A} \qquad (023.24)$$

schreiben. Wird auf B eine zweite lineare Transformation mit der Koeffizientenmatrix M_2 angewendet,

$$\mathsf{C} = \mathsf{M}_2\,\mathsf{B}\,, \qquad (023.24\text{a})$$

so hängt die Spaltenmatrix C mit A entsprechend der Gleichung

$$\mathsf{C} = (\mathsf{M}_2\,\mathsf{M}_1)\,\mathsf{A} \qquad (023.24\text{b})$$

zusammen, also über die durch die Produktmatrix $\mathsf{M}_2\,\mathsf{M}_1$ dargestellte lineare Transformation. Entsprechendes gilt für mehr als zwei nacheinander ausgeführte Transformationen.

Davon macht man Gebrauch, wenn man z. B. mehrere oder eine ganze Reihe von Vierpolen hintereinanderschaltet. Die Vierpolgleichungen Gl. (022.2) können auch in der Form

$$\begin{aligned} U_1 &= K_{11}^{(1)}\,U_2 + K_{12}^{(1)}\,I_2 \\ I_1 &= K_{21}^{(1)}\,U_2 + K_{22}^{(1)}\,I_2 \end{aligned} \quad \text{oder} \quad \begin{Vmatrix} U_1 \\ I_1 \end{Vmatrix} = \mathsf{K}^{(1)} \begin{Vmatrix} U_2 \\ I_2 \end{Vmatrix} \qquad (023.25)$$

geschrieben werden, in der die Eingangsgrößen als Funktionen der Ausgangsgrößen gegeben sind. In der „Kettenmatrix“ $\mathsf{K}^{(1)}$ sind $K_{11}^{(1)}$, $K_{22}^{(1)}$ dimensionslos, $K_{12}^{(1)}$ bzw. $K_{21}^{(1)}$ haben die Dimension von Widerstand bzw. reziprokem Widerstand. Ein zweiter Vierpol transformiere U_2, I_2 in U_3, I_3 entsprechend den Gleichungen

$$\begin{Vmatrix} U_2 \\ I_2 \end{Vmatrix} = \mathsf{K}^{(2)} \begin{Vmatrix} U_3 \\ I_3 \end{Vmatrix}, \qquad \mathsf{K}^{(2)} = \begin{Vmatrix} K_{11}^{(2)} & K_{12}^{(2)} \\ K_{21}^{(2)} & K_{22}^{(2)} \end{Vmatrix}. \qquad (023.26)$$

Dann gilt

$$\begin{Vmatrix} U_1 \\ I_1 \end{Vmatrix} = \mathsf{K}^{(1)}\,\mathsf{K}^{(2)} \begin{Vmatrix} U_3 \\ I_3 \end{Vmatrix}. \qquad (023.27)$$

Man kann so durch Ausrechnung des Matrizenproduktes $\mathsf{K}^{(1)}$, $\mathsf{K}^{(2)}$ direkt den Zusammenhang zwischen U_1, I_1 einerseits und U_3, I_3 andererseits erhalten.

Entsprechend für m hintereinandergeschaltete Vierpole

$$\begin{Vmatrix} U_1 \\ I_1 \end{Vmatrix} = \mathsf{K}^{(1)} \mathsf{K}^{(2)} \ldots \mathsf{K}^{(m)} \begin{Vmatrix} U_{m+1} \\ I_{m+1} \end{Vmatrix}, \qquad (023.28)$$

wo U_{m+1}, I_{m+1} Strom und Spannung am Ausgang des m-ten Vierpols sind.

024 Vierpole und Kettenleiter.

0241 Die verschiedenen Formen der Vierpolgleichungen. Unter einem linearen Vierpol verstehen wir ein Netzwerk mit zwei Klemmenpaaren (Abb. 02.1) derart, daß zwischen den vier Größen I_1, U_1, I_2, U_2, das sind Strom und Spannung an den beiden Klemmenpaaren, lineare Beziehungen bestehen. Die Richtungen dieser Größen sind aus Abb. 02.1 zu ersehen. Die im vorigen Abschnitt schon erwähnten verschiedenen Formen dieser linearen Gleichungen stellen wir noch einmal zusammen:

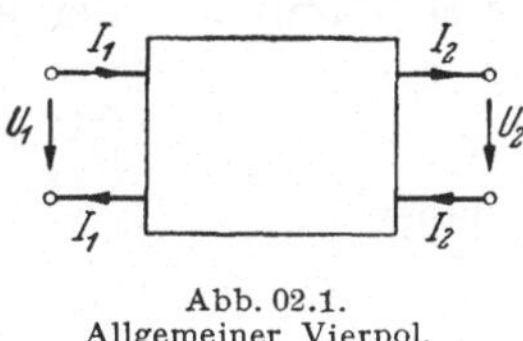

Abb. 02.1. Allgemeiner Vierpol.

Das Gleichungspaar, das die beiden Spannungen durch die Ströme ausdrückt,

$$\begin{Vmatrix} U_1 \\ U_2 \end{Vmatrix} = \mathsf{Z} \begin{Vmatrix} I_1 \\ I_2 \end{Vmatrix} \qquad (024.1)$$

enthält die *Widerstandsmatrix*

$$\mathsf{Z} = \begin{Vmatrix} Z_{11} & Z_{12} \\ Z_{21} & Z_{22} \end{Vmatrix}. \qquad (024.2)$$

Die Eigenwerte der Widerstandsmatrix

$$\left.\begin{matrix} Z_{K1} \\ Z_{K2} \end{matrix}\right\} = \frac{Z_{11} + Z_{22}}{2} \pm \frac{1}{2} \sqrt{(Z_{11} - Z_{22})^2 + 4 Z_{12} Z_{21}} \qquad (024.3)$$

nennt man auch die Kettenwiderstände des Vierpols.

Die Vierpolgleichungen, in denen rechts die Spannungen, links die Ströme stehen,

$$\begin{Vmatrix} I_1 \\ I_2 \end{Vmatrix} = \mathsf{Y} \begin{Vmatrix} U_1 \\ U_2 \end{Vmatrix} \qquad (024.4)$$

mit der *Leitwertmatrix*

$$\mathsf{Y} = \begin{Vmatrix} Y_{11} & Y_{12} \\ Y_{21} & Y_{22} \end{Vmatrix}, \qquad (024.5)$$

stellen gerade die Auflösung der Gl. (024.1) nach I_1, I_2 dar. Es ist daher, wie schon in Gl. (023.16) angegeben,

$$\mathsf{Y} = \mathsf{Z}^{-1}, \qquad \mathsf{Z} = \mathsf{Y}^{-1}$$

$$Y_{11} = \frac{Z_{22}}{|Z_{ik}|}, \quad Y_{12} = -\frac{Z_{12}}{|Z_{ik}|}, \quad Y_{21} = -\frac{Z_{21}}{|Z_{ik}|}, \quad Y_{22} = \frac{Z_{11}}{|Z_{ik}|}; \qquad (024.6)$$

$$|Z_{ik}| = Z_{11} Z_{22} - Z_{12} Z_{21} = \frac{1}{|Y_{ik}|}.$$

Schließlich sind noch die Vierpolgleichungen gebräuchlich, die Eingangsgrößen durch Ausgangsgrößen ausdrücken:

$$\left\| \begin{matrix} U_1 \\ I_1 \end{matrix} \right\| = \mathsf{K} \left\| \begin{matrix} U_2 \\ I_2 \end{matrix} \right\|, \tag{024.7}$$

[siehe Gl. (023.25)]. Den Zusammenhang zwischen der *Kettenmatrix* K und der Widerstandsmatrix Z erhält man z. B. durch Auflösen des letzten Gleichungspaares nach U_1, U_2. Aus der zweiten Gleichung folgt sofort

$$U_2 = \frac{I_1 - K_{22} I_2}{K_{21}}$$

und damit aus der ersten

$$U_1 = \frac{K_{11}}{K_{21}} I_1 + \left(- \frac{K_{22} K_{11}}{K_{21}} + K_{12}\right) I_2 = \frac{K_{11}}{K_{21}} I_1 - \frac{|K_{ik}|}{K_{21}} I_2,$$

daher

$$Z_{11} = \frac{K_{11}}{K_{21}}, \quad Z_{12} = -\frac{|K_{ik}|}{K_{21}}, \quad Z_{21} = \frac{1}{K_{21}}, \quad Z_{22} = -\frac{K_{22}}{K_{21}} \tag{024.8}$$

und umgekehrt

$$K_{11} = \frac{Z_{11}}{Z_{21}}, \quad K_{12} = -\frac{|Z_{ik}|}{Z_{21}}, \quad K_{21} = \frac{1}{Z_{21}}, \quad K_{22} = -\frac{Z_{22}}{Z_{21}}, \tag{024.9}$$

ferner

$$|K_{ik}| = -\frac{Z_{12}}{Z_{21}}. \tag{024.10}$$

Die Kettenwiderstände Gl. (024.3) lauten, durch die K_{ik} ausgedrückt,

$$\left.\begin{matrix} Z_{K1} \\ Z_{K2} \end{matrix}\right\} = \frac{K_{11} - K_{22}}{2K_{21}} \pm \frac{1}{2K_{21}} \sqrt{(K_{11} - K_{22})^2 + 4K_{12} K_{21}}. \tag{024.11}$$

Ein allgemeiner Vierpol ist also durch vier Größen bestimmt, die vier Elemente der Matrix Z oder Y oder K.

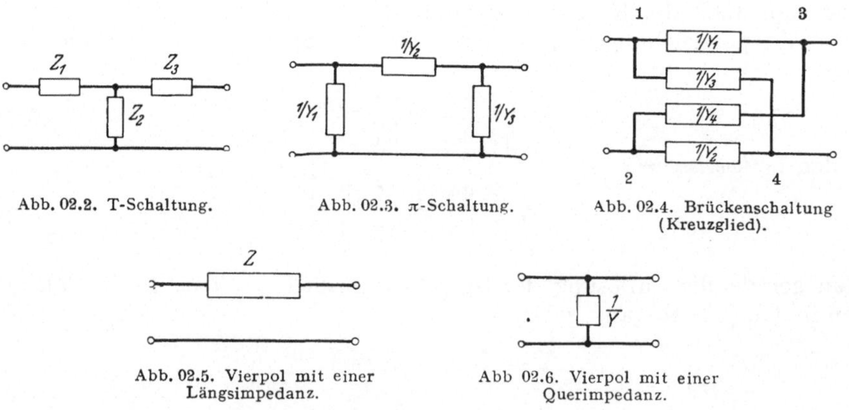

Abb. 02.2. T-Schaltung.

Abb. 02.3. π-Schaltung.

Abb. 02.4. Brückenschaltung (Kreuzglied).

Abb. 02.5. Vierpol mit einer Längsimpedanz.

Abb 02.6. Vierpol mit einer Querimpedanz.

Häufig verwendet man eine Darstellung eines Vierpols als T-, π- oder Kreuzglied (Abb. 02.2 bis 02.4). Wie sich zeigen wird, ist aber nicht jeder Vierpol so darstellbar. Wir wollen die Vierpolmatrizen für diese Schaltungen aufstellen.

Dies ist leicht mit Hilfe der KIRCHHOFFschen Verzweigungssätze durchzuführen. Die T- und π-Schaltung läßt sich auch aufbauen aus je drei der in Abb. 02.5 und 02.6 gezeigten einfachen Vierpole mit nur einer Längs- oder Querimpedanz. Die Kettenmatrix erhält man daher als Produkt dreier einfacher Matrizen.

Für Abb. 02.5 gilt $I_1 = I_2$, $U_1 = U_2 + Z I_2$ und damit

$$\mathsf{K} = \begin{Vmatrix} 1 & Z \\ 0 & 1 \end{Vmatrix},$$

für Abb. 02.6 $U_1 = U_2$, $I_1 = Y U_2 + I_2$ und

$$\mathsf{K} = \begin{Vmatrix} 1 & 0 \\ Y & 1 \end{Vmatrix}.$$

Damit findet man für die T-Schaltung

$$\mathsf{K} = \begin{Vmatrix} 1 & Z_1 \\ 0 & 1 \end{Vmatrix} \begin{Vmatrix} 1 & 0 \\ \frac{1}{Z_2} & 1 \end{Vmatrix} \begin{Vmatrix} 1 & Z_3 \\ 0 & 1 \end{Vmatrix} = \begin{Vmatrix} 1 + \frac{Z_1}{Z_2} & Z_1 + Z_3 + \frac{Z_1 Z_3}{Z_2} \\ \frac{1}{Z_2} & 1 + \frac{Z_3}{Z_2} \end{Vmatrix} \tag{024.12}$$

entsprechend für die π-Schaltung

$$\mathsf{K} = \begin{Vmatrix} 1 & 0 \\ Y_1 & 1 \end{Vmatrix} \begin{Vmatrix} 1 & \frac{1}{Y_2} \\ 0 & 1 \end{Vmatrix} \begin{Vmatrix} 1 & 0 \\ Y_3 & 1 \end{Vmatrix} = \begin{Vmatrix} 1 + \frac{Y_3}{Y_2} & \frac{1}{Y_2} \\ Y_1 + Y_2 + \frac{Y_1 Y_3}{Y_2} & 1 + \frac{Y_1}{Y_2} \end{Vmatrix}. \tag{024.13}$$

Die Determinante $|K_{ik}|$ ist das Produkt der drei Einzeldeterminanten, also in beiden Fällen $= 1^3 = 1$.

Die Widerstandsmatrix bei der T-Schaltung ist nach Gl. (024.8)

$$\mathsf{Z} = \begin{Vmatrix} Z_1 + Z_2 & -Z_2 \\ Z_2 & -(Z_2 + Z_3) \end{Vmatrix}, \tag{024.14}$$

so daß

$$Z_1 = Z_{11} - Z_{21}, \quad Z_2 = Z_{21}, \quad Z_3 = -Z_{22} - Z_{21}; \tag{024.15}$$
$$|Z_{ik}| = -Z_1 Z_2 - Z_1 Z_3 - Z_2 Z_3.$$

Für die π-Schaltung ist es einfacher, die Leitwertmatrix aufzustellen:

$$Y_{11} = \frac{K_{22}}{K_{12}}, \quad Y_{12} = -\frac{|K_{ik}|}{K_{12}}, \quad Y_{21} = \frac{1}{K_{12}}, \quad Y_{22} = -\frac{K_{11}}{K_{12}}, \tag{024.16}$$

$$|K_{ik}| = -\frac{Y_{12}}{Y_{21}}. \tag{024.17}$$

Daher ist nach Gl. (024.13)

$$Y = \begin{Vmatrix} Y_1 + Y_2 & -Y_2 \\ Y_2 & -(Y_2 + Y_3) \end{Vmatrix}, \tag{024.18}$$

$$Y_1 = Y_{11} - Y_{21}, \quad Y_2 = Y_{21}, \quad Y_3 = Y_{22} - Y_{21}. \tag{024.19}$$

Mit Hilfe der Gleichungen (024.6), (024.15), (024.19) kann man leicht eine T-Schaltung in eine π-Schaltung umwandeln und umgekehrt. Bei gegebenen Widerständen Z_1, Z_2, Z_3 der T-Schaltung erhält man etwa die Widerstände

$1/Y_1$, $1/Y_2$, $1/Y_3$ der zugehörigen π-Schaltung aus

$$\left.\begin{aligned} Y_1 &= Y_{11} - Y_{12} = \frac{Z_{22} + Z_{21}}{|Z_{ik}|} = \frac{Z_3}{Z_1 Z_2 + Z_1 Z_3 + Z_2 Z_3}, \\ Y_2 &= Y_{21} = -\frac{Z_{21}}{|Z_{ik}|} = \frac{-Z_2}{Z_1 Z_2 + Z_1 Z_3 + Z_2 Z_3}, \\ Y_3 &= -Y_{22} - Y_{21} = \frac{-Z_{11} + Z_{21}}{|Z_{ik}|} = \frac{Z_1}{Z_1 Z_2 + Z_1 Z_3 + Z_2 Z_3}. \end{aligned}\right\} \quad (024.20)$$

Schließlich soll die Leitwertmatrix des Kreuzgliedes in Abb. 02.4 aufgestellt werden unter Benutzung des 1. KIRCHHOFFschen Satzes, d. h. des Verschwindens aller Ströme für die Knotenpunkte 1 bis 4. Wird in 4 das Potential $= 0$ gesetzt, so ist es $= U_2$ in 3, $= U_0$ in 2 und $= U_0 + U_1$ in 1, wobei U_0 zunächst noch unbekannt ist. Die Knotengleichungen lauten:

$$\begin{aligned} I_1 &= Y_1(U_0 + U_1 - U_2) + Y_3(U_0 + U_1), & -I_1 &= Y_2 U_0 + Y_4(U_0 - U_2), \\ -I_2 &= Y_1(U_2 - U_0 - U_1) + Y_4(U_2 - U_0), & I_2 &= -Y_3(U_0 + U_1) - Y_2 U_0. \end{aligned}$$

Eine dieser Gleichungen ist überflüssig wegen $\sum I = 0$. Durch Addition z. B. der Gleichungen in der ersten Zeile erhält man U_0:

$$-U_0 \sum Y = U_1(Y_1 + Y_3) - U_2(Y_1 + Y_4) \quad \text{mit} \quad \sum Y = Y_1 + Y_2 + Y_3 + Y_4,$$

und wenn man damit in die beiden links stehenden Gleichungen für I_1 und I_2 eingeht, folgt

$$\mathsf{Y} = \frac{1}{\Sigma Y} \begin{Vmatrix} (Y_1 + Y_3)(Y_2 + Y_4) & -(Y_1 Y_2 - Y_3 Y_4) \\ Y_1 Y_2 - Y_3 Y_4 & -(Y_1 + Y_4)(Y_2 + Y_3) \end{Vmatrix}. \quad (024.21)$$

Auch bei dieser Form des Vierpols ist die Determinante der Kettenmatrix $|K_{ik}| = 1$, denn $Y_{21} = -Y_{12}$ [Gl. (024.17)].

Wir weisen noch auf den Sonderfall $\frac{Y_1}{Y_3} = \frac{Y_4}{Y_2}$ hin (WHEATSTONEsche Brücke), in dem die Vierpolgleichungen in die folgenden entarten:

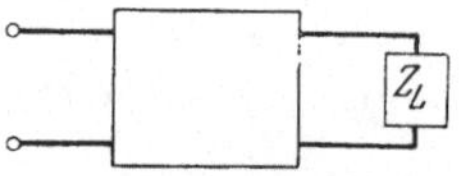

$$I_1 = Y_4 \frac{Y_2 + Y_3}{Y_1 + Y_4} U_1,$$

$$I_2 = -Y_3 \frac{Y_1 + Y_4}{Y_1 + Y_2} U_2,$$

Abb. 02.7. Vierpol mit Abschlußwiderstand Z_L.

Für $I_2 = 0$ ist dann auch $U_2 = 0$ (Brückenabgleich).

Wird der Ausgang des Vierpols durch einen Verbraucher Z_L abgeschlossen (Abb. 02.7), so ist $\frac{U_2}{I_2} = Z_L$, und der Vierpol hat einen Eingangswiderstand

$$Z_E = \frac{U_1}{I_1} = \frac{K_{11} Z_L + K_{12}}{K_{21} Z_L + K_{22}} = \frac{Z_{11} Z_L - |Z_{ik}|}{Z_L - Z_{22}}. \quad (024.22)$$

Für $Z_L = 0$, $U_2 = 0$ (Kurzschluß) ist

$$Z_E = \frac{K_{12}}{K_{22}} = \frac{1}{Y_{11}}, \quad \frac{I_2}{U_1} = Y_{21} = \text{Kernleitwert (vorwärts)}$$

und für $Z_L = \infty$, $I_2 = 0$ (Leerlauf)

$$Z_E = \frac{K_{11}}{K_{21}} = Z_{11}, \quad \frac{U_2}{I_2} = Z_{21} = \text{Kernwiderstand (vorwärts)}.$$

Setzt man in Gl. (024.22) Z_L gleich einem der Kettenwiderstände Z_K, Gl. (024.3), so ist

$$Z_E = Z_{11} + 2\frac{Z_{12}Z_{21}}{Z_{11} - Z_{22} \pm \sqrt{(Z_{11} - Z_{22})^2 + 4Z_{21}Z_{21}}}$$
$$= Z_{11} + 2\frac{Z_{12}Z_{21}(Z_{11} - Z_{22} \mp \sqrt{\ldots})}{-4Z_{12}Z_{21}} = Z_K;$$

bei dieser Wahl des Abschlußwiderstandes stimmt der Eingangswiderstand damit überein.

0242 Reziproke und symmetrische Vierpole. Die zuletzt betrachteten Vierpole, Abb. 024.2 bis 024.4, enthalten keine Energiequellen im Inneren, d. h. sie sind *passiv*, und besitzen die Eigenschaft, daß $|K_{ik}| = 1$ und die Matrizen $\mathbf{Y}$ und $\mathbf{Z}$ schiefsymmetrisch sind. Diese nach Gl. (024.10) und (024.16) einander gleichwertigen Bedingungen sind für alle passiven reziproken Vierpole erfüllt. Eine Begründung hierfür wird an anderer Stelle in allgemeinerem Rahmen gegeben (Kap. 143). Für die Matrix eines reziproken Vierpols gilt also allgemein

$$|K_{ik}| = 1, \quad Z_{12} = -Z_{21}, \quad Y_{12} = -Y_{21}; \tag{024.23}$$

sie ist daher durch drei Parameter bestimmt. Die letzte Form dieser Gleichung besagt auch

$$\left(\frac{I_1}{U_2}\right)_{U_1=0} = \left(\frac{I_2}{U_1}\right)_{U_2=0},$$

d. h., die Kernleitwerte in beiden Richtungen sind gleich. Mit Gl. (024.23) vereinfachen sich eine Reihe von Gleichungen im ersten Teil dieses Abschnittes, z. B. Gl. (024.11) für die Kettenwiderstände

$$\left.\begin{matrix} Z_{K1} \\ Z_{K2} \end{matrix}\right\} = \frac{1}{2K_{21}}\left[K_{11} - K_{22} \pm \sqrt{K_{11}^2 + K_{22}^2 - 4}\right].$$

Sind außerdem die Klemmenpaare vertauschbar, so heißt der Vierpol *symmetrisch*. In Gl. (024.22) muß man dann bei Vertauschung von Ein- und Ausgang, d. h. wenn statt des Ausgangs der Eingang mit Z_L abgeschlossen wird, am Ausgang Z_E messen; d. h.

$$\frac{K_{11}Z_L + K_{12}}{K_{21}Z_L + K_{22}} = \frac{K_{22}Z_L + K_{12}}{K_{21}Z_L + K_{11}}.$$

Dies muß für alle Z_L gelten, z. B. auch für $Z_L = \infty$. Das gibt die Bedingung

$$K_{11} = K_{22}, \tag{024.24}$$

mit der die letzte Gleichung identisch erfüllt wird.

Für die Matrizen $\mathbf{Z}$, $\mathbf{Y}$ besagt Gl. (024.24)

$$Z_{22} = -Z_{11}, \quad Y_{22} = -Y_{11}. \tag{024.24a}$$

Die Kettenwiderstände werden dann

$$\left.\begin{matrix} Z_{K1} \\ Z_{K2} \end{matrix}\right\} = \pm\sqrt{Z_{11}^2 - Z_{12}^2} = \pm\frac{\sqrt{K_{11}^2 - 1}}{K_{21}} = \pm Z_W, \tag{024.25}$$

d. h. bis auf das Vorzeichen, einander gleich. In diesem Fall heißt Z_W der Wellenwiderstand des Vierpols.

Für ein symmetrisches T-Glied ist in Abb. 02.2 $Z_1 + Z_2 = Z_2 + Z_3$, also $Z_1 = Z_3$; für ein symmetrisches π-Glied in Abb. 02.3 $Y_2 = Y_3$. Ein symmetrisches Kreuzglied liegt vor, wenn in Abb. 02.4

$$(Y_1 + Y_3)(Y_2 + Y_4) = (Y_1 + Y_4)(Y_2 + Y_3)$$

ist — siehe Gl. (024.21) —, d. h.

$$(Y_1 - Y_2)(Y_3 - Y_4) = 0,$$

also wenn entweder $Y_1 = Y_2$ oder $Y_3 = Y_4$ oder diese beiden Bedingungen erfüllt sind.

Ein passiver symmetrischer Vierpol hat eine Kettenmatrix

$$K = \begin{Vmatrix} K_{11} & \frac{K_{11}^2 - 1}{K_{21}} \\ K_{21} & K_{11} \end{Vmatrix}, \tag{024.26}$$

die nur noch zwei willkürliche Parameter enthält. Wählt man dafür K_{11} und den Wellenwiderstand Z_W und setzt $K_{11} = \cosh g$, so erhalten die Vierpolgleichungen die Form

$$\begin{aligned} U_1 &= U_2 \cosh g + Z_W I_2 \sinh g, \\ I_1 &= \frac{U_2}{Z_W} \sinh g + I_2 \cosh g. \end{aligned} \tag{024.27}$$

Von der Richtigkeit kann man sich leicht durch Vergleich mit Gl. (024.26) auf Grund von $\cosh^2 g - \sinh^2 g = 1$ überzeugen. Da für reelle g $K_{11} = \cosh g \geqq 1$ ist, wird g im allgemeinen eine komplexe Zahl sein (siehe Kap. 03) und heißt das *komplexe Übertragungsmaß*:

$$g = a + \mathrm{j} b \quad (a = \text{Dämpfungsmaß},\ b = \text{Phasenmaß}).$$

Bei Abschluß des Vierpols durch seinen Wellenwiderstand ($Z_L = Z_W$, $Z_W I_2 = U_2$) ist

$$U_1 = U_2 \exp g, \qquad I_1 = I_2 \exp g. \tag{024.28}$$

Für reelles $g > 0$ ist $U_2 < U_1$ für rein imaginäres g erfährt U (und I) beim Durchgang durch den Vierpol eine Phasendrehung. Wir verfolgen diesen Punkt zu Ende dieses Kapitels weiter.

0243 Kettenleiter. Durchlaß- und Sperrbereiche. Für eine Hintereinanderschaltung mehrerer Vierpole gibt das Produkt der einzelnen Kettenmatrizen den Zusammenhang zwischen U, I an den Ausgangsklemmen des letzten und an den Eingangsklemmen des ersten Vierpols. Die Produktbildung vereinfacht sich wesentlich, wenn die einzelnen Vierpole der „Vierpolkette" identisch sind (Abb. 02.8). Dann braucht man nur die einzelne Kettenmatrix K in eine geeignete Potenz zu erheben. Dazu kann man für K die in Kap. 023 besprochene Diagonaltransformation heranziehen. Sei wie in Gl. (023.17) T die Transformationsmatrix:

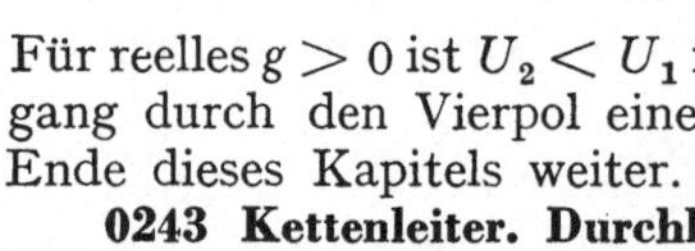

Abb. 02.8. Vierpolkette.

$$\mathsf{T}^{-1} \mathsf{K} \mathsf{T} = \begin{Vmatrix} K_1 & 0 \\ 0 & K_2 \end{Vmatrix}. \tag{024.29}$$

Die Diagonalelemente

$$\left.\begin{matrix} K_1 \\ K_2 \end{matrix}\right\} = \frac{K_{11} + K_{22}}{2} \pm \frac{1}{2} \sqrt{(K_{11} - K_{22})^2 + 4 K_{12} K_{21}} \tag{024.30}$$

hängen nach Gl. (024.11) mit den Kettenwiderständen einfach zusammen. Nun ist, wenn man beide Seiten der Gl. (024.29) in die n-te Potenz erhebt,

$$\begin{Vmatrix} K_1^n & 0 \\ 0 & K_2^n \end{Vmatrix} = (\mathsf{T}^{-1}\mathsf{K}\mathsf{T})^n = \mathsf{T}^{-1}\mathsf{K}\mathsf{T}\mathsf{T}^{-1}\mathsf{K}\mathsf{T}\ldots\mathsf{T}^{-1}\mathsf{K}\mathsf{T} = \mathsf{T}^{-1}\mathsf{K}^n\mathsf{T},$$

somit

$$\mathsf{K}^n = \mathsf{T}\begin{Vmatrix} K_1^n & 0 \\ 0 & K_2^n \end{Vmatrix}\mathsf{T}^{-1}. \qquad (024.31)$$

Wenn man erlaubterweise in Gl. (023.22) $t_{11} = t_{22} = 1$ setzt, wird

$$\mathsf{T} = \begin{Vmatrix} 1 & \dfrac{K_2 - K_{22}}{K_{21}} \\ \dfrac{K_1 - K_{11}}{K_{12}} & 1 \end{Vmatrix} = \begin{Vmatrix} 1 & Z_{K2} \\ \dfrac{1}{Z_{K1}} & 1 \end{Vmatrix}, \quad \mathsf{T}^{-1} = \frac{1}{1 - \dfrac{Z_{K2}}{Z_{K1}}}\begin{Vmatrix} 1 & -Z_{K2} \\ -\dfrac{1}{Z_{K1}} & 1 \end{Vmatrix}$$

Für den symmetrischen Vierpol ist insbesondere $Z_{K1} = -Z_{K2} = Z_W$ und

$$\left.\begin{matrix} K_1 \\ K_2 \end{matrix}\right\} = K_{11} \pm \sqrt{K_{12}K_{21}} = \cosh g \pm \sinh g = \exp \pm g, \qquad (024.32)$$

damit erhält man

$$\mathsf{K}^n = \frac{1}{2}\begin{Vmatrix} K_1^n + K_2^n & (K_1^n - K_2^n)Z_W \\ \dfrac{K_1^n - K_2^n}{Z_W} & K_1^n + K_2^n \end{Vmatrix} = \begin{Vmatrix} \cosh n g & Z_W \sinh n g \\ \dfrac{1}{Z_W}\sinh n g & \cosh n g \end{Vmatrix}. \qquad (024.33)$$

Die Vierpolgleichungen, die die Ausgangsgrößen des n-ten Vierpols mit den Eingangsgrößen des ersten verknüpfen, sind daher dieselben wie die Gl. (024.27), nur daß g durch $n g$ zu ersetzen ist. Wird der letzte Vierpol mit Z_W abgeschlossen, so ist

$$\frac{U_{n+1}}{U_1} = \exp(-n g),$$

und man sieht, daß für reelles $g > 0$ U_n exponentiell gegen 0 geht für $n \to \infty$ (Sperrbereich des Kettenleiters); für rein imaginäres g ist hingegen $\frac{U_{n+1}}{U_1}$ dem Betrage nach $= 1$ für alle n (Durchlaßbereich). Für Eingangsgrößen, die mit der Zeit sinusförmig variieren, $U_1 = |U_1| \sin(\omega t + \varphi)$, ist g eine Funktion der Frequenz; die verwendeten Ausdrücke Sperr- und Durchlaßbereich beziehen sich auf die Frequenzbereiche, in denen $\lim_{n\to\infty} |\exp(-n g)| = 0$ oder $= 1$ ist. Wir beschränken uns hier auf den Fall, daß $K_{11} = \cosh g$ eine reelle Zahl ist. In Kap. 03 werden wir sehen, daß dies der Fall ist, wenn der Elementarvierpol der Kette nur Blindwiderstände enthält. Es ist dann in $Z_W = \frac{\sinh g}{K_{21}}$ auch $\frac{1}{K_{21}} = Z_{21}$ ein Blindwiderstand. Im Durchlaßbereich ist daher [siehe Gl. (048.2)]

$$g = \mathrm{j}b, \quad |K_{11}| = |\cos b| < 1, \quad Z_W \text{ reell},$$

im Sperrbereich

$$\text{oder} \quad \left.\begin{matrix} g = a \\ g = a + \mathrm{j}\pi \end{matrix}\right\} |K_{11}| = |\pm\cosh a| > 1, \quad Z_W \text{ rein imaginär.}$$

Innerhalb eines Durchlaßbereiches ändert sich das Phasenmaß b um 2π.

Am Übergang (bei der Grenzfrequenz) ist $K_{11} = \pm 1$. An einer Grenzfrequenz ist daher, wegen $|K_{ik}| = 1$, $K_{12}K_{21} = 0$, also entweder K_{12} oder K_{21} oder beide $= 0$. Im ersten Fall ist $Z_W = 0$, im zweiten $Z_W = \infty$. Im letzten Fall ist Z_W unbestimmt, der Vierpol entartet jedoch; es ist dann $U_2 = \pm U_1$, $I_2 = \pm I_1$.

Bei einer Länge d des Elementarvierpols setzen wir

$$g = \gamma d = (\alpha + j\beta) d, \quad a = \alpha d, \quad b = \beta d. \tag{024.34}$$

Liegt der Eingang des ersten Vierpols bei $z = 0$, der Ausgang des n-ten bei $z = z$, so ist

$$z = n d, \quad n g = n \gamma d = \gamma z.$$

Unter Festhalten des Produktes $z = n d$ denken wir uns die Länge $d \to 0$, die Anzahl $n \to \infty$ gehen; d wird dann zu einem Längendifferential $\mathrm{d}z$, die Vierpolkette zu einer homogenen Doppelleitung. Die Vierpolgleichungen (024.27) gehen dabei, wenn statt Z_W einfach Z geschrieben wird, über in

$$\begin{aligned} U(0) &= U(z) \cosh\gamma z + I(z) Z \sinh\gamma z, \\ I(0) &= \frac{U(z)}{Z} \sinh\gamma z + I(z) \cosh\gamma z. \end{aligned} \tag{024.35}$$

Diese *Leitungsgleichungen* werden uns später mehrfach begegnen.

Literatur: [*2, 16, 19, 27, 56, 105*].

03 Komplexe Rechnung, Ortskurven.

031 Komplexe Zahlen.

Eine komplexe Zahl

$$A = a + b\,j \quad (j = \sqrt{-1})$$

enthält im allgemeinen zwei (rationale oder irrationale) reelle Zahlen a und b; j ist eine Abkürzung für die im Reellen nicht erklärte $\sqrt{-1}$; $a = \operatorname{Re} A$ heißt der Real-, $b = \operatorname{Im} A$ der Imaginärteil der komplexen Zahl A. Man stellt die komplexen Zahlen gewöhnlich als Punkte in einer Ebene dar (GAUSSsche Zahlenebene) mit dem Realteil als Abszisse, dem Imaginärteil als Ordinate. Statt der Punkte (a, b) gibt man zur Kennzeichnung der komplexen Zahl $a + jb$ auch den vom Ursprung $(0, 0)$ nach diesem Punkte weisenden Ortsvektor an. Diese Ortsvektoren werden vielfach als „Zeiger" bezeichnet (Abb. 03.1). Die unendlich ausgedehnte GAUSSsche Zahlenebene läßt sich ersetzen durch die endliche Oberfläche einer Zahlenkugel (RIEMANNsche Zahlenkugel) vom Durchmesser 1; beide stehen über die sogenannte „stereographische Projektion" in Beziehung: Man läßt die Kugel mit ihrem Südpol die Ebene im Ursprung berühren und projiziert die Punkte der Ebene vom Nordpol aus auf die Kugel. Die Durchstoßpunkte der Projektionsstrahlen durch die Kugelfläche werden dabei als die Bilder der betreffenden komplexen Zahlen angesehen (siehe Abb. 03.2). Dem Einheitskreis in der komplexen Ebene entspricht der Äquator der Kugel. Die unendlich fernen Elemente der Ebene erscheinen auf dem Nordpol der Kugel abgebildet. Das Netz der Polarkoordinatenlinien $r = \text{const}$, $\varphi = \text{const}$ der Ebene geht in das System der Längen- und Breitenkreise der Kugel über.

Aus den Geraden der Ebene werden Kreise durch den Nordpol, da eine solche Gerade mit dem Nordpol eine Ebene aufspannt, die die Kugel im Bildkreis der Geraden schneidet. Der Winkel zweier Geraden stimmt daher auch mit dem Winkel überein, unter dem sich die Bildkreise auf der Kugel schneiden (Winkeltreue der stereographischen Projektion). $A^* = a - b\mathrm{j}$ heißt die zu A konjugiert komplexe Zahl. In der Ebene entspricht dem Übergang von A zu A^* Spiegelung des Punktes (Zeigers) A an der reellen Achse (Abb. 03.1).

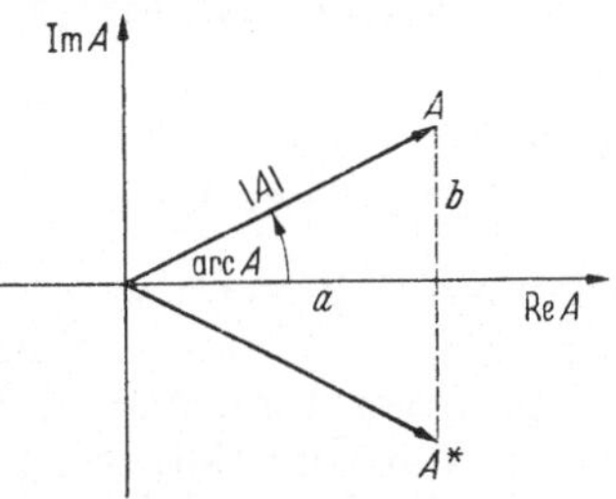

Abb. 03.1. Komplexe Zahlenebene mit Zeiger A und konjugiert komplexem Zeiger A^*.

Führt man in der Zahlenebene Polarkoordinaten ein, so sieht man, daß die komplexe Zahl statt durch Real- und Imaginärteil auch durch die Länge des Zeigers und den Winkel α, den er mit der positiv-reellen Halbachse einschließt, festgelegt ist. Diese die Zahl A kennzeichnenden Größen nennt man ihren Betrag $|A|$ bzw. ihren Arcus (oder ihre Phase) $\alpha = \operatorname{arc} A$. Nach der EULER-MOIVREschen Beziehung

$$\exp \mathrm{j}\,\alpha = \cos\alpha + \mathrm{j}\sin\alpha \tag{031.1}$$

kann man $A = a + \mathrm{j}\,b$ auch in der Form schreiben:

$$A = |A| \exp \mathrm{j}\,\alpha. \tag{031.2}$$

Dies folgt aus $|A|\cos\alpha = a$, $|A|\sin\alpha = b$; daher weiter

$$a^2 + b^2 = |A|^2, \qquad \tan\alpha = \frac{b}{a}. \tag{031.3}$$

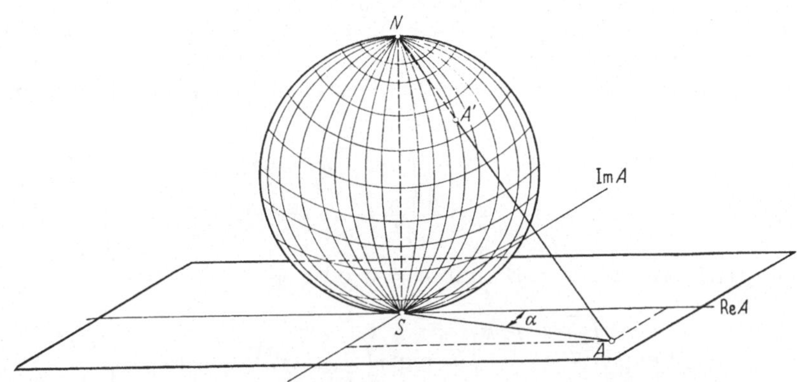

Abb. 03.2. Stereographische Projektion; Ersatz der GAUSSschen Zahlenebene durch die Oberfläche der RIEMANNschen Zahlenkugel.

α soll zwischen 0 und 2π liegen ($\operatorname{arc} A$ ist zunächst vieldeutig, da nur bis auf Vielfache von 2π bestimmt). Gibt man a, b vor und will man $|A|, \alpha$ dazu berechnen, so ist in Gl. (031.3) zu beachten, daß für $b > 0$, $0 < \alpha < \pi$ ist und für $b < 0$, $\pi < \alpha < 2\pi$. Die konjugiert komplexe Zahl zu A schreibt sich $A^* = |A| \exp(-\mathrm{j}\alpha)$, und es ist $A A^* = |A|^2$ ($= 0$ nur für $A = 0$, d. h. $a = b = 0$).

Die Summe bzw. Differenz zweier komplexer Zahlen $A_1 = a_1 + \mathrm{j}\,b_1$, $A_2 = a_2 + \mathrm{j}\,b_2$ ist

$$A_1 \pm A_2 = a_1 \pm a_2 + \mathrm{j}\,(b_1 \pm b_2).$$

Das Produkt $A_1 A_2$ erhält man unter Beachtung von $j^2 = -1$ in der Form:

$$A_1 A_2 = (a_1 + j b_1)(a_2 + j b_2) = (a_1 a_2 - b_1 b_2) + j(a_1 b_2 + a_2 b_1) \quad (031.4)$$

oder auch aus Gl. (031.2):

$$A_1 A_2 = |A_1|\,|A_2| \exp j(\alpha_1 + \alpha_2), \quad (031.5)$$

d. h.

$$|A_1 A_2| = |A_1|\,|A_2|; \qquad \operatorname{arc}(A_1 A_2) = \operatorname{arc} A_1 + \operatorname{arc} A_2.$$

Man multipliziert also eine komplexe Zahl A_1 mit einer zweiten, A_2, indem man den Zeiger A_1 um den Faktor $|A_2|$ streckt und um den Winkel $\alpha_2 = \operatorname{arc} A_2$ in positiver Richtung (d. h. im Gegenuhrzeigersinn) dreht. Multiplikation mit einer Zahl vom Betrag 1 ($A_2 = \exp j\alpha_2$) bedeutet eine reine Drehung, mit einer reellen Zahl eine reine Streckung.

Zur Bildung des Quotienten A_1/A_2 für $a_2^2 + b_2^2 > 0\,(A_2 \neq 0)$ multipliziert man Zähler und Nenner mit A_2^* und erhält

$$\frac{A_1}{A_2} = \frac{A_1 A_2^*}{|A_2|^2} = \frac{a_1 a_2 + b_1 b_2}{a_2^2 + b_2^2} + j\,\frac{a_2 b_1 - a_1 b_2}{a_2^2 + b_2^2} = \frac{|A_1|}{|A_2|} \exp j(\alpha_1 - \alpha_2). \quad (031.6)$$

Geometrisch bedeutet die Division also Streckung des Zeigers A_1 um den Faktor $1/|A_2|$ und anschließende Drehung um den Winkel α_2 in negativem Sinne. Der Quotient zweier konjugiert-komplexer Zahlen hat den Betrag 1.

Die Bildung der n-ten Wurzel (n ganzzahlig > 0) erklärt man am einfachsten mit Hilfe der trigonometrischen Darstellung Gl. (031.2):

$$\sqrt[n]{A} = A^{1/n} = \underset{+}{\sqrt[n]{|A|}} \exp\left(j\,\frac{\alpha + 2\pi k}{n}\right); \qquad k = 0, 1, \ldots, n-1. \quad (031.7)$$

Dabei soll die Wurzel aus der positiven Zahl $|A|$ positiv genommen werden; im Arcus steckt die n-Deutigkeit dieser Operation. Wir haben an dieser Stelle davon Gebrauch gemacht, daß — wie man aus Gl. (031.1) erkennt — die Funktion $\exp z$ die rein imaginäre Periode $2\pi j$ besitzt ($z = x + jy$). Damit gilt insbesondere

$$\left.\begin{array}{ll} \exp j\,2k\pi = \exp 0 = 1, & \exp j(2k+1)\pi = \exp j\pi = -1, \\ \exp j\,\frac{4k+1}{2}\pi = \exp j\,\frac{\pi}{2} = j, & \exp j\,\frac{4k+3}{2}\pi = \exp j\,\frac{3\pi}{2} = -j, \end{array}\right\} \begin{array}{l} k = \pm 1, \\ \pm 2, \ldots. \end{array}$$

Nach Gl. (031.7) ist daher z. B. mit $k = 0$ oder 1

$$\sqrt{j} = \underset{+}{\sqrt{1}} \exp j\left(\frac{\frac{\pi}{2} + 2\pi k}{2}\right) = \exp j\left(\frac{\pi}{4} + \pi k\right) = \pm \exp j\,\frac{\pi}{4}$$
$$= \pm\left[\cos\frac{\pi}{4} + j \sin\frac{\pi}{4}\right] = \pm\,\frac{1+j}{\sqrt{2}}.$$

Aus der Definition von j folgt

$$j^2 = -1, \quad j^3 = -j, \quad j^4 = 1; \qquad \text{allgemein } j^{4n+m} = j^m, \quad (n = 0, 1, 2, 3, \ldots);$$
$$\frac{1}{j} = -j, \quad j^{-n} = (-j)^n = (-1)^n j^n.$$

Die allgemeine Potenz A^z wird mit Hilfe des Logarithmus definiert ($z = x + jy$, $A = |A| \exp j\alpha$, $A \neq \exp 1$):

$$A^z = \exp\{\ln A^z\} = \exp\{z \ln A\}. \quad (031.8)$$

Im Komplexen ist der Logarithmus (als Umkehrung der periodischen Exponentialfunktion) unendlich vieldeutig:

$$\ln A = \ln\{|A| \exp j(\alpha + 2\pi k)\} = \ln|A| + j(\alpha + 2\pi k), \quad k = 0, \pm 1, \pm 2, \ldots.$$

Also besitzt auch A^z diese Vieldeutigkeit und nach Gl. (031.8)

$$\begin{aligned} A^z &= \exp(z \ln A) \\ &= \exp[x \ln|A| - y(\alpha + 2\pi k)] \exp j[x(\alpha + 2\pi k) + y \ln|A|]. \end{aligned} \tag{031.9}$$

So folgt z. B. wegen $\ln j = j\left(\frac{\pi}{2} + 2\pi k\right)$

$$j^j = \exp\left(-\frac{\pi}{2} + 2\pi k\right), \quad k = 0, \pm 1, \pm 2, \ldots.$$

Die Zahlen $\exp(j\alpha)$, deren Betrag $= 1$ ist, liegen auf dem Einheitskreis der Zahlenebene. Läßt man α von 0 bis 2π wachsen, so beschreibt der Endpunkt des Zeigers $A = \exp j\alpha$ gerade einmal den Einheitskreis. Hiervon wird in der Wechselstromlehre vielfach Gebrauch gemacht.

032 Inversion — Lineare Funktionen.

Die Reziproke $\frac{1}{A}$ zu einer Zahl $A = |A| \exp j\alpha$ ist $\frac{1}{A} = \frac{1}{|A|} \exp(-j\alpha)$. Die Zahl $\frac{1}{A^*} = \frac{1}{|A|} \exp j\alpha$ stimmt im Arcus mit A überein, liegt also auf demselben Halbstrahl durch 0 wie A und hinsichtlich des Einheitskreises polar zu A (vgl. Abb. 03.3); denn es ist $|A| \frac{1}{|A^*|} = 1$.

Den Übergang von A zu $1/A^*$ nennt man Spiegelung am Einheitskreis oder Inversion. Bei der Inversion werden Inneres und Äußeres des Einheitskreises miteinander vertauscht; der Ursprung

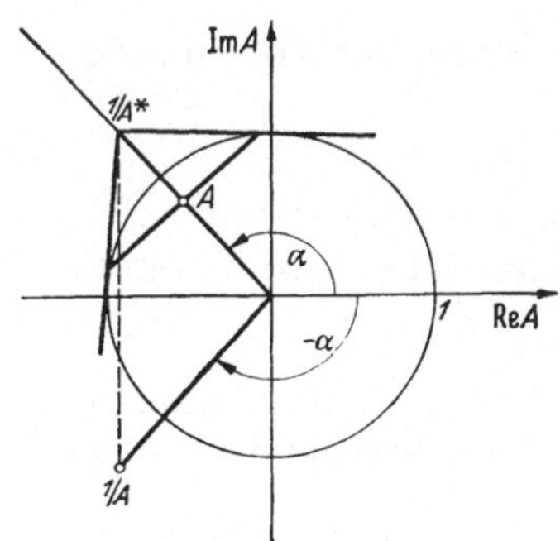

Abb. 03.3. Inversion am Einheitskreis: Inversion eines Punktes.

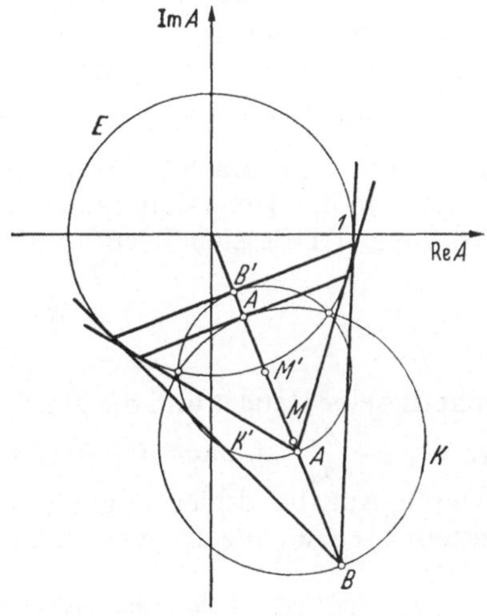

Abb. 03.4. Inversion am Einheitskreis: Inversion eines Kreises. K = Originalkreis mit Mittelpunkt M; K' = Bildkreis mit Mittelpunkt M'; E = Einheitskreis; A', B' = Bilder der Punkte A, B.

wird nach ∞ geworfen, Punkte auf dem Kreise bleiben fest. Auf der Zahlenkugel stellt sich die Inversion als Spiegelung an der Äquatorebene dar.

Die Inversion hat die Eigenschaft, Kreise wieder in Kreise überzuführen (siehe Abb. 03.4), wobei auch Gerade als Kreise mit unendlich großem Radius angesehen werden. Wir zeigen dies allgemein für die Klasse der sogenannten linearen Funktionen (oder linearen Transformationen)

$$w(z) = \frac{A_1 z + A_2}{A_3 z + A_4} = \frac{A_1}{A_3} - \frac{A_1 A_4 - A_2 A_3}{A_3(A_3 z + A_4)}. \tag{032.1}$$

A_1, A_2, A_3, A_4 sind dabei vier feste komplexe Zahlen mit nicht verschwindender Determinante $\begin{vmatrix} A_1 & A_2 \\ A_3 & A_4 \end{vmatrix}$. (Anderenfalls wäre $w(z) = \frac{A_1}{A_3}$ unabhängig von z, wie man aus der zweiten, nur für $A_3 \neq 0$ gültigen Form von Gl. (032.1) erkennt. Die ganze Ebene würde dann auf einen Punkt abgebildet.)

Die allgemeine Gleichung eines Kreises der u, v-Ebene

$$k_1(u^2 + v^2) + k_2 u + k_3 v + k_4 = 0 \tag{032.2}$$

k_1, k_2, k_3, k_4 reell) lautet in komplexer Schreibweise mit $w = u + \mathrm{j}\, v$

$$k_1 w w^* + \frac{k_2 - k_3 \mathrm{j}}{2} w + \frac{k_2 + k_3 \mathrm{j}}{2} w^* + k_4 = 0, \tag{032.3}$$

worin für $k_1 = 0$ die Geraden enthalten sind.

Setzt man Gl. (032.1) und $w^* = \frac{A_1^* z^* + A_2^*}{A_3^* z^* + A_4^*}$ in Gl. (032.3) ein, so erhält man in z wieder eine Gleichung der Form

$$P_1 z z^* + P_2 z + P_3 z^* + P_4 = 0,$$

in der, wie in Gl. (032.3), die P_1, P_4 reell sind und $P_3 = P_2^*$ ist, d. h. wieder eine Kreisgleichung. Für $P_1 = 0$ ist ein Kreis in eine Gerade übergegangen.

Ein einfacher Spezialfall der durch Gl. (032.1) dargestellten Funktionen ist $w = \frac{1}{z}$. Diese Transformation bewirkt eine Inversion mit nachfolgender Spiegelung an $\mathrm{Re}\, z = 0$. Da letztere die Invarianz der Kreise nicht beeinflußt, muß sie auch für die Inversion selbst bestehen.

Gl. (032.1) läßt sich leicht umkehren; dies führt auf die Funktion

$$z(w) = -\frac{A_4 w - A_2}{A_3 w - A_1}. \tag{032.4}$$

Sie hat dieselbe Bauart und die gleiche Koeffizientendeterminante. Für $z = -\frac{A_2}{A_1}$ bzw. $z = -\frac{A_4}{A_3}$ ist nach Gl. (032.1) $w(z) = 0$ bzw. $w(z) = \infty$.

Durch Angabe dreier Paare (z_k, w_k), $k = 1, 2, 3$, von Original- und Bildpunkten ist eine lineare Abbildung $w(z)$ eindeutig bestimmt, nämlich in der Form

$$\frac{w - w_1}{w - w_3} \, \frac{w_2 - w_3}{w_2 - w_1} = \frac{z - z_1}{z - z_3} \, \frac{z_2 - z_3}{z_2 - z_1}. \tag{032.5}$$

So lautet z. B. die lineare Funktion, die $z = 1$ in $w = 0$, $z = \mathrm{j}$ in $w = 1$ und $z = -1$ in $w = \infty$ überführt:

$$w = \frac{1 - z}{1 + z} \, \frac{1 + \mathrm{j}}{1 - \mathrm{j}}. \tag{032.6}$$

Die betreffende Funktion bildet zugleich die durch die 3 Punkte der z- und w-Ebene bestimmten Kreislinien aufeinander ab. Bei der Abbildung entsprechen sich diejenigen Gebiete der z- und w-Ebene, die zur Linken (oder zur Rechten) dieser Kreisperipherien liegen, wenn man sie in dem durch die Reihenfolge z_1, z_2, z_3 und w_1, w_2, w_3 bestimmten Sinne durchläuft. So bildet z. B. die oben angegebene Funktion Gl. (032.6) das Innere des Einheitskreises der z-Ebene auf die obere w-Halbebene ab. Abbildungen des Einheitskreisinneren auf sich sind von der Form

$$w = \frac{A_1 z + A_2}{A_2^* z + A_1^*}, \tag{032.7}$$

während die Funktionen

$$w = \frac{A_1 z + A_2}{-A_2^* z + A_1^*} \tag{032.8}$$

Drehungen der Zahlenkugel um einen Durchmesser bewirken [4]. Bezüglich weiterer Eigenschaften der linearen Transformationen (etwa ihre Fixpunkte, d. h. der Punkte, für die $w(z) = z$) siehe z. B. [4], [25].

Für die Inversion bemerken wir noch: Sieht man die Geraden als diejenigen Kreise an, die durch den Punkt ∞ gehen, und beachtet, daß sich bei der Inversion $0 \longleftrightarrow \infty$ entsprechen, so erkennt man: Kreise durch den Nullpunkt werden in Geraden übergeführt und umgekehrt. Gerade durch 0 gehen in sich über.

Die allgemeine Transformation Gl. (032.1) können wir auffassen als die Aufeinanderfolge der vier folgenden:

a) Verschiebung des Nullpunktes der z-Ebene nach $\frac{A_4}{A_3}\left(z_1 = z + \frac{A_4}{A_3}\right)$,

b) Inversion am neuen Einheitskreis und nachfolgende Spiegelung an der reellen Achse $z_2 = \frac{1}{z_1}$,

c) Multiplikation mit der Konstanten $-\frac{A_1 A_4 - A_2 A_3}{A_3^2}$,

d) Parallelverschiebung um $\frac{A_1}{A_3}$:

$$w = -\frac{A_1 A_4 - A_2 A_3}{A_3^2} z_2 + \frac{A_1}{A_3}.$$

Als Beispiel besprechen wir noch kurz die lineare Transformation

$$w(z) = \frac{z-1}{z+1}. \tag{032.9}$$

Sie gehört zu der Klasse der Abbildungen nach Gl. (032.8), läßt sich also geometrisch durch eine Kugeldrehung darstellen; da $w(\pm \mathrm{j}) = \pm \mathrm{j}$, bleiben diese beiden Punkte fest, die Drehung erfolgt also um den zur imaginären Achse parallelen Äquatordurchmesser. Da ferner $w(0) = -1$, der Südpol also in diesen Äquatorpunkt übergeht, ist der Drehwinkel $= +\frac{\pi}{2}$. Die rechte z-Halbachse wird in das Innere des Einheitskreises $|w| < 1$ übergeführt.

Statt die Abbildung Gl. (032.9) auf der Ebene zu verfolgen, kann man daher auch einfacher nach stereographischer Projektion der z-Ebene auf die z-Kugel die beschriebene Kugeldrehung ausführen und aus dem neuen Nordpol wieder stereographisch auf die Bildebene projizieren.

Beachtet man noch $w(1) = 0$, $w(-1) = \infty$, $w(\infty) = +1$, so erkennt man leicht das Verhalten gewisser ausgezeichneter Geraden- und Kreisscharen bei der Abbildung nach Gl. (032.9) mit $z = x + \mathrm{j}y \rightarrow w = u + \mathrm{j}v$:

Aus den	werden in der w-Ebene
Geraden $x = \text{const}$ (Parallelen zur reellen Achse	Kreise durch $w = 1$ mit dort vertikaler Tangente
Geraden $y = \text{const}$ (Parallelen zur imaginären Achse)	Kreise durch $w = 1$ mit dort horizontaler Tangente
Kreisen durch $+1$ und -1 (Mittelpunkte auf der imaginären Achse)	Geraden durch den Ursprung
Orthogonalkreisen zu diesen Kreisen (Mittelpunkte auf der reellen Achse)	Konzentrische Kreise um den Ursprung

033 Darstellung sinusförmiger Zeitvorgänge durch komplexe Zahlen.

Eine physikalische Größe $A(t)$, die nach einer Sinus- oder Cosinusfunktion von der Zeit abhängt,

$$A(t) = |A| \cos(\omega t + \varphi) \quad \text{bzw.} \quad = |A| \sin(\omega t + \varphi)$$

mit der Amplitude $|A|$ und der Kreisfrequenz ω, läßt sich auch schreiben

$$A(t) = |A| \operatorname{Re} \exp \mathrm{j}(\omega t + \varphi) \quad \text{bzw.} \quad = |A| \operatorname{Im} \exp \mathrm{j}(\omega t + \varphi). \quad (033.1)$$

Das Zeichen Re bzw. Im kann man nun in allen linearen Betrachtungen weglassen. Man versteht dann unter $\exp \mathrm{j}\alpha$ stets den Real- oder Imaginärteil dieser Größe. Physikalische Bedeutung kann nur einer reellen Zahl zukommen; die komplexe Schreibweise ist nichts als ein die Berechnung *linearer* Wechselstromvorgänge wesentlich vereinfachendes Hilfsmittel.

In der Schreibweise

$$A(t) = A \exp \mathrm{j}\omega t \quad (033.2)$$

bedeutet $A = |A| \exp \mathrm{j}\varphi$ die „*komplexe Amplitude*" von $A(t)$, $\varphi = \operatorname{arc} A$, deren Phase, bezogen auf einen definierten Nullwert. Der Endpunkt des Zeigers $A(t)$ durchläuft als Funktion von t bzw. (ωt) in der GAUSSschen Zahlenebene einen Kreis im Gegenuhrzeigersinn. Statt der Drehung des Zeigers $A(t)$ kann man auch die komplexe Amplitude A als festen Zeiger und das Koordinatensystem um den Nullpunkt im Uhrzeigersinn mit der Winkelgeschwindigkeit ω rotierend annehmen.

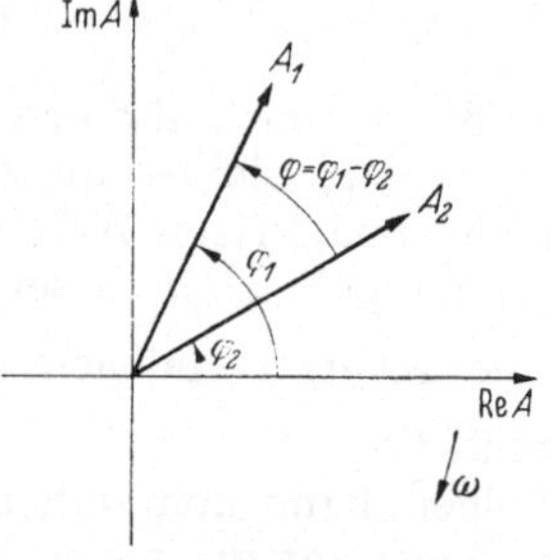

Abb. 03.5. Zur Definition der Phasenlage zweier Zeiger gleicher Frequenz.

Bedeutung gewinnt die Phase bei Betrachtung zweier Zeiger: Für zwei Zeiger mit gleicher Frequenz

$$A_1(t) = A_1 \exp \mathrm{j}\omega t, \quad A_2(t) = A_2 \exp \mathrm{j}\omega t$$

ist

$$\varphi = \varphi_1 - \varphi_2 = \operatorname{arc} A_1 - \operatorname{arc} A_2$$

die feste Phase zwischen $A_1(t)$ und $A_2(t)$. Es ist $\operatorname{Re} A_1(t) = 0$ für $\omega t + \varphi_1 = 0$, $\operatorname{Re} A_2(t) = 0$ für $\omega t + \varphi_2 = 0$. Bei $\varphi_1 > \varphi_2$ erfolgt der Nulldurchgang von $A_1(t)$ früher als der von $A_2(t)$; $A_1(t)$ eilt gegen $A_2(t)$ um die Phase $\varphi_1 - \varphi_2$ vor. Dies wird auch geometrisch veranschaulicht durch die Drehung des Koordinatensystems mit der Winkelgeschwindigkeit ω im Uhrzeigersinn bei festen Zeigern A_1, A_2 (siehe Abb. 03.5).

Ist der Betrag der Amplitude noch nach einer Exponentialfunktion zeitlich veränderlich: $|A(t)| = |A(0)| \exp \sigma t$, so können wir schreiben

$$A(t) = A \exp(\sigma + j\omega) t$$

mit $A = |A(0)| \exp j\varphi$.

Der Zeiger $A(t)$ beschreibt dann in Abhängigkeit von der Zeit nicht mehr einen Kreis wie für $\sigma = 0$, sondern eine logarithmische Spirale in positivem

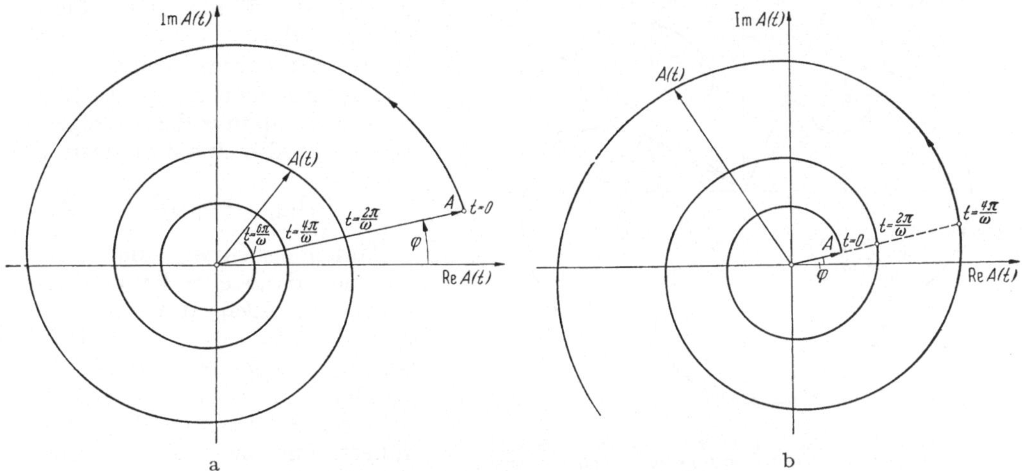

Abb. 03.6a u. b. Logarithmische Spirale zur Zeigerdarstellung einer a) abklingenden oder b) anwachsenden Schwingung.

Sinne, die sich für $\sigma > 0$ öffnet (anwachsende Schwingung), für $\sigma < 0$ auf den asymptotischen Punkt $(0, 0)$ zusammenzieht (abklingende Schwingung) (Abb. 03.6a und b).

Zeiger in der komplexen Ebene, die Schwingungen repräsentieren, lassen sich wie komplexe Zahlen, d. h. wie ebene Vektoren, addieren. So ist die Summe zweier Schwingungen mit gleicher Frequenz

$$A(t) = A_1(t) + A_2(t) = (A_1 + A_2) \exp j\omega t$$

mit

$$A_1 + A_2 = |A_1| \exp j\varphi_1 + |A_2| \exp j\varphi_2$$
$$= |A_1| \cos\varphi_1 + |A_2| \cos\varphi_2 + j(|A_1| \sin\varphi_1 + |A_2| \sin\varphi_2) = |A| \exp j\varphi = A,$$

als komplexer Amplitude der Gesamtschwingung; ihr Betrag und Arcus sind

$$\begin{aligned} |A|^2 &= |A_1|^2 + |A_2|^2 + 2|A_1||A_2| \cos(\varphi_1 - \varphi_2) \\ \varphi &= \arctan \frac{|A_1| \sin\varphi_1 + |A_2| \sin\varphi_2}{|A_1| \cos\varphi_1 + |A_2| \cos\varphi_2}. \end{aligned} \tag{033.3}$$

Der Endpunkt des Zeigers $A(t)$ der Gesamtschwingung läuft mit der Kreisfrequenz ω auf dem Kreis vom Radius $|A|$ um; für $t = 2k\pi$, $k = 0, 1, \ldots$ ist seine Phase $= \varphi$.

Als weiteres Beispiel betrachten wir die Überlagerung zweier Schwingungen mit verschiedener Frequenz, von denen die zweite eine kleinere reelle Amplitude besitzt:

$$A_1(t) = A_1 \exp j\omega_1 t, \quad A_2(t) = A_2 \exp j\omega_2 t, \quad |A_2| < |A_1|.$$

Um nun den Zeiger $A(t) = A_1(t) + A_2(t)$ zu verfolgen, können wir wegen $\omega_1 \neq \omega_2$ nicht mehr von einer Drehung des Koordinatensystems ausgehen, sondern müssen seine Bewegung in der Zahlenebene als Funktion der Zeit bei festen Koordinatenachsen ermitteln. In jedem Augenblick überlagert sich dem Umlauf um den Nullpunkt mit der Frequenz ω_1 auf dem Kreis $r = |A_1|$ der Umlauf um den betreffenden Punkt dieser Peripherie (Phase $\omega_1 t + \varphi_1$) auf einem Kreis vom Radius $|A_2|$ mit der Frequenz ω_2 (Abb. 03.7).

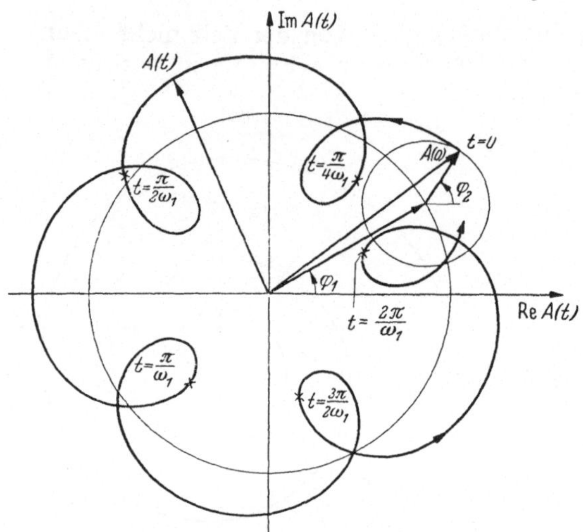

Abb. 03.7. Zeigerdarstellung der Addition von zwei Schwingungen verschiedener Frequenz und Amplitude.

Der Endpunkt dieses Zeigers beschreibt also eine im Kreisring

$$|A_1| - |A_2| \leqq r \leqq |A_1| + |A_2|$$

verlaufende Kurve, die dann und nur dann eine Periode besitzt, wenn ω_2/ω_1 rational ist; sie wiederholt sich nach einem Umlauf, wenn ω_2/ω_1 eine ganze Zahl ist. Durch die Addition von $A_2(t)$ wird die Schwingung $A_1(t)$ moduliert, und zwar sowohl hinsichtlich Phase wie Amplitude (vgl. Kap. 056). Der Momentanwert der reellen Amplitude $|A(t)|$ ist

$$|A(t)| = [|A_1|^2 + |A_2|^2 + 2|A_1|\,|A_2|\cos\{(\omega_1 - \omega_2)t + (\varphi_1 - \varphi_2)\}]^{1/2}, \qquad (033.4)$$

der Momentanwert der Phase

$$\operatorname{arc} A(t) = \arctan\frac{|A_1|\sin(\omega_1 t + \varphi_1) + |A_2|\sin(\omega_2 t + \varphi_2)}{|A_1|\cos(\omega_1 t + \varphi_1) + |A_2|\cos(\omega_2 t + \varphi_2)}. \qquad (033.5)$$

Multiplikation und Division von Zeigern wollen wir nur im Spezialfall gleicher Frequenz zulassen, der physikalischen Sinn besitzt, und zwar soll gelten: Das Produkt zweier Zeiger $A_1(t)$, $A_2(t)$ *gleicher Frequenz* ist durch

$$A_1 A_2^* = |A_1|\,|A_2| \exp \mathrm{j}(\varphi_1 - \varphi_2) = |A_1|\,|A_2| \exp \mathrm{j}\,\varphi \qquad (033.6)$$

gegeben, ist also eine von der Zeit unabhängige komplexe Zahl, deren Real- bzw. Imaginärteil auch als das Skalar- bzw. Vektorprodukt der Vektoren $\boldsymbol{A}_1$, $\boldsymbol{A}_2$ erscheinen:

$$\operatorname{Re} A_1 A_2^* = |A_1|\,|A_2| \cos\varphi = \boldsymbol{A}_1 \boldsymbol{A}_2, \qquad (033.7)$$

$$\operatorname{Im} A_1 A_2^* = |A_1|\,|A_2| \sin\varphi = \boldsymbol{A}_1 \times \boldsymbol{A}_2. \qquad (033.8)$$

Das Vektorprodukt hat nur eine Komponente senkrecht zur Zahlenebene.

Der Quotient zweier Zeiger gleicher Frequenz $\frac{A_1(t)}{A_2(t)} = \frac{A_1}{A_2} = \frac{|A_1|}{|A_2|} \exp \mathrm{j}\,\varphi$ stellt den in allgemeinen komplexen Quotienten ihrer Amplituden dar.

Die zeitliche Ableitung eines Zeigers $A(t) = A \exp \mathrm{j}\omega t$ ist ein Zeiger $\dot{A}(t) = \mathrm{j}\omega A(t)$, der mit derselben Frequenz umläuft und die komplexe Amplitude $\mathrm{j}\omega A$ besitzt. Er eilt dem Zeiger $A(t)$ also um $\pi/2$ vor. Ähnlich bedeutet

Integration des Zeigers $A(t)$ nach der Zeit Division durch $j\omega$, d. h. geometrisch Streckung um $1/\omega$ und negative Drehung um $\pi/2$.

Beispiele von Zeigern sind Wechselstrom und Wechselspannung in einem Schwingungskreis oder am Ein- und Ausgang eines Vierpols. Das Produkt $\frac{1}{2}\operatorname{Re} U I^*$ ist der zeitliche Mittelwert der verbrauchten Leistung. Denn geht man von der reellen Schreibweise

$$U(t) = |U|\cos(\omega t + \varphi_1), \qquad I(t) = |I|\cos(\omega t + \varphi_2) \tag{033.9}$$

aus, so ist der Momentanwert der Leistung

$$U(t)\, I(t) = \tfrac{1}{2}|U|\,|I|\cos(\varphi_1 - \varphi_2) + \tfrac{1}{2}|U|\,|I|\cos(2\omega t + \varphi_1 + \varphi_2). \tag{033.10}$$

Das zweite Glied rechts gibt bei Mittelung über eine Periode den Wert 0, das erste ist $= \frac{1}{2}\operatorname{Re} U I^*$, wie behauptet. Diese „Wirkleistung" rührt her von der Komponente von I (oder U), die mit U (oder I) in Phase ist. Positives Vorzeichen bedeutet Leistung, die verbraucht, d. h. dem System zugeführt wird, negatives Vorzeichen entnommene Leistung. Daneben hat aber $\frac{1}{2}\operatorname{Im} U I^*$ die Bedeutung einer Blindleistung, d. h. einer Leistung, die dem System nicht entzogen und auch nicht durch Wärmeverluste verbraucht wird, sondern zwischen den Schaltelementen und der Energiequelle periodisch ausgetauscht wird. Der einfache Schwingungskreis mit Strom- oder Spannungsquelle, in dem nur eine Selbstinduktion L vorhanden ist, möge zur Erläuterung dienen: Zwischen $I(t)$ und $U(t)$ besteht die Beziehung

$$\frac{d}{dt}\left(L I(t)\right) = U(t),$$

daher

$$j\omega L I = U.$$

Strom und Spannung haben die Phase $\pi/2$ gegeneinander. In reeller Schreibweise ist nach Gl. (033.10)

$$U(t)\, I(t) = -\tfrac{1}{2}|U|\,|I|\sin 2(\omega t + \varphi_1).$$

Diese Leistung ändert nach jeder Viertelperiode ihr Vorzeichen, wird also abwechselnd von dem *Blindwiderstand* ωL aufgenommen und abgegeben. Ihr Integral über eine Periode ist Null, es wird keine Energie verbraucht. Bis der Kreis den eingeschwungenen Zustand erreicht, muß man der Selbstinduktion die Energie $\frac{1}{2} L |I|^2 = \frac{1}{2\omega}|I|\,|U|$ zuführen, die beim Ausschalten wieder an den Generator abgegeben wird. Man spricht daher auch von gespeicherter Energie, die sich zeitweilig in dem Blindwiderstand befindet.

Die einem Vierpol mit den Stromrichtungen in Abb. 02.1 zugeführte mittlere Wirkleistung P bestimmt sich aus

$$2P = \operatorname{Re}(U_1 I_1^* - U_2 I_2^*) = \operatorname{Re}[Z_{11}|I_1|^2 + Z_{12} I_1^* I_2 - Z_{21} I_1 I_2^* - Z_{22}|I_2|^2] \tag{033.11}$$

oder mit $Z_E = U_1/I_1$, $Z_L = U_2/I_2$

$$2P = |I_1|^2 \operatorname{Re} Z_E - |I_2|^2 \operatorname{Re} Z_L. \tag{033.12}$$

Für einen passiven Vierpol muß $P \geqq 0$ sein, für $\operatorname{Re} Z_L \geqq 0$ also auch $\operatorname{Re} Z_E \geqq 0$. Die rechte Seite von Gl. (033.11) kann nur dann für beliebige I_1 oder I_2 größer oder gleich Null sein, wenn

$$\operatorname{Re} Z_{11} \geqq 0, \qquad \operatorname{Re}(-Z_{22}) \geqq 0 \tag{033.13}$$

und außerdem für einen reziproken Vierpol $(Z_{12} = -Z_{21})$

$$\mathrm{Re} Z_{11} \, \mathrm{Re}(-Z_{22}) - [\mathrm{Re} Z_{12}]^2 \geqq 0 \qquad (033.14)$$

gilt[1]. Diese Bedingungen müssen für alle Frequenzen erfüllt sein, wenn ein passiver reziproker Vierpol mit der Widerstandsmatrix Z realisierbar sein soll. Für einen aus endlich vielen Schaltelementen bestehenden Vierpol sind ihre Elemente Z_{ik} rationale Funktionen von ω oder $\mathrm{j}\omega$. Ist der Vierpol symmetrisch und enthält er nur Blindwiderstände (Reaktanzen), so sind auch die $Z_{ik}(\mathrm{j}\omega)$ für alle ω rein imaginär. Daraus folgt dann insbesondere die in Kap. 0243 benützte Tatsache, daß das Element $K_{11} = Z_{11}/Z_{21}$ der Kettenmatrix für alle ω reell ist.

034 Kreisdiagramme.

0341 Komplexe Widerstände. In dem Schwingungskreis der Abb. 03.8 mit Ohmschem Widerstand R, Selbstinduktion L, Kapazität C und Wechselspannungsquelle $U(t)$ in Serie genügt der Strom $I(t)$ der Gleichung

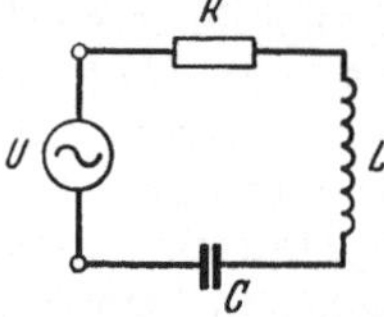

Abb. 03.8. Serien-Schwingungskreis mit Spannungsquelle.

$$L \frac{\mathrm{d} I(t)}{\mathrm{d} t} + R I(t) + \frac{1}{C} \int^{t} I(t) \, \mathrm{d} t = U(t). \qquad (034.1)$$

Für eine periodische EMK $U(t) = U \exp \mathrm{j} \omega t$ erhält man die periodische Partikulärlösung, die hier allein interessiert[2], wenn man mit $I(t) = I \exp \mathrm{j} \omega t$ eingeht oder auf den Zeiger I die oben erwähnten Rechenregeln anwendet. Dies führt auf

$$Z I = U$$

mit

$$Z = \mathrm{j} \omega L + R + \frac{1}{\mathrm{j} \omega C}. \qquad (034.2)$$

Die Summe der drei Zeiger RI, $\mathrm{j}\omega L I$, $\frac{1}{\mathrm{j}\omega C} I$, die mit U gleichphasig bzw. um 90° voreilend bzw. um 90° nacheilend sind, ergibt den Zeiger U, die komplexe Amplitude der Generatorspannung. Z ist der gesamte komplexe Widerstand (Impedanz) des Kreises.

Für die Ausgangsspannung im Parallelkreis der Abb. 03.9, mit einer Stromquelle $I(t) = I \exp \mathrm{j} \omega t$, findet man entsprechend

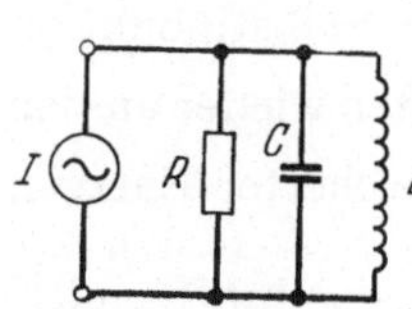

Abb. 03.9. Parallel-Schwingungskreis mit Stromquelle.

$$Y U = I,$$

mit dem komplexen Leitwert (Admittanz)

$$Y = \frac{1}{\mathrm{j} \omega L} + \frac{1}{R} + \mathrm{j} \omega C = \frac{1}{Z}. \qquad (034.3)$$

[1] Um dies zu zeigen, fasse man die rechte Seite von Gl. (033.11) als quadratische Form in I_1, I_2 auf. Ist Reziprozität nicht vorhanden $(Z_{12} \neq -Z_{21})$, so tritt an die Stelle der Gl. (033.14) die folgende Bedingung [*92*, *118* a]

$$\mathrm{Re} Z_{11} \, \mathrm{Re}(-Z_{22}) - \tfrac{1}{4} \, |Z_{12} + Z_{21}^{*}|^2 \geqq 0.$$

[2] Die allgemeine Lösung der Gl. (034.1) enthält außerdem noch die allgemeine Lösung der homogenen Gleichung $(U(t) \equiv 0)$. Diese gibt einerseits die freien Schwingungen des Kreises wieder, andererseits, wenn $U(t)$ zu einem Anfangszeitpunkt plötzlich einsetzt, den „Einschwingvorgang", bis sich das periodische Generatorsignal durchgesetzt hat. Wir fassen hier den „eingeschwungenen Zustand" ins Auge.

In einer komplexen Widerstandsebene wird eine allgemeine Impedanz $Z = R + \mathrm{j}X$ durch einen Punkt repräsentiert; da im allgemeinen nur positive Wirkwiderstände R vorkommen, kann man sich auf die rechte Z-Halbebene beschränken. Bei Reihenschaltung zweier komplexer Widerstände addiere man die komplexen Zahlen. Ebenso erscheint in der Leitwertebene $Y = G + \mathrm{j}B$ die Parallelschaltung zweier Widerstände Z_1, Z_2 als geometrische Addition der Zahlen $Y_1 = 1/Z_1$, $Y_2 = 1/Z_2$.

Der Übergang von Z zum Leitwert $Y = 1/Z$ ist die im Kap. 032 besprochene einfache lineare Abbildung. Wenn man sich daher Widerstands- und Leitwertebene übereinander gezeichnet denkt, so gelangt man vom Punkt Z

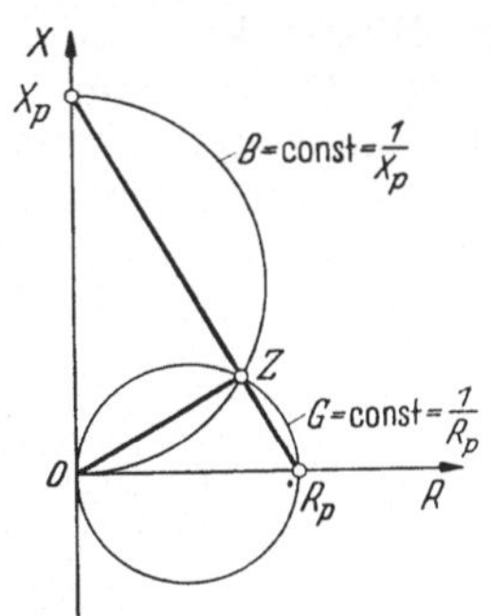

Abb. 03.10. Kreise konstanten Wirk- und Blindleitwertes in der Widerstandsebene.

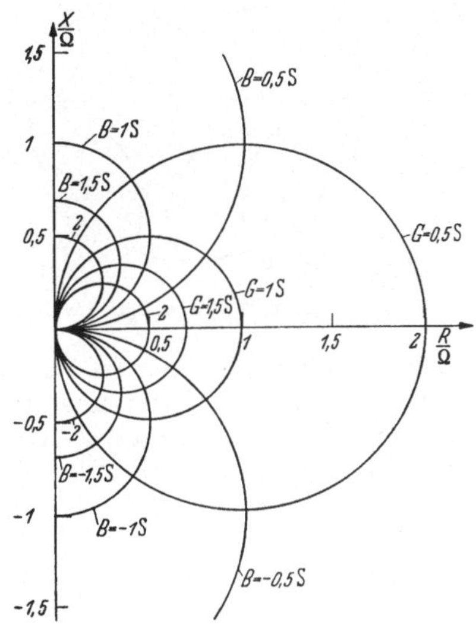

Abb. 03.11. Kreisdiagramm 1. Art.

zum Punkt Y durch Inversion am Einheitskreis und nachfolgende Spiegelung an der reellen Achse. Bei dieser Abbildung gehen Z-Kreise durch den Nullpunkt mit dem Mittelpunkt auf der reellen Achse in Parallelen zur B-Achse über. Diese Kreise in der Z-Ebene sind also Kreise konstanten Wirkleitwerts. Kreise durch $Z = 0$ mit dem Mittelpunkt auf der imaginären Achse sind Kreise konstanten Blindleitwerts; ihr Bild in der Y-Ebene sind Parallele zur G-Achse. Um die Kreise konstanten Wirk- und Blindleitwerts durch einen gegebenen Punkt Z zu finden, errichte man auf dem Zeiger Z die Senkrechte, die die Achsen in R_p bzw. X_p schneidet (Abb. 03.10). Die Kreise über dem rechten Winkel OZR_p bzw. OZX_p sind die gesuchten Kreise, ferner $G = 1/R_p$, $B = 1/X_p$. Wird dem Widerstand Z *parallel* ein Wirk- oder Blindleitwert zugeschaltet, so wandert der Punkt der Z-Ebene auf dem Kreis konstanten Blind- bzw. Wirkleitwerts. Trägt man in die Z-Ebene diese beiden Kreisscharen mit Bezifferung ein (Abb. 03.11), so kann man zu jedem $Z = R + \mathrm{j}X$ Realteil G und Imaginärteil B des Leitwerts $Y = 1/Z$ ablesen (Kreisdiagramm 1. Art). Es kann auch in umgekehrter Richtung verwendet werden, wenn man Z bei gegebenem Y erhalten will.

Man kann für eine solche Darstellung der Widerstände und Leitwerte mit einem endlichen Bereich an Stelle der unendlichene Halbebene auskommen, wenn man diese auf den Einheitskreis abbildet. Dazu eignet sich die lineare Funktion

$$r = \frac{\frac{Z}{Z_0} - 1}{\frac{Z}{Z_0} + 1}, \tag{034.4}$$

in der Z_0 ein zunächst beliebiger Bezugswiderstand ist. Es sei hier reell angenommen. Die Abbildung von der Z/Z_0-Ebene in die r-Ebene haben wir in Kap. 032 bereits besprochen. Die Punkte $Z = 0$ und $Z = \infty$ gehen in $r = -1$ und $r = +1$ über. Als Kurven konstanten Real- bzw. Imaginärteils von $Z = R + jX$ erhält man in der r-Ebene Kreise, die den Einheitskreis in $r = +1$ berühren bzw. senkrecht schneiden (Kreisdiagramm 2. Art, Abb. 03.12). Kreise konstanten Wirk- und Blindleitwerts sind in der r-Ebene die entsprechenden Kreise durch $r = -1$. Dreht man den Bildpunkt von Z/Z_0 in diesem Diagramm um 180°, so gelangt man zum Bildpunkt des reziproken Wertes Z_0/Z und damit zum Leitwert. Die Geraden $\operatorname{arc} r = \text{const}$ entstehen schließlich aus den Kreisen der Z/Z_0-Ebene durch den Punkt 1 mit den Mittelpunkten auf der imaginären Achse, die Kreise $|r| = \text{const}$ aus den Orthogonalkreisen zu diesen Z-Kreisen mit den Mittelpunkten auf der reellen Achse. Die Umkehrung von Gl. (034.4) lautet

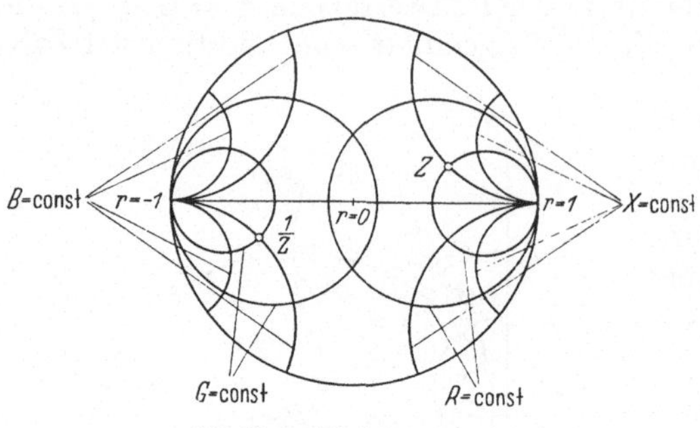

Abb. 03.12. Kreisdiagramm 2. Art.

$$\frac{Z}{Z_0} = \frac{1 + r}{1 - r}. \tag{034.5}$$

0342 Transformation durch Vierpole. Wie aus Kap. 024 bekannt, ist ein allgemeiner Vierpol durch vier, ein passiver durch drei (im allgemeinen komplexe) Widerstände oder der Leitwerte gegeben: die Elemente Z_{ik} oder Y_{ik} der Widerstands- oder Leitwertmatrix. Bei T- oder π-Schaltung können diese komplexen Zahlen aus den Gl. (024.14), (024.18), (024.6) erhalten werden.

Wird der Ausgang des Vierpols durch einen Verbraucher Z_L abgeschlossen, so transformiert der Vierpol diesen Widerstand in einen Widerstand an seinem Eingang nach Gl. (024.22)

$$Z_E = \frac{Z_{11} Z_L - |Z_{ik}|}{Z_L - Z_{22}}. \tag{034.6}$$

Das ist eine lineare Abbildung in der Widerstandsebene; bei allgemeinen Konstanten kann sie z. B. in die in Kap. 032 angegebenen einfachen Schritte zerlegt werden.

Ist ein passiver Vierpol mit einem Widerstand Z_L mit $\operatorname{Re} Z_L \geqq 0$ abgeschlossen, so muß auch $\operatorname{Re} Z_E \geqq 0$ sein, sonst wäre der Vierpol entgegen der Annahme ein Energielieferant. Das durch die lineare Funktion Gl. (034.6) entworfene Bild der rechten Z_L-Halbebene liegt daher in der rechten Z_E-Halbebene. Auf Grund der Kreisverwandtschaft ist dieses Bild das Innere eines in der rechten Halbebene liegenden Kreises, des sogenannten Grenzkreises des Vierpols. Wir wollen diese Abbildung nicht weiter verfolgen (siehe z. B. [20]), sondern uns den übersichtlicheren Verhältnissen beim passiven symmetrischen Vierpol zuwenden. Nach Gl. (024.27) lautet dafür Gl. (034.6)

$$Z_E = Z_W \frac{Z_L \cosh g + Z_W \sinh g}{Z_L \sinh g + Z_W \cosh g}$$

oder, wenn man alle Impedanzen auf den Wellenwiderstand Z_W bezieht,

$$\frac{Z_E}{Z_W} = \frac{\frac{Z_L}{Z_W} + \tanh g}{\frac{Z_L}{Z_W}\tanh g + 1}. \tag{034.7}$$

In dieser Form enthält die Impedanztransformation nur einen Parameter, das komplexe Übertragungsmaß g. Da für $\frac{Z_L}{Z_W} = \pm 1$ auch $\frac{Z_E}{Z_W} = \pm 1$, bei Abschluß des Vierpols mit seinem Wellenwiderstand auch der Eingangswiderstand diesem gleich ist, sind die Punkte $\frac{Z_L}{Z_W} = \pm 1$ Fixpunkte dieser Transformation. Bei Kurzschluß ($Z_L = 0$) ist $Z_E = Z_W \tanh g$, bei Leerlauf ($Z_L = \infty$) $Z_E = Z_W/\tanh g$. Für verlustlose Vierpole ist g entweder reell oder rein imaginär. In beiden Fällen bleibt die imaginäre Achse als Ganzes erhalten, ist somit auch der Grenzkreis des Vierpols.

Mit Hilfe von

$$\tanh g = \frac{1 - \exp(-2g)}{1 + \exp(-2g)}$$

kann man Gl. (034.7) umformen in

$$\frac{Z_E}{Z_W} = \frac{(Z_L + Z_W) + (Z_L - Z_W)\exp(-2g)}{(Z_L + Z_W) - (Z_L - Z_W)\exp(-2g)} \tag{034.8}$$

oder in

$$\frac{Z_E}{Z_L} = \frac{1 + r}{1 - r} \tag{034.9}$$

mit

$$r = \frac{Z_L - Z_W}{Z_L + Z_W}\exp(-2g). \tag{034.10}$$

Wir nennen r den auf den Eingang bezogenen (komplexen) Reflexionskoeffizienten des Vierpols; $\frac{Z_L - Z_W}{Z_L + Z_W}$ ist der auf den Ausgang bezogene. Beide sind gleich Null für den Abschluß mit dem Wellenwiderstand ($Z_L = Z_W$, reflexionsfreier Abschluß). Zwischen Z_E/Z_W und r bestehe derselbe Zusammenhang wie Gl. (034.5), (034.4). Das Kreisdiagramm 2. Art in Abb. 03.12 kann also auch dazu dienen, bei bekanntem Reflexionskoeffizienten den Eingangswiderstand abzulesen und umgekehrt. Es zeigt die Kurven konstanten Real- und Imaginärteils von Z_E/Z_W in der Ebene des komplexen Reflexionskoeffizienten.

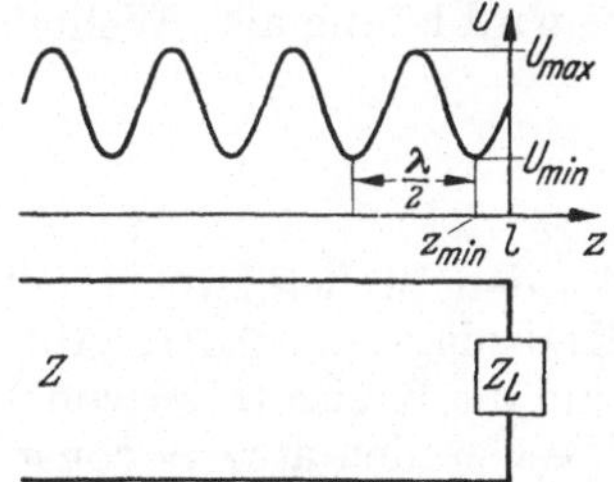

Abb. 03.13. Spannungsverteilung längs einer mit einem Widerstand $Z_L \neq Z$ abgeschlossenen Doppelleitung.

0343 Transformation durch homogene Leitungen. Nach den Leitungsgleichungen (024.35) kann ein beliebiges Stück einer homogenen Doppelleitung als ein symmetrischer passiver Vierpol aufgefaßt werden. Liegt der Abschluß bei $z = l$ (Abb. 03.13), so können wir diesen Gleichungen die Form geben: Für $z < l$ ist

$$\begin{aligned} U(z) &= U(l)\cosh\gamma(l - z) + Z I(l)\sinh\gamma(l - z), \\ I(z) &= \frac{U(l)}{Z}\sinh\gamma(l - z) + I(l)\cosh\gamma(l - z). \end{aligned} \tag{034.11}$$

Der Abschlußwiderstand sei wieder $Z_L = \frac{U(l)}{I(l)}$. Dann ordnen wir entsprechend Gl. (034.10) jedem Punkt $z \leqq l$ einen Reflexionskoeffizienten

$$r(z) = \frac{Z_L - Z}{Z_L + Z} \exp(-2\gamma(l - z)) \tag{034.12}$$

zu. Der Sinn dieser Definition wird deutlich, wenn statt der Hyperbelfunktionen Exponentialfunktionen eingeführt werden. In

$$\frac{U(z)}{U(l)} = \left(1 + \frac{Z}{Z_L}\right) \exp\gamma(l - z) + \left(1 - \frac{Z}{Z_L}\right) \exp(-\gamma(l - z))$$

stellt der erste Summand rechts eine Welle dar, die sich in $+z$-Richtung längs der Leitung, also auf den Verbraucher zu, ausbreitet, der zweite eine Welle mit entgegengesetzter Richtung. Der zweite Term fehlt für $Z = Z_L$. Für $Z_L \neq Z$ wird eine von $z < l$ her ankommende Welle bei $z = l$ zum Teil reflektiert; die Größe $r(z)$, Gl. (034.12), ist das Verhältnis der Anteile von reflektierter und ankommender Welle am gesamten $U(z)$, somit ein auf die Spannung bezüglicher Reflexionskoeffizient.

Für dämpfungsfreie Leitungen ist $\gamma = \mathrm{j}\beta = \mathrm{j}\frac{2\pi}{\lambda}$. Die Amplitude der einfallenden wie der reflektierten Welle ist für alle z dieselbe. Die Amplitude der gesamten Spannung $U(z)$ variiert wie der Reflexionskoeffizient periodisch mit z, und zwar mit der halben Wellenlänge als Periode (Abb. 03.13):

$$\frac{U(z)}{U(l)} = \left(1 + \frac{Z}{Z_L}\right) [1 + r(z)] \exp\mathrm{j}\beta(l - z), \tag{034.13}$$

$$r(z) = r(l) \exp(-2\mathrm{j}\beta(l - z)). \tag{034.14}$$

Daraus folgt weiter: Wegen $|r(z)| = |r(l)| = \left|\frac{Z_L - Z}{Z_L + Z}\right| < 1$ ist für die größte Spannungsamplitude $|U_{\max}|$, die längs z auftritt, $r = |r|$, für die kleinste, $|U_{\min}|$, $r = -|r|$. Das Verhältnis beider ist daher

$$\left|\frac{U_{\min}}{U_{\max}}\right| = \frac{1 - |r|}{1 + |r|} = m; \tag{034.15}$$

es wird häufig als „Welligkeit" bezeichnet. Die Impedanz am Ort z ist allgemein

$$\frac{U(z)}{I(z)} = Z \frac{1 + r(z)}{1 - r(z)} = Z(z).$$

An den Stellen, wo $|U(z)|$ maximal oder minimal ist, ist $Z(z)$ reell. In einem Kreisdiagramm 2. Art (Abb. 03.14), in dem alle Impedanzen auf Z bezogen werden, sind die Kreise $|r| = \text{const}$ in der r-Ebene auch Kreise konstanter Welligkeit m. Die Geraden $\operatorname{arc} r = \text{const}$ sind nach Gl. (034.14) auch Orte konstanten Wertes von $2\beta(l - z) = 2\pi \frac{l - z}{\lambda/2}$. Bei wachsender Entfernung $l - z$ vom Abschluß bewegt sich $r(z)$ auf einem Kreis um den Nullpunkt im Uhrzeigersinn. Der Punkt dieses Kreises auf der negativ-reellen r-Achse gehört zu einem Punkt z mit $r = -|r|$, d. h. mit $|U| = |U_{\min}|$. Sind sowohl m wie $z = z_{\min}$ für das dem Abschluß zunächst liegende Minimum bekannt, so kann man für beliebiges z aus dem Diagramm $\operatorname{Re}\frac{Z(z)}{Z}$ und $\operatorname{Im}\frac{Z(z)}{Z}$ entnehmen. Der im Uhrzeigersinn gemessene Winkel gegen die negativ-reelle r-Achse ist $= 2\pi \frac{z_{\min} - z}{\lambda/2}$.

Während man mit konzentrierten Schaltelementen nur rechnen darf, solange ihre räumliche Dimensionen klein gegen die Wellenlänge bleiben, kann die Transformation durch homogene Leitungen auch im cm-Wellen-Gebiet nach dem obigen Schema verfolgt werden.

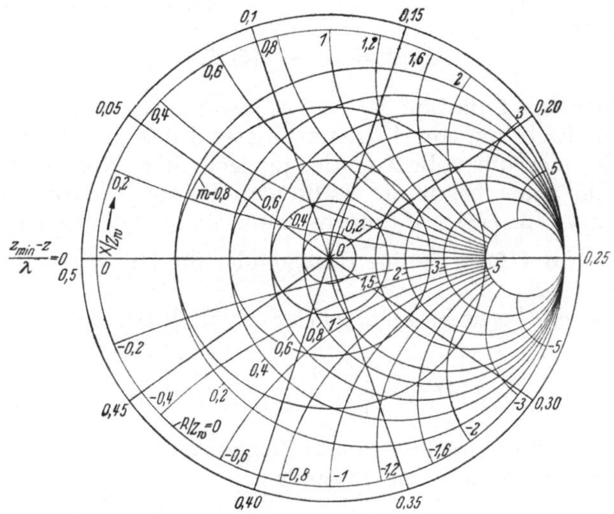

Abb. 03.14. Leitungsdiagramm 2. Art.

035 Ortskurven.

In Kap. 033 war hauptsächlich von solchen Zeigern die Rede, die von der Zeit harmonisch abhängen ($\sim \exp j\omega t$), deren Endpunkte also auf Kreisen umlaufen. Versehen wir diese Kreise noch mit einer Skala des veränderlichen Parameters (der Zeit t), so erhalten wir die *Ortskurve* des Zeigers $A(t)$ (Abb. 03.15).

Bei exponentiellem An- oder Abklingen mit der Zeit treten an die Stelle der Kreise, wie wir in Kap. 031 sahen, logarithmische Spiralen. Durch Anbringen einer Zeitskala werden sie wieder zu Ortskurven.

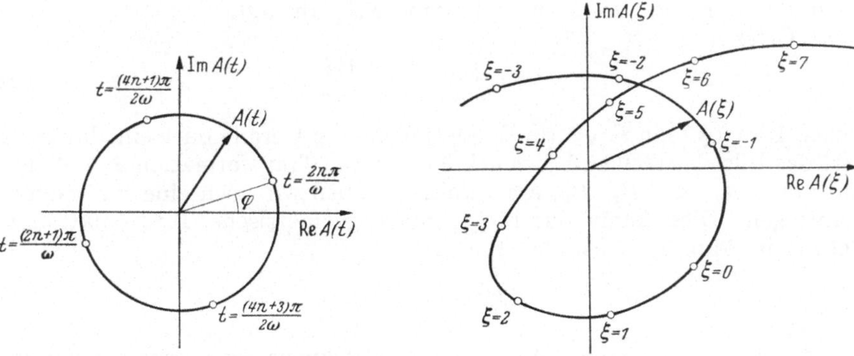

Abb. 03.15. Ortskurve einer harmonischen Schwingung.

Abb. 03.16. Allgemeine Ortskurve.

Allgemein verstehen wir unter der Ortskurve eines Zeigers A den geometrischen Ort der Lagen seines Endpunktes, wenn ein *reeller* Parameter ξ, von dem der Zeiger abhängt, variiert wird, wobei die Kurve durch Markierung einer Folge zugehöriger Parameterwerte mit einer Skala versehen ist (Abb. 03.16).

Eine Ortskurve ist also das bezifferte Bild der (reellen) ξ-Achse oder eines Intervalles der ξ-Achse. ξ kann dabei eine Orts- oder Zeitkoordinate oder irgendeine Betriebsgröße sein. Bei Fehlen der Abhängigkeit $\left(\frac{\mathrm{d}A}{\mathrm{d}\xi} \equiv 0\right)$ entartet die Ortskurve in einem Punkt. Sind A_1, A_2 zwei konstante Zeiger, so ist die Ortskurve des Zeigers

$$A(\xi) = A_1 + \mathfrak{f}(\xi) A_2, \tag{035.1}$$

wo $\mathfrak{f}$ eine reellwertige Funktion von ξ ist, ein Stück der Geraden durch den Punkt A_1, die die Richtung von A_2 besitzt; dieses Stück ist eine endliche Strecke, eine Halbgerade oder die volle Gerade, je nach dem Wertevorrat der Funktion $\mathfrak{f}(\xi)$, die die Skala bestimmt. Läßt man ξ von $-\infty$ bis $+\infty$ variieren, so ist die Ortskurve für $\mathfrak{f}(\xi) = \xi$ (lineare Skala) und $\mathfrak{f}(\xi) = 1/\xi$ (reziproke Skala) die volle Gerade, für $\mathfrak{f}(\xi) = \xi^2$ eine Halbgerade, für $\mathfrak{f}(\xi) = \frac{1}{1+\xi^2}$ die Strecke von A_1 nach $A_1 + A_2$.

Gl. (035.1) ist ein besonders einfacher Spezialfall der durch rationale Funktionen

$$A(\xi) = \frac{A_1 + A_2\xi + \cdots + A_n \xi^n}{B_1 + B_2\xi + \cdots + B_m \xi^m} \tag{035.2}$$

dargestellten Ortskurven mit konstanten Zeigern $A_1 \ldots A_n$, $B_1 \ldots B_n$. Weitere leicht übersehbare Fälle sind die folgenden:

$$A(\xi) = A_1 + \xi A_2 + \xi^2 A_3. \tag{035.3}$$

Mit

$$A = x + \mathrm{j}y, \quad A_\mu = a_\mu + \mathrm{j}b_\mu, \quad \mu = 1, 2, 3$$

erhält man durch Elimination von ξ (siehe z. B. [*12*]) in den kartesischen Koordinaten x, y die Gleichung einer Kurve 2. Ordnung der Gestalt

$$(c_1 x + c_2 y)^2 + c_3 x + c_4 y + c_5 = 0,$$

die wegen der Form der quadratischen Glieder (vollständiges Quadrat) eine Parabel darstellt. Deren Konstruktion ergibt sich aus Gl. (035.3), wenn man von den bezifferten Geraden $A_1 + \xi A_2$ oder $A_1 + \xi^2 A_3$ ausgeht und in den betreffenden Punkten die Vektoren $\xi^2 A_3$ bzw. ξA_2 anträgt.

Die Ortskurve

$$A(\xi) = \frac{A_1 + A_2\xi}{B_1 + B_2\xi} \tag{035.4}$$

ist nach Kap. 032 ein Kreis (in Sonderfällen eine Gerade oder ein Punkt), denn sie ist das Bild der reellen Achse bei der linearen Transformation $\xi \to A$ mit den Konstanten A_1, A_2, B_1, B_2; am Bildkreis haben wir noch eine Parameterskala anzubringen. Dies kann durch geeignete geometrische Konstruktionen geschehen; in Abb. 03.17 ist das Beispiel

$$A(\xi) = \frac{1}{B_1 + \xi B_2}$$

wiedergegeben. Die Konstruktion einer Ortskurve entsprechend Gl. (035.4)

$$A(\xi) = \frac{A_1 + A_2\xi}{B_1 + B_2\xi} = \frac{A_2}{B_2} - \frac{A_2 B_1 - A_1 B_2}{B_2(B_1 + \xi B_2)}$$

erfordert dann nur noch eine Drehstreckung und Parallelverschiebung [vgl. Gl. (032.1)].

Auch wenn man eine geradlinige oder kreisförmige Ortskurve einer Inversion unterwirft, wobei man, wie wir wissen, wieder einen Kreis bzw. als Sonderfall eine Gerade erhält, läßt sich die Bezifferung auf geometrischem Wege erhalten. Wir geben nur einige Sonderfälle an: Bei Inversion einer Geraden, die nicht durch 0 geht, erhält man einen Kreis durch den Nullpunkt; trägt die Gerade eine lineare Skala, so erhält man die Skala auf dem Kreis, durch Projektion der Bezifferungspunkte auf der Geraden aus dem Nullpunkt (siehe Abb. 03.17).

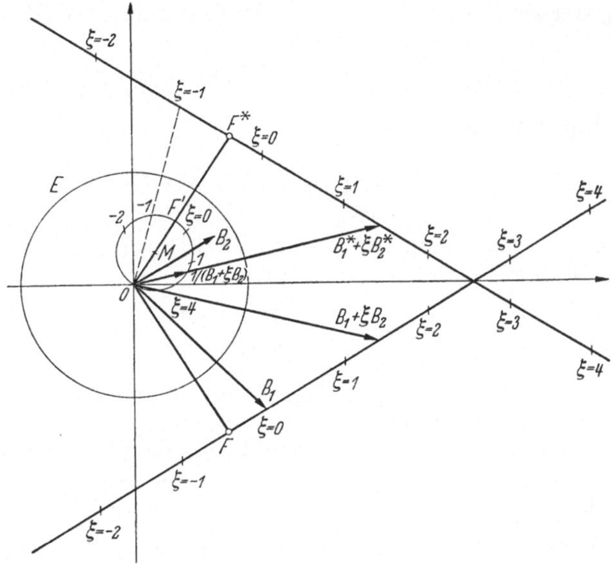

Abb. 03.17. Ortskurve des Zeigers $A(\xi) = \frac{1}{B_1 + \xi B_2}$; F = Fußpunkt der Normalen auf die Gerade $B_1 + \xi B_2$. Der zugehörige Punkt F' auf der Ortskurve liegt auf dem Durchmesser durch 0.

Die Inversion einer Geraden durch den Nullpunkt mit linearer Skala führt auf dieselbe Gerade, die nun eine nicht lineare Skala trägt, insbesondere eine reziproke, wenn der Nullpunkt ursprünglich mit $\xi = 0$ beziffert war.

Literatur [*4, 12, 25, 32, 33, 34, 62*].

04 Funktionentheoretische Hilfsmittel.

041 Analytische Funktionen.

Wir betrachten in der Ebene der komplexen Zahlen $z = x + \mathrm{j}y$ Funktionen $w(z)$ der komplexen Variablen z, die selbst reelle oder komplexe Werte

$$w = u + \mathrm{j}v, \qquad u = u(x, y), \qquad v = v(x, y) \tag{041.1}$$

annehmen. Wenn zu jedem Punkte eines Gebietes G_z der z-Ebene eindeutig ein Funktionswert gehört, so heißt $w(z)$ in G_z eindeutig. Wir nennen $w(z)$ beschränkt, wenn der Betrag $|w(z)|$ unterhalb einer festen Konstanten bleibt; $w(z)$ ist in G_z eine regulär analytische Funktion, wenn sie außerdem differenzierbar ist. Dafür ist hinreichend, daß $\mathrm{Re}\,w = u$ und $\mathrm{Im}\,w = v$ stetige partielle Ableitungen nach x und y besitzen, die das Paar der CAUCHY-RIEMANNschen

Differentialgleichungen

$$\frac{\partial u}{\partial x} = \frac{\partial v}{\partial y}, \qquad \frac{\partial v}{\partial x} = -\frac{\partial u}{\partial y} \tag{041.2}$$

erfüllen. Die Ableitung $\frac{\mathrm{d}w}{\mathrm{d}z} = w'(z)$ in einem Punkt z_0, definiert als der Grenzwert des Quotienten $\frac{w(z) - w(z_0)}{z - z_0}$ für $z \to z_0$, ist dann unabhängig von der Art, wie man $z \to z_0$ streben läßt. So ist insbesondere für achsenparallele Annäherung

$$w'(z) = \frac{\partial w}{\partial x} \quad \text{bzw.} \quad w'(z) = \frac{\partial w}{\mathrm{j}\,\partial y};$$

daraus folgt Gl. (041.2) und

$$w'(z) = \frac{\partial u}{\partial x} - \mathrm{j}\frac{\partial u}{\partial y} = \frac{\partial v}{\partial y} + \mathrm{j}\frac{\partial v}{\partial x}. \tag{041.3}$$

Eine analytische Funktion besitzt Ableitungen beliebiger Ordnung. Durch Differentiation nach x bzw. y und Addition folgt

$$\frac{\partial^2 u}{\partial x^2} + \frac{\partial^2 u}{\partial y^2} = 0, \qquad \frac{\partial^2 v}{\partial x^2} + \frac{\partial^2 v}{\partial y^2} = 0. \tag{041.4}$$

Real- und Imaginärteil einer analytischen Funktion erfüllen also die LAPLACEsche Differentialgleichung Gl. (012.9) in der Ebene.

Wir fassen den Begriff der analytischen Funktion noch etwas allgemeiner, indem wir nämlich in G_z isolierte Pole in endlicher Anzahl zulassen. Damit meinen wir solche Singularitäten z_0, für die $\lim_{z \to z_0} w(z) = \infty$, wie man sich auch dem Punkt z_0 nähert, und für die eine kleinste ganze Zahl $k > 0$ existiert, so daß $(z - z_0)^k w(z)$ in der Umgebung von z_0 eindeutig und beschränkt bleibt; k heißt die Ordnung des Pols.

Zum Beispiel hat $\frac{1}{z^2 + a^2}$ in $z = \pm\mathrm{j}a$ je einen Pol erster Ordnung, $\coth^2 \pi z$ für alle $z = \mathrm{j}n$ (n eine ganze Zahl) Pole zweiter Ordnung.

In $z = \infty$ hat $w(z)$ einen Pol, wenn dies für $w(1/\zeta)$ in $\zeta = 0$ der Fall ist. Um das Verhalten von $w(z)$ bei $z = \infty$ kennenzulernen, ersetze man also z durch $1/\zeta$ und untersuche die neue Funktion von ζ bei $\zeta = 0$. So hat z. B. $w(z) = az^4 + bz$ in $z = \infty$ einen Pol 4. Ordnung.

Wir können einen Pol z_0 der Ordnung k auch so charakterisieren: In der Umgebung von z_0 ist

$$w(z) = \frac{c}{(z - z_0)^k}\{1 + O(z - z_0)\}; \tag{041.5}$$

das Zusatzglied $O(z - z_0)$ strebt $\to 0$, wenn $z \to z_0$.

Vom Gebiet der Analytizität auszuschließen sind dagegen wesentliche Singularitäten, in deren Umgebung $w(z)$ nicht beschränkt ist, aber keineswegs immer $\to \infty$ geht, wenn man sich beliebig der Stelle z_0 nähert.

Beispiel: Für $w(z) = \exp(1/z)$ bei $z = 0$ ist bei Annäherung an $z = 0$ auf der reellen Achse von rechts $\lim_{z \to +0} w(z) = \infty$, von links $\lim_{z \to -0} w(z) = 0$, während auf der imaginären Achse gar kein Grenzwert existiert. Diese Funktion ist in jedem Gebiet der z-Ebene, das den Nullpunkt nicht enthält, analytisch.

Liegen in $|z| < \infty$, d. h. in der ganzen Ebene mit Ausschluß des Punktes ∞, höchstens Pole von $w(z)$ ohne Häufung im Endlichen, so heißt die Funktion in $|z| < \infty$ meromorph. Ein Sonderfall der meromorphen sind die ganzen

Funktionen, die polfrei sind. Ist G_z die volle Ebene einschließlich ∞ ($|z| \leqq \infty$), hat also w auch in $z = \infty$ höchstens einen Pol und keine wesentliche Singularität, so ist w eine rationale Funktion, d. h. Quotient zweier Polynome,

$$w(z) = \frac{M(z)}{N(z)}, \qquad M(z) = a_m z^m + a_{m-1} z^{m-1} + \cdots + a_0,$$
$$N(z) = b_n z^n + b_{n-1} z^{n-1} + \cdots + b_0.$$

Je nachdem, ob $m > n$, $= n$ oder $< n$, hat $w(z)$ in $z = \infty$ eine Nullstelle (der Ordnung $m - n$), einen endlichen Grenzwert $\left(= \frac{a_m}{b_n}\right)$ oder einen Pol (der Ordnung $n - m$).

In jedem von den Polstellen verschiedenen Punkt z_0 von G_z läßt sich eine meromorphe Funktion $w(z)$ in eine Potenzreihe (TAYLORsche Reihe) entwickeln:

$$w(z) = c_0 + c_1(z - z_0) + c_2(z - z_0)^2 + \cdots = \sum_{\nu=0}^{\infty} c_\nu (z - z_0)^\nu \qquad (041.6)$$

mit

$$c_\nu = \frac{1}{\nu!}\left(\frac{d^\nu w}{d z^\nu}\right)_{z = z_0}.$$

Diese Reihe konvergiert gleichmäßig in jedem Kreis, der in G_z enthalten ist und in dem keine Polstelle liegt. Ist $c_1 = c_2 = \cdots = c_k = 0$, $c_{k+1} \neq 0$, so ist z_0 eine k-fache c_0-Stelle von $w(z)$.

Hat $w(z)$ in z_0 einen Pol der Ordnung k, so gibt es eine solche Entwicklung für $(z - z_0)^k w(z)$; w ist daher in dem größten Kreis um z_0, der keinen Endpunkt von G_z und keine weitere Polstelle enthält, durch eine Reihe

$$\begin{aligned} w(z) &= c_{-k}(z - z_0)^{-k} + \cdots + c_{-1}(z - z_0)^{-1} + c_0 + c_1(z - z_0) + \cdots \\ &= \sum_{-k}^{\infty} c_\nu (z - z_0)^\nu \end{aligned} \qquad (041.7)$$

(LAURENT-Reihe) darstellbar.

Um eine wesentlich singuläre Stelle hingegen besitzt diese LAURENT-Entwicklung, die in einem geeigneten Kreisring beliebig klein konvergiert, unendlich viele Glieder mit negativem Exponenten ν.

Liegt der Punkt z_0 im Unendlichen, so schreiten diese Entwicklungen nach Potenzen von $1/z$ (an Stelle $z - z_0$) fort.

Wir geben noch eine Übersicht über die gebräuchlichen Begriffe: Eine eindeutige Funktion $w(z)$ heißt in einem Gebiet G_z der komplexen Ebene

beschränkt, wenn $|w(z)|$ unter einer festen, von z unabhängigen Konstanten bleibt,

analytisch, wenn sie mit Ausnahme isolierter Pole beschränkt und differenzierbar ist,

regulär analytisch, wenn dies ohne Einschränkung gilt, also auch Pole fehlen; sie heißt

ganz, wenn sie in $|z| < \infty$ regulär analytisch ist,

meromorph in $|z| < \infty$, wenn in jedem Kreis $|z| < R$ als Singularitäten höchstens endlich viele Pole vorkommen;

sie ist eine *rationale* Funktion, d. i. Quotient zweier Polynome, wenn sie in der *vollen* Ebene $|z| \leqq \infty$ nur endlich viele Pole und keine wesentlichen Singularitäten hat.

042 Grundlagen der konformen Abbildung.

Die analytische Funktion $w(z)$ bzw. das Paar der Funktionen $u = u(x, y)$, $v = v(x, y)$ ordnet jedem Punkt z eines Gebietes G_z eine Zahl $w = u + jv$ zu, die wir als Bildpunkt in einer komplexen w-Ebene darstellen können. Durch $w(z)$ wird G_z auf ein Bildgebiet G_w abgebildet. Haben keine zwei Punkte aus G_z denselben Bildpunkt, so ist diese Abbildung umkehrbar eindeutig, d. h. die inverse Funktion $z(w)$ ist im Bildgebiet G_w eindeutig; andernfalls ist $z(w)$ mehrdeutig.

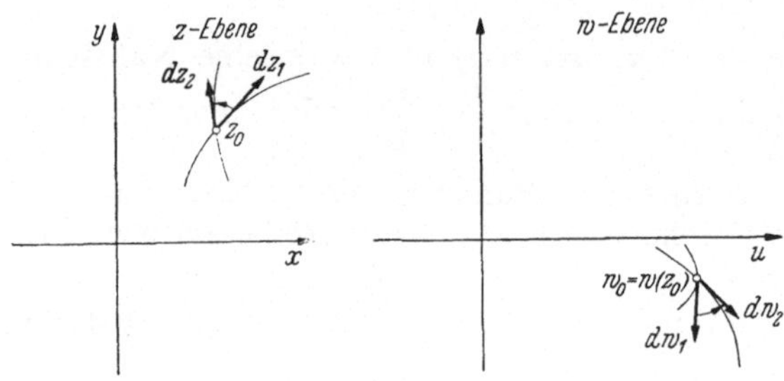

Abb. 04.1. Zur Winkeltreue der konformen Abbildung.

Die Abbildung durch eine analytische Funktion $w(z)$ ist in allen Punkten z, in denen $w(z) \neq 0$ ist, „konform", d. h. (I) im kleinen ähnlich und (II) winkeltreu. Damit ist gemeint:

(I) Die Längenverzerrungen auf einer durch den Punkt z_0 führenden Kurve ist von der Richtung (Tangente in z_0) unabhängig. Ein infinitesimaler Kreis geht in einen ebensolchen über.

(II) Die Winkel zwischen irgend zwei Kurven durch z_0 bleiben samt Richtungssinn erhalten.

Ist $w_0 = w(z_0)$ der Bildpunkt, so erfährt also jedes Differential dz in z_0 beim Übergang in die w-Ebene dieselbe Längenänderung und dieselbe Drehung (Abb. 04.1).

Diese beiden wesentlichen Eigenschaften sind direkte Folgen der Differenzierbarkeit: Es ist $\frac{dw}{dz}$ für irgend zwei Richtungen 1 und 2 gleich, $\frac{dw_1}{dz_1} = \frac{dw_2}{dz_2}$; nach Betrag und Arcus aufgespalten, besagt dies

$$\text{(I)} \quad \left|\frac{dw_1}{dz_1}\right| = \left|\frac{dw_2}{dz_2}\right|$$

und (II) $\operatorname{arc} dw_2 - \operatorname{arc} dw_1 = \operatorname{arc} dz_2 - \operatorname{arc} dz_1$.

Da auch rechte Winkel erhalten bleiben, gehen die achsenparallelen Geraden in ein orthogonales Kurvennetz über, und umgekehrt bilden die Kurven $u = \text{const}$, $v = \text{const}$ in der z-Ebene zwei orthogonale Kurvenscharen. Diese werden, ihrer später zu erörternden physikalischen Anwendung wegen, Potentiallinien und Kraftlinien genannt (mitunter sind auch $v = \text{const}$ die Potentiallinien, $u = \text{const}$ die Kraftlinien). Durch alle Punkte z, in denen $w'(z) \neq 0$ ist, geht genau eine Kurve jeder Schar.

Wir haben oben $w'(z) \neq 0$ angenommen. Die Punkte, in denen $w'(z) = 0$ ist, sind nach Gl. (041.6) die Stellen z_0, in denen w den betreffenden Wert w_0 mehrfach annimmt:

$$w - w_0 = c_k (z - z_0)^k \{1 + O(z - z_0)\}$$

mit $k > 1$. Die Umkehrfunktion $z(w)$ hat dann das Verhalten $z - z_0 = (w - w_0)^{1/k} \times (1 + O(w - w_0))$, ist also in der Umgebung von w_0 mehrdeutig. w_0 ist ein „Verzweigungspunkt" (diese Bezeichnung wird noch verdeutlicht), das zugehörige z_0 ein „Kreuzungspunkt". Es kreuzen sich in z_0 mehrere u- bzw. v-Linien. Nach Gl. (041.3) ist z sowohl für u wie für v ein Sattelpunkt, d. h. dort ist

$$\frac{\partial u}{\partial x} = \frac{\partial u}{\partial y} = 0 \quad \text{und} \quad \frac{\partial v}{\partial x} = \frac{\partial v}{\partial y} = 0.$$

Wird die Randkurve des durch $w(z)$ abgebildeten Gebietes G_z so durchlaufen, daß G_z zur Linken liegt, so liegt das Bildgebiet G_w ebenfalls zur Linken des Randkurvenbildes, wenn drei Punkte in Original und Bild der Randkurve in derselben Reihenfolge durchlaufen werden (Abb. 04.2).

Die Bedeutung der konformen Abbildung zur Ermittlung zweidimensionaler elektrostatischer Felder beruht auf folgender Eigenschaft: Ist $U(x, y)$ ein Potential, d. h. eine Lösung der Gleichung $\frac{\partial^2 U}{\partial x^2} + \frac{\partial^2 U}{\partial y^2} = 0$, und unterwirft man die z-Ebene einer konformen Transformation, $z = x + \mathrm{j}y \to \zeta = \xi + \mathrm{j}\eta$ $(\xi = \xi(x, y)$, $\eta = \eta(x, y))$, so befriedigt U auch in der ζ-Ebene die LAPLACEsche Gleichung $\frac{\partial^2 U}{\partial \xi^2} + \frac{\partial U}{\partial \eta^2} = 0$. Dies folgt durch Einsetzen

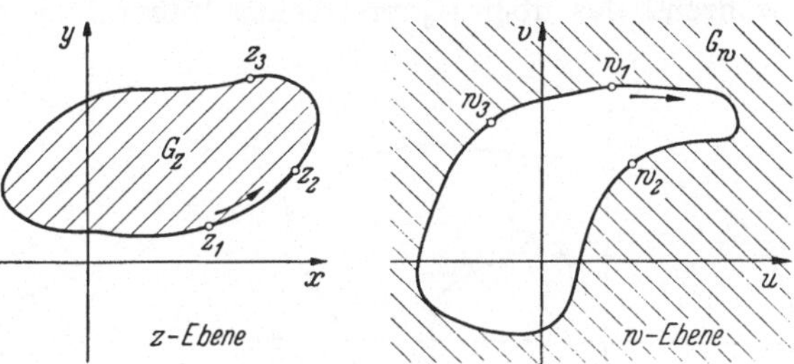

Abb. 04.2. Zur konformen Abbildung: Je drei Punkte auf der Randkurve legen den Umlaufsinn fest.

$$\left(\frac{\partial U}{\partial \xi} = \frac{\partial U}{\partial x}\frac{\partial x}{\partial \xi} + \frac{\partial U}{\partial y}\frac{\partial y}{\partial \xi} \text{ usf.}\right)$$

unter Berücksichtigung der CAUCHY-RIEMANNschen Differentialgleichungen

$$\frac{\partial x}{\partial \xi} = \frac{\partial y}{\partial \eta}, \qquad \frac{\partial y}{\partial \xi} = -\frac{\partial x}{\partial \eta}.$$

043 Integralsatz und Integralformeln von CAUCHY.

Das Integral über die analytische Funktion $w(z)$ längs eines die Punkte z_1 und z_2 in G_z verbindenden Weges

$$\int_{z_1}^{z_2} w(z)\,\mathrm{d}z = \int_{z_1}^{z_2} [u(x,y) + \mathrm{j}\,v(x,y)]\,(\mathrm{d}x + \mathrm{j}\,\mathrm{d}y) = \int_{z_1}^{z_2} [u\,\mathrm{d}x - v\,\mathrm{d}y + \mathrm{j}\,(v\,\mathrm{d}x + u\,\mathrm{d}y)]$$

ist im allgemeinen vom Wege abhängig. Ist aber G_z einfach zusammenhängend, wie in Abb. 04.3, so hängt Realteil bzw. Imaginärteil des Integrals, jeweils als Linienintegral in der Ebene aufgefaßt, vom Wege nicht ab, wenn die Integrabilitätsbedingungen

$$\frac{\partial u}{\partial y} = -\frac{\partial v}{\partial x} \quad \text{und} \quad \frac{\partial v}{\partial y} = \frac{\partial u}{\partial x}$$

erfüllt sind. Diese sind aber gerade die CAUCHY-RIEMANNschen Differentialgleichungen (041.2). Gewöhnlich wird dieses Ergebnis, der CAUCHYsche Integralsatz[1], so formuliert:

Ist C eine einfache geschlossene Kurve, in deren Inneren $w(z)$ analytisch und auf der $w(z)$ stetig ist, so ist

$$\oint_C w(z)\,\mathrm{d}z = 0. \tag{043.1}$$

In Abb. 04.3 bilden C_1 und C_2, in umgekehrter Richtung durchlaufen, eine solche geschlossene Kurve.

[1] Strenger Beweis z. B. in [26].

Es läßt sich daher für ein gegebenes, zwischen zwei Punkten z_1, z_2 erstrecktes Integral der Integrationsweg durch jeden einfacheren ersetzen, sofern man nur dabei das Gebiet nicht verläßt, in dem $w(z)$ analytisch ist.

Ist G_z nicht einfach-zusammenhängend, so ist diese Aussage nur für solche Wege gültig, die sich stetig ineinander deformieren lassen, wie C_1, C_2 in Abb. 04.4, während das über C_3 erstreckte Integral im allgemeinen einen anderen Wert

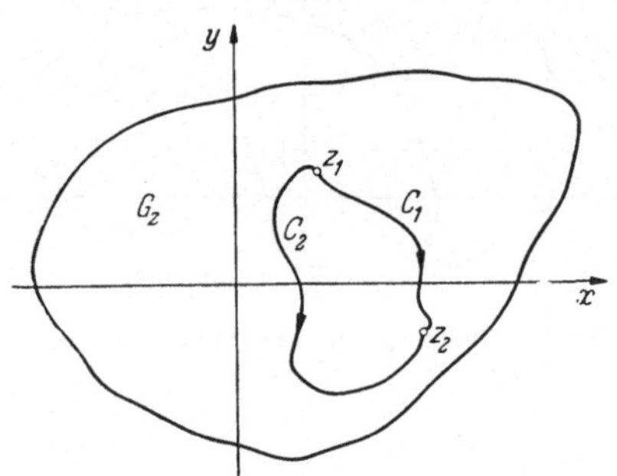

Abb. 04.3. Zum CAUCHYschen Integralsatz in einem einfach-zusammenhängenden Gebiet.

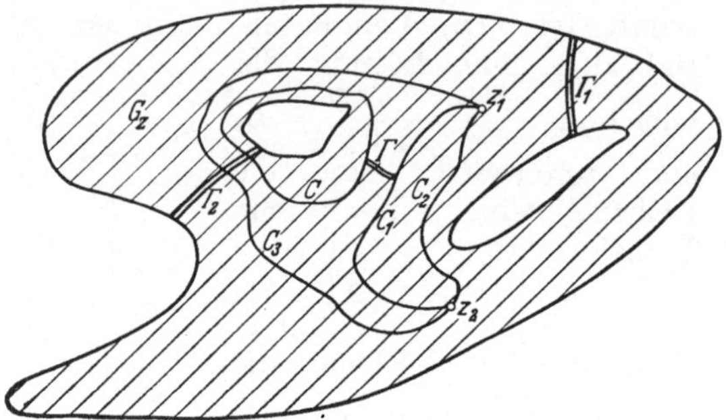

Abb. 04.4. Integrationswege in einem mehrfach-zusammenhängenden Gebiet.

ergibt. Über einen geschlossenen Weg C verschwindet es daher immer dann, wenn sich C stetig auf einen inneren Punkt von G_z zusammenziehen läßt. Durch einen oder mehrere Schnitte Γ_i (Γ_1, Γ_2 in Abb. 04.4) kann man G_z zu einem einfach-zusammenhängenden Gebiet machen; $\oint w(z)\,dz$ verschwindet längs jedes geschlossenen Weges, der die Γ_i vermeidet.

Ist $\oint\limits_C w(z)\,dz = 0$ für einen geschlossenen Weg C, so erhält man dasselbe Ergebnis, wenn man C durch einen anderen geschlossenen und im gleichen Sinne durchlaufenen Weg C' ersetzt und wenn im Zwischengebiet $w(z)$ analytisch ist (vgl. Abb. 04.4, wo C' etwa aus C_1 und C_3 zusammengesetzt wird). Eine doppelt durchlaufene Querverbindung (Γ in Abb. 04.4), die selbst keinen Beitrag bringt, stellt einen Weg her, längs dessen das Integral verschwindet.

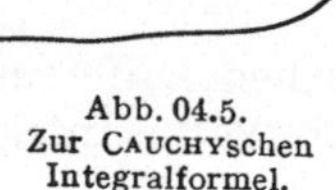

Abb. 04.5. Zur CAUCHYschen Integralformel.

Wenn daher z_0 ein isolierter singulärer Punkt und $w_1(z)$ eine in allen übrigen Punkten des Inneren einer geschlossenen Kurve C analytische Funktion ist, ferner K einen kleinen Kreis $|z - z_0| = \varrho$ um z_0 (Abbildung 04.5) bezeichnet, so ist

$$\oint\limits_C w_1(\zeta)\,d\zeta = \oint\limits_{|\zeta - z_0| = \varrho} w_1(\zeta)\,d\zeta .$$

Hat w_1 in z_0 einen einfachen Pol, so daß $w_1(z) = \frac{w(z)}{z - z_0}$ mit einer in z_0 regulären Funktion $w(z)$, so ist

$$\oint\limits_{|\zeta - z_0| = \varrho} w_1(\zeta)\,d\zeta = \int\limits_0^{2\pi} \frac{w(z_0 + \varrho \exp j\varphi)}{\varrho \exp j\varphi}\, j\,\varrho \exp j\varphi\, d\varphi$$

$$= j\int\limits_0^{2\pi} [w(z_0 + \varrho \exp j\varphi) - w(z_0)]\,d\varphi + j\int\limits_0^{2\pi} w(z_0)\,d\varphi .$$

Das erste Integral läßt sich durch Wahl von ϱ dem Betrage nach beliebig klein machen, das zweite ergibt $2\pi j\, w(z_0)$; man erhält die CAUCHYsche Integralformel

$$w(z_0) = \frac{1}{2\pi j} \oint_C \frac{w(\zeta)}{\zeta - z_0} d\zeta. \tag{043.2}$$

In einem beliebigen inneren Punkt z_0 ist daher $w(z_0)$ auf diese Weise durch seine Werte auf der Randkurve gegeben. Ebenso ist für die n-te Ableitung

$$w^{(n)}(z_0) = \frac{n!}{2\pi j} \oint_C \frac{w(\zeta)}{(\zeta - z_0)^{n+1}} d\zeta. \tag{043.3}$$

Vergleicht man dies mit der TAYLOR-Entwicklung Gl. (041.6) in einem Kreis um z_0 im Innern von C, so folgt für die Koeffizienten

$$c_n = \frac{1}{2\pi j} \oint_C \frac{w(\zeta)}{(\zeta - z_0)^{n+1}} d\zeta. \tag{043.4}$$

Daher ist in diesem Kreis

$$w(z) = \frac{1}{2\pi j} \oint_C \frac{w(\zeta)}{\zeta - z} d\zeta = \sum_0^\infty c_n (z - z_0)^n \tag{043.5}$$

mit c_n nach Gl. (043.4).

044 Residuensatz.

In Kap. 041 wurde schon die um eine isolierte singuläre Stelle z_0 gültige LAURENTsche Entwicklung

$$w(z) = \sum_{\nu=-\infty}^{+\infty} c_\nu (z - z_0)^\nu \tag{044.1}$$

einer eindeutigen analytischen Funktion angegeben; je nachdem, ob unter den c_ν endlich oder unendlich viele von 0 verschiedene mit negativem Index vorkommen, liegt bei z_0 ein Pol oder eine wesentliche Singularität vor. Sei K wieder ein kleiner Kreis um z_0, C ein dazu konzentrischer, in dessem Innern sonst keine Singularitäten liegen, so daß die Reihe in Gl. (044.1) im Kreisring zwischen K und C konvergiert. Dort ist dann

$$w(z) = \frac{1}{2\pi j} \oint_C \frac{w(\zeta)}{\zeta - z} d\zeta - \frac{1}{2\pi j} \oint_K \frac{w(\zeta)}{\zeta - z} d\zeta, \tag{044.2}$$

beide Integrale im positiven Sinne erstreckt. Das erste ist durch $\sum_0^\infty c_\nu (z - z_0)^\nu$ mit c_ν aus Gl. (043.4) gegeben, für den zweiten Integranden schreibe man

$$\frac{w(\zeta)}{\zeta - z} = \frac{w(\zeta)}{z_0 - z} \frac{1}{1 - \dfrac{\zeta - z_0}{z - z_0}}. \tag{044.3}$$

Wegen $\left|\frac{\zeta - z_0}{z - z_0}\right| < 1$ auf K, kann man den zweiten Faktor rechts in eine geometrische Reihe entwickeln. Nach gliedweiser Integration erhält man

$$+\frac{1}{2\pi j} \oint_K \frac{w(\zeta)}{\zeta - z} d\zeta = \sum_{\nu=1}^\infty c_{-\nu} (z - z_0)^{-\nu},$$

wo

$$c_{-\nu} = \frac{1}{2\pi \mathrm{j}} \oint_K w(\zeta)(\zeta - z_0)^{\nu-1} \mathrm{d}\zeta. \tag{044.4}$$

Damit ist auch für die c_ν mit negativem Index eine Darstellung gefunden. Der Koeffizient

$$c_{-1} = \frac{1}{2\pi \mathrm{j}} \oint_K w(\zeta)\,\mathrm{d}\zeta = \operatorname*{Res}_{z=z_0} w(z) \tag{044.5}$$

heißt das Residuum von w im Punkte z_0. Für das Integral $\oint_K w(\zeta)\,\mathrm{d}\zeta$ kommt es also nur auf den Koeffizienten c_{-1} an.

Für viele Zwecke nützlich ist nun der *Residuensatz*: Im Innern G_z der geschlossenen Kurve C sei $w(z)$ bis auf endlich viele isolierte singuläre Stellen z_ν analytisch (Abb. 04.6). Es bezeichne $r_\nu = \operatorname*{Res}_{z=z_\nu} w(z)$. Dann gilt

$$\frac{1}{2\pi \mathrm{j}} \oint_C w(\zeta)\,\mathrm{d}\zeta = \sum r_\nu. \tag{044.6}$$

Um dies einzusehen, umgebe man nur die z_ν mit kleinen Kreisen K_ν und stelle aus dem Restgebiet durch Schnitte ein einfach-zusammenhängendes Gebiet her (Abb. 04.6). Das über C, K_ν und die Schnittkurven, die zweimal im entgegengesetzten Sinne durchlaufen werden, erstreckte Integral verschwindet; es folgt

$$\frac{1}{2\pi \mathrm{j}} \oint_C w(\zeta)\,\mathrm{d}\zeta = \sum_{\nu=1}^{n} \frac{1}{2\pi \mathrm{j}} \oint_{K_\nu} w(\zeta)\,\mathrm{d}\zeta,$$

und daraus Gl. (044.6).

Ist $w(z)$ insbesondere eine rationale Funktion, so hat sie, wie wir von Kap. 041 her wissen, nur endlich viele Pole und keine wesentlichen Singularitäten. Wählen wir als Kurve C einen Kreis $|z| = R$, auf dem kein Pol liegt, so gibt Gl. (044.6) die Residuensumme aller im Inneren liegenden Pole. Durchlaufen wir jedoch den Kreis in umgekehrtem (d. h. Uhrzeiger-) Sinn, so ist das (zur Linken liegende) Innere von C das Äußere des Kreises, und man erhält die Residuensumme aller Pole z mit $|z| > R$, eventuell einschließlich des Punktes ∞. Das Ergebnis unterscheidet sich aber vom vorigen nur um das Vorzeichen, da der Umlaufsinn des Integrals geändert wurde; die Summe beider ist $= 0$. Für eine rationale Funktion verschwindet daher die Summe der Residuen sämtlicher Pole.

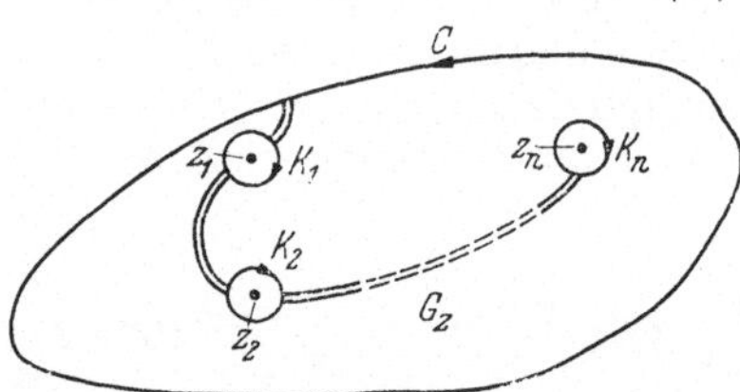

Abb. 04.6. Zum Residuensatz: Endlich viele isolierte Singularitäten im Inneren der geschlossenen Kurve C.

In einer m-fachen Nullstelle z_0 ist allgemein

$$w(z) = (z - z_0)^m \{c_m + c_{m+1}(z - z_0) + \cdots\}, \qquad w'(z) = (z - z_0)^{m-1}\{m\,c_m + \cdots\}$$

daher

$$\frac{w'(z)}{w(z)} = \frac{m}{z - z_0}\{1 + O(z - z_0)\},$$

und das Residuum von w'/w in z_0 ist $= m$. Ähnlich findet man in einer n-fachen Polstelle $\operatorname*{Res}_{z=z_0} \frac{w'(z)}{w(z)} = -n$. Daraus folgt:

Hat $w(z)$ im Innern G_z von C keine anderen singulären Stellen als endlich viele Pole, so gilt

$$\frac{1}{2\pi\,\mathrm{j}}\int\frac{w'(\zeta)}{w(\zeta)}\,\mathrm{d}\zeta=\sum m_\nu-\sum n_\nu\,, \tag{044.7}$$

wobei die Summen rechts die Anzahl der Nullstellen bzw. Pole von $w(z)$ in G_z angeben, jede Nullstelle bzw. jeder Pol der Ordnung entsprechend gezählt.

In einem einfachen Pol z_0 erhält man $\operatorname*{Res}_{z=z_0} w=c_{-1}$ auch als den Grenzwert

$$\operatorname*{Res}_{z=z_0} w(z)=\lim_{z\to z_0}(z-z_0)\,w(z)\,. \tag{044.8}$$

Läßt sich $w(z)$ in der Form $w(z)=\dfrac{g(z)}{h(z)}$ darstellen, wo $h(z)$ bei z_0 eine einfache Nullstelle hat und $g(z_0)\neq 0$ ist, so ist

$$\operatorname*{Res}_{z=z_0} w(z)=\frac{g(z_0)}{h'(z_0)}\,. \tag{044.8a}$$

Allgemeiner ist in einem Pol m-ter Ordnung z_0

$$\operatorname*{Res}_{z=z_0} w(z)=\lim_{z\to z_0}\left\{\frac{\mathrm{d}^{m-1}}{\mathrm{d}z^{m-1}}\left[(z-z_0)^m\,w(z)\right]\right\}. \tag{044.9}$$

Mitunter berechnet man aber das Residuum dann schneller durch Taylorsche Reihenentwicklung als durch Ausführung der Differentiation (vgl. Beispiel d).

Beispiele: a) $\tan\pi z$ hat für $z_k=k+\frac{1}{2}$ $(k=0,\pm 1,\pm 2,\ldots)$ einfache Pole. Wegen $\tan\pi z=\dfrac{\sin\pi z}{\cos\pi z}$ ist nach Gl. (044.8a)

$$\operatorname*{Res}_{z=z_k}\tan\pi z=\frac{\sin\pi z_k}{-\pi\sin\pi z_k}=-\frac{1}{\pi}$$

oder nach Gl. (044.8)

$$\operatorname*{Res}_{z=z_k}\tan\pi z=\lim_{z\to z_k}(z-z_k)\,\frac{\sin\pi z}{\cos\pi(z-z_k+z_k)}$$

$$=\lim_{z\to z_k}(-1)^{k+1}\sin\pi z\,\frac{z-z_k}{\sin\pi(z-z_k)}=\frac{(-1)^{k+1}}{\pi}\sin\pi z_k=-\frac{1}{\pi}\,.$$

b)

$$w(z)=\frac{\exp z}{z^2-z_0^2}=\frac{\exp z}{(z-z_0)\,(z+z_0)}\,,$$

$$\operatorname*{Res}_{z=\pm z_0} w(z)=\pm\,\frac{\exp(\pm z_0)}{2z_0}\,.$$

Das Integral über eine Kurve C, die $\pm z_0$ im Innern enthält, ist

$$\frac{1}{2\pi\,\mathrm{j}}\oint w(z)\,\mathrm{d}z=\frac{1}{2z_0}\{\exp z_0-\exp(-z_0)\}=\frac{\sinh z_0}{z_0}\,.$$

c) $\displaystyle\operatorname*{Res}_{z=1}\frac{z^4+1}{(z-1)^2}=\lim_{z\to 1}\frac{\mathrm{d}}{\mathrm{d}z}(z^4+1)=[4z^3]_{z=1}=4$ nach Gl. (044.9).

d) $w(z) = \left(\frac{z}{\sin z}\right)^2$ besitzt Pole 2. Ordnung bei $z_k = k\pi\,(k = \pm 1, \pm 2, \ldots)$, bei $z = 0$ den Wert 1. Setzen wir für den Augenblick $z - z_k = \zeta$, so folgt

$$w(z) = \left[\frac{\zeta + z_k}{\sin(\zeta + z_k)}\right]^2 = \left[\frac{\zeta + z_k}{\cos z_k \left(\zeta + \frac{\zeta^3}{3!} + \frac{\zeta^5}{5!} + \cdots\right)}\right]^2$$
$$= \frac{\zeta^2 + 2\zeta z_k + z_k^2}{\zeta^2(1 + O(\zeta^2))} = \left(1 + 2\frac{z_k}{\zeta} + \frac{z_k^2}{\zeta^2}\right)(1 + O(\zeta^2)),$$

wo in $O(\zeta^2)$ Glieder vorkommen, die ζ mindestens quadratisch enthalten. Nach Gl. (044.5) ist das Residuum der Koeffizient von $\frac{1}{z - z_k} = \frac{1}{\zeta}$ in der LAURENTschen Reihe [vgl. Gl. (041.7)]; d. h.

$$\operatorname*{Res}_{z = z_k} w(z) = 2z_k = 2k\pi.$$

e) Berechne das Integral

$$\oint_K \frac{\mathrm{d}z}{z^2(1 - \exp z)}$$

über den Kreis K: $|z| = R$ mit $R = 20$.

Der Integrand hat bei $z_k = 2k\pi\,\mathrm{j}$ $(k = \pm 1, \pm 2, \ldots)$ einfache Pole mit dem Residuum r_k;

$$r_k = \lim_{z \to z_k} \frac{1}{z^2}\,\frac{z - z_k}{1 - \exp z} = \frac{1}{z_k^2}\left[\frac{\mathrm{d}}{\mathrm{d}z}(1 - \exp z)\right]_{z = z_k}^{-1} = -\frac{1}{z_k^2} = \frac{1}{4\pi^2 k^2}$$

nach Gl. (044.8a). Bei $z = 0$ liegt ein dreifacher Pol des Integranden. Gl. (044.9) liefert für das Residuum

$$r_0 = \lim_{z \to 0}\left[\frac{\mathrm{d}^2}{\mathrm{d}z^2}\,\frac{z}{1 - \exp z}\right] = \lim_{z \to 0}\left[\exp z\,\frac{z(1 + \exp z) + 2(1 - \exp z)}{(1 - \exp z)^3}\right]$$
$$= \lim_{z \to 0} \frac{\frac{z^3}{6} + \cdots}{-z^3 + \cdots} = -\frac{1}{6}.$$

Von den Polen z_k liegen nur diejenigen mit $|k| \leqq 3$ innerhalb K, so daß nach dem Residuensatz, Gl. (044.6)

$$\frac{1}{2\pi\,\mathrm{j}}\oint_K = r_0 + \sum_{k=1}^{3}(r_k + r_{-k}) = -\frac{1}{6} + \frac{1}{2\pi^2}\left(1 + \frac{1}{4} + \frac{1}{9}\right) = -\frac{1}{6} + \frac{49}{72\pi^2}.$$

f) Ist $w(z)$ eine rationale Funktion

$$w(z) = \frac{M(z)}{N(z)} \tag{044.10}$$

und C eine geschlossene Kurve, die alle Nullstellen z_ν des Nenners einschließt, so besagt Gl. (044.6)

$$\frac{1}{2\pi\,\mathrm{j}}\oint_C w(z)\,\mathrm{d}z = \sum_\nu \operatorname*{Res}_{z = z_\nu} \frac{M(z)}{N(z)}, \tag{044.10a}$$

insbesondere, wenn alle Pole einfach sind,

$$\frac{1}{2\pi j}\oint_C w(z)\,dz = \sum_\nu \frac{M(z)}{N'(z)}. \tag{044.10b}$$

Für $w = \frac{z^m}{z^n - 1}$ (m, n positiv ganz) liegen alle Pole auf dem Einheitskreis,

$$z_\nu = \exp j\,\frac{2\pi\nu}{n}, \quad \nu = 0, 1, \ldots, n-1; \quad M(z_\nu) = z_\nu^m, \quad N'(z_\nu) = n z_\nu^{n-1} = \frac{n}{z_\nu},$$

da $z_\nu^n = 1$; $\operatorname{Res}_{z=z_\nu} w(z) = \frac{z_\nu^{m+1}}{n}$. Ist C ein Kreis $|z| = R > 1$, so folgt aus Gl. (044.10b)

$$\frac{1}{2j\pi}\oint w(z)\,dz = \frac{1}{n}\sum_{\nu=0}^{n-1} z_\nu^{m+1} = \begin{cases} 1 & \text{für } m = (k+1)\,n - 1 \ (k = 0, 1, \ldots) \\ 0 & \text{sonst}. \end{cases}$$

Denn erstens ist $z_\nu^{m+kn} = z_\nu^m$, so daß man sich auf $k = 0$, d. h. $0 \leqq m \leqq n-1$, beschränken kann. Ist $m \neq n-1$, so sind die Punkte z_ν^{m+1} ($\nu = 0, \ldots n-1$) nichts anderes als die z_ν selbst, in irgendeiner Reihenfolge. Ihre Summe, $= \sum_0^{n-1} z_\nu$, ist aber $= 0$, wie durch vektorielle Addition der Zeiger z_ν sofort ersichtlich ist (vgl. Abb. 04.7 für $n = 5$).

Für die Auswertung komplexer Integrale kann man auf Grund des Residuensatzes folgern: Ersetzt man den Integrationsweg C_1 durch einen anderen, C_2, derart, daß im Zwischengebiet zwischen beiden Wegen höchstens endlich viele isolierte Singularitäten des Integranden liegen, so sind für den Wert des neuen Integrals dem ersten Integral die Residuen in diesen Punkten hinzu-

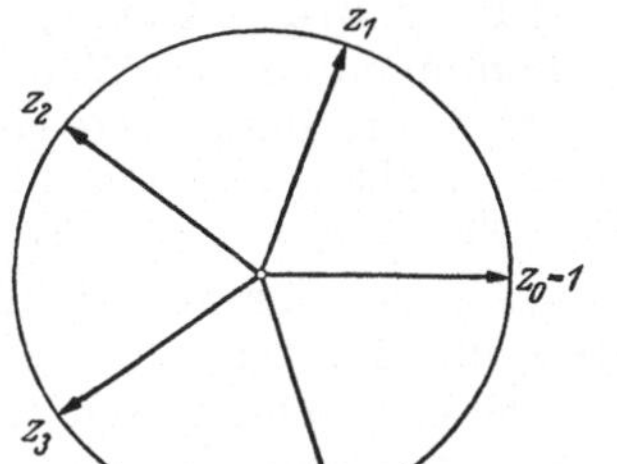

Abb. 04.7. Die Wurzeln der Gleichung $z^5 = 1$.

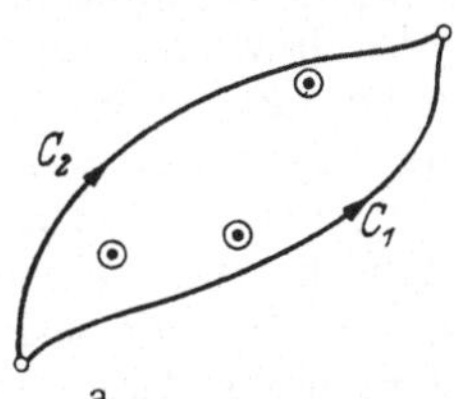

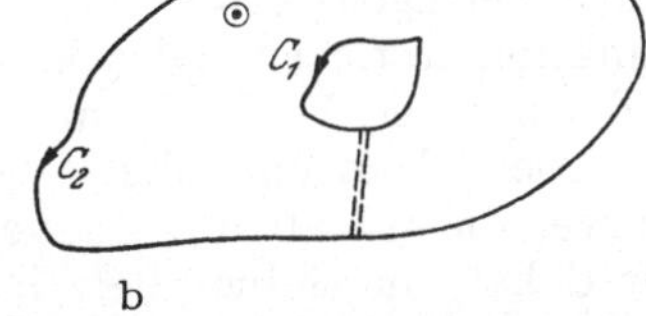

Abb. 04.8a und b. Zur Anwendung des Residuensatzes bei Änderung des Integrationsweges.

zufügen; das Vorzeichen hängt dabei vom Durchlaufssinn ab, und zwar ist es positiv, wenn die Singularitäten z_ν links von C_2 liegen. So ist in Abb. 04.8a

$$\int_{C_2} = \int_{C_1} - 2\pi j \sum_\nu \operatorname{Res}_{z=z_\nu} w(z),$$

in Abb. 04.8b

$$\oint_{C_2} = \oint_{C_1} + 2\pi j \sum_\nu \operatorname{Res}_{z=z_\nu} w(z).$$

Liegen auf dem Integrationsweg selbst Singularitäten, z. B. ein Pol, so ist das Integral im allgemeinen nicht definiert, sondern nur als Grenzwert, wenn man die singuläre Stelle zunächst umgeht, etwa durch einen kleinen Kreisbogen, dessen Radius man dann nach 0 streben läßt. Hier bleibt zunächst offen, nach welcher Seite diese Umgehung erfolgen soll. Je nach der Wahl wird der Wert des Integrals verschieden ausfallen. Für geschlossene Wege, die im Endlichen verlaufen, wollen wir vereinbaren, daß der Umweg stets ins Innere geführt wird. In anderen, für die Anwendungen wichtigen Fällen wird diese Frage später im einzelnen entschieden.

045 Mehrdeutige Funktionen.

Bisher war nur von Funktionen $w(z)$ die Rede, die in einem Gebiet G_z eindeutig sind. In Kap. 042 wurde schon darauf hingewiesen, daß in der Umgebung eines Punktes $w_0 = w(z_0)$, der zu einem z_0 gehört, in dem $w'(z) = 0$ ist, die Umkehrfunktion mehrdeutig ist. Das durch $w(z)$ entworfene Bild eines kleinen Kreises um z_0 läßt sich nicht so in der einfachen Umgebung von w_0 unterbringen, daß sich der Kreis und sein Bild punktweise entsprechen. Will man dies erzielen, muß man mehrere Exemplare der w-Ebene, sogenannte „Blätter", übereinander anbringen, die alle in dem „Verzweigungspunkt" w_0 zusammenhängen. Das einfachste Beispiel bilden die Funktionen $w = z^n$ (n ganz, $|n| > 1$), $z = \sqrt[n]{w}$; in $w = 0$ hängen n Blätter zusammen, $w = 0$ ist Verzweigungspunkte $(n - 1)$-ter Ordnung. Immer dann, wenn es vorkommt, daß in zwei Stellen z_1, z_2 aus G_z der Funktionswert derselbe ist, $w(z_1) = w(z_2)$, hat man das Bild von G_z in dieser Weise als mehrblättrig anzusehen, als eine „RIEMANNsche Fläche" über der w-Ebene, deren Blätter in gewisser Weise zusammenhängen. Wir wollen dies hier nicht weiter verfolgen. Eine vorzügliche Einführung in diesen Problemkreis gibt z. B. [*26*] (Bd. 2). Für uns ist allein die Tatsache wichtig, daß in der Umgebung einzelner Punkte, der Verzweigungspunkte, eine Funktion mehrdeutig, unter Umständen auch unendlich vieldeutig sein kann: $z = \ln w$ hat bei $w = 0$ einen solchen Verzweigungspunkt. Denn da $w = \exp z = \exp(z + 2k\pi \mathrm{j})$, ist $\ln w$ nur bis auf Vielfache von $2k\pi \mathrm{j}$ bestimmt. $w = 0$ kommt unter den Werten, die $\exp z$ in der ganzen Ebene $|z| < \infty$ annimmt, nicht vor, für $w \to 0$ geht $\ln w \to \infty$. Wir können $\ln w$ dadurch wieder eindeutig machen, daß wir über das k verfügen, etwa $k = 0$ setzen und damit einen Zweig der vieldeutigen Funktion festlegen. Dies kommt wegen $\ln w = \ln|w| + \mathrm{j}\,\mathrm{arc}\, w$ darauf hinaus, daß wir einen Umlauf um $w = 0$, bei dem sich $\mathrm{arc}\, w$ um 2π vermehrt, ausschließen, denn ein solcher Umlauf führt zu einem anderen Zweig. Durch eine Kurve, die $w = 0$ mit ∞ verbindet, die die w-Ebene „aufschneidet", stellen wir daher ein Gebiet her, in dem jeder Zweig von $\ln w$ eindeutig ist. Dieser Sachverhalt gilt nur allgemein: Verbinden wir alle Verzweigungspunkte einer mehrdeutigen Funktion durch eine Kurve, die sich nicht selbst überschneidet, so stellt man damit ein Gebiet her, in dem jeder Zweig der Funktion eindeutig ist. Mitunter genügt es auch, nur einzelne der Verzweigungspunkte zu verbinden, so daß die Funktion in der so aufgeschnittenen Ebene eindeutig ist.

Beispiel: Die Funktion

$$f(z) = \sqrt{A(z - a_1)(z - a_2)\ldots(z - a_n)} = \sqrt{A \prod_{\nu=1}^{n} (z - a_\nu)} \qquad (045.1)$$

ist zweideutig. Jeder der Punkte a , $\nu = 1, \ldots, n$ ist Verzweigungspunkt 1. Ordnung. Nach Umlauf um eines der a_ν, etwa a_1, auf einem kleinen Kreis, der alle anderen a_ν außerhalb läßt, erhält $f(z)$ den Faktor $\exp \mathrm{j}\pi = -1$. Man ist dabei von einem in den anderen Zweig von $f(z)$ geraten. $f(z)$ ist jedoch in der auf folgende Weise aufgeschnittenen Ebene eindeutig: Je zwei der a werden durch eine einfache Kurve verbunden, etwa a_1 und a_2, a_3 und a_4 usf.; ist n ungerade, so verbinde man a_n mit ∞, das in diesem Fall auch Verzweigungspunkt 1. Ordnung ist. Abb. 04.9 zeigt ein solches Schnittsystem für $n = 5$.

Über einen Verzweigungspunkt des Integranden läßt sich der Integrationsweg nicht ohne weiteres hinwegziehen. Vielmehr ist hierbei auf die Verzweigungsschnitte zu achten. Sei C_1 ein Weg, der keinen Verzweigungsschnitt trifft. Soll C_1 durch einen Weg C_2 ersetzt werden, wobei im Zwischengebiet zwischen

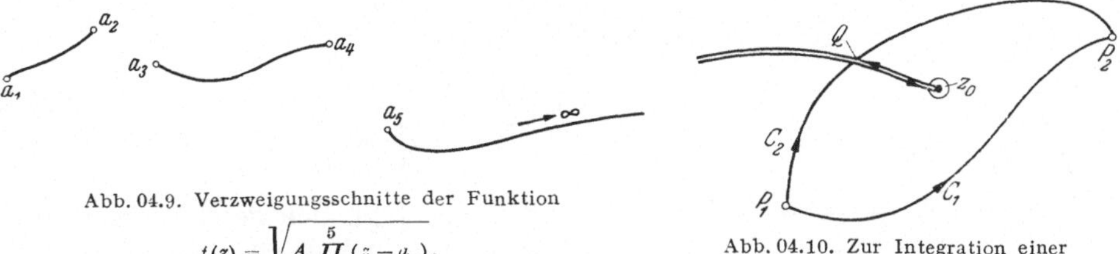

Abb. 04.9. Verzweigungsschnitte der Funktion $f(z) = \sqrt{A \prod_{\nu=1}^{5} (z - a_\nu)}$.

Abb. 04.10. Zur Integration einer mehrdeutigen Funktion.

beiden Kurven ein Verzweigungspunkt z_0 liegt, so wird C_2 einen von z_0 ausgehenden Verzweigungsschnitt überkreuzen. Nehmen wir der Einfachheit halber an, dies finde genau einmal, im Punkte Q, statt (Abb. 04.10). Für den Integranden $w(z)$ möge, falls er in z_0 unendlich wird, doch $\lim\limits_{z \to z_0} [(z - z_0) w(z)]$ endlich bleiben. Im Anfangspunkt P_1 der Integration sei ein Zweig von $w(z)$ festgelegt.

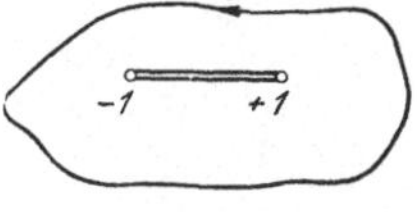

Abb. 04.11. Integration um einen Verzweigungsschnitt.

Die Integration über C_2 führt nur dann zum gleichen Ergebnis wie die über C_1, wenn noch über das Stück zwischen Q und z_0 des Verzweigungsschnittes hin und her integriert und z_0 auf einem kleinen Kreis umlaufen wird, dessen Radius man gegen 0 streben lassen kann. Ist $\lim\limits_{z \to z_0} [(z - z_0) w(z)] = 0$, so gibt dieser Kreis in der Grenze keinen Beitrag zum Integral. Aber die Beiträge der beiden „Ufer" des Schnittes heben sich wegen der Mehrdeutigkeit des Integranden nicht auf.

Das Integral längs einer geschlossenen Kurve, die Verzweigungsschnitte im Inneren enthält, ist im allgemeinen von Null verschieden.

Beispiel: $\oint\limits_C \frac{\mathrm{d}z}{\sqrt{1 - z^2}}$ über eine geschlossene Kurve C, die die Punkte $z = \pm 1$ umgibt und die reelle Achse zwischen -1 und $+1$ nicht trifft (Abb. 04.11). Der Nenner des Integranden gehört zu den Funktionen $f(z)$, Gl. (045,1), für $n = 2$, $a_1 = +1$, $a_2 = -1$, $A = -1$. Als Verzweigungsschnitt können wir die Strecke zwischen -1 und $+1$ wählen. Dann folgt

$$\oint\limits_C \frac{\mathrm{d}z}{\sqrt{1 - z^2}} = 2 \int\limits_{-1}^{+1} \frac{\mathrm{d}x}{\sqrt{1 - x^2}} = 2\pi.$$

046 Integration längs Wegen, die sich ins Unendliche erstrecken.

Die Ergebnisse von Kap. 044 und 045 über mögliche Änderungen am Integrationsweg eines komplexen Integrals lassen sich unter gewissen Voraussetzungen auf Wege erweitern, die sich ins Unendliche erstrecken. Wir besprechen kurz einige Anwendungen.

a) Auswertung von Integralen $\int\limits_{-\infty}^{+\infty} w(x)\,\mathrm{d}x$.

Die analytische Funktion $w(z)$ stimme für reelle $z = x$ mit $w(x)$ überein und besitze in der oberen Halbebene höchstens endlich viele Pole. Auf den Halbkreisen $|z| = R$, $0 \leq \operatorname{arc} z \leq \pi$ gelte ferner

$$\lim_{R\to\infty} z\,w(z) = 0. \tag{046.1}$$

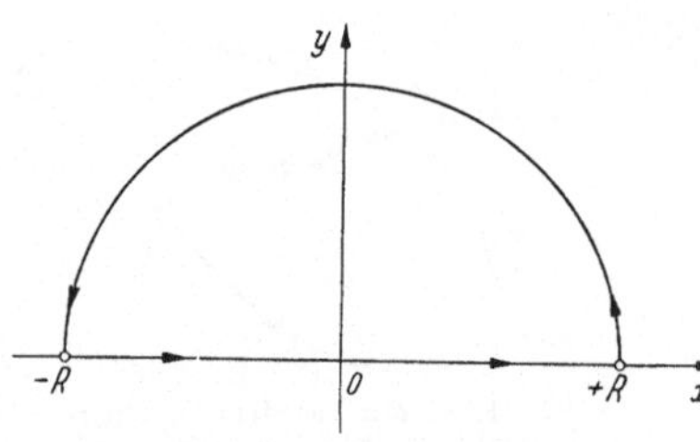

Abb. 04.12. Ergänzung des Intervalls $-R \leqq x \leqq +R$ durch einen Halbkreis zu einem geschlossenen Integrationsweg.

Dann ist

$$\lim_{R\to\infty} \int\limits_{\substack{|z|=R\\ 0\leq \operatorname{arc} z \leq \pi}} w(z)\,dz = 0 \tag{046.2}$$

und daher (vgl. den geschlossenen Integrationsweg in Abb. 04.12 für $R \to \infty$)

$$\int\limits_{-\infty}^{+\infty} w(x)\,dx = 2\pi j \sum \operatorname{Res} w(z), \tag{046.3}$$

die Residuensumme über die Pole in der oberen Halbebene erstreckt.

Beispiel:

$$\int\limits_0^{\infty} \frac{x^2\,dx}{(x^2+a^2)^2} = \frac{1}{2}\int\limits_{-\infty}^{+\infty} \frac{x^2\,dx}{(x^2+a^2)^2} = \pi j \operatorname*{Res}_{z=ja} \frac{z^2}{(z^2+a^2)^2}$$

$$= \pi j \lim_{z\to ja} \frac{d}{dz}\,\frac{z^2}{(z+ja)^2} = \frac{\pi j}{4ja} = \frac{\pi}{4a}.$$

b) Die Funktion $w(z) = u(z) + j v(z)$ habe die folgenden Eigenschaften: auf der imaginären Achse $z = jy$ ist der Realteil u eine gerade, der Imaginärteil v eine ungerade Funktion von y:

$$u(0, -y) = u(0, y); \quad v(0, -y) = -v(0, y). \tag{046.4}$$

Alle Pole von $w(z)$ sollen in der linken Halbebene liegen; in $\operatorname{Re} z \geqq 0$ soll für $z \to \infty$

$$w = a + \frac{b}{z} + O\left(\frac{1}{z^2}\right)$$

gelten. Auf Grund der in Gl. (046.4) ausgedrückten Eigenschaften sind a und b reelle Zahlen. Da die rechte Halbebene keine Pole enthält, ist

$$\lim_{R\to\infty}\left\{\int\limits_{-R}^{+R}(w(jy) - a)\,j\,dy + \int\limits_{\substack{|z|=R\\ |\operatorname{arc} z|\leq \pi/2}}(w(z) - a)\,dz\right\} = 0$$

oder

$$\int\limits_{-\infty}^{+\infty}(u(0, y) - a)\,dy - \pi b = 0,$$

$$\int\limits_0^{\infty}[u(0, y) - a]\,dy = \frac{\pi}{2} b. \tag{046.5}$$

Für den Zweipol in Abb. 04.13, bei dem einem beliebigen Widerstand Z_1 die Kapazität C_2 parallel liegt, ist die gesamte Impedanz

$$Z(\omega) = \frac{Z_1}{1 + \mathrm{j}\,\omega\, C_2 Z_1} = R(\omega) + \mathrm{j}\, X(\omega).$$

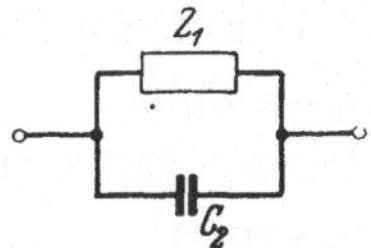

Abb. 04.13. Parallelschaltung einer Kapazität mit einer beliebigen Impedanz.

Faßt man ω als Imaginärteil einer komplexen Variablen $p = \sigma + \mathrm{j}\omega$ auf, so ist für die Funktion $w(p)$, die für $p = \mathrm{j}\omega$ mit $Z(\omega)$ übereinstimmt,

$$a = \lim_{\omega\to\infty} Z(\omega) = 0, \qquad b = \lim_{\omega\to\infty} \mathrm{j}\,\omega Z(\omega) = \frac{1}{C_2}.$$

Gl. (046.5) liefert dann

$$\int_0^\infty R(\omega)\,\mathrm{d}\omega = \frac{\pi}{2}\frac{1}{C_2}. \tag{046.6}$$

c) Integrale der Form

$$\int_{-\infty}^{+\infty} w(x) \exp \mathrm{j}\,\eta\, x\,\mathrm{d}x.$$

Unter denselben Voraussetzungen über $w(z)$ wie in a), nur mit der schwächeren Bedingung

$$\lim_{R\to\infty} w(z) = 0 \quad \text{für} \quad 0 \leqq \operatorname{arc} z = \alpha \leqq \pi \ \ (z = R \exp \mathrm{j}\,\alpha) \tag{046.7}$$

an Stelle von Gl. (046.1), besagt das sogenannte Jordan*sche Lemma*, daß für $\eta > 0$

$$\lim_{R\to\infty} \int\limits_{\substack{|z|=R\\ 0\leqq\alpha\leqq\pi}} w(z) \exp \mathrm{j}\,\eta\, z\,\mathrm{d}z = 0. \tag{046.8}$$

Beweis. In Gl. (046.8) ist $\mathrm{d}z = \mathrm{d}(R\exp \mathrm{j}\alpha) = \mathrm{j}\, R \exp \mathrm{j}\alpha\,\mathrm{d}\alpha$; $|\exp \mathrm{j}\eta z| = |\exp[\mathrm{j}\eta R(\cos\alpha + \mathrm{j}\sin\alpha)]| = \exp(-\eta R\sin\alpha)$. Für $0 \leqq \alpha \leqq \frac{\pi}{2}$ ist $\sin\alpha \geqq \frac{2}{\pi}\alpha$. Wegen $|w(z)| < \varepsilon$ mit $\varepsilon \to 0$ für $R\to\infty$ nach Gl. (046.7) ist daher das Integral in Gl. (046.8) dem Betrage nach

$$< \varepsilon R \int_0^\pi \mathrm{d}\alpha \exp(-\eta R \sin\alpha) < 2\varepsilon R \int_0^{\pi/2} \mathrm{d}\alpha \exp\left(-\frac{2R\,\eta\,\alpha}{\pi}\right) = \frac{\pi\,\varepsilon}{\eta}\left(1 - \exp(-R\eta)\right),$$

woraus die Behauptung folgt.

Daher gilt für $\eta > 0$ (vgl. wieder Abb. 04.12)

$$\frac{1}{2\pi\,\mathrm{j}} \int_{-\infty}^{+\infty} w(x) \exp \mathrm{j}\,\eta\, x\,\mathrm{d}x = \sum_{\operatorname{Im} z > 0} \operatorname{Res}\{w(z) \exp \mathrm{j}\,\eta\, z\}, \tag{046.9}$$

wobei sich die Summe auf die obere Halbebene bezieht.

Gilt $\mathrm{j}\eta = t > 0$ statt $\eta > 0$ und sind die Voraussetzungen des Lemmas von Jordan in der linken (statt der oberen) Halbebene erfüllt, so folgt bei Integration über die imaginäre z-Achse in Richtung von unten nach oben

$$\frac{1}{2\pi\,\mathrm{j}} \int_{-\mathrm{j}\infty}^{+\mathrm{j}\infty} w(z) \exp t\, z\,\mathrm{d}z = \sum_{\operatorname{Re} z < 0} \operatorname{Res}\{w(z) \exp t\, z\}. \tag{046.10}$$

047 Integrale von BROMWICH-WAGNER. Einheitssprung.

Das letzte Ergebnis, Gl. (046.10) soll zunächst auf die Funktion $w(z) = \frac{1}{z}$ angewendet werden. Der Pol $z = 0$ auf dem Integrationsweg werde durch einen kleinen Halbkreis nach rechts umgangen (Abb. 04.14). Dadurch bekommt der Weg die Form eines Hakens (↑⊃), und $\int \frac{1}{z} \exp tz \, dz$, über diesen Weg erstreckt, trägt deshalb den Namen: „Hakenintegral". Wir betrachten es zunächst für endliche Grenzen $-jR$, jR nennen diesen Weg C_1 und die von jR nach $-jR$ durchlaufenden Halbkreise in der linken bzw. rechten Halbebene C_2 bzw. C_3 (Abb. 04.14). Dann ergibt der Residuensatz

$$\int_{C_1} \frac{\exp tz}{z} dz + \int_{C_2} \frac{\exp tz}{z} dz = 2\pi j, \qquad \int_{C_1} \frac{\exp tz}{z} dz + \int_{C_3} \frac{\exp tz}{z} dz = 0.$$

Bei $R \to \infty$ verschwinden die Beiträge über C_2 bzw. C_3, je nachdem, ob $t > 0$ oder $t < 0$, da dann das JORDANsche Lemma für die linke bzw. rechte Halbebene angewendet werden kann. Daher ist

$$\frac{1}{2\pi j} \int \frac{\exp tz}{z} dz = \begin{cases} 1, & t > 0, \\ 0, & t < 0. \end{cases} \tag{047.1}$$

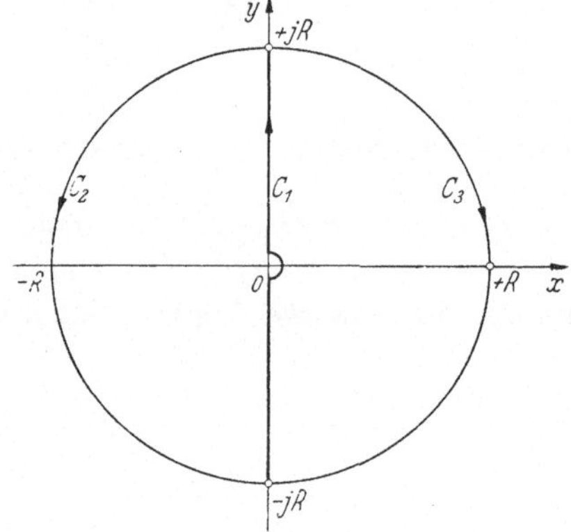

Abb. 04.14. Zur Integraldarstellung des Einheitssprungs.

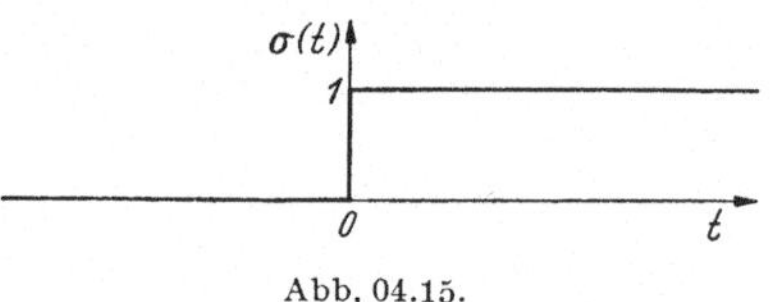

Abb. 04.15. Einheitssprung $\sigma(t)$.

Das Integral stellt als Funktion von t den sogenannten Einheitssprung $\sigma(t)$ dar (Abb. 04.15).

Der Integrationsweg in Gl. (047.1) kann durch eine beliebige andere Kurve in der rechten Halbebene, die Punkte mit $\operatorname{Im} z = -\infty$ und $\operatorname{Im} z = +\infty$ miteinander verbindet, ersetzt werden, insbesondere durch jede Parallele $x = x_0 \,(x_0 > 0)$ zur imaginären Achse. Das Integral ist dann für $t > 0$ ein Spezialfall der nach T. J. A. BROMWICH und K. W. WAGNER benannten Integrale

$$\mathfrak{f}(t) = \frac{1}{2\pi j} \int_C \exp(zt)\, w(z)\, dz = \frac{1}{2\pi j} \int_{x_0 - j\infty}^{x_0 + j\infty} \exp(zt)\, w(z)\, dz, \tag{047.2}$$

für die a) der Integrationsweg C eine Parallele zur imaginären Achse ist, die die reelle Achse in $z = x_0 > 0$ schneidet [dies deutet die Schreibweise rechts in Gl. (047.2) an]; b) alle Singularitäten von $w(z)$, worunter auch die Verzweigungspunkte rechnen, isoliert und links von dieser Parallelen liegen.

Erfüllt noch $w(z)$ die Bedingungen des JORDANschen Lemmas in der Halbebene $\operatorname{Re} z < x_0$, d. h. gilt dort $\lim_{|z| \to \infty} w = 0$ und ist die Anzahl der Singularitäten endlich, so wird der Wert des Integrals $\mathfrak{f}(t)$ auch gegeben durch erstens die Summe der Residuen in den Unendlichkeitsstellen und zweitens die Beiträge von Verzweigungsschnitten, durch die $w(z)$ in dieser Halbebene zu einer eindeutigen Funktion geworden ist. Die Verzweigungsschnitte können zum Teil nach ∞ verlaufen.

Ein *Beispiel* möge dies erläutern:

$$w(z)=\frac{\sqrt{z+1}}{z^2},\qquad \mathfrak{f}(t)=\frac{1}{2\pi\mathrm{j}}\int\limits_{c-\mathrm{j}\infty}^{c+\mathrm{j}\infty}\exp(zt)\frac{\sqrt{z+1}}{z^2}\,\mathrm{d}z\qquad (c>0).$$

$z=0$ ist Pol 2. Ordnung, $z=-1$ Verzweigungspunkt, von dem ein Verzweigungsschnitt nach ∞ zu führen ist. Dies kann z. B. längs der negativen reellen Achse erfolgen. Abb. 04.16 zeigt die Gerade $\mathrm{Re}\,z=c>0$ und den dazu äquivalenten Integrationsweg. Auf den beiden Ufern des Verzweigungsschnittes unterscheidet sich der Integrand um den Faktor -1. Der kleine Kreis um $z=-1$ gibt in der Grenze Radius $\to 0$ keinen Beitrag. Wenn

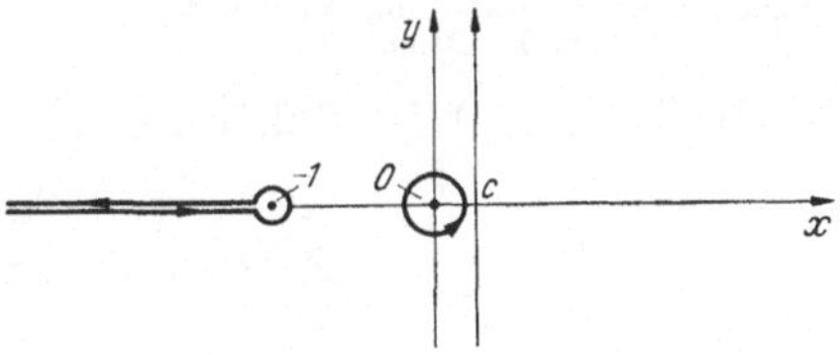

$$w(x)=-\mathrm{j}\,\frac{\pm\sqrt{-1-x}}{x^2}\qquad (x<-1)$$

Abb. 04.16. Ersatz des Integrals längs C durch die Beiträge von Singularität und Verzweigungsschnitt.

der Funktionswert auf dem unteren Ufer des Verzweigungsschnittes ist, folgt

$$\mathfrak{f}(t)=\operatorname*{Res}_{z=0}[w(z)\exp tz]+\frac{2}{2\pi\mathrm{j}}\int\limits_{-\infty}^{-1}w(x)\exp tx\,\mathrm{d}x$$

$$=t+\frac{1}{2}-\frac{\exp(-t)}{\pi}\int\limits_{0}^{\infty}\frac{\sqrt{\xi}}{(\xi+1)^2}\exp(-t\xi)\,\mathrm{d}\xi.$$

Für große t wird der zweite Anteil verschwindend.

Das obige Ergebnis läßt sich erweitern auf den Fall, daß in $\mathrm{Re}\,z<x_0$ zwar keine Verzweigungspunkte, jedoch unendlich viele Pole z_ν ohne Häufung im Endlichen liegen, wenn noch eine zusätzliche Voraussetzung nach Art der folgenden erfüllt ist:

Es gibt eine Schar von Kreisen $z=R_n$ ($n=1,2,\ldots$; $R_n\to\infty$ für $n\to\infty$) und eine feste Zahl $\varkappa>0$, so daß auf den in $\mathrm{Re}\,z\leqq x_0$ verlaufenden Bögen dieser Kreise $|z^\varkappa w(z)|$ beschränkt ist.

Dann also[1] besteht für $t>0$ die Beziehung

$$\mathfrak{f}(t)=\frac{1}{2\pi\mathrm{j}}\int\limits_{x_0-\mathrm{j}\infty}^{x_0+\mathrm{j}\infty}w(z)\exp zt\,\mathrm{d}z=\sum_{\nu=1}^{\infty}\operatorname*{Res}_{z=z_\nu}w(z)\exp tz.\qquad (047.3)$$

Sind noch alle Pole einfach und $w(z)=\frac{g(z)}{h(z)}$ mit $h(z_\nu)=0$, $h'(z_\nu)\neq 0$, $g(z_\nu)\neq 0$, so folgt [siehe Gl. (044.8a)]

$$\mathfrak{f}(t)=\sum\frac{\exp(z_\nu t)\,g(z_\nu)}{h'(z_\nu)},\qquad (047.4)$$

eine Formel, die uns in Kap. 06 wieder begegnen wird.

[1] Bezüglich des Beweises siehe [*15*]. An Stelle der Kreise können auch nach rechts geöffnete Parabeln oder Halbstreifen treten, die zur reellen Achse symmetrisch sind.

Beispiel:

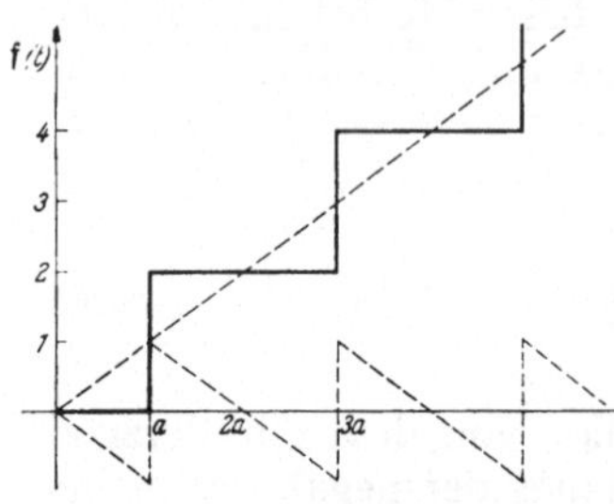

Abb. 04.17. Treppenfunktion $\mathfrak{f}(t)$ als Summe einer Sägezahnfunktion und der linearen Funktion t/a.

$$\mathfrak{f}(t) = \frac{1}{2\pi j}\int_{x_0 - j\infty}^{x_0 + j\infty} \frac{\exp z t}{z \sinh a z}\, dz \quad (x_0 > 0,\ a \text{ reell}).$$

Der Integrand hat bei $z = 0$ einen zweifachen Pol mit dem Residuum $\frac{t}{a}$ und bei $z_\nu = \frac{j\nu\pi}{a}$ $(\nu = \pm 1, \ldots)$ einfache Pole mit den Residuen

$$r_\nu = \frac{\exp \frac{j\nu\pi t}{a}}{j\nu\pi \cosh j\nu\pi} = \frac{(-1)^\nu}{\nu j\pi} \exp \frac{j\nu\pi t}{a}.$$

Nach Gl. (047.3) ist daher für $t > 0$

$$\mathfrak{f}(t) = \frac{t}{a} + \sum_{\nu=1}^{\infty} (r_\nu + r_{-\nu}) = \frac{t}{a} - \frac{2}{\pi a}\sum_{\nu=1}^{\infty} a \frac{(-1)^{\nu+1}}{\nu} \sin \frac{\nu\pi t}{a}.$$

Die Summe stellt die periodische Funktion in Abb. 05.2b (Sägezahnfunktion) dar, wenn $\frac{\nu\pi t}{a} = x$ gesetzt wird; subtrahiert man diese von der Geraden $\frac{t}{a}$, so erhält man $\mathfrak{f}(t)$ nach Abb. 04.17.

048 Beispiele zur konformen Abbildung.

Die einzigen konformen Abbildungen, die die volle Ebene schlicht, d. h. umkehrbar eindeutig, wieder auf die volle Ebene abbilden, werden durch die bereits in Kap. 032 studierten linearen Funktionen $w(z) = \frac{az + b}{cz + d}$ $(ad - bc > 0)$ vermittelt.

Einige weitere Beispiele sollen zur Erläuterung der Eigenschaften konformer Abbildungen dienen.

Zunächst untersuchen wir die ganze transzendente Funktion

$$w = c \cosh z = \frac{c}{2}[\exp z + \exp(-z)] \tag{048.1}$$

mit positivem c. Wegen

$$\cosh(x + jy) = \cosh x \cos y + j \sinh x \sin y$$

folgt

$$u = \operatorname{Re} w = c \cosh x \cos y, \quad v = \operatorname{Im} w = c \sinh x \sin y. \tag{048.2}$$

Das System der Linien $x = \text{const}$, $y = \text{const}$ in der w-Ebene ist daher nichts anderes als das der Koordinatenlinien der in Kap. 013 betrachteten elliptischen Koordinaten in der Ebene, d. h. die konfokalen Ellipsen und Hyperbeln mit den Brennpunkten $w = \pm c$.

$w(z)$ besitzt die imaginäre Periode $2\pi j$. Für $z = k\pi j$ $(k = 0, \pm 1, \pm 2, \ldots)$ ist $w = (-1)^k c$, $\frac{dw}{dz} = 0$, $\frac{d^2 w}{dz^2} \neq 0$; dort liegen Kreuzungspunkte; für die Umkehrfunktion $z(w) = \operatorname{arcosh} \frac{w}{c}$ liegen bei $w = \pm c$ Verzweigungspunkte 1. Ordnung. In einem Streifen parallel zur reellen z-Achse der Breite 2π, etwa $-\pi \leqq y \leqq \pi$, nimmt $w(z)$ bereits alle Werte außer ∞ an, und zwar wegen $\cosh(-z) = \cosh z$ genau zweimal. Abb. 04.18 zeigt als schraffiertes Gebiet einen

Halbstreifen, der genau in ein volles, längs $-\infty \leqq w \leqq c$ aufgeschnittenes Blatt der w-Ebene übergeht. Einander entsprechende Stücke der Begrenzung sind in der z- und w-Ebene gleich bezeichnet. Man erkennt, daß die Winkel in $z = 0$ und $z = \pm j\pi$ durch die Abbildung verdoppelt werden.

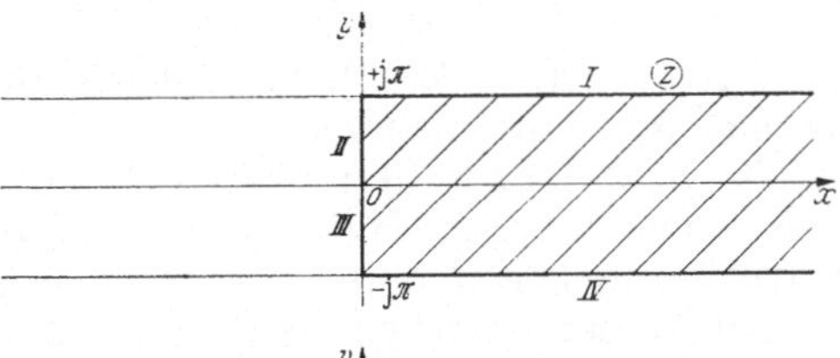

Abb. 04.18. Zur konformen Abbildung durch die Funktion $w(z) = c \cosh z$.

Die Abbildung $z \to w$ läßt sich leicht näher verfolgen, wenn man eine Hilfsebene ζ einführt mit $\zeta = \exp z$; ζ und w hängen dann gemäß

$$w = \frac{c}{2}\left(\zeta + \frac{1}{\zeta}\right) \qquad (048.3)$$

zusammen. Diese für die Strömungslehre wichtige Abbildung findet sich in vielen Lehrbüchern (siehe z. B. [4]) ausführlich beschrieben. Den obigen konfokalen Kegelschnitten der w-Ebenen entsprechen die Kreise um den Nullpunkt bzw. die Halbstrahlen aus dem Nullpunkt der ζ-Ebene. Inneres und Äußeres des Einheitskreises $|\zeta| = 1$ wird auf je ein Blatt der w-Ebene abgebildet, der Kreis selbst geht in die Verbindungsstrecke der Brennpunkte $w = \pm c$ über. Kreuzungspunkte in der ζ-Ebene sind $\zeta = \pm 1$.

Als weiteres Beispiel behandeln wir die Integrale

$$w(z) = A \int_{z_0}^{z} (z - x_1)^{\alpha_1 - 1} (z - x_2)^{\alpha_2 - 1} \cdots (z - x_n)^{\alpha_n - 1} \, dz. \qquad (048.4)$$

In dieser Gleichung, der Formel von SCHWARZ-CHRISTOFFEL, bedeutet A eine komplexe Konstante, z_0 einen zunächst beliebigen Punkt in der oberen z-Halbebene, $x_1, x_2, \ldots, x_n$ Punkte der reellen Achse, die entsprechend $x_1 < x_2 < \cdots < x_n$ aufeinanderfolgen, und $\alpha_1, \alpha_2, \ldots, \alpha_n$ reelle Zahlen zwischen 0 und 2: $0 \leqq \alpha_\nu \leqq 2$.

Um den Integranden eindeutig zu machen, schneiden wir die z-Ebene längs der reellen Achse auf und legen in der oberen Halbebene, die uns allein interessiert, für jeden Faktor $(z - x_\nu)^{\alpha_\nu - 1}$ jenen Zweig fest, der für reelles $z > x_\nu$ positiv reell ist[1].

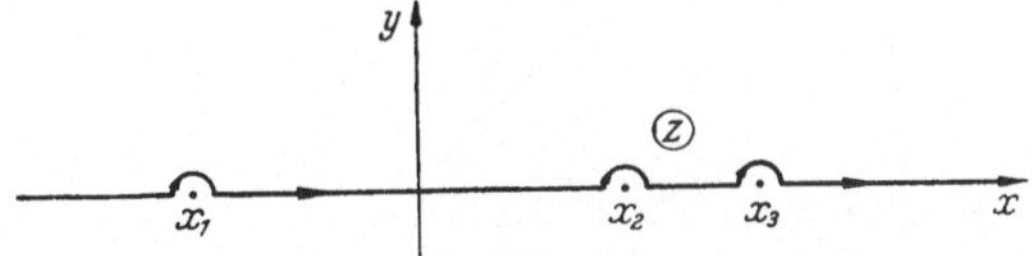

Abb. 04.19. Integrationsweg in der SCHWARZ-CHRISTOFFELschen Formel.

Wenn die Integration in Gl. (048.4) längs der reellen Achse erfolgt, denken wir uns die an den Stellen $z = x_\nu$ liegenden Singularitäten durch kleine Halbkreise in der oberen Halbebene umgangen (Abb. 04.19).

Wir suchen das Bild, das $w(z)$ von der oberen Halbebene entwirft. Es ist

$$\frac{dw}{dz} = A \prod_{\nu=1}^{n} (z - x_\nu)^{\alpha_\nu - 1} = A (z - x_1)^{\alpha_1 - 1} \cdots (z - x_n)^{\alpha_n - 1}. \qquad (048.5)$$

Der Arcus eines Faktors in Gl. (048.5), $\operatorname{arc}[(z - x_\nu)^{\alpha_\nu - 1}]$, ist $= \pi(\alpha_\nu - 1)$ für reelle z links von x_ν, d. h. $z < x_\nu$ und $= 0$ für $z > x_\nu$. Wenn daher z, von

[1] Für nicht ganzes α_ν ist ja $(z - x_\nu)^{\alpha_\nu - 1} = |z - x_\nu|^{\alpha_\nu - 1} \exp[j(\alpha_\nu - 1)(\Theta + 2\pi k)]$ ($k = 0, \pm 1, \pm 2, \ldots$; $\Theta = \operatorname{arc}(z - x_\nu)$) mehrdeutig, im allgemeinen unendlich vieldeutig. Es soll also $k = 0$ gewählt werden.

$-\infty$ herkommend, die reelle Achse durchläuft, so ändert sich $\operatorname{arc}\frac{dw}{dz}$ an den Stellen $x_1, x_2, \ldots, x_n$ sprunghaft um den Betrag $\pi(\alpha_1 - 1)$, $\pi(\alpha_2 - 1), \ldots,$ $\pi(\alpha_n - 1)$, und ist auf den Strecken dazwischen konstant. Die reelle Achse erscheint auf einen Streckenzug abgebildet, der in den Punkten $w(x_\nu) = w_\nu$ $(\nu = 1, \ldots, n)$ Ecken hat, in denen die beiden anschließenden Strecken den Winkel $\alpha_\nu \pi$ miteinander bilden. Abb. 04.20a bis c zeigt solche Ecken für a) $0 < \alpha_\nu < 1$ bzw. b) $1 < \alpha_\nu < 2$ bzw. c) $\alpha_\nu = 2$. Darin ist noch angedeutet, daß — wie die obere Halbebene zur reellen z-Achse — das Bildgebiet links vom Streckenzug liegen muß.

Soll dieser Streckenzug insbesondere ein geschlossenes n-seitiges Polygon bilden, so muß gelten:

$$\pi(\alpha_1 + \alpha_2 + \cdots + \alpha_n) = (n - 2)\pi. \tag{048.6}$$

Ist umgekehrt Gl. (048.6) erfüllt, so ist das Bild des Stückes $-\infty \cdots x_1$ der reellen Achse parallel zum Bild von $x_n \cdots + \infty$. Möglicherweise liegen eine oder mehrere Ecken, zu der bzw. zu denen $\alpha_\nu = 0$ gehört, im Unendlichen (Abb. 04.20d). $\alpha_\nu \leqq 0$ in Gl. (048.4) bedeutet ja eine Singularität von $w(z)$, $\alpha_\nu = 0$ insbesondere eine logarithmische. Sind in Gl. (048.4) alle $\alpha_\nu > 0$ (und < 2), so wird durch $w(z)$ die obere z-Halbebene auf das Innere eines im Endlichen gelegenen geschlossenen Polygons abgebildet.

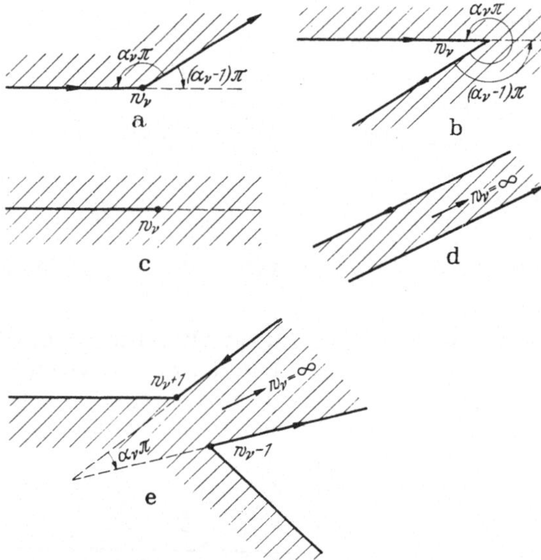

Abb. 04.20 a—e. Ecke im Punkt w_ν der w-Ebene vom Winkel $\alpha_\nu \pi$. a) $0 < \alpha_\nu < 1$, b) $1 < \alpha_\nu < 2$, c) $\alpha_\nu = 2$, d) $\alpha_\nu = 0$, e) $-1 < \alpha_\nu < 0$.

Läßt man in Gl. (048.4) auch $-1 < \alpha_\nu < 0$ zu, so entspricht einem solchen x_ν eine Ecke im Unendlichen nach Art der Abb. 04.20e.

In der Praxis tritt häufig das folgende Problem auf: Ein vorgegebenes geschlossenes n-seitiges Polygon in der w-Ebene soll auf die obere z-Halbebene abgebildet werden. Wir wissen, daß dies durch eine Transformation nach Gl. (048.4) geleistet wird; die α_ν sind durch die Innenwinkel des Polygons vorgeschrieben. Man hat dann zunächst noch die $(n + 2)$ Konstanten A, z_0, x_ν zur Verfügung. Durch den Faktor A wird in der w-Ebene eine Drehstreckung bewirkt, z_0 spielt die Rolle einer additiven Integrationskonstanten. Von den x_ν $(\nu = 1, \ldots, n)$ kann man drei willkürlich wählen. Wenn w_ν wieder die Ecken des Polygons sind, so müssen die n Gleichungen bestehen

$$w_\nu = A \int_{z_0}^{z_\nu} \prod_{\mu=1}^{n} (z - x_\mu)^{\alpha_\mu - 1} \, dz. \tag{048.7}$$

Von dieser Form sind die Bestimmungsgleichungen für die restlichen x_ν; ihre praktische Auflösung für $n > 4$ begegnet großen Schwierigkeiten.

Zu einem gegebenen Dreieck mit den Winkeln $\alpha_1\pi$, $\alpha_2\pi$, $\alpha_3\pi$ $(\alpha_1+\alpha_2+\alpha_3=1)$ wird stets durch den Ansatz

$$\zeta=\int\limits_{z_0}^{z}(z-x_1)^{\alpha_1-1}(z-x_2)^{\alpha_2-1}(z-x_3)^{\alpha_3-1}\,\mathrm{d}z \tag{048.8a}$$

als Bild der oberen z-Halbebene ein geometrisch ähnliches Dreieck erhalten. Mittels einer Ähnlichkeitstransformation

$$w=A\zeta+B \tag{048.8b}$$

gewinnt man dann die gewünschte Abbildung $z\longleftrightarrow w$.

Als Beispiel führen wir noch die Abbildung des Gebietes G_w in Abb. 04.21a auf einen Parallelstreifen durch. Dazu bilden wir zuerst die untere Hälfte $(\mathrm{Im}\,w\leqq 0)$ von G_w so in eine z-Halbebene ab, daß die Ecken dieses Polygons, das sind die Punkte $w=-\infty, -\mathrm{j}h_1, -\mathrm{j}h_2$ und $+\infty$, nach $z=0, 1, k, +\infty$ zu liegen kommen. Die Winkel in den den Punkten $z=0, 1, k$ entsprechenden Ecken sind $\alpha_1\pi=0$ bzw. $\alpha_2\pi=\frac{3\pi}{2}$ bzw. $\alpha_3\pi=\frac{\pi}{2}$, so daß

$$w(z)=A\int\limits_{z_0}^{z}\frac{1}{z}\,\frac{(z-1)^{1/2}}{(z-k)^{1/2}}\,\mathrm{d}z+B \tag{048.9}$$

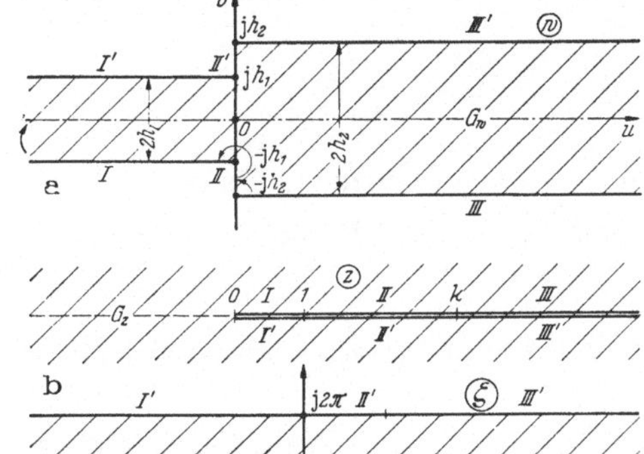

Abb. 04.21 a–c. Abbildung des Gebietes G_w auf den Parallelstreifen G_ζ.

zu setzen ist. Die untere Integrationsgrenze können wir $=1$ nehmen, dann folgt $B=w(1)=-\mathrm{j}h_1$. Die Konstanten k und A sind noch zu bestimmen. Der reellen w-Achse entspricht die negativ reelle z-Achse $-\infty<x<0$. Bei der Abbildung $w\to z$ geht G_w in die längs der positiv reellen Achse aufgeschnittene z-Ebene über (Abb. 04.21b). Mit $z=\exp\zeta$ wird daraus der Parallelstreifen $0\leqq\mathrm{Im}\,\zeta\leqq 2\pi$.

Ausführung der Integration in Gl. (048.9) liefert (048.10)

$$w(z)=A\left\{\frac{1}{\sqrt{k}}\ln\frac{\sqrt{k}\,s+1}{\sqrt{k}\,s-1}-\ln\frac{s+1}{s-1}\right\}-\mathrm{j}h_1\quad\text{mit}\quad s=\sqrt{\frac{z-k}{z-1}}=\sqrt{\frac{\exp\zeta-k}{\exp\zeta-1}}\,.$$

$z=k$ soll in $w=-\mathrm{j}h_2$ übergehen. Das gibt

$$A\left(\frac{1}{\sqrt{k}}-1\right)\ln(-1)-\mathrm{j}h_1=-\mathrm{j}h_2;\quad \ln(-1)=\mathrm{j}\pi;\quad A\left(\frac{1}{\sqrt{k}}-1\right)=\frac{h_1-h_2}{\pi}\,.$$

Dem Teil von G_w mit großem negativen Realteil u entspricht in der z-Ebene die Umgebung von $z=0$. Das w-Bild eines kleinen Kreises K um $z=0$ verbindet I mit I', auf ihm ändert sich daher w um $2h_1\mathrm{j}$:

$$\int\limits_K\frac{\mathrm{d}w}{\mathrm{d}z}\,\mathrm{d}z=2h_1\,\mathrm{j}\,.$$

Aus $\frac{\mathrm{d}w}{\mathrm{d}z} = \frac{A}{z}\sqrt{\frac{z-1}{z-k}} = \frac{A(1+\varepsilon(z))}{\sqrt{k}\,z}$ mit $\lim\limits_{|z|\to 0} \varepsilon(z) \to 0$ und $\frac{\mathrm{d}z}{z} = \mathrm{j}\,\mathrm{d}(\operatorname{arc} z)$ auf K folgt

$$\int_K \frac{\mathrm{d}w}{\mathrm{d}z}\mathrm{d}z = \frac{A\,\mathrm{j}}{\sqrt{k}} \int_0^{2\pi} [1+\varepsilon(z)]\,\mathrm{d}\operatorname{arc} z = \mathrm{j}\,2\pi \frac{A}{\sqrt{k}},$$

$$\text{d. h.}\quad \frac{A}{\sqrt{k}} = \frac{h_1}{\pi}, \quad A = \frac{h_2}{\pi}, \quad k = \left(\frac{h_2}{h_1}\right)^2. \qquad (048.11)$$

Damit ist die gewünschte Abbildung auf den Parallelstreifen (Abb. 04.21c) vollständig bestimmt.

Ein weiteres wichtiges Beispiel ist die Abbildung eines Rechtecks auf eine Halbebene. Aus den beschriebenen Eigenschaften des SCHWARZ-CHRISTOFFELschen Integrals folgt, daß das Integral

$$w(z) = F(k, \arcsin z) = \int_0^z \frac{\mathrm{d}t}{\sqrt{1-t^2}\sqrt{1-k^2 t^2}} \qquad (048.12)$$

die obere z-Halbebene (Abb. 04.22a) so in ein Rechteck der w-Ebene (Abb. 04.22b) abbildet, daß die Punkte $z = \pm 1,\ \pm\frac{1}{k}$ $(k < 1)$ in die Eckpunkte übergehen. Und zwar ist

$$w(\pm 1) = \pm \mathrm{K}(k),\ w\left(\frac{1}{k}\right) = \mathrm{K}(k) + \mathrm{j}\,\mathrm{K}'(k),\ w\left(-\frac{1}{k}\right) = -\mathrm{K}(k) + \mathrm{j}\,\mathrm{K}'(k) \quad (048.13)$$

mit

$$\mathrm{K}(k) = \int_0^1 \frac{\mathrm{d}t}{\sqrt{1-t^2}\sqrt{1-k^2t^2}}, \quad \mathrm{K}'(k) = \mathrm{K}\left(\sqrt{1-k^2}\right). \qquad (048.14)$$

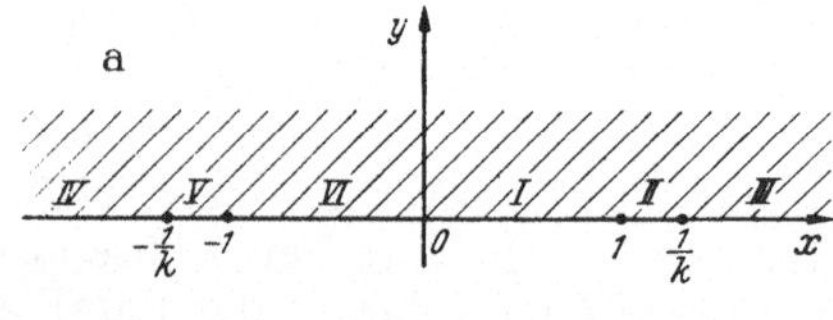

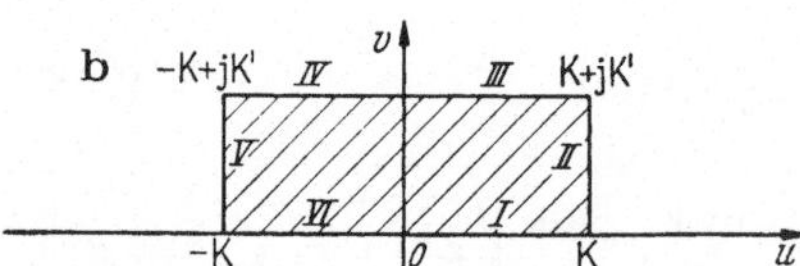

Abb. 04.22 a u. b. Abbildung des Rechtecks auf die Halbebene durch das elliptische Integral erster Gattung.

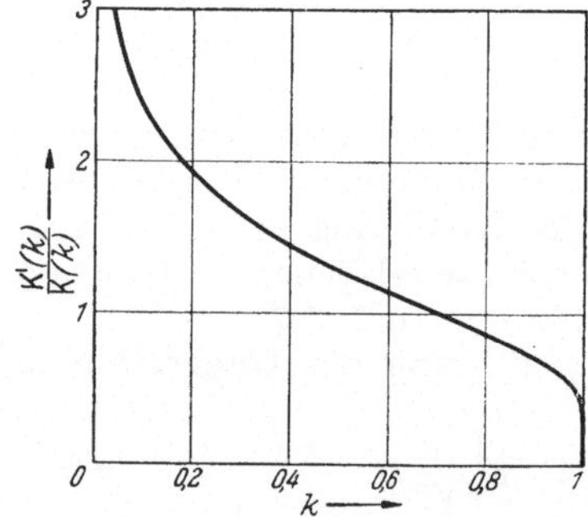

Abb. 04.23. Das Seitenverhältnis des Rechtecks in Abb. 04.22 ist $= \frac{\mathrm{K}'(k)}{\mathrm{K}(k)}$; k = Modul des elliptischen Integrals.

$F(k, \varphi)$ ist das unvollständige, $\mathrm{K}(k)$ das vollständige elliptische Integral 1. Gattung in der LEGENDREschen Normalform [22]; k heißt das Modul des elliptischen Integrals. Die Reihenentwicklung von $\mathrm{K}(k)$ erhält man aus Gl. (084.3), wenn man $x = k^2$, $\alpha = \beta = \frac{1}{2}$, $\gamma = 1$ setzt:

$$\mathrm{K}(k) = F\left(\frac{1}{2}, \frac{1}{2}, 1; k^2\right) = \frac{\pi}{2}\left(1 + 2\frac{k^2}{8} + 9\left(\frac{k^2}{8}\right)^2 + \cdots\right), \quad (|k| < 1).$$

Die Umkehrfunktion $z = z(w) = \mathrm{sn}(w, k)$ ist eine der elliptischen Funktionen von JACOBI [22]. Sie hat in der komplexen w-Ebene die beiden Perioden $4\mathrm{K}$ (reell) und $2\mathrm{j}\mathrm{K}'$ (rein imaginär), d. h.

$$z(w + 4\mathrm{K}) = z(w), \quad z(w + 2\mathrm{j}\mathrm{K}') = z(w).$$

Will man andererseits ein gegebenes Rechteck mit den Seitenlängen a und b konform in eine Halbebene überführen, so muß man, nachdem man es in die symmetrische Lage der Abb. 04.22b gebracht hat, den Modul k so bestimmen, daß

$$\frac{b}{a} = \frac{\mathrm{K}'(k)}{\mathrm{K}(k)}$$

gilt. Dazu ist in Abb. 04.23 K'/K über k aufgetragen. Dann leistet die Funktion

$$w(z) = C F(k, \varphi) \quad \text{bzw.} \quad z(w) = \mathrm{sn}\left(\frac{w}{C}, k\right)$$

($z = \sin\varphi$) mit einer geeigneten reellen Konstanten C die verlangte Abbildung.

049 HURWITZ-Polynome und positive Funktionen.

Man nennt ein Polynom

$$P(z) = a_n z^n + a_{n-1} z^{n-1} + \cdots + a_1 z + a_0 \tag{049.1}$$

mit reellen Koeffizienten a_ν dann ein HURWITZ-Polynom, wenn alle seine Nullstellen in der linken z-Halbebene liegen. Diese Eigenschaft kennzeichnet die Stabilität eines schwingungsfähigen physikalischen Systems, zu dem als sogenannte charakteristische Gleichung $P(z) = 0$ gehört. Zum Beispiel muß die rationale Übertragungsfunktion eines stabilen Netzwerks ihre Pole in der linken Halbebene der komplexen Veränderlichen $p = \sigma + \mathrm{j}\omega$ haben (siehe Kap. 065), das Nennerpolynom also ein HURWITZ-Polynom sein. Das Erfülltsein der geforderten Bedingung $\mathrm{Re}\, z_\nu < 0$ für alle Nullstellen z_ν $(\nu = 1, 2, \ldots, n)$ von $P(z)$ wird z. B. durch die HURWITZschen Stabilitätskriterien garantiert, die im folgenden angegeben werden.

Unter den n Nullstellen z_ν können sich negativ-reelle und Paare konjugiert komplexer mit negativem Realteil befinden. Wir denken uns $P(z)$ in seine Linearfaktoren aufgespalten:

$$P(z) = a_n (z - z_1)(z - z_2) \ldots (z - z_n). \tag{049.2}$$

Vergleich der Gl. (049.1) und (049.2) führt zu den Beziehungen (VIETAscher Koeffizientensatz)

$$\left.\begin{aligned} -\frac{a_{n-1}}{a_n} &= z_1 + z_2 + \cdots + z_n \\ +\frac{a_{n-2}}{a_n} &= z_1 z_2 + z_1 z_3 + \cdots + z_{n-1} z_n \\ &\vdots \\ (-1)^n \frac{a_0}{a_n} &= z_1 z_2 \ldots z_n . \end{aligned}\right\} \tag{049.3}$$

Aus diesen folgt sofort, daß für HURWITZ-Polynome alle Koeffizienten a_ν gleiche Vorzeichen haben müssen. Wir wollen sie positiv annehmen.

In der Halbebene $\mathrm{Re}\, z > 0$ gilt für negativ-reelles z_ν

$$|z - z_\nu| > |-z - z_\nu| = |z + z_\nu|,$$

für ein komplexes z_ν mit $\mathrm{Re}\, z_\nu < 0$

$$|z - z_\nu|\,|z - z_\nu^*| > |z + z_\nu|\,|z + z_\nu^*|$$

(Abb. 04.24), während auf der Achse $\mathrm{Re}\, z = 0$ in beiden Fällen das Gleichheitszeichen steht. Dies zieht nach sich, daß $|P(z)| \gtreqless |P(-z)|$ ist, je nachdem $\mathrm{Re}\, z \gtreqless 0$, oder auch

$$\left|\frac{P(z)}{P(-z)}\right| \gtreqless 1 \quad \text{für} \quad \mathrm{Re}\, z \gtreqless 0. \tag{049.4}$$

Es bezeichne $\psi(z)$ die rationale Funktion

$$\psi(z) = \frac{\dfrac{P(z)}{P(-z)} + 1}{\dfrac{P(z)}{P(-z)} - 1} = \frac{P(z) + P(-z)}{P(z) - P(-z)} = \frac{g(z)}{u(z)}, \tag{049.5}$$

worin $g(z)$ bzw. $u(z)$ die geraden bzw. ungeraden Anteile in $P(z)$ bedeuten, die also die Potenzen von z mit geradem bzw. ungeradem Exponenten enthalten. Erinnern wir uns daran, daß die lineare Funktion $w(\zeta) = \frac{\zeta + 1}{\zeta - 1}$ das Innere des Einheitskreises auf die linke w-Halbebene abbildet, so können wir auf Grund von Gl. (049.4) schließen:

$$\mathrm{Re}\, \psi(z) \gtreqless 0 \quad \text{für} \quad \mathrm{Re}\, z \gtreqless 0. \tag{049.6}$$

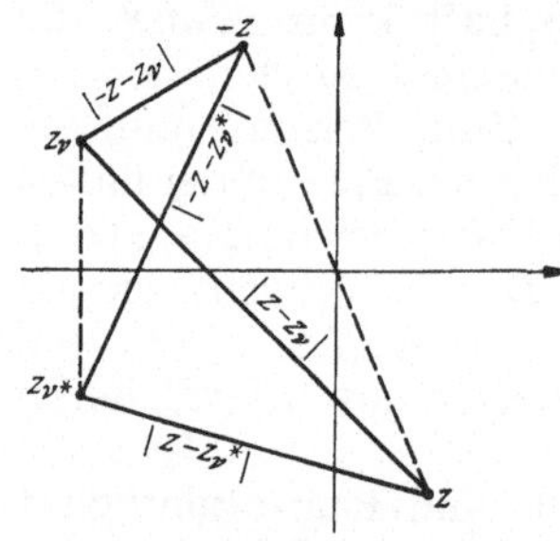

Abb. 04.24. Für $\mathrm{Re}\, z_\nu < 0$ und $\mathrm{Re}\, z > 0$ ist $|z - z_\nu|\,|z - z_\nu^*| > |z + z_\nu|\,|z + z_\nu^*|$.

Aus dieser Bedingung kann man folgern [*19*], daß die Nullstellen von $g(z)$ und $u(z)$, also die Nullstellen und Pole von $\psi(z)$, alle einfach sind, auf der imaginären Achse $\mathrm{Re}\, z = 0$ liegen und sich trennen. Das heißt, längs $\mathrm{Re}\, z = 0$ folgt auf eine Nullstelle von $\psi(z)$ ein Pol und umgekehrt.

Ferner sind in allen Polen von $\psi(z)$ die Residuen > 0. Diese Bedingungen führen zu Beziehungen zwischen den Koeffizienten a_ν; das sind gerade die HURWITZschen Stabilitätskriterien. Sie verlangen, daß unter der Annahme $a_0 > 0$ alle folgenden Determinanten D_ν $(\nu = 1, \ldots, n)$ positiv ausfallen [*19, 56*]:

$$D_1 = a_1,\ D_2 = \begin{vmatrix} a_1 & a_0 \\ a_3 & a_2 \end{vmatrix},\quad D_3 = \begin{vmatrix} a_1 & a_0 & 0 \\ a_3 & a_2 & a_1 \\ a_5 & a_4 & a_3 \end{vmatrix}, \ldots, D_n = \begin{vmatrix} a_1 & a_0 & 0 & \ldots & 0 \\ a_3 & a_2 & a_1 & \ldots & 0 \\ \vdots & & & & \\ 0 & 0 & 0 & \ldots & a_n \end{vmatrix}. \tag{049.7}$$

In der Hauptdiagonale einer Determinante D_ν stehen die Elemente $a_1, a_2, \ldots, a_\nu$; links und rechts davon folgen in einer Zeile die Koeffizienten mit steigendem bzw. fallendem Index, wobei $a_\mu = 0$ gesetzt wird für $\mu < 0$ und $\mu > n$.

Andere Stabilitätskriterien lassen sich mit Hilfe der in Kap. 034 besprochenen Ortskurven angeben. Wir verweisen hier z. B. auf [*5, 46, 56*].

Nach W. CAUER [8] soll eine in der rechten Halbebene reguläre Funktion $w(z)$ eine „positive" Funktion genannt werden, wenn

$$\left.\begin{aligned} &\text{für } \operatorname{Im} z = 0 \quad \operatorname{Im} w(z) = 0 \\ \text{und}\quad &\text{für } \operatorname{Re} z \geqq 0 \quad \operatorname{Re} w(z) \geqq 0 \end{aligned}\right\} \tag{049.8}$$

ausfällt. Sind die Bedingungen Gl. (049.8) für eine *rationale* Funktion erfüllt, so ist sie notwendig Quotient zweier HURWITZ-Polynome

$$w(z) = \frac{P_1(z)}{P_2(z)} = \frac{g_1(z) + u_1(z)}{g_2(z) + u_2(z)}, \tag{049.9}$$

wobei jetzt die Polynome P_1, P_2 auch Nullstellen *auf* der imaginären Achse haben dürfen und $g_i(z)$, $u_i(z)$ $(i = 1, 2)$ wieder ihre geraden bzw. ungeraden Anteile bezeichnen. Die Grade von P_1, P_2 dürfen sich höchstens um Eins unterscheiden. $w(z)$ muß aber noch weitere Bedingungen erfüllen, etwa die folgenden [*19, 79*]:

a) Auf der imaginären Achse dürfen höchstens einfache Pole mit positiven Residuen liegen.

b) Die Funktion $g_1 g_2 - u_1 u_2$, in der nur gerade z-Potenzen vorkommen, darf keine rein imaginären Wurzeln von ungerader Vielfachheit haben und muß für $z \to \pm j\infty$ positiv ausfallen.

Ein Grenzfall liegt vor, wenn $g_1 g_2 - u_1 u_2$ identisch verschwindet. Dies hat zur Folge, daß entweder $g_2 \equiv 0$ und $u_1 \equiv 0$ oder $u_2 \equiv 0$ und $g_1 \equiv 0$ gelten muß. Dann ist

$$w(z) = \frac{g_1(z)}{u_2(z)} \quad \text{bzw.} \quad \frac{u_1(z)}{g_2(z)}, \tag{049.10}$$

also von der Form des $\psi(z)$ in Gl. (049.5) bzw. $1/\psi(z)$. Alle Nullstellen und Pole dieser Funktionen sind einfach, liegen auf der imaginären Achse und trennen sich. Sie tragen den Namen „Reaktanzfunktionen" als Sonderfall der rationalen Impedanzfunktionen, die, sollen sie zu praktisch realisierbaren elektrischen Netzwerken gehören, mit $p = \sigma + j\omega$ statt z die Bedingungen Gl. (049.8) erfüllen müssen.

Literatur: [*2, 4, 8, 19, 37, 49, 52, 56*].

05 FOURIERsche Reihen und Integrale.

051 Die FOURIER-Reihe einer periodischen Funktion.

In diesem Kapitel ist von Funktionen $\mathfrak{f}(x)$ einer reellen Variabeln x die Rede. Die Funktionen sollen beschränkt, brauchen aber nicht im ganzen Definitionsbereich stetig zu sein. Vielmehr soll zugelassen werden, daß an isolierten Stellen Sprünge endlichen Betrages vorkommen. Es werden andere einschränkende Bedingungen zu stellen sein, deren Angabe an geeigneter Stelle erfolgt.

Zunächst handle es sich um eine reelle periodische Funktion $\mathfrak{f}(x)$. Das heißt, es gäbe eine kleinste Zahl $L > 0$, die „primitive Periode" oder „Periode" schlechthin, mit der für alle x die Gleichung

$$\mathfrak{f}(x + L) = \mathfrak{f}(x) \tag{051.1}$$

besteht. Ist daher der Verlauf der Funktion in irgendeinem Intervall der Länge L bekannt, so ist damit die Funktion für alle x gegeben.

Durch eine Maßstabsänderung auf der x-Achse, nämlich wenn wir x statt bisher $\frac{2\pi x}{L}$ schreiben (das neue x ist dann dimensionslos, wenn das frühere eine Länge war), können wir der Periode den Wert 2π erteilen. Dies denken wir uns bereits vorgenommen, es gelte also

$$\mathfrak{f}(x + 2\pi) = \mathfrak{f}(x). \tag{051.2}$$

Einfache derartige Funktionen sind $\cos x$ und $\sin x$, ferner besitzt jede endliche Summe („trigonometrisches Polynom")

$$\begin{aligned} & a_1 \cos x + a_2 \cos 2\, x + \cdots + a_n \cos n\, x \\ & + b_1 \sin x + b_2 \sin 2\, x + \cdots + b_n \sin n\, x \end{aligned}$$

die Eigenschaft entsprechend Gl. (051.2). Nur für die Glieder mit $\cos x$ und $\sin x$, die „fundamentalen", ist 2π primitive Periode. Für $\cos m\, x$, $\sin m\, x$ $(m > 1)$, die „höheren harmonischen" Komponenten, ist diese $= 2\pi/m$.

Nun lasse man in einer solchen Summe, zu der noch ein konstanter Term, mit $a_0/2$ bezeichnet, treten kann — eine Konstante ist trivialerweise periodisch mit 2π —, die Gliederzahl beliebig wachsen. Es entsteht dann eine trigonometrische Reihe

$$\begin{aligned} & \frac{a_0}{2} + a_1 \cos x + a_2 \cos 2x + \cdots + b_1 \sin x + b_2 \sin 2x + \cdots \\ & = \frac{a_0}{2} + \sum_{m=1}^{\infty} (a_m \cos m\, x + b_m \sin m\, x), \end{aligned}$$

von der angenommen werde, das sie im ganzen Intervall $0 \leqq x \leqq 2\pi$ konvergiert. Die Frage liegt nun nahe, inwieweit durch derartige Reihen bereits alle periodischen Funktionen gegeben sind, ob sich also zu einer beliebigen 2π-periodischen Funktion eine solche konvergente Reihe, die sogenannte FOURIER-Reihe der Funktion, angeben läßt, deren Summe auch in jedem Stetigkeitspunkte dem Funktionswert gleich ist.

Nehmen wir an, das sei der Fall, d. h. die Gleichung

$$\mathfrak{f}(x) = \frac{a_0}{2} + a_1 \cos x + a_2 \cos 2x + \cdots + b_1 \sin x + b_2 \sin 2x + \cdots \tag{051.3}$$

sei überall im Periodizitätsintervall $0 \leqq x \leqq 2\pi$ erfüllt, abgesehen von den etwa vorkommenden endlich vielen Sprungstellen. Es sei ferner erlaubt, die mit $\cos n\, x$ oder $\sin n\, x$ multiplizierte Reihe über ein beliebiges x-Intervall der Länge gliedweise zu integrieren. Dann kann man von den „Orthogonalitätsbeziehungen" der trigonometrischen Funktionen Gebrauch machen, die besagen, daß für zwei positive ganze Zahlen m, n und irgendeine Anfangsstelle x_0

$$\frac{1}{\pi} \int_{x_0}^{x_0 + 2\pi} \sin m\, x \sin n\, x \, \mathrm{d}x = \frac{1}{\pi} \int_{x_0}^{x_0 + 2\pi} \cos m\, x \cos n\, x \, \mathrm{d}x = \delta_{m\,n} = \begin{cases} 1 & \text{für } m = n \\ 0 & \text{für } m \neq n \end{cases}$$

$$\frac{1}{\pi} \int_{x_0}^{x_0 + 2\pi} \sin m\, x \cos n\, x \, \mathrm{d}x = 0 \quad \text{für alle} \quad m \text{ und } n. \tag{051.4}$$

Diese Gleichungen lassen sich z. B. leicht gewinnen, wenn man von

$$\cos z = \frac{1}{2}\{\exp \mathrm{j}\, z + \exp(-\mathrm{j}\, z)\}, \quad \sin z = \frac{1}{2\mathrm{j}}\{\exp \mathrm{j}\, z - \exp(-\mathrm{j}\, z)\} \tag{051.5}$$

ausgeht. Auf Grund der in Gl. (051.4) ausgedrückten Orthogonalitätseigenschaften erhält man für die Koeffizienten in Gl. (051.3)

$$a_0 = \frac{1}{\pi}\int_{x_0}^{x_0+2\pi} \mathfrak{f}(x)\,\mathrm{d}x, \qquad a_m = \frac{1}{\pi}\int_{x_0}^{x_0+2\pi} \mathfrak{f}(x)\cos m\,x\,\mathrm{d}x,$$
$$b_m = \frac{1}{\pi}\int_{x_0}^{x_0+2\pi} \mathfrak{f}(x)\sin m\,x\,\mathrm{d}x. \tag{051.6}$$

Die FOURIER-Koeffizienten a_0, a_m, b_m lassen sich zwar nach Gl. (051.6) zu jeder Funktion bilden, die überall oder bis auf endlich viele Sprungstellen stetig ist. Man kann jedoch Beispiele durchweg stetiger Funktionen angeben, bei denen die so erhaltene Reihe Gl. (051.3) nicht konvergiert oder aber zu einer vom Funktionswert verschiedenen Summe konvergiert. Dies kann *nicht* eintreten, wenn man noch voraussetzt, daß $\mathfrak{f}(x)$ im Periodizitätsintervall nur endlich viele Extrema (Maxima und Minima) besitzt[1]. Jede mit 2π periodische Funktion mit diesen Eigenschaften läßt sich durch eine konvergente Reihe Gl. (051.3) darstellen mit den nach Gl. (051.6) berechneten Koeffizienten. An den Sprungstellen konvergiert die Reihe gegen das arithmetische Mittel $\frac{1}{2}\{\mathfrak{f}(x+0)+\mathfrak{f}(x-0)\}$ der Grenzwerte von links und rechts. Wir können also allgemein schreiben

$$\frac{1}{2}\{\mathfrak{f}(x+0)+\mathfrak{f}(x-0)\} = \frac{a_0}{2} + \sum_1^{\infty}(a_m\cos m\,x + b_m\sin m\,x). \tag{051.7}$$

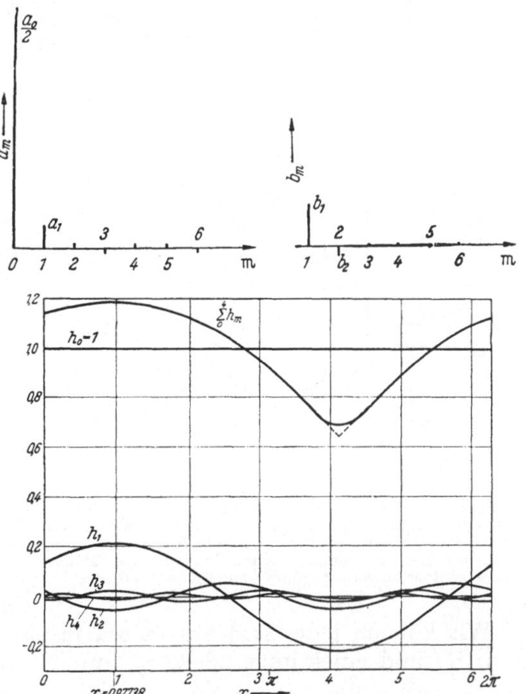

Abb. 05.1. FOURIER-Koeffizienten, harmonische Komponenten $h_m(x)$ für $m = 0, \ldots, 4$ und ihre Summe $\sum_0^4 h_m(x)$ für die Funktion $\mathfrak{f}(x) = \cos\alpha(x - x_0)$ für $|x - x_0| < \pi$ ($\alpha = \sqrt{0,1}$, $x_0 = 0{,}9774$).

Durch die abzählbar vielen Zahlen $a_0, a_1, a_2 \ldots, b_1, b_2 \ldots$ ist also eine periodische Funktion bereits völlig bestimmt. Tragen wir diese Zahlen auf über einer Abszisse, deren Einheit der Indexdifferenz Eins entspricht, nach Art von Abb. 05.1, so bilden sie ein diskretes Spektrum (Linienspektrum), das der Funktion $\mathfrak{f}(x)$ äquivalent ist. Abb. 05.1 zeigt ferner die harmonischen

[1] Etwas allgemeiner ist die Voraussetzung, die man in der mathematischen Literatur gewöhnlich findet, daß $\mathfrak{f}(x)$ in $0 \leq x \leq 2\pi$ von „beschränkter Variation" sei. Über diese Begriffe sowie die Beweise in diesem Zusammenhang kann man z. B. in [*11, 53*] nachlesen.

Komponenten bis zum Index 4, ihre Summe

$$s_4(x) = \frac{a_0}{2} + \sum_1^4 (a_m \cos m x + b_m \sin m x) = \sum_{m=0}^4 h_m(x)$$

sowie gestrichelt die Funktion $\mathfrak{f}(x)$ selbst.

Unter bestimmten Bedingungen kann man von vornherein sagen, daß von den Koeffizienten a_m, b_m eine Gruppe verschwindet, und zwar, wenn $\mathfrak{f}(x)$ hinsichtlich einer Stelle $x = \xi$ im Periodizitätsintervall Symmetrieeigenschaften besitzt. Wir können ξ nach 0 verlegen und dann folgende Möglichkeiten ins Auge fassen:

α) $\mathfrak{f}(-x) = \mathfrak{f}(x)$, die Funktion ist gerade (symmetrisch zu $x = 0$);

β) $\mathfrak{f}(-x) = -\mathfrak{f}(x)$, die Funktion ist ungerade (antisymmetrisch zu $x = 0$);

γ) $\mathfrak{f}(-x) - \mathfrak{f}(0) = -(\mathfrak{f}(x) - \mathfrak{f}(0))$, die Funktion setzt sich zusammen aus einer Konstanten und einer ungeraden Funktion; ist 0 Sprungstelle, so ersetze man hier $\mathfrak{f}(0)$ durch $\frac{1}{2}\{\mathfrak{f}(+0) + \mathfrak{f}(-0)\}$.

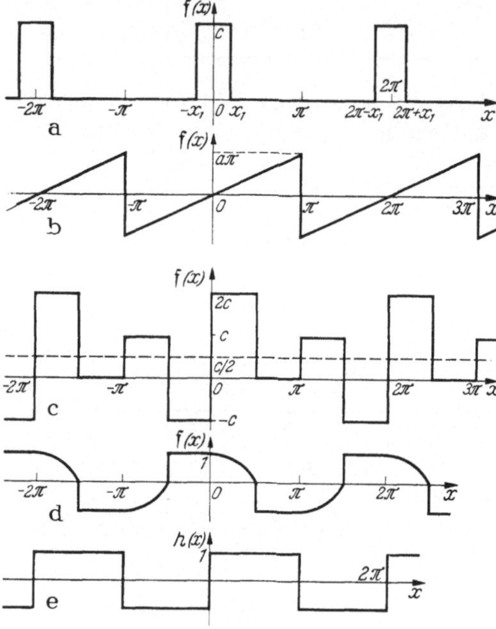

Abb. 05.2 a—e. Beispiele periodischer Funktionen. a) Rechteckimpuls (gerade Funktion). b) Sägezahnfunktion (ungerade Funktion). c) Treppenfunktion als Summe einer ungeraden Funktion und einer Konstanten. d) Beispiel einer vollsymmetrischen Funktion. e) Mäanderfunktion (ungerade vollsymmetrische Funktion).

Zugehörige Beispiele sind in Abb. 05.2a bis c dargestellt.

Nun wähle man in Gl. (051.6) $x_0 = -\pi$ und findet dann sofort, wenn man beachtet, ob der Integrand gerade oder ungerade ist, daß im Falle

α) alle $b_m = 0$;

β) a_0 und alle $a_m = 0$;

γ) $a_0 = \mathfrak{f}(+0) - \mathfrak{f}(-0)$, alle $a_m = 0 \, (m \geqq 1)$.

Wir können jedes $\mathfrak{f}(x)$ aufspalten in eine Summe aus einer geraden Funktion, $\mathfrak{f}_1$, und einer ungeraden, $\mathfrak{f}_2$, zufolge der Identität

$$\mathfrak{f}(x) \equiv \frac{\mathfrak{f}(x) + \mathfrak{f}(-x)}{2} + \frac{\mathfrak{f}(x) - \mathfrak{f}(-x)}{2} = \mathfrak{f}_1(x) + \mathfrak{f}_2(x), \qquad (051.8)$$

und haben dann nach α) und β)

$$\mathfrak{f}_1(x) = \frac{a_0}{2} + \sum_1^\infty a_m \cos m x, \qquad \mathfrak{f}_2(x) = \sum_{m=1}^\infty b_m \sin m x.$$

Eine weitere Vereinfachung tritt ein, wenn $\mathfrak{f}(x)$ die Eigenschaft der sogenannten „Vollsymmetrie" [*56*]

$$\delta) \qquad \mathfrak{f}(x + \pi) = -\mathfrak{f}(x) \qquad (051.9a)$$

besitzt[1], wie die Funktionen in Abb. 05.2d und e. Nach einer halben Periode

[1] In [*17*] „mirror-symmetrical". — Die Beziehung $\mathfrak{f}(x + \pi) = \mathfrak{f}(x)$ dagegen würde nur besagen, daß nicht 2π, sondern π die primitive Periode ist.

wiederholen sich also die Funktionswerte mit verändertem Vorzeichen. Dann sind

δ) a_0 und alle a_n und b_m mit geradem m gleich Null; es kommen nur ungerade harmonische Komponenten vor, die sich aus

$$a_{2n+1} = \frac{2}{\pi}\int_0^\pi \mathfrak{f}(x)\cos(2n+1)\,x\,\mathrm{d}x.$$

$$b_{2n+1} = \frac{2}{\pi}\int_0^\pi \mathfrak{f}(x)\sin(2n+1)\,x\,\mathrm{d}x \tag{051.9b}$$

berechnen.

Zur Herleitung geht man wieder von Gl. (051.6) aus; z. B. ist

$$\int_\pi^{2\pi} \mathfrak{f}(x)\cos 2n\,x\,\mathrm{d}x = \int_0^\pi \mathfrak{f}(x+\pi)\cos 2n\,x\,\mathrm{d}x = -\int_0^\pi \mathfrak{f}(x)\cos 2n\,x\,\mathrm{d}x,$$

daher $a_{2n} = 0$, und

$$\int_\pi^{2\pi} \mathfrak{f}(x)\cos(2n+1)\,x\,\mathrm{d}x = \int_0^\pi \mathfrak{f}(x)\cos(2n+1)\,x\,\mathrm{d}x = \frac{\pi}{2}\,a_{2n+1}.$$

Wir berechnen noch die FOURIER-Reihen zu den angeführten Beispielen periodischer Funktionen.

a) (Abb. 05.2a)

$$\mathfrak{f}(x) = \begin{cases} c & \text{für} \quad -x_1 < x < x_1 \\ 0 & \text{für} \quad -\pi \leqq x < -x_1 \quad \text{und} \quad x_1 < x \leqq \pi \end{cases}$$

$$a_0 = \frac{1}{\pi}\int_{-x_1}^{+x_1} c\,\mathrm{d}x = \frac{2c\,x_1}{\pi}; \qquad a_m = \frac{1}{\pi}\int_{-x_1}^{+x_1} c\cos m\,x\,\mathrm{d}x = \frac{2c}{m\pi}\sin m\,x_1.$$

$$\mathfrak{f}(x) = \frac{2c\,x_1}{\pi}\left\{\frac{1}{2} + \frac{1}{x_1}\sum_{n=1}^{\infty}\frac{\sin m\,x_1}{m}\cos m\,x\right\}.$$

b) (Abb. 05.2b)

$$\mathfrak{f}(x) = a\,x \qquad (-\pi < x < \pi),$$

$$b_m = \frac{(-1)^{m-1}}{m} \qquad (m = 1, 2, \ldots),$$

$$\mathfrak{f}(x) = 2a\left\{\sin x - \frac{\sin 2x}{2} + \frac{\sin 3x}{3} - + \cdots\right\}.$$

c) (Abb. 05.2c)

$$\mathfrak{f}(x) = \begin{cases} 2c & \text{für} \quad 0 < x < \frac{\pi}{2} \\ 0 & \text{für} \quad \frac{\pi}{2} < x < \pi \\ c & \text{für} \quad \pi < x < \frac{3\pi}{2} \\ -c & \text{für} \quad \frac{3\pi}{2} < x < 2\pi \end{cases}$$

Es ist

$$\mathfrak{f}(x) = \frac{c}{2}\{1 + h(x) + 2h(2x)\},$$

wobei $h(x)$ durch die Mäanderkurve (auch „Rechteckwelle") nach Abb. 05.2c gegeben ist. $\mathfrak{f}(x)$ entsteht also durch Überlagerung einer Konstanten und zweier solcher Rechteckwellen, wovon die eine doppelte Amplitude und halbe Periode der anderen besitzt.

In der Fourier-Reihe von

$$h(x) = \begin{cases} +1 & \text{für } 0 < x < \pi \\ -1 & \text{für } \pi < x < 2\pi \end{cases}$$

kommen nach β) und δ) nur Sinusterme ungerader Ordnung vor. Sie lautet

$$h(x) = \frac{4}{\pi}\left\{\sin x + \frac{1}{3}\sin 3x + \frac{1}{5}\sin 5x + \cdots\right\}$$

und daher diejenige von $\mathfrak{f}(x)$

$$\mathfrak{f}(x) = \frac{c}{2}\left\{1 + \frac{4}{\pi}\left[\sin x + 2\sin 2x + \frac{1}{3}\sin 3x + \frac{1}{5}\sin 5x + \frac{2}{3}\sin 6x + \cdots\right]\right\},$$

d. h.

$$a_0 = c, \quad b_{4n} = 0, \quad b_{4n-2} = \frac{c/\pi}{2n-1}, \quad b_{4n-1} = \frac{c/\pi}{2(4n-1)}, \quad b_{4n-3} = \frac{c/\pi}{2(4n-3)}$$

$$(n = 1, 2, \ldots).$$

d) (Abb. 05.2d)

$$\mathfrak{f}(x) = \begin{cases} \cos x & \text{für } 0 \leqq x < \frac{\pi}{2} \text{ und } \pi \leqq x < \frac{3\pi}{2} \\ -1 & \text{für } \frac{\pi}{2} < x \leqq \pi \\ +1 & \text{für } \frac{3\pi}{2} < x \leqq 2\pi \end{cases}$$

$$a_0 = a_{2n} = b_{2n} = 0$$

$$\frac{\pi}{2} a_{2n+1} = \int_0^{\pi/2} \cos x \cos(2n+1)x\,dx - \int_{\pi/2}^{\pi} \cos(2n+1)x\,dx = \begin{cases} \frac{(-1)^n}{2n+1} & (n > 0) \\ 1 + \frac{\pi}{4} & (n = 0) \end{cases}$$

$$\frac{\pi}{2} b_{2n+1} = \int_0^{\pi/2} \cos x \sin(2n+1)x\,dx$$

$$-\int_{\pi/2}^{\pi} \sin(2n+1)x\,dx = \begin{cases} \frac{-1}{2n+1} + \frac{2n+1-(-1)^n}{4n(n+1)} & (n > 0) \\ -\frac{1}{2} & (n = 0) \end{cases}$$

$$\mathfrak{f}(x) = \frac{2}{\pi}\left\{\left(1 + \frac{\pi}{4}\right)\cos x - \frac{1}{3}\cos 3x + \frac{1}{5}\cos 5x - + \cdots\right.$$

$$\left. - \frac{1}{1\cdot 2}\sin x + \frac{1}{2\cdot 3}\sin 3x - \frac{1}{5\cdot 6}\sin 5x + \frac{1}{6\cdot 7}\sin 7x - \frac{1}{9\cdot 10}\sin 9x - + \cdots\right\}.$$

Je rascher die Koeffizienten a_m, b_m mit wachsendem m abnehmen, um so besser wird $\mathfrak{f}(x)$ durch die n-te Teilsumme $s_n(x)$ der FOURIER-Reihe dargestellt. $s_n(x)$ ist das trigonometrische Polynom, das sich ergibt, wenn man die FOURIER-Reihe Gl. (051.3) beim Index n abbricht:

$$s_0(x) = \frac{a_0}{2}, \qquad s_n(x) = \frac{a_0}{2} + \sum_{m=1}^{n} (a_m \cos m\,x + b_m \sin m\,x). \tag{051.10}$$

Die Aussage $|\mathfrak{f}(x) - s_n(x)| \to 0$ bzw. $\left|\frac{\mathfrak{f}(x+0) + \mathfrak{f}(x-0)}{2} - s_n(x)\right| \to 0$ für $n \to \infty$ ist allerdings nicht gleichmäßig gültig, sondern nur mit Ausnahme der nächsten Umgebung der Sprungstellen. Je näher man einer solchen Stelle $x = x_1$ kommt, um so schlechter wird die Approximation, um so mehr Glieder der FOURIER-Reihe muß man mitnehmen, um unter eine vorgeschriebene Fehlerschranke zu kommen. Auch für große n gibt es in der Umgebung von x_1 Punkte x mit einer nicht zu unterschreitenden Differenz zwischen $\mathfrak{f}(x)$ und $s_n(x)$. Es tritt nämlich eine Überhöhung des Sprunges $\{\mathfrak{f}(x_1 + 0) - \mathfrak{f}(x_1 - 0)\} = h$ ein. Sei etwa $h > 0$; die trigonometrischen Polynome $s_n(x)$, die auch bei x_1 stetig bleiben, haben rechts nahe bei x_0 für beliebig große n Werte, die größer sind als $\mathfrak{f}(x_1 + 0)$ und links von x_0 Werte kleiner als $\mathfrak{f}(x_1 - 0)$ derart, daß die Differenz dieser Werte die Sprunghöhe h um etwa 8,9% übersteigt. Abb. 05.3 zeigt als Beispiel das $s_n(x)$ mit $n = 15$ für die Funktion aus Abb. 05.2a in der Nähe von $x = x_1$ mit $x_1 = -0{,}977$. Diese Erscheinung, die als GIBBSsches Phänomen bekannt ist, ist z. B. in [*19*] ausführlich studiert. Wir begnügen uns hier mit der qualitativen Beschreibung, betonen jedoch nochmals, daß auf Grund dieses Phänomens der Güte der Approximation, die man durch die Teilsummen $s_n(x)$ erzielt, bei Vorkommen von Sprungstellen Grenzen gesetzt sind.

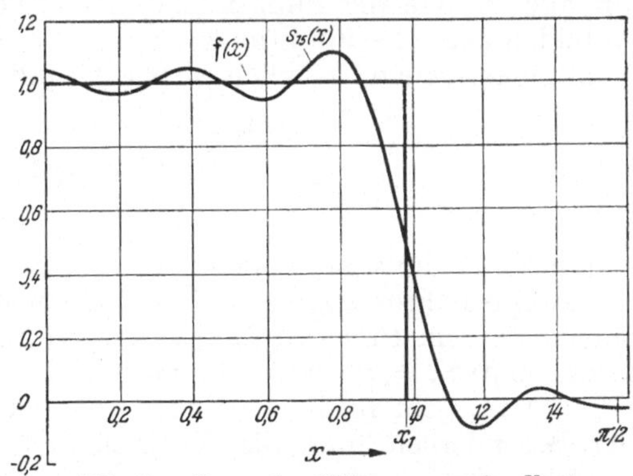

Abb. 05.3. GIBBSsches Phänomen an der Kante eines Rechteckimpulses.

Diese in praktischer Hinsicht unangenehme Eigentümlichkeit der FOURIER-Reihen läßt sich vermeiden, wenn man zur Approximation nicht die $s_n(x)$ verwendet, sondern andere trigonometrische (die sogenannten FEJÉRschen) Polynome $\bar{s}_n(x)$; $\bar{s}_n(x)$ ist definiert als das arithmetische Mittel der $(n+1)$ ersten $s_n(x)$:

$$\bar{s}_n(x) = \frac{1}{n+1} \sum_{\mu=0}^{n} s_\mu(x). \tag{051.10a}$$

Diese Funktionen streben gleichmäßig gegen $\mathfrak{f}(x)$.

An Stelle der Aufteilung in Sinus- und Cosinusglieder in der Reihe Gl. (051.3) läßt sich auf Grund der Gl. (051.5) eine komplexe Darstellung der FOURIER-Reihe als eine einzige Summe angeben

$$\mathfrak{f}(x) = \sum_{k=-\infty}^{+\infty} \alpha_k \exp \mathrm{j}\,k\,x, \tag{051.11}$$

indem man Glieder mit gleichen Exponenten zusammenfaßt. Der Vergleich entsprechender harmonischer Komponenten in Gl. (051.3) und (051.11),

$$\alpha_k \exp \mathrm{j}\, k\, x + \alpha_{-k} \exp(-\mathrm{j}\, k\, x) = a_k \cos k\, x + b_k \sin k\, x,$$

zeigt

$$\alpha_0 = \frac{a_0}{2}, \quad \alpha_k = \frac{a_k - \mathrm{j}\, b_k}{2}, \quad \alpha_{-k} = \frac{a_k + \mathrm{j}\, b_k}{2} = \alpha_k^*. \tag{051.12}$$

Folglich ist

$$\alpha_k = \frac{1}{2\pi} \int_{x_0}^{x_0 + 2\pi} \mathfrak{f}(x) \exp(-\mathrm{j}\, k\, x)\, \mathrm{d}x \tag{051.13}$$

für alle k. Wie die Funktionen $\sin n\, x$, $\cos n\, x$ $(n \geqq 0)$ zusammengenommen, so bilden auch die Funktionen $\exp \mathrm{j}\, k\, x$ $(k = 0, \pm 1, \pm 2, \ldots)$ ein orthogonales Funktionensystem bezüglich eines Intervalls der reellen Achse von der Länge 2π:

$$\frac{1}{2\pi} \int_{x_0}^{x_0 + 2\pi} \exp \mathrm{j}\, k\, x \exp(-\mathrm{j}\, l\, x)\, \mathrm{d}x = \delta_{kl}. \tag{051.14}$$

Bei dieser Bildung ist, analog zum Produkt von komplexen Zeigern in Kap. 033, der zweite Faktor konjugiert-komplex zu nehmen. In einer $\{z = \exp \mathrm{j}\, x\}$-Ebene entspricht dem Intervall $x_0 \leqq x \leqq x_0 + 2\pi$ der einmal durchlaufene Einheitskreis; $\exp \mathrm{j}\, k\, x = z^k$ sind die positiven und negativen Potenzen; die Reihe Gl. (051.11) geht in die LAURENT-Entwicklung um den Punkt $z = 0$ über mit der Besonderheit, daß die Koeffizienten zum Index k und $-k$ konjugiert-komplex sind.

Auch für die Berechnung von FOURIER-Reihen kann die komplexe Darstellung von Vorteil sein. Wir wiederholen weiter unten eines der oben durchgeführten Beispiele. Die Gl. (051.11), (051.12) legen schließlich eine dritte Darstellung nahe, in der die ein Paar a_n, b_n der reellen Koeffizienten repräsentierenden α_n nach Betrag und Argument erscheinen:

$$\alpha_n = |\alpha_n| \exp \mathrm{j}\, \Phi_n \quad (n > 0),$$

$$|\alpha_n| = \frac{1}{2} \sqrt[+]{a_n^2 + b_n^2}, \qquad \Phi_n = \arctan \frac{-b_n}{a_n}.$$

Dann ist

$$\begin{aligned} \mathfrak{f}(x) &= \frac{a_0}{2} + \sum_{n=1}^{\infty} |\alpha_n| \{\exp \mathrm{j}\,(n\, x + \Phi_n) + \exp \mathrm{j}\,(-n\, x - \Phi_n)\} \\ &= \frac{a_0}{2} + \sum_{n=1}^{\infty} \sqrt[+]{a_n^2 + b_n^2} \cos(n\, x + \Phi_n). \end{aligned} \tag{051.15}$$

Gl. (051.15) sowohl wie Gl. (051.11) enthalten die harmonische Komponente der Ordnung n, die in der ursprünglichen Form der FOURIER-Reihe Gl. (051.3) in je einen Sinus- und einen Cosinusterm aufgespalten ist, als ein einziges Glied. Die zwei Bestimmungsstücke, die zur Angabe einer solchen Komponente nötig sind, sind einmal Real- und Imaginärteil, zum anderen Betrag und Argument des komplexen FOURIER-Koeffizienten α_n, wobei wegen $\alpha_{-n} = \alpha_n^*$ das Argument Φ_n auch in einer Reihe mit lauter Cosinusgliedern, Gl. (051.15), als Phasenverschiebung des n-ten Terms auftritt.

Sieht man von den Φ_n ab, so kann man auch die $|\alpha_n| = \frac{1}{2}\sqrt{a_n^2 + b_n^2}$ als das Spektrum der Funktion $\mathfrak{f}(x)$ ansprechen. Abb. 05.4 zeigt dies für das Beispiel aus Abb. 05.2d. Durch dieses Spektrum ist jedoch umgekehrt die periodische Funktion *nicht* gegeben, sondern erst, wenn auch die Phasen Φ_n bekannt sind.

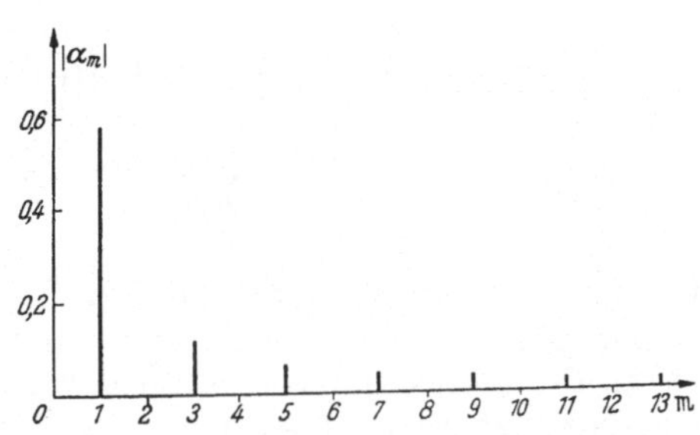

Abb. 05.4. Beträge der komplexen FOURIER-Koeffizienten für die Funktion aus Abb. 05.2d.

Wir gehen nun von der unabhängigen Variablen x, hinsichtlich der $\mathfrak{f}(x)$ die Periode 2π besitzen sollte, zu einer allgemeineren, t, über, wobei wir periodische Vorgänge in der Zeit im Auge haben. Ist T die zeitliche Periode, so lautet der Zusammenhang zwischen beiden

$$x = \frac{2\pi t}{T} = \omega t; \qquad (051.16)$$

$\frac{2\pi}{T} = \omega$, die Anzahl Perioden in 2π Sekunden, ist die Kreisfrequenz des periodischen Vorgangs. Die Ausdrücke für die Koeffizienten der FOURIER-Reihe, in der jedes $(a_m \cos m\,\omega\,t + b_m \sin m\,\omega\,t)$ eine harmonische Schwingung darstellt,

$$\mathfrak{f}(t) = \frac{a_0}{2} + \sum_{m=1}^{\infty} a_m \cos m\,\omega\,t + \sum_{m=1}^{\infty} b_m \sin m\,\omega\,t = \sum_{k=-\infty}^{\infty} \alpha_k \exp \mathrm{j}\,k\,\omega\,t, \qquad (051.17)$$

lauten in t, mit einem beliebigen t_0,

$$a_0 = \frac{2}{T}\int_{t_0}^{t_0+T} \mathfrak{f}(t)\,\mathrm{d}t, \quad a_m = \frac{2}{T}\int_{t_0}^{t_0+T} \mathfrak{f}(t)\cos m\,\omega\,t\,\mathrm{d}t, \quad b_m = \frac{2}{T}\int_{t_0}^{t_0+T} \mathfrak{f}(t)\sin m\,\omega\,t\,\mathrm{d}t \qquad (051.18)$$

bzw.

$$\alpha_k = \frac{1}{T}\int_{t_0}^{t_0+T} \mathfrak{f}(t)\exp(-\mathrm{j}\,k\,\omega\,t)\,\mathrm{d}t.$$

Das Spektrum wird man jetzt sinngemäß über einer Frequenzachse auftragen; die Linien erscheinen bei ganzzahligen Vielfachen der Grundfrequenz $\omega = \frac{2\pi}{T}$.

Wir greifen das Beispiel aus Abb. 05.2a noch einmal auf und berechnen die FOURIER-Reihe in t auf komplexe Weise, wobei noch der Nullpunkt der Zeitskala beliebige Lage besitzt, die Funktion also nicht mehr gerade ist (Abb. 05.5). $\mathfrak{f}(t)$ repräsentiert rechteckige Impulse der Höhe c und Zeitdauer $2t_1$, die in regelmäßigen Abständen von T Sekunden aufeinanderfolgen.

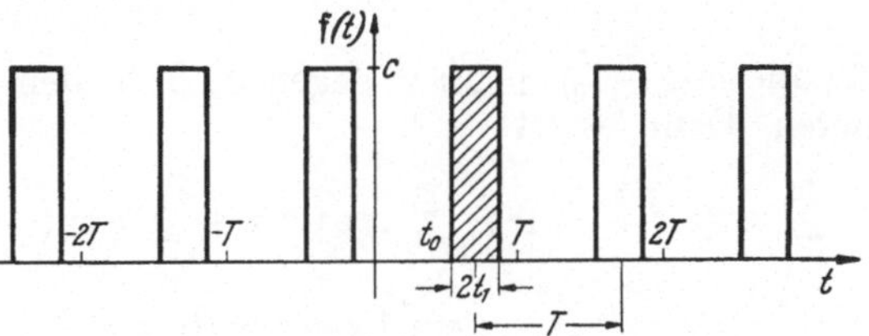

Abb. 05.5. Periodische Folge von Rechteckimpulsen der Dauer $2t_1$ (Periode $= T$).

Es ist nach Abb. 05.5, Gl. (051.18) und Gl. (051.12)

$$\alpha_k = \frac{c}{T}\int_{t_0}^{t_0+2t_1} \exp(-\mathrm{j}\,k\,\omega\,t)\,\mathrm{d}t = \frac{c}{\pi k}\sin k\,\omega\,t_1 \exp(-\mathrm{j}\,k\,\omega(t_0 + t_1)) \quad (k \neq 0),$$

$$\alpha_0 = \frac{a_0}{2} = \frac{2ct_1}{T}, \qquad |\alpha_k| = \frac{c}{\pi k}|\sin k\,\omega\,t_1|,$$

$$a_n = 2\operatorname{Re}\alpha_n = \frac{2c}{\pi k}\sin k\,\omega\,t_1\cos k\,\omega(t_0+t_1);$$

$$b_n = -2\operatorname{Im}\alpha_n = \frac{2c}{\pi k}\sin k\,\omega\,t_1\sin k\,\omega(t_0+t_1);$$

$$\mathfrak{f}(t) = 2c\left\{\frac{t_1}{T} + \frac{1}{\pi}\sum_{\substack{k=-\infty\\(k\neq 0)}}^{+\infty}{}' \frac{\sin k\,\omega\,t_1}{k}\exp \mathrm{j}\,k\,\omega(t-t_0-t_1)\right\}.$$

Für $t_0 = -t_1$ findet man das Ergebnis von S. 77 wieder.

Die Fläche unter einem Impuls in Abb. 05.5 ist $d = 2t_1c$. Unter Festhaltung dieses Produktes und von ω lassen wir die Impulse schmaler und höher werden. Der Grenzübergang $t_1 \to 0$, $c \to \infty$, an den α_k vorgenommen, führt zu

$$\alpha_k \to \frac{\omega\,d}{2\pi}\exp(-\mathrm{j}\,k\,\omega\,t_0).$$

Formal erhält man die Reihe

$$\frac{\omega\,d}{2\pi}\sum_{k=-\infty}^{+\infty}\exp \mathrm{j}\,k\,\omega(t-t_0) \tag{051.19}$$

als Darstellung einer uneigentlichen Funktion, die in allen Zeitpunkten $t_0 + kT = t_0 + k\frac{2\pi}{\omega}$ nadelförmige Impulse von unendlicher Höhe besitzt und in allen übrigen Punkten der t-Achse verschwindet. Es handelt sich aber dabei nicht mehr um eine FOURIER-Reihe im eigentlichen Sinn, denn die Reihe ist nicht konvergent. Trotzdem werden solche Reihen für rechnerische Manipulationen herangezogen, da sich mit ihrer Hilfe kürzere und elegantere Herleitungen mancher Formeln angeben lassen als auf anderem Wege. Man tut jedoch gut daran, sich vor Augen zu halten, daß die mathematische Strenge bei solchem Vorgehen nicht gewahrt ist, und die Richtigkeit so gewonnener Resultate auf andere Weise zu überprüfen.

Es sei erwähnt, daß die entsprechend Gl. (051.10a) gebildeten FEJÉRschen Teilsummen der Reihe Gl. (051.19)

$$\bar{s}_n(t) = \frac{1}{n+1}\,\frac{\omega\,d}{2\pi}\sum_{\mu=0}^{n}\left\{\sum_{k=-\mu}^{\mu}\exp \mathrm{j}\,k\,\omega(t-t_0)\right\}$$

für alle $\omega(t-t_0) \neq 2m\pi$ gegen 0, d. h. den richtigen Funktionswert, konvergieren. Denn es ist

$$\sum_{k=-\mu}^{+\mu}\exp \mathrm{j}\,k\,\alpha = 1 + \sum_{k=1}^{\mu}\exp \mathrm{j}\,k\,\alpha + \sum_{k=1}^{\mu}\exp(-\mathrm{j}\,k\,\alpha)$$

$$= 1 + \frac{\exp \mathrm{j}\,\alpha - \exp \mathrm{j}(\mu+1)\,\alpha}{1-\exp \mathrm{j}\,\alpha} + \frac{\exp(-\mathrm{j}\,\alpha) - \exp(-\mathrm{j}\,(\mu+1)\,\alpha)}{1-\exp(-\mathrm{j}\,\alpha)}$$

und

$$\lim \frac{1}{n+1}\sum_{\mu=0}^{n}\sum_{k=-\mu}^{+\mu}\exp \mathrm{j}\,k\,\alpha = 1 + \frac{\exp \mathrm{j}\,\alpha}{1-\exp \mathrm{j}\,\alpha} + \frac{\exp(-\mathrm{j}\,\alpha)}{1-\exp(-\mathrm{j}\,\alpha)}$$

$$= \frac{|1-\exp \mathrm{j}\,\alpha|^2 - 2 + 2\cos\alpha}{|1-\exp \mathrm{j}\,\alpha|^2} = 0$$

für alle $\alpha \neq 2m\pi$.

Den Schluß dieses Abschnitts bilde eine Anwendung der Orthogonalitätsrelation Gl. (051.14), die wir jetzt in t und speziell mit $t_0 = 0$ anschreiben:

$$\frac{\omega}{2\pi}\int_0^{2\pi/\omega} \exp\mathrm{j}(k-l)\,\omega t\,\mathrm{d}t = \delta_{kl}. \tag{051.20}$$

Haben die zwei Funktionen $\mathfrak{f}_1(t)$, $\mathfrak{f}_2(t)$ übereinstimmende Periode T und die gleichmäßig konvergenten FOURIER-Reihen

$$\mathfrak{f}_1(t) = \sum_{k=-\infty}^{+\infty} \alpha_k \exp\mathrm{j}\,k\,\omega t, \qquad \mathfrak{f}_2(t) = \sum_{k=-\infty}^{+\infty} \beta_k \exp\mathrm{j}\,k\,\omega t, \tag{051.21}$$

so gehört zu ihrem Produkt, das durch die Doppelsumme

$$\mathfrak{f}_1(t)\,\mathfrak{f}_2(t) = \sum_{k,k'=-\infty}^{+\infty} \alpha_k \beta_{k'} \exp\mathrm{j}(k+k')\,\omega t$$

gegeben ist, die FOURIER-Reihe

$$\mathfrak{f}_1\mathfrak{f}_2 = \sum_{l=-\infty}^{+\infty} \gamma_l \exp\mathrm{j}\,l\,\omega t;$$

darin ist, da die Integration gliedweise vorgenommen werden kann,

$$\begin{aligned}\gamma_l = \frac{1}{T}\int_0^{2\pi/\omega} \mathfrak{f}_1\mathfrak{f}_2 \exp(-\mathrm{j}\,l\,\omega t)\,\mathrm{d}t &= \frac{1}{T}\sum_{k,k'=-\infty}^{+\infty} \alpha_k\beta_{k'}\int_0^T \exp\mathrm{j}(k+k'-l)\,\omega t\,\mathrm{d}t \\ &= \sum_{k=-\infty}^{+\infty} \alpha_k \beta_{l-k}.\end{aligned} \tag{051.22}$$

Insbesondere

$$\gamma_0 = \frac{1}{T}\int_0^T \mathfrak{f}_1(t)\,\mathfrak{f}_2(t)\,\mathrm{d}t = \sum_{k=-\infty}^{+\infty} \alpha_k\beta_{-k} = \alpha_0\beta_0 + 2\sum_{n=1}^{\infty} \mathrm{Re}(\alpha_n\beta_n^*). \tag{051.23}$$

Für $\mathfrak{f}_2(t) \equiv \mathfrak{f}_1(t) \equiv \mathfrak{f}(t)$ folgt

$$\frac{1}{T}\int_0^T \mathfrak{f}^2(t)\,\mathrm{d}t = \sum_{k=-\infty}^{+\infty} |\alpha_k|^2 = \alpha_0^2 + 2\sum_{n=1}^{\infty}|\alpha_n|^2 = \frac{a_0^2}{4} + \frac{1}{2}\sum_{n=1}^{\infty}(a_n^2 + b_n^2). \tag{051.24}$$

Eine physikalische, nämlich energetische Deutung von Gl. (051.23) und (051.24) enthält Kap. 054. Gl. (051.23) ist die Aussage der sogenannten PARSEVALsche Gleichung für periodische Funktionen.

Für $\mathfrak{f}_1(t) = \mathfrak{f}(t)$, $\mathfrak{f}_2(t) = \mathfrak{f}(t-\tau)$ mit $0 \leqq \tau \leqq T$ ist $\beta_k = \alpha_k \exp\mathrm{j}\omega k\tau$ und

$$\begin{aligned}\varrho(\tau) \equiv \frac{1}{T}\int_0^T \mathfrak{f}(t)\,\mathfrak{f}(t-\tau)\,\mathrm{d}t &= \sum_{k=-\infty}^{+\infty} |\alpha_k|^2 \exp\mathrm{j}\,k\,\omega\tau \\ &= \alpha_0^2 + 2\sum_{n=1}^{\infty}|\alpha_n|^2\cos n\,\omega\tau.\end{aligned} \tag{051.25}$$

Der Ausdruck links in Gl. (051.25) ist abhängig von der Differenz τ der Argumente. Er stellt die sogenannte „Autokorrelationsfunktion" der periodischen Funktion $\mathfrak{f}(t)$ dar, ist selbst in τ periodisch mit der Periode T und gerade. Rechts in Gl. (051.25) steht seine FOURIER-Entwicklung, in die die FOURIER-Koeffizienten von $\mathfrak{f}(t)$ in einfacher Weise eingehen.

052 FOURIER-Integrale.

Zeitliche Vorgänge $\mathfrak{f}(t)$, die nicht periodisch ablaufen, lassen sich nicht mehr, wie periodische Funktionen, durch FOURIER-Reihen darstellen. Eine solche schreitet ja fort nach Cosinus und Sinus von ganzzahligen Vielfachen einer Grundfrequenz $\omega = \frac{2\pi}{T}$, wo T die Periode ist. In dem Linienspektrum, das zu einer periodischen Funktion gehört, haben die Linien diesen Abstand $\frac{2\pi}{T}$ voneinander. Wird T nun immer größer, so rücken die Linien mehr und mehr zusammen. In der Grenze $T \to \infty$ hat man ein kontinuierliches Spektrum zu erwarten; $\mathfrak{f}(t)$ wird dann in Form eines Integrals über ω erscheinen. Doch sind hier einige Einschränkungen zu machen. Wenn der Zeitvorgang $\mathfrak{f}(t)$ entweder in einer endlichen Zeit abläuft, so daß $\mathfrak{f}(t) = 0$ für $|t| \geqq t_0$ mit einem endlichen $t_0 > 0$, oder für $t \to \pm\infty$ so stark abklingt, daß $\int\limits_{-\infty}^{+\infty} |\mathfrak{f}(t)|\, \mathrm{d}t$ konvergiert, gibt es eine Darstellung

$$\mathfrak{f}(t) = \int\limits_{-\infty}^{+\infty} S(\omega) \exp \mathrm{j}\, \omega t\, \mathrm{d}\omega\,, \tag{052.1}$$

und das (im allgemeinen komplexe) „Spektrum" $S(\omega)$ läßt sich umgekehrt — dies ist der Inhalt des FOURIERschen Integraltheorems — aus $\mathfrak{f}(t)$ nach der Beziehung

$$S(\omega) = \frac{1}{2\pi} \int\limits_{-\infty}^{+\infty} \mathfrak{f}(t) \exp(-\,\mathrm{j}\, \omega t)\, \mathrm{d}t \tag{052.2}$$

gewinnen. Setzt man Gl. (052.2) in Gl. (052.1) ein, so folgt

$$\begin{aligned} \mathfrak{f}(t) &= \frac{1}{2\pi} \int\limits_{-\infty}^{+\infty} \mathrm{d}\omega \exp \mathrm{j}\, \omega t \int\limits_{-\infty}^{+\infty} \mathrm{d}\tau \exp(-\mathrm{j}\, \omega\tau)\, \mathfrak{f}(\tau) \\ &= \frac{1}{\pi} \int\limits_{0}^{\infty} \mathrm{d}\omega \int\limits_{-\infty}^{+\infty} \mathrm{d}\tau \cos\omega(t-\tau)\, \mathfrak{f}(\tau)\,, \end{aligned} \tag{052.3}$$

denn

$$\int\limits_{-\infty}^{+\infty} \mathrm{d}\omega \int\limits_{-\infty}^{+\infty} \mathrm{d}\tau \sin\omega(t-\tau)\, \mathfrak{f}(\tau) = 0, \tag{052.4}$$

da hier die ω-Integration über eine ungerade Funktion vorzunehmen ist. Man zeigt die Gültigkeit von Gl. (052.3) gewöhnlich unter den folgenden Voraussetzungen über $\mathfrak{f}(t)$ (siehe z. B. [*11*, *19*]):

a) $\int\limits_{-\infty}^{+\infty} |\mathfrak{f}(t)|\, \mathrm{d}t$ ist konvergent.

b) $\mathfrak{f}(t)$ besitzt in $(-\infty, +\infty)$ nur endlich viele Extrema[1].

c) $\mathfrak{f}(t)$ ist stetig bis auf endlich viele Sprungstellen, bei denen dann in Gl. (052.1) und (052.3) links das arithmetische Mittel der Grenzwerte von links und rechts zu stehen hat.

---

[1] Vgl. die Fußnote S. 75.

Wir schreiben daher Gl. (052.3) allgemeiner:

$$\frac{\mathfrak{f}(t+0)+\mathfrak{f}(t-0)}{2}=\frac{1}{\pi}\int\limits_{0}^{\infty}d\omega\int\limits_{-\infty}^{+\infty}d\tau\cos\omega(t-\tau)\,\mathfrak{f}(\tau)\,. \tag{052.5}$$

Für manche Anwendungen ist die folgende Erweiterung nützlich:

Setzt man von $\mathfrak{f}(t)$ nur Beschränktheit für alle t voraus und Integrabilität in jedem endlichen t-Intervall und definiert für $\xi>0$

$$\Phi(t,\xi)=\frac{1}{\pi}\int\limits_{-\infty}^{+\infty}d\tau\,\mathfrak{f}(\tau)\int\limits_{0}^{\infty}d\omega\cos\omega(t-\tau)\exp(-\xi\omega), \tag{052.6}$$

so gilt

$$\lim_{\xi\to 0}\Phi(t,\xi)=\frac{\mathfrak{f}(t+0)+\mathfrak{f}(t-0)}{2}\,. \tag{052.7}$$

Wegen des Beweises siehe z. B. [*23*]. Durch den Faktor $\exp(-\xi\omega)$ wird die Konvergenz der Integrale erzwungen, auch wenn $\mathfrak{f}(t)$ für $t\to\pm\infty$ nicht $\to 0$ geht. Ferner gilt

$$\Delta\Phi\equiv\frac{\partial^2\Phi}{\partial\xi^2}+\frac{\partial^2\Phi}{\partial t^2}=0,$$

wie man für $\xi>0$ durch Differentiation unter dem Integralzeichen bestätigt.

Das FOURIERsche Integraltheorem Gl. (052.1), (052.2) läßt sich in mannigfacher anderer Form schreiben. So wird es z. B. symmetrisch, wenn man die Frequenz f an Stelle der Kreisfrequenz $\omega=2\pi f$ verwendet:

$$\begin{aligned}\mathfrak{f}(t)&=\int\limits_{-\infty}^{+\infty}F(f)\exp j\,2\pi f t\,df,\\ F(f)&=\int\limits_{-\infty}^{+\infty}\mathfrak{f}(t)\exp(-j\,2\pi f t)\,dt\end{aligned} \tag{052.8}$$

mit $F(f)=2\pi S(2\pi f)$.

Eine *reelle* symmetrische Form ist die folgende [*85*]:

$$\begin{aligned}\mathfrak{f}(t)&=\frac{1}{\sqrt{2\pi}}\int\limits_{-\infty}^{+\infty}\Psi(\omega)\{\cos\omega t+\sin\omega t\}\,d\omega,\\ \Psi(\omega)&=\frac{1}{\sqrt{2\pi}}\int\limits_{-\infty}^{+\infty}\mathfrak{f}(t)\{\cos\omega t+\sin\omega t\}\,dt.\end{aligned} \tag{052.9}$$

Setzt man hier $\Psi(\omega)$ aus dem zweiten Ausdruck in das erste Integral ein, so folgt Gl. (052.3) auf Grund von Gl. (052.4). Der Vergleich mit Gl. (052.2) zeigt

$$\Psi(\omega)=\sqrt{\frac{\pi}{2}}\left[S(\omega)+S(-\omega)+j\left(S(\omega)-S(-\omega)\right)\right].$$

Im folgenden wollen wir bei der Schreibweise der Gl. (052.1), (052.2) verbleiben, nur für den Übergang von $\mathfrak{f}(t)$ zu der „FOURIER-Transformierten" $S(\omega)$, wie ihn Gl. (052.2) ausdrückt, die abgekürzte Operatorschreibweise $S=\mathfrak{F}\{\mathfrak{f}\}$ verwenden. Die inverse Operation soll mit $\mathfrak{F}^{-1}\{S\}$ bezeichnet werden: Wenn also

$$S(\omega)=\mathfrak{F}\{\mathfrak{f}(t)\}\equiv\frac{1}{2\pi}\int\limits_{-\infty}^{+\infty}\mathfrak{f}(t)\exp(-j\,\omega t)\,dt, \tag{052.10a}$$

so ist nach dem FOURIERschen Integraltheorem

$$\frac{\mathfrak{f}(t+0)+\mathfrak{f}(t-0)}{2} = \mathfrak{F}^{-1}\{S(\omega)\} \equiv \int_{-\infty}^{+\infty} S(\omega)\exp \mathrm{j}\,\omega t\,\mathrm{d}\omega. \tag{052.10b}$$

An einer Stetigkeitsstelle t ist insbesondere

$$\mathfrak{F}^{-1}\{\mathfrak{F}\{\mathfrak{f}(t)\}\} = \mathfrak{f}(t).$$

Die FOURIER-Transformation ist ein Beispiel einer Integraltransformation. Eine weitere werden wir in Kap. 06 kennenlernen.

Einige Eigenschaften der $\mathfrak{F}$-Transformation folgen sofort aus ihrer Definition: Für reelles $\mathfrak{f}(t)$ ist

$$S(-\omega) = S^*(\omega). \tag{052.11}$$

Ist $\mathfrak{f}(t)$ gerade, so ist $S(\omega)$ ebenfalls gerade in ω, und es ist

$$\begin{aligned} \mathfrak{f}(t) &= \int_{-\infty}^{+\infty} S(\omega)\cos\omega t\,\mathrm{d}\omega = 2\int_0^{\infty} S(\omega)\cos\omega t\,\mathrm{d}\omega,\\ S(\omega) &= \frac{1}{2\pi}\int_{-\infty}^{+\infty} \mathfrak{f}(t)\cos\omega t\,\mathrm{d}t = \frac{1}{\pi}\int_0^{\infty} \mathfrak{f}(t)\cos\omega t\,\mathrm{d}t. \end{aligned} \tag{052.12}$$

Ebenso ist die FOURIER-Transformierte $S(\omega)$ einer ungeraden Funktion $\mathfrak{f}(t)$ ungerade (und rein imaginär), und die Integralbeziehungen lauten

$$\begin{aligned} \mathfrak{f}(t) &= \mathrm{j}\int_{-\infty}^{+\infty} S(\omega)\sin\omega t\,\mathrm{d}\omega = 2\mathrm{j}\int_0^{\infty} S(\omega)\sin\omega t\,\mathrm{d}\omega,\\ S(\omega) &= \frac{1}{2\pi\mathrm{j}}\int_{-\infty}^{+\infty} \mathfrak{f}(t)\sin\omega t\,\mathrm{d}t = \frac{1}{\pi\mathrm{j}}\int_0^{\infty} \mathfrak{f}(t)\sin\omega t\,\mathrm{d}t. \end{aligned} \tag{052.13}$$

Wird $\mathfrak{f}(t)$ wie in Gl. (051.8) in einen geraden und einen ungeraden Anteil aufgespalten:

$$\mathfrak{f}(t) = \mathfrak{f}_1(t) + \mathfrak{f}_2(t), \qquad \mathfrak{f}(-t) = \mathfrak{f}_1(t) - \mathfrak{f}_2(t),$$

so erscheint die Transformierte als die Summe

$$S(\omega) = S_1(\omega) + \mathrm{j}\,S_2(\omega),$$

in der

$$S_1(\omega) = \mathfrak{F}\{\mathfrak{f}_1(t)\} = \frac{1}{\pi}\int_0^{\infty} \mathfrak{f}_1(t)\cos\omega t\,\mathrm{d}t$$

$$S_2(\omega) = \mathfrak{F}\{\mathfrak{f}_2(t)\} = -\frac{1}{\pi}\int_0^{\infty} \mathfrak{f}_2(t)\sin\omega t\,\mathrm{d}t,$$

sind; S_1 ist gerade, S_2 ungerade. Damit können wir der Gl. (052.10b) auch eine Gestalt geben, die der Gl. (051.15) für periodische Funktionen analog ist:

$$\begin{aligned} \frac{\mathfrak{f}(t+0)+\mathfrak{f}(t-0)}{2} &= \int_{-\infty}^{+\infty} [S_1(\omega) + \mathrm{j}\,S_2(\omega)]\exp \mathrm{j}\,\omega t\,\mathrm{d}t\\ &= \int_{-\infty}^{+\infty} \sqrt{S_1^2(\omega) + S_2^2(\omega)}\exp \mathrm{j}(\omega t + \Phi(\omega))\,\mathrm{d}\omega = 2\int_0^{\infty} |S(\omega)|\cos(\omega t + \Phi(\omega))\,\mathrm{d}\omega \end{aligned} \tag{052.14}$$

mit

$$|S(\omega)| = \sqrt{S_1^2(\omega) + S_2^2(\omega)}, \quad \Phi(\omega) = \operatorname{arc} S(\omega) = \arctan \frac{S_2(\omega)}{S_1(\omega)}. \tag{052.14a}$$

Bei der Bildung der Phase $\Phi(\omega)$ ist das S. 33 Gesagte zu beachten. $|S(\omega)|$ wird man als Amplitudenspektrum der Funktion $\mathfrak{f}(t)$ ansehen. Zur Kenntnis ihres Verlaufs benötigt man jedoch außerdem die Phase $\Phi(\omega)$ für alle $\omega \geqq 0$.

Die Zerlegung der Funktion $\mathfrak{f}(t)$ in ein Frequenzspektrum nach Gl. (052.14) besitzt vom physikalischen Standpunkt gesehen den Vorteil, daß das Integral nur über positive Frequenzen erstreckt wird. Das Auftreten negativer Frequenzen[1] in Gl. (052.10) oder (052.11) ist in der komplexen Schreibweise begründet. Nach unserer Vereinbarung in Kap. 03.3 ist es nur der Realteil einer komplexen Größe, dem physikalische Bedeutung zukommt. Nun gilt wegen $\Phi(-\omega) = -\Phi(\omega)$

$$\operatorname{Re} S(\omega) \exp j\omega t = \tfrac{1}{2}[S(\omega) \exp j\omega t + S(-\omega) \exp j(-\omega) t],$$

so daß hier die Hinzunahme der entsprechenden negativen Frequenzen gleich den reellen Bestandteil liefert. Bei Darstellung durch das komplexe Spektrum $S(\omega)$ erübrigt sich die gesonderte Berechnung der Phase $\Phi(\omega)$; die Integration, etwa in Gl. (052.10b), erfolgt dann über alle positiven und negativen ω. Das komplexe Spektrum $S(\omega)$ zu einer reellen Funktion $\mathfrak{f}(t)$ ist wegen Gl. (052.11) durch seine Werte für $\omega \geqq 0$ bereits festgelegt.

Aus den Definitionsgleichungen Gl. (052.10) leitet man die folgenden weiteren Eigenschaften der Fourier-Transformation ab: Mit $\mathfrak{F}\{\mathfrak{f}(t)\} = S(\omega)$ gilt auch

$$\mathfrak{F}\{\mathfrak{f}(-t)\} = S(-\omega), \tag{052.15}$$

$$\mathfrak{F}\{\mathfrak{f}^*(\pm t)\} = S^*(\mp\omega), \tag{052.16}$$

$$\mathfrak{F}\{S(\pm t)\} = \frac{1}{2\pi} \mathfrak{f}(\mp\omega), \tag{052.17}$$

$$\mathfrak{F}\{\mathfrak{f}(a t)\} = \frac{1}{a} S\left(\frac{\omega}{a}\right), \tag{052.18}$$

$$\mathfrak{F}\{\mathfrak{f}(t \pm t_0)\} = \exp(\pm j\,\omega t_0) S(\omega), \tag{052.19}$$

$$\mathfrak{F}\{\mathfrak{f}(t) \exp(\pm j\,\omega_0 t)\} = S(\omega \mp \omega_0). \tag{052.20}$$

Wir geben als Beispiel die Herleitung von Gl. (052.17) und Gl. (052.20):

$$\mathfrak{F}\{S(\pm t)\} = \frac{1}{2\pi} \int_{-\infty}^{+\infty} S(\pm t) \exp(-j\,\omega t)\,dt = \frac{1}{2\pi} \int_{-\infty}^{+\infty} S(t) \exp(\mp j\,\omega t)\,dt$$
$$= \frac{1}{2\pi} \mathfrak{f}(\mp\omega);$$

für den letzten Schluß vertausche man etwa in Gl. (052.1) die Rolle der Variablen ω und t.

$$\mathfrak{F}\{\mathfrak{f}(t) \exp(\pm j\,\omega_0 t)\} = \frac{1}{2\pi} \int_{-\infty}^{+\infty} \mathfrak{f}(t) \exp j(\pm\omega_0 - \omega)\, t\, dt = S(\omega \mp \omega_0).$$

Diese Gl. (052.20) hat eine bemerkenswerte physikalische Bedeutung: Wird die Zeitfunktion $\mathfrak{f}(t)$ mit der Frequenz ω_0 moduliert, so äußert sich das bei der

[1] Diese Frage wird diskutiert z. B. in [*105a, 116*]. Wenn man eine Schwingung $a \cos\omega t + b \sin\omega t = \frac{a - j\,b}{2} \exp j\,\omega t + \frac{a + j\,b}{2} \exp(-j\,\omega t)$ als ein umlaufendes Zeigerpaar mit entgegengesetztem Drehsinn auffaßt, hat man die negativen Frequenzen von vornherein mit einbezogen. Dieser Weg wird z. B. in [*21*] beschritten.

FOURIER-Transformierten in einer Verschiebung des Nullpunktes der ω-Achse um die Größe ω_0.

Erfüllen neben der Funktion $\mathfrak{f}(t)$ auch ihre Ableitungen bis zur n-ten Ordnung die Voraussetzungen des FOURIERschen Integraltheorems, so erkennt man mittels Differentiation der Gl. (052.10) nach t:

$$\mathfrak{F}\left\{\frac{\mathrm{d}^m \mathfrak{f}(t)}{\mathrm{d}t^m}\right\} = (\mathrm{j}\,\omega)^m S(\omega) \quad (m = 1, 2, \ldots, n). \quad (052.21)$$

Läßt sich das Integraltheorem auch auf $\int\limits_{-\infty}^{t} \mathfrak{f}(\tau)\,\mathrm{d}\tau$ anwenden, so folgt entsprechend:

$$\mathfrak{F}\left\{\int\limits_{-\infty}^{t} \mathfrak{f}(\tau)\,\mathrm{d}\tau\right\} = \frac{S(\omega)}{\mathrm{j}\,\omega}. \quad (052.22)$$

Geht man von Gl. (052.10a) aus und differenziert oder integriert diese nach ω, so ergeben sich analoge Beziehungen:

$$\mathfrak{F}\{(-\mathrm{j}\,t)^n \mathfrak{f}(t)\} = \frac{\mathrm{d}^n S(\omega)}{\mathrm{d}\omega^n},$$

$$\mathfrak{F}\left\{\frac{\mathfrak{f}(t)}{-\mathrm{j}\,t}\right\} = \int\limits_{-\infty}^{\omega} S(\Omega)\,\mathrm{d}\Omega,$$

sofern $t^n \mathfrak{f}(t)$ bzw. $\frac{\mathfrak{f}(t)}{t}$ die Voraussetzungen a) bis c) erfüllen.

Seien $\mathfrak{f}_1(t)$, $\mathfrak{f}_2(t)$ zwei in dieser Hinsicht zulässige Funktionen, $S_1 = \mathfrak{F}\{\mathfrak{f}_1\}$, $S_2 = \mathfrak{F}\{\mathfrak{f}_2\}$ ihre Transformierten, dann ist bis auf die Unstetigkeitsstellen von $\mathfrak{f}_1$ oder $\mathfrak{f}_2$

$$\mathfrak{f}_1(t)\,\mathfrak{f}_2(t) = \mathfrak{F}^{-1}\{S_1(\omega)\}\,\mathfrak{F}^{-1}\{S_2(\omega)\} = \int\limits_{-\infty}^{+\infty} \mathrm{d}\omega_1 \int\limits_{-\infty}^{+\infty} \mathrm{d}\omega_2\, S_1(\omega_1)\, S_2(\omega_2) \exp \mathrm{j}\,(\omega_1 + \omega_2)\,t$$

$$= \int\limits_{-\infty}^{+\infty} \mathrm{d}\omega \exp \mathrm{j}\,\omega t \int\limits_{-\infty}^{+\infty} \mathrm{d}\omega_1\, S_1(\omega_1)\, S_2(\omega - \omega_1)$$

— hier ist die Substitution $\omega = \omega_1 + \omega_2$ gemacht —, woraus man erkennt:

$$\mathfrak{F}\{\mathfrak{f}_1(t)\,\mathfrak{f}_2(t)\} = \int\limits_{-\infty}^{+\infty} S_1(\Omega)\, S_2(\omega - \Omega)\,\mathrm{d}\Omega; \quad (052.23)$$

umgekehrt

$$\mathfrak{F}\left\{\frac{1}{2\pi} \int\limits_{-\infty}^{+\infty} \mathfrak{f}_1(\tau)\,\mathfrak{f}_2(t - \tau)\,\mathrm{d}\tau\right\} = S_1(\omega)\, S_2(\omega). \quad (052.24)$$

Gl. (052.23) bzw. (052.24) ist die Aussage des sogenannten *Faltungssatzes*; die Bildung rechts in Gl. (052.23) wird als „*Faltung*" der beiden Funktionen $S_1(\omega)$, $S_2(\omega)$ bezeichnet.

Aus dem Faltungssatz folgt durch Spezialisierung $t = 0$ bzw. $\omega = 0$ die PARSEVAL*sche Gleichung*

$$\frac{1}{2\pi} \int\limits_{-\infty}^{+\infty} \mathfrak{f}_1(t)\,\mathfrak{f}_2(\pm t)\,\mathrm{d}t = \int\limits_{-\infty}^{+\infty} S_1(\omega)\, S_2(\mp\omega)\,\mathrm{d}\omega \quad (052.25)$$

und für $\mathfrak{f}_1 = \mathfrak{f}$, $\mathfrak{f}_2 = \mathfrak{f}^*$ insbesondere zufolge Gl. (052.16)

$$\frac{1}{2\pi}\int_{-\infty}^{+\infty} |\mathfrak{f}(t)|^2 \, dt = \int_{-\infty}^{+\infty} |S(\omega)|^2 \, d\omega . \tag{052.26}$$

Umgekehrt läßt sich Gl. (052.25) aus (052.26) herleiten, wenn dort $\mathfrak{f} = \mathfrak{f}_1 \pm \mathfrak{f}_2$ gesetzt wird.

Aus Gl. (052.20) und (052.17) folgt noch mit $\mathfrak{F}\{\mathfrak{f}_1(t)\} = S_1(\omega)$, $\mathfrak{F}\{\mathfrak{f}_2(t)\} = S_2(\omega)$

$$\int_{-\infty}^{+\infty} \mathfrak{f}_1(t)\, S_2(t)\, dt = \int_{-\infty}^{+\infty} S_1(\omega)\, \mathfrak{f}_2(\omega)\, d\omega .$$

Man beachte, daß hierin $S_2(\omega)$ die Transformierte der Zeitfunktion $\mathfrak{f}_2(t)$ ist.

053 Beispiele zur FOURIER-Transformation.

Die FOURIER-Transformierten vieler gebräuchlicher Funktionen sind in [7] zusammengestellt; die dortigen Tabellen geben jeweils Paare zusammengehöriger Funktionen $\mathfrak{f}(t)$, $F(f)$ nach Gl. (052.8). Wir besprechen kurz einige typische Beispiele.

0531 Ein einzelner **rechteckiger Impuls** der Höhe 1 und Zeitdauer T (Abb. 05.6 a), also die Funktion

$$\mathfrak{f}(t) = \begin{cases} 1 & -\dfrac{T}{2} < t < \dfrac{T}{2} \\ 0 & |t| > \dfrac{T}{2} \end{cases} \tag{053.1}$$

besitzt die Transformierte

$$S(\omega) = \frac{1}{2\pi}\int_{-\frac{T}{2}}^{+\frac{T}{2}} \exp(-\mathrm{j}\,\omega t)\, dt = \frac{1}{\pi\omega}\sin\frac{\omega T}{2}, \tag{053.2}$$

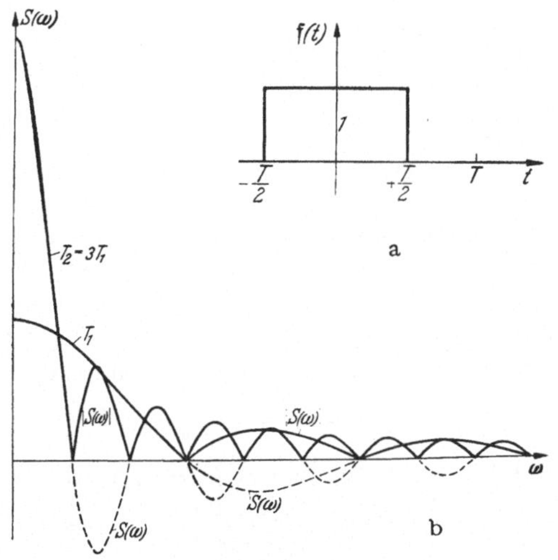

Abb. 05.6 a u. b. Einzelner Rechteckimpuls und sein FOURIER-Spektrum.

bzw. das Amplituden- und Phasenspektrum

$$|S(\omega)| = \frac{\left|\sin\dfrac{\omega T}{2}\right|}{\pi\omega}, \qquad \Phi(\omega) = \begin{cases} 0 & 2k\pi < \dfrac{\omega T}{2} < (2k+1)\pi \\ \pi & (2k+1)\pi < \dfrac{\omega T}{2} < (2k+2)\pi . \end{cases} \tag{053.3}$$

Abb. 05.6b zeigt $S(\omega)$ für zwei Werte von T, die im Verhältnis $1:3$ stehen. Je kürzer der Impuls, um so breiter ist das Spektrum der Frequenzen mit nennenswertem Beitrag. Diese Gesetzmäßigkeit findet sich allgemein bei Signalen endlicher Dauer.

Soll der Impuls nicht von $t = -\frac{T}{2}$ bis $t = +\frac{T}{2}$, sondern, mit einer neuen Zeitskala t', von $t' = 0$ bis $t' = T$ dauern, so folgt aus Gl. (052.19)

$$S(\omega) = \mathfrak{F}\left\{\mathfrak{f}\left(t + \frac{T}{2}\right)\right\} = \frac{1}{\pi\omega}\exp\left(\mathrm{j}\,\frac{\omega T}{2}\right)\sin\frac{\omega T}{2}; \tag{053.4}$$

$|S(\omega)|$ wird dabei nicht beeinflußt, nur $\Phi(\omega)$ um den Betrag $\frac{\omega T}{2}$ gegenüber Gl. (053.3) verändert. Die Umkehrung ergibt nach Gl. (052.14)

$$\frac{2}{\pi}\int_0^\infty \frac{1}{\omega}\sin\frac{\omega T}{2}\cos\omega\left(t'-\frac{T}{2}\right)d\omega = \begin{cases} 1 & 0 < t' < T \\ \frac{1}{2} & t' = 0 \text{ und } t' = T \\ 0 & \text{sonst.} \end{cases} \quad (053.5)$$

Dies kann man leicht bestätigen mit Hilfe der Umformung

$$\sin\frac{\omega T}{2}\cos\omega\left(t'-\frac{T}{2}\right) = \sin\omega t' - \sin\omega(t'-T)$$

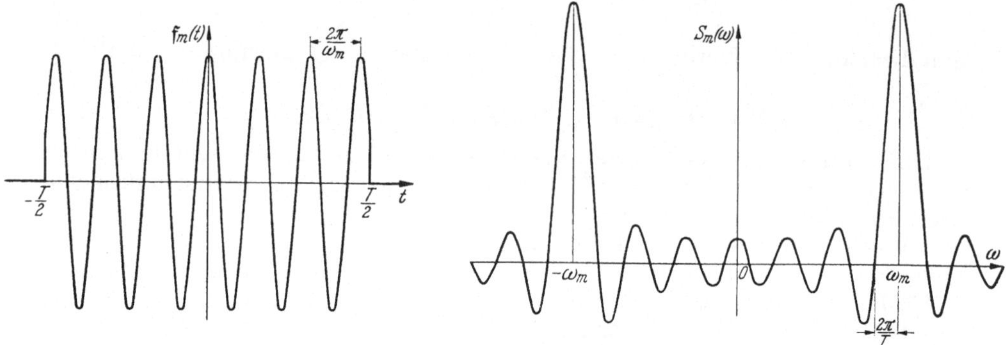

Abb. 05.7. Modulierter Rechteckimpuls und seine FOURIER-Transformierte.

und des bekannten Integrals

$$\int_0^\infty \frac{\sin(\pm\pi x)\,dx}{\pi x} = \pm\frac{1}{2}.$$

Nun denken wir uns die Funktion in Gl. (053.1) nach einer Cosinusfunktion moduliert (ω_m = Modulationsfrequenz):

$$\mathfrak{f}_m(t) = \mathfrak{f}(t)\cos\omega_m t = \frac{\mathfrak{f}(t)}{2}[\exp j\,\omega_m t + \exp(-j\,\omega_m t)]$$

und finden dann nach Gl.(052.20) als Transformierte von $\mathfrak{f}_m(t)$

$$S_m(\omega) = \mathfrak{F}\{\mathfrak{f}_m(t)\} = \frac{1}{\pi}\left\{\frac{1}{\omega-\omega_m}\sin\frac{\omega-\omega_m}{2}T + \frac{1}{\omega+\omega_m}\sin\frac{\omega+\omega_m}{2}T\right\}.$$

Abb. 05.7 zeigt $\mathfrak{f}_m(t)$ und $S_m(\omega)$ für ein $\omega_m \gg \frac{2\pi}{T}$.

0532 GAUSSsche Fehlerfunktion. Zu der geraden Zeitfunktion

$$\mathfrak{f}(t) = \exp(-a^2t^2) \quad (053.6)$$

(a reell), der sogenannten GAUSSschen Fehlerfunktion, gehört die Transformierte

$$S(\omega) = \mathfrak{F}\{\exp(-a^2t^2\} = \frac{1}{2\sqrt{\pi}\,a}\exp\left(-\frac{\omega^2}{4a^2}\right). \quad (053.7)$$

Denn

$$\int_{-\infty}^{+\infty}\exp(-a^2t^2)\exp j\,\omega t\,dt = \exp\left(-\frac{\omega^2}{4a^2}\right)\int_{-\infty}^{+\infty}\exp\left(-a^2\left(t+\frac{j\,\omega}{2a^2}\right)^2\right)dt$$

$$= \exp\left(-\frac{\omega^2}{4a^2}\right)\int_{\frac{j\omega}{2a^2}-\infty}^{\frac{j\omega}{2a^2}+\infty}\exp(-a^2u^2)\,du = \exp\left(-\frac{\omega^2}{4a^2}\right)\int_{-\infty}^{+\infty}\exp(-a^2u^2)\,du$$

$$= \frac{\sqrt{\pi}}{a}\exp\left(-\frac{\omega^2}{4a^2}\right).$$

Denn der Integrationsweg in der u-Ebene kann von der Parallelen zur reellen Achse im Abstand $\frac{\omega}{2a^2}$ in die reelle Achse selbst verlegt werden.

Wählt man in Gl. (053.6) speziell $a = \frac{1}{\sqrt{2}}$, so gilt

$$\mathfrak{F}\{\mathfrak{f}(t)\} = \frac{1}{\sqrt{2\pi}}\,\mathfrak{f}(\omega).$$

$\mathfrak{f}(t) = \exp\left(-\frac{t^2}{2}\right)$ ist also Eigenfunktion des Operators $\mathfrak{F}$ zum Eigenwert $\lambda = \frac{1}{\sqrt{2\pi}}$: Eigenwerte nennen wir solche Zahlen, für die die Gleichung

$$\mathfrak{F}\{\mathfrak{f}(t)\} = \lambda\,\mathfrak{f}(\omega) \tag{053.8}$$

Lösungen $\mathfrak{f} \not\equiv 0$ besitzt. Die $\mathfrak{F}$-Transformation besitzt nur die vier Eigenwerte

$$\lambda_k = \frac{\mathrm{j}^k}{\sqrt{2\pi}} \qquad (k = 0, 1, 2, 3). \tag{053.9}$$

Zu jedem λ_k gehören unendlich viele Eigenfunktionen [7]. Ist nämlich $\mathfrak{f}(t)$, $S(\omega)$ irgendein zusammengehöriges Funktionenpaar, so folgt aus Gl. (052.15), (052.17), daß die Funktion

$$\mathfrak{f}_k(t) = \mathfrak{f}(t) + \mathrm{j}^{2k}\,\mathfrak{f}(-t) + \frac{\sqrt{2\pi}}{\mathrm{j}^k}\,S(t) + \mathrm{j}^k\sqrt{2\pi}\,S(-t) \tag{053.9a}$$

die Gleichung

$$\mathfrak{F}\{\mathfrak{f}_k(t)\} = \lambda_k\,\mathfrak{f}_k(\omega) \tag{053.9b}$$

erfüllt, also Eigenfunktion zu λ_k ist.

0533 Deltafunktion und Einheitssprung. Wir definieren die Impulsfunktionen

$$s(t, \Delta) = \frac{\exp\left(-\frac{t^2}{2\Delta^2}\right)}{\sqrt{2\pi}\,\Delta}, \tag{053.10}$$

die für verschiedene Δ in Abb. 05.8 dargestellt sind. Die $\mathfrak{F}$-Transformierte davon ist nach Gl. (053.7)

$$\mathfrak{F}\{s(t, \Delta)\} = \frac{1}{2\pi}\exp\left(-\frac{\Delta^2\,\omega^2}{2}\right). \tag{053.11}$$

Je kleiner Δ, desto breiter ist wieder das Frequenzspektrum. Für $\omega = 0$ gilt bei beliebigem Δ

$$\int_{-\infty}^{+\infty} s(t, \Delta)\,\mathrm{d}t = 1; \tag{053.12}$$

die Fläche unter der Kurve $s(t, \Delta)$ ist also für alle Δ gleich 1. Als Grenzfall $\Delta \to 0$ erhält man einen bei $t = 0$ lokalisierten, unendlich schmalen Impuls von unendlicher Amplitude („Nadelimpuls"), die sogenannte Deltafunktion von DIRAC:

$$\delta(t) = \lim_{\Delta \to 0} s(t, \Delta). \tag{053.13}$$

Nach Gl. (053.12) ist

$$\int_{-\infty}^{+\infty} \delta(t)\,\mathrm{d}t = 1 . \tag{053.14}$$

Für alle $t \neq 0$ verschwindet $\delta(t)$. Die „Faltung“ mit einer beliebigen stetigen Funktion $\mathfrak{f}(t)$ ergibt

$$\int_{-\infty}^{+\infty} \mathfrak{f}(t)\,\delta(t - t_0)\,\mathrm{d}t = \mathfrak{f}(t_0), \tag{053.15}$$

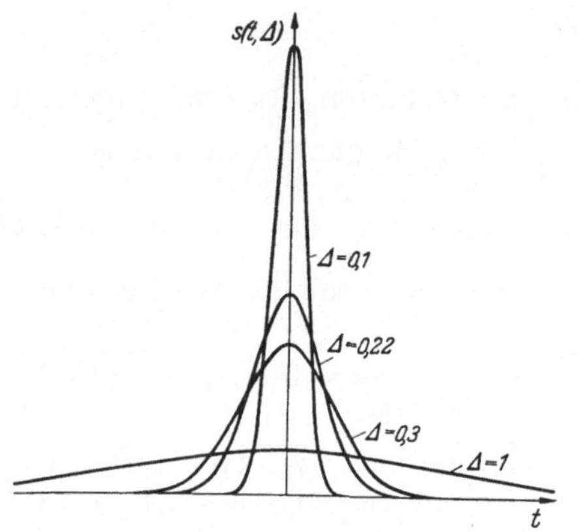

Abb. 05.8. Glockenförmige Impulsfunktionen $s(t, \Delta)$ mit der Gesamtfläche 1 für verschiedene Δ.

d. h. den Funktionswert an der Stelle des Nadelimpulses. Gl. (053.14), (053.15) werden zusammen häufig als Definition der δ-Funktion angegeben.

Als „Transformierte“ von $\delta(t)$ erhält man formal aus Gl. (053.11) für $\Delta \to 0$ die Konstante $S(\omega) \equiv \frac{1}{2\pi}$. Das Fouriersche Integraltheorem Gl. (052.10) bzw. (052.5) ist auf $\delta(t)$ nicht anwendbar. Im Hinblick auf Gl. (052.17) und (052.20) wird man jedoch als $\mathfrak{F}$-Transformierte der Konstanten $\mathfrak{f}(t) \equiv 1$ die Funktion $\delta(\omega)$, als $\mathfrak{F}$-Transformierte von $\mathfrak{f}(t) = \exp \mathrm{j}\,\omega_0 t$ die Funktion $\delta(\omega - \omega_0)$ ansehen:

$$\mathfrak{F}\{1\} = \delta(\omega); \qquad \mathfrak{F}\{\exp \mathrm{j}\,\omega_0 t\} = \mathfrak{F}\{\cos\omega_0 t\} = \delta(\omega - \omega_0). \tag{053.16}$$

Bilden wir $\sigma(t) = \int_{-\infty}^{t} \delta(\tau)\,\mathrm{d}\tau$, so ist diese Funktion der oberen Grenze t

$$\sigma(t) = \begin{cases} 0 & \text{für } t < 0 \\ \frac{1}{2} & \text{für } t = \frac{1}{2} \\ 1 & \text{für } t > 0, \end{cases} \tag{053.17}$$

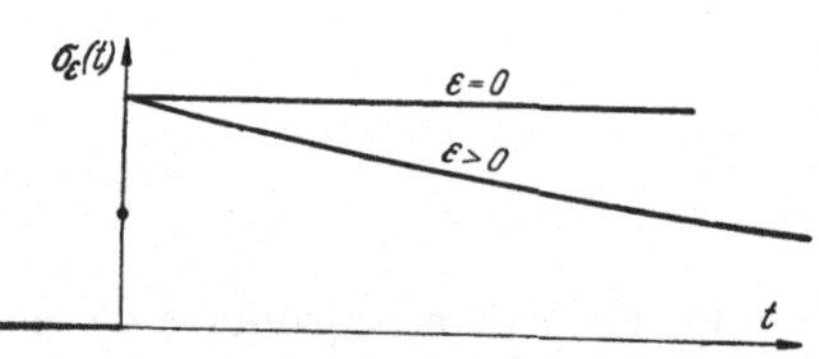

Abb. 05.9. Einheitssprung $\sigma(t)$ als Grenzfunktion abklingender Funktionen $\sigma_\varepsilon(t)$.

also gleich dem in Kap. 047 eingeführten Einheitssprung mit dem arithmetischen Mittel als Funktionswert an der Sprungstelle. Formale Anwendung der Gl. (052.22) führt auf $\frac{1}{2\pi\,\mathrm{j}\,\omega}$ als $\mathfrak{F}$-Transformierte von $\sigma(t)$. Die Umkehrung, die zu $\sigma(t)$ zurückführt, haben wir bei der Auswertung komplexer Integrale in Kap. 047 vorgenommen; der Pol auf dem Integrationsweg (hier bei $\omega = 0$) wurde dabei nach rechts umgangen. Mit dieser Maßgabe können wir schreiben:

$$\mathfrak{F}\{\sigma(t)\} = \frac{1}{2\pi\,\mathrm{j}\,\omega}, \qquad \mathfrak{F}^{-1}\left\{\frac{1}{2\pi\,\mathrm{j}\,\omega}\right\} = \sigma(t). \tag{053.18}$$

$\sigma(t)$ erfüllt die Voraussetzung a) des Fourierschen Integralsatzes nicht. Man sieht daher $\sigma(t)$ auch als Grenzfunktion der Funktionen (Abb. 05.9)

$$\sigma_\varepsilon(t) = \begin{cases} 0 & t < 0 \\ \frac{1}{2} & t = 0 \\ \exp(-\varepsilon t) & t > 0 \end{cases}$$

für $\varepsilon \to 0$ an. Es ist

$$\mathfrak{F}\{\sigma_\varepsilon(t)\} = \frac{1}{2\pi(\varepsilon + \mathrm{j}\,\omega)}, \quad \text{daher} \quad \lim_{\varepsilon \to 0} \mathfrak{F}\{\sigma_\varepsilon(t)\} = \frac{1}{2\pi\,\mathrm{j}\,\omega}.$$

Dies ist die exaktere Formulierung der Gl. (053.18).

Die Gl. (052.6), (052.7) sind auf $\sigma(t)$ selbst anwendbar:

$$\lim_{\xi \to 0} \frac{1}{\pi} \int_{-\infty}^{+\infty} \sigma(\tau)\,\mathrm{d}\tau \int_0^\infty \mathrm{d}\omega \cos\omega(t-\tau) \exp(-\xi\,\omega)$$

$$= \lim_{\xi \to 0} \frac{1}{\pi} \int_0^\infty \mathrm{d}\tau \int_0^\infty \mathrm{d}\omega \cos\omega(t-\tau) \exp(-\xi\,\omega) = \begin{cases} 0 & t < 0 \\ \frac{1}{2} & t = 0 \\ 1 & t > 0. \end{cases}$$

Die δ-Funktion kann umgekehrt als „Ableitung" der Funktion $\sigma(t)$ betrachtet werden; wir hatten sie oben durch einen Grenzprozeß aus den Impulsfunktionen $s(t, \Delta)$ erhalten[1]. Ihre Ableitungen $s^{(n)}$ der Ordnung n besitzen nach Gl. (052.21) die $\mathfrak{F}$-Transformierten

$$\mathfrak{F}\left\{\frac{\mathrm{d}^n s(t, \Delta)}{\mathrm{d}t^n}\right\} = \frac{(\mathrm{j}\,\omega)^n}{2\pi} \exp\left(-\frac{\Delta^2 \omega^2}{2}\right).$$

Zum Frequenzspektrum $\frac{(\mathrm{j}\,\omega)^n}{2\pi}$ gehört also in dieser verallgemeinerten Betrachtungsweise die Funktion $\lim_{\Delta \to 0} \frac{\mathrm{d}^n s(t, \Delta)}{\mathrm{d}t^n}$. Insbesondere für $n = 1$

$$\mathfrak{F}\left\{\lim_{\Delta \to 0} s'(t, \Delta)\right\}$$

$$= \mathfrak{F}\left\{\lim_{\Delta \to 0} \frac{-t}{\sqrt{2\pi}\,\Delta^3} \exp\left(-\frac{t^2}{2\Delta^2}\right)\right\} = \frac{\mathrm{j}\,\omega}{2\pi}.$$

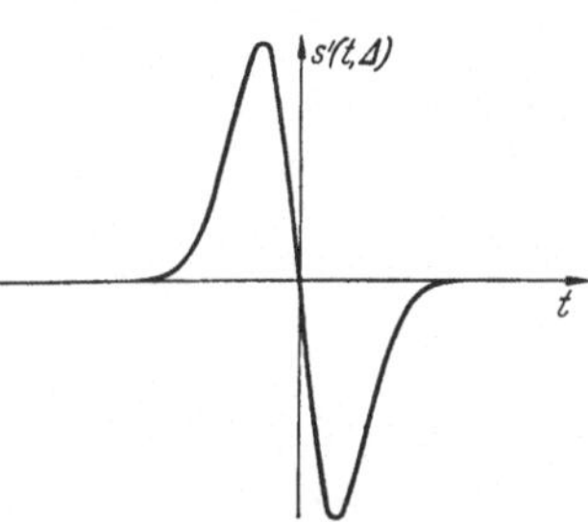

Abb. 05.10. Zeitableitung eines Impulses nach Abb. 05.8.

In Abb. 05.10 ist $s'(t, \Delta)$ für ein kleines Δ dargestellt. Für die singuläre Grenzfunktion $\delta'(t) = \lim_{\Delta \to 0} s'(t, \Delta)$ ist $\lim_{t \to -0} \delta'(t) = +\infty$, $\lim_{t \to +0} \delta'(t) = -\infty$; $\delta'(t)$ wird darum als „singuläres Dublett" bezeichnet.

054 Energie- und Leistungsspektrum.

Das für eine reelle Zeitfunktion $\mathfrak{f}(t)$, z. B. ein Signal, gebildete Integral

$$\int_{t_1}^{t_2} \mathfrak{f}^2(t)\,\mathrm{d}t \tag{054.1}$$

nennen wir die im Zeitintervall t_1, t_2 enthaltene Energie des Signals. Man denke bei $\mathfrak{f}(t)$ etwa an einen Strom, der durch einen Wirkwiderstand von 1 Ω fließt. Besitzt $\mathfrak{f}(t)$ eine FOURIER-Transformierte $S(\omega)$, so besteht zwischen beiden die

---

[1] Es lassen sich mannigfache andere Grenzübergänge denken, die zu der uneigentlichen Funktion $\delta(t)$ führen, z. B. von einem einzigen rechteckigen Impuls der Fläche 1 ausgehend; am Ende von Kap. 051 hatten wir eine periodische Folge solcher Impulse kurz besprochen. Eine strenge mathematische Behandlung ist durchführbar mit Hilfe der Theorie der Distributionen, die einen dem der gebräuchlichen Funktionen übergeordneten Begriff bilden (siehe L. SCHWARTZ: Théorie des Distributions. 2 Bände. Paris: Hermann 1949). Darauf einzugehen, ist im Rahmen dieses Buches nicht möglich. Hinsichtlich verschiedener möglicher Grenzprozesse siehe [68].

Beziehung Gl. (052.26)

$$\frac{1}{2\pi}\int_{-\infty}^{+\infty} \mathfrak{f}^2(t)\,\mathrm{d}t = \int_{-\infty}^{+\infty} |S(\omega)|^2\,\mathrm{d}\omega = 2\int_0^{\infty} |S(\omega)|^2\,\mathrm{d}\omega. \tag{054.2}$$

Dies legt nahe, $|S(\omega)|^2$ als „Energiespektrum" von $\mathfrak{f}(t)$ anzusehen[1].

Daneben betrachten wir beschränkte Funktionen $\mathfrak{f}(t)$, periodisch oder nicht, für die das Integral $\int_{-\infty}^{+\infty} \mathfrak{f}^2(t)\,\mathrm{d}t$, die gesamte Energie, nicht endlich ist, die im Unendlichen also nicht abzuklingen brauchen. Dann ist es sinnvoller, eine mittlere Leistung P bzw. P_{12} durch die Definitionen

$$P = \lim_{T\to\infty} \frac{1}{2T}\int_{-T}^{+T} \mathfrak{f}^2(t)\,\mathrm{d}t, \qquad P_{12} = \lim_{T\to\infty} \frac{1}{2T}\int_{-T}^{+T} \mathfrak{f}_1(t)\,\mathfrak{f}_2(t)\,\mathrm{d}t \tag{054.3}$$

einzuführen. Bei der Bildung P_{12} mit zwei verschiedenen Funktionen $\mathfrak{f}_1(t)$, $\mathfrak{f}_2(t)$ denke man etwa an Spannung und Strom in ihrem zeitlichen Verlauf.

Nehmen wir den Fall periodischer Funktionen vorweg. Für diese sind die Grenzwerte in Gl. (054.3) gleich den über eine Periode gewonnenen Mittelwerten, so daß nach Gl. (051.23), (051.24)

$$P = \alpha_0^2 + 2\sum_{n=1}^{\infty} |\alpha_n|^2, \qquad P_{12} = \alpha_0\beta_0 + 2\sum_{n=1}^{\infty} \operatorname{Re}\alpha_n\beta_n^*, \tag{054.4}$$

wenn α_n bzw. α_n und β_n die komplexen FOURIER-Komponenten von $\mathfrak{f}(t)$ bzw. $\mathfrak{f}_1(t)$ und $\mathfrak{f}_2(t)$ sind. Die Leistung P hat ein Linienspektrum bei den Vielfachen der Grundfrequenz ω. $\sqrt{P}$ ist der „Effektivwert" der periodischen Funktion $\mathfrak{f}(t)$; für eine einfache Sinus- oder Cosinusfunktion beträgt dieser bekanntlich das $\frac{1}{\sqrt{2}}$-fache der Amplitude:

$$\mathfrak{f}(t) = A_0\cos\omega t = \frac{A_0}{2}\left[\exp \mathrm{j}\,\omega t + \exp(-\mathrm{j}\,\omega t)\right],$$

$$\alpha_1 = \alpha_{-1} = \frac{A_0}{2}, \qquad P = 2\alpha_1^2 = \frac{1}{2}A_0^2.$$

Die Leistung $P_{12} = \varrho(\tau)$, die man erhält, wenn $\mathfrak{f}_1(t) = \mathfrak{f}(t)$, $\mathfrak{f}_2(t) = \mathfrak{f}(t-\tau)$ gesetzt wird, ist die am Schluß von Kap. 051 definierte Autokorrelationsfunktion $\varrho(\tau)$ von $\mathfrak{f}(t)$. Insbesondere $\varrho(0) = P$.

Ist $\mathfrak{f}(t)$ eine Summe von Sinusfunktionen mit irgendwelchen Frequenzen ω_n,

$$\mathfrak{f}(t) = \sum_n A_{0n}\sin(\omega_n t + \varphi_n),$$

so folgt aus

$$\mathfrak{f}^2(t) = \tfrac{1}{2}\sum_n A_{0n}^2\left[1 - \cos 2(\omega_n t + \varphi_n)\right]$$
$$-\sum_{\substack{n,m\\ n>m}} A_{0n}A_{0m}\{\cos[(\omega_n+\omega_m)t + \varphi_n + \varphi_m] - \cos[(\omega_n-\omega_m)t + \varphi_n - \varphi_m]\}$$

nach Gl. (054.3) bei Integration über $|t| \leqq T$, Division durch $2T$ und Grenzübergang $T\to\infty$ für die Leistung

$$P = \lim \frac{1}{2T}\int_{-T}^{+T} \mathfrak{f}^2(t)\,\mathrm{d}t = \frac{1}{2}\sum_n A_{0n}^2. \tag{054.5}$$

[1] Für Signale endlicher Dauer ist das immer sinnvoll. Diesbezüglich siehe [75].

Nun betrachten wir den anderen Grenzfall, daß $\mathfrak{f}(t)$ einen völlig regellosen Verlauf hat und zudem keine solchen periodischen Bestandteile enthält[1]; ferner sei angenommen, daß im Mittel positive und negative Funktionswerte gleichberechtigt sind, d. h.

$$\lim_{T\to\infty} \frac{1}{2T} \int_{-T}^{+T} \mathfrak{f}(t)\,\mathrm{d}t = 0.$$

Von dem statistischen Charakter solcher Funktionen wird erst an späterer Stelle, in Kap. 073, zu sprechen sein. — Es bedeute $\mathfrak{f}_T(t)$ die Funktion, die im Intervall $-T \leqq t \leqq +T$ mit $\mathfrak{f}(t)$ übereinstimmt und außerhalb verschwindet. $\mathfrak{f}_T(t)$ besitzt eine $\mathfrak{F}$-Transformierte, $S_T(\omega)$, und nach Gl. (054.2) das Energiespektrum $|S_T(\omega)|^2$. Für $T \to \infty$ geht auch $|S_T(\omega)| \to \infty$, aber der Grenzwert

$$w(f) = \lim_{T\to\infty} 4\pi^2 \frac{|S_T(2\pi f)|^2}{T} \tag{054.6}$$

bleibt endlich und wird das „Leistungsspektrum" von $\mathfrak{f}(t)$ genannt[2]. Nach Gl. (054.2) ist

$$\frac{1}{2T} \int_{-T}^{+T} \mathfrak{f}^2(t)\,\mathrm{d}t = \frac{4\pi^2}{T} \int_0^\infty |S_T(2\pi f)|^2\,\mathrm{d}f, \tag{054.7}$$

so daß für $T \to \infty$ sich die gesamte Leistung P, Gl. (054.3), durch

$$P = \int_0^\infty w(f)\,\mathrm{d}\mathfrak{f} \tag{054.8}$$

ausdrückt. $w(f)$ hat in der Tat die Bedeutung des Anteils der Leistung, der auf das differentielle Frequenzintervall $(f, f + \mathrm{d}f)$ entfällt.

Die $\mathfrak{F}$-Transformierten von $\mathfrak{f}_1(t) = \mathfrak{f}_T(t)$, $\mathfrak{f}_2(t) = \mathfrak{f}_T(t - \tau)$ sind $S_1 = S_T(\omega)$, $S_2 = S_T(\omega) \exp - \mathrm{j}\,\omega\,\tau$ [vgl. Gl. (052.19)], und aus Gl. (052.25) folgt

$$\begin{aligned}\frac{1}{2T} \int_{-T}^{+T} \mathfrak{f}(t)\,\mathfrak{f}(t-\tau)\,\mathrm{d}t &= 2\pi \int_{-\infty}^{+\infty} \frac{|S_T(\omega)|^2}{2T} \exp(+\mathrm{j}\,\omega\tau)\,\mathrm{d}\omega \\ &= 4\pi^2 \int_0^\infty \frac{|S_T(2\pi f)|^2}{T} \cos 2\pi f \tau\,\mathrm{d}f.\end{aligned}$$

In der Grenze $T \to \infty$ wird daraus

$$\varrho(\tau) \equiv \lim_{T\to\infty} \frac{1}{2T} \int_{-T}^{+T} \mathfrak{f}(t)\,\mathfrak{f}(t-\tau)\,\mathrm{d}t = \int_0^\infty w(f) \cos 2\pi f \tau\,\mathrm{d}f. \tag{054.9}$$

Die links stehende Funktion $\varrho(\tau)$ heißt wieder die „Autokorrelationsfunktion" von $\mathfrak{f}(t)$;[3] sie ist in τ gerade und hat ihr Maximum bei $\tau = 0$: $|\varrho(\tau)| \leqq \varrho(0) = P$. Gl. (054.9) drückt aus, daß Leistungsspektrum und Autokorrelationsfunktion

[1] Genauer: $\mathfrak{f}(t)$ soll weder periodisch noch fast-periodisch sein; zu diesem Begriff siehe W. Maak: Fastperiodische Funktionen. Berlin/Göttingen/Heidelberg: Springer 1950.

[2] Näheres zu diesen Überlegungen und den Grenzübergängen für $T \to \infty$ siehe z. B. [*110, 125*].

[3] Manche Autoren, z. B. S. O. Rice [*110*], definieren alle Zeitfunktionen für das Intervall $0 \leqq t \leqq \infty$ statt $-\infty < t < +\infty$. Man denkt sich dann, daß der Zeitvorgang in einem bestimmten Augenblick, $t = 0$, einsetzt. Geht man so vor, so hat man einfach die Integrale $\frac{1}{2T} \int_{-T}^{+T} \ldots$ über t in Gl. (054.6), (054.8), (054.9) durch $\frac{1}{T} \int_0^T \ldots$ zu ersetzen.

$\mathfrak{F}$-Transformierte voneinander sind. Umkehrung ergibt

$$w(f) = 4 \int_0^\infty \varrho(\tau) \cos 2\pi f \tau \, d\tau . \tag{054.10}$$

Die Gl. (054.9), (054.10) werden häufig als Relation von WIENER-KHINTCHINE bezeichnet.

Ist die Voraussetzung, daß im Mittel unter den Funktionswerten kein Vorzeichen begünstigt ist, nicht erfüllt, so wird dies doch nach Abspaltung einer geeigneten Konstanten $\mathfrak{f}_0$ der Fall sein. Zu $\mathfrak{f}(t) \equiv \mathfrak{f}_0$ gehört nun kein kontinuierliches Leistungsspektrum. Nach Gl. (053.2) ist, mit

$$\mathfrak{f}_{0,T} = \begin{cases} \mathfrak{f}_0 & -T < t < +T \\ 0 & \text{sonst,} \end{cases}$$

$$|S_{0,T}(\omega)|^2 = \mathfrak{f}_0^2 \frac{\sin^2 \omega T}{\pi^2 \omega^2}, \qquad \int_0^\infty |S_{0,T}(\omega)|^2 \, d\omega = \frac{\mathfrak{f}_0^2 T}{2\pi},$$

und da für $T \to \infty$ $\frac{|S_{0,T}(\omega)|^2}{T} \to 0$ für alle $\omega \neq 0$, während $\frac{|S_{0,T}(0)|^2}{T} \to \infty$, so folgt[1]

$$w_0(f) = 2\mathfrak{f}_0^2 \, \delta(f), \tag{054.11}$$

d. h., das Leistungsspektrum der Konstanten $\mathfrak{f}_0$ ist das $(2\mathfrak{f}_0^2)$-fache einer bei der Frequenz 0 lokalisierten DIRAC-Funktion. Die Autokorrelationsfunktion von $\mathfrak{f}_0$ ist $\varrho(\tau) \equiv \mathfrak{f}_0^2$ nach Gl. (054.9).

Enthält schließlich $\mathfrak{f}(t)$ eine periodische Funktion $\mathfrak{f}_\sim(t)$, so gehört dazu ein Linienleistungsspektrum bei den Vielfachen der Grundfrequenz $f_\sim = \frac{\omega_\sim}{2\pi}$. Wir können eine harmonische Komponente herausgreifen und annehmen $\mathfrak{f}_\sim(t) = A_0 \cos(\omega_\sim t + \varphi)$. Dann folgt aus der Definition von $\varrho(\tau)$, Gl. (054.9) oder aus Gl. (051.25)

$$\varrho_\sim(\tau) = \lim_{T \to \infty} \frac{A_0^2}{2T} \int_{-T}^{+T} \cos(\omega_\sim t + \varphi) \cos(\omega_\sim t + \varphi - \omega_\sim \tau) \, dt = \frac{A_0^2}{2} \cos \omega_\sim \tau$$

und daher nach Gl. (053.16), (054.10)

$$w_\sim(f) = \frac{A_0^2}{2} \delta(f - f_\sim), \tag{054.12}$$

was eben besagt, daß im Leistungsspektrum für $\mathfrak{f}_\sim(t)$ nur eine Linie bei $f = f_\sim$ auftritt.

Ist nun allgemein

$$\mathfrak{f}(t) = \mathfrak{f}_0 + \mathfrak{f}_\sim(t) + \mathfrak{f}_{\text{kont}}(t), \tag{054.13}$$

wo $\mathfrak{f}_{\text{kont}}(t)$ ein kontinuierliches Leistungsspektrum nach Gl. (054.7) besitzt, so überzeugt man sich leicht, daß die nach Art von P_{12} in Gl. (054.3) gebildeten Leistungen der gemischten Produkte $\mathfrak{f}_0 \mathfrak{f}_\sim(t)$, $\mathfrak{f}_0 \mathfrak{f}_{\text{kont}}(t)$, $\mathfrak{f}_\sim(t) \mathfrak{f}_{\text{kont}}(t)$ verschwinden, so daß das Leistungsspektrum von $\mathfrak{f}(t)$ gegeben ist durch

$$w(f) = w_{\text{kont}}(f) + 2\mathfrak{f}_0^2 \, \delta(f) + \sum_\nu \frac{A_{0\nu}^2}{2} \delta(f - f_{\sim\nu}), \tag{054.14}$$

---

[1] Man beachte $\delta(a x) = \frac{1}{a} \delta(x)$.

worin die Summe sich über alle Funktionen $A_{0\nu}\cos(\omega_{\sim\nu}t+\varphi_\nu)$ erstreckt, die in $\mathfrak{f}_\sim$ enthalten sind. Dem kontinuierlichen Spektrum ist ein Linienspektrum überlagert[1].

Die Beiträge von $\mathfrak{f}_0$ und $\mathfrak{f}_\sim(t)$ in der Autokorrelationsfunktion $\varrho(\tau)$ von $\mathfrak{f}(t)$ sind eine Konstante bzw. periodische Funktionen in τ; für große τ strebt $\varrho_{\text{kont}}(\tau)\to 0$, wie z. B. Gl. (054.10) erkennen läßt, so daß die ersteren Terme übrigbleiben. Die Autokorrelationsfunktion liefert daher ein Mittel, um in einem irgendwie gegebenen Zeitvorgang $\mathfrak{f}(t)$ periodische Bestandteile aufzudecken. Man hat zu diesem Zweck Geräte entwickelt, sogenannte Autokorrelatoren, die automatisch $\varrho(\tau)$ aufzeichnen. Auf die Bedeutung dieser Funktion kommen wir in Kap. 073 bei der Besprechung statistischer Vorgänge zurück.

Entsprechend zu $\varrho(\tau)$ führt man zu zwei verschiedenen Zeitfunktionen $\mathfrak{f}_1(\tau)$, $\mathfrak{f}_2(\tau)$ die *Kreuzkorrelationsfunktion*

$$\varrho_{12}(\tau)=\lim_{T\to\infty}\frac{1}{2T}\int_{-T}^{T}\mathfrak{f}_1(t)\,\mathfrak{f}_2(t-\tau)\,\mathrm{d}t \tag{054.15}$$

ein. Die Leistung der Summe von $\mathfrak{f}_1$ und $\mathfrak{f}_2$ hängt vom Wert dieser Funktion bei $\tau=0$ ab:

$$\lim_{T\to\infty}\frac{1}{2T}\int_{-T}^{T}[\mathfrak{f}_1(t)+\mathfrak{f}_2(t)]^2\,\mathrm{d}t=\varrho_1(0)+\varrho_2(0)+2\varrho_{12}(0).$$

Für $\varrho_{12}(0)=0$ ist sie gleich der Summe der beiden Einzelleistungen.

Zum Schluß ein Beispiel für eine Autokorrelationsfunktion zu einem $\mathfrak{f}(t)$ mit kontinuierlichem Leistungsspektrum. Der (geeignet normierte) Rauschstrom auf Grund des Schroteffekts in einem Halbleiter hat unter gewissen Voraussetzungen [*54*] das Leistungsspektrum

$$w(f)=\frac{4\tau_0}{1+4\pi^2f^2\tau_0^2}.$$

Die Zeitkonstante τ_0 ist ein Maß für die mittlere Lebensdauer der Elektronen im Halbleiter. Aus Gl. (054.9) folgt dann für $\tau>0$, wenn man die Ergebnisse von Kap. 046 anwendet,

$$\begin{aligned}\varrho(\tau)&=\int_0^\infty\frac{4\tau_0\cos 2\pi f\tau}{1+4\pi^2f^2\tau_0^2}\,\mathrm{d}f=\frac{\tau_0}{\pi}\int_{-\infty}^{+\infty}\frac{\exp\mathrm{j}\,\omega\tau\,\mathrm{d}\omega}{1+\tau_0^2\,\omega^2}\\&=\frac{\tau_0}{\pi}\,2\pi\mathrm{j}\operatorname*{Res}_{\omega=\frac{\mathrm{j}}{\tau_0}}\frac{\exp\mathrm{j}\,\omega\tau}{1+\tau_0^2\,\omega^2}=\exp\left(-\frac{\tau}{\tau_0}\right),\end{aligned}$$

[1] Da das Integral in Gl. (054.10) dann nicht konvergent ist, ersetzt man das Leistungsspektrum $w(f)$ durch sein Integral

$$v(f)=\int_0^f w(f)\,\mathrm{d}f.$$

Damit gilt an Stelle von Gl. (054.9), (054.10) [*101, 125*]

$$\varrho(\tau)=\int_0^\infty\cos 2\pi f\tau\,\mathrm{d}v(f),\qquad v(f)=\frac{4}{2\pi}\int_0^\infty\varrho(\tau)\frac{\sin 2\pi f\tau}{\tau}\,\mathrm{d}\tau.$$

und da $\varrho(\tau)$ gerade ist,

$$\varrho(\tau) = \exp\left(-\left|\frac{\tau}{\tau_0}\right|\right).$$

055 Zur praktischen Anwendung der FOURIER-Transformation.

Die $\mathfrak{F}$-Transformation besitzt unter anderem für die Behandlung linearer Übertragungssysteme Bedeutung. Wir wollen die Methode, deren man sich hier bedient, kurz skizzieren[1]. Mit „linear" meinen wir in diesem Zusammenhang, daß das Superpositionsprinzip besteht, daß also die Wirkung von zwei dem System eingegebenen Zeitfunktionen, etwa Impulsen, mit der Summe der Wirkungen der getrennt betrachteten Impulse übereinstimmt. Dies soll insbesondere gültig sein für den Anteil jeder Frequenz, wenn man ein Signal $\mathfrak{f}_{\mathrm{I}}(t)$ in sein Frequenzspektrum $S_{\mathrm{I}}(\omega)$ zerlegt. Die Eigenschaften des Systems werden durch eine von der Frequenz abhängige Übertragungsfunktion $G(\mathrm{j}\omega)$ beschrieben (z. B. eine Impedanz oder Admittanz). Wie wir an anderer Stelle zeigen [Gl. (065.3)], ist stets $G(-\mathrm{j}\omega) = -G(\mathrm{j}\omega)$. Ist $G(\mathrm{j}\omega)$ gegeben, so kennt man auch das Spektrum am Ausgang des Systems

$$S_{\mathrm{II}}(\omega) = G(\mathrm{j}\omega)\, S_{\mathrm{I}}(\omega); \tag{055.1}$$

die zugehörige Zeitfunktion erhält man durch Umkehrung der $\mathfrak{F}$-Transformation

$$\mathfrak{f}_{\mathrm{II}}(t) = \mathfrak{F}^{-1}\{S_{\mathrm{II}}(\omega)\} = \mathfrak{F}^{-1}\{G(\mathrm{j}(\omega)\, \mathfrak{F}\{\mathfrak{f}_{\mathrm{I}}(\omega)\}\}. \tag{055.2}$$

Auf das Signal $\mathfrak{f}_{\mathrm{I}}(t)$ am Eingang antwortet das System mit der nach dieser Gleichung zu gewinnenden Zeitfunktion.

Mit anderen Worten: Derartige lineare Probleme kann man mit Hilfe der $\mathfrak{F}$-Transformation auf die folgenden drei Teilaufgaben zurückführen, die häufig leichter lösbar sind:

A. Man zerlege die Zeitfunktion am Eingang in ein (im allgemeinen kontinuierliches) Spektrum harmonischer Schwingungen ($\mathfrak{F}$-Transformation).

B. Man löse das Problem für jede Frequenz ω, was zu einem Spektrum am Ausgang führt (Multiplikation mit der Übertragungsfunktion).

C. Man suche zu diesem Spektrum die Zeitfunktion (inverse $\mathfrak{F}$-Transformation).

Wir erläutern dies an folgenden Beispielen: Ist die aufgeprägte Funktion am Eingang der Einheitssprung, $\mathfrak{f}_{\mathrm{I}}(t) = \sigma(t)$, dann ist nach Kap. 0533 und Gl. (052.22)

$$S_{\mathrm{I}}(\omega) = \frac{1}{2\pi\,\mathrm{j}\,\omega}, \qquad \mathfrak{f}_{\mathrm{II}}(t) = \mathfrak{F}^{-1}\left\{\frac{G(\mathrm{j}\,\omega)}{2\pi\,\mathrm{j}\,\omega}\right\} = \frac{1}{2\pi}\int\limits_{-\infty}^{t} g(t)\,\mathrm{d}t$$

mit

$$g(t) = \mathfrak{F}^{-1}\{G(\mathrm{j}\,\omega)\}. \tag{055.3}$$

Zum anderen sei $\mathfrak{f}_{\mathrm{I}}(t)$ der DIRAC-Impuls

$$\mathfrak{f}_{\mathrm{I}}(t) = \delta(t),$$

so daß $S_{\mathrm{I}}(\omega) = \frac{1}{2\pi}$, und daher $\mathfrak{f}_{\mathrm{II}}(t) = \frac{1}{2\pi}\, g(t)$, d. h. die Zeitfunktion am Ausgang wird direkt durch $\mathfrak{F}^{-1}$-Transformation der Übertragungsfunktion gewonnen; die inverse Transformierte $g(t)$ der Übertragungsfunktion stellt die Wirkung eines DIRAC-Impulses auf das System dar.

[1] Vgl. hierzu [7].

Das Energiespektrum zu $\mathfrak{f}_{II}(t)$ am Ausgang ist allgemein

$$|S_{II}(\omega)|^2 = |S_I(\omega)|^2 |G(j\omega)|^2. \tag{055.4}$$

Für die Energie spielt also $|G(j\omega)|^2$ die Rolle der Übertragungsfunktion.

Wenn die Eingangsfunktion $\mathfrak{f}_I(t)$, wie die in Kap. 054 betrachteten Funktionen, keine FOURIER-Transformierte besitzt, läßt sich doch das Leistungsspektrum $w_{II}(f)$ am Ausgang durch das am Eingang, $w_I(f)$, berechnen [2]. Man ersetze wieder, wie auf S. 95, zunächst $\mathfrak{f}_I(t)$ durch die Funktion $\mathfrak{f}_{I,T}(t)$, die $\equiv 0$ ist für $|t| > T$ und das Energiespektrum $|S_{I,T}(\omega)|^2$ besitzt. Dazu gehört am Ausgang nach Gl. (055.4)

$$|S_{II,T}(\omega)|^2 = |G(j\omega)|^2 \, |S_{I,T}(\omega)|^2;$$

der Grenzübergang $T \to \infty$ führt dann mit Gl. (054.6) auf

$$w_{II}(f) = |G(2\pi\, j\, f)|^2 \, w_I(f). \tag{055.5}$$

Die Korrelationsfunktion $\varrho_{II}(\tau)$ zur Zeitfunktion $\mathfrak{f}_{II}(t)$ am Ausgang schließlich folgt aus Gl. (054.9):

$$\varrho_{II}(\tau) = \int |G(2\pi\, j\, f)|^2 \, w_I(f) \cos 2\pi f \tau \, d\tau. \tag{055.6}$$

Die $\mathfrak{F}$-Transformation wird außerdem überall dort von Nutzen sein, wo man (als Lösungen von Differentialgleichungen od. dgl.) Lösungsfunktionen $S(\omega) \exp j\omega t$ erwartet mit beliebigen ω-Werten und zunächst unbekanntem $S(\omega)$. Die gesuchte Zeitfunktion $\mathfrak{f}(t)$ wird dann entweder als FOURIER-Reihe oder als FOURIER-Integral $\mathfrak{f}(t) = \int\limits_{-\infty}^{+\infty} S(\omega) \exp j\omega t \, d\omega$ darstellbar sein; d. h. $\mathfrak{f}(t)$, $S(\omega)$ bilden ein hinsichtlich der $\mathfrak{F}$-Transformation zusammengehöriges Funktionspaar.

Mit der Methode der $\mathfrak{F}$-Transformation steht eine andere in engem Zusammenhang, die in der Praxis oft bevorzugt wird; von ihr wird im folgenden Kapitel die Rede sein.

056 Die Spektren der gebräuchlichen Modulationsverfahren.

0561 Amplitudenmodulation. Hochfrequente Schwingungsvorgänge, wie sie zur Übertragung von Signalen dienen, lassen sich im allgemeinen durch Zeitfunktionen der Form

$$\mathfrak{f}(t) = A(t) \sin \varphi(t) \tag{056.1}$$

darstellen; sowohl Amplitude A wie Phase φ sind dann irgendwelche Funktionen der Zeit. Bei einer rein harmonischen (unmodulierten) Schwingung $A_0 \sin(\Omega_0 t + \varphi_0)$ sind Amplitude A_0, Frequenz Ω_0 und Nullphase φ_0 feste Größen. Bei den üblichen einfachen Modulationsverfahren zeigen $A(t)$ oder $d\varphi/dt$ oder beide periodisches Verhalten, und $\mathfrak{f}(t)$ besitzt ein Linienspektrum.

Am einfachsten liegen die Verhältnisse bei der reinen Amplitudenmodulation. Dafür ist

$$\varphi(t) = \Omega_0 t$$

und

$$A(t) = A_0[1 + M \cos(\omega_M t + \varphi_M)];$$

die Trägerfrequenz Ω_0, die Trägeramplitude A_0, der Modulationsgrad M und φ_M sind Konstanten. Die Funktion

$$\mathfrak{f}(t) = A_0[1 + M \cos(\omega_M t + \varphi_M)] \sin \Omega_0 t \tag{056.2}$$

wird erhalten als Summe der Trägerschwingung $A_0 \sin \Omega_0 t$ und einer Schwebung $A_0 M \cos(\omega_M t + \varphi_M) \sin \Omega_0 t$, d. i. eine Schwingung mit einer Amplitude, die selbst harmonisch mit der Zeit variiert, gewöhnlich wesentlich langsamer als die Schwingung selbst ($\omega_M \ll \Omega_0$, Ω_0 = Hochfrequenz, ω_M = Niederfrequenz). Die Aufspaltung von $\mathfrak{f}(t)$ in drei Glieder

$$\mathfrak{f}(t) = A_0 \left\{ \sin \Omega_0 t + \frac{M}{2} \sin[(\Omega_0 + \omega_M) t + \varphi_M] + \frac{M}{2} \sin[\Omega_0 - \omega_M) t - \varphi_M] \right\} \quad (056.3)$$

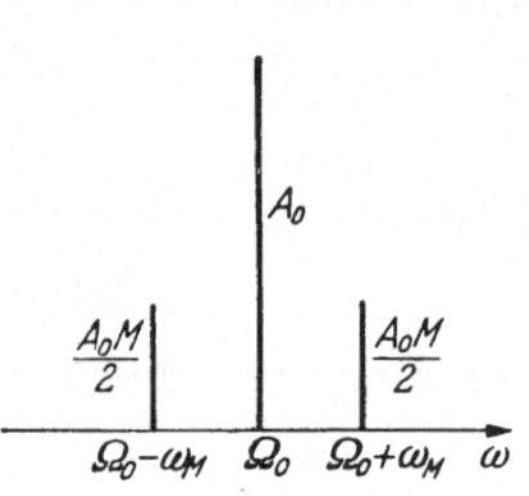

Abb. 05.11. Spektrum der amplitudenmodulierten Schwingung.

läßt sofort ihr Spektrum erkennen: es besteht aus drei Frequenzen, dem Träger mit der Trägerfrequenz Ω_0 (zugehörige Amplitude $= A_0$) und den beiden Seitenbändern mit den Frequenzen $\Omega_0 \pm \omega_M$ $\left(\text{Amplitude} = A_0 \frac{M}{2}\right)$, siehe Abb. 05.11; auf die Phasen im Spektrum gehen wir nicht weiter ein. Gegenüber einer Schwebung mit zwei Frequenzen enthält das Spektrum der Amplitudenmodulation drei Frequenzen. Gl. (056.3) läßt sich auch schreiben:

$$\mathfrak{f}(t) = A_0 \operatorname{Im} \exp \mathrm{j} \Omega_0 t \left\{ 1 + \frac{\hat{M}}{2} \exp \mathrm{j}\, \omega_M t + \frac{\hat{M}^*}{2} \exp(-\mathrm{j}\, \omega_M t) \right\}$$

($\hat{M} = M \exp \mathrm{j}\, \varphi_M$). In einem Zeigerdiagramm, in dem der die Trägerschwingung repräsentierende Zeiger feststeht, in dem sich also das Koordinatensystem mit Ω_0 im Uhrzeigersystem dreht, erscheinen die Seitenbänder als zwei Zeiger vom Betrag $\frac{A_0 M}{2}$, die im positiven bzw. negativen Sinn um den Endpunkt des ersten umlaufen. Die Resultierende weist in jedem Augenblick in die Richtung des Trägers (Abb. 05.12).

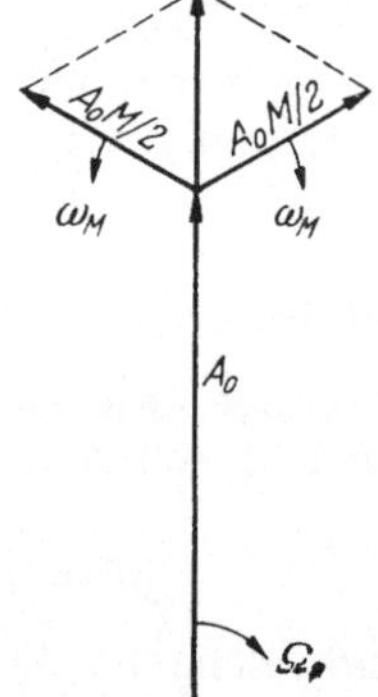

Abb. 05.12. Zeigerdarstellung der amplitudenmodulierten Schwingung.

Mitunter wird von den Seitenbändern eines künstlich unterdrückt (Einseitenbandverfahren). Die Zeitfunktion hat dann nicht mehr den Charakter einer Trägerschwingung mit zusätzlicher Schwebung.

Die Leistung von $\mathfrak{f}(t)$ ist nach Gl. (054.5)

$$P = \frac{A_0^2}{2}\left(1 + \frac{M^2}{2}\right). \quad (056.4)$$

Wird gleichzeitig mit mehreren Modulationsfrequenzen $\omega_{M\nu}$ amplitudenmoduliert

$$A(t) = A_0 [1 + \sum_\nu M_\nu \cos(\omega_{M\nu} t + \varphi_{M\nu})], \quad (056.5)$$

so treten beiderseits des Trägers Ω_0, wie in Gl. (056.3), von jedem $\omega_{M\nu}$ herrührend je ein Seitenband von der Amplitude $A_0 M_\nu/2$ hinzu (bei $\Omega_0 \pm \omega_{M\nu}$); die Leistung beträgt dann

$$P = \frac{A_0^2}{2}\left(1 + \sum \frac{M_\nu^2}{2}\right). \quad (056.6)$$

Ist in Gl. (056.2) die Amplitudenmodulation nicht sinusförmig, sondern eine beliebige Zeitfunktion $\mathfrak{f}_M(t)$,

$$\mathfrak{f}(t) = A_0 (1 + \mathfrak{f}_M(t)) \sin \Omega_0 t$$

mit der FOURIER-Zerlegung, etwa nach Gl. (052.14),

$$\mathfrak{f}_M(t) = 2 \int_0^\infty |S(\omega)| \cos(\omega t + \Phi(\omega))\, \mathrm{d}\omega,$$

so folgt

$$\mathfrak{f}(t) = A_0 \sin \Omega_0 t + \frac{A_0}{2} \int_0^\infty 2 |S(\omega)| \{\sin[(\Omega_0 + \omega) t + \Phi(\omega)]\} \, d\omega .$$

Außer der Linie bei Ω_0 besteht das Spektrum aus dem mit $A_0/2$ multiplizierten Spektrum von $\mathfrak{f}_M(t)$, um Ω_0 nach rechts verschoben, und aus dem an der Geraden $\omega = \Omega_0$ gespiegelten (Abb. 05.13).

Das Spektrum nach einer linearen Übertragung erhält man nach dem in Kap. 055 beschriebenen Verfahren. Mit der Übertragungsfunktion $G(j\omega)$ wird so aus dem Signal Gl. (056.3) auf der Empfängerseite

$$\mathfrak{f}_{II}(t) = A_0 \operatorname{Im} \exp j \Omega_0 t \times$$
$$\times \left[1 + \frac{\hat{M}}{2} G(j(\Omega_0 + \omega_M)) \exp j \omega_M t + \frac{\hat{M}^*}{2} G(j(\Omega_0 - \omega_m)) \exp(-j \omega_M t)\right].$$

Frequenzabhängigkeit von $G(j\omega)$ hat zur Folge, daß die beiden Seitenbänder im allgemeinen nicht mehr genau gleiche Intensität und gleiche Phasendifferenz gegen die Trägerschwingung haben; daher läßt sich $\mathfrak{f}_{II}(t)$ nicht auf die einfache Form der Ausgangsfunktion Gl. (056.2) bringen.

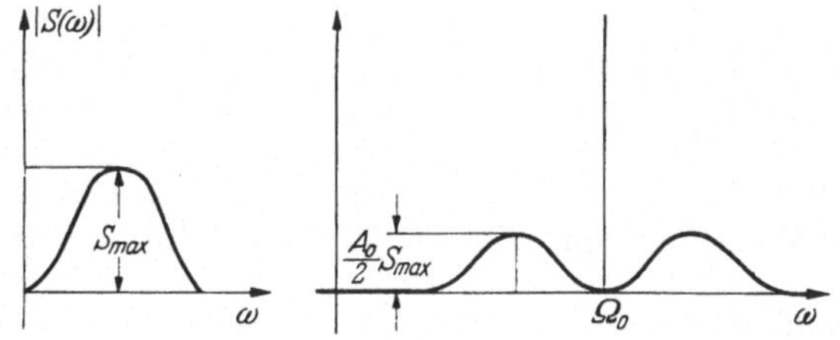

Abb. 05.13. Spektrum einer allgemeinen amplitudenmodulierten Schwingung; $S(\omega)$ = Spektrum der Zeitfunktion, nach der die Amplitude moduliert wird.

Bei nichtlinearer Übertragung treten zusätzliche Verzerrungseffekte auf. Betrachten wir z. B. ein Übertragungssystem mit der nichtlinearen „Kennlinie“

$$\mathfrak{f}_{II} = a_1 \mathfrak{f}_I + a_2 \mathfrak{f}_I^2 + a_3 \mathfrak{f}_I^3. \quad (056.7)$$

$\mathfrak{f}_I$ ist die Sendefunktion, $\mathfrak{f}_{II}$ die Empfangsfunktion. Für die Sendefunktion $\mathfrak{f}_I = A \sin(\omega t + \varphi_0)$ erhält man nach einfachen trigonometrischen Umformungen

$$\mathfrak{f}_{II}(t) = \left(a_1 + \frac{3 a_3}{4}\right) \mathfrak{f}_I(t) + \frac{a_2}{2} A^2 - \frac{a_2}{2} A^2 \sin 2(\omega t + \varphi_0) - \frac{a_3}{4} A^3 \sin 3(\omega t + \varphi_0). \quad (056.8)$$

Die Empfangsfunktion setzt sich zusammen aus einem Vielfachen der Sendefunktion mit einem vom Glied 3. Ordnung herrührenden Anteil, der eine Verzerrung bewirkt, aus einem konstanten Term sowie Oberschwingungen mit der doppelten und dreifachen Frequenz.

Die Wurzel aus dem Verhältnis Leistung der Oberschwingung zur Gesamtleistung der Schwingung wird auch als *Klirrfaktor* bezeichnet. Nach Gl. (054.5) drückt er sich folgendermaßen aus:

$$k = \sqrt{\frac{A_2^2 + A_3^2 + \cdots}{A_1^2 + A_2^2 + A_3^2 + \cdots}},$$

wenn $A_1, A_2, A_3, \ldots$ die Amplituden der Grundschwingung, der zweiten Harmonischen, dritten Harmonischen usw. sind.

Setzt sich die Sendefunktion aus mehreren, z. B. drei Sinusfunktionen mit verschiedenen Frequenzen $\omega_1, \omega_2, \omega_3$ additiv zusammen, so gibt das quadratische Glied der Kennlinie Anlaß zum Auftreten aller Summen und Differenzen von je zwei Frequenzen ($\omega_1 \pm \omega_2$, $\omega_1 \pm \omega_3$, $\omega_2 \pm \omega_3$); das kubische Glied außerdem zum Auftreten der Frequenzen $\omega_1 \pm 2\omega_2$, $\omega_2 \pm 2\omega_1$, $\omega_3 \pm 2\omega_1$, $\omega_1 \pm 2\omega_3$, $\omega_2 \pm 2\omega_3$, $\omega_3 \pm 2\omega_2$ und $\omega_1 \pm \omega_2 \pm \omega_3$.

Alle diese Kombinationsschwingungen bilden das sogenannte Klirrspektrum; es enthält um so mehr Frequenzen, je höher die Potenz in der Kennlinie ist und aus je mehr Teilschwingungen die Sendefunktion besteht. Wir verzichten auf die Durchrechnung, geben nur an, daß die Amplitude der Kombinationsfrequenzen $\omega_1 \pm \omega_2 \pm \omega_3$

$$\tfrac{3}{2} a_3 A_1 A_2 A_3$$

ist; also für eine amplitudenmodulierte Sendefunktion, Gl. (056.3) ($\omega_1 = \Omega_0$, $\omega_2 = \Omega_0 + \omega_M$, $\omega_3 = \Omega_0 - \omega_M$)

$$\frac{3}{2} a_3 A_0^3 \frac{M^2}{4}.$$

Für die Praxis wichtig ist der Fall, daß man zwei Trägerfrequenzen Ω_{01}, Ω_{02} hat mit Zweiseitenband- oder Einseitenbandübertragung von amplitudenmodulierten Schwingungen. Zu jedem Träger gehört ein „Übertragungskanal" von einer gewissen Frequenzbandbreite derart, daß die Intervalle $\Omega_{01} - \omega_{M1} \leqq \omega \leqq \Omega_{01} + \omega_{M1}$ und $\Omega_{02} - \omega_{M2} \leqq \omega \leqq \Omega_{02} + \omega_{M2}$ sich nicht überschneiden. Die Kombinationsschwingungen haben aber zur Folge, daß die Seitenbänder des einen Trägers als Seitenbänder des anderen Trägers erscheinen. Eine im ersten Kanal übertragene Nachricht ist auch im zweiten Kanal zu hören. Und zwar handelt es sich dabei gerade um die Frequenzen $\omega_1 \pm \omega_2 \pm \omega_3$, wobei z. B. ω_1 der eine Träger Ω_{01}, ω_2 eines seiner Seitenbänder, etwa $\Omega_{01} + \omega_{M1}$, und ω_3 der andere Träger Ω_{02} ist. Die kritischen Kombinationsfrequenzen sind dann

$$\Omega_{02} \underset{(-)}{+} \Omega_{01} \underset{(+)}{-} (\Omega_{01} + \omega_{M1}) = \Omega_{02} \underset{(+)}{-} \omega_{M1};$$

die zweite Trägerschwingung Ω_{02} erfährt eine Modulation mit ω_{M1} (Kreuzmodulation). Die Amplitude dieser unerwünschten Seitenbandschwingung auf der Empfängerseite ist

$$2 \cdot \frac{3}{2} a_3 \frac{M_1}{M_2} A_{01}^2 A_{02}.$$

Der vorgesetzte Faktor 2 rührt daher, daß man mit $\omega_2 = \Omega_{01} - \omega_{M1}$ dieselbe Kombinationsfrequenz erhält. Das Seitenband des Nutzsignals zum Träger Ω_{02} hat die Amplitude $a_1 \frac{M_2}{2} A_{02}$. Das Verhältnis beider, der Kreuzmodulationsfaktor, beträgt folglich $3 \frac{a_3}{a_1} \frac{M_1}{M_2} A_{01}^2$. Näheres siehe z. B. [*28*].

Für eine aus zwei Frequenzen zusammengesetzte Sendefunktion der Form $\mathfrak{f}_I = A \cos\omega_1 t + B \cos\omega_2 t$ erscheinen in der Empfangsfunktion $\mathfrak{f}_{II}$ nach Gl. (056.7) die Kombinationsfrequenzen $\omega_1 \pm \omega_2$ mit der Amplitude $a_2 A B$. Durch die Überlagerung der Schwingung $A \cos\omega_1 t$ mit einer zweiten, $B \cos\omega_2 t$, entsteht also bei einer Kennlinie mit quadratischem Glied eine Schwingung der Zwischenfrequenz $|\omega_1 - \omega_2|$ mit einer beiden Amplituden A, B proportionalen Amplitude. Ist $\omega_1 = \Omega_0$ die Trägerfrequenz einer Amplitudenmodulation $A = A(t)$ und ω_2 eine Überlagerungsfrequenz, so ist auch die Amplitude der Zwischenfrequenzschwingung entsprechend $A(t)$ moduliert. Nichtlineare Glieder höherer Ordnung der Kennlinie geben Anlaß zu Zwischenfrequenzen $|\omega_1 - 2\omega_2|$, $|\omega_1 - 3\omega_2|$ usf.

0562 Frequenz- und Phasenmodulation. Der Amplitudenmodulation steht als anderer Grenzfall für Gl. (056.1) gegenüber: Es ist $A(t) \equiv A_0$, und die Phase

$\varphi(t)$ ist nicht mehr der Zeit proportional, sondern zusätzlich noch moduliert:

$$\varphi(t) = \Omega_0 t + \psi(t), \quad \mathfrak{f}(t) = A_0 \sin(\Omega_0 t + \psi(t)). \tag{056.9}$$

Bei sinusförmiger Modulation insbesondere ist

$$\varphi(t) = \Omega_0 t + m \sin\omega_m t, \quad \mathfrak{f}(t) = A_0 \sin(\Omega_0 t + m \sin\omega_m t) \tag{056.10}$$

mit dem Modulationsindex m. Eine solche der Trägerschwingung überlagerte Zeitabhängigkeit der Phase kann entweder eine Phasenmodulation mit dem Phasenhub $\Delta\varphi = m$ sein oder eine Schwingung mit einer zeitlich veränderlichen Frequenz. Denn da die Frequenz die Zeitableitung der Phase ist,

$$\Omega(t) = \frac{\mathrm{d}\varphi(t)}{\mathrm{d}t} = \Omega_0 + \frac{\mathrm{d}\psi(t)}{\mathrm{d}t}, \tag{056.11}$$

kann man auch schreiben

$$\mathfrak{f}(t) = A_0 \sin\left[\int^t \Omega(\tau)\, d\tau\right].$$

Für $\varphi(t)$ aus Gl. (056.10) ist

$$\Omega(t) = \Omega_0 + \Delta\Omega \cos\omega_m t \tag{056.12}$$

mit dem Frequenzhub $\Delta\Omega = \omega_m m$. Eine einfache sinusförmige Phasenmodulation ist also formal zugleich eine Frequenzmodulation und umgekehrt, wobei Phasenhub und Frequenzhub entsprechend $\Delta\Omega = \omega_m \Delta\varphi$ zusammenhängen. Beide Male handelt es sich um den gleichen Zeitvorgang. Für ein phasenmoduliertes Signal ist der Phasenhub der modulierenden Spannung proportional. Die Frequenzmodulation hingegen erfolgt z. B. an der Eigenfrequenz eines Oszillators, und der Frequenzhub ist dann der Modulationsspannung proportional.

Moduliert man zugleich mit mehreren Niederfrequenzen,

$$\varphi(t) = \Omega_0 t + \sum m_\nu \sin\omega_{m\nu} t, \tag{056.13}$$

so sind die Frequenzhübe $\Delta\Omega_\nu$ nicht proportional zu den entsprechenden Phasenhüben, sondern

$$\Delta\Omega_\nu = \omega_{m\nu} \Delta\varphi_\nu = m_\nu \omega_{m\nu}. \tag{056.14}$$

In einem für Frequenzmodulation eingerichteten Empfänger wird eine Differentiation der Phase des empfangenen Signals vorgenommen; ein phasenmoduliertes Signal gibt er nicht richtig wieder, da die tieferen Töne relativ zu kleine Amplituden erhalten.

Das Spektrum beider Arten von Signalen ist grundsätzlich dasselbe. Wir können uns bei der Berechnung auf eine Art beschränken. Eine Änderung der Modulationsfrequenz ω_m bei festem Hub wirkt sich jedoch auf die Spektren verschieden aus.

Wir benützen die FOURIER-Entwicklung

$$\exp(\mathrm{j}\,\varrho \sin\alpha) = \sum_{n=-\infty}^{+\infty} \mathrm{J}_n(\varrho) \exp \mathrm{j}\, n\,\alpha, \tag{056.15}$$

die in Kap. 091 bei der Behandlung der BESSELschen Funktionen $\mathrm{J}_n(\varrho)$ gewonnen wird. Diese Beziehung, auf die Zeitfunktion in Gl. (056.10) angewendet, ergibt

$$\mathfrak{f}(t) = A_0 \,\mathrm{Im}\{\exp \mathrm{j}(\Omega_0 t + m \sin\omega_m t)\} = A_0 \sum_{n=-\infty}^{+\infty} \mathrm{J}_n(m) \sin(\Omega_0 + n\,\omega_m)\,t. \tag{056.16}$$

Das Frequenzspektrum von $\mathfrak{f}(t)$ liegt also beiderseits der Trägerfrequenz Ω_0 an den Stellen $\Omega_0 \pm n\omega_m (n = 0, \pm 1, \pm 2, \ldots)$. Die zugehörigen Amplituden sind nach Gl. (091.4) zu Ω_0 symmetrisch verteilt und betragen $A_0|J_n(m)|$. Das Spektrum erstreckt sich also theoretisch über die ganze ω-Achse. Es gibt unendlich viele Seitenbänder; von einem gewissen n ab fallen aber die Amplituden rasch ab. Dies läßt sich verfolgen, wenn man die BESSELschen Funktionen $J_p(m)$ als Funktionen des (kontinuierlich veränderlichen) Index p ansieht. Das absolute Maximum in Abhängigkeit von p liegt nach einer von E. MEISSEL [99] angegebenen Formel bei

$$p_{\max} \approx m - 0{,}8086\, m^{1/3} - \frac{0{,}0606}{m^{1/3}} - \frac{0{,}0316}{m}, \tag{056.17}$$

also etwas unter $p = m$. Für $0 \leqq p \leqq p_{\max}$ geht $J_p(m)$ mehrmals (eventuell auch gar nicht, für $m < 2{,}403$) durch 0, fällt für $p > p_{\max}$ monoton gegen 0 ab und kann für große m dann mit guter Näherung aus Gl. (091.22) berechnet werden. Die Breite des Frequenzspektrums nennenswerter Intensität beiderseits von Ω_0 ist ungefähr $2m\omega_m$, bei Frequenzmodulation mit festem Frequenzhub also unabhängig von der Modulationsfrequenz ω_m [siehe Gl. (056.14)]; bei Phasenmodulation mit festem Phasenhub ist diese Breite etwa $\sim \omega_m$.

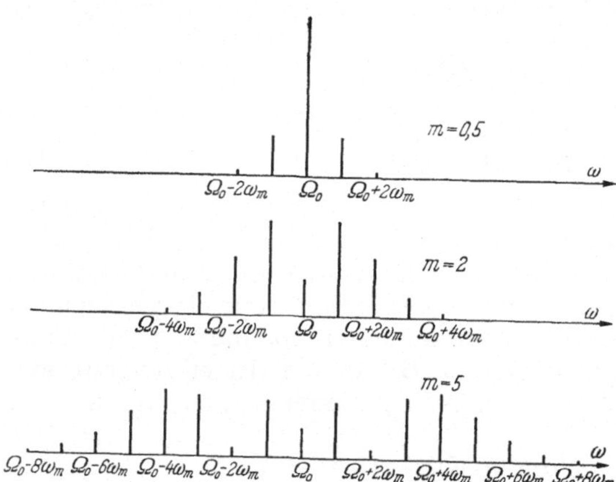

Abb. 05.14. Spektrum der Phasen- (oder Frequenz-) Modulation für einige Werte des Modulationsindex m.

Abb. 05.14 zeigt die Amplitudenspektren für einige Spezialfälle. Für sehr kleine m sind im Spektrum praktisch nur die Frequenzen Ω_0, $\Omega_0 \pm \omega_m$ vertreten, ähnlich der Amplitudenmodulation. In diesem Sonderfall ist

$$\begin{aligned} \mathfrak{f}(t) &\approx A_0\left[\sin\Omega_0 t + \frac{m}{2}\sin(\Omega_0+\omega_m)t - \frac{m}{2}\sin(\Omega_0-\omega_m)t\right] \\ &= A_0[\sin\Omega_0 t + m\sin\omega_m t\cos\Omega_0 t] \end{aligned}$$

und kann durch das in Abb. 05.15 wiedergegebene Zeigerdiagramm dargestellt werden. Der die Summe der beiden Seitenbandschwingungen repräsentierende Zeiger steht auf dem der Trägerschwingung in jedem Zeitpunkt senkrecht. Dies gilt wegen $J_{-n}(m) = (-1)^n J_n(m)$ allgemein für die Seitenbänder ungerader Ordnung in Gl. (056.16), während die gerader Ordnung in Richtung des Trägers fallen.

Die Leistung von $\mathfrak{f}(t)$ berechnen wir wieder mit Hilfe von Gl. (054.5): Multiplikation von Gl. (056.15) mit $\exp(-j\varrho\sin\alpha)$ ergibt

$$1 = \sum_{n=-\infty}^{+\infty}\sum_{n'=-\infty}^{+\infty} J_n(\varrho)\, J_{n'}(\varrho)\exp j(n-n')\alpha.$$

Integriert man über α von 0 bis 2π, so bleiben rechts nur die Glieder $n' = n$ übrig, es folgt

$$\sum_{-\infty}^{+\infty} J_n^2(\varrho) = 1 \tag{056.18}$$

und damit

$$P = \frac{A_0^2}{2}. \qquad (056.19)$$

Dieses Ergebnis gilt auch noch, wenn nach Gl. (056.13) mit mehreren Niederfrequenzen zugleich moduliert wird. Es ist dann

$$\begin{aligned} \mathfrak{f}(t) &= A_0 \sin\left(\Omega_0 t + \sum_1^N m_\nu \sin\omega_{m\nu} t\right) = A_0 \operatorname{Im} \exp \mathrm{j}\left(\Omega_0 t + \sum_1^N m_\nu \sin\omega_{m\nu} t\right) \\ &= A \sum_{n_1=-\infty}^{+\infty} \sum_{n_2=-\infty}^{+\infty} \cdots \sum_{n_N=-\infty}^{+\infty} \mathrm{J}_{n_1}(m_1)\, \mathrm{J}_{n_2}(m_2) \ldots \mathrm{J}_{n_N}(m_N) \times \qquad (056.20) \\ &\quad \times \sin\left(\Omega_0 + n_1\omega_{m_1} + n_2\omega_{m_2} + \cdots + n_N\omega_{m_N}\right) t. \end{aligned}$$

Das Spektrum wird also um so linienreicher, je mehr Modulationsfrequenzen zur Anwendung kommen. Stehen keine zwei der $\omega_{m\nu}$ in rationalem Zahlenverhältnis zueinander, so sind alle Seitenbandfrequenzen voneinander verschieden. Die Beziehung

$$\sum_{n_1} \sum_{n_2} \cdots \sum_{n_N} \mathrm{J}_{n_1}^2(m_1)\, \mathrm{J}_{n_2}^2(m_2) \ldots \mathrm{J}_{n_N}^2(m_N) = 1$$

folgt dann sofort aus Gl. (056.18), da sich jede Summe für sich ausführen läßt. Das Ergebnis, die Gl. (056.19), bleibt aber auch gültig, wenn die genannte Einschränkung für die $\omega_{m\nu}$ nicht erfüllt ist[1]. Wir zeigen das für den Sonderfall, daß außer ω_m zugleich mit einem der Obertöne $k\,\omega_m$ (k = ganze Zahl) moduliert wird:

$$\begin{aligned} \mathfrak{f}(t) &= A_0 \sin(\Omega_0 t + m_1 \sin\omega_m t + m_2 \sin k\,\omega_m t) \qquad (056.21) \\ &= A_0 \sum_{n_1} \sum_{n_2} \mathrm{J}_{n_1}(m_1)\, \mathrm{J}_{n_2}(m_2) \sin\left(\Omega_0 + (n_1 + k\,n_2)\,\omega_m\right) t. \end{aligned}$$

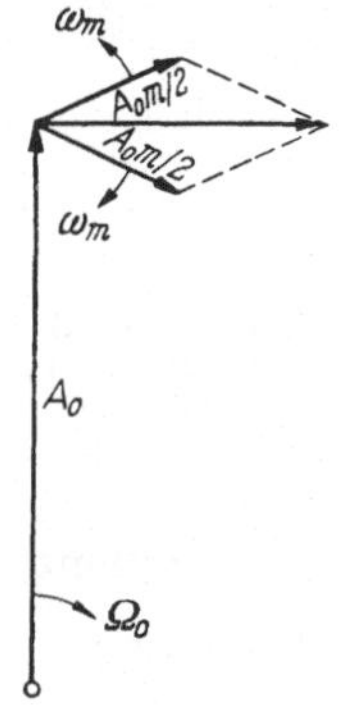

Abb. 05.15. Zeigerdarstellung der frequenzmodulierten Schwingung für kleinen Modulationsindex m.

Mit $n_1 + k\,n_2 = \mu$, $n_2 = n$, $n_1 = \mu - k\,n$ wird daraus

$$\mathfrak{f}(t) = A_0 \sum_{\mu=-\infty}^{+\infty} \left(\sum_{n=-\infty}^{+\infty} \mathrm{J}_{\mu-kn}(m_1)\, \mathrm{J}_n(m_2)\right) \sin(\Omega_0 + \mu\,\omega_m)\, t,$$

folglich

$$P = \frac{A_0^2}{2} \sum_\mu a_\mu^2 \quad \text{mit} \quad a_\mu = \sum_n \mathrm{J}_{\mu-kn}(m_1)\, \mathrm{J}_n(m_2). \qquad (056.22)$$

Nun ist aber

$$\sum_{\mu=-\infty}^{+\infty} a_\mu^2 = 1, \qquad (056.23)$$

wie man folgendermaßen einsehen kann. Aus Gl. (056.15) folgt

$$\begin{aligned} \exp \mathrm{j}(m_1 \sin\alpha + m_2 \sin k\,\alpha) &= \sum_{n_1} \sum_{n_2} \mathrm{J}_{n_1}(m_1)\, \mathrm{J}_{n_2}(m_2) \exp \mathrm{j}(n_1 + k\,n_2)\,\alpha \\ &= \sum_\mu a_\mu \exp \mathrm{j}\,\mu\,\alpha. \end{aligned}$$

Multiplikation mit den konjugiert-komplexen Werten beiderseits führt auf

$$1 = \sum_{\mu=-\infty}^{+\infty} \sum_{\nu=-\infty}^{+\infty} a_\mu a_\nu \exp \mathrm{j}(\mu - \nu)\,\alpha$$

und Integration über von 0 bis 2π auf die zu beweisende Gl. (056.23).

[1] Siehe [93], auch hinsichtlich der Ausnahme, wenn formal $\Omega_0 = 0$ gesetzt wird.

Bei der Übertragung von Signalen kommt es nur an auf die Abhängigkeit der Phase von der Zeit, also auf den Zeitabstand zweier aufeinanderfolgender Zeitpunkte gleicher Phase, z. B. zweier Nulldurchgänge. Variationen der Amplitude interessieren beim Empfang nicht; durch Begrenzung der Amplitude kann man sich (in gewissen Grenzen) von allen unerwünschten Amplitudenänderungen in der Zeit frei machen und dadurch gegenüber dem Verfahren der Amplitudenmodulation besseres Signal/Geräusch-Verhältnis erzielen. Darunter versteht man das Verhältnis Signalleistung zu Rauschleistung im übertragenen Hochfrequenzband. Die Rauschleistung ist bei einer Breite B des Frequenzbandes das Produkt von $4kT_0B$ und der Rauschzahl N. Bei Frequenzmodulation wird das Rauschen nur durch unerwünschte Frequenzschwankungen bestimmt. Auf Einzelheiten muß an dieser Stelle verzichtet werden [*18*, *47*].

Von Interesse sind die Verzerrungen, die auf Grund nichtlinearer Abhängigkeit der Phase $\Theta(\omega)$ von der Frequenz bei der Übertragung eintreten[1]. Es gelte etwa in der Umgebung des Trägers Ω_0

$$\Theta(\omega) = \tau_0(\omega - \Omega_0) + a(\omega - \Omega_0)^3. \tag{056.24}$$

Die Phase eines frequenzmodulierten Signals

$$\varphi(t) = \Omega_0 t + \frac{\Delta\Omega}{\omega_m}\sin\omega_m t$$

wird nach der Übertragung (am Ausgang des Empfängers) wegen $\Omega = \frac{d\varphi}{dt}$, $\Omega - \Omega_0 = \Delta\Omega\cos\omega_m t$,

$$\varphi_{\text{II}}(t) = \varphi(t) + \Theta(\Omega) = \Omega_0 t + \frac{\Delta\Omega}{\omega_m}\sin\omega_m t + \tau_0\,\Delta\Omega\cos\omega_m t + a(\Delta\Omega)^3\cos^3\omega_m t.$$

Die Frequenz am Ausgang ist

$$\Omega_{\text{II}} = \frac{d\varphi_{\text{II}}}{dt} = \Omega_0 + \Delta\Omega(\cos\omega_m t - \tau_0\,\omega_m\sin\omega_m t) - \frac{3a}{4}(\Delta\Omega)^3\,\omega_m\sin\omega_m t - {}$$
$$- \frac{3a}{4}(\Delta\Omega)^3\,\omega_m\sin 3\,\omega_m t.$$

Außer einer Phasenverschiebung erfährt also die Grundschwingung durch die Nichtlinearität (den Koeffizienten a) noch eine Frequenzhubänderung; ferner tritt die dritte Oberschwingung auf. Bei Übertragung mehrerer Kanäle mit Frequenzeinteilung kann die Modulationsfrequenz $3\omega_m$ bereits in einem anderen Kanal liegen. Das Amplitudenverhältnis von dritter Oberschwingung zur Grundschwingung ist für $\omega_m\tau_0 \ll 1$ angenähert gleich $\frac{3}{4}a(\Delta\Omega)^2\omega_m$.

Diese Phasenverzerrung läßt sich auch als Laufzeitverzerrung auffassen. Man definiert als Gruppenlaufzeit eines Signals durch ein Übertragungssystem

$$\tau_{\text{gr}} = \frac{d\Theta(\omega)}{d\omega}. \tag{056.25}$$

Für die obige Phasenkurve ist $\tau_{\text{gr}} = \tau_0 + 3a(\omega - \Omega_0)^2$. Dem Frequenzhub $\Delta\Omega$ entspricht daher eine Laufzeitverzerrung von $\tau_{\text{gr}} - \tau_0 = 3a(\Delta\Omega)^2$.

0563 Kombinierte Amplituden- und Frequenzmodulation. Sind in Gl. (056.1) sowohl die Amplitude als auch die Frequenz harmonische Zeitfunktionen, so lautet $\mathfrak{f}(t)$

$$\mathfrak{f}(t) = A_0[1 + M\cos(\omega_M t + \varphi_M)]\sin[(\Omega_0 t + m\sin\omega_m t)]. \tag{056.26}$$

Dabei können die Modulationsfrequenzen gleich oder verschieden sein; φ_M ist die Phasenverschiebung zwischen der Amplituden- und der Frequenzmodulation.

---

[1] Die Amplitudenabhängigkeit ist bei idealer Begrenzung wieder ohne Bedeutung.

Aus Gl. (056.3) und (056.16) folgt

$$\mathfrak{f}(t) = A_0 \sum_{-\infty}^{+\infty} \mathrm{J}_n(m) \Big\{ \sin(\Omega_0 + n\,\omega_m t) + \frac{M}{2} \sin[(\Omega_0 + n\,\omega_m + \omega_M)\,t + \varphi_M] + + \frac{M}{2} \sin[(\Omega_0 + n\,\omega_m - \omega_M)\,t - \varphi_M] \Big\}. \tag{056.27}$$

Im Amplitudenspektrum von $\mathfrak{f}(t)$ erscheint also das der Frequenzmodulation außer um den Träger noch verteilt um die beiden Seitenbandfrequenzen $\Omega_0 \pm \omega_M$ der Amplitudenmodulation. Die Amplituden sind dabei im Verhältnis $M/2:1$ reduziert. Bei der Berechnung der Leistung nehmen wir zunächst wieder an, daß alle Frequenzen $n\,\omega_m$, $n\,\omega_m \pm \omega_M$ $(n = 0, \pm 1, \pm 2, \ldots)$ voneinander verschieden sind. Gl. (054.5) liefert dann

$$P = \frac{A_0^2}{2} \sum_{-\infty}^{+\infty} \Big\{ \mathrm{J}_n^2(m) + 2 \cdot \frac{1}{4} M^2\, \mathrm{J}_n^2(m) \Big\} = \frac{A_0^2}{2} \Big(1 + \frac{M^2}{2}\Big), \tag{056.28}$$

wie bei reiner Amplitudenmodulation. Die Frequenzmodulation beeinflußt die Leistung daher nicht. Ist andererseits $k\,\omega_m = \omega_M$ mit einer ganzen Zahl k, so fallen die Frequenzen des Spektrums teilweise zusammen. In

$$(t) = A_0 \sum \Big\{ \mathrm{J}_n(m) \sin(\Omega_0 + n\,\omega_m)\,t + \frac{M}{2} \mathrm{J}_{n-k}(m) \sin[(\Omega_0 + n\,\omega_m)\,t + \varphi_M] + + \frac{M}{2} \mathrm{J}_{n+k} \sin[(\Omega_0 + n\,\omega_m)\,t - \varphi_M] \Big\} \qquad (056.29$$

ist das Amplitudenquadrat zur Frequenz $\Omega_0 + n\,\omega_m$

$$A_0^2 \Big\{ \mathrm{J}_n^2(m) + M[\mathrm{J}_{n-k}(m) + \mathrm{J}_{n+k}(m)]\, \mathrm{J}_n(m) \cos\varphi_M + + \frac{M^2}{4} [\mathrm{J}_{n-k}^2(m) + \mathrm{J}_{n+k}^2(m) + 2\,\mathrm{J}_{n-k}(m)\, \mathrm{J}_{n+k}(m) \cos 2\varphi_M] \Big\}.$$

Die Leistung wird daher

$$P = \frac{A_0^2}{2} \Big\{ 1 + \frac{M^2}{2} + M \cos\varphi_M \sum_n \mathrm{J}_n(m)\, [\mathrm{J}_{n-k}(m) + \mathrm{J}_{n+k}(m)] + + \frac{M^2}{2} \cos 2\varphi_M \sum_n \mathrm{J}_{n-k}(m)\, \mathrm{J}_{n+k}(m) \Big\}.$$

Auf Grund der aus Gl. (091.17c) folgenden Beziehung

$$\sum_n \mathrm{J}_n(m)\, \mathrm{J}_{n-l}(m) = (-1)^l\, \mathrm{J}_l(0) = \begin{cases} 0 & \text{für} \quad l \neq 0 \\ 1 & \text{für} \quad l = 0 \end{cases} \tag{056.30}$$

fallen aber die mit $\cos\varphi_M$ bzw. $\cos 2\varphi_M$ multiplizierten Zusatzglieder für alle ganzen Zahlen $k \geqq 1$ weg, und es bleibt wie vorher

$$P = \frac{A_0^2}{2} \Big(1 + \frac{M^2}{2}\Big).$$

Wir bemerken noch, daß für die Funktion in Gl. (056.29) die Symmetrie des Amplitudenspektrums zum Träger nicht mehr vorhanden ist. Im Sonderfall $\omega_m = \omega_M$ $(k = 1)$, $\varphi_M = 0$ und kleinem Modulationsindex m reduziert sich das Spektrum im wesentlichen auf den Träger (Amplitude A_0) und die beiden Seitenbänder $\Omega_0 \pm \omega_m$ mit den Amplituden $A_0 \Big(\mathrm{J}_1(m) \pm \frac{M}{2}\Big) \approx \frac{1}{2} A_0 (m \pm M)$; für $m = M$ kommt das eine dieser Seitenbänder praktisch zum Verschwinden

0564 Pulsmodulation. In neuerer Zeit sind zu den bisher genannten Modulationsverfahren noch weitere getreten, die von folgendem Prinzip ausgehen: An Stelle des genauen Signals, der Zeitfunktion $\mathfrak{f}(t)$, werden nur ihre Werte zu gewissen äquidistanten Zeitpunkten übertragen, und zwar in Form von Impulsen. Man tastet also $\mathfrak{f}(t)$ zu diesen Zeitpunkten ab (Abb. 05.16), während im übrigen der Verlauf von $\mathfrak{f}(t)$ in die Übertragung nicht eingeht. Trotz dieses Ersatzes einer stetigen Funktion durch eine Impulsfolge wird die Nachricht vollständig wiedergegeben, wenn man den Abstand dieser Zeitpunkte hinreichend klein wählt, vollständig in dem Sinne, daß ja im ganzen nur ein Frequenzband endlicher Breite, sagen wir B, für die Übertragung in Betracht kommt. Diese Tatsache folgt aus dem *Abtasttheorem* [*115*]:

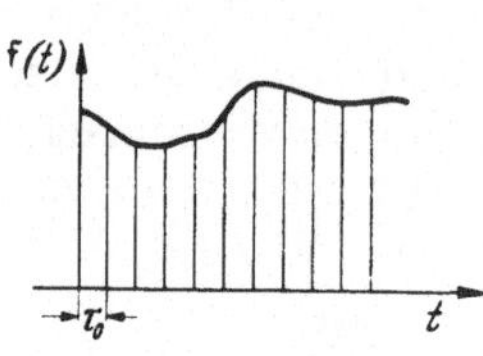

Abb. 05.16. Zum Abtasttheorem.

Eine Zeitfunktion mit einem Frequenzspektrum der Breite B Hz ist durch ihre Werte an N äquidistant gewählten Zeitpunkten pro Sekunde vollständig bestimmt, sofern $N \geqq 2B$.

Zum Beweis nehmen wir $N = 2B$ an. Ist $\mathfrak{F}(\mathfrak{f}) = S(\omega)$ die FOURIER-Transformierte von $\mathfrak{f}(t)$, so gilt, da nach Voraussetzung nur Frequenzen $\leqq 2\pi B$ im Spektrum enthalten sind,

$$\mathfrak{f}(t) = \frac{1}{2\pi} \int\limits_{-2\pi B}^{2\pi B} S(\omega) \exp \mathrm{j}\, \omega t \, d\omega .$$

Zu den Zeitpunkten $\mu \tau_0$ ($\mu = 0, 1, \ldots$) sollen die Impulse abgetastet werden ($\tau_0 = 1/2B$). Für diese Zeitpunkte ist

$$\mathfrak{f}(\mu \tau_0) = \frac{1}{2\pi} \int\limits_{-\pi/\tau_0}^{\pi/\tau_0} S(\omega) \exp \mathrm{j}\, \mu \tau_0 \omega \, d\omega .$$

Rechts stehen — abgesehen von einem Faktor $1/B$ — die FOURIER-Koeffizienten der Funktion $S(\omega)$ im Grundintervall $|\omega| \leqq \frac{\pi}{\tau_0} = 2\pi B$. Nur in diesem Intervall ist aber $S(\omega)$ von Null verschieden und daher durch die FOURIER-Koeffizienten vollständig bestimmt. Das heißt, die links stehenden Werte der Zeitfunktion $\mathfrak{f}(t)$ an den Zeitpunkten der Impulse geben bereits ihre $\mathfrak{F}$-Transformierte und damit, da das Spektrum die Zeitfunktion eindeutig bestimmt, auch $\mathfrak{f}(t)$ selbst. Dies ist aber gerade die Aussage des Abtasttheorems.

Impulsfunktionen der Form $\dfrac{\sin 2\pi B(t - \mu\tau_0)}{2\pi B(t - \mu\tau_0)}$ insbesondere nehmen bei $t = \mu\tau_0$ gerade den Wert 1, an den anderen Abtastpunkten den Wert 0 an. Die Funktion

$$\sum \mathfrak{f}(\nu\tau_0) \frac{\sin 2\pi B(t - \nu\tau_0)}{2\pi B(t - \nu\tau_0)}$$

hat also an allen Zeitpunkten $t = \mu\tau_0$ den richtigen Wert und stimmt daher nach dem vorigen mit $\mathfrak{f}(t)$ überein.

Bei den Pulsmodulationsverfahren wird die hochfrequente Trägerschwingung durch Impulse amplituden- oder frequenzmoduliert. Die Modulation kann erfolgen entweder mittels der Amplitude der Impulse (Puls-Amplituden-Modulation) oder ihrer Dauer (Puls-Dauer-Modulation) oder ihrer zeitlichen Lage bezüglich periodischer „Markimpulse" (Puls-Lagen-, insbesondere Puls-Phasen-Modulation) [*21*].

Indem in den Pausen einer Impulsfolge eine oder mehrere weitere Impulsfolgen gesendet werden, kann eine Reihe von Signalen auf dem gleichen Wege übertragen werden („Zeitmultiplex"). Solange die zu verschiedenen Kanälen gehörenden Impulse sich nicht überlappen, ist ein Nebensprechen nicht zu befürchten. Bei dem gleichen Aufwand an Frequenzbreite haben diese Modulationsverfahren ein Signal/Geräusch-Verhältnis, das vergleichbar oder unter Umständen besser ist als bei der Frequenzmodulation [*86, 112*].

Eine weitere Verbesserung kann die sogenannte Puls-Code-Modulation bringen. Bei diesem Verfahren wird auch die Amplitude (nicht nur die Zeit) in eine Anzahl von Stufen zerlegt (Quantisierung); statt des Signals wird übertragen, in welche Stufe die Signalamplitude an den abgetasteten Zeitpunkten fällt. Bei der Codemodulation geschieht das in der Weise, daß als eine Ja- oder Neinnachricht übertragen wird, ob der betreffende Impuls die betreffende Amplitudenstufe erreicht oder nicht. Im Empfänger wird diese Nachricht durch Umsetzen in die richtige Amplitudenstufe wieder „entschlüsselt". Es kommt für die Übertragung also nur darauf an, daß die Hochfrequenzamplitude über dem Schwellenwert der betreffenden Stufe liegt oder nicht. Hat das Signal wesentlich größere Amplituden als das Rauschen, so werden die Schwellenwerte von den Störungen im Idealfall gar nicht erreicht, und die codierte Nachricht wird praktisch störungsfrei übertragen. Durch die Quantisierung wird jedoch das Signal an sich verzerrt; außerdem erfordert das Codemodulationsverfahren erheblich mehr Bandbreite für gleiche Kanalzahl als die vorher genannten. Näheres siehe [*21*].

Literatur: [*11, 17, 19, 21, 23, 28, 53, 56*].

06 LAPLACE-Transformation.

061 Integraltransformationen; Definition der LAPLACE-Transformation.

Der Übergang von der Zeitfunktion $\mathfrak{f}(t)$ zum FOURIER-Spektrum $S(\omega)=\mathfrak{F}\{\mathfrak{f}(t)\}$ nach Gl. (052.10) ist ein Beispiel einer Integraltransformation

$$F(y)=\int_a^b K(x,y)\,\mathfrak{f}(x)\,\mathrm{d}x. \tag{061.1}$$

Es ist dabei $a=-\infty$, $b=+\infty$ und der „Kern" $K(x,y)=\frac{1}{2\pi}\exp(-\mathrm{j}\,x\,y)$. Dieser in den Variablen symmetrische Kern $K(x,y)=K(y,x)$ erfüllt zudem die Bedingung $K(x,-y)=-K(x,y)$. Da eine Operation nach Gl. (061.1), soweit das Integral sinnvoll ist, jeder „Objektfunktion" $\mathfrak{f}(x)$ eine „Bildfunktion" oder „Resultatfunktion" $F(y)$ zuordnet, spricht man auch von einer Abbildung im Raume der Funktionen. Die Abbildung wird vermittelt durch den linearen Operator (oder das lineare „Funktional")

$$\mathfrak{J}=\int_a^b \mathrm{d}x\,K(x,y),$$

linear wegen der Eigenschaften

$$\mathfrak{J}\{\mathfrak{f}_1+\mathfrak{f}_2\}=\mathfrak{J}\{\mathfrak{f}_1\}+\mathfrak{J}\{\mathfrak{f}_2\},\qquad \mathfrak{J}\{c\,\mathfrak{f}(x)\}=c\,\mathfrak{J}\{\mathfrak{f}(x)\}$$

($c=$ Konstante). In Gl. (053.15) haben wir bereits die „identische Abbildung" in diesem Sinne kennengelernt, für die $K(x,y)=\delta(x-y)$ zu setzen ist:

$$\mathfrak{f}(y)=\int_{-\infty}^{+\infty}\delta(x-y)\,\mathfrak{f}(x)\,\mathrm{d}x. \tag{061.2}$$

Der Kern ist hier keine Funktion im üblichen Sinne, sondern wird durch einen Grenzübergang, z. B. Gl. (053.4), (053.12), aus stetigen Funktionen gewonnen. Vgl. die Fußnote S. 93.

Die Untersuchung derartiger Funktionale $\mathfrak{J}$, die sogenannte Funktionalanalysis, spielt in der neueren Mathematik eine bedeutende Rolle; zum Studium der Abbildung im Funktionenraum überträgt man auf diesen gebräuchliche Begriffe, wie Abstand, Stetigkeit usw. Wesentlich ist dabei der zugrunde gelegte Integralbegriff.

Diese Fragen berühren uns hier nur am Rande, da sich die Anwendungen auf einige Spezialfälle und meist auf übliche (RIEMANNsche) Integrale beschränken. Neben der $\mathfrak{F}$-Transformation handelt es sich vor allem um die eng mit ihr zusammenhängende LAPLACE-Transformation, abgekürzt $\mathfrak{L}$-Transformation, für die $K(x, y) = \exp(-xy)$ und $b = +\infty$. Je nachdem, ob $a = 0$ oder $= -\infty$ in Gl. (061.1), sprechen wir von einseitiger (kurz $\mathfrak{L}$-) bzw. zweiseitiger ($\mathfrak{L}_{II}$-) Transformation. Wir verwenden als unabhängige Variable im Objektraum wieder t, für die Variable im Bildraum das hierfür gebräuchliche Symbol p. Dann bedeutet also[1]

$$F(p) = \mathfrak{L}\{\mathfrak{f}(t)\} = \int_0^\infty \exp(-pt)\,\mathfrak{f}(t)\,\mathrm{d}t \tag{061.3}$$

bzw.

$$\mathfrak{L}_{II}\{\mathfrak{f}(t)\} = \int_{-\infty}^{+\infty} \exp(-pt)\,\mathfrak{f}(t)\,\mathrm{d}t\,. \tag{061.4}$$

Häufig geht man von Zeitfunktionen $\mathfrak{f}(t)$ aus, die bis zu einer bestimmten Anfangszeit t_0, die man durch etwaige Verschiebung der Zeitskala $= 0$ setzen kann, identisch Null sind, wie die bei $t = 0$ einsetzenden Einschaltvorgänge. Dann ist die Unterscheidung zwischen $\mathfrak{L}\{\mathfrak{f}\}$ und $\mathfrak{L}_{II}\{\mathfrak{f}\}$ hinfällig.

Setzt man $p = \mathrm{j}\omega$, $F(\mathrm{j}\omega) = 2\pi S(\omega)$, so kommt man auf die $\mathfrak{F}$-Transformation zurück. Die Variable t soll nach wie vor nur reelle Werte durchlaufen. Während bei der $\mathfrak{F}$-Transformation auch ω reell ist $(-\infty < \omega < \infty)$, lassen wir jetzt p in einer komplexen Ebene variieren, betrachten also als Bild der reellen Funktion $\mathfrak{f}(t)$ nach Gl. (061.3) eine Funktion einer komplexen Variablen. Diese Funktion ist im Innern des Gebietes der p-Ebene, in dem das $\mathfrak{L}$-Integral konvergiert, eine analytische Funktion [*15*].

Für den Sonderfall $\mathrm{Re}\,p = 0$, d. h. die Punkte auf der imaginären p-Achse, stimmt die $\mathfrak{L}_{II}$-Transformation mit der $\mathfrak{F}$-Transformation überein. $\frac{1}{2\pi} F(p)$ ist dann „analytische Fortsetzung" der $\mathfrak{F}$-Transformierten $S(\omega)$. Die $\mathfrak{L}$- bzw. $\mathfrak{L}_{II}$-Transformation kann aber für gewisse Gebiete der rechten p-Halbebene existieren (es sind dies stets Halbebenen $\mathrm{Re}\,p > \sigma_0 \geqq 0$), auch wenn sie für einzelne oder alle Punkte der imaginären Achse nicht konvergiert, so daß eine $\mathfrak{F}$-Transformierte nicht vorhanden ist. Daher ist die $\mathfrak{L}$-Transformation allgemeiner anwendbar.

062 Das LAPLACEsche Integral und seine Umkehrung.

Die Eigenschaften der $\mathfrak{L}$-Transformation werden z. B. in den Büchern von DOETSCH [*13, 15*] ausführlich behandelt. Wir führen hier nur die wichtigsten an, unter Verzicht auf ausführliche Beweise.

Wenn nichts anderes gesagt wird, setzen wir $\mathfrak{f}(t) = 0$ für $t < 0$ voraus. Von den Zeitfunktionen $\mathfrak{f}(t)$ nehmen wir an, daß sie für alle endlichen $t > 0$ be-

[1] Daneben ist noch die, vielfach nach LAPLACE-CARSON benannte, Transformation

$$F(p) = p\int_0^\infty \mathfrak{f}(t)\exp(-pt)\,\mathrm{d}t$$

gebräuchlich, für die symbolisch

$$\mathfrak{f}(t) \risingdotseq F(p)$$

geschrieben wird.

schränkt bleiben und daß das Integral $\int_0^\tau |\mathfrak{f}(t)|\,dt$ für beliebiges $\tau < \infty$ konvergiert. Dies läßt z. B. zu, daß $\mathfrak{f}(t)$ bei $t = 0$ wie $\frac{1}{t^\alpha}$ mit $\alpha < 1$ unendlich wird.

Das Gebiet, in dem das Integral

$$F(p) \equiv \mathfrak{L}\{\mathfrak{f}(t)\} = \int_0^\infty \exp(-p\,t)\,\mathfrak{f}(t)\,dt \qquad (062.1)$$

konvergiert, ist eine Halbebene $\operatorname{Re} p > \sigma_0$ der p-Ebene; die Punkte auf ihrer Begrenzung, der vertikalen Geraden $\operatorname{Re} p = \sigma_0$, können sämtlich, teilweise oder gar nicht Konvergenzpunkte des Integrals sein.

Damit überhaupt eine Konvergenzhalbebene existiert, muß es eine positive Zahl a geben, für die $\exp(-a t)\mathfrak{f}(t)$ für $t \to \infty$ beschränkt bleibt. Die Halbebene $\operatorname{Re} p > a$ gehört dann der Konvergenzhalbebene an.

Beispiele: Für ist

$\mathfrak{f}(t) =$	$\sigma_0 =$
t^n $(n > 0)$	0
$t^n \exp \sigma t$ $(n > 0)$	σ
$\exp t^{1+\varepsilon}$ $(\varepsilon > 0)$	∞ (das $\mathfrak{L}$-Integral konvergiert nirgends)
$\exp t^{1-\varepsilon}$ $(\varepsilon > 0)$	0
$\exp(-t^{1+\varepsilon})$ $(\varepsilon < 0)$	$-\infty$ (das $\mathfrak{L}$-Integral ist in der ganzen p-Ebene konvergent)

Führen wir die $\mathfrak{L}$-Transformation für das erste Beispiel aus, wenn n eine ganze Zahl >0 ist:

$$\mathfrak{L}\{t^n\} = \int_0^\infty \exp(-p\,t)\,t^n\,dt = \frac{n}{p}\int_0^\infty \exp(-p\,t)\,t^{n-1}\,dt = \cdots = \frac{n!}{p^n}\,\mathfrak{L}\{1\}$$

$$= \frac{n!}{p^n}\,\mathfrak{L}\{\sigma(t)\} = \frac{n!}{p^n}\int_0^\infty \exp(-p\,t)\,dt = \frac{n!}{p^{n+1}}\,.$$

Nach n Zwischenschritten, bei denen man jeweils partielle Integration vornimmt, gelangt man zum Einheitssprung $\sigma(t) = 1$ für $t > 0$. Folglich ist für $\operatorname{Re} p > 0$

$$\mathfrak{L}\{t^n\} = \frac{n!}{p^{n+1}}\,, \qquad (062.2)$$

$$\mathfrak{L}\{\sigma(t)\} = \mathfrak{L}_{\mathrm{II}}\{\sigma(t)\} = \frac{1}{p}. \qquad (062.3)$$

Im Innern der Konvergenzhalbebene ist, wie schon in Kap. 061 erwähnt, $F(p)$ eine analytische Funktion, also beliebig oft differenzierbar. Die Ableitung kann unter den Integralzeichen ausgeführt werden.

$$\frac{d^n F(p)}{dp^n} = (-1)^n \int_0^\infty \exp(-p\,t)\,t^n\,\mathfrak{f}(t)\,dt = (-1)^n\,\mathfrak{L}\{t^n\,\mathfrak{f}(t)\}\,. \qquad (062.4)$$

Mit $F(p) = \mathfrak{L}\{\mathfrak{f}(t)\}$ gilt daher zugleich

$$\frac{d^n F(p)}{dp^n} = \mathfrak{L}\{(-1)^n\,t^n\,\mathfrak{f}(t)\}; \qquad (062.4\mathrm{a})$$

speziell

$$F'(p) = -\mathfrak{L}\{t\,\mathfrak{f}(t)\}. \tag{062.4b}$$

Umgekehrt folgt auch $\mathfrak{L}\{\mathfrak{f}(t)\} = F(p)$ aus Gl. (062.4b), so daß also, wenn vom Punkt p nach rechts ins Unendliche integriert wird, wobei $F(p) \to 0$ strebt [*15*],

$$\int_p^\infty F(q)\,\mathrm{d}q = \mathfrak{L}\left\{\frac{\mathfrak{f}(t)}{t}\right\}, \tag{062.4c}$$

sofern $\frac{\mathfrak{f}(t)}{t}$ überhaupt eine $\mathfrak{L}$-Transformierte hat. Für $p = 0$ erhält man die Beziehung

$$\int_0^\infty F(p)\,\mathrm{d}p = \int_0^\infty \frac{\mathfrak{f}(t)}{t}\,\mathrm{d}t; \tag{062.4d}$$

das Integral links wird z. B. längs der reellen p-Achse erstreckt. Die Verallgemeinerung von Gl. (062.4c) auf mehrfache Integration ist naheliegend.

Die nachstehenden Regeln[1] sind eine unmittelbare Folge der Definition von $\mathfrak{L}\{\mathfrak{f}(t)\}$, Gl. (062.1):

$$a\,\mathfrak{L}\{\mathfrak{f}(a\,t)\} = F\left(\frac{p}{a}\right), \tag{062.5}$$

$$\mathfrak{L}\{\exp(p_0\,t)\,\mathfrak{f}(t)\} = F(p - p_0), \tag{062.6}$$

$$\mathfrak{L}\{\mathfrak{f}(t - t_0)\} = \exp(-p\,t_0)\,F(p), \qquad t_0 > 0, \tag{062.7}$$

und, wenn $\mathfrak{f}(t) = 0$ ist für $0 < t < t_0$,

$$\mathfrak{L}\{\mathfrak{f}(t + t_0)\} = \exp(p\,t_0)\,F(p). \tag{062.8}$$

$\mathfrak{f}(t - t_0)$ können wir deuten als den bei $t = t_0$ statt $t = 0$ eingeschalteten Zeitvorgang. Wird das Ausschalten, bis auf das Vorzeichen, durch die gleiche Zeitfunktion wie das Einschalten, also durch $-\mathfrak{f}(t)$, beschrieben, und erfolgt das Einschalten bei $t = t_1$, das Ausschalten bei $t = t_2$, so ist die $\mathfrak{L}$-Transformierte dieses Vorganges (Abb. 06.1) nach Gl. (062.7)

$$\mathfrak{L}\{\mathfrak{f}(t - t_1) - \mathfrak{f}(t - t_2)\} = [\exp(-p\,t_1) - \exp(-p\,t_2)]\,F(p),$$

wo $F(p)$ die $\mathfrak{L}$-Transformierte des durchlaufenden Vorganges $\mathfrak{f}(t)$ ist. Insbesondere erhält man sofort die $\mathfrak{L}$-Transformierte des Rechtecksimpulses $\mathfrak{f}(t)$ der Dauer τ:

$$\mathfrak{f}(t) = \sigma(t) - \sigma(t - \tau) = \begin{cases} 1 & 0 < t < \tau \\ 0 & \text{sonst}. \end{cases}$$

Nach Gl. (062.3) ist

$$\mathfrak{L}\{\mathfrak{f}(t)\} = \frac{1}{p}\{1 - \exp(-p\,\tau)\}. \tag{062.9}$$

Ferner folgt aus Gl. (062.3) und (062.6)

$$\left.\begin{aligned} \mathfrak{L}\{\cos\omega_0 t\} &= \frac{1}{2}\left\{\frac{1}{p + \mathrm{j}\,\omega_0} + \frac{1}{p - \mathrm{j}\,\omega_0}\right\}, \\ \mathfrak{L}\{\sin\omega_0 t\} &= \frac{1}{2\mathrm{j}}\left\{\frac{1}{p + \mathrm{j}\,\omega_0} - \frac{1}{p - \mathrm{j}\,\omega_0}\right\}. \end{aligned}\right\} \tag{062.10}$$

Für differenzierbare Zeitfunktionen $\mathfrak{f}(t)$, die für $t = +0$ den Grenzwert $\mathfrak{f}(0)$ besitzen, folgert man mittels partieller Integration

$$\int_0^\infty \mathfrak{f}'(t)\exp(-p\,t)\,\mathrm{d}t = -\mathfrak{f}(0) + p\int_0^\infty \mathfrak{f}(t)\exp(-p\,t)\,\mathrm{d}t,$$

[1] Vgl. die entsprechenden Regeln in Kap. 052 für die $\mathfrak{F}$-Transformation.

d. h.

$$\mathfrak{L}\{\mathfrak{f}'\} = p\,\mathfrak{L}\{\mathfrak{f}\} - \mathfrak{f}(0). \tag{062.11}$$

Entsprechend für Ableitungen beliebiger Ordnung

$$\mathfrak{L}\{\mathfrak{f}^{(n)}(t)\} = p^n\,\mathfrak{L}\{\mathfrak{f}(t)\} - \sum_{\nu=0}^{n-1} \mathfrak{f}^{(\nu)}(0)\,p^{n-\nu-1}, \tag{062.12}$$

wo $\mathfrak{f}^{(\nu)}(0)$ der Grenzwert der ν-ten Ableitung von $\mathfrak{f}(t)$ für $t \to +0$ ist.

Aus Gl. (062.11) folgt aber auch

$$\mathfrak{L}\left\{\int_0^t \mathfrak{f}(t)\,dt\right\} = \frac{1}{p}F(p) \tag{062.13}$$

bzw. wenn $\mathfrak{f}(t) \neq 0$ für $t < 0$

$$\mathfrak{L}_{\mathrm{II}}\left\{\int_{-\infty}^t \mathfrak{f}(t)\,\mathrm{d}t\right\} = \frac{1}{p}F(p) + \int_{-\infty}^0 \mathfrak{f}(t)\,\mathrm{d}t. \tag{062.14}$$

Die Gl. (062.11), (062.12), (062.13) bildeten den Ausgangspunkt für die HEAVISIDEsche Operatorenrechnung. Wenn man nur Zeitfunktionen betrachtet, die für $t = 0$ samt ihren Ableitungen verschwinden, besagen diese Gleichungen, daß mit $\mathfrak{L}\{\mathfrak{f}(t)\} = F(p)$

$$\mathfrak{L}\{\mathfrak{f}'(t)\} = p\,F(p), \quad \mathfrak{L}\{\mathfrak{f}^{(n)}(t)\} = p^n F(p), \quad \mathfrak{L}\left\{\int_0^t \mathfrak{f}(t)\,\mathrm{d}t\right\} = \frac{F(p)}{p},$$

so daß Multiplikation mit p sich in den Bereich der Objektfunktionen als Differentiation nach der Zeit übersetzt. Aus diesem Grunde sah man p direkt als

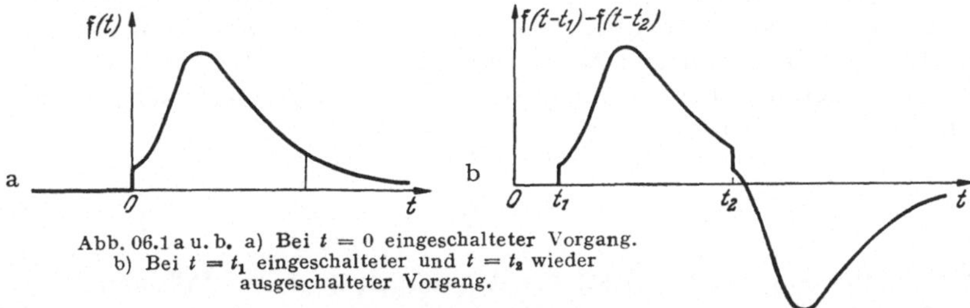

Abb. 06.1 a u. b. a) Bei $t = 0$ eingeschalteter Vorgang. b) Bei $t = t_1$ eingeschalteter und $t = t_2$ wieder ausgeschalteter Vorgang.

den Operator $\mathrm{d}/\mathrm{d}t$ an, $1/p$ als den Operator, der Integration nach der Zeit bedeutet, und stellte für das Rechnen mit dem Operator p Regeln auf. Wir halten es für günstiger, derartige Zusammenhänge aus der $\mathfrak{L}$-Transformation, die den Hintergrund für die Operatorenrechnung bildet, zu entwickeln.

Die inverse Transformation, die von $F(p)$ wieder zu $\mathfrak{f}(t)$ zurückführt, wird geliefert durch das sogenannte Integraltheorem von FOURIER-MELLIN, das wir in der Form aussprechen:

Ist $\mathfrak{f}(t) = 0$ für $t < 0$, $\mathfrak{L}\{\mathfrak{f}(t)\} = F(p)$ und für ein $\sigma_0 > 0$

$$\int_0^\infty \exp(-\sigma_0 t)\,|\mathfrak{f}(t)|\,\mathrm{d}t < \infty, \tag{062.15}$$

so gilt

$$\mathfrak{f}(t) = \frac{1}{2\pi\mathrm{j}} \int_{\sigma_0 - \mathrm{j}\infty}^{\sigma_0 + \mathrm{j}\infty} \exp(p\,t)\,F(p)\,\mathrm{d}p. \tag{062.16}$$

Zum Beweis wende man den FOURIERschen Integralsatz, Gl. (052.10), auf die Funktion $\exp(-\sigma_0 t)\,\mathfrak{f}(t)$ an und beachte $\mathfrak{f}(t) = 0$ für $t < 0$:

$$\exp(-\sigma_0 t)\,\mathfrak{f}(t) = \frac{1}{2\pi}\int_{-\infty}^{+\infty} \exp \mathrm{j}\,\omega\,t\,\mathrm{d}\omega \int_0^{\infty} \mathfrak{f}(\tau)\exp\left(-(\sigma_0 + \mathrm{j}\,\omega)\,\tau\right)\mathrm{d}\tau.$$

Setzt man hier $\sigma_0 + \mathrm{j}\omega = p$, so wird daraus

$$\exp(-\sigma_0 t)\,\mathfrak{f}(t) = \frac{1}{2\pi\,\mathrm{j}}\int_{\sigma_0 - \mathrm{j}\infty}^{\sigma_0 + \mathrm{j}\infty} \exp(p - \sigma_0)\,t\,\mathrm{d}p \int_0^{\infty} \mathfrak{f}(\tau)\exp(-p\,\tau)\,\mathrm{d}\tau.$$

Nach Multiplikation beider Seiten mit $\exp \sigma_0 t$ bleibt die Gl. (062.16).

Aus der Voraussetzung in Gl. (062.15) folgt, daß die Halbebene $\mathrm{Re}\,p \geqq \sigma_0$ der Konvergenzhalbebene angehört. Die Umkehrung der $\mathfrak{L}$-Transformation führt also auf die in Kap. 047 besprochenen Integrale von BROMWICH-WAGNER. Statt der Geraden $\mathrm{Re}\,p = \sigma_0$ kann man jede rechts davon verlaufende Parallele wählen. Wir definieren daher:

$$\mathfrak{L}^{-1}\{F(p)\} = \frac{1}{2\pi\,\mathrm{j}}\int_{\sigma - \mathrm{j}\infty}^{\sigma + \mathrm{j}\infty} \exp(p\,t)\,F(p)\,\mathrm{d}p, \qquad (062.17)$$

worin $\mathrm{Re}\,p = \sigma$ eine beliebige Parallele zur imaginären p-Achse ist, für die Gl. (062.15) besteht.

Liegt die Aufgabe vor, zu einer Funktion $F(p)$ die Zeitfunktion zu bestimmen, so wähle man eine Gerade $\mathrm{Re}\,p = \sigma$, die alle Singularitäten von $F(p)$ links von sich läßt, und werte das Integral rechts in Gl. (062.17) aus. Dies kann mittels des in Kap. 047 entwickelten Residuenkalküls geschehen, wofür wir noch weitere Beispiele kennenlernen werden. Wir erinnern vor allem an das in Gl. (047.3) ausgedrückte Ergebnis. Dieses schließt die folgende „HEAVISIDEsche Regel“ ein:

Wenn $F(p)$ eine rationale Funktion

$$F(p) = \frac{M(p)}{N(p)}$$

mit lauter einfachen Polen p_ν ist, bei der der Grad n des Polynoms $N(p)$ im Nenner den des Zählers um mindestens 1 übersteigt, so ist

$$\mathfrak{L}^{-1}\{F(p)\} = \sum_{\nu=1}^{n} \frac{M(p_\nu)\exp p_\nu t}{N'(p_\nu)} \qquad (062.18)$$

mit $N'(p_\nu) = \left(\dfrac{\mathrm{d}N}{\mathrm{d}p}\right)_{p=p_\nu}$.

Denn

$$\mathfrak{L}^{-1}\{F(p)\} = \frac{1}{2\pi\,\mathrm{j}}\int_{\sigma - \mathrm{j}\infty}^{\sigma + \mathrm{j}\infty} \frac{M(p)}{N(p)}\exp p\,t\,\mathrm{d}p = \sum_{\nu=1}^{n} \operatorname*{Res}_{p=p_\nu} \frac{M(p)\exp p\,t}{N(p)} \qquad (062.18\mathrm{a})$$

und die Residuen berechnen sich wegen der Einfachheit der Pole aus Gl. (047.4). Gl. (062.18a) ist auch bei Vorkommen mehrfacher Pole gültig. Zu den Polstellen kann auch $p = 0$ gehören.

Die Gerade $\mathrm{Re}\,p = \sigma$ in Gl. (062.17) läßt sich so weit nach links verschieben, bis man den ersten Singularitäten von $F(p)$ begegnet. Wählt man diese Abszisse σ für den Integrationsweg, so muß man bei allen auf $\mathrm{Re}\,p = \sigma$ liegenden Singularitäten nach rechts ausweichen.

Zu den fundamentalen Beziehungen für die $\mathfrak{L}$-Transformation, die in den Gl. (062.17), (062.4) bis (062.8) und (062.11) bis (062.14) ausgedrückt sind, tritt noch der *Faltungssatz*, der eine ganz analoge Form hat wie bei der $\mathfrak{F}$-Transformation:

Wenn $\mathfrak{L}\{\mathfrak{f}_1(t)\} = F_1(p)$, $\mathfrak{L}\{\mathfrak{f}_2(t)\} = F_2(p)$, so ist

$$\mathfrak{L}\left\{\int_0^t \mathfrak{f}_1(\tau)\,\mathfrak{f}_2(t-\tau)\,d\tau\right\} = F_1(p)\,F_2(p). \tag{062.19}$$

Für das Faltungsprodukt verwenden wir nach [*15*] das Zeichen[1]

$$\mathfrak{f}_1 * \mathfrak{f}_2 = \int_0^t \mathfrak{f}_1(\tau)\,\mathfrak{f}_2(t-\tau)\,d\tau. \tag{062.19a}$$

Dann gilt also

$$\mathfrak{L}\{\mathfrak{f}_1 * \mathfrak{f}_2\} = F_1 F_2. \tag{062.19b}$$

Die Faltung ist symmetrisch, d. h.

$$\mathfrak{f}_1 * \mathfrak{f}_2 = \mathfrak{f}_2 * \mathfrak{f}_1, \tag{062.19c}$$

wie aus Gl. (062.19a) sofort folgt.

Schließlich geben wir noch einige Beziehungen zwischen dem Verhalten von $\mathfrak{f}(t)$ und dem von $F(p)$, wenn die Variablen $\to\infty$ bzw. $\to 0$ streben.

Hat $\mathfrak{f}(t)$ für $t\to\infty$ einen Grenzwert, so ist

$$\lim_{t\to\infty} \mathfrak{f}(t) = \lim_{p\to 0} p\,F(p), \tag{062.20}$$

wobei die Annäherung an $p = 0$ beliebig in einem in der rechten Halbebene liegenden Winkelraum geschehen kann, dessen Scheitel im Nullpunkt liegt.

Unter gewissen recht allgemeinen Voraussetzungen [*15*] ist

$$\lim_{p\to\infty} p\,F(p) = \lim_{t\to+0} \mathfrak{f}(t), \tag{062.21}$$

wenn man p in irgendeinem in der Konvergenzhalbebene liegenden Winkelraum $\to\infty$ wandern läßt. Insbesondere ist $\lim\limits_{p\to 0} F(p) = 0$, wenn $\lim\limits_{t\to 0} \frac{\mathfrak{f}(t)}{t^\alpha} = 0$ für ein $\alpha < 1$.

Läßt sich $\mathfrak{f}(t)$, das zunächst nur für positive t erklärt ist, in eine ganze Funktion der komplexen Variablen t fortsetzen, so daß für alle t

$$\mathfrak{f}(t) = \sum_{\nu=0}^{\infty} a_\nu t^\nu, \tag{062.22}$$

und bleibt in der ganzen Ebene $\mathfrak{f}(t)\exp(-\sigma_0|t|)$ beschränkt, so gilt

$$\mathfrak{L}\{\mathfrak{f}(t)\} = \sum_0^\infty \frac{a_\nu\,\nu!}{p^{\nu+1}} \tag{062.23}$$

[1] Bei der $\mathfrak{L}_{II}$-Transformation sind als Integrationsgrenzen in Gl. (062.19) $-\infty$ und $+\infty$ zu nehmen.

für $\mathrm{Re}\, p > \sigma_0$. Dieses Ergebnis bedeutet nach Gl. (062.2), daß die $\mathfrak{L}$-Transformation auf die Reihe, Gl. (062.22) gliedweise angewendet werden kann. Auf Grund dessen läßt sich in vielen Fällen die $\mathfrak{L}$- oder $\mathfrak{L}^{-1}$-Transformation durchführen, wenn man von der Reihenentwicklung im t- bzw. p-Bereich ausgeht. Das Resultat im anderen Bereich ist dann wieder eine Reihe, deren Summe man nur in einzelnen Fällen wird angeben können.

Die $\mathfrak{L}$-Transformierte periodischer Zeitfunktionen $\mathfrak{f}(t)$ (T = Periode)

$$\mathfrak{f}(t+T) = \mathfrak{f}(t), \quad t > 0$$

läßt sich wie folgt berechnen

$$\mathfrak{L}\{\mathfrak{f}\} = \int_0^\infty \exp(-p\,t)\,\mathfrak{f}(t)\,\mathrm{d}t = \sum_{n=0}^\infty \int_{nT}^{(n+1)\,T} \exp(-p\,t)\,\mathfrak{f}(t)\,\mathrm{d}t$$

$$= \sum_{n=0}^\infty \exp(-p\,n\,T) \int_0^T \exp(-p\,t)\,\mathfrak{f}(t)\,\mathrm{d}t.$$

Für den letzten Schritt macht man im n-ten Reihenglied die Substitution $t + nT = t'$. Das Integral ganz rechts ist unabhängig von n; davor steht die geometrische Reihe $\sum_{n=0}^\infty [\exp - p\,T]^n$. Folglich

$$\mathfrak{L}\{\mathfrak{f}(t)\} = \frac{1}{1-\exp(-p\,T)} \int_0^T \exp(-p\,t)\,\mathfrak{f}(t)\,\mathrm{d}t. \tag{062.24}$$

Wenden wir dies gleich an auf einige Beispiele periodischer Zeitfunktionen:

a) $\mathfrak{f}(t) = \sin^2 \frac{\pi t}{T}$, $t > 0$ (Abb. 06.2a):

$$\int_0^T \exp(-p\,t)\,\mathfrak{f}(t)\,\mathrm{d}t = \frac{1}{2}\int_0^T \exp(-p\,t)\left\{1-\cos\frac{2\pi t}{T}\right\}\mathrm{d}t$$

$$= \frac{T}{\pi}[1-\exp(-p\,T)]\left[\frac{1}{2\frac{p\,T}{\pi}} - \frac{\frac{p\,T}{2\pi}}{\left(\frac{p\,T}{\pi}\right)^2+4}\right].$$

Somit ist nach Gl. (062.24)

$$F(p) = \mathfrak{L}\{\mathfrak{f}(t)\} = \frac{2}{p\left[\left(\frac{p\,T}{\pi}\right)^2+4\right]}.$$

$F(p)$ hat bei $p = 0,\ \pm\mathrm{j}\frac{2\pi}{T}$ je einen Pol 1. Ordnung mit den Residuen

$$\operatorname*{Res}_{p=0} F(p)\exp p\,t = \frac{1}{2}, \qquad \operatorname*{Res}_{p=\pm\mathrm{j}\frac{2\pi}{T}} F(p)\exp p\,t = -\frac{1}{4}\exp\left(\pm\mathrm{j}\frac{2\pi t}{T}\right),$$

so daß man durch Umkehrung der $\mathfrak{L}$-Transformation nach Gl. (062.18a) findet:

$$\mathfrak{L}^{-1}\{F(p)\} = \frac{1}{2} - \frac{1}{2}\cos\frac{2\pi t}{T} = \mathfrak{f}(t).$$

b) $\mathfrak{f}(t) = \left|\sin\frac{\pi t}{T}\right|$, $t > 0$ (gleichgerichteter Wechselstrom, Abb. 06.2b):

$$\int_0^T \exp(-p\,t)\,\mathfrak{f}(t)\,\mathrm{d}t = \frac{1}{2\mathrm{j}}\int_0^T\left[\exp\left(-p+\mathrm{j}\frac{\pi}{T}\right)t - \exp\left(-p-\mathrm{j}\frac{\pi}{T}\right)t\right]\mathrm{d}t$$

$$= \frac{\pi}{T}\,\frac{1+\exp(-p\,T)}{p^2+\left(\frac{\pi}{T}\right)^2}.$$

Daher ist nach Gl. (062.24)

$$F(p) = \frac{\pi}{T}\,\frac{1+\exp(-pT)}{1-\exp(-pT)}\,\frac{1}{p^2+\frac{\pi^2}{T^2}} = \frac{\frac{\pi}{T}}{p^2+\frac{\pi^2}{T^2}}\coth\frac{pT}{2}.$$

Die Pole des ersten Faktors bei $p = \pm \mathrm{j}\frac{\pi}{T}$ werden durch Nullstellen des cosh aufgehoben. Es verbleiben als Pole von $F(p)$ die Nullstellen von $\sinh\frac{pT}{2}$,

$$p_k = \frac{2k\pi\mathrm{j}}{T},$$

wo k alle ganzen Zahlen durchläuft. Die Pole sind alle einfach, und es ist dort

$$\operatorname*{Res}_{p=p_k} \frac{\pi}{T}\,\frac{\exp pt}{p^2+\frac{\pi^2}{T^2}}\,\frac{\cosh\frac{pT}{2}}{\sinh\frac{pT}{2}} =$$

$$\frac{2\pi\exp p_k t}{T^2\left(p_k^2+\frac{\pi^2}{T^2}\right)} = -\frac{2}{\pi}\,\frac{\exp \mathrm{j}\,2k\pi\frac{t}{T}}{4k^2-1}.$$

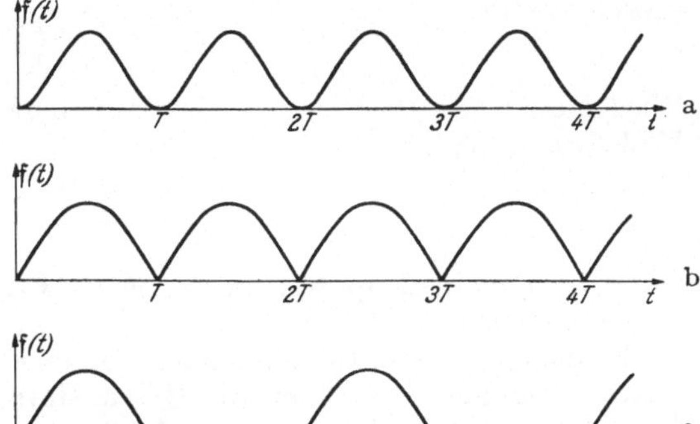

Abb. 06.2a – c. Beispiele periodischer Zeitfunktionen für $t > 0$.

Wenn wir daher die Umkehrung der $\mathfrak{L}$-Transformation nach Gleichung (062.17) und (047.3) vornehmen[1], erhalten wir

$$\mathfrak{L}^{-1}\{F(p)\} = \int_{-\infty}^{+\infty} \frac{\frac{\pi}{T}}{p^2+\frac{\pi^2}{T^2}}\coth\frac{pT}{2}\exp pt\,\mathrm{d}p = -\frac{2}{\pi}\sum_{k=-\infty}^{+\infty}\frac{\exp \mathrm{j}\,2k\pi\frac{t}{T}}{4k^2-1}$$

$$= \frac{2}{\pi}\left[1 - 2\sum_{k=1}^{\infty}\frac{\cos 2k\pi\frac{t}{T}}{4k^2-1}\right]$$

und dies ist in der Tat die FOURIER-Entwicklung von $\mathfrak{f}(t) = \left|\sin\pi\frac{t}{T}\right|$, wie man sich leicht überzeugt.

c) Für

$$\mathfrak{f}(t) = \begin{cases} \sin\frac{2\pi t}{T}, & 0 < t < \frac{T}{2} \\ 0\,, & \frac{T}{2} < t < T \end{cases}; \qquad \mathfrak{f}(t+T) = \mathfrak{f}(t), \quad t > 0 \quad \text{(Abb. 06.2c)}$$

ist

$$\int_0^T \mathfrak{f}(t)\exp(-pt)\,\mathrm{d}t = \frac{2\pi}{T}\,\frac{1+\exp\left(-p\frac{T}{2}\right)}{p^2+\left(\frac{2\pi}{T}\right)^2}$$

und

$$F(p) = \frac{2\pi}{T}\,\frac{1}{p^2+\left(\frac{2\pi}{T}\right)^2}\,\frac{1+\exp\left(-p\frac{T}{2}\right)}{1-\exp(-pT)} = \frac{\frac{2\pi}{T}}{\left[p^2+\left(\frac{2\pi}{T}\right)^2\right]\left[1-\exp\left(-\frac{pT}{2}\right)\right]}.$$

[1] Die Voraussetzungen für das JORDANsche Lemma sind erfüllt.

d) Für die aus Kap. 051 (Abb. 05.2e) bekannte Mäanderfunktion

$$\mathfrak{f}(t) = \begin{cases} 1, & 0 < t < \frac{T}{2} \\ -1, & \frac{T}{2} < t < T \end{cases}; \quad \mathfrak{f}(t+T) = \mathfrak{f}(t)$$

ist

$$\int_0^T \mathfrak{f}(t)\exp(-pt)\,dt = \int_0^{T/2} \exp(-pt)\,dt - \int_{T/2}^T \exp(-pt)\,dt = \frac{1}{p}\left[1 - \exp\left(-\frac{pT}{2}\right)\right]^2,$$

folglich nach Gl. (062.24)

$$F(p) = \mathfrak{L}\{f\} = \frac{1}{p}\,\frac{\left[1 - \exp\left(-p\frac{T}{2}\right)\right]^2}{1 - \exp(-pT)} = \frac{1}{p}\,\frac{1 - \exp\left(-p\frac{T}{2}\right)}{1 + \exp\left(-p\frac{T}{2}\right)} = \frac{1}{p}\tanh\frac{pT}{4}.$$

Wieder sind alle Pole einfach. Die auf dieselbe Weise wie oben durchgeführte Umkehrung liefert

$$\mathfrak{f}(t) = \frac{4}{\pi}\sum_{\nu=0}^{\infty}\frac{1}{\nu}\sin\frac{2\pi\nu t}{T},$$

was mit der in Kap. 051 berechneten FOURIER-Entwicklung der Mäanderkurve übereinstimmt.

In der folgenden Tabelle stellen wir eine Reihe gebräuchlicher Funktionenpaare zusammen, die über die $\mathfrak{L}$-Transformation einander entsprechen. Umfangreichere Tabellen dieser Art findet man z. B. in [*14, 37, 49*].

Auf zwei der Beispiele wollen wir ihrer Bedeutung wegen kurz eingehen.

Nach Kap. 095 ist die Gammafunktion $\Gamma(z)$ für $\mathrm{Re}\,z > 0$ durch das sogenannte EULERsche Integral

$$\Gamma(z) = \int_0^\infty u^{z-1}\exp(-u)\,du \tag{062.25}$$

gegeben und läßt sich in der komplexen z-Ebene zu einer meromorphen Funktion fortsetzen, die bei allen negativen ganzen Zahlen, $z = -n$, Pole 1. Ordnung besitzt. Für positiv-ganzzahliges z ist

$$\Gamma(z) = (z-1)! \tag{062.25a}$$

Setzt man in Gl. (062.25) $u = pt$, so wird daraus

$$\frac{\Gamma(z)}{p^z} = \int_0^\infty t^{z-1}\exp(-pt)\,dt, \tag{062.25b}$$

d. h. für reelle $z = x > 0$

$$\mathfrak{L}\{t^{x-1}\} = \frac{\Gamma(x)}{p^x}. \tag{062.25c}$$

Speziell für $x = \frac{1}{2}$ wegen $\Gamma(\frac{1}{2}) = \sqrt{\pi}$

$$\mathfrak{L}\left\{\frac{1}{\sqrt{\pi t}}\right\} = \frac{1}{\sqrt{p}}. \tag{062.25d}$$

Die $\mathfrak{L}$-Transformierte der bei $t = t_0 > 0$ lokalisierten DIRAC-Funktion folgt sofort aus ihrer Definitionsgleichung (053.15)

$$\mathfrak{L}\{\delta(t-t_0)\} = \int_0^\infty \exp(-pt)\,\delta(t-t_0)\,dt = \exp(-pt_0), \tag{062.26}$$

$\mathfrak{f}(t)$	$F(p)$	$\mathfrak{f}(t)$	$F(p)$
$\sigma(t)$	$\frac{1}{p}$	$\frac{\exp(-a_1 t) - \exp(-a_2 t)}{a_2 - a_1}$	$\frac{1}{(p+a_1)(p+a_2)}$
$\delta(t-t_0)$	$\exp(-p\,t_0),\ (t_0 > 0)$	$\frac{\exp(-a_1 t) - \exp(-a_2 t)}{t}$	$\ln\frac{p+a_2}{p+a_1}$
$\delta(t)$	$\frac{1}{2}$	$(1 - a\,t)\exp(-a\,t)$	$\frac{p}{(p+a)^2}$
t	$\frac{1}{p^2}$	$\frac{1}{\sqrt{t}}\exp\left(-\frac{a^2}{4t}\right)$	$\frac{1}{\sqrt{\pi p}}\exp(-a\sqrt{p})$
t^n	$\frac{n!}{p^{n+1}}\ (n = 1, 2, \ldots)$	$\frac{1}{\sqrt{t^3}}\exp\left(-\frac{a^2}{4t}\right)$	$\frac{2\sqrt{\pi}}{a}\exp(-a\sqrt{p})$
$\exp(\pm a\,t)$	$\frac{1}{p \mp a}$	$\frac{1}{2t}\exp\left(-\frac{a^2}{4t}\right)$	$K_0(a\sqrt{p})\quad (a > 0)$
$\cosh a\,t$	$\frac{p}{p^2 - a^2}$	$J_0(a\,t)$	$\frac{1}{\sqrt{p^2 + a^2}}$
$\sinh a\,t$	$\frac{a}{p^2 - a^2}$	$a^n J_n(a\,t)$	$\frac{(\sqrt{p^2 + a^2} - p)^n}{\sqrt{p^2 + a^2}}\quad (n = 0, 1, 2, \ldots)$
$\cos\omega_0 t$	$\frac{p}{p^2 + \omega_0^2}$	$n\frac{J_n(a\,t)}{t}$	$\left(\frac{-1}{a}\right)^n (p - \sqrt{p + a^2})^n\quad (n = 1, 2, \ldots)$
$\sin\omega_0 t$	$\frac{\omega_0}{p^2 + \omega_0^2}$	$t^{n+\frac{1}{2}}\quad {}_{n+\frac{1}{2}}(t)$	$2^{n+\frac{1}{2}}\frac{n!}{\sqrt{n}}\frac{1}{(p^2+1)^{n+1}}\quad (\mathrm{Re}\,n > -1)$
$\cos(\omega_0 t + \Phi)$	$\frac{p\cos\Phi - \omega_0\sin\Phi}{p^2 + \omega_0^2}$	$J_0(2\sqrt{a\,t})$	$\frac{1}{p}\exp\left(-\frac{a}{p}\right)$
$\lvert\sin\omega_0 t\rvert$	$\frac{\omega_0}{p^2 + \omega_0^2}\coth\left(\frac{\pi}{2}\frac{p}{\omega_0}\right)$	$t^{\frac{n}{2}} I_n(2\sqrt{a\,t})$	$\frac{a^{\frac{n}{2}}}{p^{n+1}}\exp\left(-\frac{a}{p}\right)\quad (\mathrm{Re}\,n > -1)$
$t\cos\omega_0 t$	$\frac{p^2 - \omega_0^2}{(p^2 + \omega_0^2)^2}$	$\alpha^\nu I_n(\alpha\,t)$	$\frac{(p - \sqrt{p^2 - \alpha^2})^n}{\sqrt{p^2 - \alpha^2}}\quad (n = 0, 1, 2, \ldots)$
$t\sin\omega_0 t$	$\frac{2\omega_0 p}{(p^2 + \omega_0^2)^2}$	$\exp(-a\,t)\,I_0(b\,t)$	$\frac{1}{\sqrt{(p+a)^2 - b^2}}$
$\cos^2\omega_0 t$	$\frac{1}{p}\frac{2\omega_0^2 + p^2}{4\omega_0^2 + p^2}$	t^m	$\frac{\Gamma(m+1)}{p^{m+1}}\quad (m > -1)$
$\sin^2\omega_0 t$	$\frac{1}{p}\frac{2\omega_0^2}{4\omega_0^2 + p^2}$	$\frac{(2t)^{\frac{2n-1}{2}}}{1\cdot 3\cdot 5\ldots(2n+1)}$	$\sqrt{\frac{\pi}{2}}\,p^{-\frac{2n+1}{2}}\quad (n = 1, 2, \ldots)$
$\frac{\sin\omega_0 t}{t}$	$\arctan\frac{\omega_0}{p}$	$\Phi(\sqrt{t})$	$\frac{1}{p\sqrt{1+p}}$
$\frac{1}{\sqrt{\pi t}}$	$\frac{1}{\sqrt{p}}$	$1 - \Phi\left(\frac{a}{2\sqrt{t}}\right)$	$\frac{1}{p}\exp(-a\sqrt{p})\quad (a > 0)$

$\mathfrak{f}(t)$	$F(p)$
$\begin{cases} 0 & t < t_0 \\ 1 & t > t_0 \end{cases}$	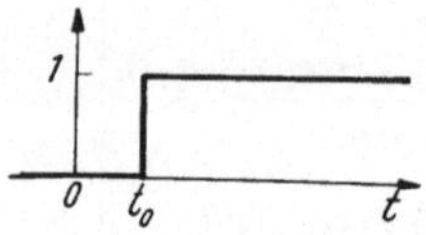 $\dfrac{\exp(-p\,t_0)}{p}$
$\begin{cases} 1 & t_1 < t < t_2 \\ 0 & \text{sonst} \end{cases}$	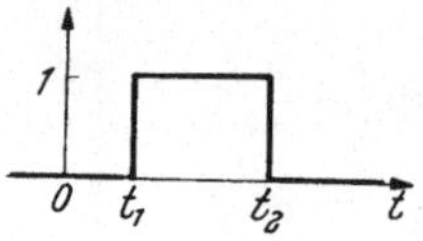 $\dfrac{\exp(-p\,t_1) - \exp(-p\,t_2)}{p} \quad (t_1 \geqq 0)$
$\begin{cases} t & t < t_0 \\ 0 & t > t_0 \end{cases}$	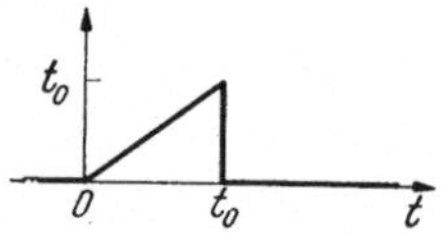 $\dfrac{1 - (1 + p\,t_0)\exp(-p\,t_0)}{p^2}$
$\begin{cases} t & t < t_0 \\ t_0 & t > t_0 \end{cases}$	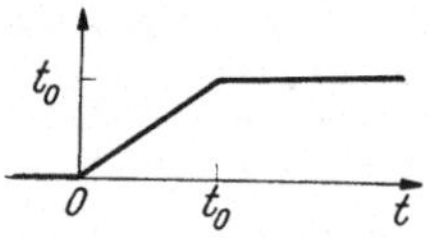 $\dfrac{1 - \exp(-p\,t_0)}{p^2}$
$\begin{cases} t & t < t_0 \\ 2t_0 - t & t_0 < t < 2t_0 \\ 0 & t > 2t_0 \end{cases}$	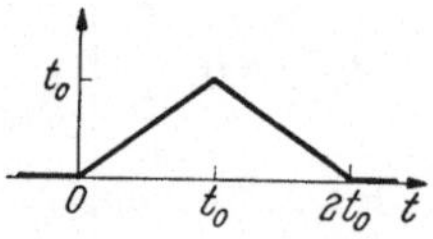 $\dfrac{[1 - \exp(-p\,t_0)]^2}{p^2}$
$\begin{cases} \sin\pi\dfrac{t}{t_0} & t < t_0 \\ 0 & t > t_0 \end{cases}$	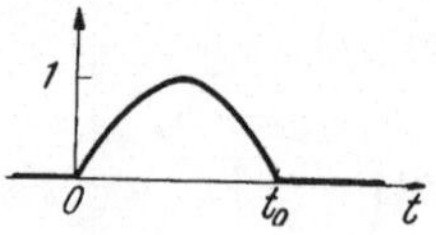 $\dfrac{\pi}{t_0}\,\dfrac{1 + \exp(-p\,t_0)}{p^2 + \left(\dfrac{\pi}{t_0}\right)^2}$
$\begin{cases} \sin^2\pi\dfrac{t}{t_0} & t < t_0 \\ 0 & t > t_0 \end{cases}$	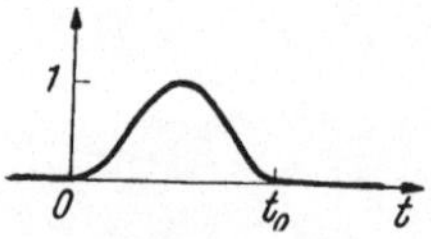 $\dfrac{2\pi^2}{t_0^2}\,\dfrac{1 - \exp(-p\,t_0)}{p\left[p^2 + \left(\dfrac{2\pi}{t_0}\right)^2\right]}$

$\mathfrak{f}(t)$	$F(p)$
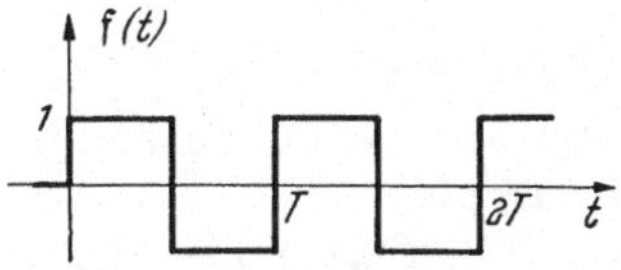 f(t); 1; T; 2T; t	$\frac{1}{p}\tanh\frac{pT}{4}$
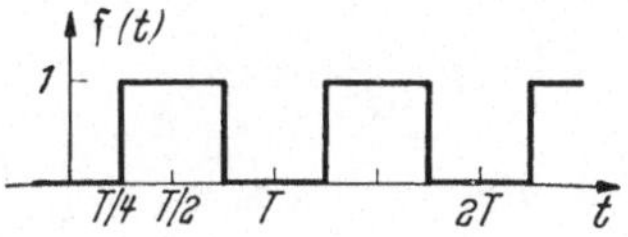 f(t); 1; T/4; T/2; T; 2T; t	$\frac{1}{2p}\,\frac{1}{\cosh\frac{pT}{4}}$
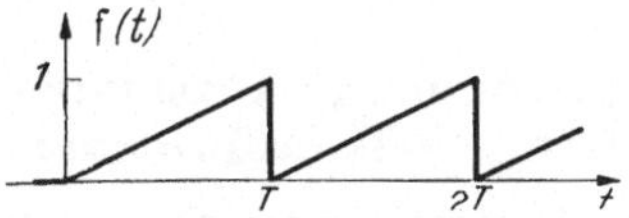 f(t); 1; T; 2T; t	$\frac{1}{p^2}-\frac{T}{2p}\left(\coth\frac{pT}{2}-1\right)$
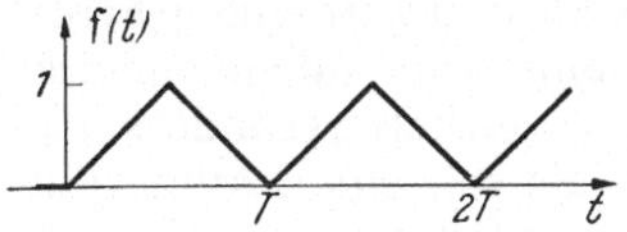 f(t); 1; T; 2T; t	$\frac{2}{Tp^2\left[1+\exp\left(-p\frac{T}{2}\right)\right]}$
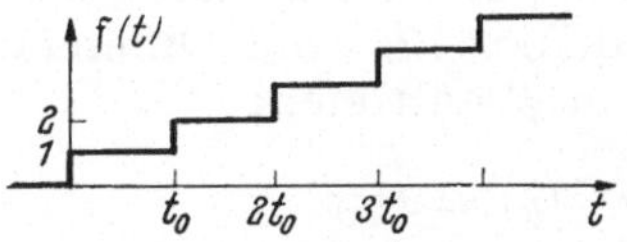 f(t); 2; 1; t_0; $2t_0$; $3t_0$; t	$\frac{1}{2p}\left(1+\coth p\frac{t_0}{2}\right)$
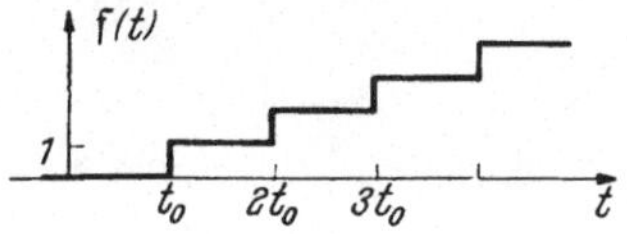 f(t); 1; t_0; $2t_0$; $3t_0$; t	$\frac{1}{p}\,\frac{1}{\exp(t_0 p)-1}$
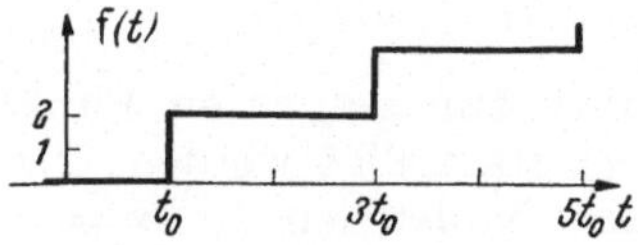 f(t); 2; 1; t_0; $3t_0$; $5t_0$; t	$\frac{1}{p}\,\frac{1}{\sinh t_0 p}$

während für $t_0 = 0$

$$\lim_{t_0 \to 0} \delta(t - t_0) = 1,$$

jedoch

$$\mathfrak{L}\{\delta(t)\} = \tfrac{1}{2}$$

ist, denn $\delta(t)$ wird durch Grenzübergang aus bezüglich $t = 0$ symmetrischen Impulsfunktionen gewonnen (siehe Kap. 0533).

Die Grundregeln Gl. (062.4) bis (062.8), (062.11) bis (062.14), (062.19) erlauben es, aus bekannten Korrespondenzen $\mathfrak{L}\{\mathfrak{f}(t)\} = F(p)$ weitere herzuleiten. Differenziert man Gl. (062.5) nach a und setzt im Ergebnis $a = 1$, so erhält man noch

$$\mathfrak{L}\left\{\left(t\frac{\mathrm{d}}{\mathrm{d}t}\right)^n \mathfrak{f}(t)\right\} = \left(-p\frac{\mathrm{d}}{\mathrm{d}p}\right)^n F(p). \tag{062.27}$$

Durch Integration von $\mathfrak{f}(a\,t) = \frac{1}{a} F\left(\frac{p}{a}\right)$ über $1 \leqq a \leqq \infty$ folgt

$$\mathfrak{L}\left\{\int\limits_0^t \frac{\mathfrak{f}(\tau)}{\tau}\,\mathrm{d}\tau\right\} = \frac{1}{p}\int\limits_p^\infty F(q)\,\mathrm{d}q. \tag{062.28}$$

063 Lösung der linearen Differentialgleichung mit konstanten Koeffizienten auf dem Wege über die LAPLACE-Transformation.

Wir gehen aus von der Differentialgleichung n-ter Ordnung für $\mathfrak{f}(t)$

$$\frac{\mathrm{d}^n\mathfrak{f}}{\mathrm{d}t^n} + a_1\frac{\mathrm{d}^{n-1}\mathfrak{f}}{\mathrm{d}t^{n-1}} + \cdots + a_{n-1}\frac{\mathrm{d}\mathfrak{f}}{\mathrm{d}t} + a_n\mathfrak{f}(t) = h(t), \tag{063.1}$$

in der die Koeffizienten a_ν Konstante sind und $h(t)$ eine gegebene Funktion ist, die in den Anwendungen gewöhnlich eine von außen einwirkende Kraft beschreibt, wenn $\mathfrak{f}(t)$ die Bedeutung einer zeitlich veränderlichen Betriebsgröße eines schwingungsfähigen Systems hat. Es soll eine Lösung dieser Differentialgleichung mit bei $t = 0$ vorgeschriebenen Anfangswerten $\mathfrak{f}(0), \mathfrak{f}'(0), \ldots, \mathfrak{f}^{(n-1)}(0)$ gefunden werden.

Nimmt man an, daß $h(t)$ und die Lösung $\mathfrak{f}(t)$ eine $\mathfrak{L}$-Transformierte $H(p)$ bzw. $F(p)$ besitzt, so führt die Anwendung der $\mathfrak{L}$-Transformation auf Gl. (063.1) auf eine Gleichung in p, in der nach Gl. (062.12) keine Differentiationssymbole mehr, sondern statt dessen Potenzen in p auftreten:

$$P(p)\,F(p) - Q(p) = H(p). \tag{063.2}$$

Dabei sind $P(p)$, $Q(p)$ die Polynome

$$P(p) = p^n + a_1 p^{n-1} + \cdots + a_{n-1}p + a_n, \tag{063.2a}$$

$$\begin{aligned} Q(p) = \mathfrak{f}(0)\,[p^{n-1} + a_1 p^{n-2} + \cdots + a_{n-1}] + \\ + \mathfrak{f}'(0)\,[p^{n-2} + a_1 p^{n-3} + \cdots + a_{n-2}] + \cdots + \mathfrak{f}^{n-2}(0)\,[p + a_1] + \mathfrak{f}^{(n-1)}(0). \end{aligned} \tag{063.2b}$$

Aus Gl. (063.2) läßt sich $F(p)$ sofort berechnen:

$$F(p) = \frac{H(p)}{P(p)} + \frac{Q(p)}{P(p)}. \tag{063.3}$$

Umkehrung der $\mathfrak{L}$-Transformation führt zur gesuchten Funktion $\mathfrak{f}(t)$. Dies kann mit Hilfe des Residuenkalküls bewerkstelligt werden. $Q(p)/P(p)$ ist eine rationale Funktion, deren Pole bei den Nullstellen p_ν $(\nu = 1, 2, \ldots, n)$ des

Polynoms $P(p)$ liegen. Der Grad des Zählers ist um Eins niedriger als der des Nenners.

Für den Anteil $H(p)\frac{1}{P(p)}$ in Gl. (063.3) findet man auf Grund des Faltungssatzes, Gl. (062.19), wenn $\mathfrak{L}^{-1}\left\{\frac{1}{P(p)}\right\} = \eta(t)$ gesetzt wird,

$$\mathfrak{L}^{-1}\left\{\frac{H(p)}{P(p)}\right\} = h(t) * \eta(t), \tag{063.4}$$

und dies gibt zugleich die Lösung, wenn $Q(p) \equiv 0$, d. h. alle Anfangswerte $\mathfrak{f}(0), \mathfrak{f}'(0), \ldots, \mathfrak{f}^{(n-1)}(0)$ verschwinden.

Aus Gl. (062.18a) folgt

$$\eta(t) = \mathfrak{L}^{-1}\left\{\frac{1}{P(p)}\right\} = \sum_{\mu} \operatorname*{Res}_{p=p_\mu} \frac{\exp p\, t}{P(p)}, \tag{063.5}$$

wo nur über die verschiedenen p_ν summiert wird. Sind alle p_ν voneinander verschieden, d. h. alle Pole von $P(p)$ einfach, so vereinfacht sich dies zu

$$\eta(t) = \mathfrak{L}^{-1}\left\{\frac{1}{P(p)}\right\} = \sum_{\nu=1}^{n} \frac{\exp p_\nu t}{P'(p_\nu)}. \tag{063.6}$$

In diesem Falle ist

$$h(t) * \eta(t) = \sum_{\nu=1}^{n} \frac{\exp p_\nu t}{P'(p_\nu)} \int_0^t \exp(-p_\nu \tau)\, h(\tau)\, d\tau. \tag{063.7}$$

Kommen mehrfache Pole vor, d. h. befinden sich unter den p_ν $(\nu = 1, \ldots, n)$ gleiche, so lautet für einen solchen m-fachen Pol p_μ die LAURENT-Entwicklung, Gl. (041.7), von $1/P$

$$\frac{1}{P(p)} = \frac{c_{-m}}{(p-p_\mu)^m} + \frac{c_{-m+1}}{(p-p_\mu)^{m-1}} + \cdots + \frac{c_{-1}}{p-p_\mu} + c_0 + c_1(p-p_\mu) + \cdots, \tag{063.8}$$

daher ist

$$\frac{\exp p\, t}{P(p)} = \exp p_\mu t \left[c_{-m} \frac{\exp(p-p_\mu)\, t}{(p-p_\mu)^m} + c_{-m+1} \frac{\exp(p-p_\mu)\, t}{p-p_\mu} + \cdots\right].$$

Wenn man noch $\exp(p-p_\mu)\, t$ bei $p = p_\mu$ entwickelt,

$$\exp(p-p_\mu)\, t = \sum_{\varkappa=0}^{\infty} \frac{t^\varkappa (p-p_\mu)^\varkappa}{\varkappa!},$$

so findet man, da in jedem Summenglied der eckigen Klammer nur der Koeffizient von $\frac{1}{p-p_\mu}$ für das Residuum benötigt wird,

$$\operatorname*{Res}_{p=p_\mu} \frac{\exp p\, t}{P(p)} = \exp p_\mu t \left[c_{-m} \frac{t^{m-1}}{(m-1)!} + c_{-m+1} \frac{t^{m-2}}{(m-2)!} + \cdots + c_{-1}\right]. \tag{063.9}$$

Das heißt, ein m-facher Pol p_μ von $[P(p)]^{-1}$ bringt im Integral einen Term, in dem das Produkt von $\exp p_\mu t$ und eines Polynoms $(m-1)$-ten Grades in t mit $h(t)$ gefaltet ist.

Die $c_{-\kappa}$ erhält man nach Gl. (063.8) aus

$$c_{-k} = \operatorname*{Res}_{p=p_\mu} \frac{(p-p_\mu)^{k-1}}{P(p)}.$$

Für beliebige Anfangsbedingungen haben wir noch $\mathfrak{L}^{-1}\left\{\frac{Q(p)}{P(p)}\right\}$ zu berechnen. Dies führt auf eine Summe [vgl. Gl. (063.2b)]

$$\mathfrak{f}(0)\,\psi_0(0) + \mathfrak{f}'(0)\,\psi_1(t) + \cdots + \mathfrak{f}^{(n-1)}(0)\,\psi_{n-1}(t)$$

mit

$$\psi_\nu(t) = \mathfrak{L}^{-1}\left\{\frac{p^{n-\nu-1} + a_1 p^{n-\nu-2} + \cdots + a_{n-\nu-1}}{P(p)}\right\} \quad (\nu = 0, 1, \ldots, n-1);$$

speziell

$$\psi_{n-1}(t) = \mathfrak{L}^{-1}\left\{\frac{1}{P(p)}\right\} = \eta(t).$$

Die $\psi_\nu(t)$ kann man als $\mathfrak{L}^{-1}$-Transformierte nach der üblichen Residuenmethode errechnen oder auch durch $\eta(t)$ und seine Ableitungen ausdrücken[1]:

$$\psi_\nu(t) = \eta^{(n-\nu-1)}(t) + a_1\eta^{(n-\nu-2)}(t) + \cdots + a_{n-\nu-1}\eta(t). \tag{063.10}$$

Wir verzichten hier auf den Nachweis, daß die so gewonnene Funktion

$$\mathfrak{f}(t) = h(t) * \eta(t) + \sum_{\nu=0}^{n-1} \mathfrak{f}^{(\nu)}(0)\,\psi_\nu(t) \tag{063.11}$$

die gesuchte Lösung der Differentialgleichung Gl. (063.1) mit den vorgeschriebenen Anfangswerten ist [*13*].

Der Lösungsweg über die $\mathfrak{L}$-Transformation hat gegenüber den sonstigen elementaren Methoden den Vorteil, daß sofort die richtige Lösung zu den Anfangsbedingungen geliefert wird und sich so die Bestimmung der Integrationskonstanten aus einem linearen Gleichungssystem vermeiden läßt.

Es lassen sich auch Systeme von linearen Differentialgleichungen so behandeln; sie führen im p-Bereich zu Systemen endlicher Gleichungen.

Wir bringen zwei einfache Anwendungen auf Schwingungskreise.

a) In einem einzelnen Resonanzkreis mit Kapazität C, Induktivität L und OHMschem Widerstand R in Serie, auf den eine veränderliche Spannung $U(t)$ von außen einwirkt, genügt die Ladung $q(t)$ auf dem Kondensator C der Differentialgleichung

$$L q'' + R q' + \frac{1}{C} q(t) = U(t). \tag{063.12}$$

Das Polynom

$$P(p) = p^2 + \frac{R}{L} p + \frac{1}{LC} \tag{063.12a}$$

hat die beiden Wurzeln

$$p_{1,2} = -\frac{R}{2L} \pm \sqrt{\left(\frac{R}{2L}\right)^2 - \frac{1}{LC}}, \tag{063.12b}$$

die entweder beide negativ-reell oder konjugiert komplex mit negativem Realteil sind. Wegen

$$\eta(t) = \mathfrak{L}^{-1}\left\{\frac{1}{(p-p_1)(p-p_2)}\right\} = \frac{\exp p_1 t - \exp p_2 t}{p_1 - p_2}$$

folgt nach Gl. (063.11)

$$\begin{aligned} q(t) &= \int_0^t \eta(t-\tau)\,U(\tau)\,d\tau + q(0)\left[\eta'(t) + \frac{R}{L}\eta(t)\right] + q'(0)\,\eta(t) \\ &= \frac{1}{p_1 - p_2}\left\{\exp(p_1 t)\left[-q(0)\,p_2 + q'(0) + \int_0^t \exp(-p_1\tau)\,U(\tau)\,d\tau\right] - \right. \\ &\qquad \left. - \exp(p_2 t)\left[-q(0)\,p_1 + q'(0) + \int_0^t \exp(-p_2\tau)\,U(\tau)\,d\tau\right]\right\}. \end{aligned} \tag{063.13}$$

---

[1] Vgl. [*13*]; dies beruht auf Gl. (062.12) und der Tatsache, daß $\eta(t)$ und seine Ableitungen bis zur $(n-2)$-ten bei $t = 0$ verschwinden.

Die Lösung setzt sich aus zwei Anteilen zusammen, die den Faktor $\exp p_1 t$ bzw. $\exp p_2 t$ enthalten. Diese Funktionen stellen die Lösung der Ausgangsgleichung dar, wenn der Kreis sich selbst überlassen bleibt ($U(t) \equiv 0$). Für $\left(\frac{R}{2L}\right)^2 > \frac{1}{LC}$ treten keine freien Schwingungen auf, nur exponentielles Abklingen einer Anfangsspannung. Der Strom im Kreis ist $I(t) = \frac{dq}{dt}$.

Wird der stromfreie Kreis zur Zeit $t_0 > 0$ durch einen Spannungsimpuls in Gestalt einer DIRAC-Funktion, $U(t) = U_0 \delta(t - t_0)$ erregt, so ist für $t > t_0$

$$\begin{aligned} q(t) &= U_0 \eta(t - t_0) = \frac{U_0}{p_1 - p_2} [\exp p_1(t - t_0) - \exp p_2(t - t_0)], \\ I(t) &= U_0 \eta'(t - t_0) = \frac{U_0}{p_1 - p_2} [p_1 \exp p_1(t - t_0) - p_2 \exp p_2(t - t_0)]. \end{aligned} \tag{063.14}$$

b) Es seien zwei induktiv gekoppelte Resonanzkreise gegeben (Abb. 06.3, L_{12}-Wechselinduktionskoeffizient). In den Kreis 1 ist ein Generator ein geschaltet, der die Spannung $U(t)$ liefert. Wir setzen der Einfachheit halber $R = 0$. Dann lautet das Differentialgleichungssystem für die Ladungen q_1 und q_2 auf C_1 bzw. C_2

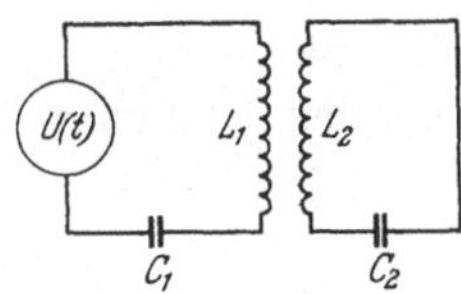

Abb. 06.3. Induktiv gekoppelte LC-Kreise.

$$\begin{aligned} L_1 q_1'' + L_{12} q_2'' + \frac{1}{C_1} q_1 &= U(t), \\ L_2 q_2'' + L_{12} q_1'' + \frac{1}{C_2} q_2 &= 0, \end{aligned} \tag{063.15}$$

und dieses geht, wenn noch $q_1(0) = q_2(0) = q_1'(0) = q_2'(0) = 0$ gesetzt wird, bei $\mathfrak{L}$-Transformation über in

$$\begin{aligned} (C_1 L_1 p^2 + 1)\,\mathfrak{L}\{q_1\} + L_{12} C_1 p^2 \mathfrak{L}\{q_2\} &= \mathfrak{L}\{U\}, \\ (C_2 L_2 p^2 + 1)\,\mathfrak{L}\{q_2\} + L_{12} C_2 p^2 \mathfrak{L}\{q_1\} &= 0. \end{aligned} \tag{063.16}$$

Daraus folgt

$$\mathfrak{L}\{q_1\} = \frac{(L_2 C_2 p^2 + 1)\,\mathfrak{L}\{U\}}{(L_1 C_1 p^2 + 1)(L_2 C_2 p^2 + 1) - L_{12}^2 C_1 C_2 p^4},$$

$$\mathfrak{L}\{q_2\} = \frac{-L_{12} C_2 \mathfrak{L}\{U\}}{(L_1 C_1 p^2 + 1)(L_2 C_2 p^2 + 1) - L_{12}^2 C_1 C_2 p^4}$$

und wegen $\mathfrak{L}\{I_{1,2}\} = p\,\mathfrak{L}\{q_{1,2}\}$ bei den gewählten Anfangsbedingungen

$$\begin{aligned} I_1 &= U(t) * \mathfrak{L}^{-1}\left\{\frac{p(L_2 C_2 p^2 + 1)}{(L_1 C_1 p^2 + 1)(L_2 C_2 p^2 + 1) - L_{12}^2 C_1 C_2 p^4}\right\}, \\ I_2 &= U(t) * \mathfrak{L}^{-1}\left\{\frac{-p L_{12} C_2}{(L_1 C_1 p^2 + 1)(L_2 C_2 p^2 + 1) - L_{12}^2 C_1 C_2 p^4}\right\}. \end{aligned} \tag{063.17}$$

064 Zur praktischen Anwendung der LAPLACE-Transformation. Die Bedeutung der Variablen *p* als komplexe Frequenz.

Wie die $\mathfrak{F}$-Transformierte kann ebenso auch die $\mathfrak{L}$-Transformierte $F(p)$ einer Zeitfunktion $\mathfrak{f}(t)$ als ein komplexes „Spektrum" angesehen werden, wobei zunächst noch offen bleibt, welche Bedeutung der Variablen p zukommt. Die einseitige $\mathfrak{L}$-Transformation ist auf Zeitfunktionen zugeschnitten, die für alle $t < 0$ verschwinden. Als einfachste derartige Funktion haben wir den Einheitssprung $\sigma(t) = \begin{cases} 0, & t < 0 \\ 1, & t > 0 \end{cases}$ kennengelernt. Eine jede Treppenfunktion $\mathfrak{f}(t)$ (Abb. 06.4) können wir als eine Summe

$$\mathfrak{f}(t) = \sum_{\nu} a_\nu\, \sigma(t - t_\nu) \tag{064.1}$$

ausdrücken, in der die Koeffizienten a_ν die Bedeutung der Sprunghöhe $\mathfrak{f}(t+0) - \mathfrak{f}(t-0)$ an der Sprungstelle $t = t_\nu$ haben. Andererseits läßt sich eine beliebige Funktion $\mathfrak{f}(t)$ unter gewissen Voraussetzungen[1] durch Treppenfunktionen beliebig genau approximieren. Läßt man dabei in der Summe Gl. (064.1) die t_ν immer näher zusammenrücken, so erhält man in der Grenze die Darstellung von $\mathfrak{f}(t)$ durch ein Integral

$$\begin{aligned}\mathfrak{f}(t) = \mathfrak{f}(0)\,\sigma(t) + \int_0^\infty a(\tau)\,\sigma(t-\tau)\,\mathrm{d}\tau &= \mathfrak{f}(0)\,\sigma(t) + \int_0^t a(\tau)\,\sigma(t-\tau)\,\mathrm{d}\tau \\ &= \mathfrak{f}(0)\,\sigma(t) + a(t) * \sigma(t)\,.\end{aligned} \tag{064.2}$$

An allen Stellen τ, wo $\mathfrak{f}(\tau)$ differenzierbar ist, ist

$$a(\tau) = \lim_{\varepsilon \to 0} \frac{1}{2\varepsilon}\,[\mathfrak{f}(\tau+\varepsilon) - \mathfrak{f}(\tau-\varepsilon)] = \mathfrak{f}'(\tau)\,.$$

Durch die Gl. (064.2) ist $\mathfrak{f}(t)$ in eine stetige Aufeinanderfolge von Sprungfunktionen aufgelöst. Dies bildet zum Unterschied zur $\mathfrak{F}$-Transformation, bei der mit der Darstellung einer Funktion durch harmonische Schwingungen gearbeitet wird, den Ausgangspunkt für die Anwendung der $\mathfrak{L}$-Transformation auf lineare Übertragungssysteme. Ist $\mathfrak{f}(t)$ ein beliebiges Eingangssignal ($\mathfrak{f} = 0$ für $t < 0$), und kennt man die Wirkung $\mathfrak{W}\,\sigma(t-\tau)$, die durch die Eingangsfunktion $\sigma(t-\tau)$ am Ausgang des Systems erzeugt wird, so folgt für die des Signals $\mathfrak{f}(t)$ aus der Linearität nach Gl. (064.2)

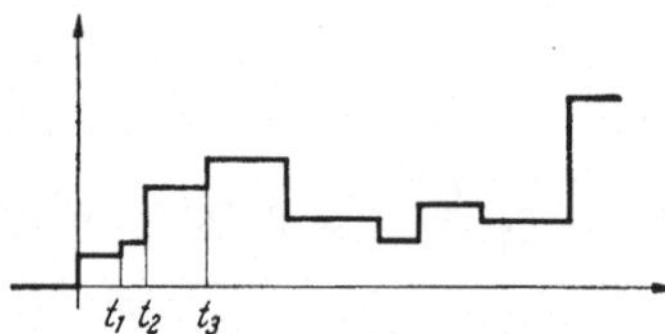

Abb. 06.4. Treppenfunktion.

$$\mathfrak{W}\,\mathfrak{f}(t) = \mathfrak{f}(0)\,\mathfrak{W}\,\sigma(t) + \int_0^\infty a(\tau)\,\mathfrak{W}\,\sigma(t-\tau)\,\mathrm{d}\tau\,. \tag{064.3}$$

In physikalisch realisierbaren Systemen hat $\mathfrak{W}\,\sigma(t-\tau)$ die Eigenschaft, für $t < \tau$ zu verschwinden, sonst würde die Wirkung $\mathfrak{W}\,\sigma(t-\tau)$ der Ursache $\sigma(t-\tau)$ zum Teil zeitlich vorangehen. Gl. (064.3) vereinfacht sich mit dieser Annahme zu

$$\mathfrak{W}\,\mathfrak{f} = \mathfrak{f}(0)\,\mathfrak{W}\,\sigma(t) + \int_0^t a(\tau)\,\mathfrak{W}\,\sigma(t-\tau)\,\mathrm{d}\tau = \mathfrak{f}(0)\,\mathfrak{W}\,\sigma(t) + a(t) * \mathfrak{W}\,\sigma(t)\,. \tag{064.4}$$

Nun wende man auf die Beziehungen Gl. (064.2) und (064.4) die $\mathfrak{L}$-Transformation an. Dies ergibt einmal wegen $a(\tau) = \mathfrak{f}'(\tau)$, Gl. (062.7) und $\mathfrak{L}\{\sigma(t)\} = \frac{1}{p}$

$$F(p) = \mathfrak{L}\{\mathfrak{f}(t)\} = \mathfrak{f}(0)\,\frac{1}{p} + [p\,F(p) - \mathfrak{f}(0)]\,\frac{1}{p}\,,$$

d. i. eine Identität, zum anderen

$$\begin{aligned}\mathfrak{L}\{\mathfrak{W}\,\mathfrak{f}(t)\} &= \mathfrak{f}(0)\,\mathfrak{L}\{\mathfrak{W}\,\sigma(t)\} + [p\,F(p) - \mathfrak{f}(0)]\,\mathfrak{L}\{\mathfrak{W}\,\sigma(t)\} \\ &= F(p)\,p\,\mathfrak{L}\{\mathfrak{W}\,\sigma(t)\}\,.\end{aligned} \tag{064.5}$$

[1] Hier spielt wieder der in der Fußnote von S. 75 genannte Begriff der „beschränkten Variation" eine Rolle.

Es ist danach sinngemäß, $G(p) = p\,\mathfrak{L}\{\mathfrak{W}\,\sigma(t)\}$ als *Übertragungsfunktion* des Systems anzusehen. Denn nach Zerlegung von $\mathfrak{f}(t)$ in sein $\mathfrak{L}$-Spektrum erfährt jede Komponente $F(p)$ durch das System Multiplikation mit $G(p)$. Die Funktion $G(p)$ ist auch bei der $\mathfrak{F}$-Transformation, die Transformierte der Antwort des Systems auf das Signal $\delta(t)$[1]:

$$\mathfrak{W}\,\delta(t) = \mathfrak{L}^{-1}\{G(p)\} = g(t). \tag{064.6}$$

Denn von $\sigma(t)$ gelangt man zu $\delta(t)$ durch einen (verallgemeinerten) Differentiationsprozeß; dies drückt sich in den Transformierten durch den Faktor p aus, wegen der Linearität auch bei den Wirkungen von $\sigma(t)$ und $\delta(t)$ auf das System.

Überhaupt ist die so erhaltene Funktion $G(p)$ nur die Fortsetzung der in Kap. 055 eingeführten, $G(\mathrm{j}\omega)$, ins Komplexe. Wir betonten eingangs dieses Kapitels, daß die $\mathfrak{L}$-Transformierte $F(p)$ für $p = \mathrm{j}\omega$ und, wenn $\mathfrak{f}(t) = 0$ für $t < 0$, mit $2\pi\,\mathfrak{F}\{\mathfrak{f}(t)\}$ übereinstimmt. Hier taucht die Frage[2] auf nach dem Nutzen der Einführung der komplexen Veränderlichen p an Stellen der üblichen reellen Frequenz ω; die Achse der reellen Frequenzen erscheint in der komplexen p-Ebene als imaginäre Achse.

Für die mathematische Behandlung beliebiger — abklingender oder periodischer — Zeitvorgänge bringt die Einführung von p statt ω manche Bequemlichkeit und tiefere Einsicht. Die zwar weniger anschauliche LAPLACE-Transformation ist, wie in Kap. 061 bemerkt, allgemeiner definiert als die nach FOURIER. So treten im $\mathfrak{L}$-Spektrum Pole ω_ν auf der reellen Frequenzachse sofort in Erscheinung, während das $\mathfrak{F}$-Integral $S(\omega) = \frac{1}{2\pi}\int\limits_0^\infty \mathfrak{f}(t)\exp(-\mathrm{j}\,\omega\,t)\,\mathrm{d}t$ sich für ein solches $\omega = \omega_\nu$ von vornherein nicht bilden läßt. Man führt dann einen Grenzübergang durch, indem man den Integranden zunächst mit einem Faktor $\exp(-\sigma\,t)$, $\sigma > 0$, d. h. einer Dämpfung versieht. Das kommt darauf hinaus, statt $\mathrm{j}\omega$ die Größe $\sigma + \mathrm{j}\omega$ zu verwenden, die als komplexe Zahl in der rechten p-Halbebene beheimatet ist.

Das Schema, nach dem die $\mathfrak{L}$-Transformation zur Anwendung kommt, entspricht völlig dem bei der $\mathfrak{F}$-Transformation: Man geht von $\mathfrak{f}(t)$ über zum Spektrum $F(p) = \mathfrak{L}\{\mathfrak{f}(t)\}$, multipliziert dieses mit dem komplexen Übertragungsfaktor $G(p)$ und transformiert das Produkt $G(p)\,F(p)$ zurück in den t-Bereich. Da dies sich unter sehr allgemeinen, in der Praxis gewöhnlich erfüllten Bedingungen auf dem Wege über die Residuen an den Polstellen von $G(p)\,F(p)$ vollziehen läßt, ist deren Lage in der p-Ebene von wesentlicher Bedeutung. Die Polstellen von $G(p)$ charakterisieren bis zu einem gewissen Grade das Übertragungssystem.

Man gebe etwa auf das System als Eingangsfunktion eine exponentiell ab- oder anklingende harmonische Schwingung

$$\mathfrak{f}(t) = \mathfrak{f}(0)\exp\sigma_0 t\exp\mathrm{j}\,\omega_0\,t = \mathfrak{f}(0)\exp p_0\,t, \quad p_0 = \sigma_0 + \mathrm{j}\omega_0 \quad (\sigma_0 \gtreqless 0). \tag{064.7}$$

Der Zeitvorgang am Ausgang ist wegen $\mathfrak{L}\{\mathfrak{f}(t)\} = \dfrac{\mathfrak{f}(0)}{p - p_0}$

$$\mathfrak{W}\,\mathfrak{f}(t) = \mathfrak{f}(0)\,\mathfrak{L}^{-1}\left\{\frac{G(p)}{p - p_0}\right\}. \tag{064.7a}$$

---

[1] Wir nehmen hier, um der Schwierigkeit bei der unteren Grenze $t = 0$ im $\mathfrak{L}$-Integral zu entgehen, $\delta(t)$ als $\lim\limits_{\varepsilon \to +0} \delta(t + \varepsilon)$.

[2] Vgl. hierzu z. B. [*5*, *36*].

Hat auch $G(p)$ bei p_0 einen Pol (m-ter Ordnung), den man sich abgespaltet denke:

$$G(p) = \frac{G_1(p)}{(p-p_0)^m} \quad \text{mit} \quad G_1(p_0) \neq 0 \text{ oder } \infty,$$

so ist

$$\mathfrak{W}\,\mathfrak{f}(t) = \mathfrak{f}(0)\left(\frac{t^m}{m!}\exp p_0 t\right) * \left(\mathfrak{L}^{-1}\{G_1(p)\}\right), \qquad (064.7\text{b})$$

woraus man wegen des Faktors $\frac{t^m}{m!}$ im Faltungsprodukt erkennt, daß $\mathfrak{W}\,\mathfrak{f}(t)$ mit t schneller anwächst (bzw. langsamer abklingt bei $\sigma_0 < 0$) als das Eingangssignal. Die Polstellen von $G(p)$ sind Resonanzstellen des Systems, seine komplexen Eigenfrequenzen.

Dies sind einige der Gründe, warum man Spektrum und Übertragungsfaktor nicht nur für reelle ω, sondern gleich in der komplexen p-Ebene betrachtet und der Variablen $p = \sigma + \mathrm{j}\,\omega$ den Namen „komplexe Frequenz" gibt. Abb. 06.5 zeigt die Ebene der komplexen Frequenzen. Ein Zeitvorgang $\sim \exp pt$ ist eine ungedämpfte, abklingende oder anwachsende Schwingung, je nachdem p darin auf der imaginären Achse, in der rechten Halbebene oder in der linken Halbebene liegt. Für rein reelles p handelt es sich um keine Schwingung.

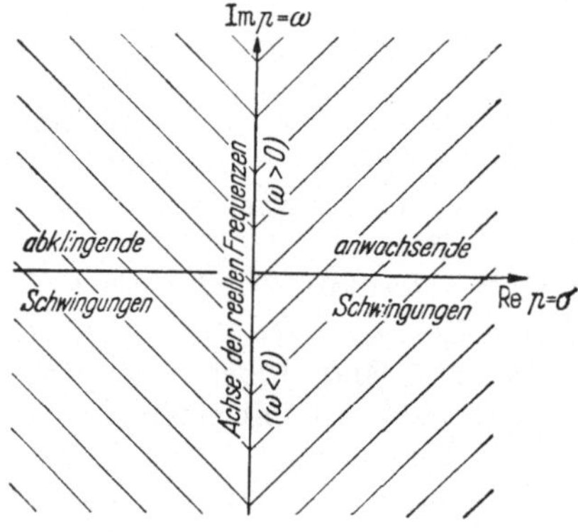

Abb. 06.5. Komplexe Frequenzebene.

In Kap. 05 wurde schon erläutert, daß positive und negative ω-Werte im wesentlichen gleichberechtigt sind. Dies bedeutet in der komplexen Frequenzebene, daß zu allen *reellen* Vorgängen die Repräsentanten hinsichtlich der reellen p-Achse symmetrische Anordnung zeigen. Daher ist

$$G(p^*) = G^*(p), \qquad (064.8)$$

und alle Nullstellen und Pole des Übertragungsfaktors G liegen entweder auf der reellen p-Achse oder kommen in konjugiert-komplexen Paaren vor.

Pole von $G(p)$ in der rechten p-Halbebene, d. h. Eigenfrequenzen mit positivem Realteil, entsprechen exponentiell anwachsenden Eigenschwingungen des Systems. Für ein stabiles physikalisches Übertragungssystem müssen daher alle Pole des Übertragungsfaktors in der Halbebene $\operatorname{Re} p \leqq 0$ liegen.

Für die Praxis ist häufig folgendes von Interesse: Von $t = 0$ an werde auf das System ein periodisches Signal $\mathfrak{f}(t)$ gegeben. Wie lange dauert es, bis im Ausgangssignal auch die Periodizität vorherrscht, d. h. der „eingeschwungene Zustand" hergestellt ist, und wie sieht der Einschwingvorgang im einzelnen aus? Dies hängt natürlich vom Übertragungsfaktor $G(p)$ des Systems ab. Ist dieser bekannt, so gibt mathematisch die $\mathfrak{L}$-Transformation die Antwort auf diese Fragen. Mit $\mathfrak{L}^{-1}\{G(p)\} = g(t)$ findet man am Ausgang

$$\mathfrak{W}\,\mathfrak{f}(t) = \mathfrak{f}(t) * g(t) = \int_0^t g(t)\,\mathfrak{f}(t-\tau)\,\mathrm{d}\tau. \qquad (064.9)$$

Ist z. B. $\mathfrak{f}_{\mathrm{I}}(t) = U \exp \mathrm{j}\,\omega_0 t$ die Generatorwechselspannung und $\mathfrak{f}_{\mathrm{II}}(t) = I(t)$ der Strom in einem Schwingungskreis, so ist als Übertragungsfaktor die Admittanz anzusehen: $G(p) = \frac{1}{Z(p)}$. Hat diese nur einfache Pole p_ν in endlicher Anzahl, so folgt wegen $\mathfrak{L}\{\mathfrak{f}_{\mathrm{I}}(t)\} = \frac{U}{p - \mathrm{j}\,\omega_0}$ aus dem Residuenkalkül

$$I(t) = \mathfrak{L}^{-1}\left\{\frac{U}{(p-\mathrm{j}\,\omega_0)\,Z(p)}\right\} = \frac{U \exp \mathrm{j}\,\omega_0 t}{Z(\mathrm{j}\,\omega_0)} + \sum_\nu \frac{U \exp p_\nu t}{(p_\nu - \mathrm{j}\,\omega_0)\,Z'(p_\nu)}. \qquad (064.10)$$

Das erste Glied rechts stellt den eingeschwungenen Zustand (Frequenz ω_0), die Summe den Einschwingvorgang dar, der wegen $\operatorname{Re} p_\nu < 0$ für wachsende t abklingt.

Handelt es sich um eine Generatorgleichspannung, $\mathfrak{f}_{\mathrm{I}}(t) = U_0\,\sigma(t)$, die zur Zeit $t = 0$ eingeschaltet wird, so gilt statt dessen zufolge $\mathfrak{L}\{\sigma(t)\} = \frac{1}{p}$

$$I(t) = \mathfrak{L}^{-1}\left\{\frac{U_0}{p\,Z(p)}\right\} = \frac{U_0}{Z(0)} + \sum_\nu \frac{U_0 \exp p_\nu t}{p_\nu Z'(p_\nu)}. \qquad (064.11)$$

Hier erkennt man im ersten Glied den Gleichstrom, der für große t übrigbleibt.

Gl. (064.9) gilt für beliebige Eingangssignale $\mathfrak{f}(t)$. Zusammenfassend stellen wir noch einmal die Größen zusammen, die einander am Ein- und Ausgang eines Systems entsprechen:

	Eingang	Ausgang
p-Ebene	$F(p)$	$F(p)\,G(p)$
ω-Achse	$S(\omega)$	$S(\omega)\,G(\mathrm{j}\,\omega)$
t-Achse	$\mathfrak{f}(t)$	$\mathfrak{f}(t) * g(t)$

Dabei ist

$$2\pi\,S(\omega) = F(\mathrm{j}\omega), \qquad \mathfrak{L}\{g(t)\} = G(p).$$

Zu einem beliebig amplitudenmodulierten Signal

$$\mathfrak{f}_{\mathrm{I}}(t) = A(t)\cos\Omega_0 t = \frac{A(t)}{2}\left(\exp \mathrm{j}\,\Omega_0 t + \exp(-\mathrm{j}\,\Omega_0 t)\right)$$

(Ω_0 = Trägerfrequenz, $\mathfrak{L}\{A(t)\} = B(p)$) gehört die Empfangsfunktion

$$\begin{aligned}
\mathfrak{f}_{\mathrm{II}}(t) &= \tfrac{1}{2}\mathfrak{L}^{-1}\{[B(p+\mathrm{j}\,\Omega_0) + B(p-\mathrm{j}\,\Omega_0)]\,G(p)\}\\
&= \tfrac{1}{2}\exp(\mathrm{j}\,\Omega_0 t)\,\mathfrak{L}^{-1}\{B(p)G(p-\mathrm{j}\,\Omega_0)\} + \tfrac{1}{2}\exp(-\mathrm{j}\,\Omega_0 t)\,\mathfrak{L}^{-1}\{B(p)G(p+\mathrm{j}\,\Omega_0)\}\\
&= \cos\Omega_0 t\,\mathfrak{L}^{-1}\left\{B(p)\,\frac{G(p+\mathrm{j}\,\Omega_0) + G(p-\mathrm{j}\,\Omega_0)}{2}\right\} +\\
&\qquad + \sin\Omega_0 t\,\mathfrak{L}^{-1}\left\{B(p)\,\frac{G(p+\mathrm{j}\,\Omega_0) - G(p-\mathrm{j}\,\Omega_0)}{2\mathrm{j}}\right\}.
\end{aligned}$$

In $A(t)$ sind gewöhnlich nur Frequenzen $\ll \Omega_0$ enthalten. Das amplitudenmodulierte Signal wird vom System mit der Übertragungsfunktion $G(p)$ übertragen, als ob das System für die modulierte Amplitude die Übertragungsfunktion $G(p \pm \mathrm{j}\,\Omega_0)$ hätte. Zu einer mit dem Träger in Phase befindlichen Komponente, die mit $(G(p+\mathrm{j}\,\Omega_0) + G(p-\mathrm{j}\,\Omega_0))/2$ übertragen wird, tritt in der Empfangsfunktion eine um $\pi/2$ verschobene und mit $(G(p+\mathrm{j}\,\Omega_0) - G(p-\mathrm{j}\,\Omega_0))/2\mathrm{j}$ übertragene Komponente hinzu.

Für ein elektrisches Netzwerk mit endlich vielen Schaltelementen ist $G(\mathrm{j}\omega)$ eine rationale Funktion von ω, daher auch $G(p)$ eine rationale Funktion von p. Außerdem hat $G(p)$ nicht mehr Nullstellen als Pole; in der Quotientendarstellung der rationalen Funktion

$$G(p) = \frac{M(p)}{N(p)} = \frac{a_m p^m + a_{m-1} p^{m-1} + \cdots}{b_n p^n + b_{n-1} p^{n-1} + \cdots} \tag{064.12}$$

ist $n \geqq m$, d. h. der Nenner von höherem oder gleichem Grade wie der Zähler. Für ein stabiles Netzwerk liegen die Wurzeln von $N(p) = 0$, d. h. die Pole von $G(p)$, in der rechten Halbebene.

Eine rationale Funktion $G(p)$ ist andererseits durch ihre Nullstellen und Pole bis auf einen konstanten Faktor gegeben. Die Übertragungseigenschaften des Netzwerkes werden daher durch Anzahl und Lage der Pole und Nullstellen des Übertragungsfaktors $G(p)$ bestimmt. Die Anzahl ist ein Maß für den technischen Aufwand bei der Realisierung des Netzwerkes, d. h. für die Zahl der nötigen Schaltelemente. Die Probleme der „Netzwerksynthese", d. h. der Angabe von Schaltungen mit vorgeschriebenen Eigenschaften bei möglichst geringem Aufwand, sind weitgehend mathematischer Natur, können aber im Rahmen dieses Buches nicht behandelt werden[1].

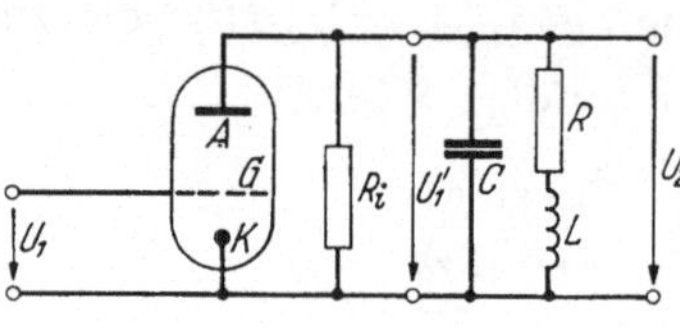

Abb. 06.6. Verstärkerstufe.

Den Schluß dieses Abschnittes sollen Beispiele von Einschwingvorgängen für ein gegebenes Übertragungssystem bilden, und zwar die Verstärkerstufe in Abb. 06.6. Der Übertragungsfaktor ist $U_2/U_1 = 1/K_{11}$, wo K_{11} das erste Diagonalelement des aus der Elektronenröhre und der Parallelschaltung zusammengesetzten Vierpols ist. Zwischen Kathode K und Gitter G liege die Wechselspannung $U_1(t) = U_1 \exp j\omega t$, während der Wechselstrom $I_1 = YU$ ist mit dem komplexen Gitter-Kathoden-Leitwert Y. Bei einer Steilheit $S = dI_1'/dU_1$ und einem inneren Widerstand R_i der Röhre fließt an ihrem Ausgang der Wechselstrom $I_1' = SU_1 - \frac{1}{R_i} U_1'$. Es ist daher

$$\begin{Vmatrix} U_1 \\ I_1 \end{Vmatrix} = \begin{Vmatrix} \frac{1}{R_i S} & \frac{1}{S} \\ \frac{Y}{R_i S} & \frac{Y}{S} \end{Vmatrix} \begin{Vmatrix} U_1' \\ I_1' \end{Vmatrix}.$$

Die Determinante der Kettenmatrix hat den Wert 0; die Verstärkerröhre ist ein *aktiver* Vierpol. Weiter folgt nach Gl. (024.13)

$$\begin{Vmatrix} U_1' \\ I_1' \end{Vmatrix} = \begin{Vmatrix} 1 & 0 \\ \frac{1}{R + j\omega L} + j\omega C & 1 \end{Vmatrix} \begin{Vmatrix} U_2 \\ I_2 \end{Vmatrix}.$$

Für $R_i = \infty$ ist daher in

$$\begin{Vmatrix} U_1 \\ I_1 \end{Vmatrix} = \mathsf{K} \begin{Vmatrix} U_2 \\ I_2 \end{Vmatrix}$$

$$K_{11} = \frac{1}{S}\left(\frac{1}{R + j\omega L} + j\omega C\right)$$

und somit

$$G(p) = S \frac{R + pL}{p^2 LC + pRC + 1}. \tag{064.13}$$

Nun werde auf den Eingang die Sprungfunktion $U_1(t) = \sigma(t)$ als Signal ge-

[1] Eine Übersicht findet man in [79].

geben. Dann ist die Ausgangsspannung

$$U_2(t) = \frac{S}{C}\,\mathfrak{L}^{-1}\left\{\frac{p+\frac{R}{L}}{p\left(p^2+\frac{R}{L}p+\frac{1}{LC}\right)}\right\}$$

$$= \frac{S}{C}\left[\frac{R}{L}LC + \frac{p_1+\frac{R}{L}}{p_1(p_1-p_2)}\exp p_1 t + \frac{p_2+\frac{R}{L}}{p_2(p_2-p_1)}\exp p_2 t\right],$$

$$p_1 = -\frac{R}{2L} + \mathrm{j}\sqrt{\frac{1}{LC}-\left(\frac{R}{2L}\right)^2}, \qquad p_2 = p_1^*.$$

Bei der Umkehrung der $\mathfrak{L}$-Transformation wurde der Residuenkalkül Gl. (062.18) verwendet. Nach einfachen Umformungen erhält man

$$\frac{1}{SR}U_2(t) = 1 - \exp\left(-\frac{R}{2L}t\right)\left[\cos\mu\frac{R}{2L}t + \frac{\mu^2-1}{2\mu}\sin\mu\frac{R}{2L}t\right] \qquad (064.14)$$

mit

$$\mu = \sqrt{\frac{4}{R^2}\frac{L}{C}-1}.$$

Abb. 06.7 zeigt den Einschwingvorgang für einige Werte des Parameters μ, aufgetragen über der reduzierten Zeit $\frac{R}{2L}t$. Weiteres über Einschwingvorgänge sowie Gruppenlaufzeit in diesem Breitbandverstärker siehe [70, 77].

Für $L = 0$ lautet Gl. (064.13) einfacher

$$G(p) = \frac{SR}{pRC+1}, \qquad (064.15)$$

und die Ausgangsspannung ist

$$\frac{1}{SR}U_2(t) = \frac{1}{RC}\int_0^t \exp\left(-\frac{\tau}{RC}\right)\mathrm{d}\tau = 1 - \exp\left(-\frac{t}{RC}\right).$$

Zu einer periodischen Signalfunktion

$$U_1(t) = U_1 \exp \mathrm{j}\,\Omega t$$

erhält man wie in Gl. (064.10)

$$U_2(t) = U_1\,\mathfrak{L}^{-1}\left\{\frac{G(p)}{p-\mathrm{j}\Omega}\right\}$$

$$= \frac{U_1 SR}{1+\mathrm{j}\,\Omega RC}\left[\exp\mathrm{j}\,\Omega t - \exp\left(-\frac{t}{RC}\right)\right].$$

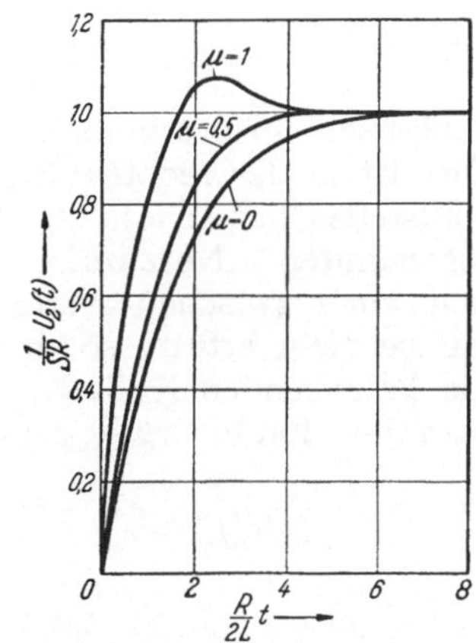

Abb. 06.7. Einschwingvorgang am Ausgang des Verstärkers in Abb. 06.6 für einige Werte des Parameters $\mu = \sqrt{\frac{4}{R^2}\frac{L}{C}-1}$.

Für einen n-stufigen Verstärker dieser Art ist

$$G(p) = \frac{\left(\frac{S}{C}\right)^n}{\left(p+\frac{1}{RC}\right)^n}.$$

Mit $U_1(t) = \sigma(t)$ folgt aus $\mathfrak{L}\left\{\frac{t^{n-1}}{(n-1)!}\right\} = \frac{1}{p^n}$ und den Gl. (062.6), (062.13) am Ausgang

$$\left(\frac{C}{S}\right)^n U_2(t) = \mathfrak{L}^{-1}\left\{\frac{1}{p\left(p+\frac{1}{RC}\right)^n}\right\} = \frac{1}{(n-1)!}\int\limits_0^t \exp\left(-\frac{\tau}{RC}\right)\tau^{n-1}\,\mathrm{d}t.$$

Das Integral ist durch $(n-1)$-fache partielle Integration leicht auszuführen. Für $n=2$ erhält man

$$\frac{1}{(RS)^2}U_2(t) = 1 - \exp\left(-\frac{t}{RC}\right)\left(1+\frac{t}{RC}\right).$$

065 Der Zusammenhang zwischen Betrag und Phase der Übertragungsfunktion stabiler Systeme.

Im vorigen Abschnitt haben wir den komplexen Übertragungsfaktor $G(p)$ kennengelernt; er ist definiert als das komplexe Amplitudenverhältnis von Sende- und Empfangsfunktion, wenn die Sendefunktion $\mathfrak{f}_{\mathrm{I}}(t)$ eine Schwingung der komplexen Frequenz $p=\sigma+\mathrm{j}\omega$ ist:

$$\mathfrak{f}_{\mathrm{I}}(t) = \mathfrak{f}_{\mathrm{I}}\exp p\,t, \qquad \mathfrak{f}_{\mathrm{II}}(t) = \mathfrak{f}_{\mathrm{II}}\exp p\,t, \qquad G(p) = \frac{\mathfrak{f}_{\mathrm{II}}}{\mathfrak{f}_{\mathrm{I}}}. \tag{065.1}$$

Für ein stabiles System kann kein Pol seines Übertragungsfaktors $G(p)$ in der rechten p-Halbebene liegen. Diese Tatsache hat zur Folge, daß zwischen Realteil u und dem Imaginärteil v der komplexen Funktion

$$G(p) = u(\sigma,\omega) + \mathrm{j}\,v(\sigma,\omega)$$

ganz bestimmte Zusammenhänge bestehen. Bei vorgegebenem Realteil ist daher auch der Imaginärteil bestimmt (allenfalls bis auf eine additive Konstante) und umgekehrt. Dies ist auf Grund der CAUCHY-RIEMANNschen Differentialgleichungen leicht einzusehen, durch die u und v bei einer analytischen Funktion verknüpft sind:

$$\frac{\partial u}{\partial\sigma} = \frac{\partial v}{\partial\omega}, \qquad \frac{\partial u}{\partial\omega} = -\frac{\partial v}{\partial\sigma}.$$

Ist auch

$$\ln G(p) = \ln|G(p)| + \mathrm{j}\,\mathrm{arc}\,G(p)$$

analytisch, so bestimmen sich ebenso Betrag und Phase von $G(p)$ gegenseitig. Dies ist in der rechten Halbebene nur der Fall, solange $G(p)$ dort auch keine Nullstellen hat. Diese zusätzliche einschränkende Bedingung kennzeichnet die sogenannten „Netzwerke minimaler Phase“ [5]. Ist sie erfüllt, so lassen sich auch zwischen Betrag und Phase einfache Zusammenhänge aufstellen. Ist sie nicht erfüllt, so sind zusätzliche Betrachtungen erforderlich. Man kann die betreffenden Nullstellen $p_1, \ldots, p_n$ mit $\mathrm{Re}\,p_\nu > 0$ zuvor entfernen, indem man den Faktor $(p-p_1)(p-p_2)\ldots(p-p_n)$ abspaltet. Man schreibt dann

$$G(p) = \frac{p-p_1}{p+p_1}\,\frac{p-p_2}{p+p_2}\cdots\frac{p-p_n}{p+p_n}\,G_2(p) = G_1(p)\,G_2(p) \tag{065.2}$$

nimmt also noch Faktoren vorweg, die Pole bei $-p_1, -p_2, \ldots, -p_n$ in der linken Halbebene darstellen. Hat $G(p)$ selbst in irgendwelchen dieser Punkte keinen Pol, so erhält die Funktion $G_2(p)$ dadurch zusätzliche Nullstellen in der linken Halbebene, die an ihrer Eigenschaft der minimalen Phase nichts ändern. Es ist also $\ln G_2(p)$ in der rechten Halbebene analytisch. Die p_ν sind entweder reell oder kommen in konjugiert-komplexen Paaren vor, daher ist für $p=\mathrm{j}\omega$ (ω beliebig) der erste Faktor $G_1(p)$ vom Betrag 1. Bei reellen Frequenzen ändert sich beim

Durchgang durch das von $G_1(p)$ repräsentierte System die Amplitude nicht, nur die Phase. Ein solches System heißt ein Allpaß. Durch Gl. (065.2) ist also das System mit der Übertragungsfunktion $G(p)$ in ein Netzwerk minimaler Phase und einen Allpaß zerlegt.

Abb. 06.8 zeigt als Beispiel eines Allpasses eine Brückenschaltung mit zwei gleichen OHMschen Widerständen R und zwei gleichen Blindwiderständen $\mathrm{j}X = \mathrm{j}\left(\omega L - \frac{1}{\omega C}\right)$. Dann ist

$$G(\mathrm{j}\omega) = \frac{U_2}{U_1} = \frac{1 - R/\mathrm{j}X}{1 + R/\mathrm{j}X}, \quad G(p) = \frac{p^2 LC - pRC + 1}{p^2 LC + pRC + 1}.$$

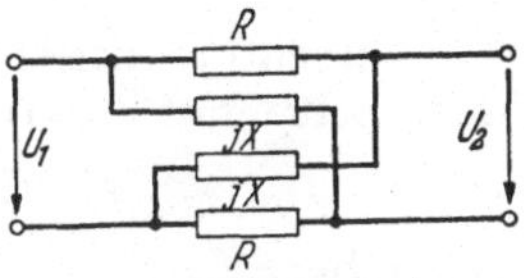

Die Nullstellen von $G(p)$

$$p_{1,2} = \frac{R}{2L} \pm \mathrm{j}\sqrt{\frac{1}{CL} - \left(\frac{R}{2L}\right)^2}.$$

Abb. 06.8. Brückenschaltung als Beispiel eines Allpasses.

liegen in der rechten Halbebene. Für $L = 0$ hat $G(p)$ nur für die Nullstelle

$$p_1 = \frac{1}{CR}.$$

Im folgenden soll aber der Zusammenhang zwischen Real- und Imaginärteil aufgestellt werden, der an die obige Einschränkung nicht gebunden ist [*70, 120*]. Dazu gehen wir aus einmal von der Eigenschaft

$$G(p^*) = G^*(p). \tag{065.3}$$

Für $p = \mathrm{j}\omega$, wo

$$G(\mathrm{j}\omega) = P(\omega) + \mathrm{j}\,Q(\omega) = A(\omega)\exp(-\mathrm{j}\,\Theta(\omega)) \tag{065.4}$$

ist, bedeutet das

$$P(-\omega) = P(\omega), \quad Q(-\omega) = -Q(\omega); \tag{065.5}$$

$$A(-\omega) = A(\omega), \quad \Theta(-\omega) = -\Theta(\omega); \tag{065.6}$$

$$G(0) = P(0) = A(0), \quad Q(0) = 0, \quad \Theta(0) = 0. \tag{065.7}$$

Zum anderen ist

$$\mathfrak{f}_{\mathrm{II}}(t) = \frac{1}{2\pi\mathrm{j}}\int \frac{G(p)}{p}\exp p\,t\,\mathrm{d}p$$

die Antwort auf die Sprungfunktion $\sigma(t) = \mathfrak{f}_{\mathrm{I}}(t)$ als Sendefunktion. Als Integrationsweg kann eine in der rechten p-Halbebene liegende Parallele zur imaginären p-Achse (reellen ω-Achse) gewählt werden oder diese selbst, wenn dem Pol $p = 0$ auf einem Halbkreis ausgewichen wird. Dieser bringt in der Grenze Radius $\to 0$ den Beitrag

$$\pi\mathrm{j}\frac{1}{2\pi\mathrm{j}}G(0) = \frac{P(0)}{2} = \frac{A(0)}{2}.$$

Daher ist

$$\begin{aligned}\mathfrak{f}_{\mathrm{II}}(t) &= \frac{A(0)}{2} + \frac{1}{2\pi\mathrm{j}}\lim_{\varepsilon\to 0}\left[\int_{\varepsilon}^{\infty}\frac{A(\omega)}{\omega}\exp\mathrm{j}\,(\omega t - \Theta(\omega))\,\mathrm{d}\omega + \int_{-\infty}^{-\varepsilon}\cdots\right]\\ &= \frac{A(0)}{2} + \frac{1}{\pi}\int_0^{\infty}\frac{A(\omega)}{\omega}\sin[\omega t - \Theta(\omega)]\,\mathrm{d}\omega\end{aligned} \tag{065.8}$$

und

$$\begin{aligned}\mathfrak{f}_{II}(t) &= \frac{P(0)}{2} + \frac{1}{2\pi j}\lim_{\varepsilon\to 0}\left[\int_{\varepsilon}^{\infty}\frac{G(j\omega)}{\omega}\exp j\omega t\,d\omega + \int_{-\infty}^{-\varepsilon}\ldots\right]\\ &= \frac{P(0)}{2} + \frac{1}{\pi}\int_0^{\infty}\frac{P(\omega)}{\omega}\sin\omega t\,d\omega + \frac{1}{\pi}\int_0^{\infty}\frac{Q(\omega)}{\omega}\cos\omega t\,d\omega.\end{aligned} \tag{065.9}$$

Von einem realisierbaren System ist zu verlangen, daß $\mathfrak{f}_{II}(t) = 0$ ist vor dem Zeitpunkt $t = 0$, zu dem das Signal einsetzt:

$$\mathfrak{f}_{II}(t) = 0 \quad \text{für} \quad t < 0.$$

Das gibt

$$0 = \frac{P(0)}{2} - \frac{1}{\pi}\int_0^{\infty}\frac{P(\omega)}{\omega}\sin\omega t\,d\omega + \frac{1}{\pi}\int_0^{\infty}\frac{Q(\omega)}{\omega}\cos\omega t\,d\omega \tag{065.10}$$

und bei Addition bzw. Subtraktion der Gl. (065.9), (065.10) für $t > 0$

$$\mathfrak{f}_{II}(t) = P(0) + \frac{2}{\pi}\int_0^{\infty}\frac{Q(\omega)}{\omega}\cos\omega t\,d\omega = \frac{2}{\pi}\int_0^{\infty}\frac{P(\omega)}{\omega}\sin\omega t\,d\omega. \tag{065.11}$$

Damit hat man bereits eine Beziehung zwischen $P(\omega)$ und $Q(\omega)$ hergestellt. Kann man die Zeitableitung der Integrale durch Differentiation unter dem Integralzeichen erhalten, so folgt daraus weiter

$$\frac{2}{\pi}\int_0^{\infty}P(\omega)\cos\omega t\,d\omega = -\frac{2}{\pi}\int_0^{\infty}Q(\omega)\sin\omega t\,d\omega = \frac{d\mathfrak{f}_{II}}{dt}.$$

Dies ist jedenfalls zulässig, wenn die Integrale $\int_0^{\infty}|P|\,d\omega$, $\int_0^{\infty}|Q|\,d\omega$ konvergieren.

Da $P(\omega)$ in ω gerade, $Q(\omega)$ ungerade ist, führt die Umkehrung dieser FOURIER-Integrale auf

$$P(\omega) = \int_0^{\infty}\frac{d\mathfrak{f}_{II}}{dt}\cos\omega t\,dt, \qquad Q(\omega) = -\int_0^{\infty}\frac{d\mathfrak{f}_{II}}{dt}\sin\omega t\,dt.$$

Wenn man darin $d\mathfrak{f}_{II}/dt$, durch $Q(\omega)$ bzw. $P(\omega)$ dargestellt, einsetzt, so erhält man die folgenden Zusammenhänge zwischen P und Q:

$$\begin{aligned}P(\omega) &= -\frac{2}{\pi}\int_0^{\infty}\cos\omega t\,dt\int_0^{\infty}Q(\Omega)\sin\Omega t\,d\Omega,\\ Q(\omega) &= -\frac{2}{\pi}\int_0^{\infty}\sin\omega t\,dt\int_0^{\infty}P(\Omega)\cos\Omega t\,d\Omega.\end{aligned} \tag{065.12}$$

In der Form [vgl. dazu Gl. (052.6)]

$$\begin{aligned}P(\omega) &= -\frac{2}{\pi}\lim_{a\to 0}\int_0^{\infty}\exp(-at)\cos\omega t\,dt\int_0^{\infty}Q(\Omega)\sin\Omega t\,d\Omega,\\ Q(\omega) &= -\frac{2}{\pi}\lim_{a\to 0}\int_0^{\infty}\exp(-at)\sin\omega t\,dt\int_0^{\infty}P(\Omega)\cos\Omega t\,d\Omega\end{aligned} \tag{065.13}$$

sind sie auch unter allgemeineren Voraussetzungen gültig; man kann jetzt unter Vertauschung der Reihenfolge die Integration nach t ausführen; wegen

$$\int_0^\infty \exp(-a\,t)\sin\omega\,t\cos\Omega\,t\,\mathrm{d}t = \frac{\omega(a^2+\omega^2-\Omega^2)}{(a^2+\omega^2-\Omega^2)^2+4a^2\Omega^2}$$

geht dabei die zweite Gl. (065.13) über in

$$Q(\omega) = -\frac{2\omega}{\pi}\lim_{a\to 0}\int_0^\infty \mathrm{d}\Omega\,P(\Omega)\frac{a^2+\omega^2-\Omega^2}{(a^2+\omega^2-\Omega^2)^2+4a^2\Omega^2}.$$

In der Grenze $a\to 0$ erhält man einen Integranden mit einem einfachen Pol bei $\omega=\Omega$. Das Integral ist dann als CAUCHYscher Hauptwert zu bilden[1]:

$$Q(\omega) = -\frac{2\omega}{\pi}\oint_0^\infty \frac{P(\Omega)\,\mathrm{d}\Omega}{\omega^2-\Omega^2}. \tag{065.14}$$

Ebenso findet man aus der ersten Gl. (065.13)

$$P(\omega)-P(0) = \frac{2\omega^2}{\pi}\oint_0^\infty \frac{Q(\Omega)\,\mathrm{d}\Omega}{\Omega(\omega^2-\Omega^2)}. \tag{065.15}$$

Diese Gleichungen lassen sich auch schreiben

$$Q(\omega) = \frac{2\omega}{\pi}\int_0^\infty \frac{P(\Omega)-P(\omega)}{\Omega^2-\omega^2}\,\mathrm{d}\Omega, \tag{065.16}$$

$$P(\omega)-P(0) = -\frac{2\omega^2}{\pi}\int_0^\infty \frac{\dfrac{Q(\Omega)}{\Omega}-\dfrac{Q(\omega)}{\omega}}{\Omega^2-\omega^2}\,\mathrm{d}\Omega. \tag{065.17}$$

Das in den Integralen hinzugefügte Glied, das auf Grund des Beispiels in der Fußnote keinen Beitrag bringt, dient dazu, den Pol des Integranden zu entfernen; daher erübrigt sich die Schreibweise $\oint$.

In Gl. (065.14) bis (065.17) haben wir die gewünschten Zusammenhänge zwischen Real- und Imaginärteil von $G(\mathrm{j}\omega)$ gewonnen; $Q(\omega)$ ist durch $P(\omega)$ völlig bestimmt, $P(\omega)$ durch $Q(\omega)$ bis auf die Konstante $P(0)$. Die Werte längs der imaginären Achse genügen im allgemeinen, um die ganze Funktion $G(p)$ in der rechten Halbebene

---

[1] Hat $\mathfrak{f}(x)$ im Intervall (a, b) bei $x=\xi$ einen Pol, so ist der CAUCHYsche Hauptwert des Integrals (sofern er existiert)

$$\oint_a^b \mathfrak{f}(x)\,\mathrm{d}x = \lim_{\varepsilon\to 0}\left[\int_a^{\xi-\varepsilon}\mathfrak{f}(x)\,\mathrm{d}x + \int_{\xi+\varepsilon}^b \mathfrak{f}(x)\,\mathrm{d}x\right]$$

Ein zunächst ausgeschlossenes Intervall $-\varepsilon \leqq x-\xi \leqq \varepsilon$ läßt man also bei diesem Grenzübergang symmetrisch zu ξ zusammenschrumpfen. Beispiel ($x=\Omega/\omega$):

$$\oint_0^\infty \frac{\mathrm{d}\Omega}{\Omega^2-\omega^2} = \frac{1}{\omega}\lim_{\varepsilon\to 0}\left[\int_0^{1-\varepsilon}\frac{\mathrm{d}x}{x^2-1} + \int_{1+\varepsilon}^\infty \frac{\mathrm{d}x}{x^2-1}\right]$$

$$= \frac{1}{2\omega}\lim_{\varepsilon\to 0}\left[\ln\left|\frac{x-1}{x+1}\right|_0^{1-\varepsilon} + \ln\left|\frac{x-1}{x+1}\right|_{1+\varepsilon}^\infty\right] = \frac{1}{2\omega}\lim_{\varepsilon\to 0}\ln\left(\frac{\varepsilon}{2-\varepsilon}\,\frac{2+\varepsilon}{\varepsilon}\right) = 0.$$

zu kennen. Denn sofern in der rechten Halbebene $\lim_{p\to\infty} G(p) = 0$ ist, gilt nach Kap. 04 die CAUCHYsche Integralformel

$$\frac{1}{2\pi}\int_{-\infty}^{+\infty} \frac{G(\mathrm{j}\,\omega)}{\mathrm{j}\,\omega - p}\,\mathrm{d}\omega = G(p) \qquad (\mathrm{Re}\,p > 0). \tag{065.18}$$

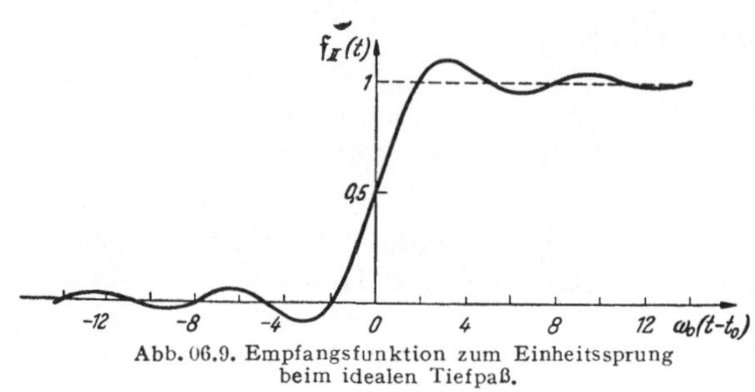

Abb. 06.9. Empfangsfunktion zum Einheitssprung beim idealen Tiefpaß.

Andererseits ist nach Gleichung (065.11) $\mathfrak{f}_{II}(t)$ (für $\sigma(t)$ als Sendefunktion) durch $P(\omega)$ oder $Q(\omega)$ allein gegeben, durch $Q(\omega)$ bis auf die Konstante $P(0)$, die nach Gl. (062.20) auch $= \mathfrak{f}_{II}(\infty)$ ist.

Für ein Netzwerk minimaler Phase [5] gelten die in den Gl. (065.15), (065.16) ausgedrückten Verknüpfungen auch zwischen dem Dämpfungsmaß $\ln A(\omega)$ und der Phase $-\Theta(\omega)$:

$$-\Theta(\omega) = \frac{2\,\omega}{\pi}\int_0^\infty \frac{\ln A(\Omega) - \ln A(\omega)}{\Omega^2 - \omega^2}\,\mathrm{d}\Omega\,, \tag{065.19}$$

$$\ln A(\omega) - \ln A(0) = \frac{2\,\omega^2}{\pi}\int_0^\infty \frac{\dfrac{\Theta(\Omega)}{\Omega} - \dfrac{\Theta(\omega)}{\omega}}{\Omega^2 - \omega^2}\,\mathrm{d}\omega\,. \tag{065.20}$$

Diese Zusammenhänge führen notwendig zu dem Schluß, daß man z. B. bei einem Filter mit endlich vielen Schaltelementen nicht Amplitude $A(\omega)$ und Phase $\Theta(\omega)$ des Übertragungsfaktors getrennt voneinander beliebig vorschreiben kann; denn die Gl. (065.16), (065.17) zwischen $P(\omega) = A(\omega)\cos\Theta(\omega)$ und $Q(\omega) = A(\omega)\sin\Theta(\omega) = P(\omega)\tan\Theta(\omega)$ werden im allgemeinen nicht erfüllt, ein Filter mit den angenommenen Übertragungseigenschaften also nicht realisierbar sein.

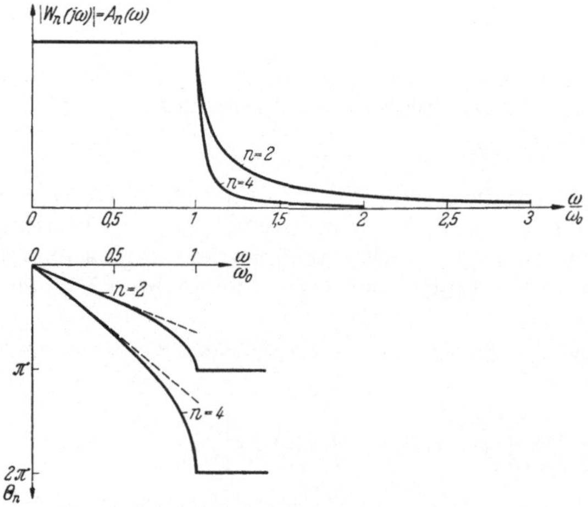

Abb. 06.10. Betrag und Phase der Funktion $W_n(\mathrm{j}\,\omega) = \left(\sqrt{1 - \frac{\omega^2}{\omega_0^2}} - \mathrm{j}\frac{\omega}{\omega_0}\right)^n$ für $n = 2$ und $n = 4$.

Wir erläutern das am idealen Tiefpaß [28]. Darunter versteht man ein Filter, dessen Übertragungsfaktor die Eigenschaft hat:

$$A(\omega) = \begin{cases} 1 & \text{für} \quad |\omega| < \omega_0\,, \\ 0 & \text{für} \quad |\omega| > \omega_0\,, \end{cases}$$
$$\Theta(\omega) = \omega\,t_0 \quad \text{für} \quad |\omega| < \omega_0\,, \tag{065.21}$$

mit der Grenzfrequenz ω_0 und einer Konstanten t_0. Da sich $\Theta(\omega)$ im Durchlaßbereich $|\omega| < \omega_0$ um ein ganzes Vielfaches von π ändert, müßte $t_0 = n\,\pi/\omega_0$ sein. Der zugehörige Übertragungsfaktor $G(p)$ ist keine analytische Funktion, denn eine solche kann nicht auf einer Strecke konstant = 0 sein. Die Forderung an das Filter sind also streng nicht realisierbar. Tatsächlich findet man auch mit der durch Gl. (065.21) formal gegebenen Übertragungsfunktion zur Sendefunktion $\sigma(t)$ die Empfangsfunktion

$$\mathfrak{f}_{\mathrm{II}}(t) = \frac{1}{2\pi \mathrm{j}} \int G(p) \frac{\exp p\,t}{p}\, \mathrm{d}p = \frac{1}{2} + \frac{1}{2\pi \mathrm{j}} \oint\limits_{-\omega_0}^{+\omega_0} \frac{\exp \mathrm{j}\,\omega (t - t_0)}{\omega}\, \mathrm{d}\omega \quad (065.22)$$

$$= \frac{1}{2} + \frac{1}{\pi}\, \mathrm{Si}\,(\omega_0\, t - \omega_0\, t_0)$$

mit

$$\mathrm{Si}\, x = \int\limits_0^x \frac{\sin x}{x}\, \mathrm{d}x\,.$$

Abb. 06.9 zeigt die Funktion $\mathfrak{f}_{\mathrm{II}}(t)$, die auch für $t < 0$ von Null verschieden ist. Der Einschwingsvorgang in einem solchen System würde also beginnen, ehe das Signal einsetzt. Die Annahme Gl. (065.21) ist mit den Forderungen an ein realisierbares Netzwerk nicht verträglich.

Man kann jedoch $G(p)$ durch analytische Funktionen approximieren, z. B. wenn man nach [*122*, *124*] von

$$W_n(p) = \left(\frac{-1}{\omega_0}\right)^n \left(p - \sqrt{p^2 + \omega_0^2}\right)^n,$$

$$W_n(\mathrm{j}\,\omega) = (-\mathrm{j})^n \left(\frac{\omega}{\omega_0} + \mathrm{j} \sqrt{1 - \left(\frac{\omega}{\omega_0}\right)^2}\right)^n = \left(\sqrt{1 - \frac{\omega^2}{\omega_0^2}} - \mathrm{j}\,\frac{\omega}{\omega_0}\right)^n \quad (065.23)$$

ausgeht. Für $p = \pm \mathrm{j}\,\omega_0$ hat $W_n(p)$ Verzweigungspunkte, in der rechten Halbebene ist $W_n(p)$ regulär analytisch und nullstellenfrei. Mit $\frac{\omega}{\omega_0} = \cos\vartheta$ ist

$$\begin{aligned} W_n(\mathrm{j}\,\omega) &= (-\mathrm{j})^n (\cos\vartheta + \mathrm{j}\sin\vartheta)^n = (-\mathrm{j})^n \exp \mathrm{j}\, n\,\vartheta \\ &= (-\mathrm{j})^n (\cos n\,\vartheta + \mathrm{j} \sin n\vartheta) = (-\mathrm{j})^n \left[\mathrm{T}_n\left(\frac{\omega}{\omega_0}\right) + \mathrm{j}\, \mathrm{U}_n\left(\frac{\omega}{\omega_0}\right)\right]; \end{aligned} \quad (065.24)$$

T_n, U_n sind die in Kap. 093 behandelten TSCHEBYSCHEFFschen Polynome und Funktionen 2. Art. An Stelle der Gl. (065.21) ist für W_n

$$A_n(\omega) = \begin{cases} 1, & |\omega| \leqq \omega_0, \\ \left(\frac{\omega}{\omega_0} - \sqrt{\left(\frac{\omega}{\omega_0}\right)^2 - 1}\right)^n, & |\omega| \geqq \omega_0, \end{cases}$$

$$\Theta_n(\omega) = \begin{cases} -\frac{n\,\pi}{2}, & \omega < -\omega_0, \\ n \arcsin \frac{\omega}{\omega_0}, & |\omega| < \omega_0, \\ +\frac{n\,\pi}{2}, & \omega > \omega_0. \end{cases} \quad (065.25)$$

Je größer n, desto näher kommt $A_n(\omega)$ dem idealen Verlauf. Abb. 06.10 zeigt $A_n(\omega)$ und $\Theta_n(\omega)$ für $n = 2$ und $n = 4$. Die Phasenkurve läßt sich begradigen, wenn man einen geeigneten Allpaß zuschaltet [*122*]. Der Einschwingvorgang zeigt dann gegenüber dem des idealen Tiefpasses, Gl. (065.22), nur geringe Unterschiede. Ein Verfahren, die $W_n(p)$ durch rationale Funktionen anzunähern, wird z. B. von DÖRR [*72*] angegeben.

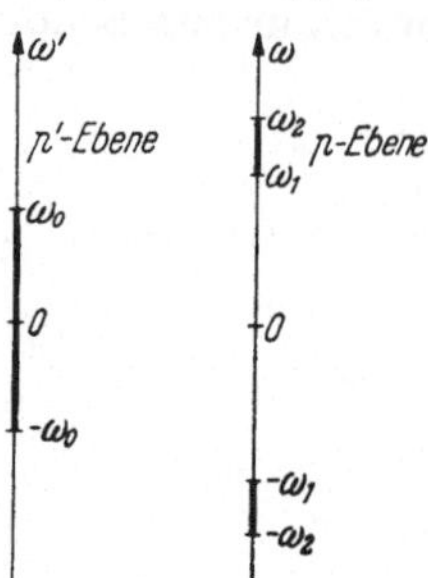

Abb. 06.11. Übergang vom Tiefpaß zum Bandpaß.

Um zu $W_n(p)$ die Funktionen $\mathfrak{f}_{II}(t)$ zu erhalten, gehen wir zunächst aus von einer δ-Funktion als Sendefunktion. Die Empfangsfunktion dazu ist nach der Tabelle in Kap. 062

$$\mathfrak{L}^{-1}\{W_n(p)\} = \frac{n}{t}\,\mathrm{I}_n(\omega_0 t)\,.$$

Daher ist für die Sendefunktion $\sigma(t)$

$$\mathfrak{f}_{II}(t) = n\int_0^t \frac{\mathrm{I}_n(\omega_0\tau)}{\tau}\,d\tau = n\int_0^{\omega_0 t}\frac{\mathrm{I}_n(x)}{x}\,dx\,.$$

Zur Berechnung dieses Integrals sowie kurvenmäßigen Darstellung von $\mathfrak{f}_{II}(t)$ für verschiedene n siehe [*122*]. Es ist $\lim\limits_{t\to\infty}\mathfrak{f}_{II}(t) = 1$, wie aus Gl. (062.20) folgt, denn

$$\lim_{p\to 0} p\,\frac{W_n(p)}{p} = W_n(0) = 1\,.$$

Verlangt man an Stelle der Bedingung Gl. (065.21) für $A(\omega)$

$$A(\omega) = \begin{cases} 1 & \text{für} \quad |\omega| < \omega_0\,, \\ \delta & \text{für} \quad |\omega| > \omega_0\,, \end{cases}$$

$(\delta < 1)$, so folgt das zugehörige $\Theta(\omega)$ für ein realisierbares Netzwerk minimaler Phase aus Gl. (065.19):

$$\Theta(\omega) = -\frac{2\,\omega}{\pi}\ln\delta\int_{\omega_0}^{\infty}\frac{d\Omega}{\Omega^2-\omega^2} = \frac{\ln\frac{1}{\delta}}{\pi}\ln\frac{\omega_0+\omega}{\omega_0-\omega} \qquad (|\omega| < \omega_0)\,.$$

Dieser Phasenverlauf weicht von dem linearen des idealen Tiefpasses, Gl. (065.21), erheblich ab.

Aus einer für einen Tiefpaß geeigneten Übertragungsfunktion $G(p')$ kann man eine solche für einen Bandpaß gewinnen, indem man die Durchlaßbereiche

$$-\omega_0 \leqq \omega' \leqq \omega_0 \quad \text{bzw.} \quad -\omega_2 \leqq \omega \leqq -\omega_1\,, \quad \omega_1 \leqq \omega \leqq \omega_2$$

konform aufeinander abbildet. Abb. 06.11 zeigt diese Intervalle auf der imaginären p-Achse. Die Transformation, die in Richtung $p' \to p$ zweideutig ist, lautet

$$\frac{\omega_2-\omega_1}{\omega_0}\,p' = p + \frac{\omega_1\omega_2}{p}\,, \qquad p = \frac{\omega_2-\omega_1}{\omega_0}\,\frac{p'}{2} \pm \sqrt{\left(\frac{\omega_2-\omega_1}{\omega_0}\,\frac{p'}{2}\right) - \omega_1\omega_2}\,.$$

Setzt man $p = \mp j\omega_1$ oder $p = \pm j\omega_2$ ein, so bestätigt man $p' = \pm j\omega_0$. Bei gleicher Bandbreite im Gebiet der positiven Frequenzen ist der Koeffizient links $= 1$. Wenn also $G(p)$ der Übertragungsfaktor für den Tiefpaß war, eignet sich $G(p')$ für einen Bandpaß.

Literatur: [*2, 13, 15, 28, 36, 37, 49, 70, 120, 122*].

07 Grundbegriffe der Statistik.

071 Wahrscheinlichkeit, Mittelwerte, Korrelationskoeffizient.

Es bezeichne E ein Ereignis, das eintreten oder auch nicht eintreten kann. Unter einer Anzahl N von Versuchen, die unternommen werden, sollen sich n befinden, bei denen E eingetreten ist. Ist N sehr groß ($N \to \infty$), so nennen wir den Quotienten

$$W = \frac{n}{N} \tag{071.1}$$

die *Wahrscheinlichkeit* für das Eintreten von E. Die Wahrscheinlichkeit eines Ereignisses E ist also der Grenzwert für $N \to \infty$ des Verhältnisses der Zahl der günstigen (d. h. hinsichtlich E positiven) Fälle, zur Gesamtzahl der möglichen Fälle N. Die Wahrscheinlichkeit dafür, daß E nicht eintritt, ist dann $W' = 1 - W$.

Beispiel: Die Wahrscheinlichkeit, mit einem Würfel eine durch 3 teilbare Zahl (3 oder 6) zu spielen, ist $W = \frac{1}{3}$.

Wir setzen voraus, daß das Ergebnis eines speziellen Versuches von allen etwa vorausgegangenen Versuchen nicht beeinflußt wird. Den Prozeß, auf Grund dessen das Ergebnis (E bzw. nicht-E) sich einstellt und der im allgemeinen nicht bekannt ist, nennen wir dann stochastisch.

Sind E_1, E_2 zwei unabhängige Ereignisse, d. h. das Eintreten von E_1 ist auf das von E_2 ohne Einfluß und umgekehrt, und sind W_1, W_2 die zugehörigen Wahrscheinlichkeiten, so beträgt die Wahrscheinlichkeit

a) dafür, daß bei einem Versuch sowohl E_1 wie auch E_2 beobachtet wird

$$W = W_1 W_2, \tag{071.2}$$

b) dafür, daß entweder E_1 oder E_2 (oder beide) gefunden wird,

$$W = W_1 + W_2 - W_1 W_2. \tag{071.3}$$

Das Produkt ist abzuziehen, sonst würden die Fälle, in denen beide Ereignisse eintreten, doppelt gezählt.

Beispiel: Die Wahrscheinlichkeit, mit 2 Würfeln

a) zwei gerade Zahlen zu würfeln, ist $= \frac{1}{2} \cdot \frac{1}{2} = \frac{1}{4}$,

b) mindestens eine gerade Zahl zu würfeln, ist $\frac{1}{2} + \frac{1}{2} - \frac{1}{4} = \frac{3}{4}$.

Schließen sich dagegen E_1 und E_2 aus, d. h. kann von den Ereignissen E_1, E_2 höchstens eines eintreten, so ist die Wahrscheinlichkeit dafür, daß irgendeines der beiden eintritt, die Summe der Einzelwahrscheinlichkeiten

$$W = W_1 + W_2. \tag{071.4}$$

Entsprechend für $m \geqq 2$ einander ausschließende Ereignisse $E_1, E_2, \ldots, E_m$

$$W = \sum_{\nu=1}^{m} W_\nu. \tag{071.4a}$$

Beispiel: Man spiele wieder mit 2 Würfeln. Es bedeute E_1: Würfel 1 zeigt eine gerade, 2 eine ungerade Zahl; E_2: Würfel 2 zeigt eine gerade, 1 eine ungerade Zahl; E_3: beide Würfel zeigen gerade Zahlen. Dafür, daß E_1 oder E_2 oder E_3 eintritt, d. h. daß mindestens eine gewürfelte Zahl gerade ist, besteht die

Wahrscheinlichkeit

$$W = W_1 + W_2 + W_3 = \tfrac{1}{4} + \tfrac{1}{4} + \tfrac{1}{4} = \tfrac{3}{4}$$

wie zuvor in b).

$E_1, E_2, \ldots, E_m$[1] seien einander ausschließende Ereignisse, die mit den Wahrscheinlichkeiten $W_1, W_2, \ldots, W_m$ beobachtet werden, und mit Sicherheit soll eines der E_ν eintreten: $\sum_{\nu=1}^{m} W_\nu = 1$. Eine Variable x soll den Wert

$$x_1 \text{ bzw. } x_2 \text{ bzw.} \ldots \text{bzw. } x_m$$

besitzen, je nachdem E_1 bzw. E_2 bzw. ... bzw. E_m eintritt. Das bedeutet: Bei einem Versuch beobachtet man einen dieser m-Werte von x, und zwar findet man das Ergebnis $x = x_\nu$ mit der Wahrscheinlichkeit W_ν. Ein solches x nennen wir eine stochastische Veränderliche.

Der Mittelwert $\bar{x}$ von x wird durch die Summe

$$\bar{x} = x_1 W_1 + x_2 W_2 + \cdots + x_m W_m = \sum_{\nu=1}^{m} x_\nu W_\nu \qquad (071.5)$$

gegeben. Für die Abweichung vom Mittelwert $\delta x = x - \bar{x}$ folgt aus der Definition von $\bar{x}$

$$\overline{\delta x} = \overline{x - \bar{x}} = \sum (x_\nu - \bar{x})\, W_\nu = \sum x_\nu W_\nu - \bar{x} \cdot 1 = 0.$$

$(x - \bar{x})^2$ ist das Abweichungsquadrat. Für statistische Prozesse ist die Größe

$$\overline{(\delta x)^2} = \overline{(x - \bar{x})^2} = \sum (x_\nu - \bar{x})^2 \cdot W_\nu, \qquad (071.6)$$

das „mittlere Abweichungsquadrat", von Wichtigkeit. Es ist

$$\overline{(\delta x)^2} = \overline{(x^2 - 2x\bar{x} + \bar{x}^2)} = \overline{x^2} - 2\bar{x}\,\bar{x} + \bar{x}^2 = \overline{x^2} - \bar{x}^2. \qquad (071.7)$$

Die Definitionen sollen nun auf den Fall verallgemeinert werden, daß x beliebig reelle Werte annehmen kann. $W(\xi)\,d\xi$ hat dann die Bedeutung der Wahrscheinlichkeit dafür, daß der Wert der stochastischen Variablen x zwischen ξ und $\xi + d\xi$ fällt. $W(\xi)$ verteilt sich so auf die ξ-Achse, daß $\int_{-\infty}^{+\infty} W(\xi)\,d\xi = 1$, und wird sinngemäß als Wahrscheinlichkeitsdichte bezeichnet[2]. Den Mittelwert $\bar{x}$ bildet man entsprechend zu Gl. (071.5),

$$\bar{x} = \int_{-\infty}^{+\infty} x W(x)\,dx, \qquad (071.8)$$

und das mittlere Abweichungsquadrat ist

$$\overline{(\delta x)^2} = \overline{(x - \bar{x})^2} = \int_{-\infty}^{+\infty} (x - \bar{x})^2\, W(x)\,dx. \qquad (071.9)$$

---

[1] Die Anzahl m der Ereignisse ist nicht notwendig endlich, doch zunächst abzählbar.

[2] Für manche Zwecke ist es günstiger, statt mit der Wahrscheinlichkeitsdichte mit ihrem Integral $\int_{-\infty}^{\xi} W(\eta)\,d\eta$ zu rechnen, das die Wahrscheinlichkeit angibt, daß $x \leq \xi$ ausfällt [2].

Die Größen

$$\overline{x^n} = \int_{-\infty}^{+\infty} x^n W(x)\,\mathrm{d}x \tag{071.10}$$

heißen die Momente n-ten Grades bezüglich $W(x)$.

Ist $\mathfrak{f}(x)$ eine reelle Funktion, die für alle Werte von x, die mit einer von 0 verschiedenen Wahrscheinlichkeitsdichte auftreten können, definiert ist, so schreibt sich entsprechend

$$\overline{\mathfrak{f}(x)} = \int_{-\infty}^{+\infty} \mathfrak{f}(x) W(x)\,\mathrm{d}x = \overline{\mathfrak{f}}, \tag{071.11}$$

$\delta\mathfrak{f} = \mathfrak{f}(x) - \overline{\mathfrak{f}}$, $\overline{\delta\mathfrak{f}} = 0$ und

$$\overline{(\delta\mathfrak{f})^2} = \int_{-\infty}^{+\infty} [\mathfrak{f}(x) - \overline{\mathfrak{f}}]^2 W(x)\,\mathrm{d}x. \tag{071.12}$$

Wie oben ist

$$\overline{(\delta\mathfrak{f})^2} = \overline{\mathfrak{f}^2} - \overline{\mathfrak{f}}^2 \quad \text{mit} \quad \overline{\mathfrak{f}^2} = \int_{-\infty}^{+\infty} \mathfrak{f}^2(x) W(x)\,\mathrm{d}x; \tag{071.13}$$

speziell

$$\overline{(\delta x)^2} = \overline{x^2} - \overline{x}^2. \tag{071.14}$$

Die $\mathfrak{F}$-Transformierte $\varphi(u)$ der Wahrscheinlichkeitsdichte $W(x)$

$$\varphi(u) = \mathfrak{F}\{W(x)\} = \int_{-\infty}^{+\infty} W(x) \exp \mathrm{j}\, u\, x\, dx, \tag{071.15}$$

die sogenannte „charakteristische Funktion", kann ebenso zur Kennzeichnung der Wahrscheinlichkeitsverteilung dienen wie $W(x)$ selbst. Entwickelt man $\exp \mathrm{j}\,u\,x$ unter dem Integral nach TAYLOR und integriert gliedweise, so erhält man für $\varphi(u)$ die Potenzreihe

$$\varphi(u) = 1 + \frac{\overline{x}}{1!}(\mathrm{j}\,u) + \frac{\overline{x^2}}{2!}(\mathrm{j}\,u)^2 + \cdots = \sum_{m=0}^{\infty} \frac{\overline{x^m}}{m!}(\mathrm{j}\,u)^m, \tag{071.16}$$

in deren Koeffizienten die Momente eingehen:

$$\varphi'(0) = \mathrm{j}\,\overline{x}, \qquad \varphi''(0) = -\overline{x^2}, \ldots \tag{071.16a}$$

Insbesondere ist nach Gl. (071.14) das mittlere Abweichungsquadrat

$$\overline{(\delta x)^2} = \varphi'^2(0) - \varphi''(0). \tag{071.17}$$

Sind x und y zwei stochastische Variablen, so ist

$$\overline{(x+y)^2} = \overline{x^2} + 2\overline{xy} + \overline{y^2}; \tag{071.18}$$

hinsichtlich des Mittelwertes des Produktes, $\overline{xy}$, können verschiedene Möglichkeiten auftreten. Sind x, y unabhängig voneinander, so ist $\overline{xy} = \overline{x} \cdot \overline{y}$. Zur Kennzeichnung des Grades der Abhängigkeit dient der Korrelationskoeffizient

$$c = \frac{\overline{xy} - \overline{x} \cdot \overline{y}}{\sqrt{\overline{(\delta x)^2}}\,\sqrt{\overline{(\delta y)^2}}} = \frac{\overline{\delta x\, \delta y}}{\sqrt{\overline{(\delta x)^2}}\,\sqrt{\overline{(\delta y)^2}}}. \tag{071.19}$$

Bei Unabhängigkeit ist $c = 0$, x und y sind vollständig unkorreliert[1]. Ist $c = \pm 1$, so heißen x und y vollständig korreliert, für $0 < |c| < 1$ teilweise korreliert. Bei keiner Korrelation ($c = 0$) muß man in der Gleichung

$$\overline{(\delta x + \delta y)^2} = \overline{(\delta x)^2} + \overline{(\delta y)^2} + 2c\sqrt{\overline{(\delta x)^2}\,\overline{(\delta y)^2}} \qquad (071.20)$$

die Addition quadratisch vornehmen:

$$\overline{(\delta x + \delta y)^2} = \overline{(\delta x)^2} + \overline{(\delta y)^2}, \qquad (071.21)$$

bei völliger Korrelation ($c = \pm 1$) dagegen linear

$$\overline{(\delta x + \delta y)^2} = \left(\sqrt{\overline{(\delta x)^2}} \pm \sqrt{\overline{(\delta y)^2}}\right)^2. \qquad (071.22)$$

Sind δx, δy als zwei Vektoren dargestellt, so bedeutet der erste Fall, $c = 0$, Gl. (071.21), Addition der Beträge, der zweite Fall, $c = \pm 1$, Gl. (071.22) geometrische Addition der Vektoren.

Ist
$$\delta y = a\,\delta x + \delta z, \qquad (071.23\,\mathrm{a})$$

wo z zu x vollständig unkorreliert und a eine Konstante ist, so findet man

$$c = \left[1 + \frac{\overline{(\delta z)^2}}{a^2\,\overline{(\delta x)^2}}\right]^{-\frac{1}{2}}. \qquad (071.23\,\mathrm{b})$$

072 Verteilungen.

a) Bernouillische Verteilung. Wir betrachten ein Ereignis E, für desssen Eintreten bzw. Nichteintreten bei einem Versuch die Wahrscheinlichkeit w bzw. $1 - w$ beträgt. Nun stelle man m Versuche an; die Ergebnisse der einzelnen Versuche sollen voneinander unabhängig sein. $W_m(k)$ bezeichne die Wahrscheinlichkeit, daß bei den m Versuchen k-mal E beobachtet wird. Dies kann auf $\binom{m}{k} = \frac{m!}{k!\,(m-k)!}$ Weisen realisiert werden. Diese Zahl ist gleich der Zahl der verschiedenen Möglichkeiten, aus m Elementen k herausgreifen. Einer jeden solchen Realisierungsweise kommt die Wahrscheinlichkeit $w\,(1 - w)^{m-k}$ zu, denn es soll k-mal E eintreten, die restlichen $(m - k)$ Male nicht. Folglich

$$W_m(k) = \binom{m}{k} w^k (1 - w)^{m-k}. \qquad (072.1)$$

Dies ist das Gesetz der Bernouillischen Verteilung, auch „Binomialverteilung“ wegen des Auftretens der Binomialkoeffizienten.

Man denke sich die Versuchsreihe aus m Versuchen unendlich oft wiederholt. Der Mittelwert $\bar{k}$ der Anzahl k der Versuche in jeder Reihe, bei denen E gefunden wird, ist entsprechend der Definition in Kap. 071

$$\bar{k} = \sum_{k=1}^{m} k\,W_m(k) = \sum_{k=1}^{m} \binom{m}{k} k\,w^k (1 - w)^{m-k}. \qquad (072.2)$$

Zu seiner Berechnung geht man gewöhnlich so vor [2, 17]: Man differenziert die für alle w, v, λ gültige Gleichung

$$(w\lambda + v)^m = \sum_{k=0}^{m} \binom{m}{k} (w\lambda)^k v^{m-k} \qquad (072.3)$$

[1] Umgekehrt muß aber $c = 0$ nicht immer Unabhängigkeit bedeuten [2].

nach λ:

$$m\,w(w\,\lambda + v)^{m-1} = \sum_{k=0}^{m} \binom{m}{k} k\, w^k \lambda^{k-1} v^{m-k} \tag{072.4}$$

und setzt $v = 1 - w$, $\lambda = 1$. Dies ergibt nach Gl. (072.2)

$$\bar{k} = m\,w. \tag{072.5}$$

Nochmalige Differentiation von Gl. (072.4) nach λ führt nach einer kleinen Umrechnung auf

$$\overline{(\delta k)^2} = m\,w\,(1 - w). \tag{072.6}$$

Abb. 07.1 zeigt $W_{20}(k)$ über k für $w = 0{,}3$. Nach Gl. (072.5) ist $\bar{k} = 6$.

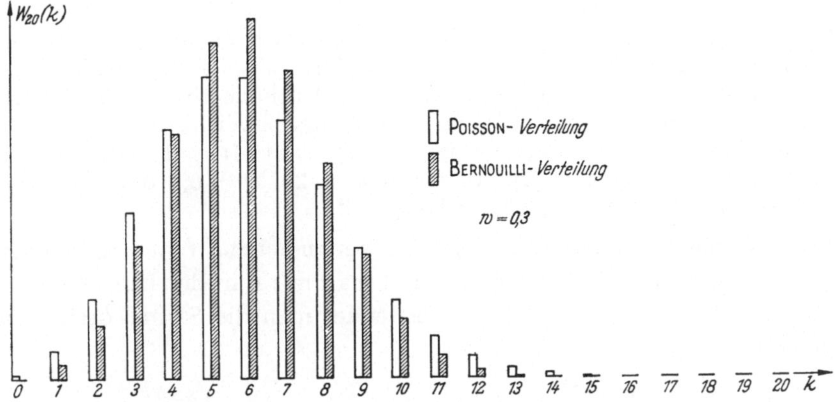

Abb. 07.1. Vergleich von BERNOUILLI- und POISSON-Verteilung für $m = 20$, $w = 0{,}3$.

Zur Berechnung der Fakultät, $n!$, für große n dient als gute Näherung die asymptotische Formel von STIRLING:

$$n! \cong \sqrt{2\pi}\, n^{n+\frac{1}{2}} \exp(-n) \left\{1 + \frac{1}{12n} + \cdots\right\}. \tag{072.7}$$

b) POISSON-Verteilung. Für sehr große m und $w \ll 1$ läßt sich Gl. (072.1) vereinfachen. Dazu schreiben wir sie auf Grund von Gl. (072.5), $w = \frac{\bar{k}}{m}$, in der Form

$$W_m(k) = \frac{m!}{k!\,(m-k)!}\, w^k (1-w)^{m-k} = \frac{m\,(m-1)\ldots(m-k+1)}{k!} \left(\frac{\bar{k}}{m}\right)^k \left(1 - \frac{\bar{k}}{m}\right)^{m-k}$$

$$= \frac{\bar{k}^k}{k!} \frac{\left(1 - \frac{1}{m}\right)\left(1 - \frac{2}{m}\right)\cdots\left(1 - \frac{k-1}{m}\right)}{\left(1 - \frac{\bar{k}}{m}\right)^k} \left(1 - \frac{\bar{k}}{m}\right)^m.$$

Macht man hierin den Grenzübergang zu sehr großen m bei festgehaltenem k, so geht der zweite Bruch gegen 1, der letzte Faktor gegen $\exp(-\bar{k})$, und man erhält die Verteilung von POISSON

$$W_m(k) = \frac{\bar{k}^k}{k!}\exp(-\bar{k}) = \frac{(m\,w)^k}{k!}\exp(-m\,w). \tag{072.8}$$

Die charakteristische Funktion dazu ist, entsprechend Gl. (071.15),

$$\begin{aligned}\varphi(u) &= \sum_{k=1}^{\infty}\frac{\bar{k}^k}{k!}\exp(-\bar{k} + \mathrm{j}\,u\,k) = \exp(-\bar{k})\sum_{0}^{\infty}\frac{[\bar{k}\exp\mathrm{j}\,u]^k}{k!} \\ &= \exp(-\bar{k} + \bar{k}\exp\mathrm{j}\,u).\end{aligned} \tag{072.9}$$

Nach Gl. (071.16) findet man daraus die wichtige Beziehung

$$\overline{(\delta k)^2} = \bar{k}, \tag{072.10}$$

die alle Vorgänge erfüllen, die dem POISSONschen Verteilungsgesetz Gl. (072.8) gehorchen.

Dazu gehören viele statistische physikalische Prozesse, an denen eine große Zahl von Elementarvorgängen beteiligt sind. Zum Beispiel genügt die Anzahl k der in einer festen Zeitspanne $m\,\Delta t$ aus einer Kathode thermisch emittierten Elektronen dem POISSONschen Gesetz; die Wahrscheinlichkeit w für den Austritt eines bestimmten Elektrons im Zeitintervall Δt soll dabei $\ll 1$ und $m \gg 1$ sein. In Abb. 07.1 ist für den Fall $m = 20$, $w = 0{,}3$ die POISSON-Verteilung der BERNOUILLIschen gegenübergestellt.

c) GAUSSsche Verteilung. Eine weitere Vereinfachung tritt ein, wenn auch $\bar{k}$ in Gl. (072.8) große Werte annimmt und man mit k in der Umgebung von $\bar{k}$ bleibt, d. h. $\delta k = k - \bar{k} \ll \bar{k}$. Für $k!$ verwendet man die STIRLINGsche Formel Gl. (072.7):

$$\begin{aligned}W_m(k) &= \frac{1}{\sqrt{2\pi}}\,\frac{\bar{k}^{\bar{k}+\delta k}}{k^{k+\frac{1}{2}}}\exp(k - \bar{k}) = \frac{1}{\sqrt{2\pi\bar{k}}}\,\frac{\exp\delta k}{\left[1 + \frac{\delta k}{\bar{k}}\right]^{\bar{k}+\delta k+\frac{1}{2}}} \\ &\approx \frac{1}{\sqrt{2\pi\bar{k}}}\exp\left\{\delta k - \bar{k}\left(1 + \frac{\delta k}{\bar{k}} + \frac{1}{2\bar{k}}\right)\ln\left(1 + \frac{\delta k}{\bar{k}}\right)\right\} \\ &= \frac{1}{\sqrt{2\pi\bar{k}}}\exp\left\{-\frac{\delta k}{2\bar{k}}(\delta k + 1) + \cdots\right\}.\end{aligned}$$

Kann man noch 1 neben δk vernachlässigen, so bleibt die Formel für die GAUSSsche Verteilung

$$W(k) = \frac{1}{\sqrt{2\pi\bar{k}}}\exp\left[-\frac{(k-\bar{k})^2}{2\bar{k}}\right], \tag{072.11}$$

die nicht nur auf den Fall beschränkt ist, daß k die ganzen Zahlen durchläuft. Wir schreiben sie daher allgemein mit einer dimensionslosen stochastischen Variablen x:

$$W(x) = \frac{1}{\sqrt{2\pi\bar{x}}}\exp\left[-\frac{(x-\bar{x})^2}{2\bar{x}}\right], \tag{072.12}$$

wo $W(x)$ jetzt die Bedeutung der Wahrscheinlichkeitsdichte auf der x-Achse ist. Nach Gl. (053.7) und (071.15) ist die zugehörige charakteristische Funktion

$$\varphi(u) = \exp\left(\mathrm{j}\, u\, \bar{x} - \frac{\bar{x}}{2}\, u^2\right), \tag{072.13}$$

aus der man mit Gl. (071.16) das Ergebnis, Gl. (072.10), wiederfindet:

$$\overline{(\delta x)^2} = \bar{x}.$$

Man bezieht die Gl. (072.12) auch, indem man $\sigma = \sqrt{\overline{(\delta x)^2}} = \sqrt{\bar{x}}$ statt $\bar{x}$ einführt, auf die Variable $\xi = \delta x = x - \bar{x}$ mit dem Mittelwert 0; dann lautet sie

$$W(\xi) = \frac{1}{\sqrt{2\pi}\,\sigma} \exp\left(-\frac{\xi^2}{2\sigma^2}\right). \tag{072.14}$$

Die Funktion $W(\xi)$ ist gerade, ihr Maximum bei $\xi = 0$ ist um so schärfer ausgeprägt, je kleiner σ (vgl. die Kurven in Abb. 05.8). Zu zwei Verteilungen, deren σ sich wie 1 : 2 verhalten, gehören Mittelwerte $\bar{x}$, die im Verhältnis 1 : 4 stehen[1].

Fragt man z. B. nach der Wahrscheinlichkeit, daß bei der thermischen Emission einer Kathode in einer gewissen Zeit genau k Elektronen austreten, wo k von der Größenordnung einiger Zehnerpotenzen ist, so wird man diese nicht nach der POISSONschen, sondern nach der GAUSSschen Verteilung, Gl. (072.11), berechnen.

d) MAXWELLsche Geschwindigkeitsverteilung. Aus der kinetischen Gastheorie entnehmen wir das Ergebnis, daß die Moleküle eines Gases von der absoluten Temperatur T, wenn man von Wechselwirkung zwischen ihnen absieht, hinsichtlich ihrer Geschwindigkeit

$$\boldsymbol{v} = v_x\,\mathbf{e}_x + v_y\,\mathbf{e}_y + v_z\,\mathbf{e}_z$$

dem folgenden Verteilungsgesetz genügen: Die Wahrscheinlichkeit, daß eine, etwa die x-Komponente, zwischen v_x und $v_x + \mathrm{d}v_x$ liegt, ist

$$W(v_x) = \sqrt{\frac{m}{2\pi k T}} \exp\left(-\frac{m v_x^2}{2kT}\right), \tag{072.15}$$

gehorcht also einer GAUSSschen Verteilung, Gl. (072.14), mit $\sigma = \sqrt{\frac{kT}{m}}$ (m = Teilchenmasse, k = BOLTZMANNsche Konstante).

Für den Betrag $v = |\boldsymbol{v}| = \sqrt{v_x^2 + v_y^2 + v_z^2}$ gilt dagegen die Verteilung

$$W(v) = 4\pi \left(\frac{m}{2\pi k T}\right)^{3/2} v^2 \exp\left(-\frac{m v^2}{2kT}\right) \tag{072.16}$$

mit den Mittelwerten

$$\bar{v} = \sqrt{\frac{8}{\pi}\,\frac{kT}{m}}, \qquad \overline{v^2} = 3\,\frac{kT}{m}, \qquad \overline{(\delta v)^2} = \left(3 - \frac{8}{\pi}\right)\frac{kT}{m}. \tag{072.16a}$$

Das Maximum von $W(v)$, d. h. die wahrscheinlichste Geschwindigkeit, liegt bei

$$v_{\max} = \sqrt{2}\sqrt{\frac{kT}{m}}. \tag{072.16b}$$

[1] Bei der GAUSSschen Verteilung, wie sie im allgemeinen in der Statistik verwendet wird, besteht zwischen σ und dem Mittelwert $\bar{x}$ keine Beziehung.

Einen speziellen Fall zeigt Abb. 07.2.

Derselben Gesetzmäßigkeit, Gl. (072.15), (072.16), gehorchen im Idealfall die aus einer ebenen, auf die Temperatur T geheizten Kathode austretenden Elektronen. Ein Unterschied besteht hingegen darin, daß, wenn die x-Richtung auf der Kathodenfläche senkrecht steht, Geschwindigkeitskomponenten v_x nur $\geqq 0$ bzw. $\geqq -v_m$ vorkommen; letzteres, wenn sich vor der Kathode ein Potentialminimum der Höhe $+\frac{m}{2e}v_m^2$ (e, m = Elektronenladung und -masse) ausbildet, gegen das die Elektronen anlaufen müssen. Solche mit einer Austrittsgeschwindigkeit $< v_m$ kehren zur Kathode zurück. Wir schreiben daher z. B. Gl. (072.15) für diesen Fall unter Verwendung des Einheitssprunges σ

$$W(v_x) = \sqrt{\frac{m}{2\pi kT}} \exp\left(-\frac{m v_x^2}{2kT}\right) \sigma(v_x + v_m). \qquad (072.17)$$

Häufig braucht man nicht diese Funktion, die sich auf die pro Volumeneinheit vorhandenen Teilchen bezieht, sondern die Anzahl $\mathrm{d}N(v_x)$ der pro cm^2 Kathodenfläche austretenden Elektronen, mit einer Geschwindigkeit im Intervall $(v_x, v_x + \mathrm{d}v_x)$, bei einer Gesamtzahl N pro sec und cm^2 emittierter Elektronen. Die betreffende

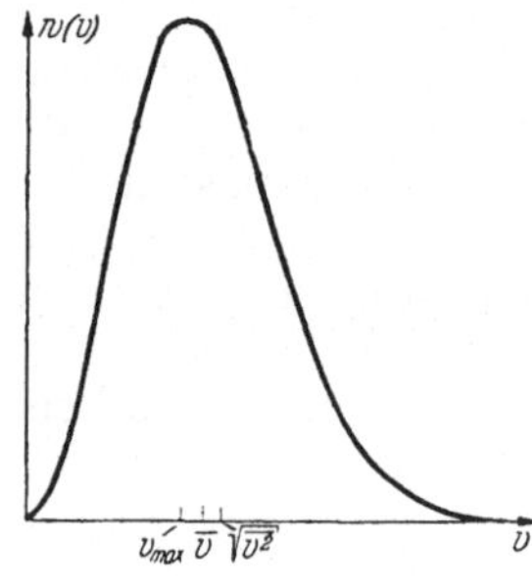

Abb. 07.2. MAXWELLsche Geschwindigkeitsverteilung, bezogen auf die Volumeneinheit.

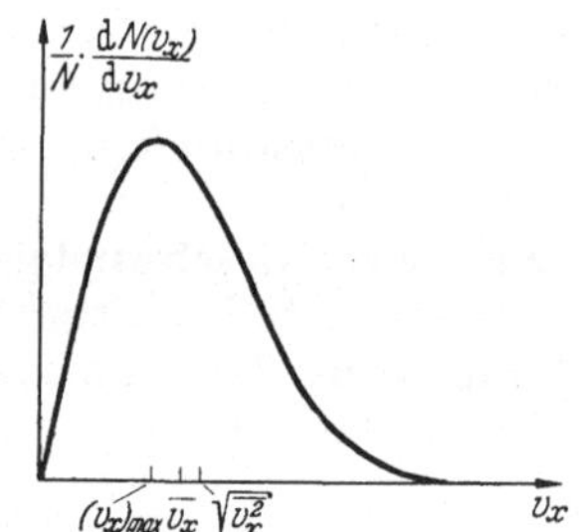

Abb. 07.3. MAXWELLsche Geschwindigkeitsverteilung, bezogen auf die Flächeneinheit der Kathodenfläche.

Wahrscheinlichkeit $\mathrm{d}N/N$, erhält man aus Gl. (072.17), wenn man rechts den Faktor v_x hinzufügt, denn pro Zeiteinheit legen die Elektronen die Strecke v_x in $+x$-Richtung zurück. Da es sich nur um die emittierten Elektronen handelt, ist $\sigma(v_x + v_m)$ durch $\sigma(v_x)$ zu ersetzen. Ferner muß man den konstanten Faktor abändern, so daß $\int\limits_{v_x=0}^{\infty} \frac{\mathrm{d}N(v_x)}{N} = 1$ gilt. Dies ergibt

$$\mathrm{d}N(v_x) = N\frac{m v_x}{kT} \exp\left(-\frac{m v_x^2}{2kT}\right) \sigma(v_x)\,\mathrm{d}v_x. \qquad (072.18)$$

Hinsichtlich dieser Verteilung (Abb. 07.3) ist

$$\overline{v_x} = \sqrt{\frac{\pi}{2}\frac{kT}{m}}, \qquad \overline{(\delta v_x)^2} = \left(1 - \frac{\pi}{4}\right)\frac{2kT}{m}. \qquad (072.18\text{a})$$

Insgesamt wird pro Flächeneinheit der Strom $i_s = -eN$ emittiert. Davon überquert

$$i_0 = -e\int\limits_{v_m}^{\infty} \mathrm{d}N(v_x) = i_s \exp\left(-\frac{m v_m^2}{2kT}\right) \qquad (072.19)$$

die Potentialschwelle. Die Gesamtzahl der an der Kathode pro cm³ vorhandenen Elektronen (einschließlich der rückkehrenden) bestimmt sich zu

$$n_c = N \int\limits_{-v_m}^{\infty} \frac{m}{kT} \exp\left(-\frac{m v_x^2}{2kT}\right) \mathrm{d}v_x = N \sqrt{\frac{\pi}{2} \frac{m}{kT}} \left(1 + \Phi\left(\sqrt{\frac{m}{2kT}} v_m\right)\right).$$

Bezüglich der Funktion Φ siehe Kap. 094.

073 Schwankungen. Stationäre stochastische Prozesse.

$x(t)$ bezeichne eine physikalische Größe, die als Funktion der Zeit ein völlig regelloses Verhalten zeigt, etwa eine Spannung oder ein Strom, an deren Zustandekommen eine große Zahl statistischer Elementarprozesse beteiligt sind. Ein Anzeigeinstrument wird $x(t)$ als eine stetige Funktion aufzeichnen. Ein solches $x(t)$ wollen wir eine stochastische Funktion nennen.

Wir können uns den Vorgang, als dessen Ergebnis $x(t)$ beobachtet wird, theoretisch beliebig lang andauernd vorstellen und können Mittelwerte über große Zeiten wie folgt definieren:

$$\langle x \rangle = \lim_{T\to\infty} \frac{1}{2T} \int\limits_{-T}^{+T} x(t)\,\mathrm{d}t, \qquad \langle x^2 \rangle = \lim_{T\to\infty} \frac{1}{2T} \int\limits_{-T}^{+T} x^2(t)\,\mathrm{d}t \quad \text{usf.} \tag{073.1}$$

In einem bestimmten Augenblick, $t = t_1$, wird man ein $x(t_1)$ beobachten, das im allgemeinen von $\langle x \rangle$ abweicht. $\delta x(t) = x(t) - \langle x \rangle$ mit $\langle \delta x \rangle = 0$ heißt die Schwankung zur Zeit t und

$$\langle (\delta x)^2 \rangle = \lim_{T\to\infty} \frac{1}{2T} \int\limits_{-T}^{+T} [x(t) - \langle x \rangle]^2\,\mathrm{d}t \tag{073.2}$$

das mittlere Schwankungsquadrat. Es gilt, wie für Verteilungen,

$$\langle (\delta x)^2 \rangle = \langle x^2 \rangle - \langle x \rangle^2. \tag{073.3}$$

Zu der stochastischen Funktion $x(t)$ gehört eine Wahrscheinlichkeitsdichte $W(\xi, t)$, die angibt, mit welcher Wahrscheinlichkeit man zur Zeit t einen Wert von $x(t)$ beobachtet, der zwischen ξ und $\xi + \mathrm{d}\xi$ liegt. Wir haben dann neben den zeitlichen Mittelwerten $\langle x \rangle$ noch in jedem Augenblick t einen Mittelwert $\overline{x(t)}$ hinsichtlich dieser Wahrscheinlichkeitsverteilung, der im allgemeinen von t abhängen wird.

Wir wollen aber die weitere Betrachtung auf *stationäre* stochastische Prozesse von folgender Art beschränken: a) die Wahl des Nullpunktes der Zeitskala ist ohne Einfluß auf die zeitlichen Mittelwerte, b) die Wahrscheinlichkeitsdichte $W(x, t)$ und damit auch $\overline{x(t)}$ ist vom Zeitpunkt t unabhängig, c) das Produkt $W(x_1, t_1) \cdot W(x_2, t_2)$ für zwei verschiedene Zeiten t_1, t_2 hängt nur von der Differenz $t_1 - t_2$ ab; es gibt die Wahrscheinlichkeit dafür an, daß x zur Zeit t_1 in das Intervall $(x_1, x_1 + \mathrm{d}x)$ und zugleich zur Zeit t_2 in das Intervall $(x_2, x_2 + \mathrm{d}x)$ fällt. Damit ist auch der Mittelwert $\overline{x(t_1)\,x(t_2)}$ nur eine Funktion $\varrho(\tau)$ der Differenz $\tau = t_1 - t_2$.

Für stationäre stochastische Prozesse stimmt $\varrho(\tau)$ unter gewissen Voraussetzungen [*2, 110, 125*] mit der in Kap. 054 eingeführten Autokorrelationsfunktion zu $x(t)$ überein. Wir können dann schreiben für die Vorgänge, die uns interessieren:

$$\bar{x} = \langle x \rangle = \lim_{T\to\infty} \frac{1}{2T} \int_{-T}^{+T} x(t)\,\mathrm{d}t, \qquad \overline{(\delta x)^2} = \langle (\delta x)^2 \rangle, \tag{073.4}$$

$$\varrho(\tau) = \overline{x(t)\,x(t-\tau)} = \langle x(t)\,x(t-\tau) \rangle = \lim_{T\to\infty} \frac{1}{2T} \int_{-T}^{+T} x(t)\,x(t-\tau)\,\mathrm{d}t. \tag{073.5}$$

Der in Gl. (073.4), (073.5) ausgedrückte Ersatz der zeitlichen durch die aus der Wahrscheinlichkeitsverteilung folgenden Mittelwerte läßt sich wie folgt verdeutlichen: An Stelle der Beobachtung der Schwankungsgröße x an einem einzelnen physikalischen System über sehr lange Zeiten denkt man sich eine große Anzahl makroskopisch identischer Systeme, an denen man x zur gleichen Zeit beobachtet. Zu den Mittelwerten $\bar{x}$ bzw. $\langle x \rangle$ führt dann der jeweils nur in abstracto vorzunehmende Grenzübergang, daß diese Anzahl bzw. die Beobachtungszeit $\to \infty$ geht.

Da gewöhnlich nur die Schwankung $\delta x(t)$ interessiert, spalten wir von $x(t)$ den Mittelwert $\bar{x} = \langle x \rangle$ ab. Handelt es sich z. B. um einen Emissionsstrom, der um einen (zeitlich konstanten) Mittelwert, einen Gleichstrom, schwankt, so soll nur von dem Schwankungsstrom die Rede sein. Wir können dann $\bar{x} = 0$ setzen und $x(t)$ selbst als Schwankung ansehen.

$$\langle x^2 \rangle = \varrho(0) = \int_0^\infty w(f)\,\mathrm{d}f \tag{073.6}$$

nennen wir die mittlere Leistung, die in der Schwankung $x(t)$ enthalten ist. Wir haben in Gl. (054.9) bereits den Zusammenhang zwischen der Zerlegung der Leistung einer solchen Funktion in ein Frequenzspektrum $w(f)$ und der Autokorrelationsfunktion $\varrho(\tau)$ gefunden:

$$w(f) = 4 \int_0^\infty \varrho(\tau) \cos 2\pi f\tau\,\mathrm{d}\tau, \qquad \varrho(\tau) = \int_0^\infty w(f) \cos 2\pi f\tau\,\mathrm{d}f. \tag{073.7}$$

In der Praxis interessiert häufig nur die in einem gewissen Frequenzband der Breite Δf enthaltene Leistung, in dem $w(f)$ als konstant angesehen werden kann. Dann schreibt man, wenn f_0 etwa die mittlere Frequenz des Bandes ist,

$$\langle x^2 \rangle = w(f_0)\,\Delta f.$$

Eine der Gl. (073.5) entsprechende Beziehung besteht auch für die in Gl. (054.15) definierte Kreuzkorrelationsfunktion zweier verschiedener stationärer Vorgänge

$$\varrho_{xy}(\tau) = \overline{x(t)\,y(t-\tau)} = \langle x(t)\,y(t-\tau) \rangle. \tag{073.8}$$

Da dies keine gerade Funktion von τ zu sein braucht, ist ihre $\mathfrak{F}$-Transformierte

$$w_{xy}(f) = 2 \int_{-\infty}^{+\infty} \varrho_{xy}(\tau) \exp(-\mathrm{j}\,2\pi f\tau)\,\mathrm{d}\tau, \tag{073.9}$$

das sog. (komplexe) Kreuzspektrum, im allgemeinen keine reelle Funktion. Bezieht man $w_{xy}(f)$ auf die Leistungsspektren der Funktionen $x(t)$ und $y(t)$, so erhält man ihren komplexen Korrelationskoeffizienten bei der Frequenz f:

$$c_{xy}(f) = \frac{w_{xy}(f)}{\sqrt{w_x(f)\,w_y(f)}}. \tag{073.10}$$

Für stationäre stochastische Funktionen gelten beim Durchgang durch ein lineares Übertragungssystem die Gl. (055.5), (055.6) [2]: Am Ausgang des Systems mit der Übertragungsfunktion $G(p)$ lauten Leistungsspektrum und Korrelationsfunktion

$$\begin{aligned} w_{\mathrm{II}}(f) &= |G(\mathrm{j}\,2\pi f)|^2\, w(f)\,, \\ \varrho_{\mathrm{II}}(\tau) &= \int_0^\infty |G(\mathrm{j}\,2\pi f)|^2\, w(f) \cos 2\pi f\tau \,\mathrm{d}f\,, \end{aligned} \tag{073.11}$$

wenn $w(f)$ das Leistungsspektrum der Eingangsschwankungsgröße $x(t)$ ist.

Als Beispiel betrachten wir den Stromkreis in Abb. 07.4, bestehend aus einem auf der Temperatur T befindlichen Wirkwiderstand R und einer Kapazität C. Als $x(t)$ nehmen wir die in R vorhandene spontane thermische Spannungsschwankung $\delta U(t)$, als $x_{\mathrm{II}}(t)$ die als Folge davon am Kondensator C auftretende Spannung $U_{\mathrm{II}}(t)$. Die Übertragungsfunktion ist in diesem Falle

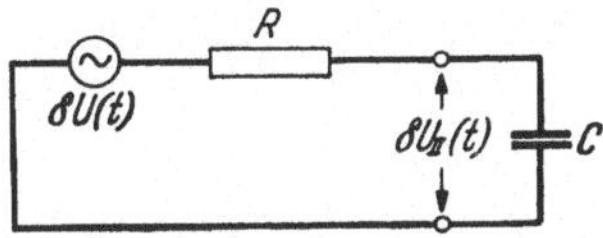

Abb. 07.4. Zur Herleitung der NYQUISTschen Formel.

$$G(\mathrm{j}\omega) = \frac{\dfrac{1}{\mathrm{j}\,\omega C}}{R + \dfrac{1}{\mathrm{j}\,\omega C}} = \frac{1}{1 + \mathrm{j}\,\omega C R}\,; \qquad |G(\mathrm{j}\,\omega)|^2 = \frac{1}{1 + \omega^2 C^2 R^2}\,.$$

Auf Grund des Gleichverteilungssatzes der Energie ist

$$\tfrac{1}{2} C\, \overline{(\delta U_{\mathrm{II}})^2} = \tfrac{1}{2} C \langle(\delta_{\mathrm{II}} U)^2\rangle = \tfrac{1}{2} k T. \tag{073.12}$$

Gl. (046.6) liefert für die Parallelschaltung Z von R und C

$$\int_0^\infty \mathrm{Re} Z \,\mathrm{d}f = \frac{1}{4C}\,.$$

Setzt man dies in Gl. (073.12) ein, so folgt $w_{\mathrm{II}}(f) = 4kT\,\mathrm{Re}Z$ und mit Gl. (073.11)

$$w(f) = 4kT\,\mathrm{Re}Z\,[1 + (2\pi f C R)^2] = 4kTR\,, \tag{073.13}$$

die Formel von NYQUIST für das thermische Rauschen eines OHMschen Widerstandes. Das Leistungsspektrum der Rauschspannung ist unabhängig von f („weißes Rauschen"). Im Frequenzband Δf ist das mittlere Schwankungsquadrat

$$\langle(\delta U)^2\rangle = 4kTR\Delta f, \tag{073.14}$$

der Schwankungsstrom entsprechend

$$\langle(\delta I)^2\rangle = \frac{4kT}{R}\Delta f; \tag{073.15}$$

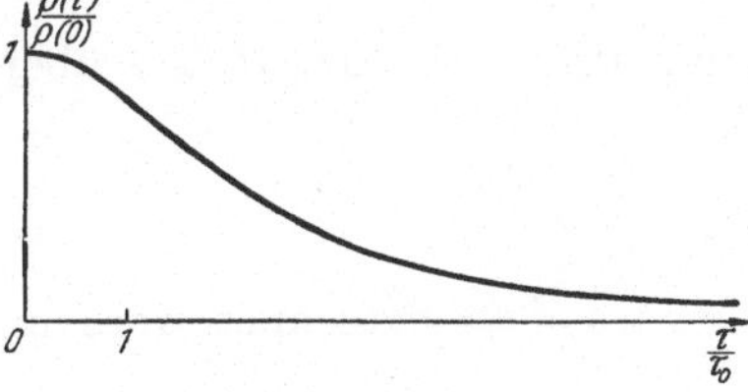

Abb. 07.5. Autokorrelationsfunktion des thermischen Rauschens.

die Rauschleistung des Widerstandes im Frequenzband Δf

$$P_N = 4kT\Delta f \tag{073.16}$$

ist unabhängig von R. Nach diesen Beziehungen würde man eine unendliche Gesamtleistung erhalten. Sie bleibt endlich, wenn man rechts in Gl. (073.13) den aus der Quantentheorie der Strahlung bekannten Faktor $\frac{hf}{kT}\,\frac{1}{\exp(hf/kT)-1}$ hinzufügt (h = PLANCKsche Konstante) [*48*, *54*]. Er spielt allerdings erst für Frequenzen über 10^{12} Hz eine Rolle. Zu

$$w(f) = 4kTR\frac{hf/kT}{\exp(hf/kT)-1} = \frac{4hfR}{\exp(hf/kt)-1}$$

gehört die Autokorrelationsfunktion

$$\frac{\varrho(\tau)}{\varrho(0)} = 3\left(\frac{1}{(\tau/\tau_0)^2} - \frac{1}{\sin h^2(\tau/\tau_0)}\right)$$

mit $\tau_0 = \frac{h}{2\pi kT}$. Ihren Verlauf zeigt Abb. 07.5.

074 Theorem von Campbell, Schroteffekt in einer gesättigten Diode.

Wir betrachten einen statistischen Vorgang, der aus einer großen Zahl von in ihrem Ablauf identischen Einzelprozessen besteht, z. B. dem Übergang von Elektronen von einer im Sättigungszustand thermisch emittierenden Kathode zu einer Anode. Die Emission vollzieht sich regellos, was zu einem Rauschvorgang, dem Schroteffekt, Anlaß gibt. Die Einzelprozesse sollen voneinander unabhängig sein. Der Effekt eines Übergangs, der zur Zeit t_0 beginnt, auf die Anode wird durch eine Zeitfunktion $\mathfrak{f}(t-t_0)$ beschrieben, die für alle $t < t_0$ und für $t \to \infty$ verschwindet. n sei die mittlere Anzahl der pro Zeiteinheit stattfindenden Einzelprozesse. Wir teilen ein Beobachtungsintervall der Länge T in eine Anzahl Teilintervalle der Länge Δt, derart, daß sich $\mathfrak{f}$ während der Zeit Δt praktisch nicht ändert. Im k-ten Teilintervall, von $t = T$ an zurückgerechnet, sollen $n_k\,\Delta t$ Elektronen ausgetreten sein. Der Effekt aller in $0 < t < T$ erfolgten Emissionen bei $t = T$ ist dann

$$y = \sum_k n_k\,\mathfrak{f}(k\,\Delta t)\,\Delta t. \tag{074.1}$$

Bilden wir in dieser Gleichung den Mittelwert, indem wir uns eine große Anzahl identischer Anordnungen (oder Intervalle der Länge T) vorstellen, so folgt aus $\overline{n_k} = \overline{n}$

$$\overline{y} = \overline{n}\sum_k \mathfrak{f}(k\,\Delta t)\,\Delta t, \tag{074.2}$$

und dies geht für $\Delta t \to 0$ über in

$$\overline{y} = \overline{n}\int_0^\infty \mathfrak{f}(t)\,\mathrm{d}t. \tag{074.3}$$

Nun soll $\overline{y^2}$ berechnet werden. Dazu brauchen wir wegen

$$y^2 = \sum_k\sum_l n_k n_l\,\mathfrak{f}(k\,\Delta t)\,\mathfrak{f}(l\,\Delta t)\,(\Delta t)^2 \tag{074.4}$$

den Mittelwert von $n_k n_l (\Delta t)^2$. Es ist

$$n_k n_l = (n_k - \overline{n})(n_l - \overline{n}) + (n_k + n_l)\overline{n} - \overline{n}^2,$$

$$\overline{n_k n_l}(\Delta t)^2 = \left(\overline{(n_k-\overline{n})(n_l-\overline{n})} + \overline{n}^2\right)(\Delta t)^2 = \overline{n}^2(\Delta t)^2 + \overline{\delta n_k\,\delta n_l}\,(\Delta t)^2.$$

Für $k \neq l$, d. h. verschiedene Teilintervalle, sind δn_k und δn_l unkorreliert zufolge der statistischen Eigenschaften des Prozesses, d. h.

$$\overline{\delta n_k \, \delta n_l} = 0 \quad (k \neq l). \tag{074.5}$$

Fallen in die Zeit Δt so viel Übergänge, daß Gl. (072.10) für jedes Zeitintervall angewendet werden kann, so ist für $k = l$

$$\overline{(\delta n_k)^2}\,(\Delta t)^2 = \overline{n_k}\,\Delta t = \bar{n}\,\Delta t.$$

Somit

$$\overline{n_k n_l}(\Delta t)^2 = \bar{n}^2(\Delta t)^2 + \begin{cases} \bar{n}\,\Delta t & (k = l) \\ 0 & (k \neq l) \end{cases}$$

und

$$\overline{y^2} = \bar{n}^2 \sum_k \sum_l \mathfrak{f}(k\,\Delta t)\,\Delta t\,\mathfrak{f}(l\,\Delta t)\,\Delta t + \bar{n} \sum_k \mathfrak{f}^2(k\,\Delta t)\,\Delta t. \tag{074.6}$$

In der Grenze $\Delta t \to 0$ wird daraus

$$\overline{y^2} = \bar{n}^2 \left[\int_0^\infty \mathfrak{f}(t)\,\mathrm{d}t\right]^2 + \bar{n}\int_0^\infty \mathfrak{f}^2(t)\,\mathrm{d}t = \bar{y}^2 + \bar{n}\int_0^\infty \mathfrak{f}^2(t)\,\mathrm{d}t$$

oder

$$\overline{(\delta y)^2} = \overline{y^2} - \bar{y}^2 = \bar{n}\int_0^\infty \mathfrak{f}^2(t)\,\mathrm{d}t. \tag{074.7}$$

Diese Beziehung drückt aus, daß die mittlere im gesamten Schwankungsvorgang enthaltene Leistung sich additiv aus den Energien der Einzelprozesse zusammensetzt.

Gl. (074.3) und (074.7) sind zusammen als „CAMPBELLsches Theorem" bekannt [64]. Sie sind für die Behandlung vieler Rauschprobleme dienlich.

Als Anwendung berechnen wir den Schrotstrom an der Anode einer ebenen gesättigten Diode (Abb. 07.6) bei beliebigen Frequenzen und unter Berücksichtigung der MAXWELLschen Geschwindigkeitsverteilung an der Kathode [78].

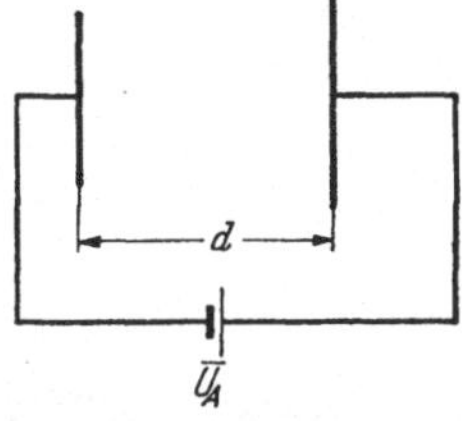

Abb. 07.6. Ebene Diode.

Der Übergang eines Elektrons, das zur Zeit t_0 mit der Geschwindigkeit v_0 aus der Kathode austritt, äußert sich an der Anode in einem Influenzstrom (vgl. Kap. 153)

$$-I(t) = \mathfrak{f}(t - t_0) = \begin{cases} \dfrac{e}{d}\left[v_0 + \dfrac{e\,\overline{U}_A}{m\,d}(t - t_0)\right] & t_0 < t < t_0 + \tau \\ 0 & t < t_0 \text{ und } t > t_0 + \tau. \end{cases} \tag{074.8}$$

Die Zeit τ, die das Elektron zum Übergang benötigt, bestimmt sich aus [vgl. Gl. (153.10c) mit $\bar{i} \to 0$]

$$v_0 \tau + \frac{e\,U_A\,\tau^2}{2\,m\,d} = d. \tag{074.9}$$

Ist

$$S(\omega) = \int_{-\infty}^{+\infty} \mathfrak{f}(t)\exp(-\mathrm{j}\,\omega\,t)\,\mathrm{d}t = \int_0^\tau \mathfrak{f}(t)\exp(-\mathrm{j}\,\omega\,t)\,\mathrm{d}t \tag{074.10}$$

die FOURIER-Transformierte von $\mathfrak{i}(t)$, so folgt aus Gl. (054.2)

$$\frac{1}{2\pi}\int_0^\tau \mathfrak{i}^2(t)\,\mathrm{d}t = 2\int_0^\infty |S(\omega)|^2\,\mathrm{d}\omega. \tag{074.11}$$

Gl. (074.7) ergibt zusammen mit dieser Beziehung, daß der Beitrag der Elektronen mit der Austrittsgeschwindigkeit v_0 zum Stromschwankungsquadrat $\langle(\delta i(t))^2\rangle_{v_0} = 2\bar{n}\int_0^\infty |S(2\pi f)|^2\,\mathrm{d}f$ beträgt. Mittelt man jetzt über alle v_0 zwischen 0 und ∞ nach der Wahrscheinlichkeitsverteilung Gl. (072.18), indem man $\bar{n} = \mathrm{d}N(v_0)$, $N = -\frac{\bar{i}}{e}$ setzt, so folgt

$$\langle(\delta i(t))^2\rangle = \frac{2\bar{i}\,m}{e\,k\,T}\int_0^\infty \mathrm{d}f\int_0^\infty |S(2\pi f)|^2\, v_0 \exp\left(-\frac{m v_0^2}{2kT}\right)\mathrm{d}v_0. \tag{074.12}$$

$\mathfrak{i}(t)$, τ und damit $S(\omega)$ sind noch von v_0 abhängig. Gl. (074.12) drückt aus, daß zur Schwankung $\delta i(t)$ das Leistungsspektrum

$$w(f) = -\frac{2\bar{i}\,m}{e\,k\,T}\int_0^\infty |S(2\pi f)|^2\, v_0 \exp\left(-\frac{m v_0^2}{2kT}\right)\mathrm{d}v_0 \tag{074.13}$$

gehört. Durch partielle Integration läßt sich dies aufspalten:

$$w(f) = -2\bar{i}\,e\frac{|S(2\pi f)|^2_{v_0=0}}{e^2} + 4kT\,Y_{\mathrm{el}}. \tag{074.14}$$

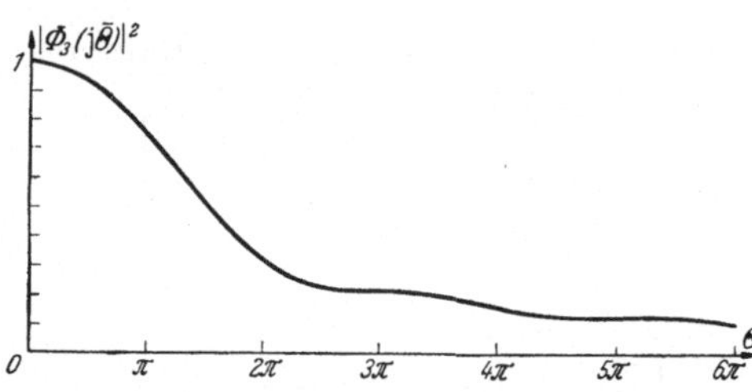

Abb. 07.7. Frequenzabhängigkeit des Schroteffekts bei einheitlicher Austrittsgeschwindigkeit $v_0 = 0$.

Den ersten Teil würde man allein erhalten, wenn alle Elektronen mit der Geschwindigkeit $v_0 = 0$ emittiert werden (reiner Schroteffekt); der zweite ist der NYQUISTschen Formel, Gl. (073.16), entsprechend gebildet mit einem als Folge der Geschwindigkeitsverteilung auftretenden Leitwert

$$Y_{\mathrm{el}} = \frac{-\bar{i}}{2e\,k\,T}\int_0^\infty \frac{\mathrm{d}|S(2\pi f)|^2}{\mathrm{d}v_0}\exp\left(-\frac{m v_0^2}{2kT}\right)\mathrm{d}v,$$

auf dem der Elektronenstrahl thermisch rauscht. Aus Gl. (074.8), (074.9), (074.10) berechnet man mit $\omega\tau = \bar{\Theta}$

$$S(\omega) = \frac{e}{d}\,v_0\,\tau\,\frac{\mathrm{j}}{\bar{\Theta}}\{\exp(-\mathrm{j}\bar{\Theta}) - 1\} + \frac{e^2}{m}\,\frac{\bar{U}_A}{d^2}\,\frac{\tau^2}{2}\{(1+\mathrm{j}\bar{\Theta})\exp(-\mathrm{j}\bar{\Theta}) - 1\},$$
$$\frac{|S(\omega)|^2_{v_0=0}}{e^2} = \frac{4}{\bar{\Theta}^4}\{\bar{\Theta}^2 + 2(1-\cos\bar{\Theta} - \bar{\Theta}\sin\bar{\Theta})\} = |\Phi_3(\mathrm{j}\bar{\Theta})|^2. \tag{074.15}$$

Diese Funktion des Laufwinkels $\bar{\Theta}$ ist in Abb. 07.7 aufgetragen, sie ist $= |\Phi_3(\mathrm{j}\,\bar{\Theta})|^2$ mit der Funktion Φ_3 aus Abb. 15.5.

In der Praxis fällt der zweite Anteil rechts in Gl. (074.14) meist um Größenordnungen kleiner aus als der erste. Die Rauschleistung in einem Frequenzband Δf berechnet sich dann aus

$$\langle(\delta i)^2\rangle = -2e\bar{i}\Delta f|\Phi_3(\mathrm{j}\bar{\Theta})|^2. \tag{074.16}$$

Für nicht zu hohe Frequenzen ($\bar{\Theta} \to 0$) geht diese Gleichung in die SCHOTTKYsche Formel

$$\langle(\delta i)^2\rangle = -2e\bar{i}\,\Delta f \tag{074.17}$$

über.

Literatur: [*2, 17, 54, 106a*].

08 Lineare Differentialgleichungen 2. Ordnung.

081 Die homogene Wellengleichung, Separation in verschiedenen Koordinatensystemen.

Als Wellengleichung ist die folgende partielle Differentialgleichung 2. Ordnung bekannt:

$$\triangle u = \frac{1}{v^2}\frac{\partial^2 u}{\partial t^2}, \tag{081.1}$$

in der u eine Funktion der Raumkoordinaten und der Zeit t, v eine reelle Konstante von der Dimension einer Geschwindigkeit ist. Hängt u nur von einer kartesischen Raumkoordinate, etwa z, ab (ebenes Problem), so lautet Gl. (081.1)

$$\frac{\partial^2 u}{\partial z^2} = \frac{1}{v^2}\frac{\partial^2 u}{\partial t^2} \tag{081.2}$$

und wird von jeder Funktion des Arguments $z - vt$ oder $z + vt$ erfüllt. An allen Punkten mit den Raum-Zeit-Koordinaten x, t für die $z \underset{(+)}{-} vt$ übereinstimmt, besitzt die Lösung $f(z \underset{(+)}{-} vt)$ denselben Wert. Es sind dies „Punkte gleicher Phase" der durch die Funktion f repräsentierten Welle, die mit der Phasengeschwindigkeit v in $\underset{(-)}{+}z$-Richtung fortschreitet.

Wir interessieren uns vorwiegend für Vorgänge der Wellenausbreitung mit zeitlicher Abhängigkeit nach einer Sinus- oder Cosinusfunktion. Nach unserer Verabredung in Kap. 031 schreiben wir dann

$$u(t) = u \exp \mathrm{j}\,\omega\, t \tag{081.3}$$

mit der nur von den Ortskoordinaten abhängigen (komplexen) Amplitude u. Im Falle der Gl. (081.2) ist

$$u(t) = A \exp \mathrm{j}(\omega\, t \mp k\, z) \tag{081.4}$$

mit der „Wellenzahl"

$$k = \frac{\omega}{v} \tag{081.5}$$

und einer komplexen Konstanten A. Strom und Spannung längs einer homogenen Doppelleitung, Gl. (034.11), bilden ein einfaches Beispiel einer solchen Funktion.

Im mehrdimensionalen Problem folgt durch Einsetzen von Gl. (081.3) in Gl. (081.1) die Wellengleichung im engeren Sinne:

$$\triangle u + k^2 u = 0. \tag{081.6}$$

Wir denken uns den Operator $\triangle$ nach Kap. 014 in irgendwelchen orthogonalen krummlinigen Koordinaten x_1, x_2, x_3 ausgedrückt und suchen Lösungen der Gl. (081.5) in Gestalt von Produkten

$$u = f_1(x_1)\, f_2(x_2)\, f_3(x_3) \tag{081.7}$$

dreier Funktionen $f_\nu(x_\nu)$, die jeweils nur von der einen Koordinaten x_ν abhängen (Separationsansatz).

Nehmen wir den Fall kartesischer Koordinaten $(x_1, x_2, x_3) = (x, y, z)$ vorweg. Einführung des Produktansatzes in die Differentialgleichung ergibt

$$\frac{1}{f_1}\frac{\mathrm{d}^2 f_1}{\mathrm{d}x^2} + \frac{1}{f_2}\frac{\mathrm{d}^2 f_2}{\mathrm{d}y^2} + \frac{1}{f_3}\frac{\mathrm{d}^2 f_3}{\mathrm{d}z^2} = -k^2 \tag{081.8}$$

$(f_1 = f_1(x),\, f_2 = f_2(y),\, f_3 = f_3(z))$. Diese Gleichung, die besagt, daß die Summe dreier Funktionen von drei verschiedenen Variablen einer Konstanten gleich ist, ist nur so erfüllbar, daß

$$\frac{1}{f_1}\frac{\mathrm{d}^2 f_1}{\mathrm{d}x^2} = -k_1^2, \qquad \frac{1}{f_2}\frac{\mathrm{d}^2 f_2}{\mathrm{d}y^2} = -k_2^2, \qquad \frac{1}{f_3}\frac{\mathrm{d}^2 f_3}{\mathrm{d}z^2} = -k_3^2 \tag{081.9}$$

gilt, mit drei Konstanten k_1^2, k_2^2, k_3^2, deren Summe $= k^2$ ist. Das heißt

$$u = A \exp[-\mathrm{j}(k_1 x + k_2 y + k_3 z)], \tag{081.10}$$

$$k_1^2 + k_2^2 + k_3^2 = k^2. \tag{081.10a}$$

Sind alle drei k_ν reell, so können wir sie zu einem *festen* Vektor

$$\boldsymbol{k} = k_1 \mathbf{e}_x + k_2 \mathbf{e}_y + k_3 \mathbf{e}_z \tag{081.10b}$$

vom Betrage k zusammenfassen und die Lösung $u(t) = u \exp \mathrm{j}\,\omega t$ in der Form schreiben:

$$u(t) = A \exp \mathrm{j}(\omega t - \boldsymbol{k}\boldsymbol{R}), \tag{081.10c}$$

aus der hervorgeht, daß es sich um eine ebene Welle handelt, die sich in Richtung des Vektors $\boldsymbol{k}$ ausbreitet. $\boldsymbol{k}\boldsymbol{R} = \text{const}$ bedeutet geometrisch eine Ebene, die zum Vektor $\boldsymbol{k}$ senkrecht steht.

Ist ein k_ν imaginär, so zeigt die Amplitude u in der betreffenden Koordinatenrichtung exponentiellen Abfall oder Anstieg.

In räumlichen Polarkoordinaten R, ϑ, ψ lautet Gl. (081.6)

$$\frac{1}{R^2}\frac{\partial}{\partial R}\left(R^2 \frac{\partial u}{\partial R}\right) + \frac{1}{R^2 \sin\vartheta}\left\{\frac{\partial}{\partial\vartheta}\left(\frac{\partial u}{\partial\vartheta}\sin\vartheta\right) + \frac{1}{\sin\vartheta}\frac{\partial^2 u}{\partial\psi^2}\right\} + k^2 u = 0. \tag{081.11}$$

Der Separationsansatz

$$u = f_1(R)\, Y(\vartheta, \psi) \tag{081.12}$$

führt zu den beiden Gleichungen für f_1 und Y

$$\frac{1}{R}\frac{\mathrm{d}^2(R f_1)}{\mathrm{d}R^2} + \left(k^2 + \frac{\mu}{R^2}\right) f_1 = 0, \tag{081.13}$$

$$\frac{1}{\sin\vartheta}\frac{\partial}{\partial\vartheta}\left(\sin\vartheta \frac{\partial Y}{\partial\vartheta}\right) + \frac{1}{\sin^2\vartheta}\frac{\partial^2 Y}{\partial\psi^2} = \mu Y. \tag{081.14}$$

Ist weiter

$$Y(\vartheta, \psi) = f_2(\vartheta)\, f_3(\psi), \tag{081.15}$$

so findet man für $f_3(\psi)$

$$\frac{1}{f_3}\frac{\mathrm{d}^2 f_3}{\mathrm{d}\psi^2} = a = \text{const}, \qquad f_3 = \exp(\pm\sqrt{a}\,\psi).$$

Wenn keine Begrenzungen vorhanden sind, die den Variabilitätsbereich von ψ einschränken, so darf Änderung von ψ um 2π an der Wellenfunktion, die aus physikalischen Gründen eindeutig vorauszusetzen ist, nichts ändern. Dies verlangt $\sqrt{a} = \mathrm{j}\,m$ mit einer ganzen Zahl m, d. h.

$$f_3 = \exp(\pm\mathrm{j}\,m\,\psi). \tag{081.16}$$

In der entstehenden Differentialgleichung für $f_2(\vartheta)$ substituieren wir $\cos\vartheta = \xi$, $\frac{\mathrm{d}f_2}{\mathrm{d}\vartheta} = -\sin\varphi\frac{\mathrm{d}f_2}{\mathrm{d}\xi}$ usf. Es folgt für $f_2(\xi)$

$$\frac{\mathrm{d}}{\mathrm{d}\xi}\left[(1-\xi^2)\frac{\mathrm{d}f_2}{\mathrm{d}\xi}\right] - \left(\mu + \frac{m^2}{1-\xi^2}\right) f_2 = 0. \tag{081.17}$$

Es sei nun $P(\xi)$ eine Lösung dieser Gleichung für $m = 0$,

$$\frac{\mathrm{d}}{\mathrm{d}\xi}\left[(1-\xi^2)\frac{\mathrm{d}P}{\mathrm{d}\xi}\right] - \mu P = 0, \tag{081.18}$$

der sogenannten LEGENDREschen Differentialgleichung. Dann genügt

$$f_2(\xi) = (1-\xi^2)^{m/2}\frac{\mathrm{d}^m P}{\mathrm{d}\xi^m} \tag{081.19}$$

der Differentialgleichung Gl. (081.17), wie man durch Einsetzen und m-malige Differentiation der Gl. (081.18) bestätigt.

Gl. (081.18) hat singuläre Stellen bei $\xi = \pm 1$ [vgl. Gl. (081.14) bei $\vartheta = 0$ und π]; die aus physikalischen Gründen zu stellende Bedingung, daß P auch dort endlich bleibt, ist nur für

$$\mu = -l(l+1) \qquad (l = 0, 1, 2, \ldots) \tag{081.20}$$

erfüllbar. Dann und nur dann hat Gl. (081.18) Polynomlösungen $\mathrm{P}_l(\xi)$ vom Grade l. Geht man nämlich mit dem Potenzreihenansatz

$$P = \sum_{\nu=0}^{\infty} a_\nu \xi^\nu \tag{081.21}$$

in Gl. (081.18) ein und setzt die Koeffizienten der Potenzen ξ^ν einzeln $= 0$, so erhält man für die a_ν die Rekursionsformel

$$a_\nu(\nu+1)(\nu+2) - a_{\nu-2}(\nu(\nu+1)+\mu) = 0. \tag{081.22}$$

Die Bedingung Gl. (081.20) hat zur Folge, daß die Reihe in Gl. (081.21) bei $\nu = l$ abbricht. Wäre sie nicht erfüllt, so würde die Reihe divergieren. Weiteres über die LEGENDREschen Polynome siehe in Kap. 084 und 092.

Für $m \neq 0, m \leqq l$ erhält man aus Gl. (081.19) Lösungen, die in $-1 \leqq \xi \leqq +1$ regulär sind, nämlich die „zugeordneten Kugelfunktionen“

$$\mathrm{P}_l^m(\xi) = (1-\xi^2)^{m/2}\frac{\mathrm{d}^m \mathrm{P}_l(\xi)}{\mathrm{d}\xi^m} \qquad (m \leqq l). \tag{081.23}$$

Die Funktion

$$Y(\vartheta,\psi) = \mathrm{P}_l^m(\xi)\exp(\pm\mathrm{j}\,m\psi) \tag{081.24}$$

genügt der Gl. (081.14) mit $\mu = -l(l+1)$.

Die Lösung der Gl. (081.13) für den Radialanteil $f_1(R)$, in die $\mu = -l(l+1)$ einzusetzen ist, stellen wir für den Augenblick zurück, untersuchen nur den Sonderfall $m = l = 0$, in dem die Wellenfunktion u nur von R abhängt (kugelsymmetrische Lösung). Dann lautet Gl. (081.11)

$$\frac{d^2(R\,u)}{dR^2} + k^2 R\,u = 0 \tag{081.25}$$

und wird von

$$u = A\,\frac{\exp(\pm j\,k\,R)}{R} \tag{081.26}$$

erfüllt; diese Funktion u stellt eine Kugelwelle um den Punkt $R = 0$ dar. Allgemein besitzt Gl. (081.1) bei Kugelsymmetrie die Lösung

$$u = \frac{f(R \mp v\,t)}{R} \tag{081.27}$$

mit beliebiger Funktion f, was eine sich von $R = 0$ entfernende bzw. auf $R = 0$ zulaufende Welle bedeutet.

Für Kreiszylinderkoordinaten r, φ, z führt in der Wellengleichung

$$\triangle u + k^2 u \equiv \frac{1}{r}\frac{\partial}{\partial r}\left(r\frac{\partial u}{\partial r}\right) + \frac{1}{r^2}\frac{\partial^2 u}{\partial \varphi^2} + \frac{\partial^2 u}{\partial z^2} + k^2 u = 0 \tag{081.28}$$

die Separation

$$u = f_1(r)\,f_2(\varphi)\,f_3(z) \tag{081.29}$$

auf die Differentialgleichungen

$$\begin{gathered} \frac{1}{r}\frac{d}{dr}\left(r\frac{df_1}{dr}\right) + \left(k^2 - \beta^2 + \frac{a}{r^2}\right) f_1 = 0, \\ \frac{d^2 f_2}{d\varphi^2} = a\,f_2, \qquad \frac{d^2 f_3}{dz^2} = -\beta^2 f_3 \end{gathered} \tag{081.30}$$

mit zwei Konstanten a und β^2. Wie oben verlangt die Eindeutigkeit hinsichtlich des Winkels φ, daß $a = -n^2$ mit ganzzahligem n. Für die Achse z folgt

$$f_3(z) = \exp(\mp j\,\beta\,z); \tag{081.31}$$

bei reellem β bedeutet das ungedämpfte Wellenfortpflanzung in Richtung $\pm z$. Wir setzen

$$\eta^2 = k^2 - \beta^2. \tag{081.32}$$

Die Differentialgleichung für $f_1(r)$

$$\frac{d^2 f_1}{dr^2} + \frac{1}{r}\frac{df_1}{dr} + \left(\eta^2 - \frac{n^2}{r^2}\right) f_1(r) = 0, \tag{081.33}$$

heißt BESSELsche Differentialgleichung und wird erfüllt von den Zylinderfunktionen der Ordnung n,

$$f_1(r) = Z_n(\eta\,r), \tag{081.34}$$

von denen in Kap. 091 ausführlich die Rede ist. Durch den Ansatz (Gl. 081.29) erhält man also die folgenden Lösungen der Wellengleichung Gl. (081.1):

$$u = Z_n\left(\sqrt{k^2 - \beta^2}\,r\right) \exp j\,(\pm n\,\varphi + \omega\,t \mp \beta\,z). \tag{081.35}$$

Geht man jetzt in Gl. (081.13) mit Gl. (081.20) und $f_1(R) = \frac{1}{\sqrt{R}} Z(kR)$

ein, so zeigt sich, daß $Z(kR)$ der BESSELschen Differentialgleichung mit $n = l + \frac{1}{2}$ genügen muß, d. h. eine Zylinderfunktion der halbzahligen Ordnung $l + \frac{1}{2}$ ist. Wie in Kap. 091 gezeigt wird, sind diese Funktionen $Z_{l+\frac{1}{2}}(kR)$ durch trigonometrische Funktionen und Potenzen von R ausdrückbar. Die Separation in räumlichen Polarkoordinaten führt daher zu den Wellenfunktionen

$$u = \frac{Z_{l+\frac{1}{2}}(kR)}{\sqrt{kR}} P_l^m(\cos\vartheta) \exp j(\pm m\psi + \omega t) \tag{081.36}$$

mit $0 \leqq m \leqq l$.

In allgemeinen Zylinderkoordinaten x_1, x_2, z (vgl. Kap. 013) liefert der Separationsansatz

$$u = f(x_1, x_2) f_3(z) \tag{081.37}$$

nach Gl. (013.10), (013.11) auf

$$f_3(z) = \exp(-j\beta z)$$

und

$$\triangle_{\mathrm{tr}} f + \eta^2 f \equiv h_1 h_2 \left\{\frac{\partial}{\partial x_1}\left(\frac{h_1}{h_2}\frac{\partial f}{\partial x_1}\right) + \frac{\partial}{\partial x_2}\left(\frac{h_2}{h_1}\frac{\partial f}{\partial x_2}\right)\right\} + \eta^2 f = 0. \tag{081.38}$$

Schließlich geben wir noch die Differentialgleichungen an, zu denen die weitere Separation $f(x_1, x_2) = f_1(x_1) f_2(x_2)$ führt, wenn x_1, x_2 die in Kap. 014 eingeführten ebenen elliptischen Koordinaten sind (x_1, x_2, z = Koordinaten des elliptischen Zylinders). Dann lautet Gl. (081.38)

$$\frac{\partial^2 f}{\partial x_1^2} + \frac{\partial^2 f}{\partial x_2^2} + \frac{c^2}{2}(\cosh 2x_1 - \cos 2x_2)\eta^2 f = 0, \tag{081.39}$$

und für $f_1(x_1), f_2(x_2)$ erhält man mit einer weiteren Konstanten μ die MATHIEUschen Differentialgleichungen

$$\begin{aligned} \frac{d^2 f_1}{d x_1^2} + \left[-\mu + \frac{c_2}{2}\eta^2 \cosh 2x_1\right] f_1 = 0, \\ \frac{d^2 f_2}{d x_2^2} + \left[\mu - \frac{c_2}{2}\eta^2 \cos 2x_2\right] f_2 = 0. \end{aligned} \tag{081.40}$$

Ihre Lösungen, zu denen die MATHIEUschen Funktionen gehören, sind z. B. in [*53, 45*] behandelt.

Wir stellen die Lösungen in den drei gebräuchlichsten Systemen noch einmal übersichtlich zusammen.

Kartesische Koordinaten:

$$u = A \exp(-j(k_1 x + k_2 y + k_3 z)), \quad k_1^2 + k_2^2 + k_3^2 = k^2.$$

Räumliche Polarkoordinaten:

$$u = \frac{Z_{l+\frac{1}{2}}(kR)}{\sqrt{kR}} P_l^m(\cos\vartheta) \exp(\pm j m\psi)$$

und (für $l = 0$)

$$u = A\frac{\exp(\pm j kR)}{kR}.$$

Kreiszylinderkoordinaten:

$$u = Z_n\left(\sqrt{k^2 - \beta^2}\, r\right) \exp j(\pm n\varphi - \beta z).$$

Das Vorzeichen der Konstanten k_1, k_2, k_3, β ist noch willkürlich, so daß der Faktor $\exp - \mathrm{j}\, k_1 x$ eigentlich

$$a_1 \exp \mathrm{j}\, k_1 x + a_2 \exp(-\mathrm{j}\, k_1 x) \quad \text{oder} \quad a_1 \cos k_1 x + a_2 \sin k_1 x$$

oder (für $k_1^2 < 0$, $k_1 = \mathrm{j}\, \varkappa$)

$$a_1 \cosh \varkappa x + a_2 \sinh \varkappa x$$

zu schreiben ist. Ebenso sind die Zylinderfunktionen Z_n, als Lösungen einer Differentialgleichung 2. Ordnung, linear aus einem Fundamentalsystem aufgebaut. Unter Verweis auf Kap. 091 können wir schreiben:

$$Z_n(\eta r) = a_1 J_n(\eta r) + a_2 N_n(\eta r),$$

wo J_n, N_n zwei spezielle Zylinderfunktionen sind, die ein Fundamentalsystem der Differentialgleichung Gl. (081.33) bilden. Soll die Lösung bei $r = 0$ endlich bleiben, so ist $a_2 = 0$ zu setzen.

Die erhaltenen speziellen Lösungen der Wellengleichung werden dann auftreten, wenn das physikalische System mit geometrischen Eigenschaften ausgezeichnet ist, denen sich die gewählten Koordinaten anpassen. Zeigen die Randbedingungen Achsen- oder Kugelsymmetrie, so wird man Kreiszylinderkoordinaten bzw. räumliche Polarkoordinaten verwenden. Bei einem Wellenleiter in Gestalt eines elliptischen Zylinders etwa empfiehlt sich das zuletzt betrachtete Koordinatensystem (x_1, x_2, z). Häufig wird aus physikalischen Gründen die Abhängigkeit von einer Koordinate wegfallen.

Wegen der Linearität der Differentialgleichung ist von zwei oder mehr speziellen Lösungen auch stets ihre Summe eine Lösung. Im konkreten Fall wird man daher Ansätze versuchen, in denen man über alle Werte der Separationskonstanten summiert bzw. integriert, die mit den Randbedingungen verträglich sind. Als Separationskonstanten sind anzusehen

zwei der Größen k_1, k_2, k_3 in Gl. (081.9) [die dritte ist dann zufolge Gl. (081.10a) festgelegt] bzw.

$$a = -m^2 \quad \text{und} \quad \mu = -l(l+1) \quad \text{in Gl. (081.14) bis (081.20)}$$

bzw.

$$a = -n^2 \quad \text{und} \quad \beta^2 \quad \text{in Gl. (081.30)}.$$

So erhält man z. B. allgemeine rotationssymmetrische Lösungen $\left(\frac{\partial}{\partial \varphi} = 0\right)$ in der Form

$$u(r, z) = \sum_\nu \left[A_\nu J_0\left(\sqrt{k^2 - \beta_\nu^2}\, r\right) + B_\nu N_0\left(\sqrt{k_2 - \beta_\nu^2}\, r\right)\right] \exp(-\mathrm{j}\, \beta_\nu z) \qquad (081.41)$$

oder

$$u(r, z) = \int \left[A(\beta) J_0\left(\sqrt{k^2 - \beta^2}\, r\right) + B(\beta) N_0\left(\sqrt{k^2 - \beta^2}\, r\right)\right] \exp(-\mathrm{j}\, \beta z)\, d\beta; \qquad (081.42)$$

in der Summe bzw. dem Integral durchläuft β alle Werte, die die radialen Randbedingungen des betreffenden Problems zulassen. Die Amplituden A, B werden durch Anfangsbedingungen, etwa an einer Eingangsebene $z = z_0$, bestimmt; aus diesen Anfangsbedingungen folgt dann, wie stark die einzelnen Wellentypen angeregt werden.

Weiteres über derartige Lösungsansätze enthält Kap. 085, Anwendungen vor allem Kap. 12 und 13.

082 Die LAPLACEsche Differentialgleichung, Separationsansatz in drei Dimensionen.

Die LAPLACEsche Differentialgleichung

$$\triangle \phi = 0 \tag{082.1}$$

läßt sich als Sonderfall der Wellengleichung Gl. (081.5) für $k = 0$ ansehen, und man kann Lösungen davon im Raum durch Spezialisierung der in Kap. 081 durchgeführten Separation erhalten. Man findet so nach Gl. (081.10) in kartesischen Koordinaten

$$\phi = U_0 \exp\{-\mathrm{j}\,(k_1 x + k_2 y + k_3 z)\} \tag{082.2}$$

mit einer Konstanten U_0, wo aber jetzt $k_1^2 + k_2^2 + k_3^2 = 0$ ist, also nicht alle drei k_i reell sein können. Daneben ist in Produktform noch die Lösung

$$\phi = (a x + b)\,(c y + d)\,(e z + f) \tag{082.3}$$

möglich.

In räumlichen Polarkoordinaten lautet die Differentialgleichung für die Funktion $f_1(R)$ des Radius [vgl. Gl. (081.13)]

$$\frac{\mathrm{d}^2 (R f_1)}{\mathrm{d} R^2} - \frac{l(l+1)}{R} f_1 = 0\,. \tag{082.4}$$

Sie besitzt die allgemeine Lösung

$$f_1(R) = a R^l + \frac{b}{R^{l+1}}\,. \tag{082.5}$$

Endlichkeit im Nullpunkt verlangt $b = 0$. Von der Konstanten abgesehen, erhält man als einziges kugelsymmetrisches Potential ($l = 0$) die im Nullpunkt singuläre sogenannte „Grundlösung" von Gl. (082.1)

$$\phi = \frac{b}{R}\,. \tag{082.6}$$

Für $l \neq 0$, $m \leq l$ ergeben sich die Lösungen

$$\phi = \left(a R^l + \frac{b}{R^{l+1}}\right) \mathrm{P}_l^m(\cos\vartheta) \exp(\pm \mathrm{j}\, m\, \psi)\,. \tag{082.7}$$

In Kreiszylinderkoordinaten erhält man Lösungen in Produktform direkt aus Gl. (081.35) für $k = 0$:

$$\phi = Z_n(\mathrm{j}\,\beta\, r) \exp \mathrm{j}\,(\pm n\,\varphi - \beta\, z) \tag{082.8a}$$

oder

$$\phi = Z_n(\varkappa\, r) \exp(\pm \mathrm{j}\, n\,\varphi - \varkappa\, z)\,. \tag{082.8b}$$

Dazu treten für $\beta = 0$ noch die Lösungen [vgl. Gl. (081.30) für $k^2 = \beta^2 = 0$, $a = -n^2$]

$$\phi = (A z + B)\,(C_1 r^n + C_2 r^{-n})\,\big(D_1 \exp \mathrm{j}\, n\,\varphi + D_2 \exp(-\mathrm{j}\, n\,\varphi)\big)\,, \tag{082.8c}$$

wenn $n > 0$, und

$$\phi = (A z + B)\,(C_1 + C_2 \ln r)\,, \tag{082.8d}$$

wenn $n = 0$.

In den MATHIEUschen Differentialgleichungen Gl. (081.38) schließlich ersetze man auch einfach η^2 durch $-\beta^2$, wenn man zu Lösungen der LAPLACEschen Gleichung gelangen will.

Wenn das Potential ϕ von einer Richtung des Raumes, etwa z, nicht abhängt, so reduziert sich die LAPLACEsche Differentialgleichung auf

$$\frac{\partial^2 \phi}{\partial x^2} + \frac{\partial^2 \phi}{\partial y^2} = 0.$$

Von Kap. 042 her kennen wir den Zusammenhang dieser Gleichung mit der Theorie der analytischen Funktionen: Real- und Imaginärteil einer solchen ist eine spezielle Lösung dieser Gleichung.

Für Achsensymmetrie, wenn also ϕ nur von z und r abhängt, ist ϕ durch seine Werte auf der Achse $r = 0$ vollständig bestimmt. Der Reihenansatz

$$\phi(r, z) = \sum_0^\infty a_n(z)\, r^{2n}, \qquad a_0(z) = \phi(0, z), \tag{082.9}$$

in die LAPLACEsche Gleichung eingeführt, ergibt die Rekursionsformel

$$a_{n+1} = -\frac{1}{(n+1)^2} \frac{\mathrm{d}^2 a_n}{\mathrm{d} z^2} \tag{082.10}$$

und damit

$$\phi(r, z) = \sum_0^\infty \frac{(-1)^n}{(n!)^2} \frac{\mathrm{d}^n a_0}{\mathrm{d} z^n} r^{2n} = a_0 - \frac{\mathrm{d}^2 a_0}{\mathrm{d} z^2} \frac{r^2}{2^2} + \frac{\mathrm{d}^4 a_0}{\mathrm{d} z^4} \frac{r^4}{2^2 4^2} - + \cdots. \tag{082.11}$$

083 Die POISSONsche Differentialgleichung und die inhomogene Wellengleichung.

Befinden sich im betrachteten Raumgebiet V kontinuierlich verteilte Ladungen mit der Raumladungsdichte ϱ, so genügt das davon im Punkt P erzeugte Potential $\phi(P)$ der POISSONschen Differentialgleichung

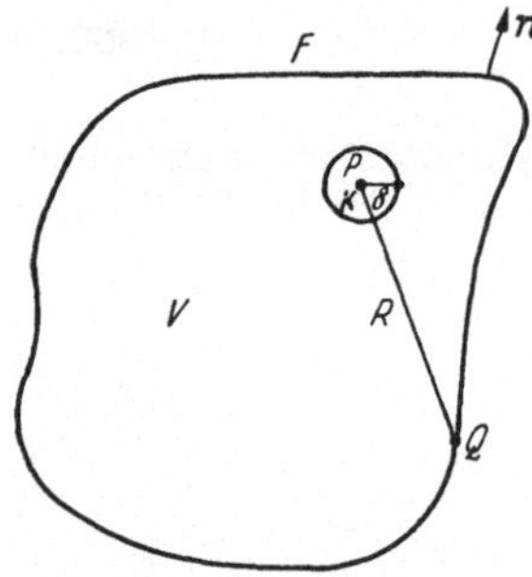

Abb. 08.1. Zur Integration der POISSONschen Gleichung.

$$\triangle \phi(P) = -\frac{\varrho(P)}{\varepsilon}. \tag{083.1}$$

Zu ihrer Lösung gehen wir aus von der 2. GREENschen Formel Gl. (014.11), wenden sie an auf V ausschließlich einer kleinen Kugel K um P vom Radius δ (Abb. 08.1) mit $f = \phi$ und $g = \frac{1}{R}$ (R = Abstand von P zum Integrationspunkte Q):

$$\iiint\limits_{V-K} \left(\phi \triangle \frac{1}{R} - \frac{\triangle \phi}{R}\right) \mathrm{d}V_Q$$

$$= \iint\limits_F \left(\phi \frac{\partial(1/R)}{\partial n} - \frac{1}{R} \frac{\partial \phi}{\partial n}\right) \mathrm{d}F_Q + \iint\limits_{R=\delta} \left(\phi \frac{\partial(1/R)}{\partial n} - \frac{1}{R} \frac{\partial \phi}{\partial n}\right) \mathrm{d}F_Q. \tag{083.2}$$

Links verschwindet $\triangle \frac{1}{R}$; $\triangle \phi$ ist durch Gl. (083.1) gegeben. Im zweiten Glied der rechten Seite ist $\frac{\partial \phi}{\partial n} = -\frac{\partial \phi}{\partial R}$, $\frac{\partial(1/R)}{\partial n} = \frac{1}{R^2} = \frac{1}{\delta^2}$, $\mathrm{d}F_Q = \delta^2 \mathrm{d}\Omega$ mit $\mathrm{d}\Omega$ = Raumwinkelelement; daher gilt dafür

$$\lim_{\delta \to 0} \iint\limits_{R=\delta} \left(\frac{\phi}{\delta^2} + \frac{1}{\delta} \frac{\partial \phi}{\partial R}\right) \delta^2 \mathrm{d}\Omega = 4\pi\, \phi(P), \tag{083.3}$$

und die Lösung der POISSONschen Gleichung lautet

$$\phi(\mathrm{P}) = \frac{1}{4\pi} \iiint \frac{\varrho(Q)}{\varepsilon R} \mathrm{d}V_Q + \frac{1}{4\pi} \iint\limits_F \left[\frac{1}{R} \frac{\partial \phi}{\partial n} - \phi \frac{\partial}{\partial n}\left(\frac{1}{R}\right)\right] \mathrm{d}F_Q. \tag{083.4}$$

Das Volumenintegral braucht nur über die Teile von V erstreckt zu werden, in denen ϱ von Null verschieden ist, und ist ein partikulares Integral der POISSONschen Differentialgleichung Gl. (083.1). Das Oberflächenintegral in Gl. (083.4) erfüllt in V die LAPLACEsche Differentialgleichung, d. h. die zu Gl. (083.1) gehörige homogene Differentialgleichung, und stellt den Anteil der außerhalb von V oder auf dem Rande befindlichen Ladungen dar. In seinem Integranden repräsentiert der erste Teil eine Oberflächenladung mit der Dichte $\mathsf{P} = \varepsilon \frac{\partial \phi}{\partial n}$, der zweite eine Dipolbelegung auf F. Näheres siehe z. B. [*3, 45, 52*]. Gl. (083.4) gilt auch in den Punkten der Ladungsverteilung selbst, wenn ϱ und ε in der Umgebung von P endlich bleiben. Ist V unbegrenzt und enthält keine Leiter, so lautet die Lösung der POISSONschen Differentialgleichung Gl. (083.1)

$$\phi(P) = \frac{1}{4\pi} \iiint\limits_V \frac{\varrho(Q)}{\varepsilon R} \, \mathrm{d}V_Q. \tag{083.4a}$$

Wird V durch Leiter begrenzt, die auf dem Potential $\phi = 0$ gehalten sind, so tritt zu Gl. (083.4a) das Oberflächenintegral

$$\frac{1}{4\pi} \iint\limits_F \frac{1}{R} \frac{\partial \phi}{\partial n} \, \mathrm{d}F_Q$$

hinzu, das von den auf F influenzierten Ladungen herrührt.
Für die Vektorgleichung

$$\nabla^2 \boldsymbol{A} = -\mu \boldsymbol{i}, \tag{083.5}$$

die drei skalaren Differentialgleichungen äquivalent ist, lautet die der Gl. (083.4) entsprechende Lösung

$$\boldsymbol{A}(P) = \frac{1}{4\pi} \iiint \mu \frac{\boldsymbol{i}(Q)}{R} \, \mathrm{d}V_Q. \tag{083.6}$$

$\boldsymbol{A}$ ist das in Kap. 112 erläuterte Vektorpotential, $\boldsymbol{i}$ hat die Bedeutung der (mit Richtung versehenen) Stromdichte.

Wir suchen nun auf ähnliche Weise eine Lösung der inhomogenen Wellengleichung

$$\triangle u - \frac{1}{v^2} \frac{\partial^2 u}{\partial t^2} = -\frac{\varrho}{\varepsilon} \tag{083.7}$$

mit eventuell zeitabhängiger Funktion ϱ.

Dazu geben wir dem GAUSSschen Satz Gl. (014.3) und (014.2) eine erweiterte Fassung für zeitabhängige Skalar- und Vektorfelder f bzw. $\boldsymbol{a}$. Wir betrachten einen festen Aufpunkt P und einen variablen Integrationspunkt Q und bezeichnen als retardierten Wert $[f]$ bzw. $[\boldsymbol{a}]$ der Funktion $f(Q, t)$ bzw. $\boldsymbol{a}(Q, t)$ den folgenden:

$$[f] = f\left(Q, t - \frac{R}{v}\right) \quad \text{bzw.} \quad [\boldsymbol{a}] = \boldsymbol{a}\left(Q, t - \frac{R}{v}\right).$$

Der retardierte Funktionswert wird also zu einer Zeit genommen, die gegenüber t um die Laufzeit der Welle von P nach Q vermindert ist.

∇_Q bzw. ∇_P bedeute den hinsichtlich der Koordinaten von Q bzw. P angewendeten Nabla-Operator. Es gilt dann nach Gl. (012.18), (012.19)

$$\nabla_Q \left\{\frac{[f]}{R}\right\} = [f] \, \nabla_Q \frac{1}{R} + \frac{1}{R} \left\{[\nabla_Q f] - \frac{1}{v} \left[\frac{\partial f}{\partial t}\right] \nabla_Q R\right\}$$

und eine gleichlautende Beziehung, wenn man f durch $\boldsymbol{a}$ ersetzt. Ferner ist $\nabla_Q \frac{1}{R} = -\nabla_P \frac{1}{R}$, da $R = \sqrt{(x_P - x_Q)^2 + (y_P - y_Q)^2 + (z_P - z_Q)^2}$, und daher

$$\nabla_Q \left\{\frac{[f]}{R}\right\} = \frac{1}{R}[\nabla_Q f] - \nabla_P \left\{\frac{[f]}{R}\right\},$$

ebenso mit $\boldsymbol{a}$ statt f. Aus der Gl. (014.3) bzw. (014.2) folgt dann, wenn wieder K eine kleine Kugel um P ist,

$$\iiint\limits_{V-K} \frac{[\nabla_Q f]}{R} \mathrm{d}V_Q = \iint\limits_F \frac{[f]}{R} \boldsymbol{n} \, \mathrm{d}F_Q + \iint\limits_K \frac{[f]}{R} \boldsymbol{n} \, \mathrm{d}F_Q + \nabla_P \iiint\limits_{V-K} \frac{[f]}{R} \mathrm{d}V_Q, \qquad (083.8)$$

worin sich f wieder durch den Vektor $\boldsymbol{a}$ ersetzen läßt. Dies wenden wir an auf $\boldsymbol{a} = \nabla_Q u$. Dann ist $\nabla_Q \boldsymbol{a} = \triangle_Q u$ und

$$\iiint\limits_{V-K} \frac{[\triangle_Q u]}{R} \mathrm{d}V_Q = \iint\limits_F \frac{[\nabla_Q u]}{R} \boldsymbol{n} \, \mathrm{d}F_Q + \iint\limits_K \frac{[\nabla_Q u]}{R} \boldsymbol{n} \, \mathrm{d}F_Q + \nabla_P \iiint\limits_{V-K} \frac{[\nabla_Q u]}{R} \mathrm{d}V_Q .$$

Für das letzte Volumenintegral benutze man noch einmal Gl. (083.8) mit $f = u$; wenn man noch zum $\triangle$-Operator $-\frac{1}{v^2} \frac{\partial^2}{\partial t^2}$ hinzunimmt und $\frac{\partial^2}{\partial t^2}[u] = \left[\frac{\partial^2 u}{\partial t^2}\right]$ beachtet, so findet man

$$\begin{aligned} \iiint\limits_{V-K} \frac{1}{R}\left[\triangle_Q u - \frac{1}{v^2}\frac{\partial^2 u}{\partial t^2}\right] \mathrm{d}V_Q &= \iint\limits_F \frac{[\nabla_Q u]}{R} \boldsymbol{n} \, \mathrm{d}F_Q + \iint\limits_K \frac{[\nabla_Q u]}{R} \boldsymbol{n} \, \mathrm{d}F_Q + \\ &+ \nabla_P \iint\limits_K \frac{[u]}{R} \boldsymbol{n} \, \mathrm{d}F + \nabla_P \iint\limits_F \frac{[u]}{R} \boldsymbol{n} \, \mathrm{d}F + \left(\triangle_P - \frac{1}{v^2}\frac{\partial^2}{\partial t^2}\right) \iiint\limits_{V-K} \frac{[u]}{R} \mathrm{d}V_Q . \end{aligned} \qquad (083.9)$$

Der letzte Integrand ist von der Form $\frac{1}{R} f\left(t - \frac{R}{v}\right)$ und erfüllt daher für alle Punkte Q die homogene Wellengleichung Gl. (081.1) [vgl. Gl. (081.27)]; dieser Bestandteil verschwindet. Im links stehenden Integral können wir $-\frac{1}{R} \frac{[\varrho]}{\varepsilon}$ einsetzen, wenn u die Gl. (083.7) befriedigt. Wenn der Radius der Kugel $K \to 0$ geht, verschwindet das erste Oberflächenintegral über K, das zweite gibt wieder $-4\pi u(P, t)$ (die Retardierung fällt hier weg). Es bleibt

$$4\pi u(P, t) = \iiint\limits_V \frac{[\varrho]}{\varepsilon R} \mathrm{d}V_Q + \iint\limits_F \frac{[\nabla_Q u]}{R} \boldsymbol{n} \, \mathrm{d}F_Q + \nabla_P \iint\limits_F \frac{[u]}{R} \boldsymbol{n} \, \mathrm{d}F_Q . \qquad (083.10)$$

Ist V der ganze Raum, so erhält man als spezielle Lösung von Gl. (083.7) das „retardierte Potential"

$$\phi(P, t) = \frac{1}{4\pi} \iiint\limits_V \frac{[\varrho]}{\varepsilon R} \mathrm{d}V . \qquad (083.11)$$

Ebenso wird die Differentialgleichung

$$\nabla^2 \boldsymbol{A} - \frac{1}{v^2} \frac{\partial^2 \boldsymbol{A}}{\partial t^2} = -\mu \boldsymbol{i} \qquad (083.12)$$

durch

$$\boldsymbol{A}(P, t) = \frac{1}{4\pi} \iiint\limits_V \frac{\mu [\boldsymbol{i}]}{R} \mathrm{d}V \qquad (083.13)$$

erfüllt. Die Integrale in Gl. (083.11), (083.13) brauchen nur über die Volumenanteile erstreckt zu werden, in denen ϱ bzw. $\boldsymbol{i}$ von Null verschieden ist.

Ist $\varrho \equiv 0$, so entsteht aus Gl. (083.10) die sogenannte KIRCHHOFFsche Beugungsformel, die die allgemeine Lösung der homogenen Wellengleichung Gl. (081.1) durch Oberflächenintegrale darstellt. Wir geben ihr noch eine etwas andere Form:

$$4\pi\, u(P,t) = \iint\limits_F \left\{\frac{1}{R}\left[\frac{\partial u}{\partial n}\right] - [u]\frac{\partial}{\partial n}\frac{1}{R} + \frac{1}{v}\frac{1}{R}\frac{\partial R}{\partial n}\left[\frac{\partial u}{\partial t}\right]\right\} \mathrm{d}F_Q. \quad (083.14)$$

Für den Sonderfall harmonischer Zeitabhängigkeit

$$u(P,t) = u(P)\exp \mathrm{j}\,\omega\, t, \qquad \frac{\omega}{v} = k$$

ist

$$[u(Q,t)] = u(Q)\exp(-\mathrm{j}\,k R)\exp \mathrm{j}\,\omega\, t$$

usf. Gl. (083.14) lautet dann

$$4\pi\, u(P) = \iint\limits_F \frac{\exp(-\mathrm{j}\,k R)}{R}\left\{\left(\mathrm{j}\,k + \frac{1}{R}\right)\frac{\partial R}{\partial n}\, u(Q) + \frac{\partial u(Q)}{\partial n}\right\} \mathrm{d}F. \quad (083.15)$$

Der praktische Nutzen dieser KIRCHHOFFschen Formel für Strahlungsprobleme liegt im folgenden: An Stelle von u kann darin auch ein Vektor, wie etwa die elektrische oder magnetische Feldstärke, stehen, dessen Komponenten die Wellengleichung Gl. (081.6) erfüllen. Die Amplitude u bzw. $\boldsymbol{E}$ oder $\boldsymbol{H}$ in einem beliebigen Raumpunkt wird durch die Werte dieser Amplitude und ihrer Normalableitung auf den begrenzenden Flächen des betrachteten Raumteils dargestellt; eine unendlich große Kugel, die in vielen Fällen hinzuzudenken ist, gibt im allgemeinen keinen Beitrag. Die Erregung geht von einem oder mehreren Strahlern aus. Schließt man diese in geschlossenen Flächen F_ν ein, auf denen man die Amplitudenverteilung angeben kann (wenn nämlich die Lösung in nächster Umgebung des Strahlers bekannt ist), so kann man nach Gl. (083.15) $u(P)$ in einem beliebigen Raumpunkt durch eine Summe von Flächenintegralen über die F_ν darstellen. Wir bringen in Kap. 14 eine Anwendung.

Die Gl. (083.15) läßt sich direkt aus der 1. GREENschen Formel, Gl. (014.10) folgern. Es wurde jedoch hier Wert gelegt auf die Herleitung der allgemeinen Formel Gl. (083.10) bzw. (083.14), auch im Hinblick auf das einer Note von W. FRANZ [*76*] entnommene vereinfachte Beweisverfahren.

084 Die hypergeometrische Differentialgleichung und ihre Sonderfälle.

Viele der gewöhnlichen Differentialgleichungen, mit denen man es in den Anwendungen zu tun hat, sind von der Form

$$p_0(x)\frac{\mathrm{d}^2 y}{\mathrm{d}x^2} + p_1(x)\frac{\mathrm{d}y}{\mathrm{d}x} + p_2(x)\, y = 0 \quad (084.1)$$

mit Polynomen p_0, p_1, p_2. Die Nullstellen von $p_0(x)$ sind im allgemeinen singuläre Stellen der Differentialgleichung; unter bestimmten Bedingungen gibt es jedoch Lösungen, die sich auch in diesen Punkten regulär verhalten.

Eine Reihe der praktisch wichtigen Fälle lassen sich aus der *hypergeometrischen Differentialgleichung*

$$x(1-x)\frac{\mathrm{d}^2 y}{\mathrm{d}x^2} + (\gamma - (\alpha+\beta+1)\,x)\frac{\mathrm{d}y}{\mathrm{d}x} - \alpha\beta\, y = 0 \quad (084.2$$

gewinnen. Sie hat im Endlichen die singulären Stellen $x = 0$ und $x = 1$; unter ihren Lösungen befindet sich die bei $x = 0$ reguläre Funktion (hypergeometrische Reihe, $|x| < 1$)

$$F(\alpha, \beta, \gamma; x) = 1 + \frac{\alpha\beta}{\gamma}\frac{x}{1!} + \frac{\alpha(\alpha+1)\beta(\beta+1)}{\gamma(\gamma+1)}\frac{x^2}{2!} + \cdots. \tag{084.3}$$

Daß diese Reihe die Differentialgleichung erfüllt, bestätigt man durch gliedweises Differenzieren.

Wenn α oder β eine negative ganze Zahl ist, bricht die Reihe nach endlich vielen Gliedern ab und man erhält ein Polynom als Lösung der Differentialgleichung.

Ist etwa $\alpha = -l$ (l ganz > 0), $\beta = l + 1$ und $\gamma = 1$, so lautet die Differentialgleichung Gl. (084.2), wenn man sie noch mittels $x = \frac{1-\xi}{2}$ auf eine neue abhängige Variable ξ transformiert,

$$(1-\xi^2)\frac{d^2 y}{d\xi^2} - 2\xi\frac{dy}{d\xi} + l(l+1)y = 0. \tag{084.4}$$

Dies ist die Differentialgleichung von LEGENDRE mit den Polynomlösungen

$$P_l(\xi) = F\left(-l, l+1, 1; \frac{1-\xi}{2}\right). \tag{084.5}$$

Diese Funktionen, mit $\xi = \cos\vartheta$ als Funktionen von ϑ LEGENDREsche Kugelfunktionen genannt, sind schon bei der Separation der Wellengleichung in räumlichen Polarkoordinaten aufgetreten.

Mit $\beta = -\alpha = -n$, $\gamma = \frac{1}{2}$, $x = \frac{1-\xi}{2}$ erhält man aus Gl. (084.2) die Differentialgleichung von TSCHEBYSCHEFF:

$$(1-\xi^2)\frac{d^2 y}{d\xi^2} - \xi\frac{dy}{d\xi} + n^2 y = 0. \tag{084.6}$$

Sie wird durch das Polynom

$$\begin{aligned} T_n(\xi) &= F\left(n, -n, \frac{1}{2}; \frac{1-\xi}{2}\right) \\ &= \xi^n - \binom{n}{2}\xi^{n-2}(1-\xi^2) + \binom{n}{4}\xi^{n-4}(1-\xi^2)^2 - + \cdots \end{aligned} \tag{084.7}$$

befriedigt, das für gerades n eine gerade, für ungerades n eine ungerade Funktion von ξ ist. Einige Eigenschaften dieser TSCHEBYSCHEFFschen Polynome $T_n(x)$ werden in Kap. 093 behandelt.

Durch den Grenzübergang $\beta \to \infty$, $x \to 0$, $\beta x \to t$ entsteht aus Gl. (084.2) die einfachere Differentialgleichung in t:

$$t\frac{d^2 y}{dt^2} + (\gamma - t)\frac{dy}{dt} - \alpha y = 0, \tag{084.8}$$

die den Namen „konfluente[1] hypergeometrische Differentialgleichung" trägt. Der Reihe Gl. (084.3) entspricht nach dem Grenzübergang die Funktion der drei Argumente α, γ; t (konfluente hypergeometrische Funktion)

$${}_1F_1(\alpha, \gamma; t) = 1 + \frac{\alpha}{\gamma}\frac{t}{1!} + \frac{\alpha(\alpha+1)}{\gamma(\gamma+1)}\frac{t^2}{2!} + \cdots \tag{084.9}$$

---

[1] Durch den Grenzübergang sind die singulären Stellen $x = 0$ und 1 von Gl. (084.2) in den einen Punkt $\xi = 0$ „zusammengeflossen".

als Lösung von Gl. (084.8). Ist α eine negative ganze Zahl, so treten wieder Polynomlösungen auf.

Für $\gamma = \frac{1}{2}$, $\alpha = -\frac{\nu}{2}$ erhält man aus Gl. (084.8) bei der Substitution

$$y(t) = \exp\left(\frac{z^2}{4}\right) w(z), \qquad t = \frac{z^2}{2},$$

für $w(z)$ die WEBERsche Differentialgleichung

$$\frac{d^2 w}{dz^2} + \left(\nu + \frac{1}{2} - \frac{z^2}{4}\right) w = 0. \tag{084.10}$$

Für ganzzahlige $\nu = n$ besitzt sie die Lösung

$$w = \exp\left(-\frac{z^2}{2}\right) \mathrm{H}_n(z), \tag{084.11}$$

wo $\mathrm{H}_n(z)$ die HERMITEschen Polynome

$$\mathrm{H}_n(z) = (-1)^n \exp\left(\frac{z^2}{2}\right) \frac{d^n}{dz^n} \exp\left(-\frac{z^2}{2}\right) \tag{084.12}$$

sind; diese erfüllen ihrerseits die Differentialgleichung

$$\left(\frac{d^2}{dz^2} - z\frac{d}{dz} + n\right) \mathrm{H}_n(z) = 0. \tag{084.13}$$

Integriert man die TAYLOR-Reihe der Funktion $\exp(-\zeta^2)$ gliedweise von 0 nach z und vergleicht das Ergebnis mit der konfluenten hypergeometrischen Reihe Gl. (084.9) für $\alpha = \frac{1}{2}$, $\gamma = \frac{3}{2}$, $t = -z^2$, so findet man den Zusammenhang

$$\Phi(z) \equiv \frac{2}{\sqrt{\pi}} \int_0^z \exp(-\zeta^2)\, d\zeta = \frac{2z}{\sqrt{\pi}}\, {}_1F_1\left(\frac{1}{2}, \frac{3}{2}, -z^2\right). \tag{084.14}$$

Die links stehende Funktion, das GAUSSsche Fehlerintegral (Kap. 094), ist für eine Reihe von Anwendungen von Bedeutung.

Bei dem weiteren Grenzübergang $\alpha \to \infty$, $t \to 0$, $\alpha t \to \tau$ geht Gl. (084.8) über in die Differentialgleichung

$$\tau \frac{d^2 y}{d\tau^2} + \gamma \frac{dy}{d\tau} - y = 0. \tag{084.15}$$

Setzt man hier

$$\gamma = n + 1, \qquad \mathrm{Z}(\varrho) = \left(\frac{\varrho}{2}\right)^n y(\tau), \qquad \tau = -\left(\frac{\varrho}{2}\right)^2, \tag{084.16}$$

so entsteht für $\mathrm{Z}(\varrho)$ die Differentialgleichung

$$\frac{d^2 \mathrm{Z}}{d\varrho^2} + \frac{1}{\varrho} \frac{d\mathrm{Z}}{d\varrho} + \left(1 - \frac{n^2}{\varrho^2}\right) \mathrm{Z} = 0, \tag{084.17}$$

d. i. die von Kap. 081 her bekannte BESSELsche Differentialgleichung. Von ihren Lösungen, den Zylinderfunktionen, handelt Kap. 091.

Von seiten der Differentialgleichungen, denen sie genügen, findet man so zwischen den meisten in den Anwendungen auftretenden speziellen Funktionen einen Zusammenhang. Ihre Reihenentwicklungen lassen sich als Sonderfälle der hypergeometrischen bzw. konfluenten hypergeometrischen Reihen verstehen. Viele weitere derartige Beziehungen findet man z. B. in [*30*, *53*].

085 Selbstadjungierte gewöhnliche Differentialgleichungen. Orthogonale Funktionssysteme als Lösungen von Randwertproblemen.

Wir betrachten in diesem Abschnitt lineare gewöhnliche Differentialgleichungen 2. Ordnung:

$$M[y] + \lambda q y \equiv p_0 \frac{\mathrm{d}^2 y}{\mathrm{d}x^2} + p_1 \frac{\mathrm{d}y}{\mathrm{d}x} + p_2 y + \lambda q y = 0. \qquad (085.1)$$

M nennen wir einen linearen Differentialoperator (2. Ordnung). Die Koeffizienten $p_0(x)$, $p_1(x)$, $p_2(x)$, $q(x)$ sollen stetige Funktionen von x sein. Die Konstante λ wird später durch Randbedingungen festgelegt. $M[y]$ läßt sich auch in der Form schreiben

$$M[y] \equiv (p_0 y')' + (p_1 - p_0') y' + p_2 y.$$

Wir nennen $M[y]$ *selbstadjungiert*[1], wenn der Koeffizient von y' hierin verschwindet, wenn also in Gl. (085.1)

$$p_1 = \frac{\mathrm{d}p_0}{\mathrm{d}x}. \qquad (085.2)$$

Durch Multiplikation mit der Funktion $\exp \int \frac{p_1 - p_0'}{p_0} \mathrm{d}x$ kann man immer erreichen, daß die Differentialgleichung Gl. (085.1) die selbstadjungierte Form besitzt. Wir nehmen daher im folgenden die Gl. (085.2) als erfüllt an:

$$M[y] + \lambda q y \equiv \frac{\mathrm{d}}{\mathrm{d}x}\left(p_0 \frac{\mathrm{d}y}{\mathrm{d}x}\right) + p_2 y + \lambda q y = 0. \qquad (085.3)$$

Sind dann $u(x)$, $v(x)$ zwei beliebige im Intervall $a \leqq x \leqq b$ stetige Funktionen, so erkennt man durch partielle Integration, daß

$$\int_a^b (v M[u] - u M[v]) \,\mathrm{d}x = \int_a^b \left(v(p_0 u')' - u(p_0 v')'\right) \mathrm{d}x = [p_0(u' v - v' u)]_{x=a}^{x=b}. \qquad (085.4)$$

Diese Beziehung, die ein Analogon zur GREENschen Formel ist, besitzt Bedeutung für die Aufgabe, die Differentialgleichung Gl. (085.3) zu lösen bei den linearen Randbedingungen an den Punkten a und b

$$\begin{aligned} c_{1a}\, y(a) + c_{2a}\, y'(a) &= 0, \\ c_{1b}\, y(b) + c_{2b}\, y'(b) &= 0. \end{aligned} \qquad (085.5)$$

Dies wird im allgemeinen nur für gewisse ausgezeichnete Werte des Parameters λ möglich sein, die „Eigenwerte" des Problems. Es seien λ_i, λ_k zwei verschiedene Eigenwerte, y_i, y_k zugehörige „Eigenfunktionen", d. h. Lösungen der Differentialgleichung für $\lambda = \lambda_i$ bzw. $\lambda = \lambda_k$ unter den Bedingungen Gl. (085.5). Wegen $M[y_i] = -\lambda_i q y_i$, $M[y_k] = -\lambda_k q y_k$ folgt dann aus Gl. (085.4) mit $u = y_i$, $v = y_k$

$$(\lambda_k - \lambda_i) \int_a^b q y_i y_k \,\mathrm{d}x = [p_0(y_i' y_k - y_k' y_i)]_a^b = 0,$$

d. h.

$$\int_a^b q(x) y_i(x) y_k(x) \,\mathrm{d}x = 0 \qquad (\lambda_i \neq \lambda_k). \qquad (085.6)$$

[1] Näheres siehe [*10, 11*].

Gl. (085.6) nennen wir eine „Orthogonalitätsrelation", und zwar eine „belastete" wegen des unter dem Integral noch vorkommenden Gewichtsfaktors $q(x)$. Wir halten fest: Zwei zu verschiedenen Eigenwerten des Randwertproblems Gl. (085.3), (085.5) gehörige Eigenfunktionen sind in diesem Sinne *orthogonal.*

Als Beispiel führen wir die LEGENDREschen Polynome $P_l(\xi)$ an, deren Differentialgleichung Gl. (084.4) wir sofort als selbstadjungiert erkennen. Die $P_l(\xi)$ sind — vgl. Kap. 092 — durch die Normierung $P_l(1) = 1$ und die Randbedingungen $P_l(0) =$ endlich festgelegt (an der singulären Stelle $x = 0$ läßt sich ihr Wert nicht mehr vorschreiben). Gl. (085.6) besagt dann

$$\int_0^1 P_l(\xi)\, P_m(\xi)\, d\xi = 0 \quad \text{für} \quad m \neq l.$$

Nehmen wir an, das Problem besitze eine unendliche Folge diskreter Eigenwerte λ_i, $i = 1, 2, \ldots$ Es gebe zudem zu jedem λ_i nur eine Eigenfunktion y_i (bis auf eine multiplikative Konstante); wir nennen den Eigenwert λ_i dann „einfach".

Die y_i bilden ein System orthogonaler Funktionen, die sämtlich den Bedingungen Gl. (085.5) genügen. Eine beliebige Funktion $f(x)$, für die dies auch der Fall ist, setzen wir in Form einer Reihe nach den y_i mit konstanten Koeffizienten a_i an

$$f(x) = \sum a_i\, y_i(x). \tag{085.7}$$

Gl. (085.6) gibt dann ein Mittel an die Hand, die a_i zu bestimmen: Man multipliziere Gl. (085.7) mit $q\, y_k$ und integriere von a nach b; dies ergibt

$$\int_a^b q\, f\, y_k\, dx = a_k \int_a^b q\, y_k^2\, dx \quad \text{oder} \quad a_i = \frac{\int_a^b f\, q\, y_i\, dx}{\int_a^b q\, y_i^2\, dx}. \tag{085.8}$$

Der Prozeß ist dem Vorgang bei FOURIER-Reihen in Kap. 051 völlig analog; dort besteht die Randbedingung, die die Eigenfunktionen $\frac{1}{2}$, $\cos n x$, $\sin n x$ sowie die willkürliche Funktion erfüllen, in der Periodizität mit 2π; es ist $q = 1$ und die Normierungsintegrale im Nenner sind alle $= \pi$. Die Differentialgleichung für die Eigenfunktionen lautet

$$\frac{d^2 y}{d x^2} + n^2 y = 0.$$

Die Entwicklung Gl. (085.7) ist unter folgenden Voraussetzungen möglich: In $a \leqq x \leqq b$ gilt $p_0(x) > 0$ und $q(x) > 0$[1]; es sind dann alle $\lambda_n > 0$, und jede den Randbedingungen genügende und samt ihren ersten beiden Ableitungen stückweise stetige Funktion $f(x)$ läßt sich in eine konvergente Reihe nach den y_i entwickeln.

[1] In diesem Fall bilden die $y_i(x)$ ein „vollständiges" orthogonales Funktionssystem. Dies besagt: Eine beliebige stückweise stetige Funktion $f(x)$ läßt sich, auch wenn sie die Randbedingungen nicht erfüllt, durch die Summe $\sum a_i\, y_i$ im Mittel beliebig genau approximieren, d. h. so, daß das mittlere Fehlerquadrat $\int_a^b [f(x) - \sum_1^N a_i\, y_i]^2\, dx$ beliebig klein ausfällt, wenn nur N hinreichend groß ist. Das Ergebnis bleibt gültig für die Differentialgleichungen von BESSEL und LEGENDRE, bei denen $p_0(0) = 0$, wenn im Nullpunkt Endlichkeit der Lösung verlangt wird [*11*].

Beispiel: Jede im Intervall $-1 \leqq \xi \leqq +1$ samt Ableitungen stückweise stetige Funktion $f(\xi)$ läßt sich darstellen als eine Reihe nach den LEGENDREschen Polynomen $\mathrm{P}_l(\xi)$:

$$f(\xi) = \sum_{l=0}^{\infty} a_l \mathrm{P}_l(\xi) \quad \text{mit} \quad a_l = \frac{\int\limits_{-1}^{+1} f(\xi)\, \mathrm{P}_l(\xi)\, \mathrm{d}\xi}{\int\limits_{-1}^{+1} \mathrm{P}_l^2(\xi)\, \mathrm{d}\xi}.$$

Das Normierungsintegral im Nenner ist $= \frac{2}{2l+1}$ (siehe Kap. 092).

Der angegebene Entwicklungssatz ist für viele Randwertprobleme der Praxis nützlich, zumal er eine Erweiterung auf partielle Differentialgleichungen wie z. B.

$$\triangle u + k^2 u = 0 \tag{085.9}$$

gestattet. Man betrachte z. B. ein endliches Grundgebiet wie den Hohlraum eines Resonators od. dgl. Auf seiner Begrenzung F sei die Randbedingung $u = 0$ oder $\frac{\partial u}{\partial n} = 0$ vorgeschrieben. Zu einem solchen Randwertproblem gehört im allgemeinen ein diskretes Spektrum von endlichen Eigenwerten k_ν, entsprechend den Eigenfrequenzen ω_ν. Wir zeigen, daß zwei Wellenfunktionen u_ν, u_μ, die zu verschiedenen Eigenwerten $k_\nu^2 \neq k_\mu^2$ gehören, orthogonal sind. Dazu multiplizieren wir die Gleichungen

$$\triangle u_\nu + k_\nu^2 u_\nu = 0,$$

$$\triangle u_\mu + k_\mu^2 u_\mu = 0$$

mit u_μ bzw. u_ν, subtrahieren und integrieren über V:

$$\iiint\limits_V (u_\mu \triangle u_\nu - u_\nu \triangle u_\mu)\, \mathrm{d}V + (k_\nu^2 - k_\mu^2) \iiint\limits_V u_\mu u_\nu\, \mathrm{d}V = 0.$$

Das erste Integral ist nach der 2. GREENschen Formel Gl. (014.11)

$$= \iint\limits_F \left(u_\mu \frac{\partial u_\nu}{\partial n} - u_\nu \frac{\partial u_\mu}{\partial n} \right) \mathrm{d}F$$

und verschwindet, da u_μ und u_ν die gleichen Randbedingungen erfüllen. Also gilt auch

$$\iiint\limits_V u_\mu u_\nu\, \mathrm{d}V = 0 \qquad (k_\mu^2 \neq k_\nu^2). \tag{085.10}$$

Ist das System der u_ν ($\nu = 1, 2, \ldots$) dazu noch vollständig, so kann man eine beliebige Funktion u, die die Randbedingungen[1] und gewisse Stetigkeitsforderungen erfüllt, durch die u_i darstellen als eine endliche oder unendliche Reihe,

$$u = \sum a_\nu u_\nu \quad \text{mit} \quad a_\nu = \frac{\iiint u\, u_\nu\, \mathrm{d}V}{\iiint u_\nu^2\, \mathrm{d}V}. \tag{085.11}$$

[1] Wenn u die Randbedingungen für u_i nicht erfüllt, so läßt sich im allgemeinen doch eine Entwicklung wie in Gl. (085.11) angeben, die u im Mittel approximiert (vgl. die letzte Fußnote).

086 Lösungsansätze in Reihen- und Integralform.

In der Praxis hat man gewöhnliche oder partielle Differentialgleichungen meist in einem ein- bzw. mehrdimensionalen Grundgebiet zu integrieren, auf dessen Begrenzungen Bedingungen vorgeschrieben sind. Diese Randbedingungen sind Ausdruck physikalischer Gesetze und Gegebenheiten, wie etwa der Stetigkeit der tangentialen Feldkomponenten oder der Endlichkeit der Gesamtenergie eines Strahlers, die eine Bedingung für das Verschwinden der Wellenfunktion im Unendlichen mit sich bringt.

In vielen Fällen, in denen die exakte Lösung derartiger Randwertprobleme nicht direkt erhalten werden kann, führen Ansätze in Form von Reihen wie in Gl. (085.11) oder Integralen zum Ziel, letzteres, wenn das Spektrum zugehöriger Eigenwerte kontinuierlich ist. Beispiele für Integraldarstellungen liefern die FOURIER- und LAPLACE-Transformationen; wir bringen eine Anwendung am Ende dieses Abschnittes.

Verfügt man über ein Orthogonalsystem, nach dem sich eine beliebige Funktion entwickeln läßt, so lassen sich manche Integrationsprobleme auf die Bestimmung der Entwicklungskonstanten a_ν [siehe Gl. (085.11)] zurückführen.

Als Beispiel betrachten wir die inhomogene Wellengleichung Gl. (083.7)

$$\triangle u - \frac{1}{c^2}\frac{\partial^2 u}{\partial t^2} = -\frac{\varrho}{\varepsilon} \tag{086.1}$$

in einem endlichen Gebiet V des Raumes mit einer gegebenen Funktion ϱ und der Randbedingung $u = 0$ auf der Berandung F. Die zeitunabhängige homogene Gl. (085.9)

$$\triangle u + k^2 u = 0$$

habe in V mit dieser Randbedingung die Eigenwerte k_ν (Eigenfrequenzen $\omega_\nu = k_\nu c$) und zugehörige Eigenfunktionen u_ν. Nach diesen wird entsprechend Gl. (085.11) sowohl die gesuchte Lösung von Gl. (083.1) als auch ϱ entwickelt:

$$\begin{aligned} u(x, y, z, t) &= \sum a_\nu(t)\, u_\nu(x, y, z), \\ \frac{1}{\varepsilon}\varrho(x, y, z, t) &= \sum b_\nu(t)\, u_\nu(x, y, z). \end{aligned} \tag{086.2}$$

Darin sind die $b_\nu(t) = \dfrac{\iiint\limits_V \frac{\varrho}{\varepsilon} u_\nu \,\mathrm{d}V}{\iiint\limits_V u_\nu^2 \,\mathrm{d}V}$ als bekannt, die $a_\nu(t)$ als Unbekannte anzusehen. Wendet man die Differentiationen in Gl. (086.1) gliedweise an, so ererhält man zufolge $\triangle u_\nu = -k_\nu^2 u_\nu$

$$\sum \left(\frac{1}{c^2}\frac{\mathrm{d}^2 a_\nu}{\mathrm{d}t^2} + k_\nu^2 a_\nu - b_\nu\right) u_\nu = 0.$$

Wenn das System der u_ν vollständig ist, so müssen notwendig die Koeffizienten von u_ν einzeln verschwinden. Die a_ν gewinnt man dann aus den gewöhnlichen Differentialgleichungen (Schwingungsgleichungen)

$$\frac{\mathrm{d}^2 a_\nu}{\mathrm{d}t^2} + \omega_\nu^2 a_\nu = b_\nu c^2. \tag{086.3}$$

Bei der Theorie der Hohlraumresonatoren in Kap. 12 wird von dem Entwicklungsprinzip ausgiebig Gebrauch gemacht.

Ein System von Eigenfunktionen erhält man häufig aus den in Kap. 081 besprochenen Separationsansätzen. In der Gl. (081.6)

$$\triangle u + k^2 u = 0$$

bei gegebener Frequenz bedeute etwa u eine Feldkomponente in einem ladungsfreien Wellenleiter von beliebigem endlichem, von z unabhängigem Querschnitt. Gehören zu gegebenen Bedingungen $u = 0$ oder $\frac{\partial u}{\partial n} = 0$ auf der Berandung des Querschnitts die Eigenwerte

$$\eta_\nu^2 = k^2 - \beta_\nu^2 \qquad (\nu = 1, 2, \ldots)$$

und die Eigenfunktionen in allgemeinen Zylinderkoordinaten x_1, y_2, z

$$f_\nu(x_1, x_2)\exp(-\mathrm{j}\,\beta_\nu z),$$

so setzt man eine beliebige Lösung u im Wellenleiter in der Form an:

$$u = \sum a_\nu f_\nu(x_1, x_2)\exp(-\mathrm{j}\,\beta_\nu z). \tag{086.4}$$

Die Funktionen f_ν genügen der Gl. (081.38) für $\eta = \eta_\nu$ und sind orthogonal. Das heißt, bei Integration über den Leiterquerschnitt gilt für $\eta_\mu \neq \eta_\nu$

$$\iint f_\mu(x_1, x_2)\, f_\nu(x_1, x_2)\frac{\mathrm{d}x_1\,\mathrm{d}x_2}{h_1 h_2} = 0. \tag{086.5}$$ [1]

Sind die Werte von u für eine Anfangsebene $z = 0$ gegeben,

$$u(x_1, x_2, 0) = u_0(x_1, x_2), \tag{086.6}$$

so findet man nach dem nunmehr vertrauten Verfahren die Konstanten a_ν in Gl. (086.4) durch Multiplikation mit f_μ und Integration über den Querschnitt:

$$\iint u_0 f_\mu \frac{\mathrm{d}x_1\,\mathrm{d}x_2}{h_1 h_2} = a_\mu \iint f_\mu^2 \frac{\mathrm{d}x_1\,\mathrm{d}x_2}{h_1 h_2}. \tag{086.7}$$

Erstreckt sich der Leiterquerschnitt ins Unendliche, so wird im allgemeinen ein ganzes Kontinuum von Eigenwerten existieren. Dann tritt in der Darstellung Gl. (086.4) ein Integral an die Stelle der Summe.

Allgemein kann man versuchen, eine beliebige Lösung der zeitunabhängigen Wellengleichung Gl. (085.9) bei gegebener Frequenz, z. B. durch ebene Wellen, darzustellen in Form eines Doppelintegrals

$$u(x, y, z) = \int\limits_{k_1}\int\limits_{k_2} A(k_1, k_2)\exp\mathrm{j}\left(k_1 x + k_2 y + \sqrt{k^2 - k_1^2 - k_2^2}\, z\right)\mathrm{d}k_1\,\mathrm{d}k_2. \tag{086.8}$$

Sind $u_0(x, y) = u(x, y, 0)$ die Werte für $z = 0$, so ist zur Bestimmung der Funktion $A(k_1, k_2)$ das doppelte Fourier-Integral

$$u_0(x, y) = \iint A(k_1, k_2)\exp(\mathrm{j}\,k_1 x + \mathrm{j}\,k_2 y)\,\mathrm{d}k_1\,\mathrm{d}k_2 \tag{086.9}$$

---

[1] In der Ebene $z = \text{const}$ ist $\frac{\mathrm{d}x_1\,\mathrm{d}x_2}{h_1 h_2}$ das Flächenelement und $\frac{1}{h_1 h_2}$ die Funktionaldeterminante beim Übergang von kartesischen Koordinaten x, y zu orthogonalen krummlinigen Koordinaten x_1, x_2.

umzukehren. Das gibt:

$$A(k_1, k_2) = \frac{1}{4\pi^2} \int_{-\infty}^{+\infty} \int_{-\infty}^{+\infty} u_0(x, y) \exp(-\mathrm{j}\, k_1 x - \mathrm{j}\, k_2 y)\, \mathrm{d}y\, \mathrm{d}x. \quad (086.10)$$

Bei Rotationssymmetrie um die z-Achse läßt dich die zweifache $\mathfrak{F}$-Transformation als FOURIER-BESSEL-Tranformation schreiben (Kap. 091). Treten imaginäre k_1- oder k_2-Werte auf, so wird man auf die $\mathfrak{L}$-Transformation geführt. Eine Darstellung der Kugelwelle Gl. (081.26) durch ebene Wellen wird in Kap. 091 hergeleitet; dort ist $k_1 = k \sin\vartheta \cos\varphi$, $k_2 = k \sin\vartheta \sin\varphi$.

Die Methode der Reihenentwicklung bzw. der Integraldarstellung auf Grund der Separationssätze soll noch an speziellen Potentialproblemen verdeutlicht werden.

1. Beispiel: Magnetisches Längsfeld in einem räumlich periodischen Permanentmagneten.

Zur Fokussierung zylindrischer Elektronenstrahlen verwendet man neuerdings periodische Anordnungen von statischen Magnetfeldern nach Art der Abb. 08.2a [*100*]. Die Induktion B_z in Achsenrichtung, die der LAPLACEschen Differentialgleichung genügt, besitzt die z-Periode L und kann daher in der Form angesetzt werden $(\mathrm{I}_0(\varrho) = \mathrm{J}_0(\mathrm{j}\,\varrho))$:

$$B_z(z, r) = \sum_{n=1}^{\infty} a_n \mathrm{I}_0\left(\frac{2n\pi r}{L}\right) \cos\frac{2n\pi z}{L}. \quad (086.11)$$

Für $r = a$ werde der vereinfachte Verlauf von B_z als die Treppenfunktion in

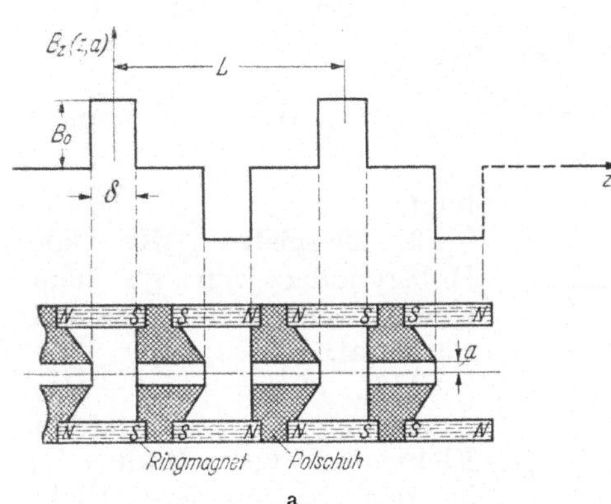

a

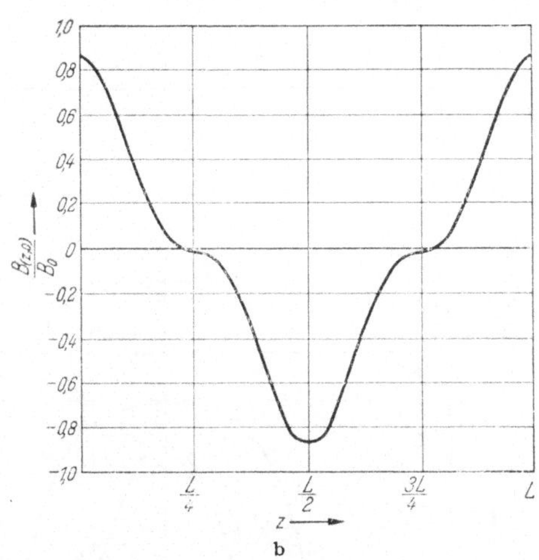

b

Abb. 08.2a u. b. Periodische magnetische Fokussierung (nach [*100*]).
a) Anordnung der Magnete und Längsfeld bei $r = a$. b) Magnetfeld auf der Achse für $a/L = 0{,}1$, $\delta/L = 0{,}2$.

Abb. 08.2a angenommen. Sie ist „vollsymmetrisch" (vgl. Kap. 051), ihre FOURIER-Reihe hat nur ungerade Cosinusglieder:

$$B_z(z, a) = 4B_0 \sum_{n=1,3,\ldots} \frac{\sin\frac{n\pi\delta}{L}}{n\pi} \cos\frac{2n\pi z}{L}. \quad (086.12)$$

Der Vergleich mit Gl. (086.11) für $r = a$ liefert

$$a_n = \frac{4 B_0}{I_0\left(\frac{2n\pi a}{L}\right)} \frac{\sin\frac{n\pi\delta}{L}}{n\pi} \tag{086.13}$$

für ungerade n, während $a_{2m} = 0$. Abb. 08.2b zeigt das daraus berechnete $B_z(z, 0)$ auf der Achse für $\frac{a}{L} = 0{,}1$; $\frac{\delta}{L} = 0{,}2$.

2. Beispiel: Kreiszylindrische Elektrode mit Deckplatte (Abb. 08.3).

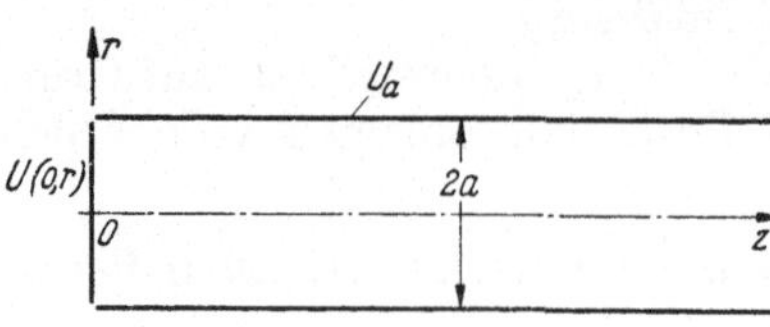

Abb. 08.3. Kreiszylindrische Elektrode mit Deckplatte.

Eine Elektrode in Gestalt eines Halbzylinders $r = a$, $0 < z < \infty$ liege auf dem Potential U_a. Die Deckplatte $z = 0$, $r \leq a$ besitze eine beliebige vorgeschriebene Potentialverteilung $U(0, r)$. Für das Potential im Inneren des Halbzylinders empfiehlt sich jetzt, da $U - U_a$ bei $r = a$ verschwinden muß und $J_0(\varrho)$ nur reelle Nullstellen ϱ_{0m} $(m = 1, 2, \ldots)$ hat, ein Ansatz

$$U = U_a + \sum_{m=1}^{\infty} A_m \exp\left(-\frac{\varrho_{0m} z}{a}\right) J_0\left(\varrho_{0m}\frac{r}{a}\right). \tag{086.14}$$

Für $z = 0$ soll $U = U(0, r)$ sein. Daraus folgt nach Gl. (085.8) mit $q = r$

$$A_m = \frac{2}{J_1^2(\varrho_{0m})} \int_0^1 (U(0, r) - U_a)\, J_0\left(\varrho_{0m}\frac{r}{a}\right) \frac{r}{a}\, d\left(\frac{r}{a}\right). \tag{086.15}$$

Dabei ist von Gl. (091.42) Gebrauch gemacht, aus der

$$\int_0^{\varrho_{0m}} J_0^2(\varrho)\, \varrho\, d\varrho = \frac{\varrho_{0m}^2}{2} J_1^2(\varrho_{0m})$$

folgt.

3. Beispiel: Koaxiale Hohlzylinder von gleichem Radius auf verschiedenem Potential.

Abb. 08.4a zeigt eine Anordnung zylindrischer Elektroden vom Radius a, in der die mittlere Elektrode der Länge $2z_1$ auf dem Potential U_1, die beiden anderen $(z > z_1$ und $z < -z_1)$ auf $U = 0$ liegen. Für $r = a$ hat also das Potential den Verlauf der Abb. 08.4b. Da nun keine Periodizität mehr vorliegt, ist statt Gl. (086.11) ein FOURIER-

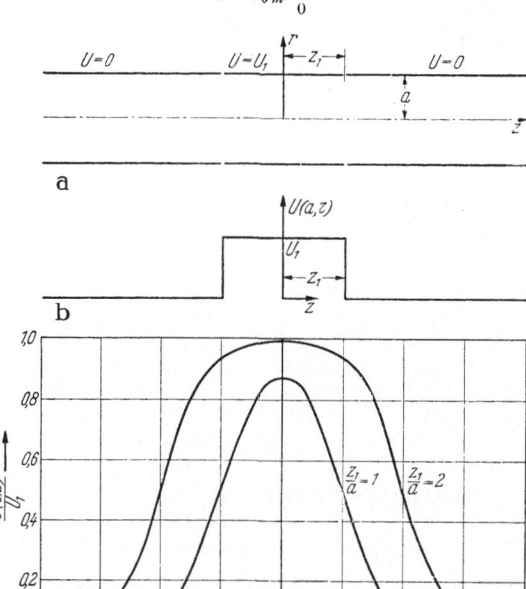

Abb. 08.4a—c. a) Koaxiale Hohlzylinder von gleichem Radius. b) Potentialverteilung bei $r = a$. c) Potentialverteilung auf der Achse für $z_1/a = 1$ und $= 2$.

Integral

$$U(r, z) = \int_{-\infty}^{+\infty} a(\varkappa)\, \mathrm{I}_0(\varkappa r) \exp \mathrm{j}\, \varkappa z\, \mathrm{d}\varkappa \tag{086.16}$$

zu verwenden. Wegen der Symmetrie bezüglich $z = 0$ kann $\exp \mathrm{j}\, \varkappa z$ durch $\cos \varkappa z$ ersetzt werden. Für $r = a$ hat man nach Kap. 054

$$a(\varkappa)\, \mathrm{I}_0(\varkappa a) = \mathfrak{F}\{U(a, z)\} = \frac{U_1}{\pi \varkappa} \sin \varkappa z_1 \tag{086.17}$$

und daher

$$U(r, z) = 2\frac{U_1}{\pi} \int_0^{\infty} \frac{\sin \varkappa z_1 \cos \varkappa z}{\varkappa} \frac{\mathrm{I}_0(\varkappa r)}{\mathrm{I}_0(\varkappa a)}\, \mathrm{d}\varkappa\,. \tag{086.18}$$

In Abb. 08.4c ist für zwei Werte von z_1/a das Potential $U(0, z)$ in der Achse aufgetragen.

Ähnlich hat man vorzugehen, wenn auf $r = a$ eine beliebige, nicht periodische Potentialverteilung vorgegeben ist. Bezüglich eines Verfahrens zur angenäherten Berechnung der auftretenden Integrale [wie das in Gl. (086.18)] für $r = 0$ siehe [*58*].

Literatur [*30, 40, 44, 45*].

09 Spezielle Funktionen.

091 Zylinderfunktionen.

Die Differentialgleichung für die Zylinderfunktionen $\mathrm{Z}_\nu(\varrho)$, Gl. (084.17), vgl. auch Gl. (081.33),

$$\frac{\mathrm{d}^2 \mathrm{Z}}{\mathrm{d}\varrho^2} + \frac{1}{\varrho}\frac{\mathrm{d}\mathrm{Z}}{\mathrm{d}\varrho} + \left(1 - \frac{\nu^2}{\varrho^2}\right)\mathrm{Z} = 0 \tag{091.1}$$

hat bei $\varrho = 0$ eine singuläre Stelle. Sie besitzt jedoch für beliebige positive ν eine Lösung $\mathrm{J}_\nu(\varrho)$, die bis auf den Faktor $(\varrho/2)^\nu$ durch eine für alle ϱ konvergente Reihe gegeben ist, in der nur gerade ϱ-Potenzen vorkommen; man gelangt dazu, wenn man in Gl. (084.15) einen Potenzreihenansatz in τ macht und die in Gl. (084.16) ausgedrückten Zusammenhänge beachtet.

$$\mathrm{J}_\nu(\varrho) = \frac{1}{\Gamma(\nu+1)}\left(\frac{\varrho}{2}\right)^\nu \left\{1 - \frac{(\varrho/2)^2}{1!\,(\nu+1)} + \frac{(\varrho/2)^4}{2!\,(\nu+1)\,(\nu+2)} - + \cdots\right\}. \tag{091.2}$$

$\mathrm{J}_\nu(\varrho)$ ist die Zylinder- oder Besselsche Funktion 1. Art (auch kurz Bessel-Funktion) vom Index ν. Der Normierungsfaktor $1/\Gamma(\nu+1)$ ist eine Konvention; für ganze positive $\nu = n$ ist er $= 1/n!$ [siehe Gl. 095.2)]. Nach Gl. (095.5) können wir auch schreiben

$$\mathrm{J}_\nu(\varrho) = \left(\frac{\varrho}{2}\right)^\nu \sum_{\mu=0}^{\infty} \frac{(-\varrho^2/4)^\mu}{\mu!\,\Gamma(\nu+\mu+1)}\,. \tag{091.3}$$

Durch diese Reihe können die Besselschen Funktionen auch für beliebigen negativen Index dargestellt werden:

$$\mathrm{J}_{-\nu}(\varrho) = \left(\frac{\varrho}{2}\right)^{-\nu} \sum_{\mu=0}^{\infty} \frac{(-\varrho^2/4)^\mu}{\mu!\,\Gamma(-\nu+\mu+1)}\,. \tag{091.3a}$$

Für nicht-ganzes ν sind J_ν und $J_{-\nu}$ linear unabhängige Lösungen der Gl. (091.1). Für ganzzahliges $\nu = n$ verschwinden nach Gl. (095.1a) die ersten n Glieder, und man erhält

$$J_{-n}(\varrho) = (-1)^n J_n(\varrho) \quad (n \text{ ganz}). \tag{091.4}$$

In diesem Fall bilden also J_n und J_{-n} kein Fundamentalsystem der Differentialgleichung Gl. (091.1) mehr; man muß sich eine zweite Lösung auf andere Weise verschaffen. Sei ν von einer ganzen Zahl verschieden. Dann definiert man als Zylinderfunktion 2. Art oder NEUMANNsche Funktion vom Index ν

$$N_\nu(\varrho) = \frac{J_\nu(\varrho)\cos\nu\pi - J_{-\nu}(\varrho)}{\sin\nu\pi}. \tag{091.5}$$

Durch Grenzübergang $\nu \to n$, den wir im einzelnen nicht durchführen [*51*], gewinnt man daraus die NEUMANN-Funktion auch für ganzzahlige Indizes. Sie strebt $\to \infty$ für $\varrho \to 0$ und gibt die gewünschte zweite Lösung der Differentialgleichung Gl. (091.1). Deren allgemeines Integral lautet, da J_ν und N_ν in jedem Falle ein Fundamentalsystem bilden, für beliebiges ν

$$Z_\nu(\varrho) = A\, J_\nu(\varrho) + B\, N_\nu(\varrho). \tag{091.6}$$

Soll $Z_\nu(\varrho)$ in $\varrho = 0$ regelmäßiges Verhalten zeigen, wie es oft aus physikalischen Gründen in der Achse eines Kreiszylinderkoordinatensystems zu fordern ist, so scheidet $N_\nu(\varrho)$ aus ($B = 0$).

Für negativen Index hat man zufolge Gl. (091.5)

$$N_{-\nu}(\varrho) = J_\nu(\varrho)\sin\nu\pi + N_\nu(\varrho)\cos\nu\pi$$

bei nicht-ganzem ν, und für ganzzahliges $\nu = n$

$$N_{-n}(\varrho) = (-1)^n N_n(\varrho).$$

Zwischen den $J_n(\varrho)$ und $N_n(\varrho)$ besteht die Relation

$$N_{n-1}(\varrho)\, J_n(\varrho) - N_n(\varrho)\, J_{n-1}(\varrho) = \frac{2}{\pi\varrho}. \tag{091.7}$$

Neben J_ν und N_ν sind die Funktionen 3. Art oder HANKELsche Funktionen die folgenden Linearkombinationen gebräuchlich:

$$H_\nu^{(1)}(\varrho) = J_\nu(\varrho) + \mathrm{j}\, N_\nu(\varrho), \qquad H_\nu^{(2)}(\varrho) = J_\nu(\varrho) - \mathrm{j}\, N_\nu(\varrho), \tag{091.8}$$

die zusammen ebenfalls ein Fundamentalsystem bilden.

Die HANKEL-Funktionen mit ganzzahligem Index n verhalten sich zu $J_n(\varrho)$, $N_n(\varrho)$ wie $\exp(\pm \mathrm{j}\, x)$ zu $\sin x$ und $\cos x$ [vgl. Gl. (031.1)]. Die Funktionen $\mathrm{j}^{n+1} H_n^{(1)}(\mathrm{j}\varrho)$, $\mathrm{j}^{n+1} H_n^{(2)}(\mathrm{j}\varrho)$ sind reell und streben $\to 0$ bzw. $\to \infty$ für $\varrho \to \infty$; $H_n^{(1)}(\mathrm{j}\varrho)$ stellt als ein Faktor in der Lösung der Wellengleichung betrachtet (vgl. Kap. 081 mit $\varrho = \eta\, r$) Wellen von zylindrischer Symmetrie dar, deren Amplitude für großen Abstand von der Achse exponentiell abnimmt. Die Funktionen $J_n(\varrho)$ — und bei Ausschluß der Achse $\varrho = 0$ auch die Kombinationen $A\, J_n(\varrho) + B\, N_n(\varrho)$ mit reellen Konstanten A, B — hingegen gehören wie $\sin x$ und $\cos x$ zu stehenden Wellen in radialer Richtung, für deren Amplituden bei wachsendem ϱ Knoten mit Extrema abwechseln (siehe Abb. 09.1 und 09.3).

Die Zylinderfunktionen $Z_\nu(\varrho)$ haben bei $\varrho = 0$ einen Verzweigungspunkt; einzige Ausnahme bilden die $J_\nu(\varrho)$ mit ganzzahligem $\nu = n$, die eindeutige und gerade bzw. ungerade Funktionen sind. Gl. (091.2) zeigt

$$J_n(-\varrho) = (-1)^n J_n(\varrho). \tag{091.9}$$

Im Sonderfall halbzahliger Indizes $\nu = m + \frac{1}{2}$ (m ganz) sind die $Z_\nu(\varrho)$ elementare Funktionen. Die Transformation $Z(\varrho) = \frac{f(\varrho)}{\sqrt{\varrho}}$ führt Gl. (091.1) über in

$$\frac{d^2 f}{d\varrho^2} + \left(1 - \frac{\nu^2 - \frac{1}{4}}{\varrho^2}\right) f = 0. \tag{091.10}$$

Für $\nu = \pm\frac{1}{2}$ ist daher die allgemeine Lösung von Gl. (091.1)

$$Z_{\pm\frac{1}{2}}(\varrho) = \frac{A \sin\varrho + B\cos\varrho}{\sqrt{\varrho}}, \tag{091.11}$$

und zwar ist

$$J_{\frac{1}{2}}(\varrho) = \sqrt{\frac{2}{\pi}}\,\frac{\sin\varrho}{\sqrt{\varrho}}, \qquad N_{\frac{1}{2}}(\varrho) = -\sqrt{\frac{2}{\pi}}\,\frac{\cos\varrho}{\sqrt{\varrho}} = -J_{-\frac{1}{2}}(\varrho), \tag{091.11a}$$

wie der Vergleich der Reihenentwicklungen mit Hilfe von Gl. (095.6), (095.7) erkennen läßt. Ferner

$$\begin{gathered} H^{(1)}_{\frac{1}{2}}(\varrho) = -j\sqrt{\frac{2}{\pi\varrho}}\exp j\varrho, \qquad H^{(2)}_{\frac{1}{2}}(\varrho) = j\sqrt{\frac{2}{\pi\varrho}}\exp(-j\varrho), \\ H^{(2)}_{\frac{3}{2}}(\varrho) = \sqrt{\frac{2}{\pi\varrho}}\left(\frac{j}{\varrho} - 1\right)\exp(-j\varrho). \end{gathered} \tag{091.11b}$$

Allgemeiner für $m = 1, 2, 3 \ldots$

$$J_{m+\frac{1}{2}}(\varrho) = \sqrt{\frac{2}{\pi}}\,\varrho^{m+\frac{1}{2}}\left(-\frac{1}{\varrho}\frac{d}{d\varrho}\right)^m\left(\frac{\sin\varrho}{\varrho}\right). \tag{091.11c}$$

Die Schreibweise rechter Hand bedeutet, daß auf $\sin\varrho/\varrho$ m-mal der Operator $-\frac{1}{\varrho}\frac{d}{d\varrho}$ anzuwenden ist, d. h. für $m = 2$ der Operator $\frac{1}{\varrho}\frac{d}{d\varrho}\frac{1}{\varrho}\frac{d}{d\varrho}$.

Bei beliebigem Index n drückt sich die Ableitung von $Z_n(\varrho)$ folgendermaßen aus

$$\frac{dZ_n(\varrho)}{d\varrho} = \frac{n}{\varrho} Z_n(\varrho) - Z_{n+1}(\varrho) \tag{091.12}$$

oder auch

$$\frac{dZ_n(\varrho)}{d\varrho} = -\frac{n}{\varrho} Z_n(\varrho) + Z_{n-1}(\varrho). \tag{091.13}$$

Für $Z_n = J_n$ kann man dies direkt aus der Reihenentwicklung Gl. (091.2) ableiten. Bei Addition bzw. Subtraktion dieser beiden Formeln entsteht

$$2\frac{dZ_n(\varrho)}{d\varrho} = Z_{n-1}(\varrho) - Z_{n+1}(\varrho) \tag{091.14}$$

und die Rekursionsformel

$$Z_{n+1}(\varrho) = \frac{2n}{\varrho} Z_n(\varrho) - Z_{n-1}(\varrho), \tag{091.15}$$

mit Hilfe derer sich alle Z_n für ganzzahliges n auf Z_0 und Z_1 zurückführen lassen. Gl. (091.13) besagt für $n = 0$ und $n = 1$

$$\frac{dZ_0}{d\varrho} = -Z_1, \qquad \frac{dZ_1}{d\varrho} = -\frac{Z_1}{\varrho} + Z_0. \tag{091.13a}$$

Für manche Zwecke nützlich sind die folgenden Integraldarstellungen:

$$\mathrm{J}_n(\varrho) = \frac{1}{2\pi}\int_0^{2\pi} \exp \mathrm{j}(\varrho \sin\varphi - n\varphi)\,\mathrm{d}\varphi \tag{091.16}$$

$$= \frac{1}{\pi}\int_0^{\pi} \cos(\varrho \sin\varphi - n\varphi)\,\mathrm{d}\varphi. \quad (n = 0, 1, 2, \ldots). \tag{091.16a}$$

Die zweite entsteht durch einfache Umformung aus der ersten. Man kann die erste erhalten, wenn man von der homogenen Wellengleichung Gl. (081.6)

$$\triangle u + k^2 u = 0$$

ausgeht. Eine spezielle von z (und x) unabhängige Lösung ist

$$u = \exp \mathrm{j}\,k\,y = \exp(\mathrm{j}\,k\,r \sin\varphi).$$

Wir versuchen sie durch eine Reihe von Lösungen nach Gl. (081.35) darzustellen:

$$\exp(\mathrm{j}\,k\,r\sin\varphi) = \sum_{-\infty}^{+\infty} A_n\,\mathrm{Z}_n(k\,r) \exp \mathrm{j}\,n\,\varphi\,.$$

Multiplikation dieser Gleichung mit $\exp(-\mathrm{j}\,m\,\varphi)$ und Integration über φ von 0 bis 2π ergibt mit $k\,r = \varrho$

$$A_n\,\mathrm{Z}_n(\varrho) = \frac{1}{2\pi}\int_0^{2\pi} \exp \mathrm{j}(\varrho \sin\varphi - n\varphi)\,\mathrm{d}\varphi\,.$$

Aus der Endlichkeit für $\varrho = 0$ folgt $\mathrm{Z}_n = \mathrm{J}_n$; entwickelt man beide Seiten dieser Gleichung nach ϱ, wobei links die Reihe Gl. (091.4) entsteht, so zeigt sich durch Vergleich der Koeffizienten von ϱ^n

$$A_n = 1 \quad \text{für alle } n,$$

womit Gl. (091.16) für ganzzahlige n bestätigt ist. Die dabei gefundene Formel

$$\exp(\mathrm{j}\,\varrho\sin\varphi) = \sum_{-\infty}^{+\infty} \mathrm{J}_n(\varrho) \exp \mathrm{j}\,n\,\varphi \tag{091.17}$$

läßt sich mit $\exp \mathrm{j}\,\varphi = s$ auch schreiben:

$$\exp\left\{\frac{\varrho}{2}\left(s - \frac{1}{s}\right)\right\} = \sum_{-\infty}^{+\infty} \mathrm{J}_n(\varrho)\,s^n\,. \tag{091.17a}$$

Ferner folgt aus Gl. (091.17)

$$\exp \mathrm{j}(\varrho\sin\varphi + \sigma\sin\varphi) = \sum_{n=-\infty}^{+\infty}\ \sum_{m=-\infty}^{+\infty} \mathrm{J}_n(\varrho)\,\mathrm{J}_m(\sigma) \exp \mathrm{j}(n + m)\,\varphi\,.$$

Die linke Seite ist auch $= \sum_{l=-\infty}^{+\infty} \mathrm{J}_l(\varrho + \sigma) \exp \mathrm{j}\,l\,\varphi$; die rechte lautet mit $n + m = l$

$$\sum_{l=-\infty}^{+\infty} \left(\sum_n \mathrm{J}_n(\varrho)\,\mathrm{J}_{l-n}(\sigma)\right) \exp \mathrm{j}\,l\,\varphi\,.$$

Durch Vergleich dieser beiden Fourier-Reihen erhält man

$$\mathrm{J}_l(\varrho + \sigma) = \sum_{n=-\infty}^{+\infty} \mathrm{J}_n(\varrho)\,\mathrm{J}_{l-n}(\sigma) \tag{091.17b}$$

und mit Gl. (091.4), (091.9) auch

$$J_l(\varrho - \sigma) = \sum_{n=-\infty}^{+\infty} J_n(\varrho)\, J_{n-l}(\sigma). \tag{091.17c}$$

Die Zylinderfunktionen sind — im allgemeinen mehrdeutige, nämlich bei $\varrho = 0$ verzweigte — komplexe Funktionen in der Ebene der komplexen Variablen ϱ. Für die Anwendungen sind hauptsächlich ihre Werte auf der reellen und imagi-

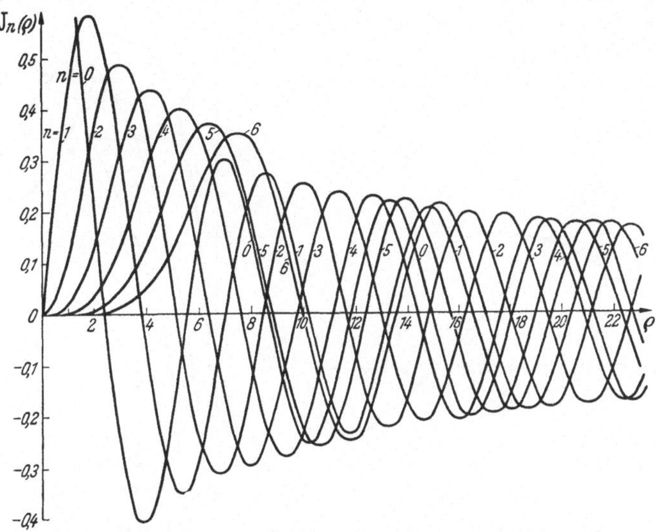

Abb. 09.1. BESSELsche Funktionen von ganzzahligem Index $n = 0, 1, \ldots, 6$ und reellem Argument.

nären Achse und ihren Winkelhalbierenden von Bedeutung. Wir geben zunächst asymptotische Ausdrücke für kleine und große positiv-reelle Werte des Arguments und $n \geqq 0$: Für $\varrho \ll 1$ ist

$$J_n(\varrho) \approx \frac{(\varrho/2)^n}{\Gamma(n+1)} \quad (n \text{ beliebig}), \tag{091.18}$$

$$J_0(\varrho) \approx 1 - \frac{\varrho^2}{4}, \qquad J_1(\varrho) \approx \frac{\varrho}{2}, \tag{091.18a}$$

$$N_0(\varrho) \approx -\frac{2}{\pi}\left(\ln\frac{2}{\varrho} - C\right), \tag{091.18b}$$

$$N_n(\varrho) \approx -\frac{(n-1)!}{\pi}\left(\frac{2}{\varrho}\right)^n \quad (n \text{ ganz} \geqq 1) \tag{091.18c}$$

mit $C = 0{,}5772\ldots$, der sogenannten EULERschen Konstanten.

Für große positive ϱ ($\varrho \gg n$) gilt bei beliebigem n

$$J_n(\varrho) \sim \sqrt{\frac{2}{\pi\varrho}} \cos\left(\varrho - \frac{\pi}{4} - \frac{n\pi}{2}\right), \tag{091.19}$$

$$N_n(\varrho) \sim \sqrt{\frac{2}{\pi\varrho}} \sin\left(\varrho - \frac{\pi}{4} - \frac{n\pi}{2}\right), \tag{091.20}$$

$$\left.\begin{aligned} H_n^{(1)}(\varrho) &\sim \sqrt{\frac{2}{\pi\varrho}} \exp j\left(\varrho - \frac{\pi}{4} - \frac{n\pi}{2}\right), \\ H_n^{(2)}(\varrho) &\sim \sqrt{\frac{2}{\pi\varrho}} \exp\left[-j\left(\varrho - \frac{\pi}{4} - \frac{n\pi}{2}\right)\right]. \end{aligned}\right\} \tag{091.21}$$

Die Zylinderfunktionen verhalten sich danach für große positive Argumente wie gedämpfte trigonometrische Funktionen. $J_n(\varrho)$ und $N_n(\varrho)$ haben unendlich viele reelle Nullstellen; der Abstand zweier aufeinanderfolgender Nullstellen nähert sich für große ϱ dem Wert π, der für $\sin x$ und $\cos x$ exakt richtigen Differenz. Zwischen zwei Nullstellen befindet sich je ein Maximum oder Minimum, und die Höhe dieser Extrema nimmt wie $1/\sqrt{\varrho}$ ab. Abb. 09.1 bis 09.3 zeigen $J_n(\varrho)$ und $N_n(\varrho)$ für die ersten ganzzahligen Indexwerte. Die Nullstellen zweier Funktionen $J_n(\varrho)$ und $J_{n+1}(\varrho)$ bzw. $N_n(\varrho)$ und $N_{n+1}(\varrho)$ trennen sich wechselseitig. Wir bezeichnen mit ϱ_{nm} die m-te Nullstelle von $J_n(\varrho)$. Die ersten positiven Nullstellen von $J_0(\varrho)$ und $J_1(\varrho)$ lauten:

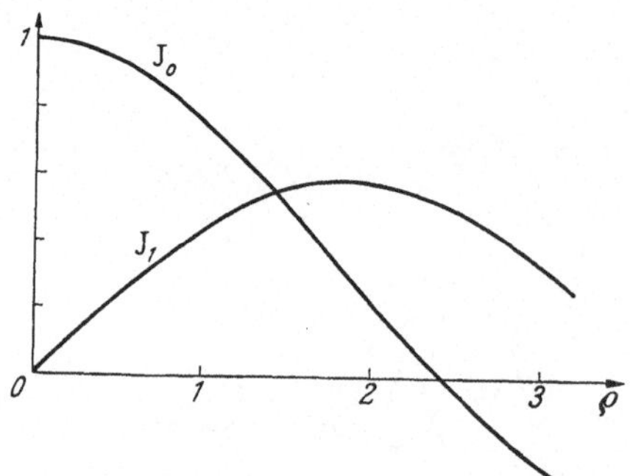

Abb. 09.2. $J_0(\varrho)$ und $J_1(\varrho)$ für reelle ϱ.

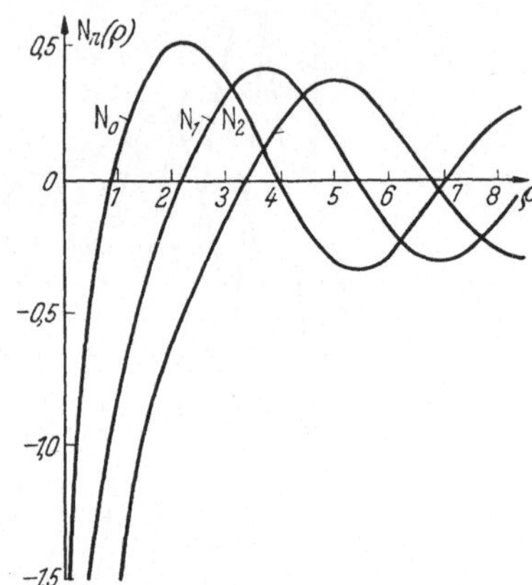

Abb. 09.3. NEUMANNsche Funktionen $N_n(\varrho)$ für $n = 0, 1, 2$.

$\varrho_{01} =$	$2{,}4028$	$\varrho_{02} =$	$5{,}5201$	$\varrho_{03} =$	$8{,}6537$
$J_1(\varrho_{01}) =$	$0{,}5191$	$J_1(\varrho_{02}) =$	$-0{,}3403$	$J_1(\varrho_{03}) =$	$0{,}2715$
$\varrho_{11} =$	$3{,}8337$	$\varrho_{12} =$	$7{,}0156$	$\varrho_{13} =$	$10{,}1735$
$J_0(\varrho_{11}) =$	$-0{,}4028$	$J_0(\varrho_{12}) =$	$+0{,}3001$	$J_0(\varrho_{13}) =$	$-0{,}2497$

Es ist noch der Wert angegeben, den J_1 bzw. J_0 an diesen Stellen annimmt.

Für große Werte des Index n (vergleichbar oder größer als das Argument ϱ) sind die Gl. (091.19) bis (091.21) nicht mehr brauchbar. Wir führen von den asymptotischen Ausdrücken, über die man dann verfügt [*51*], nur die Formel von CARLINI an: Für große Indizes $n > |\varrho|$ ist

$$J_n(\varrho) \sim \left[\frac{\varrho}{n + \sqrt{n^2 - \varrho^2}}\right]^n \frac{\exp \sqrt{n^2 - \varrho^2}}{\sqrt{2\pi}\,(n^2 - \varrho^2)^{1/4}}. \tag{091.22}$$

Aus den Ergebnissen in Kap. 084 für selbstadjungierte Differentialgleichungen folgert man die Orthogonalitätsrelation

$$\int_0^1 t\, J_n(\varrho_{n\mu} t)\, J_n(\varrho_{n\nu} t)\, dt = 0 \quad \text{für} \quad \mu \neq \nu, \tag{091.23}$$

speziell

$$\int_0^1 t\, J_0(\varrho_{0\mu} t)\, J_0(\varrho_{0\nu} t)\, dt = 0 \qquad (\mu \neq \nu). \tag{091.23a}$$

Diese Gleichung kann dazu dienen, in der Entwicklung einer willkürlichen, bei $t = 1$ verschwindenden Funktion

$$f(t) = \sum_{\nu=1}^{\infty} a_\nu \, J_0(\varrho_{0\nu} t) \qquad (091.24)$$

die Koeffizienten a_ν zu bestimmen:

$$a_\nu = \frac{\int_0^1 t \, J_0(\varrho_{0\nu} t) \, f(t) \, dt}{\int_0^1 t \, J_0^2(\varrho_{0\nu} t) \, dt}. \qquad (091.25)$$

Das Normierungsintegral im Nenner hat den Wert [siehe Gl. (091.42)]

$$\int_0^1 t \, J_0^2(\varrho_{0\nu} t) \, dt = \frac{1}{2} J_1^2(\varrho_{0\nu}). \qquad (091.26)$$

Im Intervall $0 \leqq r \leqq \infty$ besteht die Orthogonalitätsrelation [*44*]

$$\int_0^\infty J_n(\xi r) \, J_n(\eta r) \, r \, dr = \frac{1}{\eta} \delta(\xi - \eta) = \begin{cases} 0 & \text{für} \quad \xi \neq \eta \\ \infty & \text{für} \quad \xi = \eta \end{cases} \qquad (091.27)$$

$(\xi, \eta > 0)$. Auf dieser Beziehung beruht die Umkehrformel der „FOURIER-BESSEL-Transformation"

$$F_n(\eta) = \int_0^\infty f(r) \, J_n(\eta r) r \, dr, \qquad (091.27a)$$

nämlich

$$f(r) = \int_0^\infty F_n(\eta) \, J_n(\eta r) \, \eta \, d\eta. \qquad (091.27b)$$

Zu diesem Gleichungspaar gelangt man auch, wenn man von der FOURIER-Transformation in zwei Dimensionen ausgeht,

$$S(\alpha, \beta) = \int_{-\infty}^{+\infty} \int_{-\infty}^{+\infty} \mathfrak{f}(x, y) \exp j(\alpha x + \beta y) \, dx \, dy,$$

beide Funktionen $\mathfrak{f}$ und F auf Polarkoordinaten transformiert ($x = r \cos\varphi$, $y = r \sin\varphi$; $\alpha = \eta \cos\Theta$, $\beta = \eta \sin\Theta$) und annimmt, daß $\mathfrak{f}(r, \varphi)$ von der Form $f(r) \exp j n \varphi$ ist; auf Grund der Integraldarstellung Gl. (091.16) und mit $S(\alpha, \beta) = (-j)^n F_n(\eta) \exp j n \Theta$ führt dann die Umkehrung der $\mathfrak{F}$-Transformation auf Gl. (091.27a, b).

Für die von φ unabhängige Funktion ($n = 0$)

$$\mathfrak{f}(r, \varphi) = \frac{\exp(-j k r)}{r}$$

ist

$$F_0(\eta) = \int_0^\infty \exp(-j k r) \, J_0(\eta r) \, dr.$$

Unter Verwendung der Integraldarstellung Gl. (091.16) für $J_0(\eta r)$ kann man $F_0(\eta)$ berechnen:

$$F_0(\eta) = \frac{1}{2\pi}\int_0^{2\pi} d\varphi \int_0^{\infty} dr \exp(-j\, r(k - \eta\cos\varphi)) = \frac{-1}{2\pi j}\int_0^{2\pi} \frac{d\varphi}{k - \eta\cos\varphi}.$$

Bei der Auswertung der Integrale versehe man vorübergehend k mit einem kleinen negativen Imaginärteil („Dämpfung" für wachsende r). Substituiert man $z = \exp j\varphi$, so erhält man ein über den Einheitskreis der z-Ebene zu erstreckendes Integral; in seinem Inneren liegt ein Pol des Integranden. Der Residuenkalkül liefert

$$\frac{-1}{2\pi j}\int_0^{2\pi} \frac{d\varphi}{k - \eta\cos\varphi} = \frac{1}{\pi\eta}\oint \frac{dz}{z^2 - \frac{2k}{\eta} + 1} = \frac{1}{\sqrt{\eta^2 - k^2}}$$

und damit

$$\frac{\exp(-j\,k\,r)}{r} = \int_0^{\infty} \frac{J_0(\eta r)\,\eta\, d\eta}{\sqrt{\eta^2 - k^2}}. \qquad (091.28)$$

Die Wurzel $\sqrt{\eta^2 - k^2}$ ist darin für $k < \eta$ positiv, für $k > \eta$ positiv imaginär zu nehmen.

Die BESSELschen und HANKELschen Funktionen von ganzzahligem Index haben für rein imaginäres Argument $j\varrho$ reelle oder rein imaginäre Funktionswerte. Aus diesem Grunde hat man besondere, sogenannte „modifizierte Zylinderfunktionen" eingeführt, die für reelles Argument und ganzzahliges n reell sind[1]:

$$I_n(\varrho) = (-j)^n J_n(j\varrho),$$
$$K_n(\varrho) = \frac{\pi}{2} j^{n+1} H_n^{(1)}(j\varrho). \qquad (091.29)$$

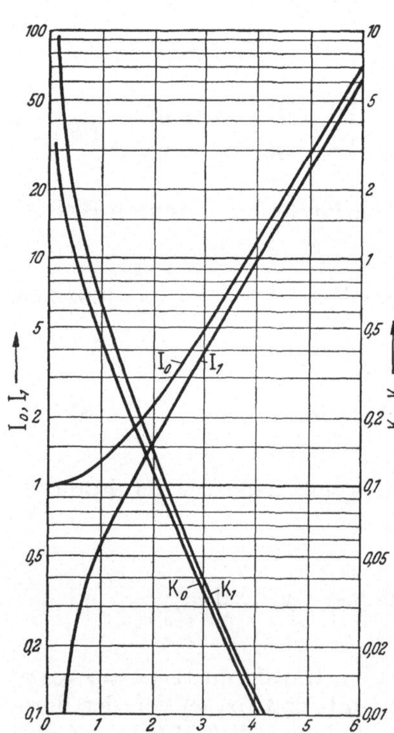

Abb. 09.4. Modifizierte Zylinderfunktion $I_0(\varrho)$, $I_1(\varrho)$, $K_0(\varrho)$, $K_1(\varrho)$.

$I_n(\varrho)$ und $K_n(\varrho)$ bilden ein Fundamentalsystem von Lösungen der Differentialgleichung

$$\frac{d^2y}{d\varrho^2} + \frac{1}{\varrho}\frac{dy}{d\varrho} - \left(1 + \frac{n^2}{\varrho^2}\right)y = 0. \qquad (091.30)$$

Es ist

$$I_n(\varrho)K_{n-1}(\varrho) + I_{n-1}(\varrho)K_n(\varrho) = \frac{1}{\varrho}. \qquad (091.31)$$

[1] Für nicht-ganzen Index ν ist

$$K_\nu(\varrho) = \frac{\pi}{2}\frac{1}{\sin\nu\pi}\{I_{-\nu}(\varrho) - I_\nu(\varrho)\}.$$

Die Funktionen $I_\nu(\varrho)$, $K_\nu(\varrho)$ genügen nicht den Rekursionsformeln Gl. (091.14), (091.15), die die Grundlage für die Theorie der Zylinderfunktionen $Z_\nu(\varrho)$ bilden, sondern etwas verschiedenen, siehe Gl. (091.31).

An die Stelle der Gln. (091.14), (091.15) tritt

$$2\frac{\mathrm{d}\,\mathrm{I}_n(\varrho)}{\mathrm{d}\varrho} = \mathrm{I}_{n-1}(\varrho) + \mathrm{I}_{n+1}(\varrho),$$
$$-2\frac{\mathrm{d}\,\mathrm{K}_n(\varrho)}{\mathrm{d}\varrho} = \mathrm{K}_{n-1}(\varrho) + \mathrm{K}_{n+1}(\varrho), \tag{091.31a}$$

speziell

$$\frac{\mathrm{d}\,\mathrm{I}_0}{\mathrm{d}\varrho} = \mathrm{I}_1, \quad \frac{\mathrm{d}\,\mathrm{K}_0}{\mathrm{d}\varrho} = -\mathrm{K}_1, \quad \frac{\mathrm{d}\,\mathrm{I}_1}{\mathrm{d}\varrho} = -\frac{\mathrm{I}_1}{\varrho} + \mathrm{I}_0, \quad \frac{\mathrm{d}\,\mathrm{K}_1}{\mathrm{d}\varrho} = -\frac{\mathrm{K}_1}{\varrho} - \mathrm{K}_0; \tag{091.31b}$$

$$\mathrm{I}_{n+1}(\varrho) = -\frac{2n}{\varrho}\,\mathrm{I}_n(\varrho) + \mathrm{I}_{n-1}(\varrho),$$
$$\mathrm{K}_{n+1}(\varrho) = -\frac{2n}{\varrho}\,\mathrm{K}_n(\varrho) + \mathrm{K}_{n-1}(\varrho). \tag{091.31c}$$

Für kleine ϱ gilt

$$\mathrm{I}_n(\varrho) \approx \frac{(\varrho/2)^n}{n!}, \quad \mathrm{I}_0(\varrho) \approx 1 + \frac{\varrho^2}{4}, \quad \mathrm{I}_1(\varrho) \approx \frac{\varrho}{2} + \frac{\varrho^3}{8};$$
$$\mathrm{K}_0(\varrho) = \left[\ln\frac{2}{\varrho} - C\right]\left(1 + \frac{\varrho^2}{4}\right) + \frac{\varrho^2}{4}, \quad \mathrm{K}_1(\varrho) \approx \frac{1}{\varrho} - \left[\ln\frac{2}{\varrho} - C\right]\frac{\varrho}{2} - \frac{\varrho}{4}, \tag{091.32}$$

und für große ϱ asymptotisch

$$\mathrm{I}_0(\varrho) \sim \sqrt{\frac{1}{2\pi\varrho}}\exp\varrho\left\{1 + \frac{1}{8\varrho} + \frac{9}{128\varrho^2} + \cdots\right\},$$
$$\mathrm{I}_1(\varrho) \sim \sqrt{\frac{1}{2\pi\varrho}}\exp\varrho\left\{1 - \frac{3}{8\varrho} - \frac{15}{128\varrho^2} - \cdots\right\},$$
$$\mathrm{K}_0(\varrho) \sim \sqrt{\frac{\pi}{2\varrho}}\exp(-\varrho)\left\{1 - \frac{1}{8\varrho} + \frac{9}{128\varrho^2} - \cdots\right\},$$
$$\mathrm{K}_1(\varrho) \sim \sqrt{\frac{\pi}{2\varrho}}\exp(-\varrho)\left\{1 + \frac{3}{8\varrho} + \frac{15}{128\varrho^2} + \cdots\right\}. \tag{091.33}$$

Abb. 09.4 zeigt I_0, I_1, K_0, K_1 in logarithmischem Maßstab über ϱ. Für große ϱ wird das Verhalten dieser Funktionen durch $\exp \pm \varrho$ bestimmt; sie sind frei von Nullstellen in $0 < \varrho < \infty$.

Die Funktionen $\mathrm{I}_n(\varrho)$, $\mathrm{K}_n(\varrho)$ haben auf den Winkelhalbierenden der Achsen der komplexen Ebene komplexe Werte, für deren Real- und Imaginärteil man eigene Funktionszeichen eingeführt hat:

$$\mathrm{I}_n\left(\exp\left(\pm\mathrm{j}\,\frac{3\pi}{4}\right)\varrho\right) = \mathrm{ber}_n(\varrho) \pm \mathrm{j}\,\mathrm{bei}_n(\varrho),$$
$$\mathrm{K}_n\left(\exp\left(\pm\mathrm{j}\,\frac{3\pi}{4}\right)\varrho\right) = \mathrm{ker}_n(\varrho) \pm \mathrm{j}\,\mathrm{kei}_n(\varrho). \tag{091.34}$$

Für $n = 0$ läßt man rechts den Index weg:

$$\mathrm{I}_0\left(\exp\left(\pm\mathrm{j}\,\frac{3\pi}{4}\right)\varrho\right) = \mathrm{ber}(\varrho) \pm \mathrm{j}\,\mathrm{bei}(\varrho),$$
$$\mathrm{K}_0\left(\exp\left(\pm\mathrm{j}\,\frac{3\pi}{4}\right)\varrho\right) = \mathrm{ker}(\varrho) \pm \mathrm{j}\,\mathrm{kei}(\varrho). \tag{091.34a}$$

Diese Funktionen finden sich in [*22*, *2*] tabelliert. Die links stehenden Funktionen sind Lösungen der Differentialgleichung

$$\frac{\mathrm{d}^2 y}{\mathrm{d}\varrho^2} + \frac{1}{\varrho}\,\frac{\mathrm{d}y}{\mathrm{d}\varrho} - \mathrm{j}\,y = 0, \tag{091.35}$$

die z. B. bei der Behandlung des Skineffektes in kreiszylindrischen Drähten auftritt.

Wir stellen noch einige unbestimmte Integrale zusammen, die in den Anwendungen häufig vorkommen und zum Teil nicht in allen Formelsammlungen enthalten sind. Viele weitere Relationen und Eigenschaften der Zylinderfunktionen finden sich in [*51, 30, 22*]. Z_n, $\overline{Z_m}$ sind irgendwelche Zylinderfunktionen[1] vom Index n bzw. m $(n > 0)$:

$$\int \varrho^{n+1} Z_n(\varrho)\,\mathrm{d}\varrho = \varrho^{n+1} Z_{n+1}(\varrho), \tag{091.36}$$

$$\int \varrho^{-n+1} Z_n(\varrho)\,\mathrm{d}\varrho = -\varrho^{-n+1} Z_{n-1}(\varrho), \tag{091.37}$$

$$\int Z_1(\varrho)\,\mathrm{d}\varrho = -Z_0(\varrho), \qquad \int \varrho\, Z_0(\varrho)\,\mathrm{d}\varrho = \varrho\, Z_1(\varrho), \tag{091.38}$$

$$\int \varrho^{m+n+1} Z_n(\varrho)\,\overline{Z_m}(\varrho)\,\mathrm{d}\varrho = \frac{\varrho^{m+n+2}}{2(m+n+1)}\,(Z_n \overline{Z_m} + Z_{n+1}\overline{Z_{m+1}}), \tag{091.39}$$

$$\int \varrho^{n-m+1} Z_n(\varrho)\,\overline{Z_m}(\varrho)\,\mathrm{d}\varrho = \frac{\varrho^{n-m+2}}{2(n-m+1)}\,(Z_n \overline{Z_m} - Z_{n+1}\overline{Z_{m-1}}) \quad (n-m \neq -1), \tag{091.40}$$

$$\int \varrho^{-m-m+1} Z_n(\varrho)\,\overline{Z_m}(\varrho)\,\mathrm{d}\varrho = \frac{\varrho^{-n-m+2}}{2(-n-m+1)}\,(Z_n \overline{Z_m} + Z_{n-1}\overline{Z_{m-1}}) \quad (n+m \neq -1), \tag{091.41}$$

$$\int \varrho\, Z_0(\varrho)\,\overline{Z_0}(\varrho)\,\mathrm{d}\varrho = \frac{\varrho^2}{2}(Z_0\overline{Z_0} + Z_1\overline{Z_1}), \tag{091.42}$$

$$\int \varrho^2 Z_0(\varrho)\,\overline{Z_1}(\varrho)\,\mathrm{d}\varrho = \frac{\varrho^3}{4}(Z_0\overline{Z_1} - Z_1\overline{Z_0}) + \frac{\varrho^2}{2} Z_1\overline{Z_1}, \tag{091.43}$$

$$\int \varrho\, Z_1(\varrho)\,\overline{Z_1}(\varrho)\,\mathrm{d}\varrho = \frac{\varrho^2}{2}(Z_0\overline{Z_0} + Z_1\overline{Z_1}) - \varrho\, Z_0\overline{Z_1}, \tag{091.44}$$

$$\int \varrho\, \mathrm{I}_0^2(\varrho)\,\mathrm{d}\varrho = \frac{\varrho^2}{2}(\mathrm{I}_0^2 - \mathrm{I}_1^2), \qquad \int \varrho\, \mathrm{K}_0^2(\varrho)\,\mathrm{d}\varrho = \frac{\varrho^2}{2}(\mathrm{K}_0^2 - \mathrm{K}_1^2), \tag{091.45}$$

$$\begin{aligned} \int \varrho\, \mathrm{I}_1^2(\varrho)\,\mathrm{d}\varrho &= \frac{\varrho^2}{2}(\mathrm{I}_1^2 - \mathrm{I}_0^2) + \varrho\, \mathrm{I}_0 \mathrm{I}_1, \\ \int \varrho\, \mathrm{K}_1^2(\varrho)\,\mathrm{d}\varrho &= \frac{\varrho^2}{2}(\mathrm{K}_1^2 - \mathrm{K}_0^2) - \varrho\, \mathrm{K}_0 \mathrm{K}_1, \end{aligned} \tag{091.46}$$

$$\begin{aligned} \int \varrho\, \mathrm{I}_0(\varrho)\,\mathrm{K}_0(\varrho)\,\mathrm{d}\varrho &= \frac{\varrho^2}{2}(\mathrm{I}_0 \mathrm{K}_0 + \mathrm{I}_1 \mathrm{K}_1), \\ \int \varrho\, \mathrm{I}_1(\varrho)\,\mathrm{K}_1(\varrho)\,\mathrm{d}\varrho &= \frac{\varrho^2}{2}(\mathrm{I}_0 \mathrm{K}_0 + \mathrm{I}_1 \mathrm{K}_1) - \varrho\, \mathrm{I}_1 \mathrm{K}_0, \end{aligned} \tag{091.47}$$

$$\int \varrho\,[\mathrm{I}_0(\varrho) + \lambda\, \mathrm{K}_0(\varrho)]^2\,\mathrm{d}\varrho = \frac{\varrho^2}{2}[(\mathrm{I}_0 + \lambda\, \mathrm{K}_0)^2 - (\mathrm{I}_1 - \lambda\, \mathrm{K}_1)^2], \tag{091.48}$$

$$\begin{aligned} \int \varrho\,[\mathrm{I}_1(\varrho) - \lambda\, \mathrm{K}_1(\varrho)]^2\,\mathrm{d}\varrho = {} & -\frac{\varrho^2}{2}[(\mathrm{I}_0 + \lambda\, \mathrm{K}_0)^2 - (\mathrm{I}_1 - \lambda\, \mathrm{K}_1)^2] + \\ & + \varrho(\mathrm{I}_0 + \lambda\, \mathrm{K}_0)(\mathrm{I}_1 - \lambda\, \mathrm{K}_1), \end{aligned} \tag{091.49}$$

$$\int \mathrm{I}_0(\varrho)\,\mathrm{I}_1(\varrho)\,\mathrm{d}\varrho = +\frac{1}{2}\mathrm{I}_1^2, \qquad \int \mathrm{K}_0(\varrho)\,\mathrm{K}_1(\varrho)\,\mathrm{d}\varrho = -\frac{1}{2}\mathrm{K}_0^2, \tag{091.50}$$

$$\begin{aligned} \int \mathrm{I}_0(\varrho)\,\mathrm{K}_1(\varrho)\,\mathrm{d}\varrho &= -\frac{1}{2}\mathrm{I}_0 \mathrm{K}_0 + \frac{1}{2}\ln\varrho, \\ \int \mathrm{I}_1(\varrho)\,\mathrm{K}_0(\varrho)\,\mathrm{d}\varrho &= \frac{1}{2}\mathrm{I}_0 \mathrm{K}_0 + \frac{1}{2}\ln\varrho. \end{aligned} \tag{091.51}$$

[1] Nicht modifizierte.

Zum Schluß bringen wir noch eine Anwendung der BESSEL-Funktionen auf die Integration der Wellengleichung. Deren kugelsymmetrische Lösung

$$u(R) = \frac{\exp(-\mathrm{j}\,k\,R)}{R}$$

muß sich auch als rotationssymmetrische Lösung in Zylinderkoordinaten darstellen lassen, d. h. in Gestalt der Gl. (081.42). Da u in den vom Quellpunkt $R = 0$ verschiedenen Punkten der Achse $r = 0$ regulär ist, setzen wir in Gl. (081.42) $B(\beta) \equiv 0$. Führen wir statt β die Variable ϑ ein durch

$$\beta = k\cos\vartheta, \qquad \sqrt{k^2-\beta^2} = k\sin\vartheta, \tag{091.52}$$

so erwarten wir eine Darstellung der Form

$$u(R) \equiv \frac{\exp(-\mathrm{j}\,k\,R)}{R} = \int\limits_0^{\vartheta_0} \Theta(\vartheta)\,\mathrm{J}_0(k\,r\sin\vartheta)\exp(-\mathrm{j}\,k\,z\cos\vartheta)\,\mathrm{d}\vartheta. \tag{091.53}$$

Darin sind die obere Integrationsgrenze und die Funktion $\Theta(\vartheta)$ noch unbekannt. Die links stehende Funktion u ist auf den Kugelflächen $R = \text{const}$, d. h. $r^2 + z^2 = \text{const}$, konstant; es sind die Gradienten ∇u und $\nabla(r^2+z^2)$ parallel:

$$\nabla u \times \nabla(r^2+z^2) = 0.$$

Das bedeutet in Zylinderkoordinaten

$$z\frac{\partial u}{\partial r} - r\frac{\partial u}{\partial z} = 0. \tag{091.54}$$

Nun ist

$$\begin{aligned} z\frac{\partial u}{\partial r} &= z\,k\int\limits_0^{\vartheta_0} \Theta\,\mathrm{J}_0'(r\,k\sin\vartheta)\sin\vartheta\exp(-\mathrm{j}\,k\,z\cos\vartheta)\,\mathrm{d}\vartheta \\ &= \frac{1}{\mathrm{j}}\int\limits_0^{\vartheta_0} \Theta\,\mathrm{J}_0'\frac{\partial}{\partial\vartheta}[\exp(-\mathrm{j}\,k\,z\cos\vartheta)]\,\mathrm{d}\vartheta \\ &= -\mathrm{j}\,[\Theta\,\mathrm{J}_0'\exp(-\mathrm{j}\,z\,k\cos\vartheta)]_0^{\vartheta_0} + \mathrm{j}\int\limits_0^{\vartheta_0}\exp(-\mathrm{j}\,k\,z\cos\vartheta)\frac{\partial}{\partial\vartheta}(\Theta\,\mathrm{J}_0')\,\mathrm{d}\vartheta \end{aligned}$$

und

$$r\frac{\partial u}{\partial z} = -\mathrm{j}\,k\,r\int\limits_0^{\vartheta_0}\Theta\,\mathrm{J}_0\exp(-\mathrm{j}\,k\,z\cos\vartheta)\cos\vartheta\,\mathrm{d}\vartheta,$$

daher

$$-[\Theta\,\mathrm{J}_0'\exp(-\mathrm{j}\,z\,k\cos\vartheta)]_0^{\vartheta_0} + \int\limits_0^{\vartheta_0}\exp(-\mathrm{j}\,k\,z\cos\vartheta)\left\{\frac{\partial(\Theta\,\mathrm{J}_0')}{\partial\vartheta} + k\,r\cos\vartheta\,\Theta\,\mathrm{J}_0\right\}\mathrm{d}\vartheta = 0.$$

Da man die beiden Größen ϑ_0 und Θ zur Verfügung hat, kann man versuchen, die Beziehungen

$$[\Theta\,\mathrm{J}_0'\exp(-\mathrm{j}\,k\,z\cos\vartheta)]_0^{\vartheta_0} = 0 \tag{091.55}$$

und

$$\frac{\partial}{\partial\vartheta}(\Theta\,\mathrm{J}_0') + r\,k\cos\vartheta\,\Theta\,\mathrm{J}_0 = 0 \tag{091.56}$$

je für sich zu erfüllen. Die zweite Gleichung

$$\Theta\,\mathrm{J}_0''\,k\,r\cos\vartheta + \mathrm{J}_0'\frac{\mathrm{d}\Theta}{\mathrm{d}\vartheta} + \Theta\,\mathrm{J}_0\,k\,r\cos\vartheta = 0$$

läßt sich auf Grund der BESSELschen Differentialgleichung

$$J_0'' + J_0 = -\frac{J_0'}{r\,k\sin\vartheta}$$

wie folgt vereinfachen:

$$J_0'\left\{\frac{\partial\Theta}{\partial\vartheta} - \frac{\cos\vartheta}{\sin\vartheta}\Theta\right\} = 0$$

und daher durch

$$\Theta = C\sin\vartheta \tag{091.57}$$

befriedigen. Somit

$$\frac{\exp(-\mathrm{j}\,k\,R)}{R} = C\int\limits_0^{\vartheta_0} J_0(k\,r\sin\vartheta)\sin\vartheta\exp(-\mathrm{j}\,k\,z\cos\vartheta)\,\mathrm{d}\vartheta\,.$$

Für $r = 0$, $z > 0$, d. i. $|z| = R$ folgt insbesondere

$$\frac{\exp(-\mathrm{j}\,k\,R)}{R} = C\int\limits_0^{\vartheta_0}\exp(-\mathrm{j}\,k\,R\cos\vartheta)\sin\vartheta\,\mathrm{d}\vartheta$$

$$= \frac{C}{\mathrm{j}\,k\,R}\{\exp(-\mathrm{j}\,k\,R\cos\vartheta_0) - \exp(-\mathrm{j}\,k\,R)\}$$

und daher

$$-\frac{\mathrm{j}\,k}{C} = 1, \qquad \mathrm{j}\cos\vartheta_0 = +\infty,$$

$$\vartheta_0 = \frac{\pi}{2} + \mathrm{j}\,\infty\,. \tag{091.58}$$

Dies bleibt auch für $z < 0$ richtig, wenn z durch $|z|$ ersetzt wird. Der Integrationsweg in der ϑ-Ebene verläuft z. B. wie in Abb. 09.5 wiedergegeben. Für $0 \leqq \vartheta \leqq \frac{\pi}{2}$ wächst $\sin\vartheta$ von 0 bis 1. Auf der Geraden $\mathrm{Re}\,\vartheta = \frac{\pi}{2}$ ist $\sin\vartheta = \cosh(\mathrm{Im}\,\vartheta)$ und wächst monoton weiter von 1 nach ∞. Mit Gl. (091.57) und (091.58) ist auch Gl. (091.55) erfüllt, und man erhält

$$\frac{\exp(-\mathrm{j}\,k\,R)}{R} = -\mathrm{j}\,k\int\limits_0^{\frac{\pi}{2}+\mathrm{j}\infty} J_0(k\,r\sin\vartheta)\exp(-\mathrm{j}\,k\,|z|\cos\vartheta)\sin\vartheta\,\mathrm{d}\vartheta\,. \tag{091.59}$$

Andere Darstellungen dieser Art gehen auf A. SOMMERFELD zurück (siehe z. B. [*44, 45*]): Die Gleichung

$$\frac{\exp(-\mathrm{j}\,k\,R)}{R} = \int\limits_0^{\infty}\frac{J_0(\eta\,r)\exp\left(-\sqrt{\eta^2-k^2}\,|z|\right)}{\sqrt{\eta^2-k^2}}\,\eta\,\mathrm{d}\eta \tag{091.60}$$

reduziert sich für $z = 0$ auf Gl. (091.28). Ferner läßt sich die ausgestrahlte Kugelwelle auch durch die HANKELsche Funktion $H_0^{(1)}$ ausdrücken:

$$\frac{\exp(-\mathrm{j}\,k\,R)}{R} = \frac{\mathrm{j}}{2}\int\limits_{-\infty}^{+\infty} H_0^{(1)}\left(\sqrt{k^2-\beta^2}\,r\right)\exp(-\mathrm{j}\,\beta\,|z|)\,\mathrm{d}\beta\,, \tag{091.61}$$

$$= -\frac{\mathrm{j}\,k}{2}\int\limits_C H_0^{(1)}(k\,r\cos\vartheta)\exp(-\mathrm{j}\,k\,z\sin\vartheta)\cos\vartheta\,\mathrm{d}\vartheta\,. \tag{091.62}$$

Der Integrationsweg in der β-Ebene muß dabei in der in Abb. 09.6 angedeuteten Weise den Polen ausweichen; für $k^2 < \beta^2$ soll das Argument von $H_0^{(1)}$ positiv imaginär sein. Der Weg C in der ϑ-Ebene ($\beta = k \sin\vartheta$) ist aus Abb. 09.7 zu ersehen; er kann innerhalb des schraffierten Gebietes deformiert werden.

Wir wollen die obige Beziehung

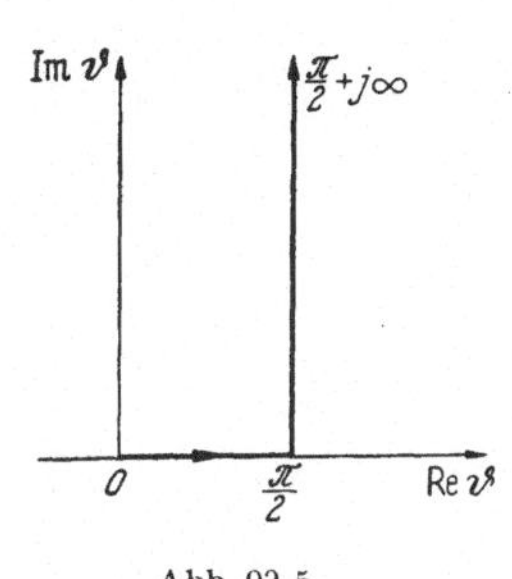

Abb. 09.5

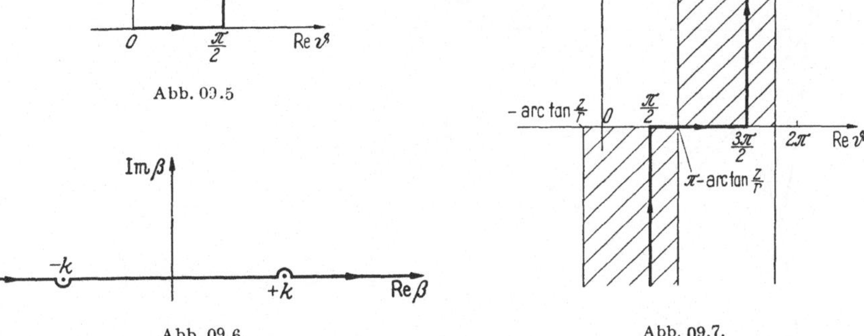

Abb. 09.6. Abb. 09.7.

Abb. 09.5 bis 09.7. Integrationswege zur Darstellung der Kugelwelle durch Zylinderfunktionen.

Gl. (091.59) noch so umformen, daß die Kugelwelle in ebene Wellen zerlegt erscheint. Dazu verwenden wir die Integraldarstellung Gl. (091.16) für J_0, in der φ von einem beliebigen Winkel φ_0 an gezählt werden kann. Nach Vertauschung der Integrationsfolge wird

$$\frac{\exp(-\mathrm{j}\,k\,R)}{R} = -\frac{\mathrm{j}\,k}{2\pi}\int\limits_0^{2\pi} \mathrm{d}\varphi \int\limits_0^{\frac{\pi}{2}+\mathrm{j}\infty} \mathrm{d}\vartheta \sin\vartheta \exp\left(-\mathrm{j}\,k[r\sin\vartheta\cos(\varphi-\varphi_0) + |z|\cos\vartheta]\right).$$

Setzt man $r\cos\varphi_0 = x$, $r\sin\varphi_0 = y$, so folgt

$$\frac{\exp(-\mathrm{j}\,k\,R)}{-\mathrm{j}\,k\,R} \tag{091.63}$$

$$= \frac{1}{2\pi}\int\limits_0^{2\pi} \mathrm{d}\varphi \int\limits_0^{\frac{\pi}{2}+\mathrm{j}\infty} \exp(-\mathrm{j}\,k[x\sin\vartheta\cos\varphi + y\sin\vartheta\sin\varphi + |z|\cos\vartheta])\sin\vartheta\,\mathrm{d}\vartheta\,.$$

Dies ist die gewünschte, von H. Weyl angegebene Darstellung als ein Integral über ebene Wellen [vgl. Gl. (081.10)]. Sie ist für viele Strahlungsprobleme nützlich. Kann man eine bekannte Verteilung von Ladungen oder Strömen als Quellen von Kugelwellen ansehen, die von den einzelnen Punkten ausgehen und unter Berücksichtigung der Phase zu überlagern sind, und führt man für die Kugelwellen eine der obigen Integraldarstellungen, z. B. Gl. (091.59), ein, so darf man in vielen Fällen die Reihenfolge der Integration über ϑ und über die Ladungen vertauschen und gelangt dadurch zu brauchbaren Ausdrücken für das erzeugte Feld in einem beliebigen Raumpunkt.

092 Kugelfunktionen.

Die Legendresche Differentialgleichung

$$(1-\xi^2)\frac{\mathrm{d}^2 y}{\mathrm{d}\xi^2} - 2\xi\frac{\mathrm{d}y}{\mathrm{d}\xi} + l(l+1)\,y = 0 \tag{092.1}$$

besitzt für ganzzahlige l als Lösungen die LEGENDREschen Polynome $P_l(\xi)$. Sie lauten für $l = 0, \ldots, 6$

$$P_0 = 1; \quad P_1 = \xi; \quad P_2 = \frac{1}{2}(3\xi^2 - 1); \quad P_3 = \frac{1}{2}(5\xi^3 - 3\xi);$$

$$P_4 = \frac{1}{8}(35\xi^4 - 30\xi^2 + 3); \quad P_5 = \frac{1}{8}(63\xi^5 - 70\xi^3 + 15\xi); \tag{092.2}$$

$$P_6 = \frac{1}{16}(231\xi^6 - 315\xi^4 + 105\xi^2 - 5)$$

und sind in Abb. 09.8 aufgetragen.

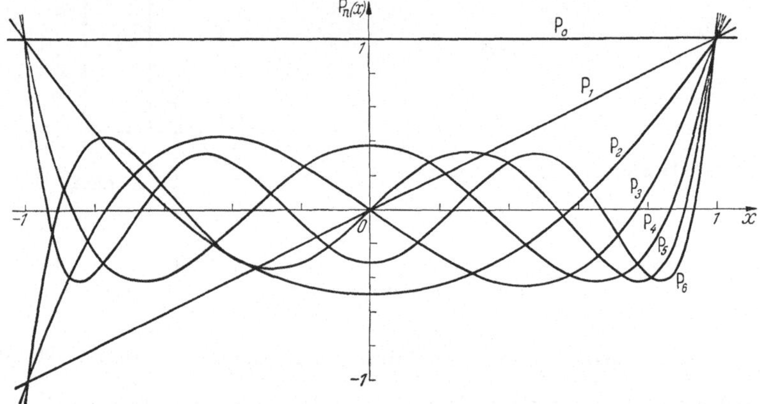

Abb. 09.8. LEGENDREsche Polynome $P_n(x)$ für $n = 0, 1, \ldots, 6$.

Die $P_l(\xi)$ sind gerade für gerades l, ungerade für ungerades l und werden durch die Bedingung

$$P_l(1) = 1 \tag{092.3}$$

normiert. Für $\xi = -1$ ist dann

$$P_l(-1) = (-1)^l. \tag{092.4}$$

Im Intervall $-1 \leqq \xi \leqq 1$ liegen alle Nullstellen von $P_l(\xi)$; dort ist $|P_l(\xi)| \leqq 1$.

Eine allgemeine Darstellung der $P_l(\xi)$ liefert die Formel von RODRIGUES:

$$P_l(\xi) = \frac{1}{2^l l!} \frac{d^l}{d\xi^l} [(\xi^2 - 1)^l] \tag{092.5}$$

oder die aus dem Potenzreihenansatz folgende:

$$P_l(\xi) = \frac{1 \cdot 3 \cdot 5 \cdots (2l-1)}{l!} \times$$

$$\times \left\{\xi^l - \frac{l(l-1)}{2(2l-1)} \xi^{l-2} + \frac{l(l-1)(l-2)(l-3)}{2 \cdot 4 \cdot (2l-1)(2l-3)} \xi^{l-4} - + \cdots\right\}. \tag{092.6}$$

Je nachdem, ob l gerade oder ungerade ist, ist für $\xi = 0$

$$P_l(0) = (-1)^{l/2} \frac{1 \cdot 3 \cdot 5 \cdots (l-1)}{2 \cdot 4 \cdot 6 \cdots l} = \frac{(-1)^l \, l!}{2^l [(l/2)!]^2} \text{ bzw. } P_l(0) = 0. \tag{092.7}$$

Jede von $P_l(\xi)$ unabhängige Lösung der Differentialgleichung Gl. (092.1) hat bei $\xi = \pm 1$ logarithmische Singularitäten. Als LEGENDREsche Funktion 2. Art bezeichnet man die Lösungen

$$Q_l(\xi) = \frac{P_l(\xi)}{2} \ln \frac{1+\xi}{1-\xi} - \sum_{\nu=1}^{l} \frac{1}{\nu} P_{\nu-1}(\xi) P_{l-\nu}(\xi). \tag{092.8}$$

Die ersten $Q_l(\xi)$ lauten

$$Q_0 = \frac{1}{2}\ln\frac{1+\xi}{1-\xi}\,; \qquad Q_1 = P_1 Q_0 - 1\,; \qquad Q_2 = P_2 Q_0 - \frac{3}{2}\xi\,;$$

$$Q_3 = P_3 Q_0 - \frac{5}{2}\xi^2 + \frac{2}{3}.$$

Für ein festes ganzzahliges l ist dann die allgemeine Lösung der LEGENDREschen Differentialgleichung durch

$$y(\xi) = A\,P_l(\xi) + B\,Q_l(\xi) \tag{092.9}$$

gegeben.

Zu den LEGENDREschen Polynomen wird man geführt, wenn man die folgende Funktion $F(z,\xi)$ nach z entwickelt:

$$F(z,\xi) \equiv \frac{1}{\sqrt{1-2z\xi+z^2}} = \sum_{l=0}^{\infty} P_l(\xi)\,z^l. \tag{092.10}$$

In dieser für $|\xi| \leqq 1$, $|z| < 1$ konvergenten Reihe kommen die $P_l(\xi)$ als Koeffizienten der Potenzen von z vor (Beweis siehe z. B. in [37]). $F(z,\xi)$ wird aus diesem Grund eine „erzeugende Funktion" der LEGENDREschen Polynome genannt.

Aus Kap. 084 folgert man die Orthogonalitätsrelation der P_l:

$$\int_{-1}^{+1} P_k(\xi)\,P_l(\xi)\,d\xi = 0 \quad \text{für} \quad k \neq l. \tag{092.11}$$

Für $k = l$ ist

$$\int_{-1}^{+1} P_l^2(\xi)\,d\xi = \frac{2}{2l+1}. \tag{092.12}$$

Um dies zu zeigen, integriere man $F^2(z,\xi)$ für $|z| < 1$ über ξ und entwickle das Ergebnis:

$$\int_{-1}^{+1} \frac{d\xi}{1-2z\xi+z^2} = \frac{1}{z}\ln\frac{1+z}{1-z} = \sum_{l=0}^{\infty} \frac{2z^{2l}}{2l+1}.$$

Andererseits folgt für $|z| < 1$ durch gliedweise Integration der Reihe für $F^2(z,\xi)$ auf Grund von Gl. (092.11)

$$\int_{-1}^{+1} \sum_k \sum_l P_k(\xi)\,P_l(\xi)\,z^{l+k}\,d\xi = \sum_{l=0}^{\infty} z^{2l} \int_{-1}^{+1} P_l^2(\xi)\,d\xi.$$

Vergleich der Koeffizienten von z^{2l} in den beiden Reihen bestätigt die Behauptung Gl. (092.12).

Eine in $-1 \leqq \xi \leqq 1$ einschließlich ihrer Ableitung stückweise stetige, willkürliche Funktion $f(\xi)$ läßt sich in einer Reihe nach den $P_l(\xi)$ entwickeln:

$$f(\xi) = \sum_{0}^{\infty} a_l\,P_l(\xi). \tag{092.13}$$

Aus den Orthogonalitätsbeziehungen Gl. (092.11), (092.12) erhält man die Koeffizienten a_l durch Multiplikation mit P_l und Integration:

$$a_l = \frac{2l+1}{2}\int_{-1}^{+1} f(\xi)\,P_l(\xi)\,d\xi. \tag{092.14}$$

In Kap. 081, Gl. (081.23), wurden bereits die zugeordneten Kugelfunktionen (1. Art) $P_l^m(\xi)$ definiert. In Verbindung mit Gl. (092.5) können wir sie in der Form darstellen:

$$P_l^m(\xi) = \frac{(1-\xi^2)^{m/2}}{2^l l!} \frac{d^{l+m}[(\xi^2-1)^l]}{d\xi^{l+m}}. \tag{092.15}$$

Sie erfüllen hinsichtlich der oberen und unteren Indizes die Orthogonalitätsrelationen

$$\int_{-1}^{1} P_l^m(\xi) P_k^m(\xi)\, d\xi = \frac{2}{2l+1} \frac{(l+m)!}{(l-m)!} \delta_{kl}, \tag{092.16}$$

$$\int_{-1}^{+1} \frac{P_l^m(\xi) P_l^n(\xi)}{1-\xi^2} d\xi = \frac{1}{m} \frac{(l+m)!}{(l-m)!} \delta_{mn}. \tag{092.17}$$

Für $|\xi| < 1$ kann man die Funktionen $P_l(\cos\vartheta)$ auch durch $\cos\vartheta$, $\cos 2\vartheta$ usf., die $P_l^m(\cos\vartheta)$ durch $\cos\vartheta$, $\sin\vartheta$, $\cos 2\vartheta$, $\sin 2\vartheta$ usf. ausdrücken, was für niedrige Indizes aufgeführt sei:

$$P_1 = \cos\vartheta; \quad P_2 = \frac{1}{4}(3\cos 2\vartheta + 1); \quad P_3 = \frac{1}{8}(5\cos 3\vartheta + 3\cos\vartheta);$$

$$P_4 = \frac{1}{64}(35\cos 4\vartheta + 20\cos 2\vartheta + 9);$$

$$P_1^1 = (1-\xi^2)^{1/2} = \sin\vartheta; \quad P_2^1 = 3\xi(1-\xi^2)^{1/2} = \frac{3}{2}\sin 2\vartheta;$$

$$P_2^2 = 3(1-\xi^2) = \frac{3}{2}(1-\cos 2\vartheta);$$

$$P_3^1 = \frac{3}{2}(5\xi^2-1)(1-\xi^2)^{1/2} = \frac{3}{8}(\sin\vartheta + 5\sin 3\vartheta);$$

$$P_3^2 = 15\xi(1-\xi^2) = \frac{15}{4}(\cos\vartheta - \cos 3\vartheta);$$

$$P_3^3 = 15(1-\xi^2)^{3/2} = \frac{15}{4}(3\sin\vartheta - \sin 3\vartheta).$$

Die Gl. (081.17), in der wohl m, aber nicht l eine ganze Zahl ist, hat im allgemeinen nur Lösungen, die bei $\xi = \pm 1$, also $\vartheta = 0, \pi$ Verzweigungspunkte besitzen. Ein Fundamentalsystem für $|\xi| < 1$ wird dann von den Funktionen

$$P_l^m(z), \quad P_l^m(-z)$$

gebildet, die sich als hypergeometrische Funktionen schreiben lassen [*30*]. Für nähere Einzelheiten verweisen wir z. B. auf [*53*].

093 Die Tschebyscheffschen Polynome.

In Kap. 084 haben wir die Tschebyscheffsche Differentialgleichung

$$(1-x^2)\frac{d^2y}{dx^2} - x\frac{dy}{dx} + n^2 y = 0 \tag{093.1}$$

als Sonderfall der hypergeometrischen Differentialgleichung kennengelernt und die Tschebyscheffschen Polynome $T_n(x)$, die sie bei ganzzahligem n erfüllen, als spezielle (abbrechende) hypergeometrische Reihen; siehe Gl. (084.7). Mit $x = \cos s$ geht Gl. (093.1) über in

$$\frac{d^2y}{ds^2} + n^2 y = 0. \tag{093.2}$$

Daher hat Gl. (093.1) die Lösungen $\cos n s = \cos(n \operatorname{arccos} x)$ und $\sin(n \operatorname{arccos} x)$. Erstere stimmen mit den Polynomen $T_n(x)$ überein, während die Funktionen

$$U_n(x) = \sin(n \operatorname{arccos} x)$$

Produkte von $\sqrt{1 - x^2}$ mit gewissen Polynomen sind. Für die TSCHEBYSCHEFFschen Polynome

$$T_n(x) = \cos(n \operatorname{arccos} x) \tag{093.3}$$

führt die trigonometrische Relation

$$\cos(n+1)s + \cos(n-1)s = 2 \cos s \cos n s$$

sofort zu der Rekursionsformel

$$T_{n+1}(x) = 2x\, T_n(x) - T_{n-1}(x). \tag{093.4}$$

Da nach Gl. (093.3) $T_0(x) = 1$, $T_1(x) = x$, so erhält man daraus sukzessive alle höheren T_n. In Tab. 09.1 sind die ersten zehn Polynome aufgeführt. Aus Gleichung (093.3) folgt

$$T_n(1) = 1 \quad \text{für alle } n, \tag{093.5}$$

$$T_n(-x) = (-1^n)\, T_n(x) \tag{093.6}$$

sowie die wesentliche Eigenschaft der TSCHEBYSCHEFFschen Polynome, daß alle ihre Extrema gleich, nämlich $= \pm 1$, sind und alle ihre Nullstellen zwischen $x = -1$ und $x = +1$ liegen. Abb. 09.9 zeigt den Verlauf der ersten sechs Polynome.

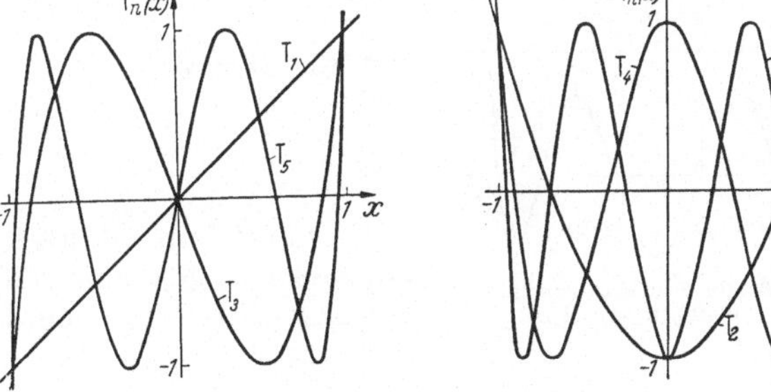

Abb. 09.9. TSCHEBYSCHEFFsche Polynome $T_n(x)$ für $n = 1, \ldots, 6$.

Tabelle 09.1. *Die ersten 10 TSCHEBYSCHEFFschen Polynome.*

$T_0(x) = 1$

$T_1(x) = x$

$T_2(x) = 2x^2 - 1$

$T_3(x) = 4x^3 - 3x$

$T_4(x) = 8x^4 - 8x^2 + 1$

$T_5(x) = 16x^5 - 20x^3 + 5x$

$T_6(x) = 32x^6 - 48x^4 + 18x^2 - 1$

$T_7(x) = 64x^7 - 112x^5 + 56x^3 - 7x$

$T_8(x) = 128x^8 - 256x^6 + 160x^4 - 32x^2 + 1$

$T_9(x) = 256^9 - 576x^7 + 432x^5 - 120x^3 + 9x$

$T_{10}(x) = 512x^{10} - 1280x^8 + 1120x^6 - 400x^4 + 50x^2 + 1$

Für $|x| > 1$ ist Gl. (093.3) nicht brauchbar; mit Hilfe von

$$\cos \mathrm{j} s = \cosh s, \qquad \operatorname{arccos} x = \mathrm{j} \operatorname{arcosh} x$$

läßt sich dann $T_n(x)$ aus

$$T_n(x) = \cosh(n \operatorname{arcosh} x) \tag{093.7}$$

berechnen.

Zwischen -1 und $+1$ liegen Extrema bei

$$x = \cos\left(\frac{\pi}{n} k\right), \qquad k = 1, 2, \ldots, n-1,$$

und zwar Maxima für gerade k, Minima für ungerade k. Die Extrema sowie die Nullstellen $x = \cos\left(\pi \frac{2k+1}{2n}\right)$, $k = 0, 1, \ldots, n = 1$, findet man geometrisch aus der Konstruktion in Abb. 09.10. Man teile den Halbkreis vom Radius 1 um den Nullpunkt in $2n$ gleiche Teile und projiziere die Teilpunkte auf die x-Achse.

Die $\mathrm{T}_n(x)$ erfüllen die Orthogonalitätsrelation

$$\int_{-1}^{+1} \frac{\mathrm{T}_m(x)\,\mathrm{T}_n(x)}{\sqrt{1-x^2}}\,dx = \int_0^{\pi} \cos m s \cos n s \,ds = 0 \quad \text{für} \quad m \neq n, \tag{093.8}$$

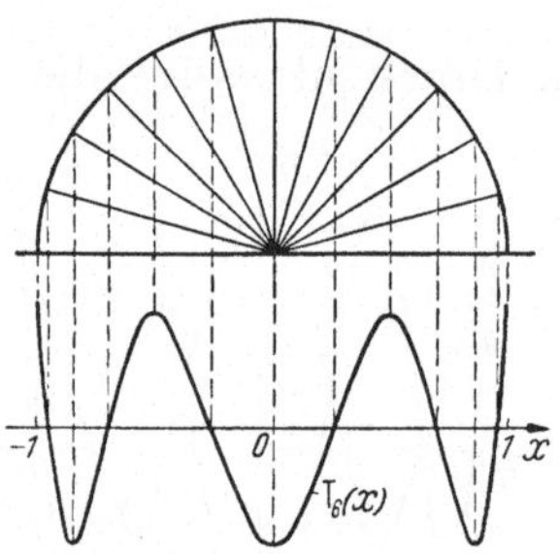

während für $m = n \neq 0$

$$\int_{-1}^{+1} \frac{\mathrm{T}_n^2(x)}{\sqrt{1-x^2}}\,dx = \frac{\pi}{2} \tag{093.9}$$

und für $m = n = 0$

$$\int_{-1}^{+1} \frac{\mathrm{T}_0^2(x)}{\sqrt{1-x^2}}\,dx = \pi. \tag{093.10}$$

Abb. 09.10. Zur Konstruktion der Nullstellen von $\mathrm{T}_n(x)$.

Auf Grund von Gl. (093.8) läßt sich unter gewissen Voraussetzungen eine willkürliche Funktion $f(x)$ in $-1 \leqq x \leqq +1$ in eine Reihe nach den $\mathrm{T}_n(x)$ entwickeln:

$$f(x) = 2c_0 + \sum_{n=1}^{\infty} c_n \mathrm{T}_n(x) \tag{093.11}$$

mit

$$c_n = \frac{2}{\pi} \int_{-1}^{+1} f(x)\,\mathrm{T}_n(x) \frac{dx}{\sqrt{1-x^2}}. \tag{093.12}$$

Die Eigenschaft der $\mathrm{T}_n(x)$, daß sie gleichmäßig zwischen den Extremwerten ± 1 hin und her schwanken, spielt eine Rolle, wenn man eine willkürlich im Intervall $-1 \leqq x \leqq +1$ gegebene Funktion $f(x)$ durch ein Polynom $p_n(x)$ n-ten Grades approximieren will. Dazu braucht man die Funktionswerte an $n+1$ Stellen. Will man erreichen, daß die maximale Abweichung $|f(x) - p_n(x)|$ im ganzen Intervall möglichst klein ausfällt, so muß man dafür die Stellen $x = \cos k \frac{\pi}{n}$ $(k = 0, 1, \ldots, n)$ wählen, an denen das Polynom $\mathrm{T}_n(x)$ seine Extrema hat; $p_n(x)$ ist als Kombination der ersten n TSCHEBYSCHEFFschen Polynome darstellbar.

Im Hinblick auf eine spätere Anwendung (Kap. 144) beweisen wir noch die folgende Eigenschaft der Polynome $\mathrm{T}_n(x)$ [*11*, *73*].

Unter allen Polynomen $P_n(x)$ vom Grad n mit reellem Koeffizienten und den folgenden Eigenschaften:

a) $P_n(-x) = (-1)^n P_n(+x)$;

b) $P_n(1) = 1$;

c) alle Wurzeln von $P_n(x)$ liegen im Intervall $|x| < 1$, die größte heiße x_0;

d) $|P_n(x)| \leqq a$ für $|x| \leqq x_0 < 1$

gibt es genau eines, für das x_0 maximal ausfällt, und dieses stimmt überein mit $a\,\mathrm{T}_n(z_0 x)$, wobei z_0 durch

$$\mathrm{T}_n(z_0) = \frac{1}{a}, \qquad z_0 > \cos\left(\frac{\pi}{2n}\right)$$

bestimmt ist. $\left(\text{Es ist ja } z = \cos\frac{\pi}{2n} \text{ die größte Nullstelle von } \mathrm{T}_n(z).\right)$

Ist P_n irgendein Polynom mit den verlangten Eigenschaften, x_0 seine größte Wurzel, so bilde man das Polynom

$$Q_n(x) = A\,\mathrm{T}_n\left(\frac{\cos\frac{\pi}{2n}}{x_0}\,x\right)$$

und bestimme A so, das $Q_n(1) = 1$ wird. $Q_n(x)$ erfüllt dann die obigen Forderungen a) bis c) und hat dieselbe größte Nullstelle x_0 wie $P_n(x)$. Außerdem nimmt $Q_n(x)$ auf Grund der Eigenschaften der TSCHEBYSCHEFF-Polynome in $|x| < x_0$ sein Maximum $(n-1)$-mal an. Ist P_n verschieden von Q_n, so behaupten wir, daß

$$\max|Q_n| < \max|P_n| \quad \text{für} \quad |x| \leqq x_0, \tag{093.13}$$

so daß Q_n die Eigenschaft d) mit einer kleineren Konstanten als a zukommt. Da also Q_n noch einer zusätzlichen Einschränkung unterliegt und trotzdem dieselbe größte Wurzel x_0 hat wie P_n, kann P_n nicht das extremale Polynom sein, es sei denn $P_n \equiv Q_n$. Die Ungleichung (093.13) beweisen wir indirekt, indem wir annehmen, es sei $P_n \not\equiv Q_n$ und

$$\max|Q_n| \geqq \max|P_n| \quad \text{für} \quad |x| \leqq x_0. \tag{093.14}$$

Die Differenz

$$\Delta(x) = Q_n(x) - P_n(x)$$

ist als Differenz zweier Polynome vom Grad n wieder ein Polynom, dessen Grad höchstens n ist. Nun ist aber auf Grund der Konstruktion von Q_n

$$\Delta(\pm 1) = 0, \qquad \Delta(\pm x_0) = 0. \tag{093.15}$$

Zwischen $-x_0$ und $+x_0$ liegen $(n-1)$ Punkte, an denen $|Q_n(x)|$ maximal wird. Wäre die obige Annahme Gl. (093.14) richtig, so hätte an diesen Stellen $\Delta(x)$ abwechselnd positives und negatives Vorzeichen und müßte dazwischen weitere Nullstellen besitzen, $(n-2)$ an der Zahl, die zwischen $-x_0$ und $+x_0$ liegen, insgesamt mit Gl. (093.15) also $(n+2)$ Nullstellen, was für ein Polynom n-ten Grades nicht möglich ist. Die Annahme Gl. (093.14) ist damit widerlegt, es muß Gl. (093.13) bestehen; das Polynom mit dem größten x_0 fällt, wie behauptet, mit $a\,\mathrm{T}_n(z_0 x)$ zusammen.

Auf ähnliche Weise läßt sich einsehen, daß von allen Polynomen des Grades n und mit dem höchsten Koeffizienten Eins,

$$p_n = x^n + a_1 x^{n-1} + \cdots + a_{n-1} x + a_n,$$

das Polynom $\frac{1}{2^{n-1}}\,\mathrm{T}_n(x)$ im Intervall $-1 \leqq x \leqq 1$ die Funktion $f(x) \equiv 0$ am besten approximiert, in dem Sinne verstanden, daß

$$\mathrm{Max}\,|p_n(x)| = \mathrm{Min}$$

ausfällt. Gäbe es nämlich ein Polynom $p_n(x)$, das in $|x| < 1$ weniger von Null abweicht als $\frac{1}{2^{n-1}} T_n(x)$:

$$\operatorname{Max} |p_n| < \operatorname{Max} \frac{1}{2^{n-1}} |T_n|,$$

so hätte die Differenz $p_n - \frac{1}{2^{n-1}} T_n$, wenn man das Intervall $|x| < 1$ durchläuft, bei -1, den $(n-1)$ Extremalstellen von T_n und $+1$ abwechselnd positives und negatives Vorzeichen; und daher insgesamt n Nullstellen, was mit dem Grad $(n-1)$ dieses Differenzpolynoms nicht verträglich ist.

094 Das Gausssche Fehlerintegral.

Wir haben bereits früher das Gausssche Fehlerintegral[1]

$$\Phi(z) = \frac{2}{\sqrt{\pi}} \int_0^z \exp(-t^2)\, dt \tag{094.1}$$

eingeführt. Es ist eine ungerade Funktion von z und hat bei $z = 0$ und $z = \infty$ den Wert $\Phi(0) = 0$, $\Phi(+\infty) = 1$. Abb. 09.11 zeigt ihren Verlauf für positive z.

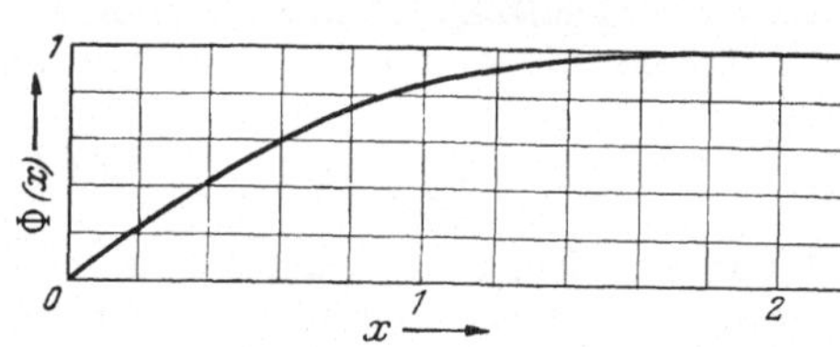

Abb. 09.11. Fehlerintegral.

Aus Gl. (084.14) erhält man die Potenzreihenentwicklung bei $z = 0$:

$$\Phi(z) = \frac{2}{\sqrt{\pi}} \left(z - \frac{z^3}{1!\,3} + \frac{z^5}{2!\,5} - \frac{z^7}{3!\,7} + - \cdots \right), \tag{094.2}$$

während für große positive z $\Phi(z)$ durch die folgende asymptotische Reihe wiedergegeben wird:

$$\Phi(z) \sim 1 - \frac{\exp(-z^2)}{\sqrt{\pi}\, z} \left(1 - \frac{1}{2z^2} + \frac{1 \cdot 3}{(2z^2)^2} - \frac{1 \cdot 3 \cdot 5}{(2z^2)^3} + - \cdots \right). \tag{094.3}$$

095 Gammafunktion.

Die Gammafunktion $\Gamma(z)$ ist eine meromorphe Funktion der komplexen Variablen z, die für reelle z reell ist, bei $z = -n$ $(n = 0, 1, 2 \ldots)$ einfache Pole mit den Residuen

$$\operatorname*{Res}_{z=-n} \Gamma(z) = \frac{(-1)^n}{n!} \tag{095.1}$$

hat $\left(\frac{1}{\Gamma(z)} = 0 \text{ für } z = -n \right)$, während für $z = +(n+1)$, $(n = 0, 1, 2, \ldots)$

$$\Gamma(n+1) = n! \tag{095.2}$$

gilt. Insbesondere

$$\Gamma(1) = 1. \tag{095.3}$$

[1] In der angloamerikanischen Literatur wird es meist als erf z („errorfunction") bezeichnet. Daneben ist auch die Funktion

$$\operatorname{erfc} z = \frac{2}{\sqrt{\pi}} \int_z^\infty \exp(-t^2)\, dt = 1 - \operatorname{erf} z = 1 - \Phi(z)$$

gebräuchlich.

$\Gamma(z)$ ist für $\mathrm{Re}\, z > 0$ durch das EULERsche Integral

$$\Gamma(z) = \int_0^\infty t^{z-1} \exp(-t)\, \mathrm{d}t \tag{095.4}$$

gegeben. Mit Hilfe partieller Integration folgt dann

$$\Gamma(z+1) = \int_0^\infty t^z \exp(-t)\, \mathrm{d}t = z \int_0^\infty t^{z-1} \exp(-t)\, \mathrm{d}t - [t^z \exp(-t)]_0^\infty$$

und damit die wichtige Funktionalgleichung

$$\Gamma(z+1) = z\,\Gamma(z), \tag{095.5}$$

deren Gültigkeit sich auf die ganze z-Ebene erweitern läßt. Wenn man also die Funktion $\Gamma(z)$ in einem senkrechten Parallelstreifen der Breite 1 kennt, kann man ihre Werte für beliebige z aus Gl. (095.5) gewinnen. Abb. 09.12 zeigt den Verlauf von $\Gamma(x)$ für reelle x.

Mit $t = s^2$ wird aus Gl. (095.4)

$$\Gamma(z) = 2 \int_0^\infty s^{2z-1} \exp(-s^2)\, \mathrm{d}s$$

und für $z = \frac{1}{2}$

$$\Gamma\left(\frac{1}{2}\right) = 2 \int_0^\infty \exp(-s^2)\, \mathrm{d}s = 2\,\frac{\sqrt{\pi}}{2}\,\Phi(\infty) = \sqrt{\pi}. \tag{095.6}$$

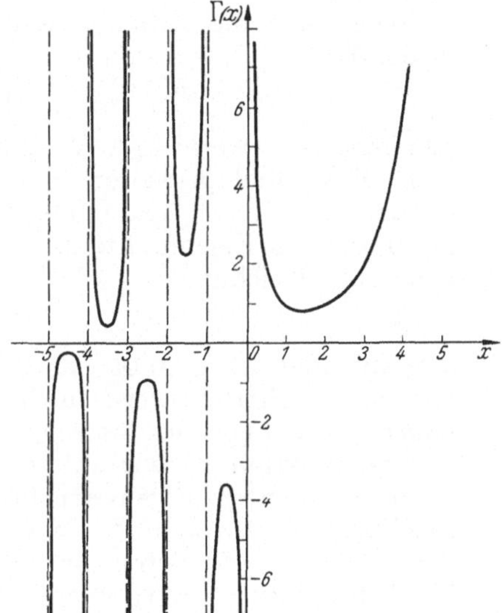

Abb. 09.12. Gammafunktion.

Mit Hilfe von Gl. (095.5) erhält man dann weiter

$$\Gamma\left(-\frac{1}{2}\right) = -2\sqrt{\pi}, \quad \Gamma\left(-\frac{3}{2}\right) = \frac{4\sqrt{\pi}}{3}, \quad \Gamma\left(\frac{3}{2}\right) = \frac{\sqrt{\pi}}{2}. \tag{095.7}$$

Mit $t^z = \tau$ findet man aus Gl. (095.4)

$$\Gamma(z) = \frac{1}{z} \int_0^\infty \exp(-\tau^{1/z})\, \mathrm{d}\tau.$$

Nun ist aber $z\,\Gamma(z) = \Gamma(z+1)$ und daher für $z = \frac{1}{n}$

$$\Gamma\left(1 + \frac{1}{n}\right) = \int_0^\infty \exp(-t^n)\, \mathrm{d}t.$$

Wir führen noch die weiteren Funktionalgleichungen an:

$$\Gamma(z)\,\Gamma(1-z) = \frac{\pi}{\sin \pi z}, \tag{095.8}$$

$$\Gamma\left(\frac{1}{2} + z\right) \Gamma\left(\frac{1}{2} - z\right) = \frac{\pi}{\cos \pi z}. \tag{095.9}$$

Literatur [*2, 30, 37, 40, 44, 53*].

10 Verfahren zur genäherten Lösung von Randwertaufgaben.

101 Störungs- und Iterationsverfahren.

1011 Störungsverfahren. Wir beschreiben das Verfahren für lineare gewöhnliche Differentialgleichungen — es läßt sich auch auf partielle Differentialgleichungen anwenden —, verzichten auf die Formulierung präziser, die Konvergenz sichernder Voraussetzungen; diesbezüglich sowie wegen weiterer Einzelheiten verweisen wir auf die Literatur [*10*]. Die Form, die wir ihm geben, ist auch nicht die allgemeinste, doch glauben wir, daß das Grundsätzliche daran deutlich hervortritt.

Wenn sich die Differentialgleichung eines vorgelegten Randwertproblems in der Form

$$M_1[u] + \lambda N_1[u] = \varepsilon\{M_2[u] + \lambda N_2[u]\} \tag{101.1}$$

schreiben läßt, worin M_1, N_1 selbstadjungierte und M_2, N_2 irgendwelche linearen Differentialoperatoren sind, λ der gesuchte Eigenwert und ε eine kleine Größe, ein „Störungsparameter"; wenn zudem die Lösung des Problems für $\varepsilon = 0$, d. h. die Eigenfunktionen $u_{0,n}(x)$ und Eigenwerte $\lambda_{0,n}$ der „ungestörten" Differentialgleichung

$$M_1[u] + \lambda N_1[u] = 0 \tag{101.2}$$

bekannt sind, so erlaubt das Störungsverfahren, ausgehend von einem $u_{0,n}$ und $\lambda_{0,n}$, näherungsweise auch eine Lösung von $\varepsilon \neq 0$ anzugeben. Dies geschieht nach folgender Vorschrift:

Die Funktion u_0 (wir unterdrücken im folgenden den Index n, fassen also einen bestimmten Eigenwert ins Auge) erfüllt mit $\lambda = \lambda_0$ die Differentialgleichung Gl. (101.2) und die vorgelegten Randbedingungen an den Grenzen $x = a$ und $x = b$, deren Anzahl mit der Ordnung der Differentialgleichung Gl. (101.2) bzw. (101.1) übereinstimmt (die Ordnung soll durch die höchste in $M_1[u]$ vorkommende Ableitung bestimmt sein). Man versucht dann eine Entwicklung der gesuchten Lösung u und des gesuchten Eigenwertes λ nach dem Störungsparameter, indem man annimmt, daß beide nur wenig von u_0 bzw. λ_0 abweichen:

$$u = u_0 + \varepsilon u_1 + \varepsilon^2 u_2 + \cdots; \qquad \lambda = \lambda_0 + \varepsilon \lambda_1 + \varepsilon^2 \lambda_2 + \cdots. \tag{101.3}$$

u_1, λ_1 sind die Korrekturen 1. Ordnung, u_2, λ_2 die 2. Ordnung usf. Mit dem Ansatz Gl. (101.3) geht man in Gl. (101.1) ein:

$$\sum_{\nu=0}^{\infty} \varepsilon^\nu \{M_1[u_\nu] - \varepsilon M_2[u_\nu]\} = -\sum_{\mu=0}^{\infty} \varepsilon^\mu \lambda_\mu \left(\sum_{\nu=0}^{\infty} \varepsilon_\nu \{N_1[u_\nu] - \varepsilon N_2[u_\nu]\}\right).$$

Multipliziert man die Reihen aus, so folgt durch Gleichsetzen der Koeffizienten gleicher Potenzen von ε:

$$(\varepsilon^0): \qquad M_1[u_0] = -\lambda_0 N_1[u_0], \tag{101.4}$$

$$(\varepsilon^1): \qquad M_1[u_1] - M_2[u_0] = -\lambda_1 N_1[u_0] - \lambda_0 N_1[u_1] + \lambda_0 N_2[u_0], \tag{101.4a}$$

$$(\varepsilon^2): \qquad \begin{aligned} M_1[u_2] - M_2[u_1] = -\lambda_2 N_1[u_0] - \lambda_1 N_1[u_1] + \lambda_1 N_2[u_0] \\ - \lambda_0 N_1[u_2] + \lambda_0 N_2[u_1] \end{aligned} \tag{101.4b}$$

usf. Die ersten dieser Gleichungen ist nach Annahme erfüllt. Wenn man in die zweite, die auch lautet

$$M_1[u_1] + \lambda_0 N_1[u_1] = M_2[u_0] - \lambda_1 N_1[u_0] + \lambda_0 N_2[u_0], \tag{101.5}$$

u_0 einsetzt, so steht rechts eine bekannte Funktion. u_1 gewinnt man daher durch Auflösung einer inhomogenen Differentialgleichung bei bekannter Lösung der homogenen Gleichung, was etwa durch Variation der Konstanten zu bewerkstelligen ist. Hat man die allgemeine Lösung u_1 gefunden, dann bestimme man λ_1 derart, daß $u_0 + \varepsilon u_1$ die Randbedingungen erfüllt, wenn $\lambda = \lambda_0 + \varepsilon \lambda_1$ ist[1]. Bei der Variation der Konstanten tritt ein Vielfaches von u_0 in u_1 noch einmal auf. Dies lasse man fort, da es nichts Neues bringt; u_0 kann ja als Lösung der ungestörten Differentialgleichung mit einer beliebigen Konstanten multipliziert werden.

Man kann aber auch λ_1 direkt erhalten, wenn man nämlich Gl. (101.5) mit u_0 multipliziert und zwischen a und b integriert. Da zufolge der Selbstadjungiertheit von M_1 und N_1 und Gl. (101.4)

$$\int_a^b u_0\{M_1[u_1] + \lambda_0 N_1[u_1]\}\, \mathrm{d}x = \int_a^b u_1\{M_1[u_0] + \lambda_0 N_1[u_0]\}\, \mathrm{d}x = 0,$$

so findet man durch Auflösung nach λ_1

$$\lambda_1 = \frac{\int_a^b u_0\{M_2[u_0] + \lambda_0 N_2[u_0]\}\, \mathrm{d}x}{\int_a^b u_0 N_1[u_0]\, \mathrm{d}x}. \tag{101.6}$$

Ähnlich folgt aus Gl. (101.4b) für die Korrektur 2. Ordnung des Eigenwertes

$$\lambda_2 = \frac{\int_a^b u_0\{M_2[u_1] + \lambda_1 N_2[u_0] - \lambda_1 N_1[u_1] + \lambda_0 N_2[u_1]\}\, \mathrm{d}x}{\int_a^b u_0 N_1[u_0]\, \mathrm{d}x}. \tag{101.6a}$$

Bisher wurde stillschweigend angenommen, daß der Eigenwert λ_0 des ungestörten Problems einfach ist, d. h., daß es nicht mehrere unabhängige Lösungen u_0 zum selben Wert λ_0 gibt. Tritt dieser Fall ein, so wird im allgemeinen λ_0 bei der Störung in mehrere Eigenwerte aufgespalten. Das Verfahren ist dann etwas komplizierter [*10*]; wir verzichten hier auf diese Erweiterung.

Man kann eine abgeänderte Form des Verfahrens auch auf Probleme in Anwendung bringen, bei denen nicht, wie in Gl. (101.1), der Eigenwert nur linear auftritt, sondern auf Probleme von der Form

$$M_1[u;\lambda] = \varepsilon M_2[u;\lambda] \tag{101.7}$$

mit zwei (hinsichtlich u) linearen Differentialoperatoren M_1, M_2, die irgendwie von λ abhängen, und einem kleinen Störparameter ε. Kennt man die ungestörte Lösung $u^{(0)}$, $\lambda^{(0)}$: $M_1[u^{(0)};\lambda^{(0)}] = 0$, so setzt man sie rechts ein und erhält die erste Näherung des gestörten Problems aus der inhomogenen Differentialgleichung

$$M_1[u^{(1)};\lambda^{(1)}] = \varepsilon M_2[u^{(0)};\lambda^{(0)}], \tag{101.8}$$

[1] Dies ist nach den Voraussetzungen im Prinzip stets möglich [*10*].

wenn man mit $u^{(1)}$, $\lambda^{(1)}$ die Randbedingungen erfüllt. Dies läßt sich nach Art eines Iterationsverfahrens

$$M_1[u^{(n)}; \lambda^{(n)}] = \varepsilon M_2[u^{(n-1)}; \lambda^{(n-1)}] \tag{101.8a}$$

fortsetzen. Über Konvergenz oder Brauchbarkeit der Approximation läßt sich aber allgemein nichts aussagen.

1012 Iterationsverfahren (Verfahren der schrittweisen Näherungen). Bei einem linearen Eigenwertproblem 2. Ordnung mit der Differentialgleichung

$$M[u] + \lambda q u = 0 \qquad (q(x) > 0) \tag{101.9}$$

und linearen Randbedingungen kann man in vielen Fällen zur approxi mativen Bestimmung des kleinsten Eigenwertes λ_1 einen einfachen Iterationsprozeß anwenden. Außer Selbstadjungiertheit setzen wir von dem Problem noch die Eigenschaft voraus, „volldefinit" zu sein [*10*]; diese besagt, daß für jede Funktion u, die die Randbedingungen erfüllt, jedoch nicht unbedingt die Differentialgleichung, und deren vorkommende Ableitungen sämtlich stetig sind — solche Funktionen nennen wir im folgenden „zulässige" Vergleichs- oder Probefunktionen —, daß für jedes solche u also

$$\int_a^b u M[u] \, dx > 0 \tag{101.10}$$

gilt. Ist dies der Fall, so sind alle Eigenwerte $\lambda_k > 0$. Der Rechengang des Iterationsverfahrens ist dann der folgende: In die Gl. (101.9) bzw.

$$M[u] = -\lambda q u \tag{101.9a}$$

setze man rechts zuerst eine weitgehend willkürliche Ausgangsfunktion $u^{(0)}$ ein; vorteilhafterweise wählt man ein $u^{(0)}$, das die Randbedingungen erfüllt. Durch Auflösen von

$$M[u^{(1)}] = -q u^{(0)} \tag{101.11}$$

(was immer möglich ist, wenn man die Lösung der homogenen Differentialgleichung $M[u] = 0$ kennt) verschafft man sich eine verbesserte Funktion $u^{(1)}$; kommt in der Randbedingung λ nicht vor, so soll $u^{(1)}$ sie erfüllen; im anderen Fall lasse man die mit λ multiplizierten Terme in den Randbedingungen weg. Mit dieser Maßgabe bezüglich der Randbedingungen verfahre man weiter und löse sukzessive die Gleichungen

$$M[u^{(n)}] = -q u^{(n-1)}. \tag{101.11a}$$

Eine Anwendung des Iterationsverfahrens enthält das Beispiel in Kap. 102.

Wenn die Funktionenfolge $u^{(n)}$ gegen eine Eigenfunktion u konvergiert, so würde $\frac{-M[u^{(n)}]}{q u^{(n)}}$ gegen den zugehörigen Eigenwert streben. Im allgemeinen kann man den Ausdruck

$$\Lambda[u^{(n)}] = -\frac{\int_a^b u^{(n)} M[u^{(n)}] \, dx}{\int_a^b q (u^{(n)})^2 \, dx}, \tag{101.12}$$

den sogenannten RAYLEIGHschen Quotienten, als Näherungswert des kleinsten Eigenwertes λ_1 von Gl. (101.9) ansehen, und zwar ist immer $\Lambda[u^{(n)}] \geqq \lambda_1$, wenn λ in die Randbedingungen nicht eingeht. Unter dieser Voraussetzung und den eingangs gemachten besagt nämlich das *Minimalprinzip von* RAYLEIGH: Der kleinste Eigenwert λ_1 ist

$$\lambda_1 = \operatorname{Min} \Lambda[u], \qquad \Lambda[u] \geqq \lambda_1, \tag{101.13}$$

wenn u alle zulässigen Probefunktionen durchläuft. Für die exakte Lösung u_1, die zum Eigenwert λ_1 gehört, gilt das Gleichheitszeichen.

Auch für den zweiten (und die höheren) Eigenwerte lassen sich solche Minimaleigenschaften angeben. Man muß für λ_2 nur die Funktionen u, die man zum Vergleich zuläßt, einer Bedingung der „Orthogonalität" zur ersten Eigenfunktion u_1 unterwerfen:

$$\int_a^b q\, u\, u_1 \,\mathrm{d}x = 0.$$

Unter dieser Einschränkung gilt

$$\lambda_2 = \operatorname{Min} \Lambda[u].$$

Genaueres sowie die Beweise kann man z. B. in [*10, 11*] nachlesen. Vom RAYLEIGHschen Minimalprinzip machen wir im nächsten Abschnitt Gebrauch.

102 Variationsmethoden. RITZsches Verfahren.

Die Randwertprobleme der Elektrostatik und -dynamik liegen gewöhnlich als lineare Differentialgleichungen vor, die unter vorgeschriebenen Grenzbedingungen auf Flächen im Raum zu lösen sind. Eine derartige Randbedingung ist z. B. das Verschwinden der Tangentialkomponente der elektrischen Feldstärke E auf Leiteroberflächen. Häufig braucht man jedoch nicht das elektrostatische bzw. elektromagnetische Feld in seinem ganzen räumlichen Verlauf, sondern nur eine einzige durch die Geometrie gegebene skalare Größe, wie Kapazität eines Kondensators, Wellenwiderstand einer Leitung, Eigenfrequenz eines Hohlraumes. Die Variationsmethoden dienen zur genäherten Bestimmung dieser Skalare, ohne daß die Differentialgleichung selbst gelöst werden muß; dies ist unter Umständen dann möglich, wenn sich die gesuchte Größe als Volumenintegral über eine die Feldgrößen und ihre Ableitungen enthaltende Funktion darstellen läßt, das für das exakte Feld extremal wird. Die Kapazität eines Kondensators, der aus zwei Elektroden besteht, kann in der Form

$$C = \frac{2W}{U^2} = \frac{\varepsilon}{U^2} \int \boldsymbol{E}^2 \,\mathrm{d}V \tag{102.1}$$

geschrieben werden, mit U als Potentialdifferenz zwischen den Elektroden und W als Gesamtenergie des elektrischen Feldes. Bei gegebener Potentialdifferenz ist W für die in Wirklichkeit vorhandene Feldverteilung $\boldsymbol{E} = \nabla\varphi$ ein Extremum:

$$W \equiv \frac{\varepsilon}{2} \int (\nabla\varphi)^2 \,\mathrm{d}V = \text{Extr.}, \tag{102.2}$$

und zwar ein Minimum. Das heißt, für eine von φ abweichende Funktion, die auch die Randbedingungen auf den Leiteroberflächen erfüllt, fällt W stets größer aus als für φ selbst. Setzt man eine benachbarte Funktion $\varphi + \delta\varphi$ in das Integral ein, so zeigt man in der Variationsrechnung (siehe z. B. [11]), daß dies auf W hinsichtlich der Abweichungen $\delta\varphi$ höherer Ordnung Einfluß hat, sofern φ die Differentialgleichung

$$\triangle\varphi = 0 \tag{102.3}$$

von LAPLACE erfüllt, was für das elektrostatische Potential bei Abwesenheit von Raumladung der Fall sein muß. Diese Eigenschaft von W, die der des Verschwindens der Ableitung einer Funktion an einer Extremalstelle entspricht, drückt man als Verschwinden der „ersten Variation" δW von W aus:

$$\delta W = 0. \tag{102.2a}$$

Aus $\delta W = 0$ folgt umgekehrt jedoch nur, daß W für die exakte Lösung stationär wird; d. h., es muß nicht unbedingt ein Extremum, sondern kann auch ein stationärer Wert nach Art eines „Sattelpunktes" vorliegen.

Das Extremalproblem Gl. (102.2) bzw. (102.2a) und die Differentialgleichung Gl. (102.3) sind, jeweils samt Randbedingung verstanden, in gewisser Hinsicht einander äquivalent. Unter welchen Voraussetzungen Variationsproblem und Differentialgleichung zur selben Lösung für die unbekannte Funktion führen, soll hier nicht erörtert werden. Wir haben solche Fälle im Auge, in denen die gesuchte Größe (wie oben die Kapazität C) in Form eines Integrals

$$J[u] = \int f\left(u, \frac{\partial u}{\partial x}, \frac{\partial u}{\partial y}, \frac{\partial u}{\partial z}, \ldots, x, y, z\right) \mathrm{d}V \tag{102.4}$$

gegeben ist, das für die exakte Feldfunktion u (die ein Skalar- oder Vektorfeld sein kann, im obigen Beispiel war es das skalare Potential) ein Extremum besitzt:

$$\delta J = 0. \tag{102.4a}$$

Der Integrand ist von u und seinen Ableitungen und eventuell noch von den Ortskoordinaten selbst abhängig.

Kennt man also die exakte Lösung u nicht, so wird doch, wenn man eine Probefunktion u_0 statt ihrer in J einführt, die von u nicht allzusehr abweicht, der erhaltene Wert $J[u_0]$ von $J[u]$ nicht bedeutend abweichen. Diesen Sachverhalt, den Gl. (102.4a) ausdrückt, machen sich die Variationsmethoden zunutze. Man kann als Probefunktionen verhältnismäßig einfache Funktionen wählen, für die sich die Integration im konkreten Falle einfach durchführen läßt, etwa Polynome oder trigonometrische Funktionen, mit denen sich die Grenzbedingungen erfüllen lassen. Diese wird man den Probefunktionen in jedem Falle auferlegen. Oft kann man aus physikalischen Überlegungen den Verlauf der exakten Lösung in großen Zügen voraussagen und die Probefunktionen entsprechend wählen.

Wir wollen die Anwendung dieser Methode in dem praktisch wichtigen Fall der Eigenschwingungen von Hohlräumen erläutern [74]. Der Vektor $\boldsymbol{E}$ der elektrischen Feldstärke genügt der Differentialgleichung

$$\nabla^2 \boldsymbol{E} + k^2 \boldsymbol{E} = 0 \tag{102.5}$$

mit der Randbedingung, daß seine Tangentialkomponenten $\boldsymbol{E}_t$ auf den Begrenzungen verschwinden. Aus den Eigenwerten $k^2 = \frac{4\pi^2}{\lambda^2}$, für die dieses Problem lösbar ist, erhält man die Wellenlänge λ der Eigenschwingungen. Die Gl. (102.5) lautet in kartesischen Koordinaten [vgl. Gl. (012.14)] auch

$$\triangle \boldsymbol{E} + k^2 \boldsymbol{E} = 0 \tag{102.5a}$$

und läßt sich aus dem Variationsproblem

$$J[\boldsymbol{E}] = \int (\boldsymbol{E} \triangle \boldsymbol{E} + k^2 \boldsymbol{E}^2)\, \mathrm{d}V = \mathrm{Min} \tag{102.6}$$

ableiten. $\frac{\varepsilon}{2}\int \boldsymbol{E}^2\, \mathrm{d}V$ stellt die elektrische, $-\frac{\varepsilon}{2k^2}\int \boldsymbol{E} \triangle \boldsymbol{E}\, \mathrm{d}V$ die magnetische Feldenergie dar, denn zufolge der GREENschen Formel, den Randbedingungen und $\operatorname{div} \boldsymbol{E} = 0$ ist

$$-\int \boldsymbol{E} \triangle \boldsymbol{E}\, \mathrm{d}V = \int (\mathbf{rot}\, \boldsymbol{E})^2\, \mathrm{d}V;$$

$\frac{\varepsilon}{2k^2} J(\boldsymbol{E})$ ist also die Differenz der im elektrischen und magnetischen Feld enthaltenen Energien[1].

Bilden wir die erste Variation von $J[\boldsymbol{E}]$:

$$\delta J \equiv \delta \int \boldsymbol{E} \triangle \boldsymbol{E}\, \mathrm{d}V + k^2 \delta \int \boldsymbol{E}^2\, \mathrm{d}V = 0 \tag{102.7}$$

und andererseits die des Quotienten

$$\Lambda[\boldsymbol{E}] = -\frac{\int \boldsymbol{E} \triangle \boldsymbol{E}\, \mathrm{d}V}{\int \boldsymbol{E}^2\, \mathrm{d}V}, \tag{102.8}$$

$$\delta \Lambda = \frac{-1}{\int \boldsymbol{E}^2\, \mathrm{d}V} \left\{ \delta \left(\int \boldsymbol{E} \triangle \boldsymbol{E}\, \mathrm{d}V \right) + \Lambda\, \delta \left(\int \boldsymbol{E}^2\, \mathrm{d}V \right) \right\}.$$

Für $\Lambda = k^2$ verschwindet $\delta\Lambda$ nach Gl. (102.7), so daß mit $J(\boldsymbol{E})$ auch Λ ein Minimum wird:

$$k^2 = \mathrm{Min}\, \Lambda = \mathrm{Min} \left[-\frac{\int \boldsymbol{E} \triangle \boldsymbol{E}\, \mathrm{d}V}{\int \boldsymbol{E}\, \mathrm{d}V} \right]. \tag{102.9}$$

Das Minimum wird für die exakte Lösung des Randwertproblems angenommen und ist der kleinste Eigenwert, entsprechend der in Kap. 101 angegebenen Minimaleigenschaft des RAYLEIGHschen Quotienten Λ. Dieser fällt für eine Näherungslösung immer größer aus als der kleinste Eigenwert.

Das einfachste derartige Variationsverfahren geht aus von einer geeignet gewählten Probefunktion $\boldsymbol{E}^{(0)}$, mit der man einen Näherungswert $k_0^2 = \Lambda[\boldsymbol{E}^{(0)}]$ erhält. Eine verbesserte Näherung gewinnt man dann unter Umständen mit Hilfe des in Kap. 101 beschriebenen Iterationsverfahrens:

$$\triangle \boldsymbol{E}^{(1)} = \boldsymbol{E}^{(0)}, \qquad k_1^2 = \Lambda[\boldsymbol{E}^{(1)}]. \tag{102.10}$$

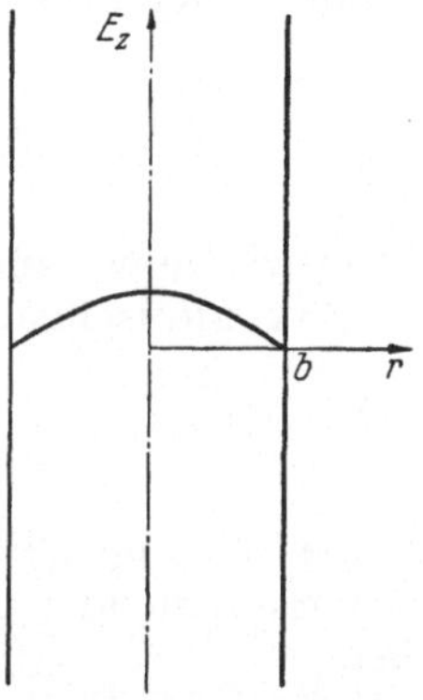

Abb. 10.1. Elektrisches Längsfeld E_z für die rotationssymmetrische E_{01}-Welle in einer zylindrischen Hohlrohrleitung.

Wir entnehmen dem Aufsatz [74] von FRÄNZ das folgende Beispiel: Gesucht sei die Grenzfrequenz für die rotationssymmetrische E_{01}-Welle in einem kreiszylindrischen Hohlrohr vom Radius b (Abb. 10.1). In der Differentialgleichung für E_z:

$$\triangle_{\mathrm{tr}} E_z + k^2 E_z = \frac{1}{r} \frac{\partial}{\partial r}\left(r \frac{\partial E_z}{\partial r} \right) + \frac{\partial^2 E_z}{\partial \varphi^2} \frac{1}{r^2} + \frac{\partial^2 E_z}{\partial z^2} + k^2 E_z = 0$$

[1] POINCARÉ bringt in seinen Vorlesungen „Elektrizität und Optik" (Berlin: Springer 1891) die Extremaleigenschaft dieser Differenz in Zusammenhang mit dem HAMILTONschen Prinzip der Mechanik, indem die magnetische Energie als kinetische, die elektrische Energie als potentielle Energie des Feldes gedeutet wird.

fällt $\frac{\partial^2 E_z}{\partial \varphi^2}$ und für die Grenzfrequenz, bei der sich stehende Wellen im Rohrquerschnitt ausbilden, auch die Abhängigkeit von z fort. Die Randbedingung verlangt $E_z = 0$ für $r = b$; auf der Achse wird man das Maximum von E_z erwarten. Als einfachste Wahl einer Probefunktion mit diesen Eigenschaften bietet sich

$$E_z^{(0)} = b^2 - r^2$$

dar. Integration ergibt

$$\Lambda[E_z^{(0)}] = 4 \frac{\int\limits_0^b (1 - r^2)\, r\, \mathrm{d}r}{\int\limits_0^b (1 - r^2)^2\, r\, \mathrm{d}r} = \frac{6}{b^2},$$

damit einen Näherungswert $k^{(0)} b = \sqrt{6}$ für $k b$, das exakt gleich der ersten Nullstelle von $J_0(k b)$, also $= 2{,}4048\ldots$ ist. Nach einem Schritt des Iterationsverfahrens Gl. (102.10) findet man

$$E_z^{(1)} = r^4 - 4r^2 + 3, \qquad k^{(1)} b \approx 2{,}406,$$

also bereits eine sehr gute Näherung.

In anderen, recht allgemeinen Fällen, in denen man mit dieser Methode nicht so rasch zum Ziel kommt, läßt sich das Verfahren von W. Ritz anwenden. Wir beschreiben es in großen Zügen an der gewöhnlichen Differentialgleichung 2. Ordnung

$$M[u] + \lambda q u = 0. \tag{102.11}$$

Wie in Kap. 101 nehmen wir die Bedingungen der Selbstadjungiertheit und Volldefinitheit als erfüllt an. In den Randbedingungen sollen nur Werte von $u(x)$ und $u'(x)$ vorkommen und λ nicht. Es sind dies die in Kap. 085 betrachteten Probleme; für $p_1 > 0$ sind sie volldefinit.

Zur Differentialgleichung Gl. (102.11) gehört das Variationsproblem

$$J[u] = \int\limits_a^b u M[u]\, \mathrm{d}x + \lambda \int\limits_a^b q u^2\, \mathrm{d}x = \mathrm{Min}. \tag{102.12}$$

Ferner wissen wir aus Kap. 101, daß der kleinste Eigenwert gleich dem Minimum des Rayleighschen Quotienten

$$\Lambda[u] = -\frac{\int u M[u]\, \mathrm{d}x}{\int q u^2\, \mathrm{d}x} \tag{102.13}$$

für alle zulässigen Funktionen u ist; dies sind solche Probefunktionen, für die alle vorkommenden Ableitungen stetig sind und die die Randbedingungen erfüllen.

Von dieser Extremalaussage

$$\Lambda[u] = \mathrm{Min}$$

geht man beim Ritzschen Verfahren aus. Man sucht sich mehrere zulässige Funktionen $v_1, v_2, \ldots, v_s$ und macht für u den Ansatz

$$u = a_1 v_1 + a_2 v_2 + \cdots + a_s v_s \tag{102.14}$$

mit beliebigen Konstanten a_μ $(\mu = 1, \ldots, s)$. Alle solchen u sind dann auch zulässige Probefunktionen. Unter diesen bestimmt man diejenigen, für die $\Lambda[u]$ am kleinsten ausfällt. Wenn man u nach Gl. (102.14) in Gl. (102.13) einsetzt, hängt das Ergebnis von den a_μ ab. Das kleinste $\Lambda[u]$ für alle Funktionen u nach Gl. (102.14) erhält man aus den Gleichungen

$$\frac{\partial \Lambda}{\partial a_1} = 0, \quad \frac{\partial \Lambda}{\partial a_2} = 0, \quad \ldots, \quad \frac{\partial \Lambda}{\partial a_s} = 0, \tag{102.15}$$

aus denen die s Konstanten a_μ zu bestimmen sind.

Mit

$$\Lambda[u] = \frac{\Phi[u]}{\Psi[u]}, \quad \Phi(u) = -\int u\, M[u]\, \mathrm{d}x, \quad \Psi[u] = \int q\, u^2\, \mathrm{d}x$$

wird

$$\frac{\partial \Lambda}{\partial a_\mu} = \frac{1}{\Psi^2}\left\{\Psi \frac{\partial \Phi}{\partial a_\mu} - \Phi \frac{\partial \Psi}{\partial a_\mu}\right\} = \frac{1}{\Psi}\left\{\frac{\partial \Phi}{\partial a_\mu} - \Lambda \frac{\partial \Psi}{\partial a_\mu}\right\}.$$

Die Gl. (102.15) schreiben sich daher auch

$$\frac{\partial \Phi}{\partial a_\mu} - \Lambda \frac{\partial \Psi}{\partial a_\mu} = 0 \quad (\mu = 1, \ldots, s). \tag{102.16}$$

M ist ein linearer Operator, daher $M[u] = \sum_1^s a_\mu M[v_\mu]$.

Mit den Abkürzungen

$$m_{\mu\nu} = \int_a^b v_\mu M[v_\nu]\, \mathrm{d}x, \quad n_{\mu\nu} = \int_a^b q\, v_\mu v_\nu\, \mathrm{d}x = n_{\nu\mu}, \tag{102.17}$$

wobei wegen der Selbstadjungiertheit

$$m_{\mu\nu} = m_{\nu\mu}, \tag{102.17a}$$

folgt daher

$$\Phi = -\sum_{\mu=1}^s \sum_{\nu=1}^s m_{\mu\nu} a_\mu a_\nu, \quad \Psi = \sum_{\mu=1}^s \sum_{\nu=1}^s n_{\mu\nu} a_\mu a_\nu;$$

$$\frac{\partial \Phi}{\partial a_\mu} = -2 \sum_{\nu=1}^s m_{\mu\nu} a_\nu, \quad \frac{\partial \Psi}{\partial a_\mu} = 2 \sum_{\nu=1}^s n_{\mu\nu} a_\nu.$$

Die Gl. (102.16) schreiben sich jetzt

$$\sum_{\nu=1}^s (m_{\mu\nu} + \Lambda n_{\mu\nu})\, a_\nu = 0 \quad (\mu = 1, \ldots, s). \tag{102.18}$$

(„Galerkinsche Gleichungen") oder in Matrizenform

$$(\mathsf{M} + \Lambda \mathsf{N})\, \mathsf{A} = 0 \tag{102.18a}$$

mit den symmetrischen [siehe Gl. (102.17a)] quadratischen Matrizen $\mathsf{M} = \|m_{\mu\nu}\|$, $\mathsf{N} = \|n_{\mu\nu}\|$ und der Spaltenmatrix

$$\mathsf{A} = \begin{Vmatrix} a_1 \\ a_2 \\ \vdots \\ a_s \end{Vmatrix}.$$

Dieses lineare Gleichungssystem Gl. (102.18a) hat nur dann nichttriviale Lösungen, wenn die Determinante

$$D(\mathsf{M} + \Lambda \mathsf{N}) = |(m_{\mu\nu} + \Lambda n_{\mu\nu})| = 0 \tag{102.19}$$

ist. Die Voraussetzung Gl. (101.10) und $q > 0$ zieht nach sich — wie wir hier nur angeben —, daß die Matrizen M, N positiv definit sind und daß alle Wurzeln Λ_i der algebraischen Gleichung s-ten Grades für Λ, die man aus Gl. (102.19) erhält, positiv sind. Ordnet man sie der Größe nach,

$$0 < \Lambda_1 \leqq \Lambda_2 \leqq \cdots \leqq \Lambda_s,$$

so kann man sie als Näherungen für die s ersten Eigenwerte ansehen, und zwar ist immer $\Lambda_i \geqq \lambda_i$. Die Näherung wird praktisch mit zunehmendem Index i schlechter. Die größte Wurzel Λ_s ist gewöhnlich eine ziemlich rohe Näherung für den s-ten Eigenwert. Die Anzahl s der Funktionen v_μ wird man daher um 1 größer wählen als die der gewünschten Eigenwerte. Für die Berechnung von λ_1 kommt man gewöhnlich mit zwei oder drei Gliedern aus. Bezüglich weiterer Einzelheiten verweisen wir auf [*56*, *10*].

Handelt es sich um partielle Differentialgleichungen, die sich in Form der Gl. (102.11) schreiben lassen, so treten in Gl. (102.12), (102.13), (102.17) mehrfache Integrale auf. Für die Potentialgleichung Gl. (102.3) z. B. ist $M \equiv \triangle$, $q \equiv 0$; das Extremalproblem

$$J[\varphi] \equiv \iiint \varphi \triangle \varphi \, \mathrm{d}V = \text{Min}$$

ist nach der Greenschen Formel Gl. (014.10) und wegen $\varphi =$ const auf den Leiteroberflächen der Gl. (102.2) äquivalent.

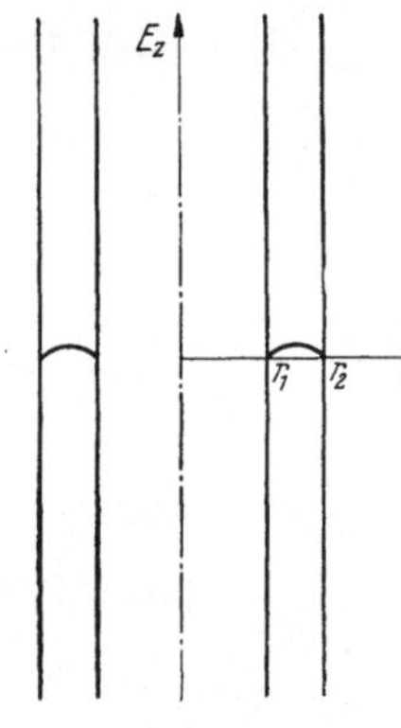

Abb. 10.2. Achsensymmetrisches elektrisches Längsfeld E_z für die E_{01}-Welle in einer Koaxialleitung.

Fränz [*74*] hat zur Berechnung der Grenzfrequenzen der achsensymmetrischen E_{0n}-Wellen in einer Koaxialleitung (Abb. 10.2) neben dem zuvor beschriebenen einfachen Verfahren auch das von Ritz angewendet, mit einem zweigliedrigen Funktionenansatz in Gl. (102.14). Die Randbedingungen für E_z sind $E_z(r_1) = E_z(r_2) = 0$ und werden durch alle Funktionen

$$u = a_1 \cos\pi \frac{r - r_m}{r_2 - r_1} + a_2 \sin 2\pi \frac{r - r_m}{r_2 - r_1}$$

erfüllt, wo $r_m = \frac{r_1 + r_2}{2}$ der mittlere Radius ist. Nach der Differentialgleichung $\triangle E_z + k^2 E_z = 0$ ist für die Grenzfrequenz $M[u] \equiv \frac{1}{r}\frac{\partial}{\partial r}\left(r\frac{\partial u}{\partial r}\right)$. Die Integrale in Gl. (102.17) sind über den Querschnitt zu erstrecken, also

$$m_{11} = 2\pi \int_{r_1}^{r_2} \frac{v_1}{r} \frac{\mathrm{d}}{\mathrm{d}r}\left(r \frac{\mathrm{d}v_1}{\mathrm{d}r}\right) r \, \mathrm{d}r$$

usf. Dann lauten die Galerkinschen Gl. (102.18)

$$\frac{\pi^2 r_m}{2(r_2 - r_1)} a_1 + \frac{20}{9} a_2 - \Lambda\left(r_m \frac{r_2 - r_1}{2} a_1 + \frac{8}{9}\left(\frac{r_2 - r_1}{\pi}\right)^2 a_2\right) = 0,$$

$$\frac{20}{9} a_1 + \frac{2\pi^2 r_m}{r_2 - r_1} a_1 - \Lambda\left(\frac{8}{9}\left(\frac{r_2 - r_1}{\pi}\right)^2 a_1 + r_m \frac{r_2 - r_1}{2} a_2\right) = 0,$$

und für Λ erhält man die folgende quadratische Gleichung

$$\Lambda^2\left[\left(r_m \frac{r_2 - r_1}{2}\right)^2 - 4\left(\frac{2(r_2 - r_1)}{3\pi}\right)^4\right] - \Lambda\left[\frac{5\pi^2 r_m^2}{4} + 320\left(\frac{r_2 - r_1}{9\pi}\right)^2\right] + \\ + \left(\frac{\pi^2 r_m}{r_2 - r_1}\right)^2 - \left(\frac{20}{9}\right)^2 = 0.$$

Die Lösungen $\Lambda_{1,2}$ $(\Lambda_1 < \Lambda_2)$ geben Näherungswerte für die Grenzfrequenzen der E_{01}- bzw. E_{02}-Welle.

103 Variationsprobleme in Verbindung mit Integralgleichungen.

Es sei $u(x)$ die Lösung der folgenden inhomogenen Integralgleichung

$$\mu u(x) + \int_a^b K(x,\xi)\, u(\xi)\, d\xi = f(x), \tag{103.1}$$

worin die Funktion $f(x)$ gegeben und der Kern $K(x,\xi)$ so beschaffen ist, daß $u(x)$ gewisse Randbedingungen erfüllt; ferner sei $K(x,\xi)$ in den beiden Variablen x und ξ symmetrisch:

$$K(x,\xi) = K(\xi, x). \tag{103.2}$$

Der Parameter μ kann auch gleich Null sein, dann ist die Integralgleichung „von erster Art", andernfalls ($\mu \neq 0$) „von zweiter Art", dann können wir $\mu = 1$ setzen[1]. Für die Lösung $u(x)$ von Gl. (103.1) ist, wie wir zeigen werden, der folgende Ausdruck stationär:

$$Z[u] = \frac{\mu \int_a^b u^2(x)\, dx + \int_a^b \int_a^b u(x)\, u(\xi)\, K(x,\xi)\, dx\, d\xi}{\left(\int_a^b f(x)\, u(x)\, dx\right)^2}. \tag{103.3}$$

Bilden wir nämlich die erste Variation von Z, indem wir die Lösung $u(x)$ eine benachbarte Funktion $u(x) + \delta u(x)$ ersetzen, so finden wir:

$$\delta Z = \frac{\mu \int_a^b 2u(x)\, \delta u(x)\, dx + \int_a^b \int_a^b K(x,\xi)\, \{u(x)\, \delta u(\xi) + u(\xi)\, \delta u(x)\}\, dx\, d\xi}{\left(\int_a^b f(x)\, u(x)\, dx\right)^2} - $$

$$- 2Z \frac{\int_a^b f(x)\, \delta u(x)\, dx}{\int_a^b f(x)\, u(x)\, dx}.$$

Auf Grund von Gl. (103.2) läßt sich dies etwas vereinfachen:

$$\delta Z = 2 \frac{\mu \int_a^b u\, \delta u\, dx + \int_a^b \int_a^b K(x,\xi)\, u(\xi)\, \delta u(x)\, dx\, d\xi}{\left(\int_a^b f u\, dx\right)^2} - 2Z[u] \frac{\int_a^b f\, \delta u\, dx}{\int_a^b f u\, dx}. \tag{103.4}$$

Multipliziert man Gl. (103.1) einmal mit $\delta u(x)$ und integriert,

$$\mu \int u\, \delta u\, dx + \iint K(x,\xi)\, u(\xi)\, \delta u(x)\, dx = \int f\, \delta u\, dx,$$

zum anderen mit $u(x)$ und integriert,

$$\mu \int u^2\, dx + \iint K(x,\xi)\, u(x)\, u(\xi)\, dx\, d\xi \equiv \left(\int_a^b f u\, dx\right)^2 Z[u] = \int f u\, dx$$

und setzt diese beiden Beziehungen in Gl. (103.4) ein, so folgt, wie behauptet,

$$\delta Z = 0, \tag{103.5}$$

[1] Für $f \equiv 0$ soll die Integralgleichung keine Lösung haben außer der trivalen $u \equiv 0$.

d. h. Z ist stationär. Wie früher können wird daraus schließen: eine bis zur 1. Ordnung richtige Approximation für $u(x)$ liefert eine bis zur 2. Ordnung richtige Näherung für $Z[u]$.

Wenn sich also ein gegebenes Randwertproblem in die Form der Gl. (103.1) bringen läßt und wenn Z nach Gl. (103.3) die gesuchte physikalische Größe ist, so kann man auf Grund dieser Extremaleigenschaft nach einem der in Kap. 102 geschilderten Verfahren brauchbare Näherung dafür finden. Für $\mu = 1$ kann man die Integralgleichung Gl. (103.1) direkt zu einem Iterationsverfahren ausnützen. Ausgehend von einer Probefunktion $u^{(0)}$ gewinnt man weitere Näherungslösungen aus

$$u^{(n)}(x) = f(x) - \int_a^b K(x, \xi)\, u^{(n-1)}(\xi)\, d\xi, \qquad \xi = 1, 2, \ldots \tag{103.6}$$

Es gibt eine Reihe von Problemen bei Wellenleitern, die direkt auf eine Integralgleichung 1. oder 2. Art führen; gewöhnlich handelt es sich um Inhomogenitäten wie Blenden oder Fenster (Kap. 137). Der Kern ist häufig von vornherein in Form einer bilinearen Reihenentwicklung $K(x, \xi) = \sum a_n u_n(x)\, u_n(\xi)$ gegeben [*29, 31*]. Die Lösungsmethode, die auf der Stationarität des Ausdruckes in Gl. (103.3) beruht, geht auf J. SCHWINGER zurück[1].

Literatur: [*10, 31, 56*].

11 Die MAXWELLschen Feldgleichungen.

111 Gleichungsformen in verschiedenen Koordinatensystemen.

Als grundlegende Beziehungen der Theorie elektromagnetischer Felder sieht man die folgende Gruppe von vier Gleichungen an:

$$\mathbf{rot}\,\boldsymbol{E} = -\frac{\partial \boldsymbol{B}}{\partial t}, \tag{111.1}$$

$$\mathbf{rot}\,\boldsymbol{H} = \frac{\partial \boldsymbol{D}}{\partial t} + \boldsymbol{i}, \tag{111.2}$$

$$\operatorname{div}\boldsymbol{B} = 0, \tag{111.3}$$

$$\operatorname{div}\boldsymbol{D} = \varrho. \tag{111.4}$$

Darin bedeuten die Vektoren $\boldsymbol{E}$ und $\boldsymbol{H}$ die elektrische bzw. magnetische Feldstärke, $\boldsymbol{D}$ die dielektrische Verschiebung, $\boldsymbol{B}$ die magnetische Induktion, $\boldsymbol{i}$ die Konvektionsstromdichte und der Skalar ϱ die Raumladungsdichte.

Für homogene isotrope Medien ist

$$\boldsymbol{D} = \varepsilon \boldsymbol{E}, \tag{111.5}$$

$$\boldsymbol{B} = \mu \boldsymbol{H}. \tag{111.6}$$

Wir nehmen ferner ε und μ als zeitunabhängig an.

Die beiden Glieder der rechten Seite von Gl. (111.2) lassen sich zu einer totalen Stromdichte $\boldsymbol{i}_v + \boldsymbol{i}$ zusammenfassen; $\frac{\partial \boldsymbol{D}}{\partial t} = \varepsilon \frac{\partial \boldsymbol{E}}{\partial t} = \boldsymbol{i}_v$ ist die „Verschiebungsstromdichte".

[1] Näheres darüber und viele Anwendungen finden sich in [*5a*]. Für ein spezielles interessantes Randwertproblem siehe [*65*].

Die ersten beiden Gl. (111.1) und (111.2), die MAXWELLschen Gleichungen, sind die differentielle Form der folgenden Gesetze:

$$\oint_{\Gamma} \boldsymbol{E}\, \mathrm{d}\boldsymbol{s} = -\frac{\partial}{\partial t} \iint_{F} \boldsymbol{B}\, \boldsymbol{n}\, \mathrm{d}F, \tag{111.7}$$

$$\oint_{\Gamma} \boldsymbol{H}\, \mathrm{d}\boldsymbol{s} = \frac{\partial}{\partial t} \iint_{F} \boldsymbol{D}\, \boldsymbol{n}\, \mathrm{d}F + \iint_{F} \boldsymbol{i}\, \boldsymbol{n}\, \mathrm{d}F, \tag{111.8}$$

hierin bedeutet Γ eine einfache geschlossene Raumkurve, F ein durch Γ gelegtes Flächenstück (Abb. 01.9); $I = \iint_{F} \boldsymbol{i}\, \boldsymbol{n}\, \mathrm{d}F$ ist der durch F hindurchtretende Konvektionsstrom. Die Linienintegrale auf der linken Seite, auch „Zirkulationen" genannt, lassen sich nach dem STOKESschen Satz Gl. (014.16) in Flächenintegrale des Rotors überführen; da F beliebig ist und auf einen Punkt zusammengezogen werden kann, sind die MAXWELLschen Gleichungen eine direkte Folge dieser Beziehungen.

Gl. (111.7) ist das FARADAYsche Gesetz, das besagt, daß die in einen Stromkreis Γ induzierte Spannung gleich der zeitlichen Änderung des von Γ umfaßten magnetischen Kraftflusses ist.

Gl. (111.8) drückt die Gleichheit der Zirkulation von $\boldsymbol{H}$ und des eingeschlossenen *Total*stromes aus. Kann der Verschiebungsstrom $\iint_{F} \boldsymbol{i}_v\, \boldsymbol{n}\, \mathrm{d}F$ neben dem Konvektionsstrom I vernachlässigt werden und insbesondere für zeitlich konstante Felder, geht Gl. (111.8) über in das „Durchflutungsgesetz"

$$\oint_{\Gamma} \boldsymbol{H}\, \mathrm{d}\boldsymbol{s} = I$$

bzw. Gl. (111.2) in $\mathbf{rot}\boldsymbol{H} = \boldsymbol{i}$. Für hochfrequente Wechselfelder ist jedoch der Verschiebungsstrom von wesentlicher Bedeutung.

Gl. (111.3) und (111.4) sagen im Hinblick auf den GAUSSschen Satz Gl. (014.3) aus, daß der Fluß der Vektoren $\boldsymbol{D}$ und $\boldsymbol{H}$ durch eine geschlossene Fläche gleich der eingeschlossenen Ladung ist, wobei magnetische Ladungen nicht vorkommen können.

Die Anwendung von div auf Gl. (111.2) führt im Hinblick auf Gl. (111.4) auf die „Kontinuitätsgleichung"

$$\operatorname{div} \boldsymbol{i} = -\frac{\partial \varrho}{\partial t}, \tag{111.9}$$

die für ein strömendes Medium in Kap. 014 allgemein hergeleitet wurde.

In einem Leiter der Leitfähigkeit σ (Einheit $A V^{-1}\,\mathrm{cm}^{-1}$) ist $\boldsymbol{i}$ mit $\boldsymbol{E}$ durch die Relation

$$\boldsymbol{i} = \sigma \boldsymbol{E} \tag{111.10}$$

verknüpft (OHMsches Gesetz).

Sind alle Feldgrößen von der Zeit nach einer Sinus- oder Cosinusfunktion abhängig, so daß $\frac{\partial}{\partial t} = \mathrm{j}\,\omega$ gesetzt werden kann, dann lauten die MAXWELLschen Gleichungen

$$\mathbf{rot}\boldsymbol{E} = -\mathrm{j}\,\omega\,\mu\,\boldsymbol{H}, \tag{111.11}$$

$$\mathbf{rot}\boldsymbol{H} = \mathrm{j}\,\omega\,\varepsilon\,\boldsymbol{E} + \boldsymbol{i}. \tag{111.12}$$

In einem Leiter insbesondere nimmt die zweite die Form an:

$$\mathbf{rot}\,\boldsymbol{H} = \mathrm{j}\,\omega\,\varepsilon'\boldsymbol{E} \tag{111.13}$$

mit der komplexen Dielektrizitätskonstante

$$\varepsilon' = \varepsilon - \mathrm{j}\,\frac{\sigma}{\omega}. \tag{111.13a}$$

Wir stellen im folgenden die Feldgleichungen Gl. (111.1) bis (111.4), komponentenweise geschrieben, in verschiedenen gebräuchlichen Koordinatensystemen übersichtlich zusammen.

Kartesische Koordinaten (x, y, z):

$$\left.\begin{aligned}
\frac{\partial E_z}{\partial y} - \frac{\partial E_y}{\partial z} &= -\frac{\partial B_x}{\partial t},\\
\frac{\partial E_x}{\partial z} - \frac{\partial E_z}{\partial x} &= -\frac{\partial B_y}{\partial t},\\
\frac{\partial E_y}{\partial x} - \frac{\partial E_x}{\partial y} &= -\frac{\partial B_z}{\partial t}.
\end{aligned}\right\} \tag{111.14}$$

$$\left.\begin{aligned}
\frac{\partial H_z}{\partial y} - \frac{\partial H_y}{\partial z} &= \frac{\partial D_x}{\partial t} + i_x,\\
\frac{\partial H_x}{\partial z} - \frac{\partial H_z}{\partial x} &= \frac{\partial D_y}{\partial t} + i_y,\\
\frac{\partial H_y}{\partial x} - \frac{\partial H_x}{\partial y} &= \frac{\partial D_z}{\partial t} + i_z.
\end{aligned}\right\} \tag{111.15}$$

$$\frac{\partial B_x}{\partial x} + \frac{\partial B_y}{\partial y} + \frac{\partial B_z}{\partial z} = 0, \tag{111.16}$$

$$\frac{\partial D_x}{\partial x} + \frac{\partial D_y}{\partial y} + \frac{\partial D_z}{\partial z} = \varrho. \tag{111.17}$$

Räumliche Polarkoordinaten (R, ϑ, ψ):

$$\left.\begin{aligned}
\frac{1}{R\sin\vartheta}\left[\frac{\partial(\sin\vartheta\, E_\psi)}{\partial\vartheta} - \frac{\partial E_\vartheta}{\partial\psi}\right] &= -\frac{\partial B_R}{\partial t},\\
\frac{1}{R}\left[\frac{1}{\sin\vartheta}\frac{\partial E_R}{\partial\psi} - \frac{\partial(R E_\psi)}{\partial R}\right] &= -\frac{\partial B_\vartheta}{\partial t},\\
\frac{1}{R}\left[\frac{\partial(R E_\vartheta)}{\partial R} - \frac{\partial E_R}{\partial\vartheta}\right] &= -\frac{\partial B_\psi}{\partial t}.
\end{aligned}\right\} \tag{111.18}$$

$$\left.\begin{aligned}
\frac{1}{R\sin\vartheta}\left[\frac{\partial(\sin\vartheta\, H_\psi)}{\partial\vartheta} - \frac{\partial H_\vartheta}{\partial\psi}\right] &= \frac{\partial D_R}{\partial t} + i_R,\\
\frac{1}{R}\left[\frac{1}{\sin\vartheta}\frac{\partial H_R}{\partial\psi} - \frac{\partial(R H_\psi)}{\partial R}\right] &= \frac{\partial D_\vartheta}{\partial t} + i_\vartheta,\\
\frac{1}{R}\left[\frac{\partial(R H_\vartheta)}{\partial R} - \frac{\partial H_R}{\partial\vartheta}\right] &= \frac{\partial D_\psi}{\partial t} + i_\psi.
\end{aligned}\right\} \tag{111.19}$$

$$\frac{1}{R^2}\frac{\partial(R^2 B_R)}{\partial R} + \frac{1}{R\sin\vartheta}\frac{\partial(\sin\vartheta\, B_\vartheta)}{\partial\vartheta} + \frac{1}{R\sin\vartheta}\frac{\partial B_\psi}{\partial\psi} = 0, \tag{111.20}$$

$$\frac{1}{R^2}\frac{\partial(R^2 D_R)}{\partial R} + \frac{1}{R\sin\vartheta}\frac{\partial(\sin\vartheta\, D_\vartheta)}{\partial\vartheta} + \frac{1}{R\sin\vartheta}\frac{\partial D_\psi}{\partial\psi} = \varrho. \tag{111.21}$$

Allgemeine Zylinderkoordinaten ($x_1, x_2, x_3 = z$):

$$\left.\begin{aligned} h_2 \frac{\partial E_3}{\partial x_2} - \frac{\partial E_2}{\partial x_3} &= -\frac{\partial B_1}{\partial t}, \\ \frac{\partial E_1}{\partial x_3} - h_1 \frac{\partial E_3}{\partial x_1} &= -\frac{\partial B_2}{\partial t}, \\ h_1 h_2 \left[\frac{\partial (E_2/h_2)}{\partial x_1} - \frac{\partial (E_1/h_1)}{\partial x_2}\right] &= -\frac{\partial B_3}{\partial t}. \end{aligned}\right\} \qquad (111.22)$$

$$\left.\begin{aligned} h_2 \frac{\partial H_3}{\partial x_2} - \frac{\partial H_2}{\partial x_3} &= \frac{\partial D_1}{\partial t} + i_1, \\ \frac{\partial H_1}{\partial x_3} - h_1 \frac{\partial H_3}{\partial x_1} &= \frac{\partial D_2}{\partial t} + i_2, \\ h_1 h_2 \left[\frac{\partial (H_2/h_2)}{\partial x_1} - \frac{\partial (H_1/h_1)}{\partial x_2}\right] &= \frac{\partial D_3}{\partial t} + i_3. \end{aligned}\right\} \qquad (111.23)$$

$$h_1 h_2 \left[\frac{\partial}{\partial x_1}(B_1/h_2) + \frac{\partial}{\partial x_2}(B_2/h_1)\right] + \frac{\partial B_3}{\partial x_3} = 0, \qquad (111.24)$$

$$h_1 h_2 \left[\frac{\partial}{\partial x_1}(D_1/h_2) + \frac{\partial}{\partial x_2}(D_2/h_1)\right] + \frac{\partial D_3}{\partial x_3} = \varrho. \qquad (111.25)$$

Allgemeine Zylinderkoordinaten ($x_1, x_2, x_3 = z$) für den Spezialfall

$$\frac{\partial}{\partial t} = \mathrm{j}\,\omega; \quad \frac{\partial}{\partial z} = -\mathrm{j}\,\beta; \quad \varepsilon = \mathrm{const}; \quad \mu = \mathrm{const}:$$

$$\left.\begin{aligned} h_2 \frac{\partial E_3}{\partial x_2} + \mathrm{j}\,\beta E_2 &= -\mathrm{j}\,\omega\mu H_1, \\ -\mathrm{j}\,\beta E_1 - h_1 \frac{\partial E_3}{\partial x_1} &= -\mathrm{j}\,\omega\mu H_2, \\ h_1 h_2 \left[\frac{\partial (E_2/h_2)}{\partial x_1} - \frac{\partial (E_1/h_1)}{\partial x_2}\right] &= -\mathrm{j}\,\omega\mu H_3. \end{aligned}\right\} \qquad (111.26)$$

$$\left.\begin{aligned} h_2 \frac{\partial H_3}{\partial x_2} + \mathrm{j}\,\beta H_2 &= \mathrm{j}\,\omega\varepsilon E_1 + i_1, \\ -\mathrm{j}\,\beta H_1 - h_1 \frac{\partial H_3}{\partial x_1} &= \mathrm{j}\,\omega\varepsilon E_2 + i_2, \\ h_1 h_2 \left[\frac{\partial (H_2/h_2)}{\partial x_1} - \frac{\partial (H_1/h_1)}{\partial x_2}\right] &= \mathrm{j}\,\omega\varepsilon E_3 + i_3. \end{aligned}\right\} \qquad (111.27)$$

$$h_1 h_2 \left[\frac{\partial}{\partial x_1}(H_1/h_2) + \frac{\partial}{\partial x_2}(H_2/h_1)\right] - \mathrm{j}\,\beta H_3 = 0, \qquad (111.28)$$

$$h_1 h_2 \left[\frac{\partial}{\partial x_1}(E_1/h_2) + \frac{1}{\partial x_2}(E_2/h_1)\right] - \mathrm{j}\,\beta E_3 = \frac{\varrho}{\varepsilon}. \qquad (111.29)$$

Kreiszylinderkoordinaten (r, φ, z):

$$\left.\begin{aligned} \frac{1}{r}\frac{\partial E_z}{\partial \varphi} - \frac{\partial E_\varphi}{\partial z} &= -\frac{\partial B_r}{\partial t}, \\ \frac{\partial E_r}{\partial z} - \frac{\partial E_z}{\partial r} &= -\frac{\partial B_\varphi}{\partial t}, \\ \frac{1}{r}\frac{\partial (r E_\varphi)}{\partial r} - \frac{1}{r}\frac{\partial E_r}{\partial \varphi} &= -\frac{\partial B_z}{\partial t}. \end{aligned}\right\} \qquad (111.30)$$

$$\left.\begin{aligned} \frac{1}{r}\frac{\partial H_z}{\partial \varphi} - \frac{\partial H_\varphi}{\partial z} &= \frac{\partial D_r}{\partial t} + i_r\,, \\ \frac{\partial H_r}{\partial z} - \frac{\partial H_z}{\partial r} &= \frac{\partial D_\varphi}{\partial t} + i_\varphi\,, \\ \frac{1}{r}\frac{\partial (r H_\varphi)}{\partial r} - \frac{1}{r}\frac{\partial H_r}{\partial \varphi} &= \frac{\partial D_z}{\partial t} + i_z\,. \end{aligned}\right\} \tag{111.31}$$

$$\frac{1}{r}\frac{\partial (r B_r)}{\partial r} + \frac{1}{r}\frac{\partial B_\varphi}{\partial \varphi} + \frac{\partial B_z}{\partial z} = 0\,, \tag{111.32}$$

$$\frac{1}{r}\frac{\partial (r D_r)}{\partial r} + \frac{1}{r}\frac{\partial D_\varphi}{\partial \varphi} + \frac{\partial D_z}{\partial z} = \varrho\,. \tag{111.33}$$

Kreiszylinderkoordinaten $(r,\ \varphi,\ z)$ für den Spezialfall $\frac{\partial}{\partial \varphi} = 0$ (Achsensymmetrie); $\frac{\partial}{\partial t} = \mathrm{j}\,\omega$; $\frac{\partial}{\partial z} = -\mathrm{j}\,\beta$; $\varepsilon = \text{const}$; $\mu = \text{const}$:

$$\left.\begin{aligned} \mathrm{j}\,\beta\,E_\varphi &= -\mathrm{j}\,\omega\,\mu\,H_r\,, \\ -\mathrm{j}\,\beta\,E_r - \frac{\partial E_z}{\partial r} &= -\mathrm{j}\,\omega\,\mu\,H_\varphi\,, \\ \frac{1}{r}\frac{\partial}{\partial r}(r\,E_\varphi) &= -\mathrm{j}\,\omega\,\mu\,H_z\,, \end{aligned}\right\} \tag{111.34}$$

$$\left.\begin{aligned} \mathrm{j}\,\beta\,H_\varphi &= \mathrm{j}\,\omega\,\varepsilon\,E_r + i_r\,, \\ -\mathrm{j}\,\beta\,H_r - \frac{\partial H_z}{\partial r} &= \mathrm{j}\,\omega\,\varepsilon\,E_\varphi + i_\varphi\,, \\ \frac{1}{r}\frac{\partial}{\partial r}(r\,H_\varphi) &= \mathrm{j}\,\omega\,\varepsilon\,E_z + i_z\,. \end{aligned}\right\} \tag{111.35}$$

$$\frac{1}{r}\frac{\partial (r H_r)}{\partial r} - \mathrm{j}\,\beta\,H_z = 0\,, \tag{111.36}$$

$$\frac{1}{r}\frac{\partial (r E_r)}{\partial r} - \mathrm{j}\,\beta\,E_z = \frac{\varrho}{\varepsilon}\,. \tag{111.37}$$

112 Wellengleichung; Elektromagnetische Potentiale.

Die Anwendung von **rot** auf Gl. (111.1) ergibt

$$\mathbf{rot}\,\mathbf{rot}\,\boldsymbol{E} = -\mu\frac{\partial}{\partial t}\,\mathbf{rot}\,\boldsymbol{H}$$

und mit Gl. (111.2), (111.5)

$$\nabla\times\nabla\times\boldsymbol{E} + \mu\,\varepsilon\frac{\partial^2\boldsymbol{E}}{\partial t^2} = -\mu\frac{\partial\boldsymbol{i}}{\partial t}\,.$$

Auf Grund von $\nabla\times\nabla\times\boldsymbol{E} = \nabla(\nabla\boldsymbol{E}) - \nabla^2\boldsymbol{E}$ und Gl. (111.4) erhält man daraus die inhomogene Wellengleichung

$$\nabla^2\boldsymbol{E} - \mu\,\varepsilon\frac{\partial^2\boldsymbol{E}}{\partial t^2} = \mu\frac{\partial\boldsymbol{i}}{\partial t} + \frac{1}{\varepsilon}\nabla\varrho\,. \tag{112.1}$$

Der entsprechende Rechnungsgang, auf Gl. (111.2) angewendet, führt auf

$$\nabla^2\boldsymbol{H} - \mu\,\varepsilon\frac{\partial^2\boldsymbol{H}}{\partial t^2} = -\nabla\times\boldsymbol{i}\,. \tag{112.2}$$

Wir haben diesen Gleichungstyp schon in Kap. 08 kennengelernt. Auf der rechten Seite von Gl. (112.1) und (112.2) erscheinen Ströme und Ladungen als Quellen des Wellenfeldes.

Als einfachstes Beispiel für die Integration der MAXWELLschen Gleichungen mit Hilfe der Wellengleichung betrachten wir im Vakuum ebene Wellen, d. h. solche, für die alle Größen nur von einer Koordinate, etwa z, abhängen; es sollen außerdem Ströme und Ladungen fehlen. Dann gilt für alle Feldkomponenten mit $\mu\varepsilon = \mu_0\varepsilon_0 = \frac{1}{c^2}$

$$\frac{\partial^2 E_x}{\partial z^2} - \frac{1}{c^2}\frac{\partial^2 E_x}{\partial t^2} = 0 \tag{112.3}$$

usf., mit beliebigen Funktionen von $\left(t - \frac{z}{c}\right)$ als Lösung. Wegen $\frac{\partial}{\partial x} = \frac{\partial}{\partial y} = 0$ ist nach den MAXWELLschen Gl. (111.14), (111.15) $E_z \equiv 0$, $H_z \equiv 0$. Ist etwa

$$E_x = f\left(t - \frac{z}{c}\right), \quad H_y = g\left(t - \frac{z}{c}\right),$$

so folgt aus $\frac{\partial E_x}{\partial z} = -\mu_0\frac{\partial H_y}{\partial t}$

$$-\frac{1}{c}f' = -\mu_0 g', \quad Z_0 g' = f', \quad Z_0 = \sqrt{\frac{\mu_0}{\varepsilon_0}},$$

und bis auf eine Konstante, die nicht von Interesse ist, $Z_0 g = f$, d. h.

$$Z_0 H_y = E_x.$$

Ebenso

$$Z_0 H_x = -E_y,$$

d. h.

$$Z_0 \boldsymbol{H} = \mathbf{e}_z \times \boldsymbol{E}. \tag{112.4}$$

Das bedeutet aber, daß $\boldsymbol{H}$ und $\boldsymbol{E}$ senkrecht aufeinanderstehen und ihre Beträge sich um den Faktor Z_0, den „Wellenwiderstand des Vakuums", unterscheiden.

Wir gehen nun zu allgemeinen Integrationsmethoden der MAXWELL-Gleichungen über; hierfür spielen gewisse zugeordnete skalare bzw. vektorielle Potentiale eine wesentliche Rolle.

Da für einen Vektor $\boldsymbol{A}$ allgemein $\operatorname{div}\mathbf{rot}\boldsymbol{A} = 0$ ist [Gl. (012.13)], so legt die Gl. (111.3), $\operatorname{div}\boldsymbol{B} = 0$, es nahe, den Vektor $\boldsymbol{B}$ als Rotor eines Vektors $\boldsymbol{A}$, des sogenannten Vektorpotentials, zu schreiben:

$$\boldsymbol{B} = \nabla \times \boldsymbol{A}. \tag{112.5}$$

$\boldsymbol{A}$ bleibt zunächst bis auf einen wirbelfreien Vektor $\boldsymbol{A}_0$ unbestimmt, denn ein solcher bringt in Gl. (112.5) keinen Beitrag. Mit Gl. (112.5) folgt aus Gl. (111.1)

$$\nabla \times \left(\boldsymbol{E} + \frac{\partial \boldsymbol{A}}{\partial t}\right) = 0,$$

d. h., der Vektor $\boldsymbol{E} + \frac{\partial \boldsymbol{A}}{\partial t}$ ist wirbelfrei. Wir können daher $\boldsymbol{E}$ in der Form

$$\boldsymbol{E} = -\frac{\partial \boldsymbol{A}}{\partial t} - \nabla\phi \tag{112.6}$$

darstellen mit einem skalaren Potential ϕ. Dieses ist noch abhängig von dem in $\boldsymbol{A}$ enthaltenen wirbelfreien Vektor $\boldsymbol{A}_0$. Es läßt sich daher noch eine Bedingung zwischen $\boldsymbol{A}$ und ϕ vorschreiben, und als solche wählt man gewöhnlich

$$\nabla\boldsymbol{A} + \mu\varepsilon\frac{\partial\phi}{\partial t} = 0. \tag{112.7}$$

Geht man nämlich mit Gl. (112.6) in Gl. (111.2) und (111.4) ein, so folgt

$$\begin{aligned} \nabla\times\nabla\times\boldsymbol{A}+\varepsilon\mu\frac{\partial^2\boldsymbol{A}}{\partial t^2}+\varepsilon\mu\frac{\partial\nabla\phi}{\partial t}&=\mu\boldsymbol{i},\\ \triangle\phi+\frac{\partial\nabla\boldsymbol{A}}{\partial t}&=-\frac{\varrho}{\varepsilon}. \end{aligned} \tag{112.8}$$

Mit Gl. (112.7) vereinfachen sich die Gl. (112.8) zu einer vektoriellen bzw. skalaren Wellengleichung

$$\begin{aligned} \nabla^2\boldsymbol{A}-\varepsilon\mu\frac{\partial^2\boldsymbol{A}}{\partial t^2}&=-\mu\boldsymbol{i},\\ \triangle\phi-\varepsilon\mu\frac{\partial^2\phi}{\partial t^2}&=-\frac{\varrho}{\varepsilon}. \end{aligned} \tag{112.9}$$

Für diese Gleichungen haben wir in Kap. 083 bereits allgemeine Integrale gefunden.

Die Bestimmung der Feldvektoren $\boldsymbol{E}$ und $\boldsymbol{B}$ kann nach Gl. (112.5), (112.6) auf die der Potentiale $\boldsymbol{A}$ und ϕ zurückgeführt werden, was mitunter rechnerisch von Vorteil ist. Sind $\boldsymbol{i}$ und ϱ in ihrer räumlichen Verteilung bekannt und keine begrenzenden Flächen vorhanden, so sind $\boldsymbol{A}$ und ϕ durch die Gl. (083.11), (083.13) gegeben:

$$\boldsymbol{A}=\frac{1}{4\pi}\int\limits_V\frac{\mu[\boldsymbol{i}]}{R}\,\mathrm{d}V, \tag{112.10}$$

$$\phi=\frac{1}{4\pi}\int\frac{[\varrho]}{\varepsilon R}\,\mathrm{d}V; \tag{112.11}$$

mit $[\boldsymbol{i}]$, $[\varrho]$ hatten wir die retardierten Größen $\boldsymbol{i}$, ϱ bezeichnet, d. h. zur Zeit $t-\frac{R}{c}$, wenn $\boldsymbol{A}$, ϕ sich auf die Zeit t beziehen.

Für $\frac{\partial}{\partial t}=\mathrm{j}\,\omega$ folgt insbesondere $\phi=\frac{\mathrm{j}}{\omega\mu\varepsilon}\operatorname{div}\boldsymbol{A}$ und mit $\omega^2\mu\varepsilon=k^2$

$$\begin{aligned} \mu\boldsymbol{H}&=\operatorname{rot}\boldsymbol{A},\\ \boldsymbol{E}&=\frac{\omega}{\mathrm{j}\,k^2}\quad(\mathbf{grad}\operatorname{div}\boldsymbol{A}+k^2\boldsymbol{A}). \end{aligned} \tag{112.12}$$

Die formale und zunächst etwas willkürlich erscheinende Einführung des Vektorpotentials $\boldsymbol{A}$ läßt sich verdeutlichen, wenn man von dem AMPEREschen Gesetz für stationäre Ströme ausgeht. Danach erzeugt ein Stromelement $I\,\mathrm{d}\boldsymbol{l}$ im Punkt P das Magnetfeld

$$\mathrm{d}\boldsymbol{H}(P)=\frac{I\,\mathrm{d}\boldsymbol{l}\times\boldsymbol{R}}{4\pi R^3};$$

$\boldsymbol{R}$ ist der Radiusvektor von $\mathrm{d}\boldsymbol{l}$ nach P und R sein Betrag. Ein geschlossener, vom Strom I durchflossener Stromkreis erzeugt daher in P das Feld

$$\boldsymbol{H}=\int\frac{I\,\mathrm{d}\boldsymbol{l}\times\boldsymbol{R}}{4\pi R^3}. \tag{112.13}$$

Bei Differentiation hinsichtlich P ist $\nabla\frac{1}{R}=-\frac{\boldsymbol{R}}{R^3}$, daher $\frac{1}{R^3}\,\mathrm{d}\boldsymbol{l}\times\boldsymbol{R}$ $=\nabla\left(\frac{1}{R}\right)\times\mathrm{d}\boldsymbol{l}=\nabla\times\left(\frac{\mathrm{d}\boldsymbol{l}}{R}\right)$, letzteres nach Gl. (012.20), und da sich ∇ nur auf die Koordinaten von P erstreckt. Die daraus folgende Beziehung

$$\boldsymbol{H}=\nabla\times\int\frac{I\,\mathrm{d}\boldsymbol{l}}{R} \tag{112.14}$$

vergleichen wir mit Gl. (112.5); für einen linienförmigen Leiter (Stromfaden) lautet danach das Vektorpotential

$$\boldsymbol{A} = \mu \int \frac{I\,\mathrm{d}\boldsymbol{l}}{R}, \tag{112.15}$$

und allgemeiner für einen Leiter von endlichem Querschnitt

$$\boldsymbol{A} = \mu \int \frac{\boldsymbol{i}\,\mathrm{d}V}{R}. \tag{112.16}$$

Dies läßt sich auf zeitlich veränderliche Ströme erweitern. Man hat dann nur der endlichen Ausbreitungsgeschwindigkeit des Feldes dadurch Rechnung zu tragen, daß man $\boldsymbol{i}$ durch das retardierte $\boldsymbol{i}$ ersetzt. Dann stimmt aber $\boldsymbol{A}$ mit dem für konstantes μ aus Gl. (112.10) erhaltenen überein.

Aus den Gl. (112.5), (112.6) geht hervor, daß die $2 \cdot 3 = 6$ Komponenten von $\boldsymbol{E}$ und $\boldsymbol{H}$ auf vier skalare Größen, nämlich ϕ und die drei Komponenten von $\boldsymbol{A}$, zurückgeführt werden können. Da $\boldsymbol{A}$ und ϕ aber noch durch die Gl. (112.5) verknüpft sind, sind nur *drei* dieser vier Größen wesentlich. Man kann daher hoffen, bei geeignetem Ansatz das elektromagnetische Feld durch die drei Komponenten eines Vektors darzustellen. Dies gelingt z. B., wenn statt des Vektorpotentials $\boldsymbol{A}$ der sogenannte HERTZsche (elektrische) Vektor $\boldsymbol{\pi}$ eingeführt wird:

$$\boldsymbol{A} = \mu\,\varepsilon \frac{\partial \boldsymbol{\pi}}{\partial t}, \tag{112.17}$$

und an Stelle der Gl. (112.5)

$$\nabla \boldsymbol{\pi} + \phi = 0. \tag{112.18}$$ [1]

Es lassen sich nun $\boldsymbol{E}$ und $\boldsymbol{H}$ wie folgt durch $\boldsymbol{\pi}$ ausdrücken:

$$\begin{aligned} \boldsymbol{H} &= \varepsilon\,\mathbf{rot} \frac{\partial \boldsymbol{\pi}}{\partial t}, \\ \boldsymbol{E} &= \mathbf{grad}\,\mathrm{div}\,\boldsymbol{\pi} - \mu\,\varepsilon \frac{\partial^2 \boldsymbol{\pi}}{\partial t^2}. \end{aligned} \tag{112.19}$$

Kann man $\partial/\partial t$ durch $\mathrm{j}\,\omega$ ersetzen, so stimmt $\boldsymbol{\pi}$ bis auf einen konstanten Faktor mit $\boldsymbol{A}$ überein.

Wenn im betrachteten Gebiet $\boldsymbol{i} = \mathbf{0}$, $\varrho \equiv 0$ ist, d. h. weder Konvektionsströme noch freie Ladungen vorhanden sind, so erfüllt $\boldsymbol{\pi}$ die homogene Wellengleichung

$$\triangle \boldsymbol{\pi} - \mu\,\varepsilon \frac{\partial^2 \boldsymbol{\pi}}{\partial t^2} = \mathbf{0}. \tag{112.20}$$ [2]

Die Feldgleichungen Gl. (111.1) bis (111.4) sind dann aber bis auf Vorzeichen in $\boldsymbol{E}$ und $\boldsymbol{H}$ symmetrisch, so daß wir diese Vektoren ebensogut durch einen magnetischen HERTZschen (oder FITZGERALDschen) Vektor $\boldsymbol{\pi}^\times$, der Gl. (112.20) erfüllt, darstellen können:

$$\begin{aligned} \boldsymbol{E} &= -\mu\,\mathbf{rot} \frac{\partial \boldsymbol{\pi}^\times}{\partial t}, \\ \boldsymbol{H} &= \mathbf{grad}\,\mathrm{div}\,\boldsymbol{\pi}^\times - \mu\,\varepsilon \frac{\partial^2 \boldsymbol{\pi}^\times}{\partial t^2}. \end{aligned} \tag{112.21}$$

[1] Gl. (112.5) entsteht durch Differentiation dieser Gleichung nach t. Auf der rechten Seite könnte also statt 0 ebensogut eine feste Konstante stehen; ihr Wert ist aber für das Weitere ohne Belang.

[2] Vgl. Gl. (112.8); eine unwesentliche Konstante ist hier wieder $= 0$ gesetzt.

Zu jeder Lösung $\boldsymbol{\pi}$ oder $\boldsymbol{\pi}^\times$ der vektoriellen Wellengleichung Gl. (112.20) gehört also nach Gl. (112.19) bzw. (112.21) ein von Ladungen und Leitungsströmen freies elektromagnetisches Feld. Derartige Darstellungen des Feldes eignen sich für manche Strahlungsprobleme.

Sind freie Ladungen nicht vorhanden, eine etwaige Stromdichte durch $\boldsymbol{i} = \sigma \boldsymbol{E}$, Gl. (111.10) gegeben, besteht ferner eine solche Abhängigkeit von der Zeit, daß $\frac{\partial}{\partial t} = \mathrm{j}\,\omega$ gesetzt werden kann, so lassen sich weitere allgemeine Lösungen der Feldgleichungen angegeben. Diese lauten dann nach Gl. (111.11), (111.13), (111.13a)

$$\mathbf{rot}\,\boldsymbol{E} = -\mathrm{j}\,\omega\,\mu\,\boldsymbol{H}, \qquad \mathbf{rot}\,\boldsymbol{H} = \mathrm{j}\,\omega\,\varepsilon'\,\boldsymbol{E}$$

mit $\varepsilon' = \varepsilon - \mathrm{j}\frac{\sigma}{\omega}$. An Stelle von Gl. (112.1), (112.2) erhält man einfacher

$$\nabla^2 \boldsymbol{C} + k'^2 \boldsymbol{C} = \boldsymbol{0} \tag{112.22}$$

mit $k'^2 = \varepsilon'\mu\,\omega^2 = \mu\,\varepsilon\,\omega^2 - \mathrm{j}\,\mu\,\sigma\,\omega$, $\boldsymbol{C} = \boldsymbol{E}$ oder $= \boldsymbol{H}$.

Wird jetzt ein orthogonales krummliniges Koordinatensystem x_1, x_2, x_3 eingeführt, für das $h_3 = 1$ und h_1/h_2 unabhängig von x_3 ist, dann kann man die Felder durch nur *zwei* skalare Wellenpotentiale darstellen [*60*]. Zu solchen Systemen gehören die schon mehrfach verwendeten allgemeinen Zylinderkoordinaten ($x_3 = z$) sowie die räumlichen Polarkoordinaten, wenn $x_3 = R$, $x_1 = \vartheta$, $x_2 = \psi$ gesetzt wird $\left(\text{dann ist } \frac{h_1}{h_2} = \sin\vartheta\right)$. Die Feldgleichungen sind die Gl. (111.22) bis (111.24) bzw. (111.18) bis (111.21) mit $\frac{\partial}{\partial t} = \mathrm{j}\,\omega$, $\boldsymbol{i} = \sigma\,\boldsymbol{E}$.

Die Funktionen u, $u^\times$ seien zwei Lösungen der Gleichung

$$\frac{\partial^2 u}{\partial x_3^2} + \triangle_{\mathrm{tr}}\, u + k^2\, u = 0, \tag{112.23}$$

die für allgemeine Zylinderkoordinaten mit der skalaren Wellengleichung übereinstimmt[1]. $\triangle_{\mathrm{tr}}$ ist wie in Gl. (081.38) der zweidimensionale LAPLACE-Operator in den Flächen $x_3 = \text{const}$. Dann können $\boldsymbol{E}$ und $\boldsymbol{H}$ durch u und $u^\times$ folgendermaßen ausgedrückt werden:

$$\left.\begin{aligned}
E_1 &= h_1 \frac{\partial^2 u}{\partial x_3\,\partial x_1} - \mathrm{j}\,\omega\,\mu\,h_2 \frac{\partial u^\times}{\partial x_2}, \\
E_2 &= h_2 \frac{\partial^2 u}{\partial x_3\,\partial x_2} + \mathrm{j}\,\omega\,\mu\,h_1 \frac{\partial u^\times}{\partial x_1}, \\
E_3 &= \frac{\partial^2 u}{\partial x_3^2} + k'^2 u, \\
H_1 &= \mathrm{j}\,\omega\,\varepsilon'\,h_2 \frac{\partial u}{\partial x_2} + h_1 \frac{\partial^2 u^\times}{\partial x_3\,\partial x_1}, \\
H_2 &= -\mathrm{j}\,\omega\,\varepsilon'\,h_1 \frac{\partial u}{\partial x_1} + h_2 \frac{\partial^2 u^\times}{\partial x_3\,\partial x_2}. \\
H_3 &= \frac{\partial^2 u^\times}{\partial x_3^2} + k'^2 u^\times.
\end{aligned}\right\} \tag{112.24}$$

[1] In den übrigen Fällen steht an Stelle des ersten Gliedes in der Wellengleichung

$$h_1\,h_2 \frac{\partial}{\partial x_3}\left(\frac{1}{h_1\,h_2}\,\frac{\partial u}{\partial x_3}\right).$$

Der Beweis beruht auf folgender wesentlicher Tatsache: Die Linearität aller Gleichungen gibt die Möglichkeit, das Feld in zwei Teilfelder zu zerlegen, für die einmal $H_3 \equiv 0$ („E-Welle“), zum anderen $E_3 \equiv 0$ ist „(H-Welle“). Wir skizzieren den Beweis für die allgemeinen Zylinderkoordinaten. Im ersten Falle, $H_3 \equiv 0$, ist nach Gl. (111.24) der Vektor $-H_2 \mathbf{e}_1 + H_1 \mathbf{e}_2$ wirbelfrei, so daß er als Gradient eines Skalars geschrieben werden kann, etwa

$$-H_2 = \mathrm{j}\,\omega\,\varepsilon'\,h_1 \frac{\partial u}{\partial x_1}\,; \qquad H_1 = \mathrm{j}\,\omega\,\varepsilon'\,h_2 \frac{\partial u}{\partial x_2}\,.$$

Aus Gl. (111.23) folgt dann

$$E_1 = -\frac{1}{\mathrm{j}\,\omega\,\varepsilon'} \frac{\partial H_2}{\partial x_3} = h_1 \frac{\partial^2 u}{\partial x_3\,\partial x_1}\,; \qquad E_2 = h_2 \frac{\partial^2 u}{\partial x_3\,\partial x_2}\,.$$

Die dritte Gl. (111.22) ist erfüllt, wenn u der Gl. (112.23) genügt. Dann ist nach der dritten Gl. (111.23)

$$E_3 = \frac{\partial^2 u}{\partial x_3^2} + k'^2 u\,.$$

Dies sind aber die Ausdrücke in Gl. (112.24), soweit sie von u herrühren. Entsprechend geht man vor für $E_3 \equiv 0$.

Ein allgemeiner Feldzustand läßt sich danach unter den angegebenen Voraussetzungen durch zwei Funktionen u, $u^\times$ beschreiben, die Lösungen der Gl. (112.23) sind. Muß aus physikalischen Gründen H_3 oder E_3 verschwinden, so gilt $u^\times \equiv 0$ bzw. $u \equiv 0$, und alle Komponenten können durch einen Skalar und seine Ableitungen ausgedrückt werden. In vielen praktischen Problemen kann man E-Wellen ($H_3 \equiv 0$) und H-Wellen ($E_3 \equiv 0$) getrennt untersuchen und hat für den allgemeinen Fall nur beide geeignet zu kombinieren. Davon wird bei der Behandlung der Wellenleiter in Kap. 13 Gebrauch gemacht. Mit dem Separationsansatz

$$u = f(x_1, x_2) \exp(-\mathrm{j}\,\beta\,x_3)$$

erhält man für $f(x_1, x_2)$ die Gl. (081.38).

Es sind unter Umständen auch Lösungen der Feldgleichungen möglich, für die — wie bei den elektromagnetischen Transversalwellen im freien Raum mit der Ausbreitungsrichtung x_3 — sowohl E_3 wie H_3 identisch verschwinden. Wir nennen diesen Wellentyp in Wellenleitern, bei dem nur Transversalkomponenten vorkommen, in Analogie zu den LECHER-Wellen längs einer Zweidrahtleitung, „L-Welle“. Er kann nicht auftreten, wenn die (nicht notwendig ebene) Schnittfläche $x_3 = \text{const}$ endlich und einfach-zusammenhängend ist. Dies läßt sich folgendermaßen einsehen. Die zur Fläche $x_3 = \text{const}$ tangential verlaufenden Vektoren

$$\boldsymbol{E} = \boldsymbol{E}(x_1, x_2) \exp(-\mathrm{j}\,\beta\,x_3)\,, \qquad \boldsymbol{H} = \boldsymbol{H}(x_1, x_2) \exp(-\mathrm{j}\,\beta\,x_3)$$

stehen aufeinander senkrecht, und wegen $(\operatorname{rot}\boldsymbol{E})_3 = \mathrm{j}\,\omega\,\mu\,\boldsymbol{H}_3 = 0$ ist $\boldsymbol{E}(x_1, x_2)$ (und ebenso $\boldsymbol{H}(x_1, x_2)$) als Gradient aus einer skalaren Funktion f ableitbar:

$$\boldsymbol{E} = A\,\nabla f(x_1, x_2) \exp(-\mathrm{j}\,\beta\,x_3)\,.$$

Aus $\operatorname{div}\boldsymbol{E} = 0$ und der Randbedingung $\boldsymbol{E}_t = 0$ folgt weiter, daß f eine Lösung von

$$\triangle f = 0$$

sein müßte mit der Eigenschaft $f = \text{const}$ auf der Berandung des Querschnittes. Wenn aber der Querschnitt einfach zusammenhängend und endlich ist, existiert keine solche Lösung, abgesehen von $f = \text{const}$, also auch kein Feld $\boldsymbol{E}$ und keine L-Welle.

Für die L-Welle ist in Gl. (112.23) $u = f(x_1, x_2) \exp(-\mathrm{j}\,\beta x_3)$ und $\beta = k'$ zu setzen; die L-Welle besitzt daher in x_3-Richtung die Phasengeschwindigkeit des Lichts.

Wir führen noch ein Tripel unabhängiger Lösungen der Wellengleichung

$$\nabla^2 \boldsymbol{C} + k'^2 \boldsymbol{C} = \boldsymbol{0}$$

an, das von W. W. HANSEN [83] bei Antennenproblemen verwendet wurde:

$$\boldsymbol{L} = \nabla u; \quad \boldsymbol{M} = \nabla \times (u\,\boldsymbol{a}); \quad \boldsymbol{N} = \frac{1}{k'} \nabla \times \nabla \times (u\,\boldsymbol{a}). \tag{112.25}$$

Hier ist $\boldsymbol{a}$ ein konstanter Vektor und u eine Lösung der skalaren Gleichung

$$\triangle u + k'^2 u = 0.$$

Der Beweis folgt durch Einsetzen unter Verwendung von $\nabla \boldsymbol{a} = 0$; $\nabla \times \boldsymbol{a} = \boldsymbol{0}$. $\boldsymbol{M}$ und $\boldsymbol{N}$ sind quellenfrei, $\boldsymbol{L}$ ist wirbelfrei. Ferner gilt

$$\nabla \times \boldsymbol{M} = k' \boldsymbol{N}; \qquad \nabla \times \boldsymbol{N} = \frac{1}{k'} \{\nabla(\nabla \boldsymbol{M}) - \Delta \boldsymbol{M}\} = k' \boldsymbol{M}.$$

Daher hat man in

$$\boldsymbol{E} = A\,\boldsymbol{M} + B\,\boldsymbol{N}; \quad \boldsymbol{H} = \frac{k'}{\mathrm{j}\,\omega\,\mu} (B\,\boldsymbol{N} + A\,\boldsymbol{M}) \tag{112.26}$$

mit zwei Konstanten A, B zugleich eine Schar von Lösungen der MAXWELLschen Gleichungen gefunden.

An Stelle des Vektors $\boldsymbol{a}$ kann in Gl. (112.25) der Radiusvektor $\boldsymbol{R}$ treten, was bei Einführung räumlicher Polarkoordinaten nützlich sein kann [45]. Dann ist

$$\left.\begin{aligned} &M_r = 0; \quad M_\vartheta = \frac{1}{\sin\vartheta} \frac{\partial u}{\partial \vartheta}; \quad M_\psi = -\frac{\partial u}{\partial \psi}; \\ &N_r = \frac{1}{k'} \left[\frac{\partial^2 (r\,u)}{\partial r^2} + k'^2 r\,u\right]; \quad N_\vartheta = \frac{1}{k' r} \frac{\partial^2 (r\,u)}{\partial r\, \partial \vartheta}; \\ &N_\psi = \frac{1}{k' r \sin\vartheta} \frac{\partial^2 (r\,u)}{\partial r\, \partial \psi}. \end{aligned}\right\} \tag{112.27}$$

Es wird schließlich noch eine Integrationsmethode in allgemeinen Zylinderkoordinaten erwähnt, die auch bei von Null verschiedener Strom- und Ladungsverteilung $\boldsymbol{i}$ bzw. ϱ anwendbar ist. Ist $f(x_1, x_2)$ eine Lösung der Gl. (081.38)

$$\triangle_{\mathrm{tr}} f + \eta^2 f = 0, \tag{112.28}$$

so erfüllen die drei Vektoren

$$\boldsymbol{C}^{(1)} = \nabla f; \quad \boldsymbol{C}^{(2)} = \nabla f \times \mathbf{e}_z; \quad \boldsymbol{C}^{(3)} = f\,\mathbf{e}_z, \tag{112.29}$$

die wie f von z nicht abhängen, die Gleichung

$$\nabla^2 \boldsymbol{C} + \eta^2 \boldsymbol{C} = \boldsymbol{0}.$$

Sie bilden ein orthogonales Dreibein; $\boldsymbol{C}^{(1)}$, $\boldsymbol{C}^{(2)}$ liegen in der x_1, x_2-Ebene.

Man kann dann einen beliebigen Vektor $\boldsymbol{P}$ (x_1, x_2, z, t) nach diesem Dreibein zerlegen:

$$\boldsymbol{P} = P^{(1)} \boldsymbol{C}^{(1)} + P^{(2)} \boldsymbol{C}^{(2)} + P^{(3)} \boldsymbol{C}^{(3)}$$

mit Komponenten $P^{(i)}$, die Funktionen von z und t sind, und findet

$$\nabla \boldsymbol{P} = \left(\frac{\partial P^{(3)}}{\partial z} - k_z^2 P^{(1)}\right) f, \quad \nabla \times \boldsymbol{P} = \frac{\partial P^{(2)}}{\partial z} \boldsymbol{C}^{(1)} + \left(P^{(3)} - \frac{\partial P^{(1)}}{\partial z}\right) \boldsymbol{C}^{(2)} + P^{(2)} \eta^2 f\, \boldsymbol{C}^{(3)}.$$

Diese Zerlegung denken wir uns für $\boldsymbol{E}$, $\boldsymbol{H}$ und $\boldsymbol{i}$ vorgenommen,

$$\boldsymbol{E} = E^{(1)}(z, t)\,\boldsymbol{C}^{(1)} + E^{(2)}(z, t)\,\boldsymbol{C}^{(2)} + E^{(3)}(z, t)\,\boldsymbol{C}^{(3)}$$

usf., und machen für die Ladungsdichte den Ansatz

$$\varrho(x_1, x_2, z, t) = \varkappa(z, t)\, f(x_1, x_2).$$

Dann erhält man aus den Feldgleichungen

$$\left.\begin{aligned}
\frac{\partial E^{(2)}}{\partial z} &= -\mu \frac{\partial H^{(1)}}{\partial t}, & \frac{\partial H^{(2)}}{\partial z} &= \varepsilon \frac{\partial E^{(1)}}{\partial t} + i_1,\\
E^{(3)} - \frac{\partial E^{(1)}}{\partial z} &= -\mu \frac{\partial H^{(2)}}{\partial t}, & H^{(3)} - \frac{\partial H^{(1)}}{\partial z} &= \varepsilon \frac{\partial E^{(2)}}{\partial t} + i_2,\\
\eta^2 E^{(2)} &= -\mu \frac{\partial H^{(3)}}{\partial t}, & \eta^2 H^{(2)} &= \varepsilon \frac{\partial E^{(3)}}{\partial t} + i_3,\\
-\eta^2 H^{(1)} + \frac{\partial H^{(3)}}{\partial z} &= 0, & -\eta^2 E^{(1)} + \frac{\partial E^{(3)}}{\partial z} &= \frac{\varkappa}{\varepsilon}.
\end{aligned}\right\} \quad (112.30)$$

Für festes η und gegebenes $\varkappa$ und $\boldsymbol{i}$ kann man daraus grundsätzlich die $\boldsymbol{E}$- und $\boldsymbol{H}$-Komponenten bestimmen; als Variable kommen nur z und t darin vor. Bei beliebigen ϱ wird man möglichst eine Integraldarstellung

$$\varrho = \int \varkappa(z, t; \eta)\, f(x_1, x_2; \eta)\, \mathrm{d}\eta$$

verwenden und dann auch die Feldvektoren in Integralform erhalten. Die Integration über η kann in Wirklichkeit eine zweifache sein, je nach den Randbedingungen für f in Gl. (112.28). In kartesischen Koordinaten $x_1 = x$, $x_2 = y$ z. B. ist

$$f = \exp \mathrm{j}(k_1 x + k_2 y) \quad \text{mit} \quad k_1^2 + k_2^2 = \eta^2$$

und

$$\varrho = \int\limits_{k_1}\int\limits_{k_2} \varkappa(z, t; k_1, k_2) \exp \mathrm{j}(k_1 x + k_2 y)\, \mathrm{d}k_1\, \mathrm{d}k_2.$$

Bei Unabhängigkeit von y fällt die Integration über k_2 fort, es bleibt ein einfaches Integral über $k_1 = \eta$.

Bezüglich einer interessanten Anwendung siehe [*118*]; dort sind $\boldsymbol{i} = \varrho\,\boldsymbol{v}$ und $\boldsymbol{E}$ noch durch Bewegungsgleichungen verknüpft; die Lösung der Gl. (112.30) für $z > 0$, $t > 0$ bei gegebenen Anfangswerten erfolgt durch eine zweifache $\mathfrak{L}$-Transformation.

113 Energie und Leistung. POYNTINGscher Satz.

In statischen Feldern sind bekanntlich

$$\frac{\boldsymbol{E}\boldsymbol{D}}{2} = \frac{\varepsilon \boldsymbol{E}^2}{2} = w_{\mathrm{el}} \quad \text{und} \quad \frac{\boldsymbol{H}\boldsymbol{B}}{2} = \frac{\mu \boldsymbol{H}^2}{2} = w_{\mathrm{mag}}$$

die Energiedichte eines elektrostatischen bzw. magnetostatischen Feldes. Mit einer gewissen Willkür[1] werden diese Ausdrücke auch für den elektrischen und magnetischen Anteil der Energiedichte eines elektromagnetischen Feldes verwendet, das sich beliebig in der Zeit ändert. Als Augenblickswerte der gesamten Energiedichte des Feldes sieht man also die Größe

$$w = w_{\mathrm{el}} + w_{\mathrm{mag}} = \frac{\varepsilon \boldsymbol{E}^2}{2} + \frac{\mu \boldsymbol{H}^2}{2} \quad (113.1)$$

[1] Vgl. die Diskussion dieser Frage in [*45*].

an; sie ist selbst im allgemeinen eine Funktion der Zeit, Betrachten wir ein endliches Raumgebiet V; hängt die darin enthaltene Gesamtenergie

$$W = \iiint_V w \,\mathrm{d}V = \iiint \frac{\varepsilon \boldsymbol{E}^2 + \mu \boldsymbol{H}^2}{2} \mathrm{d}V \tag{113.2}$$

von der Zeit ab, so muß, von Verlusten abgesehen, eine Strömung der Energie durch die Begrenzung stattfinden. Wir zeigen nun, daß dieser Energiefluß pro Zeiteinheit und Flächeneinheit durch den sogenannten POYNTINGschen Vektor

$$\boldsymbol{S} = \boldsymbol{E} \times \boldsymbol{H} \tag{113.3}$$

nach Größe und Richtung gegeben ist. Sein Betrag wird in VA cm^{-2} gemessen, d. i. eine Leistung pro Flächeneinheit.

Wir gehen aus von den MAXWELLschen Gleichungen

$$\nabla \times \boldsymbol{E} = -\mu \frac{\partial \boldsymbol{H}}{\partial t}, \qquad \nabla \times \boldsymbol{H} = \varepsilon \frac{\partial \boldsymbol{E}}{\partial t} + \boldsymbol{i},$$

multiplizieren die erste skalar mit $\boldsymbol{H}$, die zweite mit $\boldsymbol{E}$ und subtrahieren:

$$\boldsymbol{H}(\nabla \times \boldsymbol{E}) - \boldsymbol{E}(\nabla \times \boldsymbol{H}) = -\frac{\mu}{2} \frac{\partial \boldsymbol{H}^2}{\partial t} - \frac{\varepsilon}{2} \frac{\partial \boldsymbol{E}^2}{\partial t} - \boldsymbol{E}\boldsymbol{i}.$$

Die linke Seite ist aber nach Gl. (012.21)

$$= \nabla(\boldsymbol{E} \times \boldsymbol{H}) = \nabla \boldsymbol{S};$$

auf der rechten kann Gl. (113.1) eingesetzt werden. Man erhält

$$\nabla \boldsymbol{S} = -\frac{\partial w}{\partial t} - \boldsymbol{E}\boldsymbol{i}. \tag{113.4}$$

Bei Integration über V wird links der GAUSSsche Integralsatz, rechts die Definition Gl. (113.2) verwendet. Ist F die Berandung von V, so folgt

$$\iint_F \boldsymbol{S}\boldsymbol{n}\,\mathrm{d}F + \iiint_V \boldsymbol{E}\boldsymbol{i}\,\mathrm{d}V = -\frac{\partial W}{\partial t}; \tag{113.5}$$

d. i. die mathematische Formulierung des POYNTINGschen Satzes. Dieser besagt, daß die zeitliche Abnahme der in V enthaltenen Energie, soweit sie nicht auf die Bewegung der Ladungsträger im Feld entfällt, als Fluß des Vektors $\boldsymbol{S}$ durch die Oberfläche hindurchtritt.

Das Volumenintegral über $\boldsymbol{E}\boldsymbol{i}$ bedarf noch einer Erläuterung. Besteht V ganz oder teilweise aus einem unvollkommenen Leiter ($\sigma < \infty$), so ist für einen Teil $\boldsymbol{i}_1$ des Stromes $\boldsymbol{i}_1 = \sigma \boldsymbol{E}$, und der zugehörige Term $\iiint \sigma \boldsymbol{E}\,\mathrm{d}V$ $= \iiint \frac{\boldsymbol{i}_1^2}{\sigma}\mathrm{d}V$ stellt einen Energieverlust (pro sec) durch Wärmeentwicklung dar. Daneben können aber freie bewegte Ladungen ϱ vorhanden sein, dann bedeutet $\boldsymbol{E}\,\boldsymbol{i}_2 = \varrho\,\boldsymbol{v}\boldsymbol{E}$ ($\boldsymbol{v}$ = Geschwindigkeitsvektor) die pro Zeiteinheit vom Feld an der Ladung ϱ geleistete Arbeit (z. B. durch Beschleunigung; magnetische Felder leisten keine Arbeit). Im allgemeinen kann sich $\iiint_V \boldsymbol{E}\boldsymbol{i}\,\mathrm{d}V$ aus Anteilen beider Art zusammensetzen.

Für die ebenen Wellen, die wir als Lösung von Gl. (112.3) erhielten, ist nach Gl. (112.4)

$$\boldsymbol{S} = \begin{vmatrix} \mathbf{e}_x & \mathbf{e}_y & \mathbf{e}_z \\ E_x & E_y & 0 \\ H_x & H_y & 0 \end{vmatrix} = \mathbf{e}_z \frac{1}{Z_0}(E_x^2 + E_y^2),$$

der Energiefluß erfolgt daher in Richtung der Wellenausbreitung. Ferner ist in jedem Augenblick

$$w_{el} = w_{mag}.$$

Für Wechselfelder $\sim \exp \mathrm{j}\,\omega\,t$ ist nach Kap. 033 beim Übergang zu den zeitlichen Mittelwerten $\varepsilon \frac{E^2}{2}$ durch $\varepsilon \frac{\boldsymbol{E}\,\boldsymbol{E}^*}{4}$, $\mu \frac{H^2}{2}$ durch $\mu \frac{\boldsymbol{H}\,\boldsymbol{H}^*}{4}$, $\boldsymbol{E}\,\boldsymbol{i}$ durch $\frac{\boldsymbol{E}\,\boldsymbol{i}^*}{2}$ und $\boldsymbol{S} = \boldsymbol{E} \times \boldsymbol{H}$ durch den komplexen POYNTINGschen Vektor $\frac{1}{2}(\boldsymbol{E} \times \boldsymbol{H}^*)$ zu ersetzen. Wir definieren als komplexen Leitungsfluß durch eine Fläche F

$$P = \frac{1}{2} \iint\limits_F (\boldsymbol{E} \times \boldsymbol{H}^*)\,\boldsymbol{n}\,\mathrm{d}F. \tag{113.6}$$

Aus den MAXWELLschen Gleichungen

$$\nabla \times \boldsymbol{E} = -\mathrm{j}\,\omega\,\mu\,\boldsymbol{H}, \qquad \nabla \times \boldsymbol{H} = \mathrm{j}\,\omega\,\varepsilon\,\boldsymbol{E} + \boldsymbol{i}$$

folgt jetzt

$$\frac{1}{2}\nabla(\boldsymbol{E} \times \boldsymbol{H}^*) = \frac{1}{2}\boldsymbol{H}^*(\nabla \times \boldsymbol{E}) - \frac{1}{2}\boldsymbol{E}(\nabla \times \boldsymbol{H}^*)$$
$$= -\frac{\boldsymbol{E}\,\boldsymbol{i}^*}{2} - \mathrm{j}\,2\,\omega\left(\mu\frac{\boldsymbol{H}\,\boldsymbol{H}^*}{4} - \varepsilon\frac{\boldsymbol{E}\,\boldsymbol{E}^*}{4}\right),$$

und daher nimmt der POYNTINGsche Satz die Form an:

$$P = -\iiint\limits_V \frac{\boldsymbol{E}\,\boldsymbol{i}^*}{2}\,\mathrm{d}V - 2\mathrm{j}\,\omega \iiint\limits_V \left(\frac{\mu\,\boldsymbol{H}\,\boldsymbol{H}^*}{4} - \frac{\varepsilon\,\boldsymbol{E}\,\boldsymbol{E}^*}{4}\right)\mathrm{d}V. \tag{113.7}$$

Speziell für $\boldsymbol{i} = \sigma\,\boldsymbol{E}$ lautet er

$$P = -\sigma \iiint\limits_V \frac{\boldsymbol{E}\,\boldsymbol{E}^*}{2}\,\mathrm{d}V - 2\mathrm{j}\,\omega \iiint\limits_V \left(\frac{\mu\,\boldsymbol{H}\,\boldsymbol{H}^*}{4} - \frac{\varepsilon\,\boldsymbol{E}\,\boldsymbol{E}^*}{4}\right)\mathrm{d}V, \tag{113.8}$$

d. h., die im Leiter erzeugte Wärme geht als Wirkleistung verloren; die (über eine Periode gemittelte) Blindleistung erscheint als die Differenz zwischen magnetischer und elektrischer Energie, multipliziert mit 2ω.

Im Hinblick auf spätere Anwendungen fügen wir noch die letzte Gleichung an für den Fall einer zeitlichen Dämpfung $(\sim \exp(-b + \mathrm{j}\,\omega)\,t)$:

$$\begin{aligned} P = -\sigma \iiint \frac{\boldsymbol{E}\,\boldsymbol{E}^*}{2}\,\mathrm{d}V + 2b \iiint \left(\frac{\mu\,\boldsymbol{H}\,\boldsymbol{H}^*}{4} + \frac{\varepsilon\,\boldsymbol{E}\,\boldsymbol{E}^*}{4}\right)\mathrm{d}V - \\ - 2\mathrm{j}\,\omega \iiint \left(\frac{\mu\,\boldsymbol{H}\,\boldsymbol{H}^*}{4} - \frac{\varepsilon\,\boldsymbol{E}\,\boldsymbol{E}^*}{4}\right)\mathrm{d}V. \end{aligned} \tag{113.9}$$

Da die Produkte $\boldsymbol{E}\,\boldsymbol{E}^*$ usf. jetzt den Faktor $\exp(-2b\,t)$ enthalten, ist

$$\mathrm{Re}\,P = -\sigma \iiint \frac{\boldsymbol{E}\,\boldsymbol{E}^*}{2}\,\mathrm{d}V - \frac{\partial \overline{W}}{\partial t},$$

wenn $\overline{W}$ die über eine Periode gemittelte in V enthaltene Feldenergie ist. Zu den Leitungsverlusten tritt also jetzt diese Abnahme durch Dämpfung hinzu.

114 Randbedingungen für elektromagnetische Felder.

1141 Ideale Randbedingungen. An Oberflächen F, die die Grenze zweier Medien mit den Dielektrizitätskonstanten ε_1 bzw. ε_2, den Permeabilitäten μ_1 bzw. μ_2 und den Leitfähigkeiten σ_1 und σ_2 bilden, erfüllen die Feldvektoren folgende Randbedingungen:

Die Tangentialkomponenten[1] von $\boldsymbol{E}$ sind stetig:

$$\boldsymbol{E}_{t,2} = \boldsymbol{E}_{t,1} \quad \text{oder} \quad \boldsymbol{n} \times (\boldsymbol{E}_2 - \boldsymbol{E}_1) = \boldsymbol{0}. \tag{114.1}$$

$\boldsymbol{n}$ ist der Normaleinheitsvektor auf der Fläche; wir wollen ihn von Medium 1 nach Medium 2 gerichtet annehmen.

Für die Tangentialkomponente von $\boldsymbol{H}$ gilt

$$\boldsymbol{n} \times (\boldsymbol{H}_2 - \boldsymbol{H}_1) = \boldsymbol{J}, \tag{114.2}$$

wenn $\boldsymbol{J}$ den in einem Streifen der Breite 1 der Oberfläche fließenden Strom bezeichnet. Für $\boldsymbol{J} \neq \boldsymbol{0}$, was unendliche Raumladungsdichte in Punkten von F nach sich zieht, sind also die Tangentialkomponenten von $\boldsymbol{H}$ unstetig, ihr Sprung gleich dem jeweils senkrecht dazu fließenden Oberflächenstrom.

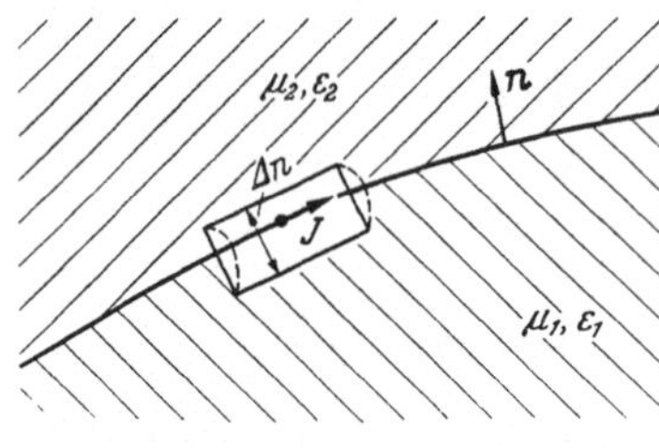

Abb. 11.1. Zur Randbedingung für $\boldsymbol{H}$ an der Trennfläche zweier Medien.

Die Bedingungen Gl. (114.1), (114.2) folgen aus den Feldgleichungen, wenn man sie in ihrer Integralform Gl. (111.7), (111.8) auf ein Gebiet, wie das in Abb. 11.1 skizzierte, anwendet, das Punkte beider Medien enthält und dessen Volumen $\to 0$ streben läßt. Bei diesem Grenzübergang entsteht $\boldsymbol{J}$ aus $\boldsymbol{i}\,(\Delta n)$ für $\Delta n \to 0$ und kann wegen $\boldsymbol{i} = \sigma\,\boldsymbol{E}$ nur $\neq \boldsymbol{0}$ sein, wenn eines der σ unendlich groß ist. Ähnlich findet man aus den Divergenzbeziehungen

$$\boldsymbol{n} \times (\boldsymbol{B}_2 - \boldsymbol{B}_1) = \boldsymbol{0} \quad \text{oder} \quad \mu_2 H_{2n} = \mu_1 H_{1n} \tag{114.3}$$

und

$$\boldsymbol{n}\,(\boldsymbol{D}_2 - \boldsymbol{D}_1) = \mathsf{P} \quad \text{oder} \quad \varepsilon_2 E_{2n} - \varepsilon_1 E_{1n} = \mathsf{P} \tag{114.4}$$

mit P als Oberflächenladung. Die Normalkomponente von $\mu\,\boldsymbol{H}$ bleibt also beim Durchgang durch F stetig, während $\varepsilon\,\boldsymbol{E}$ einen Sprung von der Größe der Oberflächenladung erfährt.

Die Kontinuitätsgleichung $\operatorname{div}\boldsymbol{i} = -\frac{\partial \varrho}{\partial t}$ verlangt ferner bei endlicher Leitfähigkeit σ_1, σ_2

$$\boldsymbol{n}\,(\boldsymbol{i}_2 - \boldsymbol{i}_1) = -\frac{\partial \mathsf{P}}{\partial t}. \tag{114.5}$$

Die Normalkomponente der Stromdichte ist also bei zeitlich veränderlicher Oberflächenladung an der Grenzfläche unstetig.

Von besonderem Interesse sind diese Beziehungen, wenn eines der Medien, etwa 2, ein vollkommener Leiter ist ($\sigma_2 = \infty$). Dann kann im Medium 2 kein elektrisches Feld existieren; aus den MAXWELLschen Gleichungen folgt aus $\boldsymbol{E}_2 \equiv \boldsymbol{0}$ auch $\boldsymbol{H}_2 \equiv \boldsymbol{0}$. In Verbindung mit Gl. (114.1), (114.3) besagt dies: An der Oberfläche eines idealen Leiters sind die Tangentialkomponenten von $\boldsymbol{E}$ sowie die Normalkomponente von $\boldsymbol{H}$ gleich Null:

$$\boldsymbol{n} \times \boldsymbol{E}_1 = \boldsymbol{0}; \qquad \boldsymbol{n}\,\boldsymbol{H}_1 = 0. \tag{114.6}$$

Ferner lauten die Randbedingungen Gl. (114.2) und (114.4)

$$\boldsymbol{n}\,\varepsilon_1\,\boldsymbol{E}_1 = -\mathsf{P}; \qquad \boldsymbol{n} \times \boldsymbol{H}_1 = -\boldsymbol{J}; \tag{114.7}$$

[1] Das heißt alle Komponenten, die in der Tangentialebene des betreffenden Grenzflächenpunktes liegen.

die rechte Seite auch der zweiten dieser Gleichungen ist für $\sigma_2 = \infty$ im allgemeinen von Null verschieden. Die Gl. (114.6), (114.7) wollen wir die idealen Randbedingungen an einer Metalloberfläche nennen. Schließlich folgt für die Normalkomponente der Stromdichte aus Gl. (114.5) und (114.7)

$$\boldsymbol{n}\,\boldsymbol{i}_2 = \boldsymbol{n}\,\boldsymbol{i}_1 - \frac{\partial \mathsf{P}}{\partial t} = -\frac{\sigma_1}{\varepsilon_1}\,\mathsf{P} - \frac{\partial \mathsf{P}}{\partial t} \tag{114.8}$$

und speziell für $\dfrac{\partial}{\partial t} = \mathrm{j}\,\omega$

$$\boldsymbol{n}\,\boldsymbol{i}_2 = -\frac{\sigma_1 + \mathrm{j}\,\omega\,\varepsilon_1}{\varepsilon_1}\,\mathsf{P}\,. \tag{114.8a}$$

In der Praxis ist immer $\sigma < \infty$. Wir wollen im folgenden erörtern, was dies bei hochfrequenten Feldern nach sich zieht.

1142 Praktische Randbedingungen, Skineffekt. In einem unvollkommenen Leiter ($\sigma < \infty$) kann ein elektromagnetisches Feld durchaus existieren. Bei raschen Änderungen wird es jedoch vorwiegend auf die Nähe der Grenzflächen des Leiters konzentriert, eine Erscheinung, die als „Stromverdrängung“ oder „Skineffekt“ bekannt ist.

Indem wir in diesem Abschnitt sinusförmige Zeitabhängigkeit, $\dfrac{\partial}{\partial t} = \mathrm{j}\,\omega$, annehmen, können wir ausgehen von den Feldgleichungen in der Form der Gl. (111.11), (111.13):

$$\nabla \times \boldsymbol{E} = -\mathrm{j}\,\omega\,\mu\,\boldsymbol{H}, \qquad \nabla \times \boldsymbol{H} = (\sigma + \mathrm{j}\,\omega\,\varepsilon)\,\boldsymbol{E}$$

bzw. der Wellengleichung Gl. (112.1), die für $\boldsymbol{i} = \sigma\,\boldsymbol{E}$, $\varrho \equiv 0$ lautet

$$\nabla^2 \boldsymbol{E} + \mu\,\omega^2\left(\varepsilon - j\,\frac{\sigma}{\omega}\right)\boldsymbol{E} = \boldsymbol{0}. \tag{114.9}$$

Für alle einigermaßen guten Leiter ist bis zu den höchsten gebräuchlichen Frequenzen

$$\omega\varepsilon \ll \sigma,$$

d. h. der Verschiebungsstrom neben dem Leitungsstrom vernachlässigbar. Betrachten wir sodann die Wellengleichung

$$\nabla^2 \boldsymbol{E} - \mathrm{j}\,\mu\,\omega\,\sigma\,\boldsymbol{E} = \boldsymbol{0} \tag{114.10}$$

in einem Leiter mit ebener Begrenzung; es sei dies die Ebene $z = 0$, die x, y-Ebene. Da nur Abhängigkeit von z besteht, ist $\nabla^2 = \dfrac{\mathrm{d}^2}{\mathrm{d}z^2}$, und die Lösung von Gl. (114.10) im Leiter ($z > 0$) lautet

$$\boldsymbol{E} = \boldsymbol{E}_i \exp\left(-\sqrt{\mathrm{j}\,\omega\,\sigma\,\mu}\;z\right) = \boldsymbol{E}_i \exp\left(-(1+\mathrm{j})\sqrt{\frac{\mu\,\omega\,\sigma}{2}}\;z\right) \tag{114.11}$$

mit einem festen Vektor $\boldsymbol{E}_i$, ebenso für $\boldsymbol{H}$ und $\boldsymbol{i} = \sigma\,\boldsymbol{E}$ $\left(\text{man beachte } \sqrt{\mathrm{j}} = \dfrac{1+\mathrm{j}}{\sqrt{2}}\right)$.

In z-Richtung zeigen $\boldsymbol{E}$, $\boldsymbol{H}$, $\boldsymbol{i}$ exponentielle Dämpfung $\sim \exp(-z/\delta)$ mit

$$\delta = \sqrt{\frac{2}{\mu\,\omega\,\sigma}}\,; \tag{114.12}$$

bei $z = \delta$ sind die Amplituden auf den Bruchteil $\exp(-1) \approx 36{,}9\%$ des Oberflächenwertes abgesunken. Diese Länge δ wird als Eindringtiefe oder Skintiefe des Leiters mit ebener Wand bezeichnet. Ihre Bedeutung ist, grob gesagt, die folgende: Eine in der Ebene $z = 0$ erregtes Feld beschränkt sich im Leiter im wesentlichen auf den Bereich $z \leqq \delta$. Bei zunehmender Frequenz nimmt δ wie $1/\sqrt{\omega}$ ab.

Als Beispiel diene eine ebene, senkrecht auf die Ebene $z = 0$ auftreffende Welle. Bei $z = 0$ müssen die Tangentialkomponenten innen und außen übereinstimmen. Während sich ein idealer Leiter wie ein Spiegel verhält, d. h. die Tangentialkomponenten von einfallender und reflektierter Welle entgegengesetzt gleich sind, ihre Resultierende auf der Oberfläche verschwindet — dies gilt natürlich ebenso bei schrägem Einfall —, dringt für $\sigma < \infty$ ein Teil des Feldes in den Leiter ein; seine Energie wird als Wärme verbraucht.

Wir können $\boldsymbol{E}$ (und damit $\boldsymbol{i} = \sigma \boldsymbol{E}$ im Leiter) in x-Richtung annehmen, dann besitzt $\boldsymbol{H}$ die Richtung der y-Achse. Nach der zweiten MAXWELLschen Gleichung ist im Leiter

$$-\frac{\partial H_y}{\partial z} = \frac{1+\mathrm{j}}{\delta} H_y = (\sigma + \mathrm{j}\,\omega\,\varepsilon)\,E_x \approx \sigma\,E_x$$

oder

$$Z = \frac{E_x}{H_y} \approx \frac{1+\mathrm{j}}{\delta\,\sigma}. \tag{114.13}$$

Der Quotient $Z = \frac{E_x}{H_y}$ ist von der Dimension einer (komplexen) Impedanz und wird als Wellenwiderstand des leitenden Mediums bezeichnet, sein Realteil

$$R_\square = \mathrm{Re}\,Z = \frac{1}{\delta\,\sigma} = \sqrt{\frac{\omega\,\mu}{2\sigma}} = \pi\,\frac{\mu}{\mu_0}\,Z_0\,\frac{\delta}{\lambda} \tag{114.14}$$

als Flächenwiderstand; der Grund für diese Definition wird weiter unten deutlich. Der reaktive Bestandteil von Z ist induktiv und seinem Betrage nach $= R_\square$. Z ist auch gleich dem Verhältnis von E_x an der Oberfläche zum *gesamten* Strom J_x, der im Leiter pro Längeneinheit in y-Richtung fließt:

$$J_x = \int_0^\infty i_x\,\mathrm{d}z = (i_x)_{z=0} \int_0^\infty \exp\left(-\frac{1+\mathrm{j}}{\delta}\,z\right)\mathrm{d}z = \sigma\,(E_x)_{z=0}\,\frac{\delta}{1+\mathrm{j}} = \frac{(E_x)_{z=0}}{Z}.$$

Aus dem Durchflutungsgesetz, in dem im Leiter der Verschiebungsstrom wegbleiben kann, folgt

$$J_x = (H_y)_{z=0},$$

wenn man nämlich als Integrationsweg in Gl. (111.8) eine Strecke der Länge 1 in y-Richtung auf der Leiteroberfläche und die von ihren Endpunkten ausgehenden Parallelen zur positiven z-Achse wählt (Abb. 11.2). Allgemeiner ist mit $\boldsymbol{n}$ als nach außen weisendem Normaleneinheitsvektor

$$\boldsymbol{J} = \boldsymbol{n} \times \boldsymbol{H}. \tag{114.15}$$

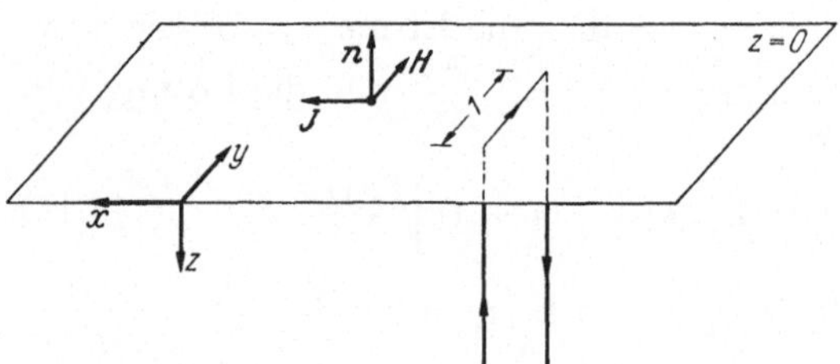

Abb. 11.2. Zum Skineffekt an einer leitenden Ebene.

Wir geben der Gl. (114.13) noch eine andere Form: An der ebenen Oberfläche eines Mediums mit endlicher Leitfähigkeit σ ist $\boldsymbol{E}_t$, die Tangentialkomponente von $\boldsymbol{E}$, nicht Null, sondern durch

$$\boldsymbol{E}_t = -Z\,(\boldsymbol{H}_t \times \boldsymbol{n}) = -(1+\mathrm{j})\,R_\square\,(\boldsymbol{H}_t \times \boldsymbol{n}) \tag{114.16}$$

gegeben. Diese Gleichung möchten wir als „praktische" Randbedingung an der Leiteroberfläche bezeichnen. Danach steht der Vektor $\boldsymbol{E}_t$ auf $\boldsymbol{H}_t$ senkrecht, sein Betrag ist $\sqrt{2}\,R_\square\,|\boldsymbol{H}_t|$. In vielen praktischen Fällen ist der Fehler gering, den man begeht, wenn man für $\boldsymbol{H}_t$ das aus dem betreffenden „idealen" Randwertproblem ($\sigma = \infty$) erhaltene einsetzt und das „praktische" $\boldsymbol{E}_t$ aus der obigen Beziehung berechnet. Gl. (114.16) besteht gleicherweise, wenn $\boldsymbol{E}_t$ und $\boldsymbol{H}_t$ auf der ebenen Begrenzungsfläche von x und y abhängen. Wir können sie auf gekrümmte Oberflächen erweitern, indem wir im betrachteten Punkt der Oberfläche diese örtlich durch ihre Tangentialebene ersetzen. Im übrigen gelten an der Begrenzung eines Mediums mit endlichem σ die allgemeinen Randbedingungen Gl. (114.1), (114.3), (114.4).

Für praktische Zwecke ist aber vor allem die obige Gl. (114.16) von Bedeutung, während man mit guter Näherung an der Oberfläche auch eines unvollkommenen Leiters $H_n = 0$ setzen kann.

Der Energiefluß in den Leiter hinein, d. i. in Richtung $-\boldsymbol{n}$, ist durch die betreffende Komponente des POYNTINGschen Vektors gegeben:

$$|\boldsymbol{S}\boldsymbol{n}| = \frac{1}{2}\operatorname{Re}\boldsymbol{n}(\boldsymbol{E}\times\boldsymbol{H}^*) = \frac{1}{2}\operatorname{Re}|\boldsymbol{E}_t\times\boldsymbol{H}_t^*| = \frac{R_\square}{2}|\boldsymbol{H}_t|^2. \qquad (114.17)$$

Insbesondere für ebene Begrenzung

$$|\boldsymbol{S}\boldsymbol{n}| = \frac{1}{2}R_\square|\boldsymbol{J}|^2. \qquad (114.18)$$

In diesem Ausdruck für den (über eine Periode gemittelten und auf die Einheit der Leiteroberfläche bezogenen) Energieverlust erscheint das Quadrat der über die gesamte Tiefe des Leiters integrierten Stromdichte mit dem Flächenwiderstand multipliziert. Eine äquivalente Beschreibung ist daher die folgende: Der Strom im Leiter ist im wesentlichen auf die Oberflächenschicht der Tiefe δ konzentriert, und dieser kommt pro Flächeneinheit der Wirkwiderstand $R_\square$ zu.

Ist ein endliches Raumgebiet V, wie das Innere eines Hohlraumresonators, durch ein nichtideales Metall begrenzt, so berechnet sich der gesamte Energieverlust pro Sekunde in der Metalloberfläche F nach Gl. (114.17) aus dem über F erstreckten Integral

$$\frac{\partial W}{\partial t} = \iint\limits_F |\boldsymbol{S}\boldsymbol{n}|\,\mathrm{d}F = \frac{1}{2}R_\square\iint\limits_F |\boldsymbol{H}_t|^2\,\mathrm{d}F. \qquad (114.19)$$

Durch den Skineffekt wird, wie oben erläutert, das Hochfrequenzfeld und damit der Stromfluß im Leiter auf die Umgebung der Oberflächen beschränkt. Wir führen noch kurz das bekannte Beispiel eines geraden Drahtes mit kreisförmigem Querschnitt an. Die Richtung von Achse und Stromfluß sei z. Die Differentialgleichung für $i_z = \sigma E_z$ im Leiter lautet auf Grund der Achsensymmetrie nach Gl. (114.10) und (114.12)

$$\frac{\mathrm{d}^2 i_z}{\mathrm{d}r^2} + \frac{1}{r}\frac{\mathrm{d}i_z}{\mathrm{d}r} + \frac{2}{\mathrm{j}\,\delta^2}i_z = 0.$$

Ihre Lösungen sind Zylinderfunktionen nullter Ordnung vom Argument

$$\sqrt{\frac{2}{\mathrm{j}\,\delta^2}} = \frac{2}{(1+\mathrm{j})\,\delta} = \frac{1-\mathrm{j}}{\delta};$$

da i_z bei $r = 0$ endlich bleiben muß, folgt

$$i_z = a\,\mathrm{J}_0\left((1-\mathrm{j})\frac{r}{\delta}\right).$$

Real- und Imaginärteil dieser Funktion sind die in Kap. 091 erwähnten KELVINschen Funktionen

$$\mathrm{J}_0\left((1-\mathrm{j})\frac{r}{\delta}\right) = \operatorname{Ber}\left(\sqrt{2}\,\frac{r}{\delta}\right) + \mathrm{j}\operatorname{Bei}\left(\sqrt{2}\,\frac{r}{\delta}\right).$$

Ist r_0 der Radius des Drahtes, i_0 der Strom an der Oberfläche, so ist also

$$i_z = i_0 \frac{J_0\left((1-j)\frac{r}{\delta}\right)}{J_0\left((1-j)\frac{r_0}{\delta}\right)}.$$

Ob in der Drahtachse noch ein merklicher Stromfluß vorhanden ist, hängt demnach vom Verhältnis r_0/δ, also bei festem r_0 von der Frequenz ab. Für $\frac{r_0}{\delta} \leq 4$ beträgt $\left|\frac{i_z(0)}{i_0}\right|$ weniger als 10%. Das Verhältnis $\left|\frac{i_z}{i_0}\right|$ nimmt mit dem Abstand von der Oberfläche langsamer ab als bei ebener Begrenzung. Für wachsende Frequenz kommt aber dieser Effekt der Oberflächenkrümmung mehr und mehr zum Verschwinden.

Literatur [*3, 38, 43, 45*].

12 Hohlraumresonatoren.

121 Die Entwicklung nach den orthogonalen Eigenfunktionen des „idealen" Hohlraumes.

Unter einem Hohlraumresonator wollen wir ganz allgemein ein mit Luft oder einem anderen homogenen Dielektrikum gefülltes und von leitenden Wänden F berandetes endliches Raumgebiet V verstehen. Ist es frei von Ladungen und Strömen, so lauten in V die MAXWELLschen Gleichungen

$$\nabla \times \boldsymbol{E} = -\mu \frac{\partial \boldsymbol{H}}{\partial t}, \qquad \nabla \times \boldsymbol{H} = \varepsilon \frac{\partial \boldsymbol{E}}{\partial t}. \tag{121.1}$$

„Ideal" soll der Resonator genannt werden, wenn das Dielektrikum verlustlos und das begrenzende Metall ein vollkommener Leiter ist. Dann geht weder Energie als Wärme verloren noch tritt welche durch die Oberfläche hindurch, und nach dem POYNTINGschen Satz Gl. (113.5) muß die Summe von gespeicherter elektrischer und magnetischer Energie zeitlich konstant bleiben. Die idealen Randbedingungen verlangen

$$\boldsymbol{n} \times \boldsymbol{E} = \boldsymbol{0}, \qquad \boldsymbol{n}\boldsymbol{H} = 0 \quad \text{auf } F. \tag{121.2}$$

Als Eigenfrequenzen ω_i des Hohlraumes definieren wir diejenigen Frequenzen ω, für die die Gl. (121.1) mit $\frac{\partial}{\partial t} = j\omega$ unter den Randbedingungen Gl. (121.2) lösbar sind. Für $\omega = \omega_i$ soll es also Feldvektoren $\boldsymbol{E}_i$, $\boldsymbol{H}_i$ geben, die die Eigenschwingungen von V kennzeichnen und die in V die Gleichungen

$$\nabla \times \boldsymbol{E}_i = -j\,\omega_i \mu \boldsymbol{H}_i, \qquad \nabla \times \boldsymbol{H}_i = j\,\omega_i \varepsilon \boldsymbol{E}_i \tag{121.3}$$

oder auch, mit $k_i^2 = \varepsilon\mu\omega_i^2$,

$$\nabla^2 \boldsymbol{E}_i + k_i^2 \boldsymbol{E}_i = \boldsymbol{0}, \qquad \nabla^2 \boldsymbol{H}_i + k_i^2 \boldsymbol{H}_i = \boldsymbol{0} \tag{121.4}$$

erfüllen. Für zwei verschiedene Eigenfrequenzen ω_i, ω_k sind $\boldsymbol{E}_i$, $\boldsymbol{E}_k$ und ebenso $\boldsymbol{H}_i$, $\boldsymbol{H}_k$ orthogonal. Aus Gl. (012.21) und den Feldgleichungen folgt nämlich

$$\operatorname{div}(\boldsymbol{E}_i \times \boldsymbol{H}_k^*) = \boldsymbol{H}_k^* \operatorname{\mathbf{rot}} \boldsymbol{E}_i - \boldsymbol{E}_i \operatorname{\mathbf{rot}} \boldsymbol{H}_k^* = -j\,\omega_i \mu \boldsymbol{H}_i \boldsymbol{H}_k^* + j\,\omega_k \varepsilon \boldsymbol{E}_i \boldsymbol{E}_k^*$$

und ebenso

$$\operatorname{div}(\boldsymbol{E}_k^* \times \boldsymbol{H}_i) = j\,\omega_k \mu \boldsymbol{H}_i \boldsymbol{H}_k^* - j\,\omega_i \varepsilon \boldsymbol{E}_i \boldsymbol{E}_k^*.$$

Integriert man diese Gleichungen über V, so lassen sich die linken Seiten nach dem GAUSSschen Satz umformen; die Normalkomponente von $\boldsymbol{E}_i \times \boldsymbol{H}_k^*$ oder $\boldsymbol{E}_k^* \times \boldsymbol{H}_i$ in den Punkten von F verschwindet aber auf Grund der Randbedingung. Folglich muß sowohl

$$-\omega_i \int \mu \boldsymbol{H}_i \boldsymbol{H}_k^* \,\mathrm{d}V + \omega_k \int \varepsilon \boldsymbol{E}_i \boldsymbol{E}_k^* \,\mathrm{d}V = 0,$$

als auch

$$-\omega_k \int \mu \boldsymbol{H}_i \boldsymbol{H}_k^* \,\mathrm{d}V + \omega_i \int \varepsilon \boldsymbol{E}_i \boldsymbol{E}_k^* \,dV = 0$$

gelten, und für $\omega_i \neq \omega_k$ ist dies nur möglich, wenn

$$\int \mu \boldsymbol{H}_i \boldsymbol{H}_k^* \,\mathrm{d}V = 0 \quad \text{und} \quad \int \varepsilon \boldsymbol{E}_i \boldsymbol{E}_k^* \,dV = 0 \tag{121.5}$$

ist; für $i = k$ gilt ferner

$$\int \mu |\boldsymbol{H}_i|^2 \,\mathrm{d}V = \int \varepsilon |\boldsymbol{E}_i|^2 \,\mathrm{d}V = 2W_i, \tag{121.6}$$

d. h., in einem idealen Hohlraum, der sich im Zustand einer Eigenschwingung befindet, sind elektrische und magnetische Feldenergie dem Betrage nach gleich: $W_{i,e} = W_{i,m} = W_i/2$. Die Berechnung der Eigenschwingungen, insbesondere einiger einfacher Typen von Resonatoren, wird in den späteren Abschnitten dieses Kapitels behandelt.

Wir hatten $\varrho = 0$ in V angenommen, daher sind sowohl $\boldsymbol{E}_i$ wie $\boldsymbol{H}_i$ quellenfrei. Nach unseren Ergebnissen in Kap. 08 kann man dann jeden beliebigen quellenfreien Vektor in V durch eine Reihenentwicklung nach den $\boldsymbol{E}_i$ oder den $\boldsymbol{H}_i$, insbesondere jedes in V bestehende elektromagnetische Feld in der Form

$$\boldsymbol{E} = \sum a_i \boldsymbol{E}_i, \qquad \boldsymbol{H} = \sum b_i \boldsymbol{H}_i \tag{121.7}$$

darstellen mit

$$a_i = \frac{\varepsilon \int \boldsymbol{E} \boldsymbol{E}_i^* \,\mathrm{d}V}{2W_i}, \qquad b_i = \frac{\mu \int \boldsymbol{H} \boldsymbol{H}_i^* \,\mathrm{d}V}{2W_i}. \tag{121.7a}$$

Die Koeffizienten a_i, b_i sind Funktionen der Zeit. Die Feldenergie im Hohlraum

$$W = \frac{1}{4} \int (\varepsilon |\boldsymbol{E}|^2 + \mu |\boldsymbol{H}|^2) \,\mathrm{d}V$$

ist infolge der Orthogonalität durch die Summe

$$W = \frac{1}{2} \sum_i (|a_i^2| + |b_i^2|) W_i \tag{121.8}$$

gegeben.

Ist der darzustellende Vektor nicht quellenfrei, z. B. $\varrho \neq 0$, so daß $\operatorname{div} \boldsymbol{E} \neq 0$, so reicht das Orthogonalsystem der $\boldsymbol{E}_i$ nicht aus. Auf die dann erforderliche Erweiterung sei hier verzichtet[1], da sie im folgenden nicht benötigt wird.

Dem bislang besprochenen „idealen" Resonator steht nun der praktische Resonator gegenüber, in dem

[1] Wir verweisen auf [42]; dort wird der allgemeine Fall betrachtet, daß die Randbedingung Gl. (121.2) nur auf Teilen von F gilt, auf dem Rest dagegen

$$\boldsymbol{n} \boldsymbol{E} = 0, \quad \boldsymbol{n} \times \boldsymbol{H} = \boldsymbol{0}$$

gefordert wird. Während Gl. (121.2) Ausdruck ist für einen Kurzschluß, sind es diese Beziehungen vielmehr für einen offenen Kreis.

a) das den Hohlraum V ausfüllende Dielektrikum eine endliche Leitfähigkeit σ_D und

b) die Berandung einen endlichen Flächenwiderstand $R_\square$ besitzt. Beide Eigenschaften geben Anlaß zu Verlusten. Zu deren Kennzeichnung in der Nähe einer Eigenfrequenz ω_k dient die dimensionslose Größe Q, auch Gütezahl genannt, die definiert ist als

$$Q = \text{Eigenfrequenz} \times \frac{\text{gespeicherte Energie}}{\text{Energieverlust pro Sekunde}}. \tag{121.9}$$

Die gespeicherte Energie bei einer Eigenschwingung ist nach Gl. (121.6) $= \boldsymbol{W_k}$, der Energieverlust pro Sekunde auf Grund der endlichen Leitfähigkeit der Berandung nach Gl. (114.19) $= \frac{1}{2} R_\square \int\limits_F |\boldsymbol{H}_k|^2 \, dF$ und jener im Dielektrikum $= \frac{1}{2} \sigma_D \int\limits_V |\boldsymbol{E}_k|^2 \, dV = \frac{\sigma_D W_k}{\varepsilon}$. Daher erhält man zu Q die beiden Beiträge

$$\frac{1}{Q_{\text{Diel}}} = \frac{\sigma_D W_k}{\varepsilon \, \omega_k W_k} = \frac{\sigma_D}{\varepsilon \, \omega_k} \tag{121.10}$$

bzw.

$$\frac{1}{Q_{\text{Met}}} = R_\square \frac{\int\limits_F |\boldsymbol{H}_k|^2 \, d\boldsymbol{F}}{2 \omega_k W_k}. \tag{121.11}$$

Damit folgt als gesamtes Q

$$\frac{1}{Q} = \frac{1}{Q_{\text{Met}}} + \frac{1}{Q_{\text{Diel}}}. \tag{121.12}$$

Dielektrikum und Metall stellen also parallel liegende Wirkwiderstände dar, in denen Energie als Wärme verlorengeht. In einem praktischen Resonator mit $Q < \infty$ können keine ungedämpften Eigenschwingungen existieren, wie sich weiter unten noch im einzelnen zeigen wird.

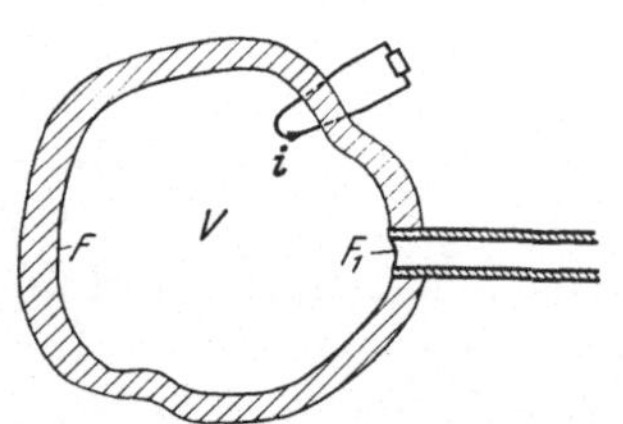

Abb. 12.1. Hohlraumresonator V mit Koppelschleife und Zuführung in Form eines Wellenleiters vom Querschnitt F_1.

Wir fassen nun den allgemeinen Fall ins Auge, in dem

c) das Feld in V eventuell durch einen Wechselstrom, z. B. Leitungsstrom einer Antenne oder Konvektionsstrom der Dichte $\boldsymbol{i}(t) = \boldsymbol{i} \exp \mathrm{j} \omega t$, angeregt wird und

d) der Hohlraum eine (oder mehrere) Öffnungen F_1 besitzen kann, auf welchen $\boldsymbol{E}_t$ bekannt ist und durch die dem Resonator Energie zugeführt oder entzogen wird (Abb. 12.1).

Für die Untersuchung der erzwungenen Schwingungen in V von der Frequenz ω gehen wir aus von den MAXWELLschen Gleichungen, die mit $\frac{\partial}{\partial t} = \mathrm{j}\omega$ und $\varepsilon' = \varepsilon - \mathrm{j} \frac{\sigma_D}{\omega}$ lauten:

$$\nabla \times \boldsymbol{E} = -\mathrm{j} \omega \mu \boldsymbol{H}, \qquad \nabla \times \boldsymbol{H} = \mathrm{j} \omega \varepsilon' \boldsymbol{E} + \boldsymbol{i}. \tag{121.13}$$

Man kann $\boldsymbol{E}, \boldsymbol{H}$ wie in Gl. (121.7) nach den Orthogonalfunktionen entwickeln, ebenso

$$\boldsymbol{i} = \sum f_i \boldsymbol{E}_i; \qquad f_i = \frac{\varepsilon \int\limits_V \boldsymbol{i} \boldsymbol{E}_i^* \, dV}{2 W_i}. \tag{121.14}$$

Nun multipliziere man die erste MAXWELLsche Gleichung mit $\boldsymbol{H}_i^*$, die zweite mit $\boldsymbol{E}_i^*$. Die linken Seiten ergeben dann nach Gl. (121.3)

$$\boldsymbol{H}_i^*(\nabla \times \boldsymbol{E}) = \nabla(\boldsymbol{E} \times \boldsymbol{H}_i^*) + \boldsymbol{E}(\nabla \times \boldsymbol{H}_i^*) = \nabla(\boldsymbol{E} \times \boldsymbol{H}_i^*) - \mathrm{j}\,\omega_i\,\varepsilon\,\boldsymbol{E}\,\boldsymbol{E}_i^*,$$
$$\boldsymbol{E}_i^*(\nabla \times \boldsymbol{H}) = -\nabla(\boldsymbol{E}_i^* \times \boldsymbol{H}) + \boldsymbol{H}(\nabla \times \boldsymbol{E}_i^*) = -\nabla(\boldsymbol{E}_i^* \times \boldsymbol{H}) + \mathrm{j}\,\omega_i\,\mu\,\boldsymbol{H}\,\boldsymbol{H}_i^*$$

und bei Integration über V folgt

$$\begin{aligned} \frac{1}{2}\int_F (\boldsymbol{E} \times \boldsymbol{H}_i^*)\,\boldsymbol{n}\,\mathrm{d}F - \mathrm{j}\,\omega_i\,a_i\,W_i &= -\mathrm{j}\,\omega\,b_i\,W_i, \\ -\frac{1}{2}\int_F (\boldsymbol{E}_i^* \times \boldsymbol{H})\,\boldsymbol{n}\,\mathrm{d}F + \mathrm{j}\,\omega_i\,b_i\,W_i &= \frac{1}{\varepsilon}(\mathrm{j}\,\omega\,\varepsilon'\,a_i + f_i)\,W_i. \end{aligned} \tag{121.15}$$

Auf F verschwindet die Tangentialkomponente von $\boldsymbol{E}_i$; die von $\boldsymbol{E}$ ist für $F - F_1$ durch Gl. (114.16) gegeben. Mit

$$\frac{1}{2}\int_{F_1} (\boldsymbol{E} \times \boldsymbol{H}_i^*)\,\boldsymbol{n}\,\mathrm{d}F = g_i W_i$$

wird daher weiter

$$\begin{aligned} \int_F (\boldsymbol{E} \times \boldsymbol{H}_i^*)\,\boldsymbol{n}\,\mathrm{d}F &= 2g_i W_i - (1+\mathrm{j})\,R_\square \int_{F-F_1} \boldsymbol{H}\,\boldsymbol{H}_i^*\,\mathrm{d}F \\ &= 2g_i W_i - (1+\mathrm{j})\,R_\square \sum b_k \int_{F-F_1} \boldsymbol{H}_k\,\boldsymbol{H}_i^*\,\mathrm{d}F, \end{aligned}$$

und man erhält mit Gl. (121.5) aus den Gl. (121.15) die beiden folgenden:

$$\begin{aligned} \mathrm{j}\,\omega_i\,a_i - \mathrm{j}\,\omega\,b_i &= g_i - (1+\mathrm{j})\,R_\square \frac{1}{2W_i} \sum b_k \int_{F-F_1} \boldsymbol{H}_k\,\boldsymbol{H}_i^*\,\mathrm{d}F, \\ \mathrm{j}\,\omega\,\frac{\varepsilon'}{\varepsilon}\,a_i - \mathrm{j}\,\omega_i\,b_i &= -\frac{f_i}{\varepsilon}. \end{aligned} \tag{121.16}$$

Bei gegebener Erregung kann man die f_i, g_i als bekannt ansehen, aus der zweiten dieser Gleichungen a_i eliminieren und in die erste einsetzen. Dies ergibt ein System mit unendlich vielen Gleichungen für die b_i. Oft liegen jedoch die praktischen Verhältnisse so, daß eine bestimmte, etwa die k-te, Eigenschwingung vorherrscht und durch die Verluste im Dielektrikum und im Leiter gestört wird. Wenn die Verluste nur für die k-ten Entwicklungskoeffizienten von Bedeutung sind, so lauten die Gl. (121.16)

$$\begin{aligned} \mathrm{j}\,\omega_i\,a_i - \mathrm{j}\,\omega\,b_i\left[1 - (1+\mathrm{j})\,\frac{\omega_k}{\omega}\,\frac{\delta_{ik}}{Q_{\mathrm{Met}}}\right] &= g_i, \\ \mathrm{j}\,\omega\,a_i\left[1 - \mathrm{j}\,\frac{\omega_k}{\omega}\,\frac{\delta_{ik}}{Q_{\mathrm{Diel}}}\right] - \mathrm{j}\,\omega_i\,b_i &= -\frac{f_i}{\varepsilon} \end{aligned} \tag{121.17}$$

und können einfach nach den a_i, b_i aufgelöst werden: So ist

$$b_i \approx \frac{1}{\mathrm{j}\,\omega}\,\frac{\dfrac{\omega}{\omega_i}\,g_i + \dfrac{1}{\varepsilon}\,f_i}{\dfrac{\omega_i}{\omega} - \dfrac{\omega}{\omega_i} + \delta_{ik}\left(\dfrac{\mathrm{j}}{Q} + \dfrac{1}{Q_{\mathrm{Met}}}\right)}. \tag{121.18}$$

Für $g_i = f_i = 0$, wenn also eine äußere Erregung fehlt, müssen die Verluste zu einer zeitlichen Dämpfung der Eigenschwingungen führen; d. h. für $i = k$, $g_k = f_k = 0$ muß sich eine komplexe Frequenz ω mit positivem Imaginärteil ergeben. In der Tat folgt aus dem Verschwinden der Koeffizientendeterminante von Gl. (121.17) links in erster Ordnung

$$\frac{\omega_k}{\omega} - \frac{\omega}{\omega_k} + \frac{1}{Q_{\text{Met}}} + \mathrm{j}\frac{1}{Q} = 0, \tag{121.19}$$

d. h. ein komplexes ω mit

$$\mathrm{Re}\,\omega \approx \omega_k\left(1 + \frac{1}{2Q_{\text{Met}}}\right), \qquad \mathrm{Im}\,\omega = \frac{\omega_k}{2Q}. \tag{121.20}$$

Die Verluste im Metall haben also eine Veränderung der Resonanzfrequenz zur Folge; beide Arten von Verlusten wirken zusammen zu einer Dämpfung $\sim \exp\left(-\frac{\omega_k}{2Q}t\right)$ der Amplitude bzw. $\sim \exp\left(-\frac{\omega_k}{Q}t\right)$ der Feldenergie in V:

$$W(t) = W(0)\exp\left(-\frac{\omega_k}{Q}t\right).$$

Diese Verhältnisse erinnern z. B. an diejenigen beim Schwingungskreis mit Induktivität L, Kapazität C und Ohmschem Widerstand R in Reihe. Dort ist für $R = 0$ die Resonanzfrequenz $\omega_0 = \sqrt{LC}$ und wird durch R erst in zweiter Ordnung zu $\omega \approx \omega_0\left(1 - \frac{R^2}{8\omega_0^2 L^2}\right)$ verändert, während die Dämpfungskonstante $= \frac{R}{2L}$ beträgt. Sinngemäß ist dann $Q = \frac{L\,\omega_0}{R}$ zu setzen. Im Parallelresonanzkreis ist entsprechend $Q = C R \omega_0$.

Ein Resonator mit endlichen Verlusten hat strenggenommen keine scharfen Eigenfrequenzen mehr. Für einen idealen Resonator gehen die Feldamplituden $\to \infty$, wenn von außen genau eine Eigenfrequenz angeregt wird. Bei einem praktischen Resonator erhält man die maximale Amplitude in Abhängigkeit von der Frequenz — siehe Gl. (121.18) —, wenn in Gl. (121.19) der Realteil der linken Seite verschwindet, d. h. für $\omega = \omega_{\max}$ mit

$$\frac{\omega_{\max} - \omega_k}{\omega_k} \approx + \frac{1}{2Q_{\text{Met}}}.$$

Für ein davon verschiedenes $\omega = \omega_{\max} + \Delta\omega$ ist der Nenner in Gl. (121.18) bei $i = k$

$$\approx -2\frac{\Delta\omega}{\omega_k} + \frac{\mathrm{j}}{Q};$$

sein Betrag steigt also auf das $\sqrt{2}$-fache, wenn ω gegenüber $\omega_{\max}$ um $\Delta\omega = \frac{1}{2Q}\omega_k$ verändert wird. Das heißt, bei einer Verstimmung des Resonators um $\frac{\Delta\omega}{\omega_k} = \frac{1}{2Q}$ fällt die Amplitude der angeregten Schwingung auf das $\frac{1}{\sqrt{2}}$-fache ihres Maximalwertes. Die Größe Q ist daher auch ein Maß für die Resonanzschärfe des Hohlraumes; $2\frac{\Delta\omega}{2\pi} = \frac{\omega_k}{2\pi Q}$ wird als Bandbreite des Resonators bezeichnet.

Für ein erstes Beispiel erzwungener Schwingungen nehmen wir an, daß durch eine ebene Öffnung F_1 des Resonators von einem zylindrischen Wellenleiter her elektrische Energie eingespeist wird; F_1 sei der Querschnitt dieses Wellenleiters (Abb. 12.1). In F_1 ist jetzt das tangentiale $\boldsymbol{E}_t$ von Null verschieden, und wir können für den Energiefluß durch F_1 schreiben:

$$\int\limits_{F_1} (\boldsymbol{E} \times \boldsymbol{H}^*)\,\boldsymbol{n}\,\mathrm{d}F = \sum_i b_i^* \int\limits_{F_1} (\boldsymbol{E} \times \boldsymbol{H}_i^*)\,\boldsymbol{n}\,\mathrm{d}F = \sum_i b_i^* g_i W_i.$$

Für $\omega \approx \omega_k$ und $f_i = 0$ erhält man mit Hilfe von Gl. (121.18)

$$\int\limits_{F_1} (\boldsymbol{E}^* \times \boldsymbol{H})\,\boldsymbol{n}\,\mathrm{d}F = -2\frac{\mathrm{j}}{\omega}\sum_i \frac{\frac{\omega}{\omega_i}|g_i|^2 W_i}{\frac{\omega_i}{\omega} - \frac{\omega}{\omega_i} + \delta_{ik}\left(\frac{\mathrm{j}}{Q} + \frac{1}{Q_{\mathrm{Met}}}\right)}. \qquad (121.21)$$

Der Theorie der zylindrischen Wellenleiter in Kap. 131 entnehmen wir, daß das links stehende Integral, sofern im Wellenleiter nur die Grundwelle fortgepflanzt wird,

$$= -Z\int\limits_{F_1} |\boldsymbol{H}_t|^2\,\mathrm{d}F$$

gesetzt werden kann. Das Minuszeichen rührt davon her, daß $\boldsymbol{n}$ vom Resonator nach außen zeigt; Z hängt davon ab, wie der Wellenleiter mit der vom Resonator entfernten Seite abgeschlossen ist. Man dividiere nun Gl. (121.21) durch das Flächenintegral $\int\limits_{F_1} |\boldsymbol{H}_t|^2\,\mathrm{d}F$, das als Quadrat eines Stromes gedeutet werden kann; wenn man in der Summe rechts das Glied mit $i = k$ herausnimmt, erhält man dann

$$-Z = -\frac{2\mathrm{j}}{\omega\int\limits_{F_1}|\boldsymbol{H}_t|^2\,\mathrm{d}F}\left\{\frac{\frac{\omega}{\omega_k}|g_k|^2 W_k}{\frac{\omega_k}{\omega} - \frac{\omega}{\omega_k} + \frac{\mathrm{j}}{Q} + \frac{1}{Q_{\mathrm{Met}}}} + \sum_{i \neq k}\frac{\frac{\omega}{\omega_i}|g_i|^2 W_i}{\frac{\omega_i}{\omega} - \frac{\omega}{\omega_i}}\right\}. \qquad (121.22)$$

Als Eingangswiderstand Z_E des Resonators ist $-Z$ anzusehen. Wenn der Ausdruck $\frac{\mathrm{j}}{\omega}\frac{1}{\int\limits_{F_1}|\boldsymbol{H}_t|^2\,\mathrm{d}F}\sum\limits_{i \neq k}\ldots$, der den Beitrag der übrigen mit angeregten Eigenschwingungen darstellt, zu Z_E hinzugeschlagen und

$$Z_E + \frac{2\mathrm{j}/\omega}{\int\limits_{F_1}|\boldsymbol{H}_t|^2\,\mathrm{d}F}\sum_{i \neq k}\ldots = Z'$$

gesetzt wird, läßt sich dies auch schreiben:

$$\frac{1}{Q} - \mathrm{j}\left(\frac{\omega_k}{\omega} - \frac{\omega}{\omega_k} + \frac{1}{Q_{\mathrm{Met}}}\right) + \frac{2\,|g_k|^2 W_k}{\omega_k Z'\int\limits_{F_1}|\boldsymbol{H}_t|^2\,\mathrm{d}F} = 0. \qquad (121.23)$$

Aus dieser Beziehung, wenn sie nach Real- und Imaginärteil aufgeteilt wird, bestimmen sich $\mathrm{Re}\,\omega$ und die Verluste. Durch die äußere Anregung erfährt die k-te Eigenfrequenz scheinbar eine weitere Verschiebung gegenüber Gl. (121.20)

$$\omega - \omega_k\left(1 + \frac{1}{2Q_{\mathrm{Met}}}\right) \approx -\frac{|g_k|^2 W_k}{\int\limits_{F_1}|\boldsymbol{H}_t|^2\,\mathrm{d}F}\,\mathrm{Im}\frac{1}{Z'},$$

abhängig von der Blindkomponente des Leitwertes $1/Z'$, und das gesamte $1/Q$ eine Veränderung um

$$\frac{2\,|g_k|^2 W_k}{\omega_k\int\limits_{F_1}|\boldsymbol{H}_t|^2\,\mathrm{d}F}\,\mathrm{Re}\frac{1}{Z'}.$$

Je nachdem, ob der Realteil negativ oder positiv ausfällt, wirkt die Anregung auf die k-te Eigenschwingung dämpfend bzw. der Dämpfung entgegen. Durch die Fläche F_1 wird dann der k-ten Eigenschwingung Energie entzogen bzw. zugeführt.

Zur Erläuterung diene noch einmal der Serienkreis mit L, C und R, der durch einen Verbraucher Z_L belastet ist (Abb. 12.2). Für $Z_L = 0$ (Kurzschluß) ist $Q_0 = \frac{\omega_0 L}{R}$, bei Belastung dagegen

$$\frac{1}{Q_L} = \frac{R + \mathrm{Re}\, Z_L}{\omega_0 L} = \frac{1}{Q_0} + \frac{\mathrm{Re}\, Z_L}{\omega_0 L}.$$

Wird der Resonator durch eine Koppelschleife Γ angeregt, in der ein Strom mit der konstanten Amplitude I fließt, so kann ein Eingangswiderstand in der Form

$$Z_E = \frac{\text{induzierte Spannung } U_{\text{ind}} \text{ in } \Gamma}{I} \tag{121.24}$$

definiert werden. Der Zähler hierin ist

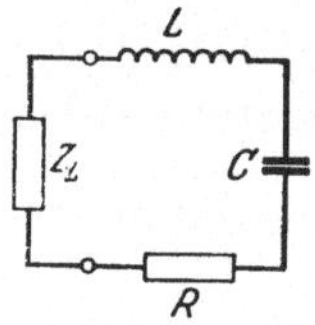

Abb. 12.2. Belasteter Serienresonanzkreis.

$$\begin{aligned} U_{\text{ind}} &= -\int_\Gamma \boldsymbol{E}\, \mathrm{d}\boldsymbol{s} = -\iint (\nabla \times \boldsymbol{E})\, \boldsymbol{n}\, \mathrm{d}F \\ &= +\mathrm{j}\,\omega\,\mu \iint \boldsymbol{H}\, \boldsymbol{n}\, \mathrm{d}F \\ &= +\mathrm{j}\,\omega\,\mu \sum b_i \iint \boldsymbol{H}_i\, \boldsymbol{n}\, \mathrm{d}F. \end{aligned}$$

Das Flächenintegral bezieht sich auf die von der Schleife eingeschlossene Fläche. Andererseits ist

$$2 f_i = \frac{\varepsilon}{W_i} \iiint_V \boldsymbol{i}\, \boldsymbol{E}_i^*\, \mathrm{d}V = \frac{\varepsilon}{W_i} I \int_\Gamma \boldsymbol{E}_i^*\, \mathrm{d}\boldsymbol{s} = + \frac{\mathrm{j}\,\omega\,\mu\,\varepsilon}{W_i} I \iint \boldsymbol{H}_i^*\, \boldsymbol{n}\, \mathrm{d}F \tag{121.25}$$

und daher

$$\begin{aligned} Z_E = \frac{U_{\text{ind}}}{I} &= + \frac{1}{I} \sum \frac{f_i \iint \boldsymbol{H}_i\, \boldsymbol{n}\, \mathrm{d}F}{\mathrm{j}\,\omega\,\varepsilon \left[\frac{\omega_i}{\omega} - \frac{\omega}{\omega_i} + \delta_{ik}\left(\frac{\mathrm{j}}{Q} + \frac{1}{Q_{\text{Met}}}\right)\right]} \\ &= \sum \frac{\frac{\mu}{2} \frac{\omega_i}{\omega W_i} \left|\iint \boldsymbol{H}_i\, \boldsymbol{n}\, \mathrm{d}F\right|^2}{\frac{\omega_i}{\omega} - \frac{\omega}{\omega_i} + \delta_{ik}\left(\frac{\mathrm{j}}{Q} - \frac{1}{Q_{\text{Met}}}\right)}. \end{aligned} \tag{121.26}$$

Die Stromdichte $\boldsymbol{i}$ in Gl. (121.14) kann auch einen Anteil enthalten, der von bewegten Ladungen herrührt; Näheres bezüglich derartiger Fälle siehe [*42, 50*].

Wird der Resonator z. B. durch einen fadenförmigen Elektronenstrahl angeregt, der längs des Weges Γ den Hohlraum durchquert und Träger eines Konvektionswechselstroms der Dichte $\boldsymbol{i} = \varrho\, \boldsymbol{v}$ ist, so läßt sich f_i wieder durch ein Linienintegral

$$f_i = \frac{\varepsilon}{2 W_i} F \int_\Gamma \varrho\, \boldsymbol{v}\, \boldsymbol{E}^*\, \mathrm{d}s$$

ausdrücken (F = Querschnitt des Strahles). Man kommt auf den zuvor betrachteten Fall zurück, wenn man annimmt, daß im wesentlichen nur eine Eigenfrequenz ω_k erregt wird, und man durch

$$I = \frac{\int_\Gamma \varrho\, \boldsymbol{v}\, \boldsymbol{E}_i^*\, \mathrm{d}s}{\int_\Gamma \boldsymbol{E}_i^*\, \mathrm{d}\boldsymbol{s}}$$

eine Stromamplitude definiert.

Schwingungen in einem Resonator dienen andererseits in der Praxis zur Modulation eines Elektronenstrahls. Wird durch den auf solche Weise modulierten Strahl ein zweiter Resonator angeregt und Energie in den ersten zurückgekoppelt, so können sich bei geeigneter Konstruktion Schwingungen beträchtlicher Amplitude von kleinen Anfangswerten aus aufbauen. Darauf beruht das Prinzip einer Reihe von Mikrowellenoszillatoren (Klystrons). Läßt man den zweiten Resonator insbesondere mit dem ersten zusammenfallen, indem man die Elektronen zur Umkehr zwingt, so kommt man zum sogenannten Reflexklystron. Auf Einzelheiten, insbesondere die wesentliche Frage der einer Schwingungserzeugung günstigen Elektronenlaufzeiten, kann hier nicht eingegangen werden [*50*, *35*].

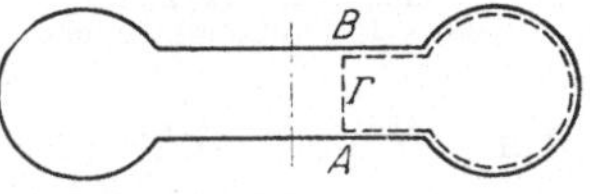

Abb. 12.3. Zur Definition einer Wechselspannung in Resonatoren.

Wir wollen hier noch einige Bemerkungen anschließen über Leitungskonstanten, die man einem Resonator zuordnet. Dies kann nun auf vielerlei Weise geschehen [*83*, *24*, *50*]. Man betrachte z. B. einen beliebigen Weg Γ, der zwei Punkte A, B der Resonatorwand verbindet (Abb. 12.3). Er kann durch eine Kurve auf der Begrenzung zu einem geschlossenen Weg vervollständigt werden; längs dessen gilt nach dem Induktionsgesetz Gl. (111.7)

$$\oint_{\Gamma} \boldsymbol{E}\,\mathrm{d}\boldsymbol{s} = -\frac{\partial}{\partial t}\mu \iint \boldsymbol{H}\,\boldsymbol{n}\,\mathrm{d}F.$$

Bei idealer Berandung bringt der auf dieser verlaufende Teil des Integrationsweges links keinen Beitrag. Die linke Seite, die man als induzierte Spannung U in einem fingierten Stromkreis ansehen kann, reduziert sich auf

$$\int \boldsymbol{E}\,\mathrm{d}\boldsymbol{s} = U; \tag{121.27}$$

daher definiert man auch U als „Spannung" zwischen den Punkten A und B; sie ist aber allgemein von dem Weg Γ abhängig. Das gleiche gilt für die folgenden Definitionen. Bei Schwingung auf einer Eigenfrequenz ω_k ergibt sich aus

$$\frac{1}{2} C\,|U|^2 = W_k$$

eine Kapazität C zwischen A und B:

$$C = \frac{\varepsilon \iiint |\boldsymbol{E}_k|^2\,\mathrm{d}V}{\left|\int_{\Gamma} \boldsymbol{E}_k\,\mathrm{d}\boldsymbol{s}\right|^2} \tag{121.28}$$

und weiter aus

$$\frac{1}{LC} = \omega_k^2,$$

$$L = \frac{\left|\int_{\Gamma} \boldsymbol{E}_k\,\mathrm{d}\boldsymbol{s}\right|^2}{\omega_k^2 \mu \iiint |\boldsymbol{H}_k|^2\,\mathrm{d}V} = \frac{\mu \left|\iint \boldsymbol{H}_k\,\boldsymbol{n}\,\mathrm{d}F\right|^2}{\iiint |\boldsymbol{H}_k|^2\,\mathrm{d}V}. \tag{121.29}$$

Schließlich kann man den Verlusten im Metall noch einen Resonanzleitwert G_k oder Parallelwiderstand R_k zuordnen gemäß

$$R_k = \frac{1}{G_k} = \frac{Q_{\mathrm{Met}}}{\omega_k C} = \frac{\left|\int_{\Gamma} \boldsymbol{E}_k\,\mathrm{d}\boldsymbol{s}\right|^2}{R_{\square} \iint_{F} |\boldsymbol{H}_k|^2\,\mathrm{d}F}. \tag{121.30}$$

Mit dieser Definition ist $|U|^2/2R_k$ gleich den Wärmeverlusten in der Resonatoroberfläche. Wird U wie in Abb. 12.3 zwischen zwei Punkten eines Spaltes gebildet, der zur Steuerung einer hindurchtretenden Elektronenströmung dient, so bedeutet $e|U|$ zugleich die maximale Energie, die ein längs Γ fliegendes Elektron im Resonator aufnehmen kann.

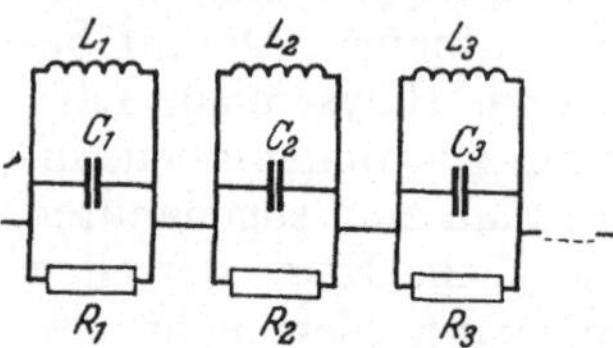

Abb. 12.4. Ersatzbild eines Hohlraumresonators.

Zu jeder Eigenfrequenz ω_k gehört auf diese Weise ein System von Leitungskonstanten C_k, L_k, R_k. Der Resonator mit der Gesamtheit seiner Eigenschwingungen entspricht einer Kette von Schwingungskreisen der betreffenden Resonanzfrequenzen (Abb. 12.4). Diese Leitungsschemata lassen sich erweitern durch geeignete Definition von Wechselinduktionskoeffizienten auf die Verhältnisse, wie sie bei Anregung des Hohlraumes durch Kopplung mit einer Stromschleife oder einem Konvektionsstrom vorliegen [*83, 50*].

122 Störung einer Eigenfrequenz bei kleiner Variation der Berandung.

Wird ein Resonator V dadurch einer kleinen Veränderung unterworfen, daß ein Teil seiner Begrenzung F geringfügig nach innen oder außen verschoben wird, wodurch nur V um ΔV vermehrt bzw. vermindert wird, so kann man erwarten, daß dadurch auch die Eigenfrequenzen nur wenig verändert werden. Die neuen Eigenfrequenzen lassen sich mit Hilfe einer Störungsrechnung ermitteln. Wir beschreiben das Verfahren für einen idealen Resonator und einen einfachen Eigenwert ω_i. Die Variation erfolge im Sinne einer Verkleinerung von V, so daß ein Anteil ΔV von V wegfällt und ein Teil ΔF der Berandung durch ein anderes Flächenstück $\Delta F'$ ersetzt wird (Abb. 12.5). Auf $\Delta F'$ verschwindet $\boldsymbol{E}_t$, nicht aber das ursprüngliche Feld $\boldsymbol{E}_{i,t}$. In der zweiten Gl. (121.15) erhält man daher links einen Beitrag:

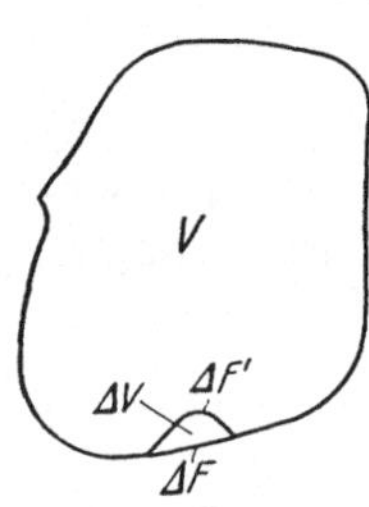

Abb. 12.5. Variation der Berandung des Resonators.

$$-\int\limits_{\Delta F'} (\boldsymbol{E}_i^* \times \boldsymbol{H})\,\boldsymbol{n}\,\mathrm{d}F \approx -b_i \int\limits_{\Delta F'} (\boldsymbol{E}_i^* \times \boldsymbol{H}_i)\,\boldsymbol{n}\,\mathrm{d}F\,.$$

Wir haben dabei auf $\Delta F'$ $\boldsymbol{H} \approx b_i \boldsymbol{H}_i$ angenommen, also daß durch die Störung kein nennenswerter Beitrag von seiten der anderen Eigenschwingungen entsteht. Wir können das letzte Integral, ohne daß sein Wert sich ändert, statt über $\Delta F'$ auch über die Fläche $\Delta F + \Delta F'$ erstrecken, die das Volumen ΔV einschließt, und erhalten dann nach dem GAUSSschen Satz mit $b_i \approx 1$

$$-\int\limits_{\Delta F'} (\boldsymbol{E}_i^* \times \boldsymbol{H})\,\boldsymbol{n}\,\mathrm{d}F \approx \int\limits_{\Delta V} \nabla(\boldsymbol{E}_i^* \times \boldsymbol{H}_i)\,\mathrm{d}V = \int\limits_{\Delta V} [\boldsymbol{H}_i(\nabla \times \boldsymbol{E}_i^*) - \boldsymbol{E}_i^*(\nabla \times \boldsymbol{H}_i)]\,\mathrm{d}V$$
$$= \mathrm{j}\,\omega_i \int\limits_{\Delta V} (\mu\,|\boldsymbol{H}_i|^2 - \varepsilon\,|\boldsymbol{E}_i|^2)\,\mathrm{d}V.$$

Aus Gl. (121.15) erhält man dann

$$\omega^2 = \omega_i^2 \left(1 + \frac{\int\limits_{\Delta V} (\mu\,|\boldsymbol{H}_i|^2 - \varepsilon\,|\boldsymbol{E}_i|^2)\,\mathrm{d}V}{2W_i}\right). \tag{122.1}$$

Die Störung der Eigenfrequenz ist daher durch die Differenz zwischen magnetischer und elektrischer Feldenergie in ΔV gegeben[1]. Wird die Berandung nach innen zu verändert an Orten, bei denen hauptsächlich magnetische (elektrische)

[1] Vgl. die in Gl. (102.6) ausgedrückte Extremaleigenschaft dieser Differenz.

Energie konzentriert ist, so wird ω_i dadurch vergrößert (verkleinert). Kommt hingegen zu V eine kleines ΔV hinzu, so wirkt sich das auf ω_i im entgegengesetzten Sinne aus, d. h. verkleinernd (vergrößernd) bei

$$\int\limits_{\Delta V} \mu\,|\boldsymbol{H}|^2\,\mathrm{d}V \underset{(<)}{>} \int\limits_{\Delta V} \varepsilon\,|\boldsymbol{E}|^2\,\mathrm{d}V.$$

Ähnlich kann man vorgehen, wenn im Inneren von V ein kleiner Raumteil ΔV ein anderes ε oder μ besitzt als das übrige Dielektrikum [*104*].

123 Die Eigenschwingungen von einfachen Hohlräumen.

1231 Eigenschwingungen vom *E*- und *H*-Typ. Für einen Hohlraum V von solcher spezieller Bauart, daß seine Berandung F gebildet wird von (einer oder mehreren) Koordinatenflächen eines orthogonalen Koordinatensystems, in dem die Wellengleichung eine Separation gestattet, lassen sich die Eigenschwingungen häufig leicht berechnen. Beispiele enthält dieser und die folgenden beiden Abschnitte. Zuvor sollen noch einige allgemeinere Bemerkungen Platz finden. Beschränken wir uns auf Koordinatensysteme x_1, x_2, x_3 für die $h_3 = 1$ und h_1/h_2 von x_3 unabhängig ist, so kann das elektromagnetische Feld wie in Kap. 112 durch die skalaren Wellenpotentiale u, $u^\times$ dargestellt und daher in „E-Wellen" und „H-Wellen" (bezüglich der Richtung x_3) aufgetrennt werden. Die Schwingungen im Hohlraum lassen sich als stehende, d. h. zwischen den Wänden hin und her reflektierte Wellen auffassen, der Resonator selbst als ein Wellenleiter für die Fortpflanzungsrichtung x_3, der in Flächen $x_3 = \text{const}$ durch Metallwände abgeschlossen ist[1].

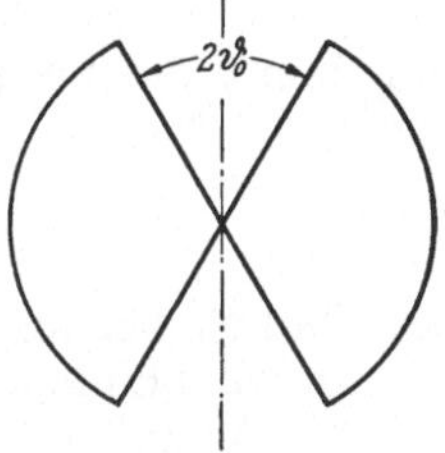

Abb. 12.6. Beispiel eines einfachen Hohlraumresonators.

Als Beispiel diene der in Abb. 12.6 skizzierte Resonator. Er entsteht, wenn aus der Kugel vom Radius a ein Doppelkegel vom Öffnungswinkel $2\,\vartheta_0$ entfernt wird. Für die räumlichen Polarkoordinaten $x_1 = \vartheta$, $x_2 = \psi$, $x_3 = R$ treffen die obigen Voraussetzungen zu $\left(\frac{h_1}{h_2} = \sin\vartheta,\ h_3 = 1\right)$. Die Funktionen u, $u^\times$ sind von der Form [siehe Gl. (081.36) und den Schluß von Kap. 092]

$$\left.\begin{matrix} u \\ u^\times \end{matrix}\right\} = [A\,\mathrm{P}_\nu^m(\cos\vartheta) + B\,\mathrm{P}_\nu^m(-\cos\vartheta)]\cos m\,\psi\,\frac{\mathrm{J}_{\nu+\frac{1}{2}}(k\,R)}{\sqrt{R}}, \qquad (123.1)$$

wo jetzt ν im allgemeinen keine ganze Zahl ist, da durch die Begrenzung des Resonators ϑ auf $\vartheta_0 \leqq \vartheta \leqq \pi - \vartheta_0$ beschränkt wird. Da die Lösung für $R \to 0$ endlich bleiben soll, kann die NEUMANNsche Funktion $\mathrm{N}_{m+\frac{1}{2}}$ nicht vorkommen. Die Feldkomponenten leiten sich aus u und $u^\times$ entsprechend Gl. (112.24) ab. Die Randbedingungen verlangen $E_R = 0$ und $E_\psi = 0$ für $\vartheta = \vartheta_0$ und $\vartheta = \pi - \vartheta_0$; $E_\vartheta = 0$ und $E_\psi = 0$ für $R = a$. Für die E-Welle ist

$$E_R = \frac{\nu(\nu+1)}{R^2}\,u;$$

[1] Von den zu diesen E- und H-Wellen in einem derartigen Resonator V gehörenden Feldvektoren $\boldsymbol{E}$ (oder auch $\boldsymbol{H}$) kann man zeigen, daß sie ein *vollständiges* vektorielles Orthogonalsystem bilden.

die Randbedingung für E_R am Kegelmantel schreibt sich daher

$$A\mathrm{P}_\nu^m(\cos\vartheta_0) + B\mathrm{P}_\nu^m(-\cos\vartheta_0) = 0,$$

$$A\mathrm{P}_\nu^m(-\cos\vartheta_0) + B\mathrm{P}_\nu^m(\cos\vartheta_0) = 0$$

oder

$$\mathrm{P}_\nu^m(\cos\vartheta_0) = \pm\mathrm{P}_\nu^m(-\cos\vartheta_0). \tag{123.2}$$

Aus dieser Gleichung ist ν zu bestimmen. Wir verfolgen ihre Lösung nicht weiter (siehe z. B. [*111*]). Es gibt hier außer den Schwingungen vom E- und H-Typ noch eine einfache Eigenschwingung (vom L-Typ), bei der sowohl $H_R \equiv 0$ wie $E_R \equiv 0$ und nur die Feldkomponenten

$$E_\vartheta = E_0 \frac{\cos kR}{kR\sin\vartheta}, \quad H_\psi = -\frac{\mathrm{j}\,\omega\,\varepsilon}{k} E_0 \frac{\sin kR}{kR\sin\vartheta} \tag{123.3}$$

vorhanden sind. Diese Lösung ist, wie man sieht, vom Öffnungswinkel des Kegels nicht abhängig, ebensowenig der Eigenwert

$$k = \frac{\pi}{2a}$$

und damit die Frequenz und Wellenlänge dieser Eigenschwingung:

$$\omega = \sqrt{\varepsilon\,\mu}\,k = \sqrt{\varepsilon\,\mu}\,\frac{\pi}{2a}, \quad \lambda = \frac{2\pi}{k} = 4a. \tag{123.4}$$

Der Radius beträgt also eine Viertelwellenlänge. Dagegen sind die Verluste bei unvollkommener Leitfähigkeit der metallischen Begrenzung abhängig von ϑ_0. Ausführung der Integration in Gl. (121.14) ergibt

$$Q\frac{\delta}{\lambda} = Q\frac{R_\square}{\pi Z_0} = \frac{\frac{1}{4}}{1 + \frac{0{,}825}{\sin\vartheta_0 \ln\cot\vartheta_0/2}}. \tag{123.5}$$

Das dabei auftretende Integral $\int\limits_0^{\pi/2} \frac{\sin^2 x}{x}\,dx$ ist $\approx 0{,}825$. Abb. 12.7 zeigt $Q\frac{\delta}{\lambda}$ über dem halben Öffnungswinkel ϑ_0 aufgetragen.

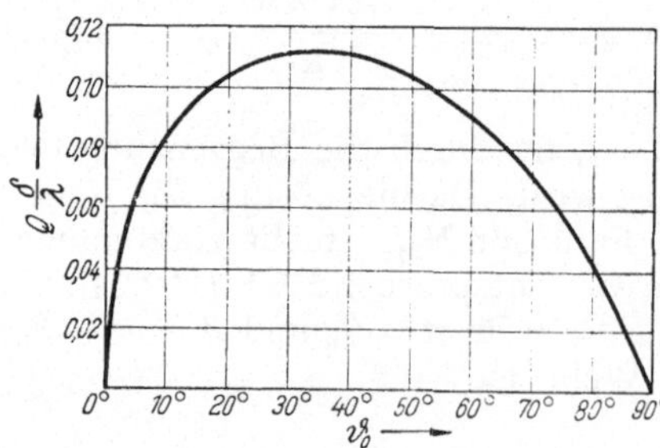

Abb. 12.7. Gütezahl des Resonators in Abb. 12.6 in Abhängigkeit vom halben Öffnungswinkel ϑ_0.

Nach der angegebenen Methode lassen sich für eine Reihe einfacher Resonatoren die Eigenschwingungen auffinden. Wir behandeln im folgenden Hohlräume in Gestalt von Quadern und Kreiszylindern. Für die Kugel sei nur angeführt, daß unter den Eigenschwingungen vom H-Typ, die sich aus

$$u^\times = A\cos m\,\psi\,\mathrm{P}_n^m(\cos\vartheta)\frac{\mathrm{J}_{n+\frac{1}{2}}(kR)}{\sqrt{R}} \tag{123.6}$$

ableiten und für die $\frac{d}{dR}\left[\frac{\mathrm{J}_{n+\frac{1}{2}}(kR)}{\sqrt{R}}\right]_{R=a} = 0$ ist, diejenige mit $m = 0$, $n = 1$

die kleinste Eigenfrequenz hat, und zwar

$$\omega \approx \sqrt{\varepsilon \mu}\,\frac{\pi}{1{,}14\,a}, \qquad \lambda \approx 2{,}29\,a. \tag{123.7}$$

Ferner ist für diese Eigenschwingung $Q\frac{\delta}{\lambda} \approx 0{,}45$. Der zuvor besprochene Resonator mit kegelförmiger Begrenzung besitzt also bei gleichem Radius a in seiner Eigenschwingung vom L-Typ eine kleinere Eigenfrequenz.

1232 Quaderförmige Resonatoren. Zur Berechnung der Eigenschwingungen eines quaderförmigen Resonators mit den Kantenlängen a_1, a_2, a_3 (Abb. 12.8) eignet sich ein kartesisches Koordinatensystem parallel zu den Kanten. Der Nullpunkt liege in einer Ecke. Die Eigenschwingungen lassen sich auffassen als stehende Wellen, z. B. in Richtung der z-Achse (ebenso könnte man hier die x- oder y-Achse auszeichnen); durch die idealen Randbedingungen in den Begrenzungsflächen $z = 0$ und $z = a_3$ (Boden- und Deckfläche) wird das transversale E-Feld kurzgeschlossen. Die Schwingungen vom H-Typ erhält man aus

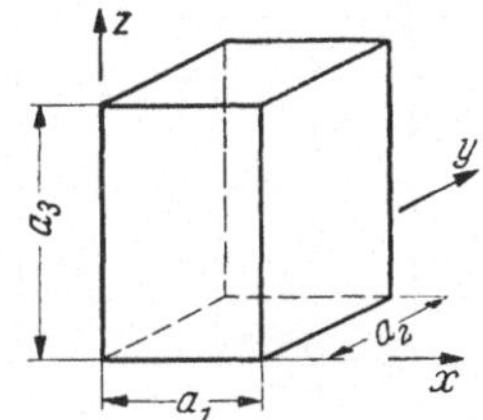

Abb. 12.8. Quaderförmiger Resonator.

$$u^{\times} = A \cos k_1 x \cos k_2 y \sin k_3 z \tag{123.8}$$

mit

$$k_1^2 + k_2^2 + k_3^2 = k^2 = \omega^2 \varepsilon \mu, \qquad k_1 = \frac{l\pi}{a_1}, \quad k_2 = \frac{m\pi}{a_2}, \quad k_3 = \frac{n\pi}{a_2} \tag{123.9}$$

und den Eigenfrequenzen

$$\omega_{lmn} = \frac{\pi}{\sqrt{\varepsilon\mu}} \sqrt{\left(\frac{l}{a_1}\right)^2 + \left(\frac{m}{a_2}\right)^2 + \left(\frac{n}{a_3}\right)^2}. \tag{123.10}$$

H_z ist proportional $u^{\times}$, die übrigen Feldkomponenten folgen aus Gl. (112.24). Der betreffende Schwingungszustand heißt H_{lmn}; die Indizes kennzeichnen die Anzahl der Knotenflächen senkrecht zur x- bzw. y- bzw. z-Achse, d. h. der Flächen, auf denen z. B. H_z die Amplitude Null hat; das sind l Knotenflächen $x = \text{const}$, m Knotenflächen $y = \text{const}$ und, Boden- und Deckfläche eingerechnet, $n + 1$ Knotenflächen $z = \text{const}$. Für $a_1 < a_2$ ist ω_{011} die kleinste Eigenfrequenz vom H-Typ. Für die H_{0mn}-Wellen sind nur die Komponenten E_x, H_y, H_z von Null verschieden.

Da $H_z \equiv 0$, wenn $k_3 = 0$ oder gleichzeitig $k_1 = 0$ und $k_2 = 0$ ist, so gibt es keine Eigenschwingungen H_{lm0} oder H_{00n}.

Für die E-Wellen lautet das skalare Wellenpotential

$$u = A \sin k_1 x \sin k_2 y \cos k_3 z \tag{123.11}$$

mit k_1, k_2, k_3 nach Gl. (113.9). Von den Schwingungstypen E_{lmn} kommen die E_{0mn}, E_{l0n} und E_{00n} nicht vor. Die Eigenfrequenzen ω_{lmn} sind ansonsten dieselben wie in Gl. (113.10), die Eigenwerte $k_{lmn} = \omega_{lmn}\sqrt{\varepsilon\mu}$ außer k_{0mn}, k_{l0n}, k_{lm0} daher „entartet", es gibt dazu jeweils zwei Eigenschwingungen, eine vom H-Typ und eine vom E-Typ. Sind zwei oder alle drei Kantenlängen des Quaders gleich, so treten weitere Entartungen auf.

Die E-Welle mit der kleinsten Eigenfrequenz ist E_{110}. Bei der Annahme $a_1 < a_2 < a_3$ ist aber ω_{011} die kleinste Eigenfrequenz überhaupt und entspricht dem oben beschriebenen H-Typ, in dem $\mathbf{E}$ nur eine x-Komponente besitzt.

Die Verluste bei unvollkommener Leitfähigkeit des begrenzenden Materials, d. h. $Q_{M\,t}$, sind nach Gl. (121.11) durch Ausführung der betreffenden Integrale leicht zu berechnen. Zum Flächenintegral über $|\boldsymbol{H}|^2$ erbringen je zwei parallele Seitenflächen den gleichen Beitrag.

1233 Zylindrische Resonatoren. Etwas ausführlicher behandeln wir zylindrische Resonatoren mit Kreis- bzw. Kreisringquerschnitt (Abb. 12.9 und 12.10). Auch hier läßt sich die Aufspaltung in E- und H-Wellen vornehmen. Die skalaren Wellenpotentiale lauten bei Separationsansatz (vgl. Kap. 081)

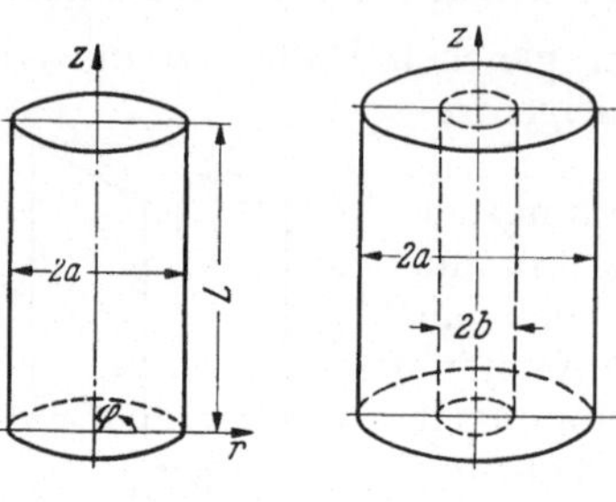

Abb. 12.9. Zylindrischer Resonator mit Kreisquerschnitt.

Abb. 12. 10. Zylindrischer Resonator mit Kreisringquerschnitt.

$$\left.\begin{matrix} u \\ u^\times \end{matrix}\right\} = [A_1 \cos m\,\varphi + B_1 \sin m\,\varphi]\,[A_2\,\mathrm{J}_m(\eta\,r) + B_2\,\mathrm{N}_m(\eta\,r)]\,[A_3 \cos\beta\,z + B_3 \sin\beta\,z] \tag{123.12}$$

und die Eigenwerte

$$k^2 = \varepsilon\,\mu\,\omega^2 = \eta^2 + \beta^2. \tag{123.13}$$

Die Eindeutigkeit bezüglich φ erfordert, daß m eine ganze Zahl ist; es genügt, nur mit $\cos m\,\varphi$ zu rechnen. Die Größen β und B_3/A_3 sind durch die Randbedingungen an der Boden- und Deckfläche

$$E_r = E_\varphi = 0 \quad \text{für} \quad z = 0 \quad \text{und} \quad z = L$$

bestimmt, η und B_2/A_2 durch die radialen Bedingungen

$$E_z = E_\varphi = 0 \quad \text{für} \quad r = b \quad \text{und} \quad r = a;$$

ist der Querschnitt ein Kreis, so muß zur Regularität in der Achse $B_2 = 0$ sein.

Für H-Wellen im Resonator mit Kreisquerschnitt ist $E_\varphi = \mathrm{j}\,\omega\,\mu\,\dfrac{\partial u^\times}{\partial r}$, und die radiale Randbedingung verlangt

$$\left(\frac{\mathrm{d}\,\mathrm{J}_m(\eta\,r)}{\mathrm{d}r}\right)_{r=a} = 0, \qquad \eta = \frac{\varrho'_{m\,l}}{a}, \tag{123.14}$$

d. h. $\eta\,a$ ist eine, sagen wir, die l-te Nullstelle $\varrho'_{m\,l}$ von $\dfrac{\mathrm{d}\,\mathrm{J}_m(\varrho)}{\mathrm{d}\varrho}$. Bei dieser Definition ist $l \geq 1$. Die Bedingung $E_\varphi = 0$ bei $z = 0$ und $z = L$ zieht $A_3 = 0$ und $\beta = \dfrac{n\,\pi}{L}$ nach sich. Damit hat man die Eigenfrequenzen

$$\omega^H_{m\,l\,n} = \frac{1}{\sqrt{\varepsilon\,\mu}\,a}\sqrt{\varrho'^2_{m\,l} + \left(\frac{\pi\,n\,a}{L}\right)^2} \tag{123.15}$$

sowie

$$u^\times = A \cos m\,\varphi\; \mathrm{J}_m(\eta\,r) \sin\beta\,z, \qquad \eta = \frac{\varrho'_{m\,l}}{a}, \qquad \beta = \frac{n\,\pi}{L} \tag{123.16}$$

und nach Gl. (112.24) alle Feldkomponenten gewonnen:

$$\left.\begin{aligned} E_r &= +A\,\mathrm{j}\,\omega\,\mu\,\frac{m}{r} \sin m\,\varphi\; \mathrm{J}_m(\eta\,r) \sin\beta\,z, \\ E_\varphi &= A\,\mathrm{j}\,\omega\,\mu \cos m\,\varphi\; \frac{\mathrm{d}\,\mathrm{J}_m(\eta\,r)}{\mathrm{d}r} \sin\beta\,z, \\ E_z &= 0, \\ H_r &= +A\,\beta \cos m\,\varphi\; \frac{\mathrm{d}\,\mathrm{J}_m(\eta\,r)}{\mathrm{d}r} \cos\beta\,z, \\ H_\varphi &= -A\,\frac{m\,\beta}{r} \sin m\,\varphi\; \mathrm{J}_m(\eta\,r) \cos\beta\,z, \\ H_z &= A\,\eta^2 \cos m\,\varphi\; \mathrm{J}_m(\eta\,r) \sin\beta\,z. \end{aligned}\right\} \tag{123.17}$$

Für diese H_{mln}-Wellen muß neben $l \geqq 1$ auch $n \neq 0$ gelten. Für die achsensymmetrischen Schwingungszustände H_{0ln} besitzt $\boldsymbol{E}$ nur eine φ-Komponente. Es ist jedoch nicht ω_{011}^H, für das E_φ zudem keine Knotenflächen im Innern hat, die kleinste der Frequenzen ω_{lmn}^H, vielmehr ω_{111}^H. Denn (vgl. Abb. 09.1) es ist $\varrho'_{11} = 1{,}84$, während $\varrho'_{01} = 3{,}84$. Rechnet man die begrenzenden Flächen hinzu, so hat E_φ für den Wellentyp H_{mln} l radiale Knotenflächen ($r = \text{const}$), m azimutale ($\varphi = \text{const}$) und $n+1$ auf der Achse senkrechte Knotenflächen ($z = \text{const}$).

Bei den E-Wellen im Resonator mit Kreisquerschnitt folgt aus der Bedingung $E_z = 0$ für $r = a$

$$\mathrm{J}_m(\eta a) = 0, \qquad \eta = \frac{\varrho_{ml}}{a}, \tag{123.18}$$

wenn ϱ_{ml} die l-te Nullstelle von $\mathrm{J}_m(\varrho)$ bedeutet; weiter aus dem Verschwinden von $E_r = \frac{\partial^2 u}{\partial r\,\partial z}$ für $z = 0$ und $z = L$, $B_3 = 0$ und $\beta = \frac{n\pi}{L}$. Damit erhält man

$$\omega_{m\,l\,n}^E = \frac{1}{\sqrt{\varepsilon\mu}\,a}\sqrt{\varrho_{ml}^2 + \left(\frac{n\pi a}{L}\right)^2}, \tag{123.19}$$

$$u = A\cos m\varphi\;\mathrm{J}_m(\eta r)\cos\beta z, \qquad \eta = \frac{\varrho_{ml}}{a}, \qquad \beta = \frac{n\pi}{L} \tag{123.20}$$

und

$$\left.\begin{aligned}
E_r &= -A\beta\cos m\varphi\,\frac{\mathrm{d}\,\mathrm{J}_m(\eta r)}{\mathrm{d}r}\sin\beta z\\
E_\varphi &= A\,\frac{m\beta}{r}\sin m\varphi\;\mathrm{J}_m(\eta r)\sin\beta z,\\
E_z &= A\eta^2\cos m\varphi\;\mathrm{J}_m(\eta r)\cos\beta z,\\
H_r &= -A\,\mathrm{j}\,\omega\,\varepsilon\,\frac{m}{r}\sin m\varphi\;\mathrm{J}_m(\eta r)\cos\beta z,\\
H_\varphi &= -A\,\mathrm{j}\,\omega\,\varepsilon\cos m\varphi\,\frac{\mathrm{d}\,\mathrm{J}_m(\eta r)}{\mathrm{d}r}\cos\beta z,\\
H_z &= 0.
\end{aligned}\right\} \tag{123.21}$$

Von den Eigenfrequenzen ist ω_{010}^E die kleinste; das zugehörige $E_z = A\,\frac{\varrho_{01}^2}{a^2}\,\mathrm{J}_0\!\left(\varrho_{01}\frac{r}{a}\right)$ ist unabhängig von φ und z und hat als einzige Knotenfläche den Zylindermantel $r = a$; $\boldsymbol{H}$ besitzt die Richtung φ, die $\boldsymbol{H}$-Feldlinien umschlingen die Achse; es ist $\varrho_{01} \approx 2{,}40$. Solange

$$\left(\frac{\pi a}{L}\right)^2 > (2{,}40)^2 - (1{,}84)^2 \approx 2{,}38, \quad \text{d. h.} \quad \frac{a}{L} > 0{,}49$$

ist $\omega_{010}^E < \omega_{011}^H$, d. h. ω_{010}^E die kleinste auftretende Eigenfrequenz.

Zur Berechnung von Q_{Met} braucht man nur die Integrale

$$\int\limits_V \boldsymbol{H}\boldsymbol{H}^*\,\mathrm{d}V = \int\limits_0^a\int\limits_0^{2\pi}\int\limits_0^L \left(|H_r|^2 + |H_\varphi^2| + |H_z|^2\right) r\,\mathrm{d}r\,\mathrm{d}\varphi\,\mathrm{d}z$$

und

$$\int\limits_F \boldsymbol{H}\boldsymbol{H}^*\,\mathrm{d}F = \int\limits_0^{2\pi}\int\limits_0^L \left(|H_\varphi^2| + |H_z|^2\right)_{r=a} a\,\mathrm{d}\varphi\,\mathrm{d}z + 2\int\limits_0^a\int\limits_0^{2\pi}\left(|H_r|^2 + |H_\varphi|^2\right)_{z=0} r\,\mathrm{d}r\,\mathrm{d}\varphi$$

auszuwerten. Dabei tritt z. B. für die E-Wellen das Integral

$$\int\limits_0^a \left[\left(\frac{\mathrm{d}\,\mathrm{J}_m(\eta r)}{\mathrm{d}r}\right)^2 + \frac{m^2}{r^2}\,\mathrm{J}_m^2(\eta r)\right] r\,\mathrm{d}r = \int\limits_0^{\varrho_{ml}} \left[\left(\frac{\mathrm{d}\,\mathrm{J}_m(\varrho)}{\mathrm{d}\varrho}\right)^2 \varrho + \frac{m^2}{\varrho}\,\mathrm{J}_m^2(\varrho)\right]\mathrm{d}\varrho$$

auf, das sich durch partielle Integration auf die Form

$$\int\limits_0^{\varrho_{ml}} \mathrm{J}_m \left[-\frac{\mathrm{d}}{\mathrm{d}\varrho}\left(\frac{\mathrm{d}\,\mathrm{J}_m}{\mathrm{d}\varrho}\right) + \frac{m^2}{\varrho}\,\mathrm{J}_m \right] \mathrm{d}\varrho = \int\limits_0^{\varrho_{ml}} \varrho\, \mathrm{J}_m^2(\varrho)\,\mathrm{d}\varrho$$

bringen läßt; nach Gl. (091.43) und (091.15) erhält man dafür $\frac{\varrho^2}{2}\,\mathrm{J}_{m-1}^2(\varrho_{ml})$ Die Q-Werte sind:

$$Q^E_{\mathrm{Met},\,mln} = \begin{cases} \sqrt{\dfrac{\mu}{\varepsilon}}\,\dfrac{1}{2R_\square}\,\dfrac{\sqrt{\varrho_{ml}^2 + \left(\dfrac{n\pi a}{L}\right)^2}}{1 + \dfrac{2a}{L}}, & n \neq 0, \\ \sqrt{\dfrac{\mu}{\varepsilon}}\,\dfrac{1}{2R_\square}\,\dfrac{\varrho_{ml}}{1 + \dfrac{a}{L}}, & n = 0 \end{cases} \tag{123.22}$$

und

$$Q^H_{\mathrm{Met},\,mln} = \sqrt{\frac{\mu}{\varepsilon}}\,\frac{1}{2R_\square}\,\frac{\left[1 - \left(\dfrac{m}{\varrho'_{ml}}\right)^2\right]\left[\varrho'^2_{ml} + \left(\dfrac{n\pi a}{L}\right)^2\right]^{3/2}}{\varrho'^2_{ml} + \dfrac{2a}{L}\left(\dfrac{n\pi a}{L}\right)^2 + \left(1 - \dfrac{2a}{L}\right)\left(\dfrac{m n \pi a}{\varrho'_{ml} L}\right)^2}. \tag{123.23}$$

Die dimensionslose Größe $Q R_\square \sqrt{\frac{\varepsilon}{\mu}}$ ist nur von dem Verhältnis $\frac{a}{L}$ abhängig. Das gleiche gilt für die reduzierten Eigenfrequenzen $(\omega a)^2 \varepsilon \mu = (n\pi a/L)^2 + \begin{cases}\varrho_{ml}^2\\ \varrho'^2_{ml}\end{cases}$, die in Abb. 12.11 wiedergegeben sind.

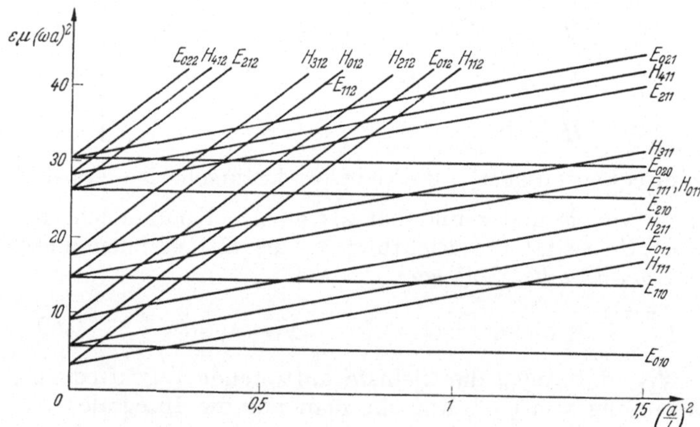

Abb. 12.11. Eigenfrequenzen des zylindrischen Resonators mit Kreisquerschnitt (Abb. 12.9) in Abhängigkeit vom Verhältnis Radius zur Höhe.

Für einen Resonator mit Kreisringquerschnitt hat man noch bei $r = b$ die gleichen Randbedingungen zu erfüllen wie bei $r = a$. An die Stelle der Gl. (123.14) bzw. (123.18) tritt dann

$$\mathrm{J}'_m(\eta a)\,\mathrm{N}'_m(\eta b) - \mathrm{J}'_m(\eta b)\,\mathrm{N}'_m(\eta a) = 0 \tag{123.24}$$

für die H-Wellen bzw.

$$\mathrm{J}_m(\eta a)\,\mathrm{N}_m(\eta b) - \mathrm{J}_m(\eta b)\,\mathrm{N}_m(\eta a) = 0 \tag{123.25}$$

für die E-Wellen. Tabellen von Lösungen ηb dieser Gleichungen für verschiedene $\frac{a}{b}$ (> 1) finden sich z. B. in [*22, 31*]. Wie früher ist $\beta = \frac{n\pi}{L}$, und die Eigenfrequenzen folgen aus Gl. (123.13).

Daneben gibt es noch Schwingungen vom L-Typ mit $\beta = k = \frac{n\pi}{L}$, d. h. $\omega = \frac{n\pi}{\sqrt{\varepsilon\mu}\,L}$ unabhängig von den radialen Abmessungen. Die einfachste Eigenschwingung dieser Art ist achsensymmetrisch und besitzt nur radiales elektrisches und azimutales magnetisches Feld. Die von φ unabhängige Lösung der LAPLACEschen Gleichung $\triangle_{tr} f = 0$ im Kreisringquerschnitt ist $\ln r$, daher nach S. 213

$$E_r = Z_0 H_\varphi = \frac{A}{r}\sin\frac{n\pi z}{L}, \qquad (n \geqq 1). \tag{123.26}$$

124 Methoden zur Berechnung allgemeinerer, insbesondere kapazitiv belasteter Resonatoren.

1241 Die Methoden von HANSEN, HAHN und BERNIER. In den praktischen Anwendungen, etwa als Steuerkreise für Elektronenströmungen, verwendet man gewöhnlich Resonatoren von komplizierterer Geometrie. Die Abb. 12.12 bis 12.14 enthalten einige Beispiele. Die Eigenschwingungen lassen sich dann nicht mehr durch eine einfache Separation der Wellengleichung gewinnen.

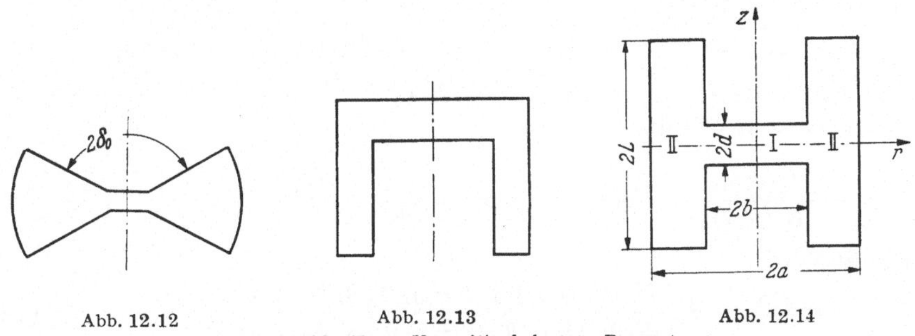

Abb. 12.12 Abb. 12.13 Abb. 12.14

Abb. 12.12. bis 12.14. Kapazitiv belastete Resonatoren.

Abb. 12.12 zeigt einen von dem in Kap. 1231 behandelten nur wenig verschiedenen Hohlraum; die nun hinzukommende kapazitive Belastung bewirkt, daß λ etwas größer als $4a$ ausfällt. Die exakte Behandlung ist mühsam. Ist ein derartiger Hohlraum jedoch wie der in Abb. 12.13 zusammengesetzt aus zwei von Koordinatenflächen begrenzten Teilräumen V_1, V_2, in denen sich aus der Separation je eine Reihenentwicklung für die Wellenfunktion aufstellen läßt, so kann man eine Lösung der Feldgleichungen durch stetigen Anschluß dieser Reihen über die Fläche, längs der V_1 und V_2 zusammenhängen, gewinnen. Diese Methode wird an einem weiter unten zu besprechenden Beispiel erläutert. Von Interesse sind vor allem kapazitiv beschwerte Resonatoren, wie jene in Abb. 12.13 und 12.14, bei denen ein Teilraum die Gestalt eines Spaltes hat; das darin bestehende elektrische Wechselfeld kann, wenn die metallischen Begrenzungen als elektronendurchlässige Gitter ausgebildet sind, zur Geschwindigkeitssteuerung einer Elektronenströmung dienen. Berechnungen der Eigenfrequenzen derartiger Resonatoren nach der skizzierten Methode finden sich in [*84, 81, 50, 9*].

Der Resonator in Abb. 12.13 läßt sich, je nachdem, ob das koaxiale Leitungsstück lang oder kurz ist, auffassen als eine durch eine Kapazität abgeschlossene Koaxialleitung oder als eine Resonanzleitung in radialer Richtung, die bei $r = a$ durch die Metallwand, bei $r = b$ durch die Kapazität des Spaltes abgeschlossen ist. Die letztere Deutung ist auch für den Resonator in Abb. 12.14 möglich. Auf Grund derartiger Betrachtungen kann man einfache Näherungsformeln für die Eigenfrequenzen gewinnen [*38*, *24*], deren Genauigkeit in manchen Fällen ausreicht. W. W. HANSEN [*84*] macht für das E_z-Feld an der Trennfläche in Abb. 12.13 zwischen Koaxialleitung und Spalt einen quasistatischen Ansatz und fügt die für $0 \leqq r \leqq b$ bzw. $b \leqq r \leqq a$ geltenden Reihenentwicklungen stetig daran an. Die Stetigkeit von H_φ wird dann noch für einen Wert von z erfüllt. Für schmale Spalte führt dieses Verfahren zu guten Resultaten. Bei den Methoden von HAHN [*81*] und BERNIER [*50*] wird der Anschluß an der Trennfläche der beiden Teilräume nur mit Hilfe der beiden Reihenentwicklungen selbst vollzogen. Da ihre Anwendbarkeit keinen Einschränkungen hinsichtlich der Größenverhältnisse unterliegt, beschreiben wir den Rechnungsgang an Hand des Resonators in Abb. 12.14. Gesucht seien die Frequenzen und Felder zu den achsensymmetrischen Eigenschwingungen vom E-Typ.

Im Raum I ($b \leqq r \leqq a$) kann man für das Wellenpotential eine Reihe

$$u = \sum u_n^{\mathrm{I}} = \sum [a_n \mathrm{J}_0(\eta_n^{\mathrm{I}} r) + b_n \mathrm{N}_0(\eta_n^{\mathrm{I}} r)] [c_n \cos\beta_n^{\mathrm{I}} z + d_n \sin\beta_n^{\mathrm{I}} z] \qquad (124.1)$$

ansetzen, aus der dann entsprechend Gl. (112.24)

$$E_z = \sum E_{zn} = \sum \eta_n^{\mathrm{I}\,2} u_n^{\mathrm{I}}; \qquad H_\varphi = \sum H_{\varphi n} = -\mathrm{j}\,\omega\,\varepsilon \sum \frac{\partial u_n^{\mathrm{I}}}{\partial r} \qquad (124.2)$$

folgt. Die Randbedingungen bei $z = \pm L$ und $r = a$ werden von jedem Glied der Reihe einzeln erfüllt, wenn

$$\frac{b_n}{a_n} = -\frac{\mathrm{J}_0(\eta_n^{\mathrm{I}} a)}{\mathrm{N}_0(\eta_n^{\mathrm{I}} a)}, \quad d_n = 0, \quad \beta_n^{\mathrm{I}} = \frac{n\pi}{L}, \quad \eta_n^{\mathrm{I}} = \sqrt{\left(\frac{\omega}{c}\right)^2 - \left(\frac{n\pi}{L}\right)^2}$$

ist. Damit wird

$$\eta_n^{\mathrm{I}\,2} u_n^{\mathrm{I}} = A_n^{\mathrm{I}} \frac{\mathrm{N}_0(\eta_n^{\mathrm{I}} a)\,\mathrm{J}_0(\eta_n^{\mathrm{I}} r) - \mathrm{J}_0(\eta_n^{\mathrm{I}} a)\,\mathrm{N}_0(\eta_n^{\mathrm{I}} r)}{\mathrm{N}_0(\eta_n^{\mathrm{I}} a)\,\mathrm{J}_0(\eta_n^{\mathrm{I}} b) - \mathrm{J}_0(\eta_n^{\mathrm{I}} a)\,\mathrm{N}_0(\eta_n^{\mathrm{I}} b)} \cos\frac{n\pi z}{L}; \qquad (124.3)$$

ebenso für Raum II $\eta_n^{\mathrm{II}} = \sqrt{\left(\frac{\omega}{c}\right)^2 - \left(\frac{n\pi}{d}\right)^2}$ und

$$\eta_n^{\mathrm{II}\,2} u_n^{\mathrm{II}} = A_n^{\mathrm{II}} \frac{\mathrm{J}_0(\eta_n^{\mathrm{II}} r)}{\mathrm{J}_0(\eta_n^{\mathrm{II}} b)} \cos\frac{n\pi z}{d}. \qquad (124.4)$$

Die Stetigkeitsbedingungen an der Trennfläche $r = b$, $-d \leqq z \leqq d$ verlangen

$$\sum \eta_n^{\mathrm{I}\,2} u_n^{\mathrm{I}} = \sum \eta_n^{\mathrm{II}\,2} u_n^{\mathrm{II}}, \qquad (124.5)$$

$$\sum \frac{\partial u_n^{\mathrm{I}}}{\partial r} = \sum \frac{\partial u_n^{\mathrm{II}}}{\partial r}, \qquad (124.6)$$

ferner

$$\sum \eta_n^{\mathrm{I}\,2} u_n^{\mathrm{I}} = 0 \quad \text{für} \quad d \leqq |z| \leqq L. \qquad (124.7)$$

Wegen der Symmetrie genügt es, diese Bedingungen für die eine Resonatorhälfte ($z > 0$) zu erfüllen. Der Quotient

$$\frac{H_{\varphi n}}{E_{zn}} = Y_n$$

ist für $r = b + 0$

$$Y_n^I = \frac{\mathrm{j}\,\omega\,\varepsilon}{\eta_n^{\mathrm{I}}} \frac{\mathrm{N}_0(\eta_n^{\mathrm{I}} a)\,\mathrm{J}_1(\eta_n^{\mathrm{I}} b) - \mathrm{J}_0(\eta_n^{\mathrm{I}} a)\,\mathrm{N}_1(\eta_n^{\mathrm{I}} b)}{\mathrm{N}_0(\eta_n^{\mathrm{I}} a)\,\mathrm{J}_0(\eta_n^{\mathrm{I}} b) - \mathrm{J}_0(\eta_n^{\mathrm{I}} a)\,\mathrm{N}_0(\eta_n^{\mathrm{I}} b)} \tag{124.8}$$

und für $r = b - 0$

$$Y_n^{\mathrm{II}} = \frac{\mathrm{j}\,\omega\,\varepsilon}{\eta_n^{\mathrm{II}}} \frac{\mathrm{J}_1(\eta_n^{\mathrm{II}} b)}{\mathrm{J}_0(\eta_n^{\mathrm{II}} b)}. \tag{124.9}$$

Damit hat man für $r = b \pm 0$

$$\begin{aligned} E_z &= \sum A_n^{\mathrm{I}} \cos\frac{n\,\pi\,z}{L} \quad \text{bzw.} \quad E_z = \sum A_n^{\mathrm{II}} \cos\frac{n\,\pi\,z}{d}, \\ H_\varphi &= \sum Y_n^{\mathrm{I}} A_n^{\mathrm{I}} \cos\frac{n\,\pi\,z}{L} \quad \text{bzw.} \quad H_\varphi = \sum Y_n^{\mathrm{II}} A_n^{\mathrm{II}} \cos\frac{n\,\pi\,z}{d}. \end{aligned} \tag{124.10}$$

Dies sind FOURIERsche Reihen für die noch unbekannten tangentialen Feldkomponenten in der Trennfläche. Verwenden wir für E_z die links stehende im Grundintervall $|z| \leqq L$ und beachten, daß E_z für $d < |z| < L$ verschwindet, so folgt durch Umkehrung

$$\begin{aligned} A_n^{\mathrm{I}} &= \frac{1}{L}\int_0^L E_z \cos\frac{n\,\pi\,z}{L}\,\mathrm{d}z = \frac{1}{L}\int_0^d \sum_m A_m^{\mathrm{II}} \cos\frac{m\,\pi\,z}{d} \cos\frac{n\,\pi\,z}{L}\,\mathrm{d}z \\ &= \frac{d}{L}\sum_m A_m^{\mathrm{II}}\,p_{mn} \end{aligned} \tag{124.11}$$

mit

$$p_{mn} = \frac{1}{d}\int_0^d \cos\frac{m\,\pi\,z}{d} \cos\frac{n\,\pi\,z}{L}\,\mathrm{d}z = \begin{cases} (-1)^m \dfrac{n}{\pi}\left(\dfrac{d}{L}\right) \dfrac{\sin\dfrac{n\,\pi\,d}{L}}{\left(n\dfrac{d}{L}\right)^2 - m^2} & (n \neq 0), \\ 0 & (n = 0,\ m \neq 0), \\ 1 & (m = n = 0). \end{cases} \tag{124.12}$$

Das heißt insbesondere

$$A_0^{\mathrm{I}} = \frac{d}{L} A_0^{\mathrm{II}}. \tag{124.13}$$

Geht man für H_φ vom Grundintervall $|z| \leqq d$ aus, so erhält man entsprechend[1]

$$Y_m^{\mathrm{II}} A_m^{\mathrm{II}} = \frac{1}{d}\int_0^d \sum Y_n^{\mathrm{I}} A_n^{\mathrm{I}} \cos\frac{m\,\pi\,z}{d} \cos\frac{n\,\pi\,z}{L}\,\mathrm{d}z = \sum_n Y_n^{\mathrm{I}} A_n^{\mathrm{I}}\,p_{mn}$$

und damit das unendliche homogene Gleichungssystem für die Koeffizienten A_m^{II}:

$$Y_m^{\mathrm{II}} A_m^{\mathrm{II}} = \frac{d}{L}\sum_n \sum_l p_{mn}\,p_{ln}\,Y_n^{\mathrm{I}} A_l^{\mathrm{II}} = \sum T_{ml} A_l^{\mathrm{II}}, \quad (m = 0, 1 \ldots), \tag{124.14}$$

in dem

$$T_{ml} = \frac{d}{L}\sum_n Y_n^{\mathrm{I}}\,p_{mn}\,p_{ln} \tag{124.15}$$

bedeutet.

---

[1] Zu den gleichen Beziehungen zwischen den A_n^{I} und A_n^{II} gelangt BERNIER auf Grund der Forderung, daß der Ausdruck

$$\frac{\mu}{\varepsilon}\int_0^d |H_\varphi^{\mathrm{II}} - H_\varphi^{\mathrm{I}}|^2\,\mathrm{d}z + \int_0^d |E_z^{\mathrm{II}} - E_z^{\mathrm{I}}|^2\,\mathrm{d}z + \int_d^L |E_z^{\mathrm{I}}|^2\,\mathrm{d}z$$

zu einem Minimum wird [*50*].

Zu dem Gleichungssystem gehört die unendliche Determinante

$$\begin{vmatrix} T_{00} - Y_0^{\mathrm{II}} & T_{01} & T_{02} & \dots \\ T_{10} & T_{11} - Y_1^{\mathrm{II}} & T_{12} & \dots \\ T_{20} & T_{21} & T_{22} - Y_2^{\mathrm{II}} & \dots \\ \vdots & & & \end{vmatrix}.$$

Näherungslösungen für die Resonanzfrequenzen erhält man durch Nullsetzen der zur Hauptdiagonale symmetrischen Unterdeterminanten. Eine erste Approximation für k liefert daher die Lösung der Gleichung

$$Y_0^{\mathrm{II}} = T_{00} = \frac{d}{L}\left(Y_0^{\mathrm{I}} + \sum_{n=1}^{\infty} Y_n^{\mathrm{I}} p_{0n}^2\right).$$

Aus den so herausgegriffenen endlichen Abschnitten des Gleichungssystems (124.14) erhält man Näherungswerte für die $A_n^{\mathrm{II}}/A_0^{\mathrm{II}}$ und nach Gl. (124.11) auch für die $A_n^{\mathrm{I}}/A_0^{\mathrm{I}}$. Die Auswertung der Summen T_{ml} wird dadurch vereinfacht, daß für große n

$$Y_n^{\mathrm{I}} \sim \mathrm{j}\,\omega\,\varepsilon \frac{L}{n\pi}, \qquad Y_n^{\mathrm{II}} \sim \mathrm{j}\,\omega\,\varepsilon \frac{d}{n\pi} \tag{124.16}$$

gilt; daher läßt sich T_{ml} aufspalten in die einfachere Summe

$$\mathrm{j}\,\omega\,\varepsilon \frac{L}{\pi} \sum_n \frac{p_{mn}\,p_{ln}}{n}$$

und einen rasch konvergierenden Rest

$$\sum_n \left(Y_n^{\mathrm{I}} - \mathrm{j}\,\omega\,\varepsilon \frac{L}{n\pi}\right) \frac{p_{mn}\,p_{ln}}{n}.$$

Für nähere Einzelheiten verweisen wir auf [*81, 50*].

1242 Die Methode von Schwinger. Weiterhin soll von Resonatoren die Rede sein, die aus zwei einfacheren zusammengesetzt sind mit Begrenzungen, die in Koordinatenflächen eines Systems mit den S. 212 geforderten Eigenschaften liegen ($h_3 = 1$, $h_1/h_2 =$ unabhängig von x_3). Die Teilräume sollen jetzt ein Stück einer Fläche $x_3 =$ const gemeinsam haben (Abb. 12.15), etwa der Fläche $x_3 = b$. Die im vorigen beschriebene Reihenentwicklung ist nach wie vor anwendbar; eleganter aber führt eine auf J. Schwinger zurückgehende Methode zum Ziel, die sich der in Kap. 10 entwickelten Extremaleigenschaften bedient. Man wähle zunächst eine beliebige Frequenz ω.

Abb. 12.15. Hohlraumresonator, bestehend aus zwei von Koordinatenflächen begrenzten Teilräumen.

Für die zu den E-Wellen gehörigen Wellenpotentiale u, die Gl. (112.23) mit $k = \omega\sqrt{\varepsilon\mu}$ erfüllen, kann man in beiden Teilräumen je einen Separationsansatz machen,

$$u^{\mathrm{I}} = \sum_n f_n^{\mathrm{I}}(x_3)\, g_n^{\mathrm{I}}(x_1, x_2), \qquad u^{\mathrm{II}} = \sum_n f_n^{\mathrm{II}}(x_3)\, g_n^{\mathrm{II}}(x_1, x_2), \tag{124.17}$$

worin die f_n nur von x_3, die g_n von den transversalen Koordinaten x_1, x_2 abhängen. Die Funktionen g_n können wir im Querschnitt $x_3 =$ const als normiertes Orthogonalsystem annehmen:

$$\int\limits_{x_3=\mathrm{const}} g_m^{\mathrm{I}} g_n^{\mathrm{I}}\,\mathrm{d}F = \delta_{mn}, \qquad \int\limits_{x_3=\mathrm{const}} g_m^{\mathrm{II}} g_n^{\mathrm{II}}\,\mathrm{d}F = \delta_{mn}. \tag{124.18}$$

Die Produkte $f_n g_n$ sollen die Randbedingungen in Raum I bzw. II erfüllen. An der Trennfläche $x_3 = b$ ist stetiger Anschluß von u und seiner Normalableitung zu verlangen.

Geht man nun davon aus, es sei u längs der Trennfläche bekannt und lasse sich durch die beiden Reihen

$$(u)_{x_3=b} = u_0 = \begin{cases} \sum a_n^{\mathrm{I}} g_n^{\mathrm{I}} \\ \sum a_n^{\mathrm{II}} g_n^{\mathrm{II}} \end{cases} \tag{124.19}$$

darstellen mit den Entwicklungskoeffizienten

$$a_n^{\mathrm{I}} = \int\limits_{x_3=b} u_0 g_n^{\mathrm{I}} \,\mathrm{d}F, \qquad a_n^{\mathrm{II}} = \int\limits_{x_3=b} u_0 g_n^{\mathrm{II}} \,\mathrm{d}F, \tag{124.20}$$

so muß gelten

$$f_n^{\mathrm{I}}(b) = a_n^{\mathrm{I}}, \qquad f_n^{\mathrm{II}}(b) = a_n^{\mathrm{II}}.$$

Ferner ist an der Trennfläche $x_3 = b$

$$\frac{\partial u^{\mathrm{I}}}{\partial n} = \left(\frac{\partial u^{\mathrm{I}}}{\partial x_3}\right)_b = \sum \left(\frac{\mathrm{d} f_n^{\mathrm{I}}}{\mathrm{d} x_3}\right)_b g_n^{\mathrm{I}} = \sum a_n^{\mathrm{I}} \left(\frac{f_n^{\mathrm{I}\prime}}{f_n^{\mathrm{I}}}\right)_b g_n^{\mathrm{I}}; \tag{124.21}$$

entsprechend für u^{II}. Die Forderung

$$\left(\frac{\partial u^{\mathrm{I}}}{\partial x_3}\right)_b = \left(\frac{\partial u^{\mathrm{II}}}{\partial x_3}\right)_b \tag{124.22}$$

läßt sich, wenn man noch x bzw. ξ als Abkürzung für das Variablenpaar x_1, x_2 bzw. ξ_1, ξ_2 verwendet, folgendermaßen ausdrücken

$$\sum_n \left(\frac{f_n^{\mathrm{I}\prime}}{f_n^{\mathrm{I}}}\right)_b g_n^{\mathrm{I}}(x) \int u_0(\xi)\, g_n^{\mathrm{I}}(\xi)\,\mathrm{d}F = \sum_m \left(\frac{f_m^{\mathrm{II}\prime}}{f_m^{\mathrm{II}}}\right)_b g_m^{\mathrm{II}}(x) \int u_0(\xi)\, g_m^{\mathrm{II}}(\xi)\,\mathrm{d}F$$

oder nach Vertauschung von Integral, das über $x_3 = b$ zu erstrecken ist, und Summe auch in Form einer Integralgleichung für die exakte Verteilung $u_0(x)$

$$\int u_0(\xi)\, G_1(\omega; x, \xi)\,\mathrm{d}F_\xi = 0 \tag{124.23}$$

mit dem Kern

$$G_1(\omega; x, \xi) = \sum_n \left(\frac{f_n^{\mathrm{I}\prime}}{f_n^{\mathrm{I}}}\right)_b g_n^{\mathrm{I}}(x)\, g_n^{\mathrm{I}}(\xi) - \sum_m \left(\frac{f_m^{\mathrm{II}\prime}}{f_m^{\mathrm{II}}}\right)_b g_m^{\mathrm{II}}(x)\, g_m^{\mathrm{II}}(\xi). \tag{124.24}$$

Die Frequenz ω tritt darin als Parameter auf; die Abhängigkeit von ω steckt in den Funktionen f_n, g_n. Bei Multiplikation der Gl. (124.23) mit $u_0(x)$ und Integration über $x = (x_1, x_2)$ entsteht

$$P_1[u_0; \omega] \equiv \iint u_0(\xi)\, u_0(x)\, G_1 \,\mathrm{d}F_\xi \,\mathrm{d}F_x = 0. \tag{124.25}$$

Die exakte Verteilung u_0 sowie ω sind zunächst nicht bekannt. Bei Annahme einer plausiblen Funktion $(u)_b$ als Ausgangspunkt für die Berechnung führt die Bedingung

$$P_1[(u)_b; \omega] = 0 \tag{124.26}$$

zu einem Näherungswert ω_1 von ω. Weicht dieses $(u)_b$ von der exakten Lösung u_0 der Integralgleichung um δu_0 ab,

$$(u)_b = u_0 + \delta u_0,$$

so erhält man nach Gl. (124.25) als erste Variation von P_1

$$\delta P_1 = \iint u_0(\xi)\,\delta u_0(x)\,G_1\,\mathrm{d}F_x\,\mathrm{d}F_\xi + \iint u_0(x)\,\delta u_0(\xi)\,G_1\,\mathrm{d}F_x\,\mathrm{d}F_\xi + \\ + \delta\omega \iint u_0(x)\,u_0(\xi)\,\frac{\partial G_1}{\partial \omega}\,\mathrm{d}F_x\,\mathrm{d}F_\xi\,.$$

Die beiden ersten Terme rechts verschwinden auf Grund der Integralgleichung (124.23), und da nach Gl. (124.26) $\delta P_1 = 0$ ist, so folgt daraus $\delta\omega = 0$.

Gegenüber der Variation δu_0 der Funktion u_0 ist daher ω stationär; eine kleine Abweichung von der exakten Funktion u_0 bedingt für die Frequenz ω, wenn sie entsprechend der Bedingung Gl. (124.26) gewählt wird, einen Fehler höherer Ordnung.

Entsprechend kann man vorgehen, wenn man auf der Trennfläche nicht für u, sondern für $\partial u/\partial x_3$ eine plausible Annahme trifft. Für die exakte Funktion

$$u_0' = \left(\frac{\partial u}{\partial x_3}\right)_{x_3 = b} = \sum b_n^{\mathrm{I}} g_n^{\mathrm{I}} = \sum b_n^{\mathrm{II}} g_n^{\mathrm{II}} \tag{124.27}$$

erhält man an Stelle der Gl. (124.23) jetzt die Integralgleichung

$$\int u_0(\xi)\,G_2(\omega;\,x,\,\xi)\,\mathrm{d}F = 0 \tag{124.28}$$

mit

$$G_2(\omega;\,x,\,\xi) = \sum_n \frac{g_n^{\mathrm{I}}(x)\,g_n^{\mathrm{I}}(\xi)}{(f_n^{\mathrm{I}\prime}/f_n^{\mathrm{I}})_b} - \sum_m \frac{g_m^{\mathrm{II}}(x)\,g_m^{\mathrm{II}}(\xi)}{(f_m^{\mathrm{II}\prime}/f_m^{\mathrm{II}})_b}\,. \tag{124.29}$$

Aus der entsprechend Gl. (124.26) gebildeten Beziehung

$$P_2\left[\left(\frac{\partial u}{\partial x_3}\right)_b;\,\omega\right] = \iint u_0'(\xi)\,u_0'(x)\,G_2\,\mathrm{d}F_\xi\,\mathrm{d}F_x = 0 \tag{124.30}$$

erhält man ebenfalls einen Näherungswert ω_2 für ω, und $\delta P_2 = 0$ zieht wieder $\delta\omega = 0$ nach sich. Darüber hinaus läßt sich zeigen, daß die Abweichungen $\omega_1 - \omega$ und $\omega_2 - \omega$ vom exakten Wert verschiedenes Vorzeichen besitzen, so daß letzterer durch ω_1 und ω_2 eingegrenzt wird.

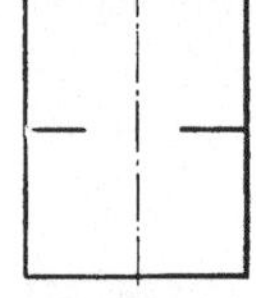

Abb. 12.16. Kreiszylindrischer Resonator mit Blende.

Das Verfahren ist in dieser Form z. B. auf den in Abb. 12.14 dargestellten und bereits oben nach HAHN behandelten Resonator anwendbar. Als x_3 ist dabei die Koordinate r (Abstand von der Achse) zu wählen; d. h. man geht von stehenden Wellen in radialer Richtung aus. Die Näherungsfunktion von u längs der Trennfläche kann man z. B. aus einem quasistatischen Ansatz für $\boldsymbol{E}$ erhalten. Von CHU und HANSEN [*67*] ist nach der SCHWINGERschen Methode eine Eigenfrequenz des mit einer Blende beschwerten Resonators in Abb. 12.16 berechnet worden.

Schließlich sei an die in Kap. 102 beschriebene allgemeine Variationsmethode der Eigenfrequenzen erinnert sowie auf ein numerisches Verfahren hingewiesen [*35*], das sich der Relaxations-Rechentechnik bedient.

Literatur: [*9, 20, 42, 50, 83*].

13 Wellenleiter.

131 Homogene zylindrische Wellenleiter.

1311 Das System der orthogonalen *E*- und *H*-Wellen im idealen Wellenleiter. Unter einem homogenen zylindrischen Wellenleiter verstehen wir einen Leiter von endlichem und in jeder Ebene senkrecht zu einer Richtung (z) identischen Querschnitt (Abb. 13.1). Er ist nach beiden Richtung $\pm z$ unendlich ausgedehnt. Seine Berandung F besteht aus einem oder mehreren metallischen Flächen (Zylindern), die zur z-Achse parallel sind. Berandung und füllendes Dielektrikum werden zunächst verlustfrei angenommen.

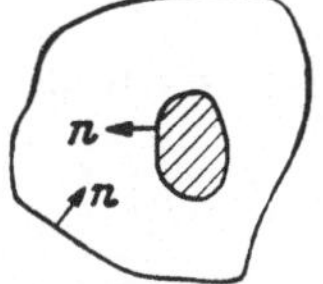

Abb. 13.1. Querschnitt eines zylindrischen Wellenleiters.

Die Integration der Feldgleichungen für feste Frequenz ω kann allgemein nach dem in Kap. 112 geschilderten Verfahren erfolgen. Die skalare Wellengleichung Gl. (112.23) in allgemeinen Zylinderkoordinaten für u und $u^\times$ wird durch den Ansatz

$$u = f(x_1, x_2) \exp(\mp \mathrm{j}\beta z), \quad u^\times = f^\times(x_1, x_2) \exp(\mp \mathrm{j}\beta z) \tag{131.1}$$

separiert, wo f und $f^\times$ die Differentialgleichung

$$\triangle_{\mathrm{tr}} f + \eta^2 f = 0 \tag{131.2}$$

erfüllen mit $k^2 - \beta^2 = \eta^2$. Für $\beta > 0$ handelt es sich um Wellen, die in $\pm z$-Richtung fortschreiten. Es ist für die

E-Wellen	*H-Wellen*	
$E_z = \eta^2 f \exp(\pm \mathrm{j}\beta z)$	$H_z = \eta^2 f^\times \exp(\mp \mathrm{j}\beta z)$	(131.3)

und daher auf F

$$f = 0 \qquad \frac{\partial f^\times}{\partial n} = 0. \tag{131.4}$$

Im Querschnitt S hat die Differentialgleichung Gl. (131.2) unter den Randbedingungen Gl. (131.4) ein diskretes Spektrum reeller Eigenwerte η_ν^2. Zu verschiedenen η_ν gehörige Lösungen sind orthogonal:

$$\iint_S f_\nu f_\mu \,\mathrm{d}F = 0, \qquad \iint_S f_\nu^\times f_\mu^\times \,\mathrm{d}F = 0. \tag{131.5}$$

Die transversalen Feldkomponenten lassen sich nach Gl. (112.24) aus u und $u^\times$ und damit aus E_z und H_z ableiten:

$$\begin{aligned} \boldsymbol{E}_{\mathrm{tr}} &= \mp \frac{\mathrm{j}\beta}{\eta^2} \nabla_{\mathrm{tr}} E_z, & \boldsymbol{E}_{\mathrm{tr}} &= \frac{\mathrm{j}k}{\eta^2} Z_0 \mathbf{e}_z \times (\nabla_{\mathrm{tr}} H_z), \\ \boldsymbol{H}_{\mathrm{tr}} &= -\frac{\mathrm{j}k}{\eta^2} \frac{1}{Z_0} \mathbf{e}_z \times (\nabla_{\mathrm{tr}} E_z), & \boldsymbol{H}_{\mathrm{tr}} &= \mp \frac{\mathrm{j}\beta}{\eta^2} \nabla_{\mathrm{tr}} H_z \end{aligned} \tag{131.6}$$

mit $Z_0 = \sqrt{\frac{\mu}{\varepsilon}}$ und

$$\nabla_{\mathrm{tr}} = \mathbf{e}_1 \frac{1}{h_1} \frac{\partial}{\partial x_1} + \mathbf{e}_3 \frac{1}{h_2} \frac{\partial}{\partial x_2} = \nabla - \mathbf{e}_z \frac{\partial}{\partial z}$$

als transversalem Nabla-Operator. Die beiden Vorzeichen beziehen sich auf Wellen, die sich in $\pm z$-Richtung ausbreiten.

Definiert man den Feldwellenwiderstand Z für irgendeinen Wellentyp (E oder H) aus

$$\pm Z \boldsymbol{H}_{\mathrm{tr}} = \mathbf{e}_z \times \boldsymbol{E}_{\mathrm{tr}}, \tag{131.7}$$

so folgt demnach

$$Z^E = \frac{\beta}{\omega\varepsilon} = Z_0 \frac{\beta}{k} \qquad Z^H = \frac{\omega\mu}{\beta} = Z_0 \frac{k}{\beta}. \tag{131.8}$$

Der obere Index E oder H soll hier und im folgenden E- oder H-Wellen kennzeichnen.

Aus der 1. GREENschen Formel Gl. (014.10), wenn man sie in zwei Dimensionen anschreibt, und

$$\triangle_{\mathrm{tr}} f_\nu + \eta_\nu^2 f_\nu = 0$$

folgt

$$\iint\limits_S \nabla f_\nu \nabla f_\mu \,\mathrm{d}F - \eta_\nu^2 \iint\limits_S f_\nu f_\mu \,\mathrm{d}F = \int\limits_\Gamma f_\nu \frac{\partial f_\mu}{\partial n}\,\mathrm{d}s = 0; \tag{131.9}$$

d. h. mit f_ν, f_μ sind auch ∇f_ν, ∇f_μ orthogonal. Entsprechendes gilt für die H-Wellen. Es bestehen also für $\eta_\mu \neq \eta_\nu$ die Relationen

$$\left.\begin{aligned}
&\iint E_{z\mu} E_{z\nu}^* \,\mathrm{d}F = 0, \qquad \iint\limits_S H_{z\mu} H_{z\nu}^* \,\mathrm{d}F = 0,\\
&\iint\limits_S \boldsymbol{E}_{\mathrm{tr},\mu} \boldsymbol{E}_{\mathrm{tr},\nu}^* \,\mathrm{d}F = 0,\\
&\iint\limits_S \boldsymbol{H}_{\mathrm{tr},\mu} \boldsymbol{H}_{\mathrm{tr},\nu}^* \,\mathrm{d}F = 0,\\
&\iint\limits_S (\boldsymbol{E}_{\mathrm{tr},\mu} \times \boldsymbol{H}_{\mathrm{tr},\nu}^*) \,\mathrm{d}F = \boldsymbol{0}.
\end{aligned}\right| \tag{131.10}$$

Die letzten drei Beziehungen gelten sowohl für die E- wie für die H-Wellen wie auch wechselseitig und folgen aus den ersten auf Grund der Gl. (131.9) und (131.7). Wir geben die Herleitung der letzten, bei der Gl. (011.4) verwendet wird:

$$\begin{aligned}
\iint \boldsymbol{E}_{\mathrm{tr},\mu} \times \boldsymbol{H}_{\mathrm{tr},\nu}^* \,\mathrm{d}F &= -\frac{1}{Z} \iint (\mathbf{e}_z \times \boldsymbol{E}_{\mathrm{tr},\mu}^*) \times \boldsymbol{E}_{\mathrm{tr},\nu} \,\mathrm{d}F\\
&= +\frac{1}{Z}\,\mathbf{e}_z \iint \boldsymbol{E}_{\mathrm{tr},\mu} \boldsymbol{E}_{\mathrm{tr},\nu}^* \,\mathrm{d}F = \boldsymbol{0}.
\end{aligned}$$

Für $f_\mu \equiv f_\nu$ besagt die Gl. (131.9)

$$\iint\limits_S (\nabla f)^2 \,\mathrm{d}F = \eta^2 \iint\limits_S f^2 \,\mathrm{d}F$$

oder

$$\iint\limits_S |\boldsymbol{E}_{\mathrm{tr}}|^2 \,\mathrm{d}F = \frac{\beta^2}{\eta^2} \iint\limits_S |E_z|^2 \,\mathrm{d}F, \qquad \iint\limits_S |\boldsymbol{H}_{\mathrm{tr}}|^2 \,\mathrm{d}F = \frac{\beta^2}{\eta^2} \iint\limits_S |H_z|^2 \,\mathrm{d}F. \tag{131.11}$$

Ferner ist nach Gl. (131.7)

$$\iint\limits_S |\boldsymbol{E}_{\mathrm{tr}}|^2 \,\mathrm{d}F = Z^2 \iint\limits_S |\boldsymbol{H}_{\mathrm{tr}}|^2 \,\mathrm{d}F. \tag{131.12}$$

Neben E- und H-Wellen gibt es, jedoch nur für mehrfach zusammenhängenden Querschnitt (S. 213), noch Wellen vom L- (LECHER-) Typ; sie sind gekennzeichnet durch $\eta^2 = 0$, $k^2 = \beta^2$, d. h.

$$\boldsymbol{E} = k \nabla f \exp(\mp \mathrm{j}\, k z), \qquad \boldsymbol{H} = \frac{k}{Z_0} (\mathbf{e}_z \times \nabla f) \exp(\mp \mathrm{j}\, k z) \tag{131.13}$$

mit

$$\triangle f = 0,$$

und wegen $\boldsymbol{E}_t = 0$ auf F ist

$$f = \mathrm{const} \tag{131.13a}$$

auf jeder der Randkurven Γ des Querschnitts S.

Ein beliebiges Feld im Wellenleiter läßt sich durch eine Entwicklung nach den E-, H- (und gegebenenfalls L-) Wellen darstellen [*85a, 95*]. Man muß dann allerdings in Gl. (131.3) und (131.13) beide Vorzeichen zulassen. Eine Unstetigkeit im Wellenleiter wie ein Fenster, eine Blende oder eine metallische Wand senkrecht zu z bedingt stets eine Reflexion einer einfallenden Welle, so daß Wellen, die in beiden Richtungen laufen, vorkommen. Für die Wellen in $(-z)$-Richtung beachte man die Vorzeichenumkehr in Gl. (131.6), (131.7).

Mit den nomierten Funktionen

$$\begin{aligned} \boldsymbol{E}_n(x_1, x_2, z) &= \mathfrak{E}_n(x_1, x_2) \exp(\mp \mathrm{j}\, \beta_n z), \\ \boldsymbol{H}_n(x_1, x_2, z) &= \mathfrak{H}_n(x_1, x_2) \exp(\mp \mathrm{j}\, \beta_n z), \end{aligned} \tag{131.14}$$

für die

$$\iint\limits_S |\mathfrak{E}_{\mathrm{tr},n}|^2 \,\mathrm{d}F = Z_n^2 \iint\limits_S |\mathfrak{H}_{\mathrm{tr},n}|^2 \,\mathrm{d}F = 1, \qquad \mathbf{e}_z \iint (\mathfrak{E}_{\mathrm{tr},n} \times \mathfrak{H}^*_{\mathrm{tr},n}) \,\mathrm{d}F = \pm \frac{1}{Z_n}$$

ist, können wir auf Grund der Orthogonalitätsbeziehungen ein allgemeines im Wellenleiter bestehendes Feld (ohne Ströme und freie Ladungen) in der Form darstellen (von Fällen, in denen auch eine L-Welle auftritt, sehen wir dabei ab):

$$\begin{aligned} \boldsymbol{E} &= \sum \mathfrak{E}^E_{\mathrm{tr},n} V^E_n(z) + \sum \mathfrak{E}^H_{\mathrm{tr},n} V^H_n(z) + \mathbf{e}_z \sum \mathfrak{E}_{z,n} Z^E_n I^E_n(z), \\ \boldsymbol{H} &= \sum \mathfrak{H}^E_{\mathrm{tr},n} Z^E_n I^E_n(z) + \sum \mathfrak{H}^E_{\mathrm{tr},n} Z^H_n I^H_n(z) + \mathbf{e}_z \sum \mathfrak{H}_{z,n} V^H_n(z) \end{aligned} \tag{131.15}$$

und umgekehrt folgen die Koeffizienten V_n, I_n, die später als Spannungen und Ströme gedeutet werden, aus $\boldsymbol{E}_{\mathrm{tr}}$ und $\boldsymbol{H}_{\mathrm{tr}}$:

$$V_n(z) = \iint\limits_S \boldsymbol{E}_{\mathrm{tr}} \mathfrak{E}^*_{\mathrm{tr},n} \,\mathrm{d}F, \qquad I_n(z) = \iint\limits_S \boldsymbol{H}_{\mathrm{tr}} \mathfrak{H}^*_{\mathrm{tr},n} \,\mathrm{d}F. \tag{131.16}$$

Daß in Gl. (131.15) $\mathfrak{E}_{z,n}$ und $\mathfrak{H}^E_{\mathrm{tr},n}$ einerseits, $\mathfrak{H}_{z,n}$ und $\mathfrak{E}^H_{\mathrm{tr},n}$ andererseits denselben Koeffizienten haben, liegt in den Gl. (131.6) begründet, die sie verknüpfen; in beiden Fortpflanzungsrichtungen $\pm z$ steht darin gleiches Vorzeichen.

Die in z-Richtung im Wellenleiter geführte Leistung erhält man durch Integration des POYNTINGschen Vektors:

$$P = \frac{1}{2} \mathbf{e}_z \iint\limits_S (\boldsymbol{E} \times \boldsymbol{H}^*) \,\mathrm{d}F = \frac{1}{2} \mathbf{e}_z \iint\limits_S (\boldsymbol{E}_{\mathrm{tr}} \times \boldsymbol{H}^*_{\mathrm{tr}}) \,\mathrm{d}F$$

und ist auf Grund der letzten Orthogonalitätsbeziehung in Gl. (131.10) durch die Summe der Anteile der einzelnen Wellentypen gegeben:

$$P = \frac{1}{2} \sum V^E_n I^{E*}_n + \frac{1}{2} \sum V^H_n I^{H*}_n.$$

Wird nur ein Wellentyp in einer Richtung, etwa $+z$, fortgepflanzt, so ist

$$P = \frac{1}{2Z} \iint\limits_S |\boldsymbol{E}_{\mathrm{tr}}|^2 \,\mathrm{d}F = \frac{Z}{2} \iint\limits_S |\boldsymbol{H}_{\mathrm{tr}}|^2 \,\mathrm{d}F,$$

woraus man die Analogie zwischen der Amplitude von $\boldsymbol{E}_{\mathrm{tr}}$ und einer Spannung bzw. der Amplitude von $\boldsymbol{H}_{\mathrm{tr}}$ und einem Strom erkennt.

1312 Das Leitungsschema. Betrachten wir im Augenblick nur das Transversalfeld eines einzigen (E- oder H-) Wellentyps mit dem charakteristischen Wellenwiderstand Z:

$$\begin{aligned} \boldsymbol{E}_{\mathrm{tr}} &= \mathfrak{E}_{\mathrm{tr}} V(z), \\ \boldsymbol{H}_{\mathrm{tr}} &= \mathfrak{H}_{\mathrm{tr}} Z I(z). \end{aligned} \tag{131.17}$$

Nach Gl. (131.14), (131.7) ist

$$\begin{aligned} V(z) &= a \exp(-\mathrm{j}\,\beta z) + b \exp(+\mathrm{j}\,\beta z), \\ Z\,I(z) &= a \exp(-\mathrm{j}\,\beta z) - b \exp(+\mathrm{j}\,\beta z); \end{aligned} \tag{131.18}$$

a und b sind Konstanten. Daher gehört zu einer beliebigen Ebene $z = \text{const}$ ein Wellenwiderstand

$$\frac{V(z)}{I(z)} = Z \frac{a \exp(-\mathrm{j}\,\beta z) + b \exp \mathrm{j}\,\beta z}{a \exp(-\mathrm{j}\,\beta z) - b \exp \mathrm{j}\,\beta z}. \tag{131.19}$$

Das ist formal derselbe Ausdruck wie bei einer Zweidrahtleitung mit dem Kennwiderstand Z;[1] dem Ort z kommt eine komplexer Reflexionskoeffizient

$$r(z) = \frac{b \exp \mathrm{j}\,\beta z}{a \exp(-\mathrm{j}\,\beta z)} = \left|\frac{b}{a}\right| \exp 2\mathrm{j}\,(\beta z + \delta); \qquad 2\delta = \arctan \frac{b}{a} \tag{131.20}$$

und eine Welligkeit $\frac{1 - |r|}{1 + |r|}$ zu. Auf einen Wellenleiter, in dem nur ein Wellentyp fortgepflanzt wird, lassen sich daher die Vorstellungen bei einer Zweidrahtleitung und insbesondere das in Kap. 034 besprochene Kreisdiagramm anwenden. Dazu schreiben wir noch den Wellenwiderstand in der Form

$$\frac{V(z)}{I(z)} = \mathrm{j}\,Z \cot(\beta z + \Phi_0) = \mathrm{j}\,Z \frac{1 - \tan\beta z \tan\Phi_0}{\tan\beta z + \tan\Phi_0} = Z \frac{1 + r}{1 - r} \tag{131.21}$$

mit

$$\tan \Phi_0 = \mathrm{j} \frac{a + b}{a - b}.$$

1313 Grenzfrequenz und Phasengeschwindigkeit. Eine aus der Separation erhaltene E- oder H-Welle („normal mode") ist eine fortschreitende Welle nur solange β reell, d. h. $\eta^2 < k^2$ ist; $\eta = k$, $\beta = 0$ gibt die Grenzwellenlänge:

$$\lambda_c = \frac{2\pi}{\eta} \sqrt{\frac{\varepsilon \mu}{\varepsilon_0 \mu_0}} \tag{131.22}$$

unterhalb deren dies der Fall ist. Für $\lambda > \lambda_c$ ist der betreffende Wellentyp aperiodisch gedämpft, d. h. die Feldamplituden zeigen exponentiellen Abfall mit z ohne Oszillation. Eine Welle des betreffenden Typs wird also im Wellenleiter nur fortgepflanzt, solange

$$\omega > \omega_c = \frac{\eta}{\sqrt{\varepsilon \mu}}$$

ist. Damit wird für $\omega > \omega_c$

$$\beta = \sqrt{k^2 - \eta^2} = \frac{2\pi}{\lambda} \sqrt{\frac{\varepsilon \mu}{\varepsilon_0 \mu_0}} \sqrt{1 - (\lambda/\lambda_c)^2} = \omega \sqrt{\varepsilon \mu} \sqrt{1 - (\omega_c/\omega)^2}, \tag{131.23}$$

ferner nach Gl. (131.8)

$$Z^E = Z_0 \sqrt{1 - (\lambda/\lambda_c)^2}, \qquad Z^H = \frac{Z_0}{\sqrt{1 - (\lambda/\lambda_c)^2}}. \tag{131.24}$$

Der Wellentyp mit der längsten Grenzwellenlänge wird Grundwelle („dominant mode") genannt. In der Praxis verwendet man oft Wellenleiter, in denen nur die Grundwelle fortgepflanzt wird, während alle anderen Wellentypen

[1] Eine allgemeinere Begründung dieser Analogie siehe z. B. in [*31*].

aperiodisch gedämpft sind. Eine L-Welle, sofern vorhanden, besitzt keine untere Grenzfrequenz.

Wir führen noch als $\lambda_g = \frac{2\pi}{\beta}$ die Wellenlänge in der Leitung ein:

$$\frac{1}{\lambda_g^2} = \frac{\varepsilon\,\mu}{\varepsilon_0\,\mu_0}\left(\frac{1}{\lambda^2} - \frac{1}{\lambda_c^2}\right). \tag{131.25}$$

Die Phasengeschwindigkeit der Welle in z-Richtung ist

$$v_{\text{ph}} = \frac{c}{\sqrt{1-(\lambda/\lambda_c)^2}}\sqrt{\frac{\varepsilon_0\mu_0}{\varepsilon\mu}}. \tag{131.26}$$

Diese Geschwindigkeit ist also immer größer als die des Lichtes. Dies kann physikalisch auf Grund der Reflexionen an den ideal leitenden Wänden verstanden werden, soll hier aber nicht im einzelnen ausgeführt werden, siehe z. B. [*20, 38*]

Die Gruppengeschwindigkeit v_{gr} erhält man aus $\frac{1}{v_{\text{gr}}} = \frac{\mathrm{d}\beta}{\mathrm{d}\omega}$:

$$v_{\text{gr}} = \frac{1}{\sqrt{\varepsilon\,\mu}}\sqrt{1-(\lambda/\lambda_c)^2} = \frac{\beta}{\sqrt{\varepsilon\,\mu}\,k}, \tag{131.27}$$

und es gilt

$$v_{\text{gr}}\,v_{\text{ph}} = \frac{1}{\varepsilon\,\mu} = c^2\,\frac{\varepsilon_0\,\mu_0}{\varepsilon\,\mu}. \tag{131.28}$$

Bei der Grenzfrequenz ist die Gruppengeschwindigkeit $= 0$, die Phasengeschwindigkeit $= \infty$. Für $\lambda > \lambda_c$ wird der betreffende Wellentyp nicht fortgepflanzt, sondern schwingt für jedes z mit fester Phase, während die Amplitude mit z exponentiell abnimmt. Im physikalischen Bilde der Reflexionen tritt für Frequenzen unterhalb der Grenzfrequenz Totalreflexion ein.

Die (zeitlich gemittelte) Feldenergie pro cm Leitungslänge:

$$W = W_e + W_m = \frac{1}{4}\cdot 1\cdot\iint\limits_S \varepsilon\,|\boldsymbol{E}|^2\,\mathrm{d}F + \frac{1}{4}\cdot 1\cdot\iint\limits_S \mu\,|\boldsymbol{H}|^2\,\mathrm{d}F \tag{131.29}$$

entfällt zu gleichen Teilen auf elektrische und magnetische, wie aus den Gl. (131.11), (131.12), 131.8) für irgendeine E- oder H-Welle sofort folgt:

$$W_e = W_m. \tag{131.30}$$

Bildet man

$$\frac{P}{W} = \begin{cases} \dfrac{P}{2W_m} = \dfrac{Z}{\mu}\,\dfrac{\iint\limits_S |\boldsymbol{H}_{\text{tr}}|^2\,\mathrm{d}F}{\iint\limits_S |\boldsymbol{H}|^2\,\mathrm{d}F} = \dfrac{Z}{\mu(1+(\eta/\beta)^2)} = \dfrac{Z_0\,\beta}{\mu\,k} & \text{für eine } H\text{-Welle} \\[2ex] \dfrac{P}{2W_e} = \dfrac{1}{Z\,\varepsilon}\,\dfrac{\iint\limits_S |\boldsymbol{E}_{\text{tr}}|^2\,\mathrm{d}F}{\iint\limits_S |\boldsymbol{E}|^2\,\mathrm{d}F} = \dfrac{1}{\varepsilon Z(1+(\eta/\beta)^2)} = \dfrac{\beta}{\varepsilon Z_0\,k} & \text{für eine } E\text{-Welle,} \end{cases}$$

so erkennt man durch Vergleich mit Gl. (131.8) und (131.27), daß in beiden Fällen

$$P = v_{\text{gr}}\,W \tag{131.31}$$

ist, d. h. v_{gr} zugleich die Geschwindigkeit angibt, mit der die Feldenergie eines Wellentyps durch den idealen homogenen Wellenleiter hindurchläuft.

1314 Verluste auf Grund endlicher Leitfähigkeit der Berandung. Bisher war von idealen, d. h. verlustfreien, Wellenleitern die Rede. Nun wollen wir Wärmeverluste in der Oberfläche einbeziehen. Diese bedingen, daß bei Fortpflanzung irgendeines Wellentyps die Amplituden längs z gedämpft werden, so daß zur Phasenkonstanten β in Gl. (131.1) eine Imaginärkomponente $-\mathrm{j}\,\alpha$ $(\alpha > 0)$ hinzutritt. Wir fassen β und α zu einer „Übertragungskonstanten" γ zusammen, entsprechend

$$\gamma = \alpha + \mathrm{j}\,\beta.$$

Es wird dann

$$|E_z(z)| = |E_z(0)| \exp(-\alpha z)$$

usf. und

$$P(z) = P(0) \exp(-2\alpha z),$$

so daß die Dämpfungskonstante α aus

$$\alpha = -\frac{1}{2P}\frac{\mathrm{d}P}{\mathrm{d}z} \tag{131.32}$$

folgt. Setzt man hier unter Beschränkung auf kleine α/β

$$P = \frac{Z}{2}\iint\limits_S |\boldsymbol{H}_{\mathrm{tr}}|^2\,\mathrm{d}F$$

und $-\frac{\mathrm{d}P}{\mathrm{d}z}$ gleich den Wärmeverlusten pro Längeneinheit in der Berandung,

$$-\frac{\mathrm{d}P}{\mathrm{d}z} = \frac{R_\square}{2}\int\limits_\Gamma |\boldsymbol{H}_t|^2\,\mathrm{d}s = \frac{R_\square}{2}\int\limits_\Gamma (|H_z|^2 + |\boldsymbol{H}_{\mathrm{tr}}|^2)\,\mathrm{d}s,$$

so erhält man

$$\alpha = \frac{R_\square}{2Z}\,\frac{\int\limits_\Gamma (|H_z|^2 + |\boldsymbol{H}_{\mathrm{tr}}|^2)\,\mathrm{d}s}{\iint\limits_S |\boldsymbol{H}_{\mathrm{tr}}|^2\,\mathrm{d}F}. \tag{131.33}$$

Durch f bzw. $f^\times$ drückt sich α wie folgt aus:

$$\left.\begin{aligned}
\alpha^E &= \frac{R_\square}{2Z_0}\,\frac{\int\limits_\Gamma \left(\frac{\partial f}{\partial n}\right)^2 \mathrm{d}s}{\sqrt{1-(\lambda/\lambda_c)^2}\iint\limits_S (\nabla f)^2\,\mathrm{d}F},\\
\alpha^H &= \frac{R_\square}{2Z_0}\,\frac{\sqrt{1-(\lambda/\lambda_c)^2}\int\limits_\Gamma \left(\frac{\partial f^\times}{\partial s}\right)^2 \mathrm{d}s + \frac{\eta^2(\lambda/\lambda_c)^2}{\sqrt{1-(\lambda/\lambda_c)^2}}\int\limits_\Gamma f^{\times 2}\,\mathrm{d}s}{\eta^2\iint\limits_S f^{\times 2}\,\mathrm{d}F}.
\end{aligned}\right\} \tag{131.34}$$

Die danach berechneten Verluste werden beliebig groß, wenn man sich der Grenzwellenlänge nähert. Da $R_\square \sim \frac{1}{\sqrt{\lambda}}$, so ist für die E-Wellen $\alpha \sim \frac{1}{\sqrt{\lambda/\lambda_c}\,(1-(\lambda/\lambda_c)^2)}$, nimmt also auch für $\lambda/\lambda_c \to 0$ sehr große Werte an und hat als Funktion von λ/λ_c ein Minimum bei $\lambda/\lambda_c = 1/\sqrt{3}$.

Bei den H-Wellen nimmt der von H_z herrührende Anteil der Verluste mit wachsender Frequenz (abnehmendem λ/λ_c) monoton ab. Darauf beruht der Vorteil eines H-Wellentyps in zylindrischen Hohlrohrleitungen, bei dem $\boldsymbol{H}_{\mathrm{tr}}$ auf der Berandung verschwindet (siehe Kap. 133).

Werden an zwei Querschnitten in einem Abstand $(n\lambda_g/2)$ = ein halbzahliges Vielfaches der Leitungswellenlänge metallische Deckplatten angebracht, so entsteht aus dem Leitungsstück der Länge $n\lambda_g/2$ ein Hohlraumresonator; die Randbedingungen an den Deckplatten sind durch die Annahme stehender Wellen in z-Richtung erfüllbar. Sei $\varepsilon = \varepsilon_0$, $\mu = \mu_0$. Der Energieverlust pro Sekunde im Zylindermantel ist

$$\triangle W_1 = -\frac{n\lambda_g}{2}\frac{\partial P}{\partial z} = \alpha n \lambda_g P,$$

der in den Deckplatten

$$\triangle W_2 = \frac{R_\square}{2} 2 \iint\limits_S |\boldsymbol{H}_{\mathrm{tr}}|^2 \,\mathrm{d}F = R_\square \frac{P}{Z};$$

dabei war zu berücksichtigen, daß für eine stehende Welle $|\boldsymbol{H}_{\mathrm{tr}}|$ doppelt so groß anzusetzen ist wie für eine laufende. Die gespeicherte Energie ist andererseits

$$W = \frac{P}{v_{\mathrm{gr}}}\frac{n\lambda_g}{2} = \frac{\pi n}{\omega}\left(\frac{\lambda_g}{\lambda}\right)^2 P$$

und damit der Q-Wert des erwähnten Resonators

$$\frac{1}{Q_{\mathrm{Met}}} = \frac{\triangle W_1 + \triangle W_2}{\omega W} = \frac{1}{\pi}\left(\frac{\alpha}{\lambda_g} + \frac{8 R_\square}{n Z}\right)\left(\frac{\lambda}{\lambda_g}\right)^2$$

mit

$$\frac{\lambda}{\lambda_g} = \sqrt{1 - (\lambda/\lambda_c)^2}.$$

In den folgenden Abschnitten besprechen wir kurz die E- und H-Wellen einiger einfacher homogener Wellenleiter. Wir verzichten dabei auf die Darstellung durch momentane Feldlinienbilder, die in vielen Büchern zu finden sind [*20, 31, 38*].

Wellenleiter mit anderen Querschnitten sind z. B. in [*41*] behandelt.

132 Rechteckige Hohlrohrleitungen.

Für eine Hohlrohrleitung von rechteckigem Querschnitt (Abb. 13.2) lauten die Eigenfunktionen f und $f^\times$

$$f = \sin\frac{m\pi x}{a}\sin\frac{n\pi y}{b}, \qquad f^\times = \cos\frac{m\pi x}{a}\cos\frac{n\pi y}{b}. \tag{132.1}$$

Daraus leiten sich die E_{mn}- bzw. H_{mn}-Wellen ab. Sie haben die für gleiche m und n übereinstimmenden Phasenkonstanten

$$\beta_{mn} = \sqrt{k^2 - \eta_{mn}^2}, \qquad \eta_{mn}^2 = \pi^2\left(\frac{m^2}{a^2} + \frac{n^2}{b^2}\right) \tag{132.2}$$

und Grenzwellenlängen

$$\lambda_{c,mn} = \frac{2}{\sqrt{\frac{m^2}{a^2} + \frac{n^2}{b^2}}}\sqrt{\frac{\mu\varepsilon}{\mu_0\varepsilon_0}}. \tag{132.3}$$

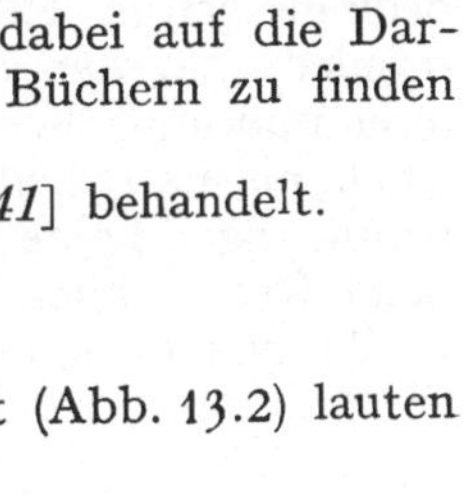

Abb. 13.2. Rechteckhohlleiter.

Die Feldkomponenten lauten bis auf einen gemeinsamen Faktor $E_0 \exp \mathrm{j}(\omega t \mp \beta_{mn} z)$ bzw. $H_0 \exp \mathrm{j}(\omega t \mp \beta_{mn} z)$

$$E_x = \mp \frac{\mathrm{j}\beta_{mn}}{\eta_{mn}^2}\frac{m\pi}{a}\cos\frac{m\pi x}{a}\sin\frac{n\pi y}{b}, \qquad Y_{mn}^H E_x = \pm H_y,$$

$$E_y = \mp \frac{\mathrm{j}\beta_{mn}}{\eta_{mn}^2}\frac{n\pi}{b}\sin\frac{m\pi x}{a}\cos\frac{n\pi y}{b}, \qquad -Y_{mn}^H E_y = \pm H_x,$$

$$E_z = \sin\frac{m\pi x}{a}\sin\frac{n\pi y}{b}, \qquad E_z = 0,$$

$$-Z^E_{mn} H_x = \pm E_y, \qquad H_x = \pm \frac{\mathrm{j}\,\beta_{mn}}{\eta^2_{mn}} \frac{m\pi}{a} \sin\frac{m\pi x}{a} \cos\frac{n\pi y}{b},$$

$$Z^E_{mn} H_y = \pm E_x, \qquad H_y = \pm \frac{\mathrm{j}\,\beta_{mn}}{\eta^2_{mn}} \frac{n\pi}{b} \cos\frac{m\pi x}{a} \sin\frac{n\pi y}{b},$$

$$H_z = 0, \qquad H_z = \cos\frac{m\pi x}{a} \cos\frac{n\pi y}{b}.$$

Da E_{0n}- oder E_{m0}-Wellen nicht auftreten können, ist die Grundwelle für $a > b$ die H_{10}-Welle mit der Grenzwellenlänge

$$\lambda_{c,10} = 2a\sqrt{\frac{\varepsilon\mu}{\varepsilon_0\mu_0}} = 2a \quad \text{für Luft als Dielektrikum.} \tag{132.4}$$

Man erkennt, daß bei den H_{m0}-Wellen nur die Komponenten H_z, H_x, E_y vorkommen und von b überhaupt nicht abhängen.

Für $a \to \infty$ erhält man an Stelle des Rechteckhohlrohres eine ebene Bandleitung. Dann genügen die Felder bei Unabhängigkeit von x der Wellengleichung

$$\left(\frac{\partial^2}{\partial y^2} + \frac{\partial^2}{\partial z^2}\right)\boldsymbol{E} + k^2\boldsymbol{E} = \boldsymbol{0}. \tag{132.5}$$

Von $a = \infty$ kann man nun zu $a < \infty$ übergehen, indem in den Lösungen k^2 durch $k^2 - \left(\frac{m\pi}{a}\right)^2$ ersetzt und der Faktor $\sin\frac{m\pi x}{a}$ bzw. $\cos\frac{m\pi x}{a}$ hinzugefügt wird. Das neue Vektorfeld erfüllt dann in der Tat Wellengleichung und Randbedingungen im Rechteckhohlleiter. Dieses Verfahren, an Stelle des Randwertproblems für den Rechteckquerschnitt das einfachere für die Bandleitung zu lösen und hinterher das Ergebnis so zu verändern, daß es auf $a < \infty$ anwendbar ist, kann man sich immer dann zunutze machen, wenn etwaige weitere Randbedingungen keine Abhängigkeit von x zeigen; davon machen wir in Kap. 137 beim Rechteckhohlleiter mit „kapazitivem Fenster" (Abb. 13.10a) Gebrauch.

Zu den Lösungen der Gl. (132.5) für die Bandleitung, die der Gl. (132.1) entsprechen, tritt noch die L-Welle mit $E_z = 0$, $H_z = 0$:

$$E_y = \pm Z_0 H_x = E_0 \exp\mathrm{j}(\omega t - kz);$$

die beiden Metallebenen bilden hier Hin- und Rückleitung einer Doppelleitung. Diesen Charakter behalten die H_{m0}-Wellen im Rechteckhohlleiter; wegen $H_y \equiv 0$ fließen in den beiden Seitenflächen mit der kürzeren Kante keine Längsströme; von den beiden anderen dient eine als Hinleitung, die andere als Rückleitung.

Die Separation der Wellengleichung im Rechteckhohlleiter mit skalaren Potentialen ist ebenso durchführbar, wenn für x_3 nicht z, sondern x oder y gewählt wird. Man erhält dann „gemischte" Wellentypen, bei denen sowohl E_z wie H_z von Null verschieden sein kann; sie müssen sich aber auf Grund der allgemeinen Eigenschaft der Entwickelbarkeit durch E- und H-Wellen darstellen lassen.

133 Kreiszylindrische Hohlrohrleitungen.

Für Hohlleiter mit Kreisquerschnitt (Radius a) folgen die E- und H-Wellen aus

$$\left.\begin{aligned} f &= \mathrm{J}_m\left(\varrho_{mn}\frac{r}{a}\right)\cos m\varphi, & f^\times &= \mathrm{J}_m\left(\varrho'_{mn}\frac{r}{a}\right)\cos m\varphi, \\ \eta^E_{mn} &= \frac{\varrho_{mn}}{a}, & \eta^H_{mn} &= \frac{\varrho'_{mn}}{a}, \\ \lambda^E_{c,mn} &= \frac{2\pi a}{\varrho_{mn}}\sqrt{\frac{\varepsilon\mu}{\varepsilon_0\mu_0}}, & \lambda^H_{c,mn} &= \frac{2\pi a}{\varrho'_{mn}}\sqrt{\frac{\varepsilon\mu}{\varepsilon_0\mu_0}}, \end{aligned}\right\} \tag{133.1}$$

denn damit werden die Randbedingungen

$$f = 0, \qquad \frac{\partial f^\times}{\partial r} = 0$$

bei $r = a$ erfüllt. Spaltet man wieder $E_0 \exp \mathrm{j}(\omega t \mp \beta_{mn}^E z)$ bzw. $H_0 \exp \mathrm{j}(\omega t - \beta_{mn}^H z)$ ab, so lauten die Feldkomponenten

$$\left.\begin{aligned}
E_r &= \mp \frac{\mathrm{j}\beta_{mn}^E}{\eta_{mn}^{E\,2}} \frac{\mathrm{d}\,\mathrm{J}_m\left(\varrho_{mn}\frac{r}{a}\right)}{\mathrm{d}r} \cos m\varphi, & Y_{mn}^H E_r &= \pm H_\varphi, \\
E_\varphi &= \pm \frac{\mathrm{j}\beta_{mn}^E}{\eta_{mn}^{E\,2}} \frac{m}{r} \mathrm{J}_m\left(\varrho_{mn}\frac{r}{a}\right) \sin m\varphi, & -Y_{mn}^H E_\varphi &= \pm H_r, \\
E_z &= \mathrm{J}_m\left(\varrho_{mn}\frac{r}{a}\right), & E_z &= 0, \\
-Z_{mn}^E H_r &= \pm E_\varphi, & H_r &= \mp \frac{\mathrm{j}\beta_{mn}^H}{\eta_{mn}^{H\,2}} \frac{\mathrm{d}\,\mathrm{J}_m\left(\varrho'_{mn}\frac{r}{a}\right)}{\mathrm{d}r} \cos m\varphi, \\
Z_{mn}^E H_\varphi &= \pm E_r, & H_\varphi &= \pm \frac{\mathrm{j}\beta_{mn}^H}{\eta_{mn}^{H\,2}} \frac{m}{r} \mathrm{J}_m\left(\varrho'_{mn}\frac{r}{a}\right) \sin m\varphi, \\
H_z &= 0, & H_z &= \mathrm{J}_m\left(\varrho'_{mn}\frac{r}{a}\right).
\end{aligned}\right\} \quad (133.2)$$

Das Azimut ist darin bis auf einen willkürlichen Bezugswinkel φ_{mn} unbestimmt. Die kleinste Grenzfrequenz besitzt die H_{11}-Welle (vgl. Kap. 1233); dann folgt die E_{01}-Welle als die rotationssymmetrische Welle ($m = 0$) mit kleinster Grenzfrequenz; als nächste H_{21} und dann zum gleichen Eigenwert H_{01} und E_{11}.

Die Ausführung der Integration in Gl. (131.34) ergibt

$$\alpha_{mn}^E = \frac{R_\square}{Z_0 a} \frac{1}{\sqrt{1-(\lambda/\lambda_c)^2}}, \qquad \alpha_{mn}^H = \frac{R_\square}{Z_0 a} \frac{m^2\sqrt{1-(\lambda/\lambda_c)^2} + \frac{\varrho_{mn}'^2 (\lambda/\lambda_c)^2}{\sqrt{1-(\lambda/\lambda_c)^2}}}{\varrho_{mn}'^2 - m^2}. \quad (133.3)$$

Für die rotationssymmetrischen H-Wellen ist

$$\alpha_{0n}^H = \frac{R_\square}{Z_0 a} \frac{(\lambda/\lambda_c)^2}{\sqrt{1-(\lambda/\lambda_c)^2}}, \quad (133.4)$$

und dies nimmt mit wachsender Frequenz monoton gegen Null ab. Darauf hatten wir bereits in Kap. 1314 hingewiesen. Für eine mit einem solchen Wellentyp (etwa H_{01}) betriebene kreiszylindrische Hohlrohrleitung fallen also theoretisch die Wärmeverluste um so geringer aus, je kürzer die Betriebswellenlänge ist.

134 Koaxiale Leitungen.

Für Koaxialleiter, d. h. Wellenleiter mit Kreisringquerschnitt (Abb. 13.3) leiten sich E- und H-Wellen aus Wellenpotentialen der Form

$$f = \mathrm{Z}_m^E(r) \cos m\varphi, \qquad f^\times = \mathrm{Z}_m^H(r) \cos m\varphi \quad (134.1)$$

ab; darin bedeuten die Z_m Kombinationen von Bessel- und Neumann-Funktionen m-ter Ordnung, die die Randbedingungen

$$f = 0, \qquad \frac{\partial f^\times}{\partial r} = 0$$

2b
2a

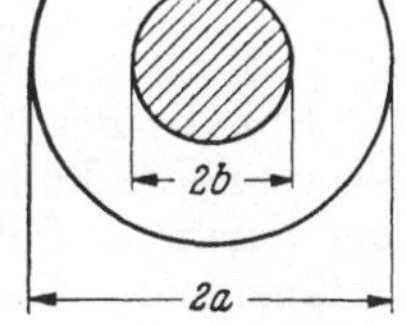

Abb. 13.3. Querschnitt eines Koaxialleiters.

bei $r = a$ und $r = b$ erfüllen. Das sind

$$Z_m^E = \mathrm{J}_m\left(\sigma_{mn}\frac{r}{a}\right) - \frac{\mathrm{J}_m(\sigma_{mn})}{\mathrm{N}_m(\sigma_{mn})}\mathrm{N}_m\left(\sigma_{mn}\frac{r}{a}\right),$$
$$Z_m^H = \mathrm{J}_m\left(\sigma'_{nm}\frac{r}{a}\right) - \frac{\mathrm{J}'_m(\sigma'_{mn})}{\mathrm{N}'_m(\sigma'_{mn})}\mathrm{N}_m\left(\sigma'_{mn}\frac{r}{a}\right), \qquad (134.2)$$

wenn σ_{mn} bzw. σ'_{mn} die n-te Nullstelle der transzendenten Gleichung

$$\mathrm{J}_m\left(\sigma\frac{b}{a}\right)\mathrm{N}_m(\sigma) - \mathrm{N}_m\left(\sigma\frac{b}{a}\right)\mathrm{J}_m(\sigma) = 0,$$
$$\mathrm{J}'_m\left(\sigma'\frac{b}{a}\right)\mathrm{N}'_m(\sigma') - \mathrm{N}'_m\left(\sigma'\frac{b}{a}\right)\mathrm{J}'_m(\sigma') = 0, \qquad (134.3)$$

ist; $\mathrm{J}'_m\left(\sigma'\frac{b}{a}\right)$ bedeutet hierin $\left(\frac{\mathrm{d}\,\mathrm{J}_m\left(\sigma'\frac{r}{a}\right)}{\mathrm{d}r}\right)_{r=b}$ usf.

Die Wellen mit den kleinsten Grenzfrequenzen sind wieder H_{11} und E_{01}. Näheres siehe z. B. [*31*]. Für längere Wellen existiert nur die L-Welle, für die in Gl. (131.13)

$$f = \ln\frac{r}{b}$$

zu setzen ist. Damit findet man

$$E_r = \pm Z_0 H_\varphi = E_0\frac{a}{r}\exp\mathrm{j}(\omega t \mp kz), \qquad (134.4)$$

$$\alpha = \frac{2R_\square}{Z_0}\,\frac{a+b}{ab\ln\frac{a}{b}}. \qquad (134.5)$$

Der Feldwellenwiderstand ist $= Z_0$, wie bei ebenen Wellen im unbegrenzten Medium. Für die LECHER-Welle ist außerdem folgende Definition gebräuchlich: Beide Leiter sind ja bis auf das Vorzeichen von dem gleichen Strom

$$|J| = \int_{r=a}|H_\varphi|\,a\,\mathrm{d}\varphi = \int_{r=b}|H_\varphi|\,b\,\mathrm{d}\varphi = \frac{2\pi a}{Z_0}|E_0|$$

durchflossen. Zwischen den beiden koaxialen Zylindern läßt sich eine Spannung

$$|U| = \int_a^b |E_r|\,\mathrm{d}r = |E_0|\,a\ln\frac{a}{b}$$

definieren. Setzt man als „Systemwellenwiderstand" der L-Welle

$$Z = \frac{|U|}{|J|} = \frac{Z_0}{2\pi}\ln\frac{a}{b}, \qquad (134.6)$$

so gilt für die geführte Leistung

$$P = \frac{Z}{2}|J|^2 = \frac{|U|^2}{2Z} = \frac{1}{2}|U|\,|J| = \frac{\pi a^2|E_0|^2}{Z_0}\ln\frac{a}{b}. \qquad (134.7)$$

Für $\varepsilon = \varepsilon_0$, $\mu = \mu_0$ ist

$$Z = 60\ln\frac{a}{b}\,\Omega. \qquad (134.8)$$

135 Andere Formen zylindrischer Wellenleiter.

Für die Praxis besitzen außer den bisher genannten einfachen Wellenleitern viele andere Leiterformen Interesse. Dazu gehören unter anderem Wellenleiter, bei denen das Feld sich in den Außenraum erstreckt und entlang der Oberfläche geführt wird. Bei dem einfachsten derartigen Gebilde, dem von SOMMERFELD 1899 untersuchten metallischen Draht, nimmt das Feld nach außen nur langsam ab. Eine geführte Welle tritt nur bei endlicher Leitfähigkeit auf. Will man das Feld um den Leiter konzentrieren, indem man Drähte geringer Leitfähigkeit verwendet, so werden die Dämpfungsverluste zu hoch. Ein Ausweg ist, einen sehr gut leitenden Draht mit einer Isolierschicht zu versehen, die dielektrische oder magnetische Eigenschaft hat. Bei idealer Leitfähigkeit dringt kein Feld in das Metall ein, und die Verluste bleiben auf die Isolierschicht beschränkt. Wir besprechen kurz die E-Wellen, die von einem derartigen System geführt werden.

Der Drahtradius sei mit a, die Schichtdicke mit d bezeichnet, so daß $a + d = r_0$ der äußere Radius der Schicht ist (Abb. 13.4). In der Schicht sowohl wie im Außenleiter haben die Feldkomponenten der achsensymmetrischen E-Welle die Form

$$\left.\begin{aligned} E_z &= Z_0(\eta r)\exp(-\mathrm{j}\beta z), \\ E_r &= \frac{\mathrm{j}\beta}{\eta} Z_1(\eta r)\exp(-\mathrm{j}\beta z), \\ H_\varphi &= \frac{\mathrm{j}\omega\varepsilon}{\eta} Z_1(\eta r)\exp(-\mathrm{j}\beta z). \end{aligned}\right\} \tag{135.1}$$

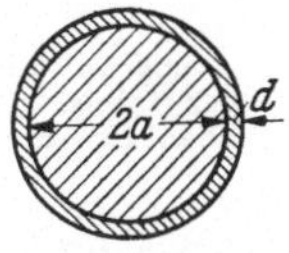

Abb. 13.4. Leitender Draht mit Isolierschicht.

Dabei ist in der Schicht die Zylinderfunktion Z_0 eine Kombination von Hankel-Funktionen

$$Z_0(\eta_1 r) = A\,\mathrm{H}_0^{(1)}(\eta_1 r) + B\,\mathrm{H}_0^{(2)}(\eta_1 r) \quad (a \leqq r \leqq r_0), \tag{135.2}$$

im Außenraum dagegen

$$Z_0(\eta_0 r) = C\,\mathrm{H}_0^{(1)}(\eta_0 r) \quad (r \geqq r_0) \tag{135.3}$$

und

$$\eta_1^2 = \beta^2 - \omega^2\varepsilon_1\mu_1, \qquad \eta_0^2 = \beta^2 - \frac{\omega^2}{c^2}, \tag{135.4}$$

ferner $\operatorname{Im}\eta_0 > 0$, damit für $r \to \infty$ das Feld $\to 0$ geht; ε_1 und μ_1 sind als komplex anzusehen. Randbedingungen sind

$$E_z = 0 \quad \text{für} \quad r = a,$$
$$E_z(r_0 + 0) = E_z(r_0 - 0), \qquad H_\varphi(r_0 + 0) = H_\varphi(r_0 - 0).$$

Die Elimination der drei Konstanten A, B, C aus diesen drei Gleichungen führt auf die folgende transzendente Gleichung für die Fortpflanzungskonstante β:

$$\eta_1\frac{\varepsilon_0}{\varepsilon_1}\,\frac{\mathrm{H}_0^{(1)}(\eta_1 a)\,\mathrm{H}_0^{(2)}(\eta_1 r_0) - \mathrm{H}_0^{(2)}(\eta_1 a)\,\mathrm{H}_0^{(1)}(\eta_1 r_0)}{\mathrm{H}_0^{(1)}(\eta_1 a)\,\mathrm{H}_1^{(2)}(\eta_1 r_0) - \mathrm{H}_0^{(2)}(\eta_1 a)\,\mathrm{H}_1^{(1)}(\eta_1 r_0)} = \eta_0\,\frac{\mathrm{H}_0^{(1)}(\eta_0 r_0)}{\mathrm{H}_1^{(1)}(\eta_0 r_0)}. \tag{135.5}$$

Für kleine Schichtdicken ($\eta_1 d \ll 1$) kann man

$$\mathrm{H}_0^{(1,2)}(\eta_1 a) \approx \mathrm{H}_0^{(1,2)}(\eta_1 r_0) - \mathrm{H}_0^{(1,2)}(\eta_1 a)\,\eta_1 d$$

setzen, wodurch man die einfachere Gleichung

$$-(\eta_1 a)\frac{\varepsilon}{\varepsilon_1}\,\frac{d}{a} = \eta_0 a\,\frac{\mathrm{H}_0^{(1)}(\eta_0 r_0)}{\mathrm{H}_1^{(1)}(\eta_0 r_0)} \tag{135.6}$$

erhält. Ihre Lösungen β sind bei komplexen ε_1, μ_1 komplex. Näherungen in praktischen Fällen bei kleinen Verlusten enthält z. B. eine Arbeit von H. Kaden [*88*].

Bei Verwendung dielektrischer Medien sind eine Reihe weiterer Wellenleiter denkbar. Dielektrische Stäbe besitzen im allgemeinen ungünstige Eigenschaften bezüglich der Frequenzabhängigkeit der Dämpfung. Für praktische Verwendung geeignet erscheinen in dieser Hinsicht dielektrische Rohre [*119*]. Ist r_1 der Innenradius des Rohres, r_2 der Außenradius

(Abb. 13,5) und hat das Dielektrikum wieder die Materialkonstanten ε_1, μ_1, so treten in den Feldgleichungen für $r \leqq r_1$ BESSEL-Funktionen vom Argument $\eta_0 r$, für $r_1 \leqq r \leqq r_2$ Kombinationen von BESSEL- und NEUMANN-Funktionen vom Argument $\eta_1 r$, für $r \geqq r_2$ HANKELsche Funktionen 1. Art vom Argument $\eta_0 r$ auf [siehe Gl. (135,3)]. Es sind sowohl E- wie H-Wellen möglich, und für jede einzelne enthält dieser Ansatz vier Konstanten; die Randbedingungen

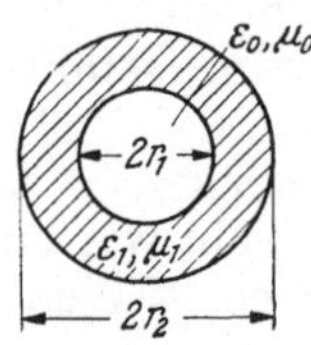

Abb. 13.5. Querschnitt eines dielektrischen Rohres.

$$E_z(r_1+0) = E_z(r_1-0), \quad H_\varphi(r_1+0) = H_\varphi(r_1-0),$$
$$E_z(r_2+0) = E_z(r_2-0), \quad H_\varphi(r_2+0) = H_\varphi(r_2-0),$$
$$H_z(r_1+0) = H_z(r_1-0), \quad E_\varphi(r_1+0) = E_\varphi(r_1-0),$$
$$H_z(r_2+0) = H_z(r_2-0), \quad E_\varphi(r_2+0) = E_\varphi(r_2-0)$$

sind für die rotationssymmetrischen E- und H-Wellen (E_{0n} bzw. H_{0n}) von gleicher Anzahl. Höhere Wellen (mit φ-Abhängigkeit) vom E-Typ besitzen eine E_φ-Komponente, solche vom H-Typ eine H_φ-Komponente, und da mit vier Konstanten sechs Bestimmungsgleichungen nicht zu erfüllen sind, können derartige Wellen für sich nicht auftreten, sondern nur gemischte Wellentypen von der betreffenden Symmetrieeigenschaft, die sowohl ein H_z wie ein E_z besitzen. Die Rechnung führt für die Ausbreitungskonstante β formal auf eine 8reihige Determinante. UNGER untersucht in der genannten Arbeit [*119*] neben rotationssymmetrischen Wellen auch gemischte und zeigt, daß für eine Welle von überwiegend H-Charakter mit einem φ-Knoten (sog. $H_{11}E$-Welle) das dielektrische Rohr praktisch brauchbare Eigenschaften besitzt.

Der Rechnungsgang im einzelnen kann hier aus Platzgründen nicht wiedergegeben werden. Die obigen Bemerkungen sollten nur dazu dienen, den Ansatz zur Bestimmung von β in derartigen Fällen zu beschreiben, in denen der Wellenleiter aus mehreren Medien besteht.

Daneben sind andere zylindrische Leitertypen von Bedeutung, die der feldtheoretischen Behandlung nicht direkt zugänglich sind, wie metallische Hohlleiter mit kompliziertem Querschnitt, bei denen der Separationsansatz in den gebräuchlichen Korodinatensystemen versagt. Als Beispiel erwähnen wir den Steghohlleiter („ridge waveguide"), der aus dem Rechteckhohlleiter durch Einbuchtung einer Querschnittsseite entsteht (Abb. 13.6). Der wichtigste Parameter für die Ausbreitung der einzelnen Wellen ist ihre Grenzfrequenz ω_c oder Grenzwellenlänge λ_c. Für $\lambda = \lambda_c$ ist der Wellenzustand von z unabhängig. $\boldsymbol{E}$ oder $\boldsymbol{H}$ genügt der Gleichung

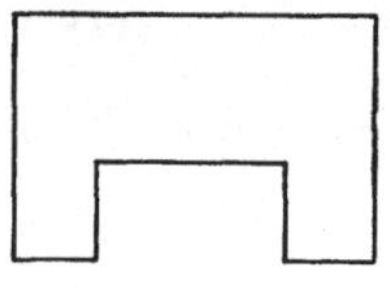

Abb. 13.6. Querschnitt eines Steghohlleiters.

$$\nabla_{\text{tr}}^2 \boldsymbol{E}(x_1, x_2) + k^2 \boldsymbol{E}(x_1, x_2) = 0 \tag{135.7}$$

mit $k = 2\pi/\lambda_c$. Näherungswert für λ_c erhält man z. B. mit Hilfe der in Kap. 102 beschriebenen Variationsmethoden. In der Gl. (102.9), die die Extremaleigenschaft von k ausdrückt, braucht bei der Ermittlung der Grenzfrequenz die Integration nur über den Querschnitt erstreckt zu werden.

136 Anregung von Hohlrohrwellen.

Ähnlich wie in Resonatoren gibt das vollständige Orthogonalsystem der E- und H-Wellen ein Mittel an die Hand, die Anregung der verschiedenen Wellentypen in homogenen Wellenleitern durch bekannte Leitungsströme und Ladungen zu berechnen, die mit der festen Frequenz ω zeitlich variieren. Dazu gehen wir aus von den Feldgleichungen in der Form der Gl. (112.1), (112.2) und schreiben sie auf für die z-Komponente im System der allgemeinen Zylinderkoordinaten x_1, x_2, z:

$$\begin{aligned} \left(\triangle_{\text{tr}} + \frac{\partial^2}{\partial z^2} + k^2\right) E_z &= \frac{1}{\mathrm{j}\,\omega\,\varepsilon}\left(k^2 i_z + \frac{\partial}{\partial z}(\nabla \boldsymbol{i})\right), \\ \left(\triangle_{\text{tr}} + \frac{\partial^2}{\partial z^2} + k^2\right) H_z &= -(\nabla \times \boldsymbol{i})\,\mathbf{e}_z. \end{aligned} \tag{136.1}$$

Aus dieser Form erkennt man schon, daß durch Längsströme (i_z) und hochfrequente Ladungen $\varrho = \nabla \boldsymbol{i}$, die von z abhängen, E-Wellen angeregt werden, insbesondere also durch einen elektrischen Dipol parallel zur z-Achse; da in

$(\nabla \times \boldsymbol{i})\,\mathbf{e}_z$ nur die Transversalkomponenten von $\boldsymbol{i}$ eingehen, werden durch diese die H-Wellen angeregt, insbesondere also durch magnetische Dipole mit der Richtung z.

Die Komponente E_z denken wir uns nach den orthogonalen Funktionen f, H_z nach den $f^\times$ entwickelt, mit Koeffizienten, die von z abhängen:

$$E_z = \sum a_\nu(z)\, f_\nu(x_1, x_2), \qquad H_z = \sum b_\nu(z)\, f_\nu^\times(x_1, x_2). \tag{136.2}$$

Die Lösungen f_ν bzw. $f_\nu^\times$ der Differentialgleichung Gl. (131.2) mit den Randbedingungen Gl. (131.4) denken wir uns normiert:

$$\iint\limits_S f_\nu f_\mu \,\mathrm{d}F = \delta_{\mu\nu}, \qquad \iint\limits_S f_\nu^\times f_\mu^\times \,\mathrm{d}F = \delta_{\mu\nu}. \tag{136.3}$$

Die linken Seiten der Gl. (136.1) lauten dann

$$\sum_\nu \left(\frac{\mathrm{d}^2 a_\nu}{\mathrm{d}z^2} + \beta_\nu^2 a_\nu\right) f_\nu \quad \text{bzw.} \quad \sum_\nu \left(\frac{\mathrm{d}^2 b_\nu}{\mathrm{d}z^2} + \beta_\nu^{\times 2} b_\nu\right) f_\nu^\times .$$

Nach Multiplikation mit f_μ bzw. $f_\mu^\times$ und Integration über S gehen diese Gleichungen über in

$$\begin{aligned} \left(\frac{\mathrm{d}^2}{\mathrm{d}z^2} + \beta_\mu^2\right) a_\mu &= \frac{1}{\mathrm{j}\,\omega\,\varepsilon} \iint\limits_S \left[k^2 i_z + \frac{\partial^2 i_z}{\partial z^2} + \frac{\partial}{\partial z}(\nabla \boldsymbol{i}_{\mathrm{tr}})\right] f_\mu \,\mathrm{d}F, \\ \left(\frac{\mathrm{d}^2}{\mathrm{d}z^2} + \beta_\mu^{\times 2}\right) b_\mu &= -\iint\limits_S (\nabla \times \boldsymbol{i}_{\mathrm{tr}})\,\mathbf{e}_z f_\mu^\times \,\mathrm{d}F. \end{aligned} \tag{136.4}$$

Zur Lösung dieses Systems von Differentialgleichungen kann man bezüglich z eine $\mathfrak{F}$-Transformation vornehmen: Setzt man

$$\begin{aligned} &\frac{1}{2\pi} \int\limits_{-\infty}^{+\infty} \exp(-\mathrm{j}\,\varkappa\, z) \left(\iint\limits_S i_z f_\mu \,\mathrm{d}F\right) \mathrm{d}z = \mathfrak{F}\left\{\iint\limits_S i_z f_\mu \,\mathrm{d}F\right\} = g_{\mu 1}(\varkappa), \\ &\mathfrak{F}\left\{\iint\limits_S \nabla \boldsymbol{i}_{\mathrm{tr}} f_\mu \,\mathrm{d}F\right\} = g_{\mu 2}(\varkappa), \qquad \mathfrak{F}\left\{\iint\limits_S (\nabla \times \boldsymbol{i}_{\mathrm{tr}})\,\mathbf{e}_z f_\mu^\times \,\mathrm{d}F\right\} = g_{\mu 3}(\varkappa), \end{aligned} \tag{136.5}$$

so folgt

$$\begin{aligned} (-\varkappa^2 + \beta_\mu^2)\; \mathfrak{F}\{a_\mu\} &= \frac{1}{\mathrm{j}\,\omega\,\varepsilon} [(-\varkappa^2 + k^2)\, g_{\mu 1} - \mathrm{j}\,\varkappa\, g_{\mu 2}], \\ (-\varkappa^2 + \beta_\mu^{\times 2})\, \mathfrak{F}\{b_\mu\} &= -g_{\mu 3} \end{aligned}$$

oder

$$\begin{aligned} \mathfrak{F}\{a_\mu\} &= \frac{1}{\mathrm{j}\,\omega\,\varepsilon} \left[\frac{\varkappa^2 - k^2}{\varkappa^2 - \beta_\mu^2}\, g_{\mu 1} + \frac{\mathrm{j}\,\varkappa}{\varkappa^2 - \beta_\mu^2}\, g_{\mu 2}\right], \\ \mathfrak{F}\{b_\mu\} &= \frac{g_{\mu 3}}{\varkappa^2 - \beta_\mu^{\times 2}}. \end{aligned} \tag{136.6}$$

Die gesuchten Amplituden a_μ, b_μ erhält man durch Umkehrung der $\mathfrak{F}$-Transformationen, d. h. durch Multiplikation der rechten Seiten mit $\exp(+\mathrm{j}\,\varkappa\, z)$ und Integration über $\varkappa$ von $-\infty$ bis $+\infty$. Für Wellen, die nicht aperiodisch gedämpft sind, ist β_μ reell, und zwar positiv, wenn sie in $+z$-Richtung fortgepflanzt werden.

Die Pole auf dem Integrationsweg bei $\varkappa = \pm\beta_\mu$ bzw. $\pm\beta_\mu^\times$ vermeidet man dadurch, daß man die betreffenden E- und H-Wellen im Leiter zunächst sich schwach gedämpft denkt, d. h. β_μ mit einem kleinen negativen Imaginärteil versieht. Sie haben dann die in Abb. 13.7 angedeutete Lage. Für die aperiodisch gedämpften Wellen liegen die Pole auf der imaginären Achse bei $\pm \mathrm{j}\,|\beta_\mu|$. In beiden Fällen folgt aus dem JORDANschen Lemma, Kap. 04, daß für $z > 0$ a_μ bzw. b_μ durch das Residuum des in der oberen $\varkappa$-Halbebene liegenden Pols gegeben ist. Man findet

$$\begin{aligned} a_\mu &= -\frac{\pi}{\omega\,\varepsilon}\left[-\frac{\eta_\mu^2}{\beta_\mu} g_{\mu 1}(-\beta_\mu) - \mathrm{j}\, g_{\mu 2}(-\beta_\mu)\right] \exp(-\mathrm{j}\,\beta_\mu z) \\ b_\mu &= -\frac{\pi\,\mathrm{j}}{\beta_\mu^\times} g_{\mu 3}(-\beta_\mu^\times) \exp(-\mathrm{j}\,\beta_\mu^\times z)\,. \end{aligned} \tag{136.7}$$

Als Beispiel diene eine dünne Antenne (Dipol) der Länge $2l$ in einer kreiszylindrischen Hohlrohrleitung im Abstand b von der Achse, der zur Anregung von z-Wellen dient. Die normierten Funktionen f lauten

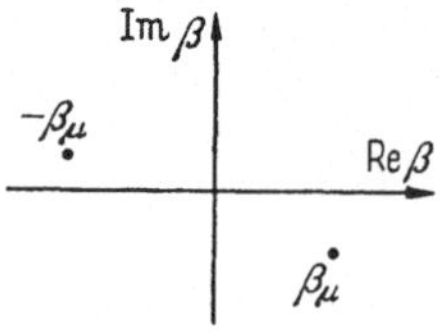

Abb. 13.7. Lage der Pole $\pm\beta_\mu$ bei zusätzlicher Dämpfung.

$$f_{m\,n} = \sqrt{\frac{2}{\pi}}\;\frac{\varrho_{m\,n}}{a^2\,\mathrm{J}_m'(\varrho_{m\,n})}\,\mathrm{J}_m\!\left(\varrho_{m\,n}\frac{r}{a}\right)\cos m\,\varphi\,,$$

$$\left(\mathrm{J}_m' = \frac{\mathrm{d}}{\mathrm{d}r}\,\mathrm{J}_m\!\left(\varrho_{m\,n}\frac{r}{a}\right)\right).$$

Mit der Annahme

$$I(z) = I_0 \sin k(l - |z|) \qquad (|z| \leqq l)$$

für die Stromverteilung auf der Antenne findet man

$$g_{\mu 1}(-\beta_\mu) = \frac{1}{\pi\sqrt{2\pi}}\;\frac{\varrho_{m\,n}\,\mathrm{J}_m\!\left(\varrho_{m\,n}\frac{b}{a}\right)}{a^2\,\mathrm{J}_m'(\varrho_{m\,n})}\;I_0\int\limits_{-l}^{+l} \sin k(l - |z|)\exp \mathrm{j}\,\beta_\mu z\,\mathrm{d}z$$

$$= I_0\,\frac{1}{\pi\sqrt{2\pi}}\;\frac{\varrho_{m\,n}\,\mathrm{J}_m\!\left(\varrho_{m\,n}\frac{b}{a}\right)}{a^2\,\mathrm{J}_m'(\varrho_{m\,n})}\;\frac{2k}{\beta_\mu^2 - k^2}\,(\cos\beta_\mu l - \cos k\,l)$$

und daraus a_μ nach Gl. (136.7).

Die Untersuchung der Anregung von Wellen in achsensymmetrischen Wellenleitern durch einen Dipol kann nach einer anderen Methode erfolgen, die in einer Arbeit von BUCHHOLZ [*63*] angegeben und neuerdings von UNGER [*119*] verwendet wurde. Dazu geht man aus vom Strahlungsfeld eines HERTZschen Dipols, der sich im Nullpunkt des Koordinatensystems befindet und die Richtung z besitzt; dieses Feld läßt sich aus einem skalaren Potential

$$u = \frac{\mathrm{j}}{\omega\,\varepsilon}\,\frac{I\,l}{4\pi}\,\frac{\exp(-\mathrm{j}\,k\,R)}{R}\,, \qquad R = r^2 + z^2 \tag{136.8}$$

ableiten. Für die Funktion $\exp(-\mathrm{j}\,k\,R)/R$ verwendet man nun die Darstellung durch die HANKELsche Funktion Gl. (091.62); dann wird

$$u = \frac{I\,l}{8\pi\,\omega\,\varepsilon}\,k\int\limits_C \mathrm{H}_0^{(1)}(k\,r\cos\vartheta)\exp(-\mathrm{j}\,k\,z\sin\vartheta)\cos\vartheta\,\mathrm{d}\vartheta$$

mit dem Integrationsweg C in Abb. 09.7 oder einem äquivalenten, der im schraffierten Gebiet ins Unendliche geht. Das Feld des Dipols ist auf diese Weise in Partialwellen vom E-Typ zerlegt: Aus

$$\mathrm{d}u = A(\vartheta)\,\mathrm{H}_0^{(1)}(k\,r\cos\vartheta)\exp(-\mathrm{j}\,k\,z\sin\vartheta)$$

erhält man

$$E_z = A(\vartheta)\,\frac{j\,k^2\cos^2\vartheta}{\omega\,\varepsilon}\,H_0^{(1)}(k\,r\cos\vartheta)\,\exp(-j\,k\,z\sin\vartheta)\,,$$
$$E_r = -\frac{k\sin\vartheta}{\omega\,\varepsilon}\,H_\varphi = -A(\vartheta)\,\frac{k^2\cos\vartheta\sin\vartheta}{\omega\,\varepsilon}\,H_1^{(1)}(k\,r\cos\vartheta)\,\exp(-j\,k\,z\sin\vartheta)\,. \tag{136.9}$$

Für reelle ϑ breiten sich diese Wellen asymptotisch für große r mit Lichtgeschwindigkeit in einer Richtung aus, die mit der positiven z-Achse den Winkel $\frac{\pi}{2} - \vartheta$ einschließt („konische Wellen").

Hat man nun einen achsensymmetrischen, eventuell mehrfach geschichteten Wellenleiter, so werden die Partialwellen, die vom Dipol ausgehen, an den Grenzflächen reflektiert und gebrochen. Die Grenzflächen sind koaxiale Zylinder. Bei Reflexionen bleibt die Größe ϑ, im Reellen der Winkel gegen die Flächennormale, erhalten, und zwar auch ein komplexes ϑ; bei Brechung vom Medium 1 mit den Materialkonstanten ε_1, μ_1 in das Medium 2 mit ε_2, μ_2 gilt das bekannte Brechungsgesetz

$$\frac{1}{\sqrt{\varepsilon_1\,\mu_1}}\sin\vartheta_1 = \frac{1}{\sqrt{\varepsilon_2\,\mu_2}}\sin\vartheta_2\,.$$

Die Überlagerung aller reflektierten und gebrochenen Wellen ergibt nach Integration über ϑ das resultierende Feld im Rohr, in den einzelnen Medien und eventuell im Außenraum. Bezüglich der Einzelheiten muß auf die genannte Originalliteratur verwiesen werden.

137 Diskontinuitäten in Wellenleitern.

Die theoretische Behandlung von Diskontinuitäten in Wellenleitern, wie Fenster, Stege oder Querschnittssprünge, bedient sich verschiedener interessanter Methoden. Der mathematische Apparat ist zum Teil beträchtlich und geht über das hinaus, was sonst in der Theorie der Hochfrequenztechnik benötigt wird. Wir können hier nicht mehr als eine Einführung in dieses Gebiet geben, die eventuell dem näher interessierten Leser das Verständnis der Darstellungen in [*29, 31, 5a*] erleichtert. Wir beschränken uns auf ebene metallische Inhomogenitäten, etwa in der Ebene $z = 0$ (Abb. 13.8), Blenden u. dgl. sollen als ausdehnungslos in z-Richtung angesehen werden, und schließlich wird angenommen, daß der Hohlleiter beiderseits der Inhomogenität nur die Welle mit kleinster Grenzfrequenz, d. i. im Rechteckhohlleiter nach Kap. 132 die H_{10}-Welle, fortpflanzt. Das Problem des Einflusses der Diskontinuität auf das elektromagnetische Feld wird nun theoretisch im wesentlichen auf zwei Wegen in Angriff genommen, nämlich einmal in einer quasistatischen Formulierung, die das Problem zum Teil auf ein elektrostatisches Potentialproblem zurückführt, zum anderen in der Aufstellung einer Integralgleichung für die unbekannte Feldverteilung an der Trennfläche der homogenen Hohlleiterstücke.

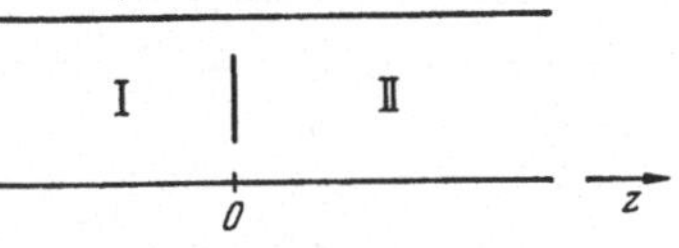

Abb. 13.8. Blende in einem Hohlleiter.

Aus der Integralgleichung kann man, wie in Kap. 103 beschrieben, folgern, daß gewisse Größen Z_{ij} für das exakte Feld stationär werden; diese Variationsmethode macht man sich für die praktische Rechnung insofern zunutze, als unter unseren Voraussetzungen durch die Z_{ij} eine äquivalente Beschreibung der Diskontinuität als Vierpol möglich ist [*102*]. Dies sei kurz vorweggenommen.

Die Inhomogenität hat zur Folge, daß von der einfallenden Grundwelle ein Teil reflektiert wird, ein Teil als neue Grundwelle hindurchgeht; die außerdem erregten höheren Wellen, die zur Erfüllung der Randbedingungen an der Trennfläche notwendig sind, bleiben auf die nächste Umgebung der Trennfläche beschränkt. Für die Grundwelle in $z \gtrless 0$ verwenden wir das in Kap. 131 entwickelte Leitungsschema

$$\left.\begin{aligned} V^{\mathrm{I}} &= A^{\mathrm{I}} \exp(-\mathrm{j}\,\beta^{\mathrm{I}} z) + B^{\mathrm{I}} \exp \mathrm{j}\,\beta^{\mathrm{I}} z, \\ Z^{\mathrm{I}} I^{\mathrm{I}} &= A^{\mathrm{I}} \exp(-\mathrm{j}\,\beta^{\mathrm{I}} z) - B^{\mathrm{I}} \exp \mathrm{j}\,\beta^{\mathrm{I}} z, \end{aligned}\right\} z \leqq 0$$

$$\left.\begin{aligned} V^{\mathrm{II}} &= A^{\mathrm{II}} \exp(-\mathrm{j}\,\beta^{\mathrm{II}} z) + B^{\mathrm{II}} \exp \mathrm{j}\,\beta^{\mathrm{II}} z, \\ Z^{\mathrm{II}} I^{\mathrm{II}} &= A^{\mathrm{II}} \exp(-\mathrm{j}\,\beta^{\mathrm{II}} z) - B^{\mathrm{II}} \exp \mathrm{j}\,\beta^{\mathrm{II}} z, \end{aligned}\right\} z \geqq 0 \qquad (137.1)$$

und erwarten auf Grund der Linearität der MAXWELL-Gleichungen lineare Zusammenhänge zwischen den Größen V^{I}, V^{II}, I^{I}, I^{II}:

$$\begin{aligned} V^{\mathrm{I}} &= Z_{11} I^{\mathrm{I}} + Z_{12} I^{\mathrm{II}}, \\ V^{\mathrm{II}} &= Z_{21} I^{\cdot} + Z_{22} I^{\mathrm{II}}. \end{aligned} \qquad (137.2)$$

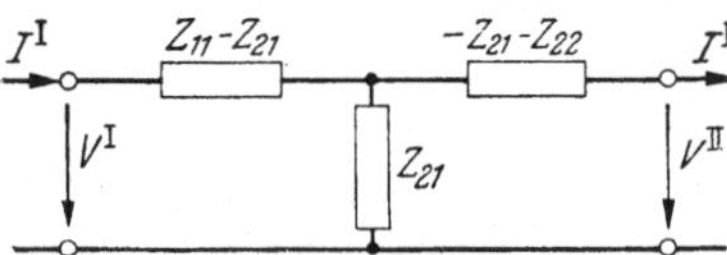

Abb. 13.9. Vierpolschema einer ebenen Diskontinuität.

Abb. 13.9 zeigt den Vierpol mit diesen Übertragungsgrößen in T-Form ($Z_{12} = -Z_{21}$). Kommt die Welle von links an, so ist $B^{\mathrm{II}} = 0$, und man definiert die Reflexions- und Durchlaßkoeffizienten bei $z = 0$, bezogen auf die Spannung, aus

$$\begin{aligned} r &= \frac{B^{\mathrm{I}}}{A^{\mathrm{I}}}, & d &= \frac{A^{\mathrm{II}}}{A^{\mathrm{I}}}, \\ \frac{1+r}{1-r} &= \frac{V^{\mathrm{I}}}{Z^{\mathrm{I}} I^{\mathrm{I}}}, & \frac{d}{1+r} &= \frac{V^{\mathrm{II}}}{V^{\mathrm{I}}}. \end{aligned} \qquad (137.3)$$

Ist der Vierpol verlustlos, so handelt es sich um reine Reaktanzen. Bei bekannter Matrix $\|Z_{ik}\|$ berechnen sich r und d aus den Z_{ik} in einfacher Weise. Umgekehrt lassen sich für einen symmetrischen Vierpol ($Z_{11} = -Z_{22}$) die Längs- und Querreaktanz $\mathrm{j}X = Z_{11} - Z_{21}$ und $\frac{1}{\mathrm{j}B} = Z_{21}$ durch r und d ausdrücken:

$$\mathrm{j}X = Z^{\mathrm{I}} \frac{1 + r - d}{1 - r + \frac{Z^{\mathrm{I}}}{Z^{\mathrm{II}}} d}, \qquad \frac{1}{\mathrm{j}B} = Z^{\mathrm{I}} d \frac{1 - r + \frac{Z^{\mathrm{I}}}{Z^{\mathrm{II}}}(1 + r)}{(1 - r)^2 - \left(\frac{Z^{\mathrm{I}}}{Z^{\mathrm{II}}}\right)^2 d^2}. \qquad (137.4)$$

Für $\frac{V^{\mathrm{II}}}{V^{\mathrm{I}}} = 1$ ist $d = 1 + r$, $\mathrm{j}X = 0$, $Z_{11} = Z_{21} = -Z_{22}$; es bleibt eine reine Querreaktanz der Größe

$$\frac{1}{\mathrm{j}B} = \frac{(1 + r) Z^{\mathrm{I}}}{1 - \frac{Z^{\mathrm{I}}}{Z^{\mathrm{II}}} - r\left(1 + \frac{Z^{\mathrm{I}}}{Z^{\mathrm{II}}}\right)} \qquad (137.5)$$

und speziell für $Z^{\mathrm{II}} = Z^{\mathrm{I}} = Z = \frac{1}{Y}$ erhält man

$$\frac{B}{Y} = \frac{2\mathrm{j}\,r}{1 + r}. \qquad (137.6)$$

Es ist daher in vielen Fällen möglich, die ebene Diskontinuität durch einen oder zwei Leitwerte zu beschreiben[1], wenn die Amplitude der Grundwelle beiderseits bekannt ist. Die Variationsmethode eignet sich besonders für Fälle, in denen $X = 0$ ist.

Wir gehen aus von der Entwicklung in Gl. (131.15), aus der wir die Grundwelle herausheben; die übrigen Terme beziehen sich auf gedämpfte Wellen:

$$\left.\begin{aligned} \boldsymbol{E}^{\mathrm{I}}_{\mathrm{tr}} &= V^{\mathrm{I}}\,\mathfrak{E}^{\mathrm{I}}_{\mathrm{tr}} + \sum{}' B^{\mathrm{I}}_n\,\mathfrak{E}^{\mathrm{I}}_{\mathrm{tr},n}\exp(-|\beta^{\mathrm{I}}_n z|),\\ \boldsymbol{H}^{\mathrm{I}}_{\mathrm{tr}} &= Z^{\mathrm{I}} I^{\mathrm{I}}\,\mathfrak{H}^{\mathrm{I}}_{\mathrm{tr}} - \sum{}' B^{\mathrm{I}}_n\,\mathfrak{H}^{\mathrm{I}}_{\mathrm{tr},n}\exp(-|\beta^{\mathrm{I}}_n z|),\end{aligned}\right\}\;(z \leqq 0) \tag{137.7}$$

entsprechend für Raum II. Es kommen nur die B^{I}_n und A^{II}_n vor, denn die höheren Wellen gehen von der Diskontinuität aus; dort müssen die folgenden Randbedingungen bestehen: In der Öffnung S' ist

$$\boldsymbol{E}^{\mathrm{I}}_{\mathrm{tr}} = \boldsymbol{E}^{\mathrm{II}}_{\mathrm{tr}},\qquad \boldsymbol{H}^{\mathrm{I}}_{\mathrm{tr}} = \boldsymbol{H}^{\mathrm{II}}_{\mathrm{tr}},$$

in den metallischen Flächen senkrecht zu z

$$\boldsymbol{E}^{\mathrm{I}}_{\mathrm{tr}} = 0,\qquad \boldsymbol{E}^{\mathrm{II}}_{\mathrm{tr}} = 0.$$

Da sich die folgende Rechnung nur auf Transversalkomponenten bezieht, lassen wir die Kennzeichnung tr weg. Sei $\boldsymbol{E}$ die noch unbekannte transversale Feldverteilung in S'. Dann ist nach Gl. (137.7)

$$B^{\mathrm{I}}_n = \int\limits_{S'} \boldsymbol{E}\,\mathfrak{E}^{\mathrm{I}}_n\,\mathrm{d}F,\qquad A^{\mathrm{II}}_n = \int\limits_{S'} \boldsymbol{E}\,\mathfrak{E}^{\mathrm{II}}_n\,\mathrm{d}F. \tag{137.8}$$

In die beiden Ausdrücke für $\boldsymbol{H}_{\mathrm{tr}}$ wird B^{I}_n, A^{II}_n eingesetzt. Sollen $\boldsymbol{H}^{\mathrm{I}}_{\mathrm{tr}}$ und $\boldsymbol{H}^{\mathrm{II}}_{\mathrm{tr}}$ in S' übereinstimmen, so muß wegen $\mathfrak{H}_n = Y_n\,\mathbf{e}_z \times \mathfrak{E}_n$ gelten:

$$\begin{aligned} &(A^{\mathrm{I}} - B^{\mathrm{I}})\,Y^{\mathrm{I}}\,\mathfrak{E}^{\mathrm{I}}(x) - (A^{\mathrm{II}} - B^{\mathrm{II}})\,Y^{\mathrm{II}}\,\mathfrak{E}^{\mathrm{II}}(x)\\ &\qquad = \sum{}'(B^{\mathrm{I}}_n Y^{\mathrm{I}}_n \mathfrak{E}^{\mathrm{I}}_n + A^{\mathrm{II}}_n Y^{\mathrm{II}}_n \mathfrak{E}^{\mathrm{II}}_n) = \int\limits_{S'} \boldsymbol{E}(\xi)\,K(\xi;x)\,\mathrm{d}F_\xi \end{aligned} \tag{137.9}$$

mit dem symmetrischen Kern

$$K(\xi;x) = \sum{}'[Y^{\mathrm{I}}_n\,\mathfrak{E}^{\mathrm{I}}_n(\xi)\,\mathfrak{E}^{\mathrm{I}}_n(x) + Y^{\mathrm{II}}_n\,\mathfrak{E}^{\mathrm{II}}_n(\xi)\,\mathfrak{E}^{\mathrm{II}}_n(x)]. \tag{137.10}$$

Hier stehen x und ξ als Abkürzung für x_1, x_2 bzw. ξ_1, ξ_2. Gl. (137.9) ist eine Integralgleichung 1. Art für $\boldsymbol{E}(x)$. Kennt man nun die Lösungen $\boldsymbol{F}^{\mathrm{I}}$, $\boldsymbol{F}^{\mathrm{II}}$ der Gleichungen

$$\mathfrak{E}^{\mathrm{I}}(x) = \int\limits_{S'} \boldsymbol{F}^{\mathrm{I}}(\xi)\,K(\xi;x)\,\mathrm{d}F_\xi,\qquad \mathfrak{E}^{\mathrm{II}}(x) = \int\limits_{S'} \boldsymbol{F}^{\mathrm{II}}(\xi)\,K(\xi;x)\,\mathrm{d}F_\xi, \tag{137.11}$$

so besitzt man in

$$\boldsymbol{E} = (A^{\mathrm{I}} - B^{\mathrm{I}})\,Y^{\mathrm{I}}\,\boldsymbol{F}^{\mathrm{I}} - (A^{\mathrm{II}} - B^{\mathrm{II}})\,Y^{\mathrm{II}}\,\boldsymbol{F}^{\mathrm{II}} \tag{137.12}$$

---

[1] Eine ähnliche Beschreibung ist auch für Inhomogenitäten möglich, die nicht eben und nicht in z-Richtung ausdehnungslos sind [*31, 87*]. Wir weisen auf ein allgemeines Verfahren von Meinke und R. Piloty [*88, 106*] hin, bei dem der Längsschnitt eines inhomogenen Hohlleiters von z. B. Rechteckquerschnitt konform auf einen Parallelstreifen abgebildet und gezeigt wird, daß bezüglich der Ausbreitung der Grundwelle der inhomogene Wellenleiter äquivalent ist einem homogenen Rechteckhohlleiter, der gefüllt ist mit einem Medium orts- und richtungsabhängiger Dielektrizitätskonstante und Permeabilität. — Eine Anwendung der Fourier-Integrale auf inhomogene Leitungen siehe in [*59*].

auch die Lösung der Integralgleichung Gl. (137.9). Multiplikation beider Seiten der letzten Gleichung mit $\mathfrak{E}^{\mathrm{I}}$ bzw. $\mathfrak{E}^{\mathrm{II}}$ und Integration über S' ergibt

$$\begin{aligned} A^{\mathrm{I}} + B^{\mathrm{I}} &= (A^{\mathrm{I}} - B^{\mathrm{I}})\, Y^{\mathrm{I}} Z_{11} - (A^{\mathrm{II}} - B^{\mathrm{II}})\, Y^{\mathrm{II}} Z_{21}, \\ A^{\mathrm{II}} + B^{\mathrm{II}} &= (A^{\mathrm{I}} - B^{\mathrm{I}})\, Y^{\mathrm{I}} Z_{21} + (A^{\mathrm{II}} - B^{\mathrm{II}})\, Y^{\mathrm{II}} Z_{22} \end{aligned} \tag{137.13}$$

mit

$$Z_{11} = \int_{S'} \boldsymbol{F}^{\mathrm{I}} \mathfrak{E}^{\mathrm{I}}\, \mathrm{d}F, \quad Z_{22} = -\int_{S'} \boldsymbol{F}^{\mathrm{II}} \mathfrak{E}^{\mathrm{II}}\, \mathrm{d}F$$

$$\begin{aligned} Z_{21} &= \int_{S'} \boldsymbol{F}^{\mathrm{I}} \mathfrak{E}^{\mathrm{II}}\, \mathrm{d}F = \int_{S'} \int_{S'} \boldsymbol{F}^{\mathrm{I}}(x)\, \boldsymbol{F}^{\mathrm{II}}(\xi)\, K(\xi; x)\, \mathrm{d}F_\xi\, \mathrm{d}F_x \\ &= \int_{S'} \boldsymbol{F}^{\mathrm{II}} \mathfrak{E}^{\mathrm{I}}\, \mathrm{d}F = \frac{\int_{S'} \boldsymbol{F}^{\mathrm{I}} \mathfrak{E}^{\mathrm{II}}\, \mathrm{d}F \int_{S'} \boldsymbol{F}^{\mathrm{II}} \mathfrak{E}^{\mathrm{I}}\, \mathrm{d}F}{\int_{S'} \int_{S'} \boldsymbol{F}^{\mathrm{I}}(x)\, \boldsymbol{F}^{\mathrm{II}}(\xi)\, K\, \mathrm{d}F_\xi\, \mathrm{d}F_x}. \end{aligned} \tag{137.14}$$

Das sind aber die gesuchten Vierpolgrößen in Gl. (137.2). Ähnlich wie in Kap. 103 zeigt man unter Verwendung der Gleichungen (137.11), daß die Z_{ik} gegenüber Variationen von $\boldsymbol{F}^{\mathrm{I}}$ und $\boldsymbol{F}^{\mathrm{II}}$ stationär sind:

$$\delta Z_{ik} = 0. \tag{137.15}$$

Handelt es sich beiderseits der Diskontinuität um denselben Hohlleiter (z. B. Blende im homogenen Wellenleiter, Abb. 13.8), so stimmen die Orthogonalfunktionen $\mathfrak{E}$ und die Admittanzen Y beiderseits überein, damit wird auch $\boldsymbol{F}^{\mathrm{I}} = \boldsymbol{F}^{\mathrm{II}} = \boldsymbol{F}$ und

$$Z_{11} = Z_{21} = -Z_{22} = \frac{1}{\mathrm{j}B}, \tag{137.16}$$

wie in Gl. (137.6). Dann genügt also eine Reaktanz zur Beschreibung der Inhomogenität. Die Integralgleichung für $\boldsymbol{E}$ lautet

$$(A^{\mathrm{I}} - B^{\mathrm{I}} - A^{\mathrm{II}} + B^{\mathrm{II}})\, Y \mathfrak{E}(x) = \int_{S'} \boldsymbol{E}(\xi)\, K(\xi; x)\, \mathrm{d}F_\xi$$

und mit $B^{\mathrm{II}} = 0$, $\frac{B^{\mathrm{I}}}{A^{\mathrm{I}}} = r$, $\frac{A^{\mathrm{II}}}{A^{\mathrm{I}}} = d = 1 - r$

$$-2r\, Y \mathfrak{E}(x) = \frac{1}{A^{\mathrm{I}}} \int_{S'} \boldsymbol{E}(\xi)\, K\, \mathrm{d}F_\xi$$

oder nach Multiplikation und Division mit $1 + r = \frac{1}{A^{\mathrm{I}}} \int_{S'} \mathfrak{E}\, \boldsymbol{E}\, dF$

$$\mathrm{j}B\, \mathfrak{E}(x) \int_{S'} \mathfrak{E}\, \boldsymbol{E}\, \mathrm{d}F = \int_{S'} \boldsymbol{E}(\xi)\, K(\xi; x)\, \mathrm{d}F_\xi. \tag{137.17}$$

Auf Grund der Eigenschaft $\delta B = 0$ erhält man Näherungswerte von

$$\frac{\mathrm{j}B}{2} = \frac{1}{2} \frac{\int_{S'} \int_{S'} \boldsymbol{E}(\xi)\, \boldsymbol{E}(x)\, K(\xi; x)\, \mathrm{d}F_x\, \mathrm{d}F_\xi}{\left[\int_{S'} \mathfrak{E}\, \boldsymbol{E}\, \mathrm{d}F\right]^2} = \frac{\Sigma Y_n \left[\int \boldsymbol{E}\, \mathfrak{E}_n\, \mathrm{d}F\right]^2}{\left[\int_{S'} \mathfrak{E}\, \boldsymbol{E}\, \mathrm{d}F\right]^2} \tag{137.18}$$

aus geeigneten Näherungsfunktionen für $\boldsymbol{E}$.

Wenn nur E- oder nur H-Wellen als höhere Wellen auftreten, so ist $B > 0$ (kapazitiv) bzw. $B < 0$ (induktiv) und der aus der Probefunktion erhaltene Näherungswert von B, absolut genommen, immer größer als der exakte. Dies ist eine Folge der Tatsache, daß in $Y_n = \mathrm{j} B_n$ für E-Wellen stets $B_n > 0$, für H-Wellen $B_n < 0$ ist [siehe Gl. (131.8)].

Im folgenden nehmen wir einen Rechteckhohlleiter an, in dem als einzige die H_{10}-Welle fortgepflanzt wird. Die Seite a in x-Richtung ist größer als b in y-Richtung. Für die Grundwelle sind nur E_y, H_x, H_z von Null verschieden und bis auf einen Faktor $E_0 \exp \mathrm{j}\,(\omega t - \beta z)$, $\beta^2 = k^2 - (\pi/a)^2$, durch

$$E_y = \frac{Z_0 H_x}{\sqrt{1 - (\pi/k\,a)^2}} = \sin\frac{\pi x}{a}, \qquad Z_0 H_z = -\mathrm{j}\,\frac{\pi}{k\,a}\cos\frac{\pi x}{a} \tag{137.19}$$

gegeben.

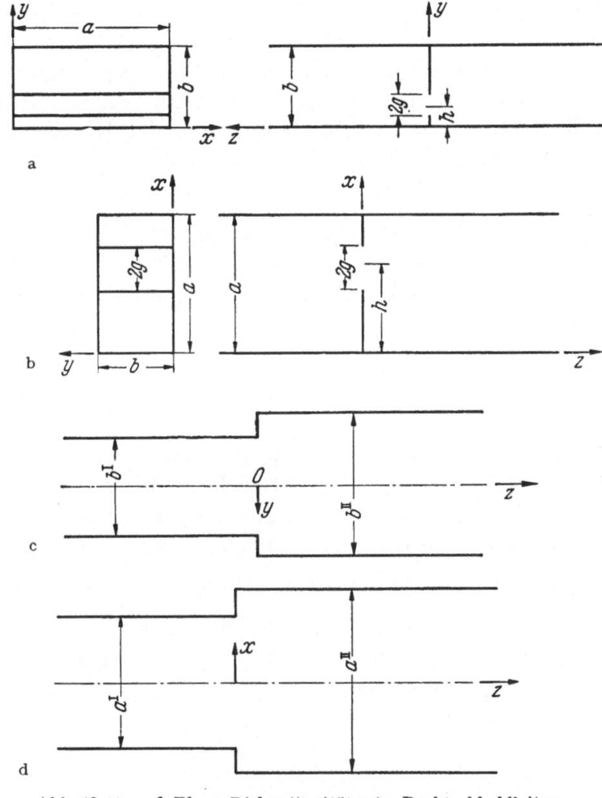

Abb. 13.10 a—d. Ebene Diskontinuitäten im Rechteckhohlleiter.
a) Kapazitives Fenster.
b) Induktives Fenster.
c) Sprung der kürzeren Rechteckseite b.
d) Sprung der längeren Rechteckseite a.

Wir besprechen kurz vier Fälle von ebenen Inhomogenitäten im Rechteckhohlleiter: einmal Fenster im homogenen Leiter mit Begrenzungen a) parallel zur x-Richtung (lange Rechteckseite, „kapazitives Fenster"), b) parallel zur y-Richtung (kurze Rechteckseite, „induktives Fenster"); zum anderen sprunghafte symmetrische Änderungen des Querschnitts, und zwar c) der kürzeren Seite b in Richtung von $\boldsymbol{E}_{\mathrm{tr}} = E_y \mathbf{e}_y$ und d) der längeren Seite a in Richtung von $\boldsymbol{H}_{\mathrm{tr}} = H_x \mathbf{e}_x$. Die Verhältnisse sind in Abb. 13.10a bis d wiedergegeben.

Bei a) und c) hängen die zusätzlichen Randbedingungen an der Diskontinuität von x nicht ab, man kann daher, wie in Kap. 132 bemerkt, das Problem zunächst für $a = \infty$ lösen und nachträglich von der Bandleitung zum Wellenleiter mit endlichem Querschnitt zurückkehren. Für die höheren Wellen in der Bandleitung, die durch die Inhomogenität hinzukommen, ist

$$\left(\frac{\partial^2}{\partial y^2} + \frac{\partial^2}{\partial z^2} + k^2\right) H_x = 0, \tag{137.20}$$

während E_x nicht vorhanden ist. Es sind also Wellen vom H-Typ in x-Richtung. Der Übergang zum Rechteckhohlleiter erfolgt durch Hinzufügen des Faktors $\sin\frac{\pi x}{a}$ und Ersetzen von k^2 durch $k^2 - (\pi/a)^2$.

In den Fällen b) und d) sind die Randbedingungen bei $z = 0$ unabhängig von y. Neben der einfallenden H_{10}-Welle kommt man daher in Gl. (137.7) mit den H_{n0}-Wellen als höheren Wellen aus. Deren Felder hängen von y nicht ab, es gilt z. B.

$$\left(\frac{\partial^2}{\partial x^2} + \frac{\partial^2}{\partial z^2} + k^2\right) E_y = 0. \tag{137.21}$$

Wir behandeln die genannten Inhomogenitäten teils nach der geschilderten Integralgleichungsmethode, teils nach einer quasistatischen Methode [*97*, *9*]. Bei dieser werden in der Umgebung der Diskontinuität die Wellengleichungen Gl. (137.20) bzw. (137.21) für die höheren Wellen durch die LAPLACEsche Gleichung

$$\left(\frac{\partial^2}{\partial y^2} + \frac{\partial^2}{\partial z^2}\right) H_x = 0 \quad \text{bzw.} \quad \left(\frac{\partial^2}{\partial x^2} + \frac{\partial^2}{\partial z^2}\right) E_y = 0$$

ersetzt, das zugehörige E_y bzw. H_x aus den MAXWELLschen Gleichungen gewonnen:

$$\mathrm{j}\,\omega\,\varepsilon\,E_y = \frac{\partial H_x}{\partial z} \quad \text{bzw.} \quad \mathrm{j}\,\omega\,\mu\,H_x = \frac{\partial E_y}{\partial z}.$$

Für die „Potentialfunktion" H_x (bzw. E_y) bildet der Längsschnitt durch den Wellenleiter parallel zur y, z-Ebene (bzw. x, z-Ebene) zwei Äquipotentiallinien. Durch konforme Abbildung kann er auf einen Parallelstreifen abgebildet werden. In den einfachen Fällen der Abb. 13.10 ist dies nach SCHWARZ-CHRISTOFFEL einfach durchzuführen. Abb. 13.10a und b führen auf die gleichen Abbildungsfunktionen. Wir führen die komplexe Variable $t = \frac{\pi}{b}(y + \mathrm{j}\,z)$ $\left(\text{bzw. } t = \frac{\pi}{a}(-x + \mathrm{j}\,z)\right)$ ein. Der Parallelstreifen der Breite π mit den Kerben in der t-Ebene soll in einen ebensolchen Streifen ohne Kerben der t_1-Ebene übergeführt werden. Dazu erinnern wir uns, daß durch die Cosinusfunktion der

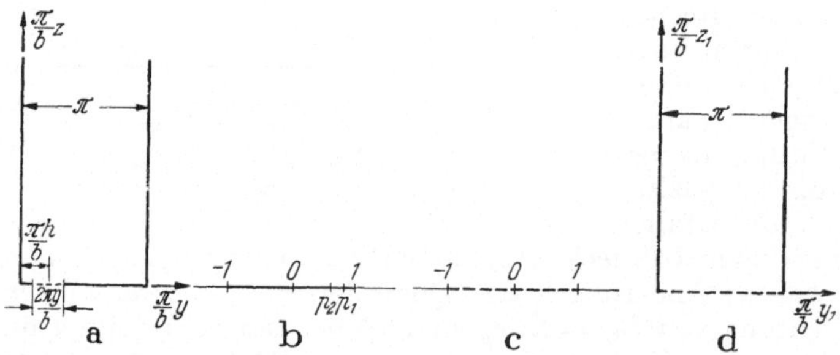

Abb. 13.11 a—d. Konforme Abbildung des Längsschnittes von Abb. 13.10a einer t-Ebene auf einem Parallelstreifen in einer t_1-Ebene
$t = \frac{\pi}{b}(y + \mathrm{j}\,z)$, $t_1 = \frac{\pi}{b}(y_1 + \mathrm{j}\,z_1)$.

Halbstreifen in Abb. 13.11d auf eine untere Halbebene (Abb. 13.11c) abgebildet wird; die Ecken fallen in die Punkte ± 1. Die gleiche Abbildung führt den halben Längsschnitt unseres Wellenleiters (Abb. 13.11a) in die untere Halbebene über, dabei die Endpunkte des Fensters in zwei Punkte p_1, p_2 auf der Strecke $(-1, +1)$ (Abb. 13.11b). Man muß zur gewünschten Abbildung daher nur eine ganze lineare Transformation dazwischenschalten, die p_1, p_2 nach ± 1 bringt; das bedeutet

$$\cos t = l + s \cos t_1. \tag{137.22}$$

Aus

$$t = \frac{\pi}{b}(h+g) \longleftrightarrow t_1 = \pi,$$

$$t = \frac{\pi}{b}(h-g) \longleftrightarrow t_1 = 0,$$

d. h.

$$\cos\frac{\pi}{a}(h \mp g) \longleftrightarrow l \pm s$$

folgt

$$l = \cos\frac{\pi h}{b}\cos\frac{\pi g}{b}, \qquad s = \sin\frac{\pi h}{b}\sin\frac{\pi g}{b}. \tag{137.23}$$

In $t_1 = \frac{\pi}{b}(y_1 + \mathrm{j}z_1)$ kann man die Funktionen $y_1(y, z)$, $z_1(y, z)$ als Potential und Stromfunktion deuten. Die Kapazität des Zweiplattensystems in Abb. 13.10a, wenn es sich nur von $-z$ bis $+z$ erstreckt, ist pro Längeneinheit in x-Richtung

$$C \approx \frac{\varepsilon}{b}[z_1(0, z) - z_1(0, -z)] = \frac{2\varepsilon}{b} z_1(0, z).$$

Wenn das Fenster fehlt, ist $z_1 \equiv z$. Das Fenster bedingt also eine zusätzliche Kapazität von

$$C = \frac{2\varepsilon}{b}\lim_{z\to+\infty}\big(z_1(0, z) - z\big). \tag{137.24}$$

Für große positive z ist

$$\frac{1}{2}\exp\frac{\pi}{b}z \approx l + \frac{s}{2}\exp\frac{\pi}{b}z_1 \approx \frac{s}{2}\exp\frac{\pi}{b}z_1,$$

$$z_1(0, z) - z \approx -\frac{b}{\pi}\ln s$$

und damit

$$C = \frac{2\varepsilon}{\pi}\ln\frac{1}{s}, \qquad \frac{B}{Y_0} = \frac{\omega C}{Y_0} = \frac{4}{\lambda}\ln\frac{1}{s}.$$

Bei Berücksichtigung der endlichen Länge a in x-Richtung ist C durch aC, Y_0 durch Y, λ durch λ_g zu ersetzen:

$$\frac{B}{Y} = -\frac{4a}{\lambda_g}\ln\left[\sin\frac{\pi h}{b}\sin\frac{\pi g}{b}\right]. \tag{137.25}$$

Die Admittanz des induktiven Fensters erhält man aus der Transformation Gl. (137.22) auf etwas andere Weise. Die Potentialfunktion, jetzt E_y, soll auf der gesamten Berandung verschwinden. Diese Eigenschaft besitzt die Funktion

$$E_y = \mathrm{Re}\sin t_1 = \frac{1}{s}\mathrm{Re}\sqrt{s^2 - (l - \cos t)^2},$$
$$t_1 = \frac{\pi}{a}(-x + \mathrm{j}z), \quad l = \cos\frac{\pi h}{a}\cos\frac{\pi g}{a}, \quad s = \sin\frac{\pi h}{a}\sin\frac{\pi g}{a}. \tag{137.26}$$

Wäre das Fenster nicht vorhanden, so stünde hier $\sin t$ statt $\sin t_1$. Die von $z = -\infty$ her einfallende Grundwelle wird durch $\sin t$, die reflektierte durch $\exp(-\mathrm{j}t)$, die höheren reflektierten Wellen durch $\exp(-\mathrm{j}nt)$ repräsentiert.

Für große negative z ist bis auf Glieder höherer Ordnung in $\exp(-\mathrm{j}t)$

$$\sqrt{s^2 - (l - \cos t)^2} \approx \sin t + \mathrm{j}\, l + \mathrm{j}(s^2 - 1)\exp(-\mathrm{j}\, t).$$

Daraus entnimmt man einen Reflexionskoeffizienten $r = s^2 - 1$. In der quasistatischen Approximation kommt nach Gl. (137.6) dem induktiven Fenster ein Leitwert $\mathrm{j}B$ zu, entsprechend

$$\frac{-\mathrm{j}B}{H_x/E_y} = \frac{B}{\pi/a\,\omega\,\mu} = 2\,\frac{s^2-1}{s^2}$$

oder mit $\omega\,\mu = \frac{2\pi}{\lambda Y_0} = \frac{2\pi}{\lambda_g Y}$

$$\frac{B}{Y} = -\frac{\lambda_g}{a}\left(\frac{1}{s^2} - 1\right) = -\frac{\lambda_g}{a}\left(\frac{1}{\sin^2\frac{\pi h}{a}\,\sin^2\frac{\pi g}{a}} - 1\right). \tag{137.27}$$

Die konforme Abbildung, die den Längsschnitt eines Rechteckhohlleiters mit Querschnittssprung (Abb. 13.10c) in den Parallelstreifen überführt, haben wir bereits in Kap. 048 behandelt. Überträgt man das Ergebnis, so folgt

$$y + \mathrm{j}\,z = \frac{b^{\mathrm{I}}}{2} + \mathrm{j}\,\frac{b^{\mathrm{I}}}{2\pi}\ln\frac{1-F}{1+F} - \mathrm{j}\,\frac{b^{\mathrm{II}}}{2\pi}\ln\frac{b^{\mathrm{II}} - b^{\mathrm{I}}F}{b^{\mathrm{II}} + b^{\mathrm{I}}F}$$

mit

$$F^2 = \frac{\exp(2\mathrm{j}t) - (b^{\mathrm{II}}/b^{\mathrm{I}})^2}{\exp(2\mathrm{j}t) - 1}.$$

Für große negative z ist mit $t = u + \mathrm{j}v$ (u = Potential, v = Stromfunktion)

$$y + \mathrm{j}\,z \sim \frac{b^{\mathrm{I}}}{2\pi}\left\{2(u + \mathrm{j}\,v) + \mathrm{j}\ln\frac{(b^{\mathrm{II}}/b^{\mathrm{I}})^2 - 1}{4} - \mathrm{j}\,\frac{b^{\mathrm{II}}}{b^{\mathrm{I}}}\ln\frac{b^{\mathrm{II}} - b^{\mathrm{I}}}{b^{\mathrm{II}} + b^{\mathrm{I}}}\right\}$$

und

$$\lim_{z\to-\infty}\frac{u}{y} = \frac{\pi}{b^{\mathrm{I}}}, \qquad \lim_{z\to-\infty}\left(v - \frac{\pi z}{b^{\mathrm{I}}}\right) = -\frac{1}{2}\ln\frac{(b^{\mathrm{II}}/b^{\mathrm{I}})^2 - 1}{4} + \frac{1}{2}\,\frac{b^{\mathrm{II}}}{b^{\mathrm{I}}}\ln\frac{b^{\mathrm{II}} - b^{\mathrm{I}}}{b^{\mathrm{II}} + b^{\mathrm{I}}}.$$

Ähnlich folgt

$$\lim_{z\to+\infty}\left(v - \frac{\pi z}{b^{\mathrm{II}}}\right) = \frac{1}{2}\ln\frac{1 - (b^{\mathrm{I}}/b^{\mathrm{II}})^2}{4} - \frac{1}{2}\,\frac{b^{\mathrm{I}}}{b^{\mathrm{II}}}\ln\frac{b^{\mathrm{II}} - b^{\mathrm{I}}}{b^{\mathrm{II}} + b^{\mathrm{I}}}.$$

Für den komplexen Leitwert $G + \mathrm{j}B$ an der Sprungstelle erhält man, wie weiter unten noch begründet wird,

$$G = \frac{b^{\mathrm{I}}}{b^{\mathrm{II}}},$$

$$B = k\left[\lim_{z\to+\infty}\left(v - \frac{\pi z}{b^{\mathrm{II}}}\right) - \lim_{z\to+\infty}\left(v - \frac{\pi z}{b^{\mathrm{I}}}\right)\right]\frac{1}{\lim\limits_{z\to-\infty}(u/y)} \tag{137.28}$$

$$= \frac{b^{\mathrm{I}}}{\lambda_g}\left[2\ln\left(\frac{b^{\mathrm{II}}/b^{\mathrm{I}} - b^{\mathrm{I}}/b^{\mathrm{II}}}{4}\right) + \left(\frac{b^{\mathrm{II}}}{b^{\mathrm{I}}} + \frac{b^{\mathrm{I}}}{b^{\mathrm{II}}}\right)\ln\frac{b^{\mathrm{II}} - b^{\mathrm{I}}}{b^{\mathrm{II}} + b^{\mathrm{I}}}\right].$$

Der Sprung der längeren Seite a (Abb. 13.10d) wird weiter unten auf andere Weise behandelt.

Wir gehen nun über zur Integralgleichungs- und Variationsmethode und beginnen wieder beim kapazitiven Fenster als ebenes Problem (Bandleitung). Die Funktionen $\mathfrak{E}$ und $\mathfrak{E}_n$ in Gl. (137.7) stimmen beiderseits des Fensters überein und haben nur eine y-Komponente, die nach Normierung gegeben ist durch

$$\mathfrak{E}_y = \frac{1}{\sqrt{b}}, \qquad \mathfrak{E}_{y,n} = \sqrt{\frac{2}{b}} \cos\frac{n\pi y}{b}.$$

Ferner ist

$$Y = Y_0, \qquad Y_n = \mathrm{j}\, Y_0 \frac{k}{\Gamma_n} \quad \text{mit} \quad \Gamma_n^2 = \left(\frac{n\pi}{b}\right)^2 - k^2$$

und der Kern in Gl. (137.10)

$$K(\xi; y) = \frac{8\mathrm{j}\pi}{\lambda} Y_0 \sum_1^\infty \frac{\cos\frac{n\pi\xi}{b}\cos\frac{n\pi y}{b}}{\Gamma_n}. \tag{137.29}$$

Für große n kann $(kb/n\pi)^2$ gegen 1 vernachlässigt werden. Daher spaltet man von K den „quasistatischen" Kern

$$\begin{aligned} K_0(\xi; y) &= \frac{8\mathrm{j}b}{\lambda} Y_0 \sum_1^\infty \frac{\cos\frac{n\pi\xi}{b}\cos\frac{n\pi y}{b}}{n} \\ &= -\frac{4\mathrm{j}b}{\lambda} Y_0 \ln 2\left|\cos\frac{\pi\xi}{b} - \cos\frac{\pi y}{b}\right| \end{aligned} \tag{137.30}$$

ab und behandelt die Differenz

$$K(\xi; y) - K_0(\xi; y) = \frac{8\mathrm{j}b}{\lambda} Y_0 \sum_1^\infty \left(\frac{\pi}{\Gamma_n b} - \frac{1}{n}\right)\cos\frac{n\pi\xi}{b}\cos\frac{n\pi y}{b} \tag{137.31}$$

mit rasch konvergierender Reihe als Korrektur.

Zur Summierung der Reihe in Gl. (137.30) geht man aus von der Reihe

$$\sum_1^\infty \frac{\varkappa^n \exp\mathrm{j}\,n\alpha}{n} = -\ln[1 - \varkappa\exp\mathrm{j}\,\alpha], \qquad (0 < \varkappa < 1),$$

in der man $\varkappa \to 1$ gehen lassen kann für $\alpha \neq 2m\pi$; das gibt für den Realteil

$$\sum_1^\infty \frac{\cos n\alpha}{n} = -\ln 2\left|\sin\frac{\alpha}{2}\right|.$$

Dieses Ergebnis wende man an, indem man die Umformung

$$2\cos\frac{n\pi\xi}{b}\cos\frac{n\pi y}{b} = \cos\frac{n\pi}{b}(\xi + y) + \cos\frac{n\pi}{b}(\xi - y)$$

benutzt.

In der Öffnung S': $h - g \leqq y \leqq h + g$ bilden die Funktionen $\cos\frac{n\pi}{b}$ kein Orthogonalsystem. Um dies zu erreichen, wende man eine ähnliche Transformation wie Gl. (137.22) an, wobei aber jetzt t und τ reelle Variable sind:

$$\cos\frac{\pi y}{b} = l + s\cos t, \qquad \cos\frac{\pi\xi}{b} = l + s\cos\tau. \tag{137.32}$$

In S soll t von 0 bis π gehen; das gibt wieder l und s nach Gl. (137.26) und

$$\begin{aligned} K_0 &= -\frac{4\mathrm{j}b}{\lambda} Y_0[\ln s - \ln 2|\cos t - \cos\tau|] \\ &= \frac{8\mathrm{j}b}{\lambda} Y_0\left[-\frac{\ln s}{2} + \sum_1^\infty \frac{\cos n t\cos n\tau}{n}\right]. \end{aligned} \tag{137.33}$$

Die Integralgleichung Gl. (137.17) lautet dann

$$\frac{B}{Y_0}\int_0^\pi E(\tau)\frac{\mathrm{d}\xi}{\mathrm{d}\tau}\,\mathrm{d}\tau$$
$$= \frac{8}{\lambda}\int_0^\pi E(\tau)\frac{\mathrm{d}\xi}{\mathrm{d}\tau}\left[-\frac{\ln s}{2}+\sum_1^\infty\frac{\cos n\,t\cos n\,\tau}{n}+\sum_1^\infty\cos n\,t\cos n\,\tau\left(\frac{\pi}{\Gamma_n b}-\frac{1}{n}\right)\right]\mathrm{d}\tau. \tag{137.34}$$

Die „quasistatische" Lösung, bei der K durch K_0 ersetzt, die zweite Summe rechts weggelassen wird, ist einfach

$$E(\tau)\frac{\mathrm{d}\xi}{\mathrm{d}\tau}=1$$

und führt auf

$$\frac{B}{Y_0}=\frac{4}{\lambda}\ln\frac{1}{s},$$

wie bereits früher gefunden. Bessere Näherungen erhält man, wenn man von der zweiten Summe einige, etwa N Glieder beibehält und für E einen Ansatz

$$E(\tau)\frac{\mathrm{d}\xi}{\mathrm{d}\tau}=1+\sum_1^N C_n\cos n\,\tau \tag{137.35}$$

macht. Für $N = 1$ insbesondere folgt bei Einführung in Gl. (137.34)

$$\frac{B}{Y_0}=\frac{8}{\lambda}\left[-\frac{\ln s}{2}+\frac{C_1\cos t}{2}+\triangle_1(l+s\cos t)\left(l+s\frac{C_1}{2}\right)\right]$$

mit

$$\triangle_1=\frac{1}{\sqrt{1-(k\,b/\pi)^2}}-1,$$

und wenn man den Koeffizienten von $\cos t$ gleich Null setzt (B soll ja eine Konstante sein),

$$0=C_1+\triangle_1 s(2l+sC_1)$$

$$\frac{B}{Y_0}=\frac{4}{\lambda}\left[\ln\frac{1}{s}+\triangle_1 l(2l+sC_1)\right]=\frac{4}{\lambda}\left[\ln\frac{1}{s}+\frac{2l^2\triangle_1}{1+s^2\triangle_1}\right]. \tag{137.36}$$

Da hier eine Lösung der Integralgleichung schrittweise möglich ist, braucht man nicht die Extremaleigenschaft heranzuziehen. Diesbezüglich siehe [*31,5 a*].

Für das induktive Fenster schreiben wir für Grundwelle und die höheren Wellen

$$\mathfrak{E}_y=\sqrt{\frac{2}{a}}\sin\frac{\pi x}{a},\qquad \mathfrak{E}_{y,n}=\sqrt{\frac{2}{a}}\sin\frac{n\pi x}{a}$$

$$Y=Y_0\sqrt{1-\left(\frac{\pi}{k a}\right)^2},\qquad Y_n=\mathrm{j}\,Y_0\frac{\Gamma_n}{k},\qquad \Gamma_n=\sqrt{\left(\frac{n\pi}{a}\right)^2-k^2}$$

und erhalten die Integralgleichung

$$\frac{B}{Y}\sin\frac{\pi x}{a}\int_0^a E(\xi)\sin\frac{\pi\xi}{a}\,\mathrm{d}\xi=-\frac{\lambda_g}{\pi}\int_0^a E(\xi)\sum_2^\infty\Gamma_n\sin\frac{n\pi x}{a}\sin\frac{n\pi\xi}{a}\,\mathrm{d}\xi. \tag{137.37}$$

Nach partieller Integration[1] lautet sie auch

$$\frac{B}{Y}\sin\frac{\pi x}{a}\int\frac{\mathrm{d}E(\xi)}{\mathrm{d}\xi}\cos\frac{\pi\xi}{a}\,\mathrm{d}\xi$$

$$= -\frac{\lambda_g}{a}\int\frac{\mathrm{d}E}{\mathrm{d}\xi}\sum_2^\infty \sin\frac{n\pi x}{a}\cos\frac{n\pi\xi}{a}\left[1+\frac{\frac{\Gamma_n a}{\pi}-n}{n}\right]\mathrm{d}\xi. \tag{137.38}$$

In der quasistatischen Approximation setzt man $\Gamma_n = \frac{n\pi}{a}$, so daß der letzte Korrekturterm wegfällt. Verwendet man wieder die Transformation Gl. (137.32) mit x statt y, so erhält man aus

$$\sum_1^\infty \frac{\cos\frac{n\pi x}{a}\cos\frac{n\pi\xi}{a}}{n} = -\frac{\ln s}{2}+\sum_1^\infty\frac{\cos n t\cos n\tau}{n}$$

durch Differentiation[2] nach x

$$\sum_1^\infty \sin\frac{n\pi x}{a}\cos\frac{n\pi\xi}{a} = \frac{\sin\frac{\pi x}{a}}{s\sin t}\sum_1^\infty \sin n t\cos n\tau$$

und damit die Integralgleichung

$$\frac{B}{Y}s^2\sin t\int_0^\pi\frac{\mathrm{d}E(\xi)}{\mathrm{d}\xi}\frac{\mathrm{d}\xi}{\mathrm{d}\tau}\cos\tau\,\mathrm{d}\tau$$

$$= -\frac{\lambda_g}{a}\int_0^\pi\frac{\mathrm{d}E(\xi)}{\mathrm{d}\xi}\frac{\mathrm{d}\xi}{\mathrm{d}\tau}\left[(1-s^2)\sin t\cos\tau+\sum_2^\infty\sin n t\cos n\tau\right]\mathrm{d}\tau. \tag{137.39}$$

Im Intervall $0\leqq t\leqq\pi$ sind jetzt die Funktionen $\sin n t$ bzw. $\cos n t$ wieder orthogonal. Setzt man $\frac{\mathrm{d}E}{\mathrm{d}\xi}\frac{\mathrm{d}\xi}{\mathrm{d}\tau}=\cos\tau$, d. h.

$$E(x) = \sin t = \frac{1}{s}\sqrt{s^2-\left(l-\cos\frac{\pi x}{a}\right)^2},$$

so fallen alle Glieder der Summe rechts fort; die Integralgleichung wird durch diesen Ansatz erfüllt, wenn

$$\frac{B}{Y} = -\frac{\lambda_g}{a}\left(\frac{1}{s^2}-1\right)$$

gesetzt wird. Dies ist das frühere Ergebnis Gl. (137.27). Approximation höherer Ordnung erhält man wieder, wenn man einige Korrekturterme $\frac{\Gamma_n a}{\pi}-n$ beibehält und mit einem Ansatz

$$\frac{\mathrm{d}E}{\mathrm{d}\xi}\frac{\mathrm{d}\xi}{\mathrm{d}\tau} = \cos\tau+\sum_2^N C_n\cos n\tau$$

eingeht [*29*].

[1] Die Reihe rechts in Gl. (137.37) ist divergent und nur unter Heranziehung eines verallgemeinerten Summierungsverfahrens, wie das in Kap. 051 erwähnte von FEJÉR, sinnvoll. Darauf beziehen sich auch die Manipulationen mit derartigen Reihen.

[2] Vgl. die letzte Fußnote.

Auch in diesem Fall kommt man direkt durch Lösung der Integralgleichung zum Ziel. Die Nützlichkeit der Variationsmethode erweist sich vor allem beim Querschnittssprung in Abb. 13.10c. Für die äquivalente Bandleitung ist zu setzen

$$\begin{aligned} E_y^{\mathrm{I}} &= \exp(-\mathrm{j}\,k\,z) + r \exp \mathrm{j}\,k\,z + \sum_1^\infty B_n^{\mathrm{I}} \cos\frac{2n\pi y}{b^{\mathrm{I}}} \exp\Gamma_{2n}^{\mathrm{I}}\, z\,, \\ E_y^{\mathrm{II}} &= d \exp(-\mathrm{j}\,k\,z) + \sum_1^\infty A_n^{\mathrm{II}} \cos\frac{2n\pi y}{b^{\mathrm{II}}} \exp(-\Gamma_{2n}^{\mathrm{II}}\, z) \end{aligned} \tag{137.40}$$

mit

$$\Gamma_{2n}^{\mathrm{I,II}} = \sqrt{\left(\frac{2n\pi}{b^{\mathrm{I,II}}}\right)^2 - k^2}\,;$$

$$\begin{aligned} Z_0 H_x^{\mathrm{I}} &= \exp(-\mathrm{j}\,k\,z) - r \exp(\mathrm{j}\,k\,z) - \mathrm{j}\,k \sum_1^\infty \frac{B_n^{\mathrm{I}}}{\Gamma_{2n}^{\mathrm{I}}} \cos\frac{2n\pi y}{b^{\mathrm{I}}} \exp\Gamma_{2n}^{\mathrm{I}}\, z\,, \\ Z_0 H_x^{\mathrm{II}} &= d \exp(-\mathrm{j}\,k\,z) + \mathrm{j}\,k \sum_1^\infty \frac{A_n^{\mathrm{II}}}{\Gamma_{2n}^{\mathrm{II}}} \cos\frac{2n\pi y}{b^{\mathrm{II}}} \exp(-\Gamma_{2n}^{\mathrm{II}}\, z)\,. \end{aligned} \tag{137.41}$$

Es werde $b^{\mathrm{I}} < b^{\mathrm{II}}$ angenommen und $E = E(y)$ wieder als unbekanntes Feld E_y in der Trennfläche $z = 0$, $|y| < \frac{b^{\mathrm{I}}}{2}$.

Die Gl. (137.40) geben für $z = 0$ FOURIER-Entwicklungen für E; bei Integration über $|y| < \frac{b^{\mathrm{I}}}{2}$ erhält man daher

$$\begin{aligned} &1 + r = \frac{1}{b^{\mathrm{I}}} \int E\,\mathrm{d}y\,, \quad d = \frac{1}{b^{\mathrm{II}}} \int E\,\mathrm{d}y\,, \quad \frac{1+r}{d} = \frac{b^{\mathrm{II}}}{b^{\mathrm{I}}}\,, \\ &B_{2n}^{\mathrm{I}} = \frac{2}{b^{\mathrm{I}}} \int E \cos\frac{2n\pi y}{b^{\mathrm{I}}}\,\mathrm{d}y\,, \quad A_{2n}^{\mathrm{II}} = \frac{2}{b^{\mathrm{II}}} \int E\, \frac{\cos 2n\pi y}{b^{\mathrm{II}}}\,\mathrm{d}y\,. \end{aligned} \tag{137.42}$$

Geht man mit diesen Beziehungen in die Randbedingung $H_x^{\mathrm{I}} = H_x^{\mathrm{II}}$ ein, so folgt die Integralgleichung für E:

$$1 - r = \frac{1}{b^{\mathrm{II}}} \int E(y)\,\mathrm{d}y + 2\mathrm{j}\,k \int K(\xi; y)\, E(\xi)\,\mathrm{d}\xi$$

mit

$$K(\xi; y) = \sum_1^\infty \left(\frac{\cos\frac{2n\pi\xi}{b^{\mathrm{I}}} \cos\frac{2n\pi y}{b^{\mathrm{I}}}}{\Gamma_{2n}^{\mathrm{I}}\, b^{\mathrm{I}}} + \frac{\cos\frac{2n\pi\xi}{b^{\mathrm{II}}} \cos\frac{2n\pi y}{b^{\mathrm{II}}}}{\Gamma_{2n}^{\mathrm{II}}\, b^{\mathrm{II}}} \right).$$

Wegen $1 + r \neq d$ ist die Inhomogenität nicht mehr durch einen Blindleitwert allein beschreibbar. Wir definieren den Leitwert $G + \mathrm{j}B$ an der Trennfläche durch

$$\frac{G + \mathrm{j}B}{Y_0} = \frac{1 - r}{1 + r}$$

und finden dafür, ähnlich wie in Gl. (137.18),

$$\frac{G + \mathrm{j}B}{Y_0} = \frac{b^{\mathrm{I}}}{b^{\mathrm{II}}} + 2\mathrm{j}\,k\, \frac{\iint E(y)\, E(\xi)\, K(\xi; y)\,\mathrm{d}y\,\mathrm{d}\xi}{\left[\int E(y)\,\mathrm{d}y\right]^2}\,. \tag{137.43}$$

Der Realteil $\frac{G}{Y_0} = \frac{b^{\mathrm{I}}}{b}$ ist exakt. Für $E(y)$ kann als einfachste Probefunktion das ungestörte Feld $E \equiv 1$ eingesetzt werden, was auf

$$\frac{B}{Y_0} = \frac{2k}{\pi^2} \frac{b^{\mathrm{II}}}{b^{\mathrm{I}}} \sum_1^\infty \frac{\sin^2\left(\frac{n\pi b^{\mathrm{I}}}{b^{\mathrm{II}}}\right)}{\Gamma_{2n}^{\mathrm{II}} n^2} \tag{137.44}$$

führt. Mit $\Gamma_{2n}^{\mathrm{II}} \approx \frac{2n\pi}{b^{\mathrm{II}}}$ erhält man einen quasistatischen Näherungswert und aus den Differenzen $\frac{1}{\Gamma_{2n}^{\mathrm{II}}} - \frac{2n\pi}{b^{\mathrm{II}}}$ Verbesserungen der Approximation mit Hilfe einer raschen konvergierenden Reihe.

An dieser Stelle tragen wir die Erklärung für die Gl. (137.28) nach. Bei der dortigen Behandlung hatten wir E_y aus statischen Überlegungen gewonnen. Schreiben wir $E_y = +\frac{\partial u}{\partial y}$ mit einem skalaren Potential u; für u und die Stromfunktion v läßt sich wie in Kap. 086 ein Reihenansatz machen:

$$\left.\begin{aligned} u^{\mathrm{I}} &= C_0^{\mathrm{I}} y + \sum_1^\infty C_{2n}^{\mathrm{I}} b^{\mathrm{I}} \sin\frac{2n\pi y}{b^{\mathrm{I}}} \exp\frac{2n\pi z}{b^{\mathrm{I}}}, \\ v^{\mathrm{I}} &= D_0^{\mathrm{I}} + D_1^{\mathrm{I}} z + \sum_1^\infty C_{2n}^{\mathrm{I}} b^{\mathrm{I}} \cos\frac{2n\pi y}{b^{\mathrm{I}}} \exp\frac{2n\pi z}{b^{\mathrm{I}}}, \end{aligned}\right\} \quad z < 0,$$

und entsprechend für $z > 0$. Vergleich mit Gl. (137.40) gibt $C_0^{\mathrm{I}} = 1 + r$, $C_0^{\mathrm{II}} = d$. Die Funktion $-\mathrm{j}kv$ entspricht H_x, und ihre Stetigkeit bei $z = 0$ verlangt

$$1 - r - d = -\mathrm{j}\,k(D_0^{\mathrm{I}} - D_0^{\mathrm{II}}).$$

Auf Grund von Gl. (137.42) läßt sich d eliminieren; man findet

$$\frac{1-r}{1+r} = G + \mathrm{j}B = \frac{b^{\mathrm{I}}}{b^{\mathrm{II}}} + \mathrm{j}\,k\frac{D_0^{\mathrm{II}} - D_0^{\mathrm{I}}}{C_0^{\mathrm{I}}}.$$

Nun ist aber

$$D_0^{\mathrm{II}} - D_0^{\mathrm{I}} = \lim_{z\to+\infty}(v^{\mathrm{II}} - D_1^{\mathrm{II}} z) - \lim_{z\to-\infty}(v^{\mathrm{I}} - D_1^{\mathrm{I}} z), \qquad C_0^{\mathrm{I}} = \lim_{z\to-\infty}(u_1/y),$$

wie in Gl. (137.28) benutzt wurde; D_1^{I}, D_1^{II} folgen aus der dort durchgeführten konformen Abbildung.

Das Ergebnis Gl. (137.44) für die Bandleitung überträgt sich auf den Rechteckhohlleiter, indem k durch $\sqrt{k^2 - (\pi/a)^2}$ ersetzt wird.

Schließlich ist noch der Sprung der längeren Seite a (Abb. 13.10d) zu behandeln. Neben der einfachen Grundwelle

$$E_y = \cos\frac{\pi x}{a^{\mathrm{I}}} \exp\left(-\mathrm{j}\sqrt{k^2 - (\pi/a^{\mathrm{I}})^2}\, z\right)$$

(symmetrische Lage des Nullpunktes) treten auf als höhere Wellen solche mit einer Feldverteilung

$$E_{y,2m+1}^{\mathrm{I}} = \cos\frac{(2m+1)\pi x}{a^{\mathrm{I}}} \exp\Gamma_{2m+1}^{\mathrm{I}} z, \qquad \Gamma_n^{\mathrm{I}} = \sqrt{\left(\frac{n\pi}{a^{\mathrm{I}}}\right)^2 - k^2} \quad (z < 0);$$

entsprechend für $z > 0$. Eine ähnliche Rechnung wie oben führt auf

$$\frac{1-r}{1+r} = \left(\frac{a^{\mathrm{I}}}{a^{\mathrm{II}}}\right)^2 \sqrt{\frac{(k\,a^{\mathrm{II}})^2 - \pi^2}{(k\,a^{\mathrm{I}})^2 - \pi^2}} \, \frac{\int E(x) \cos \frac{\pi x}{a^{\mathrm{II}}} \, \mathrm{d}x}{\int E(x) \cos \frac{\pi x}{a^{\mathrm{I}}} \, \mathrm{d}x} +$$

$$+ \frac{\sum\limits_{1}^{\infty} \left\{ \Gamma_{2m+1}^{\mathrm{I}} \left[\int E(x) \cos\left(\frac{2m+1}{a^{\mathrm{I}}} \pi x\right) \mathrm{d}x \right]^2 + \frac{a^{\mathrm{I}}}{a^{\mathrm{II}}} \Gamma_{2m+1}^{\mathrm{II}} \left[\int E(x) \cos\left(\frac{2m+1}{a^{\mathrm{II}}} \pi x\right) \mathrm{d}x \right] \right\}}{\mathrm{j} \sqrt{k^2 - \left(\frac{\pi}{a^{\mathrm{I}}}\right)^2} \left[\int E(x) \cos \frac{\pi x}{a^{\mathrm{I}}} \, \mathrm{d}x \right]^2}$$

Die Integrationen sind für $a^{\mathrm{I}} < a^{\mathrm{II}}$ über die Öffnung $|x| \leqq \frac{a^{\mathrm{I}}}{2}$ zu erstrecken. Eine approximative Auswertung dieses Ausdruckes mit der naheliegenden Probefunktion $E(x) = \cos\left(\frac{\pi x}{a^{\mathrm{I}}}\right)$ findet sich in [29].

138 Verzögerungsleitungen.

In der modernen Mikrowellentechnik benötigt man häufig Wellenleiter, in denen elektromagnetische Wellen mit einer Geschwindigkeit $< c$ fortgeführt werden; dann nämlich, wenn das Feld mit materiellen Teilchen, Elektronen oder Ionen, „mitlaufen“ soll: Unter dieser Voraussetzung, der angenäherten Gleichheit von Teilchengeschwindigkeit und Phasengeschwindigkeit einer elektromagnetischen Welle, ist eine Energieübertragung zwischen Teilchenstrom und Wellenfeld möglich. Dies wird einmal im Linearbeschleuniger dazu benutzt, die Teilchen durch ein eingeprägtes mitlaufendes HF-Feld auf hohe Geschwindigkeit zu bringen, zum anderen in „Lauffeldröhren“ zur Verstärkung von HF-Signalen, ein Prozeß, bei dem die Elektronen einen Teil ihrer kinetischen Gleichstromenergie an das HF-Feld abgeben. Für beide Anwendungen ist die z-Komponente des elektrischen Feldes wesentlich[1].

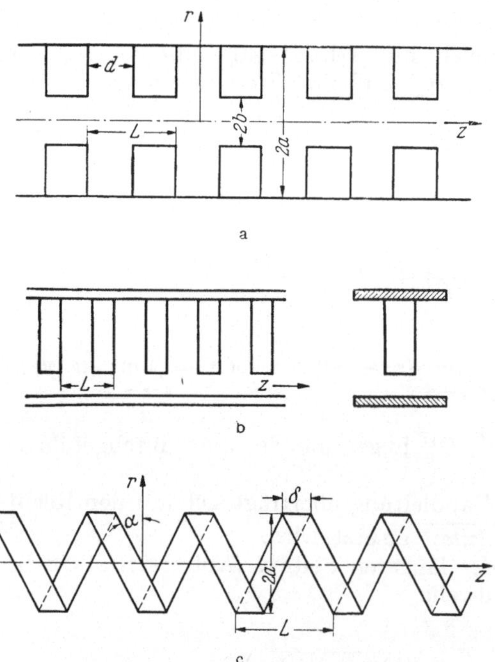

Abb. 13.12 a—c. Beispiele periodischer Verzögerungsleitungen. a) Periodisch beschwerte Hohlrohrleitung; b) Periodisch beschwerte Bandleitung; c) Schema einer Bandwendel.

Die besprochenen homogenen zylindrischen Wellenleiter haben nun sämtlich die Eigenschaft, daß die geführten Wellen eine Phasengeschwindigkeit $> \frac{1}{\sqrt{\varepsilon\mu}}$, also $> c$ für $\varepsilon = \varepsilon_0$, $\mu = \mu_0$, haben. Als verzögernde Wellenleiter, kurz Verzögerungsleitungen, kommen daher solche Leitungen mit metallischer Berandung und $\varepsilon = \varepsilon_0$, $\mu = \mu_0$ nicht in Frage. Man könnte daran denken, in Medien

[1] In Lauffeldmagnetrons spielen Transversalkomponenten eine Rolle, siehe z. B. [24].

mit großem $\varepsilon/\varepsilon_0$ oder μ/μ_0 für die Teilchenströmung Bohrungen einzuführen, würde aber dann Wellenleiter mit isolierenden Wandungen erhalten, die praktisch störend wirken. Günstiger ist es, metallische Wellenleiter zu wählen, in denen die elektrische Welle zu Umwegen gezwungen wird oder in denen die Verzögerung durch periodische Beschwerung mit Blenden od. dgl. bewirkt wird. Wir wollen hier nur kurz von Verzögerungsleitungen mit periodischer Struktur sprechen, da bei der Behandlung der von ihnen geführten Wellen eine Eigentümlichkeit zutage tritt. Abb. 13.12 zeigt Beispiele solcher Leitungen. Ihre Periode in Fortpflanzungsrichtung z sei allgemein mit L bezeichnet, sie werden in $\pm z$-Richtung unendlich ausgedehnt angenommen; freie Ladungen oder Ströme seien nicht vorhanden.

Da bei derartigen Leitungen die Randbedingungen nicht in jedem Querschnitt $z = \text{const}$ dieselben sind, ist eine Separation der Wellengleichung in allgemeinen Zylinderkoordinaten nicht mehr durchführbar. Man kann auch nicht erwarten, die Randbedingungen durch einen Wellentyp von der Art einer einfachen E- oder H-Welle erfüllen zu können. Vielmehr muß sich die Periodizität in z-Richtung in der Form der Lösung ausdrücken. Wir nehmen an, eine Lösung $\boldsymbol{E}(x, y, z)$, die die Randbedingung an den Metallwänden erfüllt, sei bereits bekannt. Dann ist $\boldsymbol{E}(x, y, z + nL)$ mit ganzzahligem n eine ebensolche Lösung, von gleicher Form wie die erste und daher ein Vielfaches davon:

$$\left.\begin{aligned} \boldsymbol{E}(x, y, z + nL) &= a_n \boldsymbol{E}(x, y, z), \\ \boldsymbol{E}(x, y, z + L) &= a_1 \boldsymbol{E}(x, y, z); \\ \boldsymbol{E}(x, y, z + 2L) &= a_1 \boldsymbol{E}(x, y, z + L) = a_1^2 \boldsymbol{E}(x, y, z) \end{aligned}\right\} \tag{138.1}$$

usf., d. h. $a_n = a_1^n$. Die Endlichkeit der Lösung für große n verlangt $|a_1| = 1$ oder

$$a_1 = \exp(-\mathrm{j}\,\psi_0) = \exp(-\mathrm{j}\,\beta_0 L) \tag{138.2}$$

mit $\psi_0 = \beta_0 L$.

Das Feld in zwei Punkten, die um die Periode L auseinanderliegen, unterscheidet sich also nur um einen Phasenfaktor, ein Ergebnis, das physikalisch sofort einleuchtet (Theorem von FLOQUET). Daraus folgt aber weiter

$$\exp[\mathrm{j}\,\beta_0(z + L)]\,\boldsymbol{E}(x, y, z + L) = \exp(\mathrm{j}\,\beta_0 z)\,\boldsymbol{E}(x, y, z).$$

Als eine periodische Funktion von z mit der Periode L gestattet $\exp(\mathrm{j}\,\beta_0 z)\,\boldsymbol{E}$ eine FOURIER-Entwicklung nach z:

$$\exp(\mathrm{j}\,\beta_0 z)\,\boldsymbol{E}(x, y, z) = \sum_{n=-\infty}^{+\infty} \boldsymbol{A}_n(x, y) \exp\left(-\mathrm{j}\,\frac{2\pi n}{L} z\right).$$

Infolgedessen wird

$$\boldsymbol{E}(x, y, z) = \sum_{-\infty}^{+\infty} \boldsymbol{A}_n(x, y) \exp\left(-\mathrm{j}\left(\beta_0 + \frac{2\pi n}{L}\right) z\right) = \sum_{-\infty}^{+\infty} \boldsymbol{A}_n(x, y) \exp(-\mathrm{j}\,\beta_n z) \tag{138.3}$$

mit $\beta_n = \beta_0 + \frac{2\pi n}{L}$. Das Wellenfeld erscheint danach als eine Summe über unendlich viele „Teilwellen" (den vielfach gebräuchlichen Namen „HARTREE"-Harmonische dafür wollen wir vermeiden, da die Teilwellen sämlich zu *einer* festen Frequenz gehören und als Glieder einer räumlichen FOURIER-Entwicklung auftreten). Die Teilwellen sind nicht zu verwechseln mit den E- und H-Wellen im homogenen Wellenleiter; sie erfüllen nicht einzeln, sondern nur gemeinsam die Randbedingungen. Zu den einzelnen Teilwellen gehören die

Phasenkonstanten β_n, somit die Phasengeschwindigkeiten

$$v_n = \frac{\omega}{\beta_n} = \frac{\omega}{\beta_0 + \frac{2n\pi}{L}} = \frac{\omega L}{\psi_0 + 2n\pi}. \qquad (138.4)$$

Da $|\psi_0|$, die Phasendrehung pro Periode — wie jene pro Elementarvierpol eines Kettenleiters —, zwischen 0 und π liegt, besitzt die Teilwelle mit dem Index 0 die größte Phasengeschwindigkeit; die übrigen sind langsamer, und für $n < 0$ wird $v_n < 0$. Wegen $\frac{1}{v_g} = \frac{\mathrm{d}\beta_n}{\mathrm{d}\omega} = \frac{\mathrm{d}\beta_0}{\mathrm{d}\omega}$ haben alle Teilwellen dieselbe Gruppengeschwindigkeit v_g. Man hat also bei periodischen Verzögerungsleitungen immer mit einer Vielzahl von Wellen einer Wellengruppe zu rechnen. Zur Wechselwirkung mit Elektronenstrahlen kann grundsätzlich jede beliebige Teilwelle benutzt werden. Da die Amplituden mit wachsendem Index jedoch rasch abnehmen, beschränkt sich die praktische Anwendung in Lauffeldröhren auf Teilwellen mit niedrigem Index $(0, \pm 1)$.

Seiner Bedeutung wegen geben wir für das in Gl. (138.1) ausgedrückte Ergebnis noch eine etwas andere Begründung. Die in Kap. 112 angegebene Darstellung des Feldes durch skalare Wellenpotentiale ist nach wie vor möglich. Da wir Wellen mit $E_z \neq 0$ erwarten, beschränken wir die Diskussion auf die Funktion u, aus der sich Wellen vom E-Typ ableiten; u erfüllt die skalare Wellengleichung

$$\frac{\partial^2 u}{\partial z^2} + (\triangle_{\mathrm{tr}} + k^2)\, u = 0.$$

Wir können nun nicht mehr einen Separationsansatz $\triangle_{\mathrm{tr}} u = -\eta^2 u$ mit konstantem η vornehmen. Da aber der Querschnitt sich mit z periodisch ändert, versuchen wir statt dessen einen Ansatz $\triangle_{\mathrm{tr}} u = -\mathsf{H}(z)\, u$, wo $\mathsf{H}(z)$ die z-Periode L besitzt. Damit erhält man für u eine Differentialgleichung

$$\frac{\partial^2 u}{\partial z^2} + \left(k^2 - \mathsf{H}(z)\right) u = 0,$$

die vom Typus der sogenannten HILLschen Differentialgleichung ist [*6*, *53*]. Eine solche Differentialgleichung mit periodischem Koeffizienten hat aber nach einem auf FLOQUET zurückgehenden Satz eine Lösung der Form

$$u = \exp(-\mathrm{j}\beta_0 z)\, f(x, y, z) = \sum A_n(x, y) \exp(-\mathrm{j}\beta_n z), \qquad (138.5)$$

in der $f(x, y, z)$ eine periodische Funktion von z ist:

$$f(x, y, z) = \sum A_n(x, y) \exp\left(-\mathrm{j}\,\frac{2\pi n}{L}\, z\right).$$

Auch dieser Gedankengang führt also auf die Darstellung des Feldes durch die Summe in Gl. (138.3). Setzt man die Reihe für u in der Wellengleichung ein und differenziert gliedweise, so folgt

$$\exp(-\mathrm{j}\,\beta_0 z) \sum_n [\triangle_{\mathrm{tr}} A_n + (k^2 - \beta_n^2) A_n] \exp\left(-\mathrm{j}\,\frac{2\pi n z}{L}\right) = 0.$$

Da aber die Funktion $\exp\left(-\mathrm{j}\, n\, 2\pi \frac{z}{L}\right)$ in $0 \leq z \leq L$ ein vollständiges Orthogonalsystem bilden, müssen die Glieder einzeln verschwinden, d. h.

$$\triangle_{\mathrm{tr}} A_n(x_1, x_2) + (k^2 - \beta_n^2)\, A_n(x_1, x_2) = 0. \qquad (138.6)$$

Für starke Verzögerung $\left|\frac{v_{\mathrm{ph},n}}{c}\right| \ll 1$ ist $\left|\frac{\beta_n}{k}\right| \gg 1$.

Periodische Verzögerungsleitungen können aufgefaßt werden als Filterketten, eine Periode der Leitung als Elementarvierpol des Kettenleiters. In der Tat haben derartige Leitungen Filtercharakter; sie besitzen im allgemeinen mehrere Durchlaßbereiche, deren erster auch bei $\omega = 0$ beginnen kann (Tiefpaß).

Wir wenden die obigen Betrachtungen an auf die Leitung in Abb. 13.12a, die aus einer zylindrischen Hohlrohrleitung vom Radius a mit periodisch angebrachten Blenden von der Dicke d und dem Öffnungsradius b besteht. Die Berechnung werde auf Wellen mit Achsensymmetrie vom E-Typ beschränkt und braucht nur für eine Periode $-\frac{L}{2} \leqq z \leqq \frac{L}{2}$ durchgeführt zu werden, da die Felder außerhalb dann durch Gl. (138.1) gegeben sind. Wir legen $z = 0$ in die Mitte zwischen zwei Blenden. Im Raum I ($r \leqq b$) hat u nach Gl. (138.5) und (138.6) die Gestalt

$$u^{\mathrm{I}} = \exp(-\mathrm{j}\,\beta_0 z) \sum_{-\infty}^{\infty} a_n \mathrm{I}_0(\zeta_n r) \exp\left(-\mathrm{j}\,\frac{2\pi n}{L} z\right)$$

mit $\zeta_n = \sqrt{\beta_n^2 - k^2}$, $\beta_n = \beta_0 + \frac{2\pi n}{L}$ und konstanten Koeffizienten a_n. Im Raum II zwischen den Blenden $b \leqq r \leqq a$ bilden sich stehende Wellen aus. Die Bedingungen $E_r = 0$ für $z = \pm\frac{d}{2}$ und $E_z = 0$ für $r = a$ führen zu dem Ansatz

$$u^{\mathrm{II}} = \sum_{0}^{\infty} b_n \left[\mathrm{J}_0(\eta_n r) - \frac{\mathrm{J}_0(\eta_n a)}{\mathrm{N}_0(\eta_n a)} \mathrm{N}_0(\eta_n r)\right] \cos\frac{\pi n}{d} z$$

mit $\eta_n = \sqrt{k^2 - (\pi n/d)^2}$. Damit erhält man

$$\left.\begin{aligned}
E_z^{\mathrm{I}} &= \sum \zeta_n^2 a_n \mathrm{I}_0(\zeta_n r) \exp(-\mathrm{j}\,\beta_n z),\\
H_\varphi^{\mathrm{I}} &= \frac{\mathrm{j}\,k}{Z_0} \sum \zeta_n a_n \mathrm{I}_1(\zeta_n r) \exp(-\mathrm{j}\,\beta_n z),\\
E_z^{\mathrm{II}} &= -\sum \eta_n^2 b_n \left(\mathrm{J}_0(\eta_n r) - \frac{\mathrm{J}_0(\eta_n a)}{\mathrm{N}_0(\eta_n a)} \mathrm{N}_0(\eta_n r)\right) \cos\frac{n\pi z}{d},\\
H_\varphi^{\mathrm{II}} &= -\frac{\mathrm{j}\,k}{Z_0} \sum \eta_n b_n \left(\mathrm{J}_1(\eta_n r) - \frac{\mathrm{J}_0(\eta_n a)}{\mathrm{N}_0(\eta_n a)} \mathrm{N}_1(\eta_n r)\right) \cos\frac{n\pi z}{d}.
\end{aligned}\right\} \quad (138.7)$$

Zur strengen Lösung wären bei $r = b$ noch die Randbedingungen

$$\begin{aligned}
&E_z^{\mathrm{I}} = 0 \quad \text{für} \quad \frac{d}{2} \leqq |z| \leqq \frac{L}{2},\\
&E_z^{\mathrm{II}} = E_z^{\mathrm{I}}, \qquad H_\varphi^{\mathrm{II}} = H_\varphi^{\mathrm{I}} \quad \text{für} \quad |z| \leqq \frac{d}{2}
\end{aligned} \qquad (138.8)$$

zu erfüllen. Da dies auf verwickelte unendliche Gleichungssysteme führt, macht man für E_z an der Trennfläche einen geeigneten Ansatz, entweder

$$\text{a)} \quad E_z = E_0 = \text{const}$$

oder, auf Grund einer quasistatischen Überlegung [121],

$$\text{b)} \quad E_z = \frac{E_0}{\sqrt{1 - (2z/d)^2}}.$$

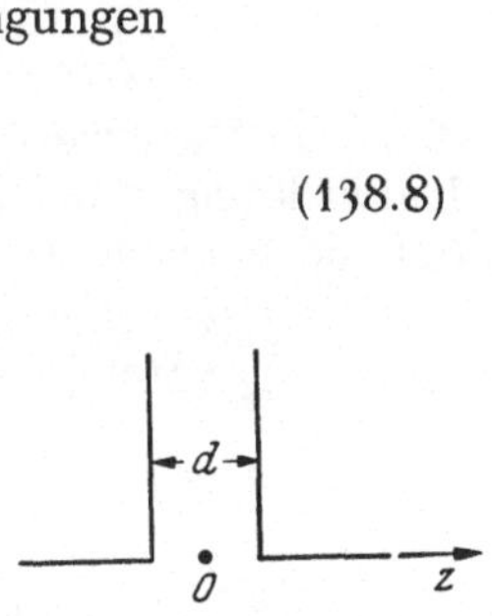

Abb. 13.13. Zur Berechnung der Verzögerungsleitung in Abb. 13.12a.

Der letzte Ausdruck ist gültig für das statische Feld in dem ebenen System nach Abb. 13.13 und näherungsweise auch für die zylindrische Kammer in der

Verzögerungsleitung Abb. 13.12a. Wir fassen die beiden Ansätze zusammen in

$$E_z = \frac{E_0}{\sqrt{1 - \delta\,(2z/d)^2}},$$

worin $\delta = 0$ oder $= 1$ ist. Die Randbedingungen für E_z in Gl. (138.8) bei $r = b$ ersetzen wir nun durch die einfacheren

$$E_z^{\mathrm{I}} = \begin{cases} \dfrac{E_0}{\sqrt{1 - \delta\,(2z/d)^2}}, & |z| \leqq \dfrac{d}{2}, \\ 0, & \dfrac{d}{2} \leqq |z| \leqq \dfrac{L}{2}, \end{cases} \qquad E_z^{\mathrm{II}} = \frac{E_0}{\sqrt{1 - \delta\,(2z/d)^2}}. \quad (138.9)$$

Zur Bestimmung der a_m, b_n multipliziere man diese Gleichungen mit $\exp \mathrm{j}\,\beta_m z$ bzw. $\cos \frac{n\pi z}{d}$ und integriere über $|z| \leqq \frac{L}{2}$ bzw. $|z| \leqq \frac{d}{2}$. Da nach Gl. (091.16)

$$\int\limits_{-\frac{d}{2}}^{-\frac{d}{2}} \frac{\exp \mathrm{j}\,\beta_m z}{\sqrt{1 - (2z/d)^2}}\,\mathrm{d}z = \frac{\pi d}{2}\,\mathrm{J}_0\!\left(\beta_m \frac{d}{2}\right) \quad (138.10)$$

ist, so folgt

$$\zeta_m^2 L\, a_m\, \mathrm{I}_0(\zeta_m b) = E_0\, d \cdot \begin{cases} \dfrac{\pi}{2}\,\mathrm{J}_0\!\left(\beta_m \dfrac{d}{2}\right), & \delta = 1, \\ \dfrac{\sin(\beta_m d/2)}{\beta_m d/2}, & \delta = 0. \end{cases} \quad (138.11)$$

Im Raum II genügt es praktisch meist, mit dem ersten Reihenglied in Gl. (138.7) zu rechnen. Man findet für b_0

$$-k^2 b_0 \left(\mathrm{J}_0(k\,b) - \frac{\mathrm{J}_0(k\,a)}{\mathrm{N}_0(k\,a)}\,\mathrm{N}_0(k\,b)\right) = E_0 \cdot \begin{cases} \dfrac{\pi}{2}, & \delta = 1, \\ 1, & \delta = 0. \end{cases} \quad (138.12)$$

Nun wird noch an Stelle der Randbedingung $H_\varphi^{\mathrm{I}} = H_\varphi^{\mathrm{II}}$ die folgende approximative erfüllt:

$$\frac{1}{d} \int\limits_{-\frac{d}{2}}^{\frac{d}{2}} H_\varphi^{\mathrm{I}}\,\mathrm{d}z = -\frac{\mathrm{j}\,k^2 b_0}{Z_0} \left(\mathrm{J}_1(k\,b) - \frac{\mathrm{J}_0(k\,a)}{\mathrm{N}_0(k\,a)}\,\mathrm{N}_1(k\,b)\right) \approx H_\varphi^{\mathrm{II}}, \quad (138.13)$$

d. h., der Mittelwert von H_φ^{I} über die Trennfläche wird dem ersten Glied in der Entwicklung von H_φ^{II} gleichgesetzt. Mit Gl. (138.7), (138.11), (138.12) führt das auf die folgende Bestimmungsgleichung von β_0:

$$\frac{\mathrm{J}_1(k\,b)\,\mathrm{N}_0(k\,a) - \mathrm{J}_0(k\,a)\,\mathrm{N}_1(k\,b)}{\mathrm{J}_0(k\,b)\,\mathrm{N}_0(k\,a) - \mathrm{J}_0(k\,b)\,\mathrm{N}_0(k\,a)} = k\,b\,\frac{d}{L} \sum_{m=-\infty}^{+\infty} \frac{\mathrm{I}_1(\zeta_m b)}{\zeta_m b\,\mathrm{I}_0(\zeta_m b)}\, p_m \quad (138.14)$$

mit

$$p_m = \begin{cases} \dfrac{\sin(\beta_m(d/2))}{\beta_m(d/2)}\,\mathrm{J}_0\!\left(\beta_m \dfrac{d}{2}\right), & \delta = 1, \\ \left[\dfrac{\sin(\beta_m(d/2))}{\beta_m(d/2)}\right]^2, & \delta = 0. \end{cases}$$

Für die praktische Rechnung genügen gewöhnlich wenige Glieder der rechten Seite. Numerische Ergebnisse sind z. B. in [*89*] wiedergegeben, ferner in [*66*] auf Grund einer etwas verschiedenen Berechnungsmethode. Die Leitung hat Bandpaßcharakter und zeigt starke Dispersion (d. h. Frequenzabhängigkeit der

Phasengeschwindigkeiten). Die Grenzfrequenzen des ersten Durchlaßbereiches sind gegeben durch $\psi_0 = 0$, $\lambda_{g0} = \frac{2\pi}{|\beta_0|} = \infty$ einerseits und $|\psi_0| = \pi$, $\lambda_{g0} = \frac{2\pi}{|\beta_0|} = 2L$ andererseits (λ_{g0} = Wellenlänge der nullten Teilwelle in der Leitung). Im ersten Falle findet keine Phasendrehung statt, im zweiten kehrt sich die Feldrichtung auf einer Periode gerade um (Abb. 13.14). Durch Einsetzen von $\beta_0 = \frac{\pi}{L}$ bzw. $\beta_0 = 0$ in die transzendente Gl. (138.14) und Auflösen nach k gewinnt man die beiden Grenzfrequenzen [*69*].

Bei einer weiteren periodischen Verzögerungsleitung, der Bandwendel in Abb. 13.12c, beschränken wir uns darauf, eine Methode zu ihrer Berechnung zu skizzieren. Sie ist Gegenstand eines ausführlichen Berichtes von SENSIPER [*114*]. Das Band wird in r-Richtung ausdehnungslos angenommen. Periode L ist die Ganghöhe, die mit Radius a und Steigungswinkel α gemäß $\tan\alpha = \frac{L}{2\pi a}$ zusammenhängt. Geeignete Koordinaten sind wieder Kreiszylinderkoordinaten r, φ, z. Das Feld ist nun aber nicht mehr rotationssymmetrisch. Die Randbedingungen an der Bandwendel haben außerdem zur Folge, daß nicht E- und H-Wellen getrennt auftreten, sondern ein gemischter Wellentyp, bei dem sowohl E_z wie H_z von Null verschieden sind. Für die „Kopplung" zwischen E- und H-Wellen ist der Steigungswinkel α maßgebend. Die skalare Wellengleichung für u und $u^\times$ lautet:

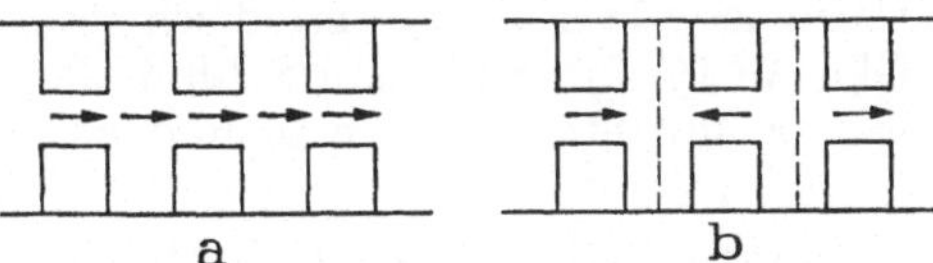

Abb. 13.14 a u. b. Feldrichtung auf der Achse der Verzögerungsleitung in Abb. 13.12a bei den Grenzfrequenzen.

$$\frac{1}{r}\frac{\partial}{\partial r}\left(r\frac{\partial u}{\partial r}\right) + \frac{1}{r^2}\frac{\partial^2 u}{\partial \varphi^2} + \frac{\partial^2 u}{\partial z^2} + k^2 u = 0.$$

Nach dem FLOQUETschen Theorem haben die Lösungen die Form

$$u(r, \varphi, z) = \sum_n A_n(r, \varphi) \exp(-\mathrm{j}\beta_n z).$$

Bezüglich φ muß Eindeutigkeit bestehen, $A_n(r, \varphi + 2\pi) = A_n(r, \varphi)$, d. h. Periodizität mit 2π:

$$A_n(r, \varphi) = \sum_m g_{mn}(r) \exp \mathrm{j}\, m\varphi.$$

Damit erscheint u als eine Doppelsumme

$$u = \sum_n \sum_m g_{mn}(r) \exp \mathrm{j}(m\varphi - \beta_n z). \qquad (138.15)$$

Da ferner $A_n(r, \varphi)$ die Gl. (138.6) erfüllt, ist g_{mn} eine modifizierte Zylinderfunktion der Ordnung m vom Argument $\zeta_n r = \sqrt{\beta_n^2 - k^2}\, r$, und zwar

$$g_{mn}(r) = \begin{cases} a_{mn}\, \mathrm{I}_m(\zeta_n r) & \text{für } r < a, \\ b_{mn}\, \mathrm{K}_m(\zeta_n r) & \text{für } r > a. \end{cases}$$

Neben der Periodizität hat die Wendel noch die Eigenschaft, in sich überzugehen, wenn man z um ein beliebiges Δz und zugleich φ um $\Delta\varphi = \frac{2\pi}{L}\Delta z$ ändert; dabei kann zu u wieder nur ein Faktor vom Betrag 1 hinzugekommen sein:

$$u\left(r, \varphi + \frac{2\pi}{L}\Delta z, z + \Delta z\right) = \exp(-\mathrm{j}\beta\Delta z)\, u(r, \varphi, z).$$

Für $\Delta z = L$ insbesondere folgt durch Vergleich mit früher $\beta = \beta_0$; es ist u daher das Produkt von $\exp(-\mathrm{j}\,\beta_0 z)$ und einer Funktion, die in sich übergeht, wenn z durch $z + \Delta z$ und φ durch $\varphi + \frac{2\pi}{L}\Delta z$ ersetzt wird, die also nur von r und

$$\frac{2\pi}{L} z - \varphi$$

abhängt:

$$u(r, \varphi, z) = \exp(-\mathrm{j}\,\beta_0 z)\, f\left(r, \frac{2\pi}{L} z - \varphi\right). \tag{138.16}$$

Darin ist f in z und φ periodisch mit der Periode L bzw. 2π. Der Vergleich mit Gl. (138.15) führt zu dem Schluß, daß in der Doppelsumme nur die Glieder mit $m = n$ auftreten können, u und $u^{\times}$ daher von der Form

$$u = \begin{cases} \exp(-\mathrm{j}\,\beta_0 z) \sum\limits_n c_n\, \mathrm{I}_n(\zeta_n r) \exp\left(-\mathrm{j}\, n\left(\frac{2\pi}{L} z - \varphi\right)\right) & \text{für} \quad r < a, \\ \exp(-\mathrm{j}\,\beta_0 z) \sum\limits_n d_n\, \mathrm{K}_n(\zeta_n r) \exp\left(-\mathrm{j}\, n\left(\frac{2\pi}{L} z - \varphi\right)\right) & \text{für} \quad r > a \end{cases} \tag{138.17}$$

sind. Unbekannt in diesen Ausdrücken und den entsprechenden für $u^{\times}$ sind die Koeffizienten c_n, d_n, $c_n^{\times}$, $d_n^{\times}$, die die Amplituden der Teilwellen repräsentieren, sowie die Phasenkonstante β_0 der schnellsten Teilwelle. Diese ist vor allem von Interesse; wir wollen nur den Weg andeuten, der über die Randbedingungen zu ihrer Bestimmung führt.

Das ausdehnungslose Band muß man sich von einem Flächenstrom durchflossen denken;

$$\boldsymbol{K} = K_\varphi \mathbf{e}_\varphi + K_z \mathbf{e}_z$$

sei seine Dichte. Für die Randbedingungen bei $r = a$ äußert sich dieser Strom in einem Sprung von $\boldsymbol{H}_t$ längs des Bandes:

$$\begin{aligned} H_\varphi(a+0) - H_\varphi(a-0) &= K_z, \\ H_z(a+0) - H_z(a-0) &= -K_\varphi. \end{aligned} \tag{138.18}$$

Ferner muß für alle Punkte mit $r = a$

$$E_z(a+0) = E_z(a-0), \qquad E_\varphi(a+0) = E_\varphi(a-0) \tag{138.19}$$

gelten. Die Flächenstromdichte $\boldsymbol{K}$ ist selbst nicht bekannt. Für die Auswertung nimmt man eine geeignete Stromverteilung auf dem Band an (etwa, daß $\boldsymbol{K}$ nur eine Komponente in Richtung der Wendel selbst besitzt, deren Betrag senkrecht dazu nicht variiert). SENSIPER zeigt, daß seine Ergebnisse hinsichtlich der Wahl von $\boldsymbol{K}$ nicht empfindlich sind, solange die Breite des Bandes klein gegen die Ganghöhe ist. Die angenommene Stromverteilung ist ebenfalls das Produkt von $\exp(-\mathrm{j}\beta_0 z)$ mit einer periodischen Funktion, die sich in einer FOURIER-Reihe entwickeln läßt.

$$\begin{aligned} K_z &= \exp(-\mathrm{j}\,\beta_0 z) \sum \varkappa_{zn} \exp\left(-\mathrm{j}\, n\left(\frac{2\pi}{L} z - \varphi\right)\right), \\ K_\varphi &= \exp(-\mathrm{j}\,\beta_0 z) \sum \varkappa_{\varphi n} \exp\left(-\mathrm{j}\, n\left(\frac{2\pi}{L} z - \varphi\right)\right). \end{aligned} \tag{138.20}$$

Aus u und $u^\times$ gewinnt man alle Feldkomponenten in üblicher Weise. Macht man sich zunutze, daß die Funktionen $\exp\left(-\mathrm{j}\,n\left(\frac{2\pi}{L}z-\varphi\right)\right)$ sowohl im z-Intervall $0 \leqq z \leqq L$ als auch im φ-Intervall $0 \leqq \varphi \leqq 2\pi$ orthogonal sind, so lassen sich über die Randbedingungen Gl. (138.18), (138.19) die Koeffizienten c_n, d_n, $c_n^\times$, $d_n^\times$ durch die $\varkappa_{zn}$ und $\varkappa_{\varphi n}$ ausdrücken.

Schließlich wird als weitere Randbedingung noch gefordert, daß längs der Mittellinie des Wendelbandes das dazu parallele Feld $E_z \sin\alpha + E_\varphi \cos\alpha$ verschwindet. Dies führt auf eine transzendente Gleichung zur Bestimmung von β_0 in Form einer Reihe. Bezüglich der Einzelheiten und der approximativen Auswertung dieser Reihe verweisen wir auf [*114*][1].

Literatur [*9, 20, 29, 31, 35, 38, 41, 42, 87*].

14 Strahlungsfelder.

141 Methoden zur Berechnung des Strahlungsfeldes von Antennen.

Es übersteigt den Rahmen dieses Buches bei weitem, auch nur einen Überblick über die praktisch wichtigen Probleme zu geben, die mit Ausstrahlung und Empfang elektromagnetischer Wellen verbunden sind. Die strenge Behandlung von Antennen ist nur in wenigen Ausnahmefällen durchführbar, denen praktisch nur beschränkte Bedeutung zukommt, und man ist ansonsten auf Näherungsverfahren angewiesen, die von Fall zu Fall verschieden sind und sich einer einheitlichen systematischen Behandlung entziehen. Wir können daher in diesem Kapitel nur einige Grundbegriffe und Richtlinien und ein paar mehr oder weniger willkürlich ausgewählte Beispiele bringen. Neuere zusammenfassende Darstellungen der Antennentheorien sind z. B. in [*1, 55*] zu finden.

Das Integrationsproblem der MAXWELLschen Gleichungen stellt sich z. B. für eine freistehende Sendeantenne in der folgenden Weise: Auf der Antennenoberfläche sind tangentiale Randbedingungen zu erfüllen. Dazu sind die Verhältnisse bei der Einspeisung am Antennenfußpunkt sowie die begrenzenden Flächen (Erdoberfläche, Hindernisse für die Wellenausbreitung) zu berücksichtigen, schließlich, daß die Energieströmung die Richtung von der Antenne in den Raum hinaus besitzen soll und die Gesamtenergie endlich bleiben muß. Letzteres wird häufig als sogenannte SOMMERFELDsche Ausstrahlungsbedingung folgendermaßen formuliert: in großer Entfernung von der Antenne muß die Welle mathematisch das Verhalten einer von einem Punkt ausgehenden Kugelwelle besitzen, weil die Ausdehnung der Antenne dann keine Rolle mehr spielt. Die Feldkomponenten haben daher in räumlichen Polarkoordinaten asymptotisch die Form $F \sim f(\vartheta, \psi)\exp\left(-\frac{\mathrm{j}kR}{R}\right)$ und die Eigenschaft

$$\lim_{R\to\infty} R\left(\frac{\partial}{\partial R} + \mathrm{j}\,k\right)F = 0. \tag{141.1}$$

Diese Ausstrahlungsbedingung ist allgemein für das Feld einer Sendeantenne zu verlangen. Die Integration der MAXWELLschen Gleichungen unter Erfüllung

---

[1] Eine verbesserte Näherung erhält man nach [*65a*], wenn man die Flächendichte $\boldsymbol{K}$ der Bedingung unterwirft, daß die von der Zylinderfläche $r = a$ je Ganghöhe aufgenommene Leistung

$$\int_0^p \mathrm{d}z \int_0^{2\pi} a\,\mathrm{d}\varphi\,\mathbf{e}_r\,\boldsymbol{E}^*(a) \times [\boldsymbol{H}(a+0) - \boldsymbol{H}(a-0)]$$

stationär wird.

aller dieser Bedingungen würde völlige Information geben über die Felder und die ausgestrahlte Energie in ihrer Verteilung über alle Richtungen des Raumes (Strahlungscharakteristik). Diese Aufgabe ist in der Praxis so gut wie nie durchführbar und enthält auch mehr, als im allgemeinen für die technische Aufgabe erfordert wird. In vielen Fällen genügen Angaben über das Feld in der Umgebung der Antenne (Abstand $\lesssim$ Wellenlänge, „Nahfeld") einerseits, das Feld und die Charakteristik in großer Entfernung von der Antenne (Abstand $\gg$ Wellenlänge, „Fernfeld") andererseits. Zu deren Berechnung kennt man mehrere Methoden.

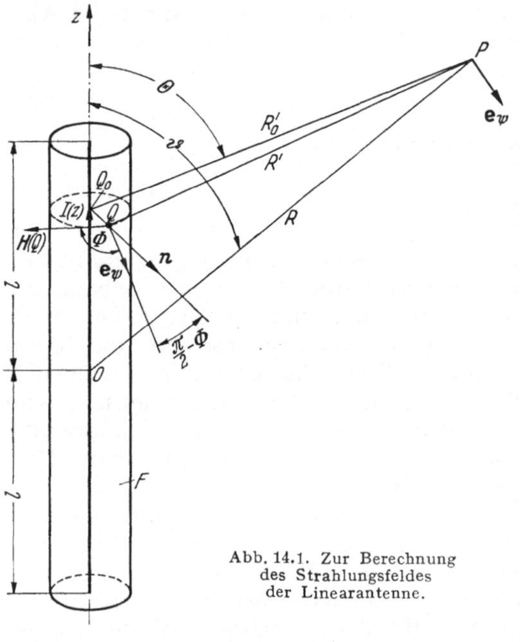

Abb. 14.1. Zur Berechnung des Strahlungsfeldes der Linearantenne.

Aus der in Kap. 083 besprochenen KIRCHHOFFschen Formel könnte man grundsätzlich die vollständige Lösung gewinnen, wenn die Strahlung von der Oberfläche von Metallen oder Dielektrika ausgeht und für die gesamte Strahlungsquelle die Strom- und Ladungsverteilung bekannt wäre. Denn die Gl. (083.11), (083.13) liefern dann die elektromagnetischen Potentiale, Gl. (112.5), (112.6) die Felder. Dabei ist bei Systemen endlicher Ausdehnung auf die Retardierung zu achten. Handelt es sich um eine feste Frequenz, $\frac{\partial}{\partial t} = \mathrm{j}\,\omega$, wie wir weiterhin annehmen wollen, so kommt man mit dem Vektorpotential $\boldsymbol{A}$ aus; $\boldsymbol{E}$ und $\boldsymbol{H}$ folgen aus Gl. (112.12). Der HERTZsche Vektor $\boldsymbol{\pi}$ Gl. (112.17) stimmt in diesem Fall bis auf eine Konstante mit $\boldsymbol{A}$ überein.

Das Gegenstück sind Antennen, bei denen Öffnungen, wie Schlitze od. dgl., als Strahlungsquelle dienen; kennt man die Feldverteilung über die Öffnung, so kann man jeden Punkt der Öffnung als Ausgangspunkt von Kugelwellen ansehen und das resultierende Feld durch Überlagerung gewinnen. Man kann zu diesem Zweck die Öffnung sich mit einem fiktiven magnetischen Oberflächenstrom belegt denken oder das Feld aus einem FITZGERALDschen Vektor [siehe Gl. (112.21)] ableiten.

Für einige einfache Antennenformen läßt sich der Umweg über die Vektorpotentiale vermeiden und eine direkte Herleitung der Strahlungsverteilung aus der KIRCHHOFFschen Formel geben [*91*]. Man schließt den Strahler in eine Fläche F ein und wendet Gl. (083.15) auf das Raumgebiet zwischen F und einer großen Kugel an, deren Beitrag in der Grenze: Radius $\to \infty$ verschwindet.

Wir zeigen am Beispiel der Linearantenne von der Länge $2l$ (Abb. 14.1), wie man vorzugehen hat.

Nach Gl. (083.15) gilt für jeden der beiden Feldvektoren $\boldsymbol{E}$ und $\boldsymbol{H}$, wenn $\boldsymbol{n}$ von F nach außen weist,

$$\boldsymbol{C}(P) = -\frac{1}{4\pi}\iint\limits_F \frac{\exp(-\mathrm{j}\,k\,R')}{R'}\left[\left(\mathrm{j}\,k + \frac{1}{R'}\right)\boldsymbol{C}(Q)\cos(\boldsymbol{n}, \boldsymbol{R}') - \frac{\partial \boldsymbol{C}}{\partial n}\right]\mathrm{d}F_Q. \quad (141.2)$$

$\boldsymbol{R}'$ ist der Radiusvektor vom Integrationspunkt Q nach P, R' sein Betrag. Der Aufpunkt P habe die Koordinaten R, ϑ, ψ. Das Feld hängt von ψ nicht ab, wir können $\psi = 0$ setzen. Als Fläche F, die den Stromfaden umschließt, wählen wir einen Kreiszylinder von kleinem Radius a. Kennt man die Stromverteilung $I(z)$ auf der Antenne, so ist in den Punkten Q des Zylindermantels

$$H_\Phi(Q) = \frac{I(z)}{2\pi a}, \qquad H_\psi(Q) = H_\Phi(Q)\cos\Phi. \tag{141.3}$$

Hier ist Φ der Azimut in Q, vom Meridian durch $P(\psi = 0)$ aus gerechnet, $H_\psi(Q)$ die Komponente von $\boldsymbol{H}$ in Q in Richtung des azimutalen Einheitsvektors $\mathbf{e}_\psi$ und des H-Feldes in P. Ferner gilt

$$\lim_{a\to 0}\cos(\boldsymbol{n}, \boldsymbol{R}') = \cos(\boldsymbol{n}, \boldsymbol{R}_0') = \sin\Theta\cos\Phi,$$

wenn R_0' der Vektor nach P vom Punkt Q_0 auf der Achse ist, gegen den Q für $a \to 0$ rückt, und Θ der Winkel zwischen der z-Achse und $\boldsymbol{R}_0'$.

Daher ist im Ausdruck für $H_\psi(P)$ in Gl. (141.2) der Anteil mit $\cos(\boldsymbol{n}, \boldsymbol{R}')$ in der Grenze für $a \to 0$

$$\begin{aligned}
&\lim_{a\to 0}\iint_F \frac{\exp(-\mathrm{j}kR')}{R'} H_\psi(Q)\left(\mathrm{j}k + \frac{1}{R'}\right)\cos(\boldsymbol{n}, \boldsymbol{R}')\,\mathrm{d}F_Q \\
&= \lim_{a\to 0}\int_{-l}^{+l} \mathrm{d}z\,\frac{I(z)}{2\pi a}\,\frac{\exp(-\mathrm{j}kR')}{R'}\left(\mathrm{j}k + \frac{1}{R'}\right)\sin\Theta\int_0^{2\pi}\mathrm{d}\Phi\, a\cos^2\Phi \\
&= \frac{1}{2}\int_{-l}^{+l} I(z)\,\frac{\exp(-\mathrm{j}kR_0')}{R_0'}\left(\mathrm{j}k + \frac{1}{R_0'}\right)\sin\Theta\,\mathrm{d}z.
\end{aligned}$$

Der zweite Bestandteil ergibt wegen

$$\frac{\partial H_\Phi(Q)}{\partial n} = \frac{\partial H_\Phi(Q)}{\partial a} = -\frac{I(z)}{2\pi a^2},$$

$$\begin{aligned}
&\lim_{a\to 0}\iint_F \frac{\exp(-\mathrm{j}kR')}{R'}\,\frac{\partial H_\psi}{\partial n}\,\mathrm{d}F_Q \\
&\qquad = \lim_{a\to 0} -\int_{-l}^{+l}\frac{I(z)\,\mathrm{d}z}{2\pi a^2}\int_0^{2\pi} a\,\mathrm{d}\Phi\cos\Phi\,\frac{\exp(-\mathrm{j}kR')}{R'}.
\end{aligned} \tag{141.4}$$

Für kleine a ist

$$R' = \sqrt{R_0'^2 + a^2 - 2a R_0'\cos(\boldsymbol{n}, \boldsymbol{R}_0')} \approx R_0' - a\cos(\boldsymbol{n}, \boldsymbol{R}_0') = R_0' - a\sin\Theta\cos\Phi,$$

$$\begin{aligned}
\frac{\exp(-\mathrm{j}kR')}{R'} &\approx \frac{\exp(-\mathrm{j}kR_0')}{R_0'}\,\frac{1 + \mathrm{j}ka\sin\Theta\cos\Phi}{1 - \dfrac{a}{R_0'}\sin\Theta\cos\Phi} \\
&\approx \frac{\exp(-\mathrm{j}kR_0')}{R_0'}\left(1 + a\left(\mathrm{j}k + \frac{1}{R_0'}\right)\sin\Theta\cos\Phi\right),
\end{aligned}$$

und der Ausdruck in Gl. (141.4) wird

$$\begin{aligned}
&= -\lim_{a\to 0}\int_{-l}^{+l}\mathrm{d}z\,\frac{I(z)}{2\pi a}\,\frac{\exp(-\mathrm{j}kR_0')}{R_0'}\int_0^{2\pi}\mathrm{d}\Phi\cos\Phi\left[1 + a\left(\mathrm{j}k + \frac{1}{R_0'}\right)\sin\Theta\cos\Phi + O(a^2)\right] \\
&= -\frac{1}{2}\int_{-l}^{l} I(z)\,\frac{\exp(-\mathrm{j}kR_0')}{R_0'}\left(\mathrm{j}k + \frac{1}{R_0'}\right)\sin\Theta\,\mathrm{d}z.
\end{aligned}$$

Die Integration über Φ ist vor dem Grenzübergang auszuführen. Somit erbringen beide Bestandteile den gleichen Beitrag, und daher ist

$$H_\varphi = \frac{1}{4\pi} \int_{-l}^{l} I(z) \sin\Theta \frac{\exp(-\mathrm{j}\,k\,R')}{R'} \left(\mathrm{j}\,k + \frac{1}{R'}\right) \mathrm{d}z. \tag{141.5}$$

Die übrigen H-Komponenten und E_φ sind $= 0$. Es wird also eine sphärische E-Welle ausgestrahlt. Aus der 1. MAXWELLschen Gl. (111.19) folgt

$$E_R = \frac{1}{\mathrm{j}\,\omega\,\varepsilon} \frac{1}{R \sin\vartheta} \frac{\partial(\sin\vartheta\, H_\varphi)}{\partial\vartheta}, \qquad E_\vartheta = \frac{1}{\mathrm{j}\,\omega\,\varepsilon} \frac{1}{R} \frac{\partial(R\, H_\varphi)}{\partial R}. \tag{141.6}$$

Zum gleichen Ergebnis für die Felder gelangt man auf dem Weg über das retardierte Vektorpotential $A_z = \frac{\mu}{4\pi} \int_{-l}^{l} \frac{[I(z)]}{R'} \mathrm{d}z$. Für das Fernfeld kann in Gl. (141.5) $\frac{1}{R'}$ gegen $\mathrm{j}\,k$ vernachlässigt, außerdem $\frac{1}{R'} \approx \frac{1}{R}$, $\Theta \approx \vartheta$ (im Exponenten jedoch *nicht* $R' \approx R$) gesetzt werden, so daß

$$H_\varphi \approx \frac{1}{Z_0} E_\vartheta \approx \frac{\mathrm{j}\,k \sin\vartheta \exp(-\mathrm{j}\,k\,R)}{4\pi\,R} \int_{-l}^{+l} I(z) \exp(\mathrm{j}\,k\,z \cos\vartheta)\, \mathrm{d}z, \tag{141.7}$$

während E_R von höherer Ordnung verschwindet. In großer Entfernung von der Antenne stehen $\boldsymbol{E}$ und $\boldsymbol{H}$ aufeinander senkrecht, besitzen die Richtung ϑ bzw. ψ, so daß ein Energiefluß in R-Richtung stattfindet, gegeben durch

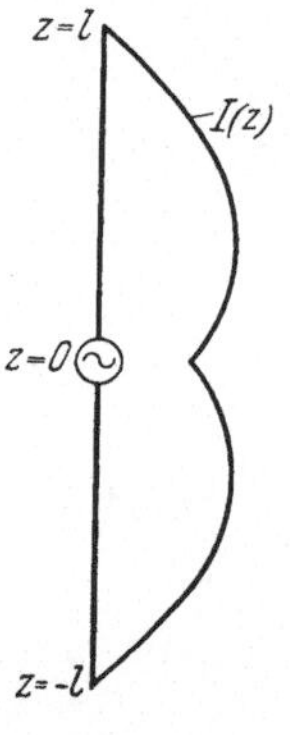

$$S_R = \frac{1}{2} |E_\vartheta|\,|H_\varphi| = Z_0 \frac{\sin^2\vartheta}{8\,\lambda^2 R^2} \left| \int_{-l}^{l} I(z) \exp(\mathrm{j}\,k\,z \cos\vartheta)\, \mathrm{d}z \right|^2. \tag{141.8}$$

In dem häufig herangezogenen Sonderfall symmetrischer sinusförmiger Stromverteilung mit Einspeisung in der Mitte (Abb. 14.2) mit

$$I(z) = I_0 \frac{\sin k(l - |z|)}{\sin k\,l} \quad \text{für} \quad |z| < l \tag{141.9}$$

hat das Integral den Wert

$$\int_{-l}^{+l} I(z) \exp(\mathrm{j}\,k\,z \cos\vartheta)\, \mathrm{d}z = \frac{2 I_0}{k \sin^2\vartheta} \left[\frac{\cos(k\,l \cos\vartheta) - \cos k\,l}{\sin k\,l} \right]. \tag{141.10}$$

Abb. 14.2 Linearantenne mit sinusförmiger Stromverteilung.

Für $k\,l = \frac{\pi}{2}$ ist die Linearantenne insbesondere ein „Halbwellendipol". Für $k\,l \to 0$, wobei $I_0 l$ endlich bleibt, gelangt man zum sogenannten HERTZschen elektrischen Dipol, von dem im nächsten Abschnitt noch zu sprechen sein wird.

Die zuletzt beschriebene Methode der Berechnung des Fernfeldes ist von allgemeiner Anwendbarkeit. Ist der Abstand R des Aufpunktes vom Nullpunkt $\gg$ die Ausdehnung des Strahlers und ferner $R \gg \lambda$, so ist das Fernfeld im wesentlichen durch die Glieder $O(1/R)$ gegeben. Man begeht Fehler höherer Ordnung in $1/R$, wenn man in dem retardierten Vektorpotential

$$\boldsymbol{A}(P) = \frac{\mu}{4\pi} \int_V \frac{\boldsymbol{i}(Q) \exp(-\mathrm{j}\,k\,R')}{R'} \mathrm{d}V_Q \tag{141.11}$$

die folgenden Näherungen vornimmt: Man setzt, ähnlich wie oben $\frac{1}{R'} \approx \frac{1}{R}$ und im Exponenten

$$R' \approx R - R_Q \cos(\boldsymbol{R}, \boldsymbol{R}_Q) = R - R''$$

mit

$$R'' = R_Q \cos(\boldsymbol{R}, \boldsymbol{R}_Q) = R_Q\,[\cos\vartheta \cos\vartheta_Q + \sin\vartheta \sin\vartheta_Q \cos(\psi - \psi_Q)].$$

(siehe Abb. 14.3). Der so vereinfachte Ausdruck für $\boldsymbol{A}$

$$\boldsymbol{A}(P) \approx \frac{\exp(-\mathrm{j}\,k R)}{R} \frac{\mu}{4\pi} \int\limits_V \boldsymbol{i}(Q) \exp(\mathrm{j}\,k R'')\,\mathrm{d}V_Q = \frac{\exp(-\mathrm{j}\,k R)}{R} \boldsymbol{A}_0 \tag{141.12}$$

ist das Produkt von $\exp(-\mathrm{j}\,kR)/R$ und einem Vektor

$$\boldsymbol{A}_0 = \frac{\mu}{4\pi} \int\limits_V \boldsymbol{i}(Q) \exp \mathrm{j}\,k R''\,\mathrm{d}V_Q, \tag{141.13}$$

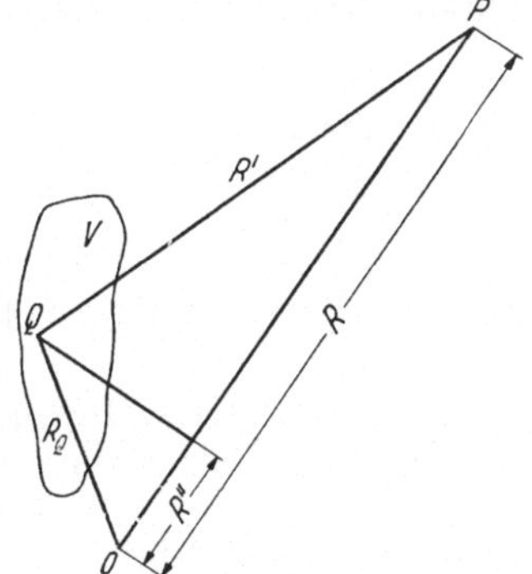

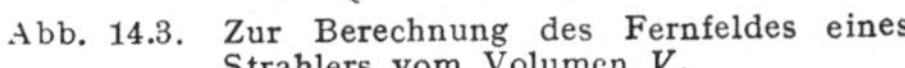
Abb. 14.3. Zur Berechnung des Fernfeldes eines Strahlers vom Volumen V.

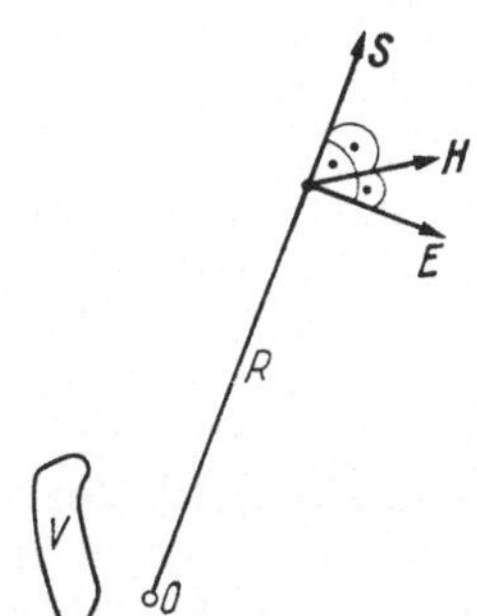

Abb. 14.4. Feldvektoren und POYNTINGscher Vektor im Fernfeld.

der von der Stromverteilung und von der Richtung des Vektors $\boldsymbol{R}$ abhängt aber nicht von seinem Betrag R. Bildet man jetzt

$$\mu \boldsymbol{H} = \nabla \times \boldsymbol{A}, \qquad \boldsymbol{E} = -\frac{\mathrm{j}\,\omega}{k^2} \nabla^2 \boldsymbol{A} - \mathrm{j}\,\omega \boldsymbol{A}, \tag{141.14}$$

so braucht man in dieser Näherung die Differentiationen nach R nur auf den ersten Faktor zu erstrecken. Man findet in räumlichen Polarkoordinaten nach Kap. 013

$$\begin{aligned} \mu H_\vartheta &\approx -\frac{1}{R} \frac{\partial (R A_\psi)}{\partial R} = \mathrm{j}\,k \frac{\exp(-\mathrm{j}\,k R)}{R} A_{0\psi}, \qquad E_\psi \approx -Z_0 H_\vartheta, \\ \mu H_\psi &\approx \frac{1}{R} \frac{\partial (R A_\vartheta)}{\partial R} = -\mathrm{j}\,k \frac{\exp(-\mathrm{j}\,k R)}{R} A_{0\vartheta}, \qquad E_\vartheta \approx Z_0 H_\psi, \end{aligned} \tag{141.15}$$

während H_R und E_R für $R \to \infty$ von höherer Ordnung verschwinden. Es stehen daher $\boldsymbol{E}$ und $\boldsymbol{H}$ aufeinander senkrecht:

$$Z_0 \boldsymbol{H} = \mathbf{e}_R \times \boldsymbol{E}.$$

Die Verteilung von $|\boldsymbol{E}|$ über die Richtungen des Raumes heißt die absolute Richtcharakteristik der Sendeantenne. Sie wird im allgemeinen von ϑ und ψ abhängen. Der POYNTINGsche Vektor hat im Fernfeld im wesentlichen nur eine R-Komponente vom Betrag

$$S_R = \frac{1}{2} |\boldsymbol{E} \times \boldsymbol{H}^*| = \frac{2\pi^2}{\mu^2 \lambda^2 R^2} Z_0 [|A_{0\psi}|^2 + |A_{0\vartheta}|^2]. \tag{141.16}$$

Der Leistungsfluß durch eine Kugel vom Radius R,

$$P = \int_0^{2\pi} \mathrm{d}\psi \int_0^{\pi} \mathrm{d}\vartheta\, R^2 \sin\vartheta\, S_R = \frac{2\pi^2 Z_0}{\mu^2 \lambda^2} \int_0^{\pi} \sin\vartheta\, \mathrm{d}\vartheta \int_0^{2\pi} \mathrm{d}\psi \left[|A_{0\psi}|^2 + |A_{0\vartheta}|^2\right] \quad (141.17)$$

ist unabhängig von R und gleich der gesamten ausgestrahlten Antennenleistung im zeitlichen Mittel. Auf das Raumwinkelelement $\mathrm{d}\Omega = \sin\vartheta\, \mathrm{d}\vartheta\, \mathrm{d}\psi$ (Oberflächenelement der Einheitskugel) entfällt davon

$$\mathrm{d}P = \frac{2\pi^2 Z_0}{\mu^2 \lambda^2} \left[|A_{0\vartheta}|^2 + |A_{0\psi}|^2\right] \mathrm{d}\Omega = K(\vartheta, \psi)\, \mathrm{d}\Omega .$$

$K = R^2 S_R$ als Funktion der Richtung im Raum ist die sogenannte Leistungscharakteristik.

Wenn insbesondere die Stromdichte auf der Antenne nur eine z-Komponente hat und die z-Achse mit $\vartheta = 0$ zusammenfällt, so haben auch $\boldsymbol{A}$ und $\boldsymbol{A}_0$ nur eine z-Komponente; infolgedessen wird

$$A_{0\psi} = 0, \qquad A_{0\vartheta} = -A_{0z} \sin\vartheta, \qquad A_{0z} = \frac{\mu}{4\pi} \int_V i_z \exp \mathrm{j}\, k R''\, \mathrm{d}V;$$

$\boldsymbol{E}$ hat nur eine ψ-Komponente, und

$$K = \frac{2\pi^2 Z_0}{\mu^2 \lambda^2} |A_{0z}|^2 \sin^2\vartheta \quad (141.18)$$

ist unabhängig von ψ. Sofern A_{0z} für $\vartheta = 0$ endlich bleibt, verschwindet die Leistungscharakteristik für $\vartheta = 0$, d. h. in Richtung des Stromflusses wird dann keine Energie abgestrahlt.

Nehmen wir das Beispiel der Linearantenne mit der Stromverteilung Gl. (141.9) nochmals auf. Nach Gl. (141.8), (141.10) ist

$$\begin{aligned} K &= \frac{Z_0 \sin^2\vartheta\, \lambda^2 |I_0|^2}{8 \lambda^2 \pi^2} \left[\frac{\cos(k l \cos\vartheta) - \cos k l}{\sin k l \sin^2\vartheta}\right]^2 \\ &= \frac{Z_0 |I_0|^2}{8\pi^2} \left[\frac{\cos(k l \cos\vartheta) - \cos k l}{\sin\vartheta \sin k l}\right]^2, \end{aligned} \quad (141.19)$$

was für $\vartheta = 0$ verschwindet. Insbesondere für den Halbwellendipol $\left(k l = \frac{\pi}{2}\right)$ ist

$$K = \frac{Z_0 |I_0|^2}{8\pi^2} \frac{\cos^2\left(\frac{\pi}{2} \cos\vartheta\right)}{\sin^2\vartheta} . \quad (141.20)$$

Das Maximum liegt bei $\vartheta = \frac{\pi}{2}$ und beträgt

$$K = \frac{Z_0 |I_0|^2}{8\pi^2} . \quad (141.21)$$

In Gl. (141.17) war P die gesamte ausgestrahlte Leistung. Als *Strahlungswiderstand* definiert man den Quotienten

$$R_s = \frac{2P}{|I|^2} \quad (141.22)$$

und bezieht sich dabei gewöhnlich auf den Strom I im Speisepunkt oder in einem Maximum. Ein vom Strom I durchflossener OHMscher Widerstand von der Größe R_s würde also gerade die Leistung P verbrauchen. Da $|I|$ längs der Antenne keine Konstante ist, ist die Definition Gl. (141.22) mit einer gewissen Willkür behaftet.

Im früheren Beispiel [Linearantenne mit der Stromverteilung in Gl. (141.9)] liegt es nahe, sich auf den maximalen Strom I_0 zu beziehen. Das Integral $\int\limits_0^\pi K \sin\vartheta \, \mathrm{d}\vartheta$ ist elementar nicht ausführbar, läßt sich jedoch durch die z. B. in [22] tabulierten Funktionen Integralsinus und Integralcosinus

$$\mathrm{Si}\, x = \int\limits_0^x \frac{\sin\xi}{\xi} \mathrm{d}\xi, \qquad \mathrm{Ci}\, x = -\int\limits_x^\infty \frac{\cos\xi}{\xi} \mathrm{d}\xi = C + \ln x - \int\limits_0^x \frac{1-\cos\xi}{\xi} \mathrm{d}\xi$$

ausdrücken; C ist die von Kap. 091 bekannte EULERsche Konstante. Mit $k\,l \cos\vartheta = \chi$, $k\,l - \chi = \mu$ wird

$$\int\limits_0^\pi \left[\frac{\cos(k\,l\cos\vartheta) - \cos k\,l}{\sin\vartheta}\right]^2 \sin\vartheta \, \mathrm{d}\vartheta = \frac{1}{2} \int\limits_{-k\,l}^{+k\,l} [\cos\chi - \cos k\,l]^2 \left(\frac{1}{k\,l-\chi} + \frac{1}{k\,l+\chi}\right) \mathrm{d}\chi$$

$$= \int\limits_{-k\,l}^{+k\,l} \frac{[\cos\chi - \cos k\,l]^2 \, \mathrm{d}\chi}{k\,l - \chi}$$

$$= \int\limits_0^{2k\,l} \left\{(1+\cos 2k\,l)(1-\cos\mu) - \sin 2k\,l(\sin\mu - \sin 2\mu) - \frac{\cos 2k\,l}{2}(1-\cos 2\mu)\right\} \frac{\mathrm{d}\mu}{\mu}.$$

Damit findet man

$$R_s = \frac{Z_0}{2\pi} \left\{C + \ln 2k\,l - \mathrm{Ci}\, 2k\,l + \frac{\sin 2k\,l}{2}(\mathrm{Si}\, 4k\,l - \mathrm{Si}\, 2k\,l) - \right. \left. + \frac{\cos 2k\,l}{2}(C + \ln 4k\,l + \mathrm{Ci}\, 4k\,l - \mathrm{Ci}\, 2k\,l)\right\}. \tag{141.23}$$

Für $k\,l = \frac{\pi}{2}$ (Halbwellendipol) ist $R_s \approx 73{,}1$ Ohm.

In den obigen Beziehungen tritt durchweg die kugelsymmetrische Lösung $\exp(-\mathrm{j}\,k\,R)/R$ der skalaren Wellengleichung auf. Mitunter ist es vorteilhaft, dafür eine der Darstellungen in Kap. 091 zu verwenden.

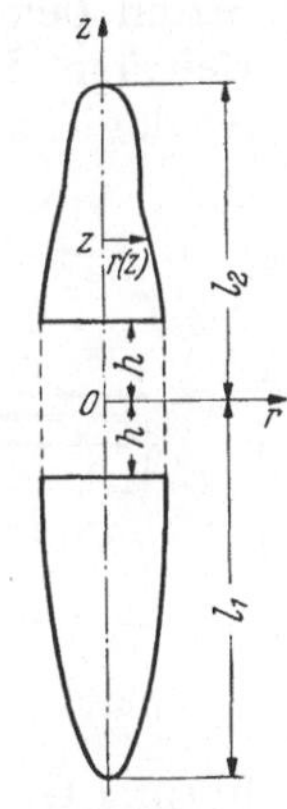

Abb. 14.5. Achsensymmetrische Antenne mit Spalt und der Meridiankurve $r(z)$.

Zur strengen Lösung des Wellenfeldes z. B. einer freistehenden Sendeantenne mit Hilfe des Vektorpotentials müßte die Stromverteilung genau bekannt sein. Für die Stromdichte längs der Antenne sind von verschiedenen Autoren, vor allem E. HALLÉN, Integralgleichungen aufgestellt worden, auf die hier nicht näher eingegangen werden kann (siehe z. B. [15 a]). Für dünne Antennen kommt man gewöhnlich mit der Annahme sinusförmiger Stromverteilung wie in Gl. (141.9) aus; diese Näherung läßt sich von seiten der strengen Rechnung begründen. Längs einer rotationssymmetrischen ideal leitenden Antenne mit beliebiger Meridiankurve $r(z)$, Abb. 14.5 und unter den Annahmen

a) die Stromverteilung hängt von φ nicht ab (achsensymmetrische Einspeisung);

b) der Antennenradius $r(+h) = r(-h)$ am Spalt ist klein gegen die Wellenlänge und klein gegen die Länge h des Spaltes,

erfüllt nach ALBERT und SYNGE [57] der Strom $I(z) = 2\pi\, r(z)\, H_\varphi(z)$

die Integralgleichung

$$\int_{-l_1}^{+l_2} K(\zeta, z) \frac{I(\zeta)}{I(0)} \mathrm{d}\zeta = \mathrm{j} \frac{(2\pi k)^2}{Z_0} \frac{U}{I(0)} N(z) \qquad (141.24)$$

mit

$$N(z) = \begin{cases} \frac{2}{k h}, & |z| < h \\ 0, & |z| > h \end{cases}$$

und dem Kern

$$K(\zeta, z) = \left(-\frac{\partial^2}{\partial\zeta\,\partial z} + k^2\right)\left[\frac{\exp \mathrm{j}\, k R_1}{R_1}\right], \qquad R_1^2 = [r(\zeta)]^2 + (z-\zeta)^2,$$

der in den Variablen z, ζ nicht symmetrisch ist; U bedeutet die Potentialdifferenz über den Spalt, $H_\varphi(z)$ das Magnetfeld an der Antennenoberfläche, die man sich über den Spalt hinweg kreiszylindrisch fortgesetzt denkt, so daß insbesondere

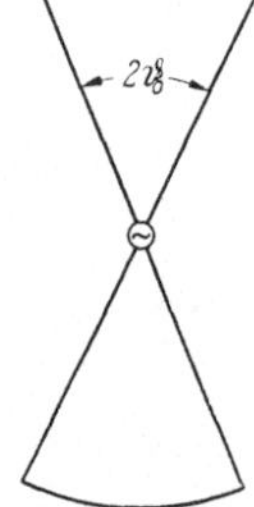

Abb. 14.6. Bikonische Antenne.

$$I(0) = 2\pi r(h) H_\varphi(0). \qquad (141.25)$$

Da man die Lösung derartiger Integralgleichungen nur in Ausnahmefällen beherrscht, überdies der Einfluß einer Abweichung von der genauen Stromverteilung auf Fernfeld und Strahlungswiderstand im allgemeinen gering ist, begnügt man sich gewöhnlich mit einer plausiblen Annahme für $I(z)$.

Eine Antennenform, die sich theoretisch vollständig behandeln läßt, ist die im Mittelpunkt gespeiste bikonische Antenne, Abb. 14.6 [*41, 111*]. Wir erwähnen nur, daß hierfür die Auffassung der Antenne als kegelförmige Doppelleitung nützlich ist, wie sie in Kap. 1231 für einen Hohlraumresonator ähnlicher Form herangezogen wird.

Soweit sahen wir die Punkte der Antennenoberfläche direkt als Strahlungsquellen an. Bei anderen Formen von Antennen, wie Schlitzantenne oder Spiegelantennen, ist es vorteilhafter, nicht von der primären Strahlungsquelle auszugehen, sondern die Öffnungsfläche mit einer Verteilung von magnetischem Strom belegt zu denken und das Strahlungsfeld durch Integration über die Beiträge der einzelnen Stromelemente (magnetische Dipole) zu erhalten. In Analogie zum Durchflutungsgesetz wird der magnetische Strom aus

$$\oint \boldsymbol{E}\,\mathrm{d}\boldsymbol{s} = -M \qquad (141.26)$$

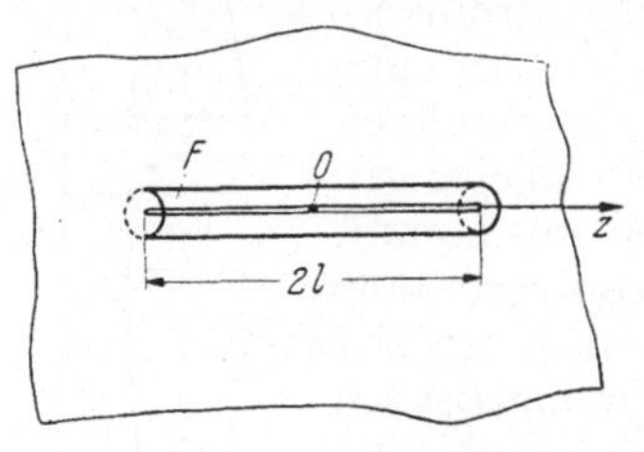

Abb. 14.7. Schlitzantenne.

definiert, entspricht also einer induzierten Spannung; seine Dichte $\boldsymbol{m}$ ist durch

$$\nabla \times \boldsymbol{E} = -\boldsymbol{m} \qquad (141.27)$$

gegeben. Für die Berechnung des Strahlungsfeldes aus der Magnetstromverteilung auf der Öffnungsfläche kann man wieder von der Kirchhoffschen Formel Gl. (141.2) ausgehen, z. B. wenn man bei der Schlitzantenne (Abb. 14.7) längs des dünnen Schlitzes eine Verteilung $M(z)$ annimmt. Das Ergebnis läßt sich jedoch durch Übertragung der für die Linearantenne gültigen Gleichungen sofort hinschreiben, wenn man nur $\boldsymbol{E}$ durch $\boldsymbol{H}$, $\boldsymbol{H}$ durch $-\boldsymbol{E}$, $I(z)$ durch $M(z)$ und ε durch μ ersetzt. Es ist zu beachten, daß für die Fläche F in Gl. (141.2) zu einem Halbzylinder von kleinem Radius zunächst die leitenden Teile der ganzen Ebene hinzuzunehmen sind; nach der Spiegelungsmethode kann man aber die Felder sich über die Ebene symmetrisch fortgesetzt denken und als F wie früher den vollen Zylindermantel wählen. Mit der Potentialdifferenz $U(z)$ zwischen den Rändern des Schlitzes hängt der Magnetstrom gemäß $M = 2U(z)$ zusammen. Daher ist das Strahlungsfeld gegeben durch

$$E_\varphi = \frac{1}{4\pi} \int_{-l}^{l} 2U(z) \sin\Theta \frac{\exp(-\mathrm{j}\,k\,R')}{R'} \left(\mathrm{j}\,k + \frac{1}{R'}\right) \mathrm{d}z,$$

$$H_R = -\frac{1}{\mathrm{j}\,\omega\,\mu} \frac{1}{R\sin\vartheta} \frac{\partial(\sin\vartheta\, E_\varphi)}{\partial\varphi}, \qquad H_\vartheta = -\frac{1}{\mathrm{j}\,\omega\,\mu} \frac{1}{R} \frac{\partial(R\,H_\varphi)}{\partial R}.$$

Statt der KIRCHHOFF-Formel kann man auch ein elektrisches Vektorpotential

$$\boldsymbol{A}^\times = -\frac{\varepsilon}{4\pi} \int_V \boldsymbol{m}(Q) \frac{\exp(-\mathrm{j}\,k\,R')}{R'} \mathrm{d}V_Q \tag{141.28}$$

als Ausgangspunkt nehmen. Im Fernfeld gilt dann, analog zu den Gl. (141.15)

$$E_\vartheta \approx Z_0 H_\varphi \approx -\frac{\mathrm{j}\,k}{\varepsilon} \frac{\exp(-\mathrm{j}\,k\,R)}{R} A^\times_{0\varphi}, \quad E_\varphi \approx -Z_0 H_\vartheta \approx -\frac{\mathrm{j}\,k}{\varepsilon} \frac{\exp(-\mathrm{j}\,k\,R)}{R} A^\times_{0\vartheta}$$

mit

$$\boldsymbol{A}_0^\times = -\frac{\varepsilon}{4\pi} \int_V \boldsymbol{m}(Q) \exp(\mathrm{j}\,k\,R'') \,\mathrm{d}V_Q$$

und

$$K = R^2 S_R = \frac{4\pi^2 Z_0}{\varepsilon^2 \lambda^2} \left[|A^\times_{0\varphi}|^2 + |A^\times_{0\vartheta}|^2\right].$$

Schließlich sei noch auf einen Zusammenhang mit der Theorie der FOURIER-Integrale hingewiesen. Im Fernfeld ist [vgl. Gl. (141.7)] für die Schlitzantenne

$$E_\varphi(R,\vartheta) \approx \frac{\mathrm{j}}{4\pi} \frac{\exp(-\mathrm{j}\,k\,R)}{R} k \sin\vartheta \int_{-l}^{l} 2U(z) \exp(\mathrm{j}\,k\,z\cos\vartheta)\,\mathrm{d}z.$$

Das Integral kann als FOURIER-Transformierte der Funktion

$$F(z) = \begin{cases} 2U(z), & |z| \leqq l \\ 0 & \text{sonst} \end{cases}$$

in den Bereich der Variabeln $k\cos\vartheta$ verstanden werden. Möchte man bei gegebener Frequenz eine bestimmte Richtcharakteristik erreichen, so kann man theoretisch durch Umkehrung des FOURIER-Integrals eine Funktion $2U(z)$ dazu bestimmen [*109*]; eine Schlitzantenne geeigneter Länge mit dieser Spannungsverteilung erzeugt eine Strahlungsfeld mit der gewünschten Charakteristik.

142 Elektrische und magnetische Dipole und Multipole.

Strahlungsfelder sind, wie bereits erläutert, Lösungen der MAXWELLschen Gleichungen in Raumgebieten, die sich ins Unendliche erstrecken. Wir geben in diesem Abschnitt ein System von Lösungen in räumlichen Polarkoordinaten an, nach denen sich das Strahlungsfeld unter recht allgemeinen Voraussetzungen entwickeln läßt; umgekehrt kann man eine gewünschte Charakteristik theoretisch durch Kombination dieser Elementarlösungen aufbauen, denen physikalisch bestimmte Gebilde als Strahler entsprechen, elektrische und magnetische Dipole und Multipole.

Beginnen wir mit dem einfachsten derartigen Strahler, dem elektrischen (oder HERTZschen) Dipol. Er besteht aus zwei entgegengesetzt gleichen Wechselladungen q in einem Abstand $l \ll \lambda$ voneinander. Wir können ihn auch als ein kleines Stromelement in Richtung der Verbindungslinie der beiden Ladungen auffassen. Das Produkt von Strom und Länge, $I l$, soll beim gedachten Grenzübergang $l \to 0$ seinen Wert behalten. Das Feld des Dipols, der sich im Nullpunkt befinde und in z-Richtung orientiert sei, folgt aus dem Vektorpotential

$$\boldsymbol{A} = A_z \mathbf{e}_z, \qquad A_z = \frac{\mu}{4\pi} I l \frac{\exp(-\mathrm{j}\, k R)}{R}$$

oder direkt aus den Gl. (141.5), (141.6) mit $l \to 0$:

$$\begin{aligned} H_\psi &= \frac{I l}{4\pi} \frac{\exp(-\mathrm{j}\, k R)}{R} \left[\mathrm{j}\, k + \frac{1}{R}\right] \sin\vartheta, \\ E_R &= \frac{Z_0 I l}{4\pi} \frac{\exp(-\mathrm{j} k R)}{R} \left[\frac{2}{R} + \frac{2}{\mathrm{j}\, k R^2}\right] \cos\vartheta, \\ E_\vartheta &= \frac{Z_0 I l}{4\pi} \frac{\exp(-\mathrm{j}\, k R)}{R} \left[\mathrm{j}\, k + \frac{1}{R} + \frac{1}{\mathrm{j}\, k R^2}\right] \sin\vartheta. \end{aligned} \tag{142.1}$$

Wenn man nun die Glieder $O(1/R)$ beibehält, liest man aus diesen Gleichungen die asymptotische Form des Feldes für große R ab; man kann sie auch direkt aus Gl. (141.7) erhalten. Das Feld des HERTZschen Dipols ist in seiner Phase nur von R abhängig; auf konzentrischen Kugeln ist daher die Schwingungsphase konstant. Im Nahfeld sind E_ϑ und E_R zu H_ψ phasenverschoben. Man findet weiter

$$K = \frac{Z_0}{2} \left(\left(\frac{k|I|l}{4\pi}\right)^2 \sin^2\vartheta\right), \quad P = \frac{Z_0}{4\pi} \left(\frac{k|I|l}{4}\right)^2 \int_0^\pi \sin^3\vartheta \,\mathrm{d}\vartheta = \frac{Z_0 \pi}{3} \left(\frac{|I|\, l}{\lambda}\right)^2,$$

$$\frac{R_s}{Z_0} = \frac{2\pi}{3} \left(\frac{l}{\lambda}\right)^2. \tag{142.2}$$

Das magnetische Analogon zum HERTZschen Dipol, der magnetische Dipol, kann gedacht werden als eine kleine langgestreckte Spule. Die scheinbaren magnetischen Wechselladungen werden von den Kraftflüssen an beiden Enden gebildet. Ersetzt man I durch den magnetischen Strom M; E_R, E_ϑ, $-H_\psi$ durch die Komponenten H_R, H_ϑ, E_ψ einer sphärischen H-Welle, so erhält man aus den obigen Gleichungen sofort das zugehörige Strahlungsfeld.

Wir können diese Felder auch nach der in Kap. 112 beschriebenen Methode der skalaren Wellenpotentiale gewinnen. Die sphärischen E- und H-Wellen erhält man danach [siehe Gl. (112.23) mit $x_1 = \vartheta$, $x_2 = \psi$, $x_3 = R$] aus den Lösungen der Differentialgleichung

$$\frac{\partial^2 u}{\partial^2 R} + \frac{1}{R^2} \left[\frac{1}{\sin\vartheta} \frac{\partial}{\partial\vartheta} \left(\sin\vartheta \frac{\partial u}{\partial\vartheta}\right) + \frac{1}{\sin^2\vartheta} \frac{\partial^2 u}{\partial\psi^2}\right] + k^2 u = 0. \tag{142.3}$$

Von der skalaren Wellengleichung Gl. (081.11) unterscheidet sich diese Gleichung im ersten Glied. Die ähnlich wie in Kap. 081 vorgenommene Produktseparation führt auf die Lösungen

$$u = a\,\mathrm{P}_n^m(\cos\vartheta)\,\sqrt{R}\,Z_{n+\frac{1}{2}}(k\,R)\cos m\,\psi \qquad (m \leqq n). \tag{142.4}$$

Zur Erfüllung der Ausstrahlungsbedingung ist als Zylinderfunktion $\mathrm{H}^{(2)}_{n+\frac{1}{2}}$ einzusetzen. Im Augenblicksbild auf einer Kugel $R = \text{const}$ ist m die Anzahl der Knoten (oder der Halbwellen) von u auf einem halben Breitenkreis, und für $m \neq 0$ ist $n - m + 1$ die Anzahl der Halbwellen auf einem Meridian.

Der Dipol ist in diesen Lösungen für $m = 0$, $n = 1$, $a = \frac{I\,l\,Z_0}{4\pi\,\mathrm{j}}$ enthalten. Nach Gl. (112.24) folgen die transversalen E-Komponenten der E-Wellen aus

$$\boldsymbol{E}_{\text{tr}} = \nabla_{\text{tr}}\left(\frac{\partial u}{\partial R}\right). \tag{142.5}$$

∇_{tr} bedeutet Gradientenbildung auf den Flächen $R = \text{const}$, d. h. konzentrischen Kugeln. Im Fernfeld ist außerdem E_R von höherer Ordnung klein und $\boldsymbol{H} = \boldsymbol{H}_{\text{tr}}$ auf $\boldsymbol{E}_{\text{tr}}$ senkrecht. Die skalare Funktion $\partial u/\partial R$ kann daher weitgehend zur Charakterisierung dieser Feldformen dienen. Ihr Radialanteil bzw. die Funktion

$$\frac{1}{\mathrm{j}^n}\,\frac{\mathrm{d}}{\mathrm{d}(k\,R)}\left\{\sqrt{\frac{\pi\,k\,R}{2}}\,\mathrm{H}^{(2)}_{n+\frac{1}{2}}(k\,R)\right\}$$

ist nach Betrag und Phase in Abb. 14.8 aufgetragen für verschiedene Werte von n (nach [80]). Je größer n, desto höher ist die Singularität dieser Funktionen bei $R = 0$; sie haben dort das Verhalten $\sim \frac{\text{const}}{R^{n+1}}$.

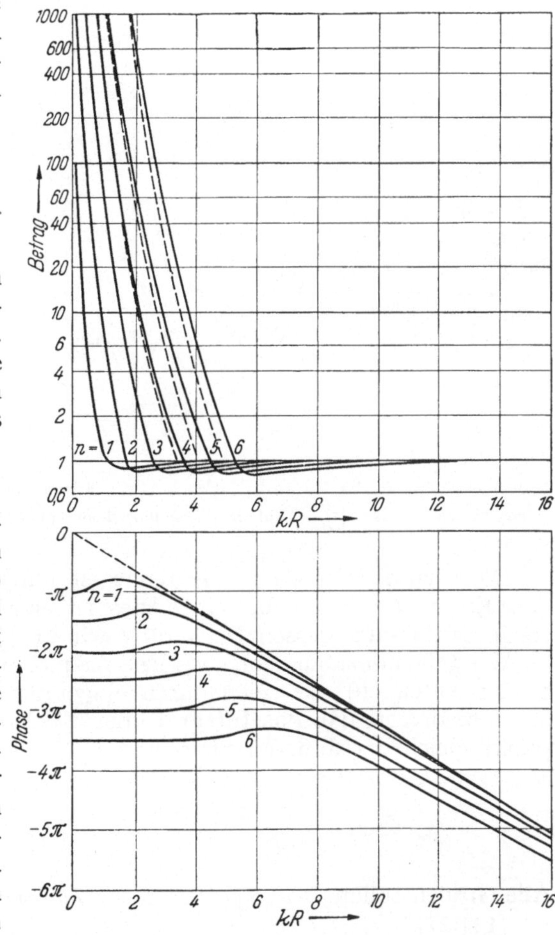

Abb. 14.8. Betrag und Phase des Radialanteils der Funktion $\frac{\partial u}{\partial R}$ für verschiedene Ordnungszahlen n (nach [80]).

Die durch Gl. (142.4) gegebenen E- (H-) Wellen werden von elektrischen (magnetischen) Multipolen ausgestrahlt. Das sind Kombinationen von Dipolen mit m-zähliger Symmetrie bezüglich ψ; und zwar sind $2m$ gleiche Ladungen abwechselnden Vorzeichens auf Breitenkreisen angeordnet, während übereinander jeweils $n - m + 1$ Ladungen stehen mit abwechselndem Vorzeichen und Beträgen, die sich wie die Binomialkoeffizienten der Ordnung $n - m$ verhalten (Abb. 14.9 zeigt das Beispiel $n = 5$, $m = 3$). Dies kann man aus der Überlagerung der Felder

der einzelnen Dipols mit Hilfe von Grenzübergängen einsehen, auf deren Durchführung wir verzichten.

Grundsätzlich läßt sich für eine gegebene Frequenz jede gewünschte Richtcharakteristik theoretisch herstellen, wenn man eine hinreichende Anzahl solcher Multipolfelder mit geeigneten relativen Amplituden zusammensetzt [80]. Aus den obigen Bemerkungen über die radiale Abhängigkeit geht hervor, daß die höheren Multipolfunktionen für kleine R sehr stark anwachsen. Man darf daher wegen der hohen Feldstärke sowie der Verluste praktisch keine zu kleinen Antennen der gewünschten Struktur verwenden.

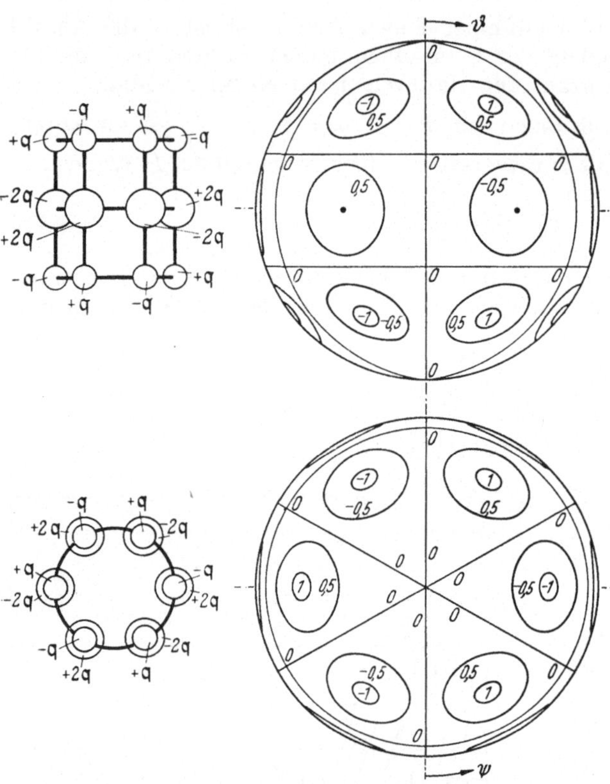

Abb. 14.9. Aufbau des Multipols mit $m = 3$, $n = 5$ und Linien konstanten Betrages $\left|\frac{\partial u}{\partial R}\right|$ auf einer Kugeloberfläche (nach [80]).

143 Reziprozitätssatz; Kenngrößen von Antennen.

In Kap. 141 wurden zur Kennzeichnung des Feldes einer Sendeantenne bereits Strahlungswiderstand und Charakteristik eingeführt. Für eine Empfangsantenne gibt die Richtcharakteristik die Abhängigkeit des Stromes an ihren Klemmen von der Richtung einfallender ebener Wellen wieder.

Die Charakteristik einer Antenne ist nun dieselbe, ob man sie als Sende- oder Empfangsantenne betreibt. Dies ist eine Folgerung aus dem sogenannten Reziprozitätssatz, dessen Herleitung wir uns jetzt zuwenden.

Wir gehen dazu aus von zwei Energiequellen 1 und 2 (etwa den Zuführungen zweier Antennen); sie seien durch eingeprägte Feldstärken $\boldsymbol{E}_1^{(e)}$, $\boldsymbol{E}_2^{(e)}$ gekennzeichnet derart, daß das Integral über $\boldsymbol{E}_i^{(e)}$ längs eines Weges um den Speisepunkt gleich der äußeren Spannung U_i ist:

$$\oint_{\Gamma_i} \boldsymbol{E}_i^{(e)}\,\mathrm{d}\boldsymbol{s} = U_i \quad (i = 1 \text{ oder } 2). \tag{143.1}$$

Alle Größen sollen $\sim \exp \mathrm{j}\,\omega\,t$ mit der Zeit variieren. Wir setzen ferner wie in Gl. (141.27)

$$\nabla \times \boldsymbol{E}_i^{(e)} = -\boldsymbol{m}_i\,, \tag{143.2}$$

d. h. gleich einer fiktiven Magnetstromdichte. Die Feldstärken $\boldsymbol{E}_i^{(e)}$ $(i = 1, 2)$

haben ein Feld $\boldsymbol{E}_i$, $\boldsymbol{H}_i$ zur Folge, das durch die MAXWELLschen Gleichungen

$$\nabla\times\boldsymbol{E}_1 = -\boldsymbol{m}_1 - \mathrm{j}\,\omega\,\mu\,\boldsymbol{H}_1, \qquad \nabla\times\boldsymbol{E}_2 = -\boldsymbol{m}_2 - \mathrm{j}\,\omega\,\mu\,\boldsymbol{H}_2,$$

$$\nabla\times\boldsymbol{H}_1 = \mathrm{j}\,\omega\,\varepsilon'\boldsymbol{E}_1, \qquad \nabla\times\boldsymbol{H}_2 = \mathrm{j}\,\omega\,\varepsilon'\boldsymbol{E}_2$$

gegeben ist. Multipliziert man die erste dieser Gleichungen mit $\boldsymbol{H}_2$, die letzte mit $\boldsymbol{E}_1$ und subtrahiert, so erhält man

$$\boldsymbol{E}_1(\nabla\times\boldsymbol{H}_2) - \boldsymbol{H}_2(\nabla\times\boldsymbol{E}_1) = \boldsymbol{m}_1\boldsymbol{H}_2 + \mathrm{j}\,\omega\,\mu\,\boldsymbol{H}_1\boldsymbol{H}_2 + \mathrm{j}\,\omega\,\varepsilon'\boldsymbol{E}_1\boldsymbol{E}_2,$$

und wenn man entsprechend den beiden anderen Gleichungen verfährt,

$$\boldsymbol{E}_2(\nabla\times\boldsymbol{H}_1) - \boldsymbol{H}_1(\nabla\times\boldsymbol{E}_2) = \boldsymbol{m}_2\boldsymbol{H}_1 + \mathrm{j}\,\omega\,\mu\,\boldsymbol{H}_1\boldsymbol{H}_2 + \mathrm{j}\,\omega\,\varepsilon'\boldsymbol{E}_1\boldsymbol{E}_2.$$

Die Differenz der rechten Seiten gibt nach Integration über ein Volumen V

$$\int_V (\boldsymbol{m}_2\boldsymbol{H}_1 - \boldsymbol{m}_1\boldsymbol{H}_2)\,\mathrm{d}V,$$

die der linken Seiten

$$\int_V \{\nabla(\boldsymbol{E}_2\times\boldsymbol{H}_1) - \nabla(\boldsymbol{E}_1\times\boldsymbol{H}_2)\}\,\mathrm{d}V = \int_F \{\boldsymbol{E}_2\times\boldsymbol{H}_1 - \boldsymbol{E}_1\times\boldsymbol{H}_2\}\,\boldsymbol{n}\,\mathrm{d}F;$$

das Flächenintegral ist zu erstrecken über die Berandung F von V. Im Fernfeld ist aber

$$\boldsymbol{E}_1\times\boldsymbol{H}_2 = \boldsymbol{E}_2\times\boldsymbol{H}_1 = Z_0\,\boldsymbol{H}_1\boldsymbol{H}_2.$$

Wenn also für F eine Kugel von beliebigem großem Radius gewählt wird, verschwindet das Integral über F, und die Beziehung

$$\int_V \boldsymbol{m}_2\boldsymbol{H}_1\,\mathrm{d}V = \int_V \boldsymbol{m}_1\boldsymbol{H}_2\,\mathrm{d}V \tag{143.3}$$

bleibt übrig. Die Integration braucht jeweils nur über eine kleine Umgebung des Speisepunktes vorgenommen zu werden, da nur dort $\boldsymbol{m}_2$ bzw. $\boldsymbol{m}_1$ nicht verschwindet, und zwar wählen wir für V einen kleinen Zylinder mit der Basiskurve $\boldsymbol{\Gamma}_i$. Dann wird nach Gl. (143.2)

$$\int_V \boldsymbol{m}_1\boldsymbol{H}_2\,\mathrm{d}V = -\int_V (\nabla\times\boldsymbol{E}_1^{(e)})\boldsymbol{H}_2\,\mathrm{d}V = -\int_V \boldsymbol{E}_1^{(e)}(\nabla\times\boldsymbol{H}_2)\,\mathrm{d}V - \int_V \nabla(\boldsymbol{E}_1^{(e)}\times\boldsymbol{H}_2)\,\mathrm{d}V.$$

Nach Umformung des zweiten Integrals durch den GAUSSschen Satz verschwindet der Anteil über die Zylinderdeckflächen, denn $\boldsymbol{E}_1^{(e)}$ ist parallel zur Normalen; der Beitrag der Mantelfläche ist beliebig klein. Das erste Integral ergibt das Produkt von U_1 mit dem gesamten Strom $I_1(2)$, der durch die Energiequelle 2 in der Zuführung von 1 hervorgerufen wird: Somit

$$\int_V \boldsymbol{m}_1\boldsymbol{H}_2\,\mathrm{d}V = -U_1 I_1(2) \quad \text{und} \quad \int_V \boldsymbol{m}_2\boldsymbol{H}_1 = -U_2 I_2(1).$$

Aus Gl. (143.3) erhält man daher den *Reziprozitätssatz*

$$U_1 I_1(2) = U_2 I_2(1), \tag{143.4}$$

der folgendes besagt: Wenn man einmal die Antenne A_1, zum anderen die Antenne A_2 mit der gleichen Spannung U betreibt, so sind die Ströme, die im ersten Fall an den Klemmen von A_2, im zweiten Fall an denen von A_1 erzeugt werden, einander gleich.

Nun benutze man etwa A_1 als Sendeantenne und variiere die Lage der Empfangsantenne A_2 auf einer Kugeloberfläche um A_1. Der Empfangsstrom $I_2(1)$ unter den verschiedenen Winkeln ist ein Maß für die Charakteristik. Nach dem letzten Ergebnis findet man aber die gleiche Winkelabhängigkeit von $I_1(2)$, wenn bei gleicher Spannung jetzt A_2 als Sendeantenne dient. Das erste Mal erhält man so die Charakteristik von A_1 als Sendeantenne, das zweite Mal als Empfangsantenne. Beide stimmen, wie behauptet, überein.

Faßt man den Raum zwischen Sende- und Empfangsantenne als Übertrager auf (Abb. 14.10), so kann man, ausgehend von den Vierpolgleichungen

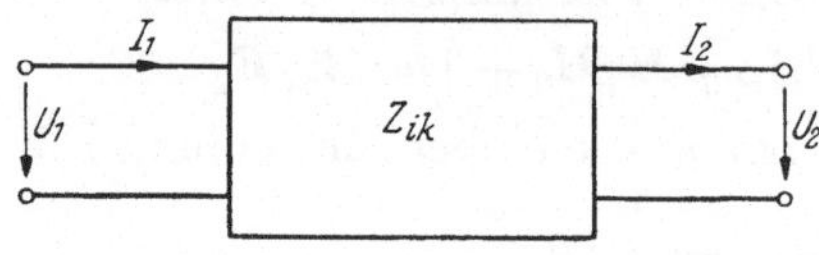

Abb. 14.10. Vierpolschema der Übertragung von Sende- zu Empfangsantenne.

$$\begin{Vmatrix} U_1 \\ U_2 \end{Vmatrix} = \begin{Vmatrix} Z_{11} & Z_{12} \\ Z_{21} & Z_{22} \end{Vmatrix} \begin{Vmatrix} I_1 \\ I_2 \end{Vmatrix}, \tag{143.5}$$

den Reziprozitätssatz auch in der Form ausdrücken: Es ist

$$Z_{12} = -Z_{21} \tag{143.6}$$

bei Vertauschung von Sende- und Empfangsantenne. Dient A_1 als Sendeantenne, so kann unter Vernachlässigung der Rückwirkung von A_2 auf A_1

$$U_1 \approx Z_{11} I_1$$

gesetzt werden. Der Quotient aus Spannungen und Strom zwischen den Klemmen der Antenne A_1, ihr „*Eingangswiderstand*" Z_{A_1}, ist daher $Z_{A_1} \approx Z_{11}$. Der in Gl. (141.22) definierte Strahlungswiderstand ist, wenn er auf den Klemmenstrom I bezogen wird, bei verlustloser Antenne gleich dem Realteil des Eingangswiderstandes Z_A; denn dann ist

$$\operatorname{Re} U I^* = |I|^2 \operatorname{Re} Z_A = 2P = |I|^2 R_s.$$

Wenn der Imaginärteil von Z_A verschwindet, so sagt man, die Antenne ist auf Resonanz. Für eine Linearantenne z. B. ist die Resonanzlänge etwas kleiner als die halbe Wellenlänge. Trägt man Z_A in Abhängigkeit von l/λ als Ortskurve auf, so sind die Resonanzstellen die Schnittpunkte mit der R-Achse.

Zur Berechnung des Antennenwiderstandes Z_A kennt man mehrere Methoden. Definiert man Z_A für die verlustlose rotationssymmetrische Antenne mit Spalt (Abb. 14.5) als den Quotienten $U/I(0)$ mit $I(0)$ aus Gl. (141.25), so ist er nach Gl. (141.24) abhängig von der relativen Stromverteilung $I(z)/I(0)$:

$$\mathrm{j}\frac{Z_A}{Z_0}(2\pi k)^2 N(z) = \int_{-l_1}^{l_2} K(\zeta, z)\frac{I(\zeta)}{I(0)}\,\mathrm{d}\zeta. \tag{143.7}$$

Die Variationsmethode von Kap. 103 ist zur Bestimmung von Z_A nicht anwendbar, da der Kern nicht symmetrisch ist.[1] Bei Multiplikation mit einer „Gewichtsfunktion" $F(z)$ und Integration über z von $-l_1$ bis l_2 folgt

$$\mathrm{j}\frac{Z_A}{Z_0} = \frac{1}{(2\pi k)^2}\,\frac{\iint F(z)\,K(\zeta, z)\frac{I(\zeta)}{I(0)}\,\mathrm{d}\zeta\,\mathrm{d}z}{\int N(z)\,F(z)\,\mathrm{d}z}. \tag{143.8}$$

Mit

$$F(z) = \begin{cases} \dfrac{\sin k(l_1 - |z|)}{\sin k\, l_1} & (-l_1 \leqq z \leqq 0), \\[2ex] \dfrac{\sin k(l_2 - z)}{\sin k\, l_2} & (0 \leqq z \leqq l_2) \end{cases} \tag{143.8a}$$

[1]) Für die kreiszylindrische Antenne [r (ζ) = const in Gl. (141,24)] wird der Kern symmetrisch. Dann gibt es eine stationäre Darstellung des Eingangswiderstandes (siehe [5a]).

erhalten ALBERT und SYNGE [57] Näherungswerte von Z_A/Z_0 für dünne Antennen $\left(kr(z) \ll 1\right)$, deren Oberfläche nur am Spalt kreiszylindrisch zu sein braucht; sonst kann die Meridiankurve beliebig sein. Längs der Antenne finden sie die sinusförmige Stromverteilung $I(z) \sim \sin k(l_1 - |z|)$ für $-l_1 \leqq z \leqq -h$ nnd $I(z) \sim \sin(l_2 - z)$ für $h \leqq z \leqq l_2$ näherungsweise bestätigt, mit einem Fehler von der Ordnung $O\left([-\ln(k\,r(h))]^{-1}\right)$.

Bei einer anderen, einfacheren Methode [94] zur Bestimmung des Antennenwiderstandes geht man aus von dem POYNTINGschen Satz, Gl. (113.5), den man in der Form schreibt:

$$-\frac{1}{2}\int \boldsymbol{E}(Q)\,\boldsymbol{i}^*(Q)\,\mathrm{d}V_Q = \frac{1}{2}\frac{\partial}{\partial t}\int (\varepsilon|\boldsymbol{E}|^2 + \mu|\boldsymbol{H}|^2)\,\mathrm{d}V + \frac{1}{2}\int_F (\boldsymbol{E}\times\boldsymbol{H}^*)\,\boldsymbol{n}\,\mathrm{d}F. \tag{143.9}$$

Das Integral links ist über die Antennenpunkte, das erste rechts über den Außenraum zu erstrecken, während das Oberflächenintegral sich auf eine sehr große Kugel bezieht und die ausgestrahlte Leistung darstellt. Die rechte Seite ist also gleich dem gesamten Energieverlust des Antennensystems pro Zeiteinheit, der durch die links stehende Leistung wettgemacht wird; d. i. die von den äußeren Kräften aufgebrachte Scheinleistung, die auf der Antenne eine eingeprägte Feldstärke $-\boldsymbol{E}(Q)$ zur Folge haben. Unter Bezug auf Spannung und Strom am Speisepunkt ist

$$-\int \boldsymbol{E}(Q)\,\boldsymbol{i}^*(Q)\,\mathrm{d}V_Q = U\,I^* = Z_A|I|^2 \tag{143.10}$$

und mit $Z_A = R_A + \mathrm{j}X_A = R_s + \mathrm{j}X_A$

$$-\mathrm{Re}\int \boldsymbol{E}(Q)\,\boldsymbol{i}^*(Q)\,\mathrm{d}V_Q = R_s|I|^2, \quad -\mathrm{Im}\int \boldsymbol{E}(Q)\,\boldsymbol{i}^*(Q)\,\mathrm{d}V_Q = X_A|I|^2.$$

Die ausgestrahlte Wirkleistung $R_s|I|^2$ ist gleich dem über die Antenne integrierten Anteil des eingeprägten Feldes in Richtung $\boldsymbol{i}$ und in Phase mit $\boldsymbol{i}$. Die Bedingung: eingeprägtes und induziertes Feld $= 0$, soll dem Verschwinden des gesamten tangentialen E-Feldes Rechnung tragen. Leitet man das Strahlungsfeld aus dem Vektorpotential Gl. (141.11) ab und daraus wieder das induzierte E-Feld auf der Antenne, so ist dieses selbst durch die angenommene Stromverteilung bestimmt. Praktisch erhält man in vielen Fällen nach dieser Methode brauchbare Werte von R_A, was darauf hindeutet, daß dank dem Integrationsprozeß der Wert von R_A bezüglich der Stromverteilung nicht sehr empfindlich ist. Beim Blindanteil X_A ist das nicht der Fall.

Für eine dünne kreiszylindrische Antenne vom Radius r_0 mit Einspeisung im Mittelpunkt und sinusförmiger Stromverteilung

$$I_z = I_0\frac{\sin k(l-|z|)}{\sin k\,l}$$

ist

$$A_z = \frac{\mu I_0}{4\pi\sin k\,l}\int_{-l}^{+l} \sin k\left(l - |\zeta|\right)\frac{\exp(-\mathrm{j}\,k\,R')}{R'}\,\mathrm{d}\zeta$$

mit $R'^2 = (z-\zeta)^2 + r^2$, wenn r, φ, z die Kreiszylinderkoordinaten des Aufpunktes sind. Daraus findet man E_z nach Gl. (112.12)

$$E_z = -\mathrm{j}\,\omega\left\{A_z + \frac{1}{k^2}\frac{\partial^2 A_z}{\partial z^2}\right\}.$$

Hier kann für $\exp(-\mathrm{j}kR')/R'$ die Darstellung Gl. (091.61) eingeführt werden (für $r > 0$):

$$\frac{\exp(-\mathrm{j}\,k\,R')}{R'} = \frac{\mathrm{j}}{2}\int_{-\infty}^{+\infty} \mathrm{H}_0^{(1)}\left(\sqrt{k^2-\beta^2}\,r\right)\exp(-\mathrm{j}\,\beta\,|z-\zeta|)\,\mathrm{d}\beta.$$

Das gibt mit

$$f(\beta) = \int_{-l}^{+l} \sin k(l-\zeta)\exp(-\mathrm{j}\,\beta\,\zeta)\,\mathrm{d}\zeta = \frac{2k}{k^2-\beta^2}(\cos\beta\,l - \cos k\,l),$$

$$A_z = \frac{\mu\,I_0}{4\pi\sin k\,l}\,\frac{\mathrm{j}}{2}\int_{-\infty}^{+\infty} \mathrm{H}_0^{(1)}\left(\sqrt{k^2-\beta^2}\,r\right) f(\beta)\exp(-\mathrm{j}\,\beta\,z)\,\mathrm{d}\beta,$$

$$E_z = \frac{Z_0\,I_0}{8k\pi\sin k\,l}\int_{-\infty}^{+\infty}(k^2-\beta^2)\,f(\beta)\,\mathrm{H}_0^{(1)}\left(\sqrt{k^2-\beta^2}\,r\right)\exp(-\mathrm{j}\,\beta\,z)\,\mathrm{d}\beta \qquad (143.11)$$

$$= \frac{Z_0\,I_0}{4\pi\sin k\,l}\int_{-\infty}^{+\infty}(\cos\beta\,l-\cos k\,l)\,\mathrm{H}_0^{(1)}\left(\sqrt{k^2-\beta^2}\,r\right)\exp(-\mathrm{j}\,\beta\,z)\,\mathrm{d}\beta$$

$$= \frac{Z_0\,I_0}{8\pi\sin k\,l}\,\frac{2}{\mathrm{j}}\left[\frac{\exp(-\mathrm{j}\,k\,R_+)}{R_+} + \frac{\exp(-\mathrm{j}\,k\,R_-)}{R_-} - 2\cos k\,l\,\frac{\exp(-\mathrm{j}\,k\,R)}{R}\right]$$

mit $R = \sqrt{z^2+r^2}$, $R_+ = \sqrt{(z+l)^2+r^2}$, $R_- = \sqrt{(z-l)^2+r^2}$. Setzt man für r den Antennenradius r_0 ein, so gibt dann Gl. (143.10) für Z_A den Ausdruck

$$Z_A = \frac{Z_0}{8\pi\sin^2 k\,l}\cdot \int_{-l}^{+l}\left[\frac{\exp(-\mathrm{j}\,k\,R_+)}{R_+} + \frac{\exp(-\mathrm{j}\,k\,R_-)}{R_-} - 2\cos k\,l\,\frac{\exp(-\mathrm{j}\,k\,R)}{R}\right] 2\mathrm{j}\sin k(l-|z|)\,\mathrm{d}z. \qquad (143.12)$$

Die Integrale lassen sich mit Hilfe von Substitutionen der Form

$$-k[R_+ + (z+l)] = t, \qquad \frac{\mathrm{d}t}{t} = -\frac{\mathrm{d}z}{R_+}$$

usf. auf Exponentialintegrale $\int \frac{\exp\mathrm{j}\,t}{t}\,\mathrm{d}t$ umformen; wegen

$$\int_{-\infty}^{x}\frac{\exp\mathrm{j}\,t}{t}\,\mathrm{d}t = \mathrm{Ci}\,x + \mathrm{j}\left(\mathrm{Si}\,x + \frac{\pi}{2}\right) \qquad (143.13)$$

findet man den in Gl. (141.23) erhaltenen Strahlungswiderstand $\mathrm{Re}\,Z_A = R_s$ wieder, außerdem

$$X_A = \frac{Z_0}{2\pi}\left\{\mathrm{Si}\,2k\,l + \cos 2k\,l\left[\mathrm{Si}\,2k\,l - \frac{1}{2}\,\mathrm{Si}\,4k\,l\right] + \frac{\sin 2k\,l}{2}\left[C + \ln\frac{k^2 r_0^2}{2} + \mathrm{Ci}\,4k\,l - 2\,\mathrm{Ci}\,2k\,l\right]\right\}. \qquad (143.14)$$

Die Berechnung von Z_A nach Gl. (143.8) führt für diesen Spezialfall zum gleichen Ergebnis.

Für Richtantennen möchte man möglichst scharfe Bündelung der ausgestrahlten Energie erreichen. Zu deren Kennzeichnung dient der „*Gewinn*" g der Antenne, der definiert ist als das Verhältnis der Leistungscharakteristik in ihrem Maximum zu der eines „isotropen" Strahlers, der keine Richtung bevorzugt, bei gleicher gesamter Strahlungsleistung. Das heißt

$$g = \frac{4\pi K_{\max}}{P} = \frac{4\pi K_{\max}}{R_s \frac{|I|^2}{2}}. \tag{143.15}$$

Für das Beispiel des Halbwellendipols findet man nach Gl. (141.21), (141.22), (141.23)

$$g = 2\frac{4\pi Z_0}{8\pi^2 R_s} = \frac{1}{\pi}\frac{377}{73,1} = 1{,}64;$$

für den HERTZschen Dipol dagegen

$$g = \frac{4\pi Z_0 l^2}{8\lambda^2}\,\frac{3\lambda^2}{\pi Z_0 l^2} = \frac{3}{2}. \tag{143.16}$$

Eine weitere Kenngröße, mehr auf Empfangsantennen zugeschnitten, ist die *Absorptionsfläche*, d. i. die Größe derjenigen Fläche, durch die bei einer ebenen Welle die Leistung tritt, die von der Antenne maximal aufgenommen werden kann. Für einen HERTZschen Dipol beträgt diese Fläche, wie noch begründet wird,

$$A = \frac{3}{8\pi}\lambda^2. \tag{143.17}$$

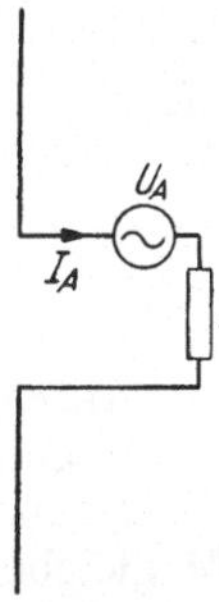

Auf Grund des Reziprozitätssatzes, aus dem wir die Gleichheit der Charakteristik für Sende- und Empfangsantenne folgerten, verhalten sich die Absorptionsflächen zweier Antennen zueinander wie die Gewinne:

$$\frac{A_2}{A_1} = \frac{g_2}{g_1}. \tag{143.18}$$

Daher ist für eine beliebige Richtantenne, wenn man sich auf den HERTZschen Dipol bezieht, nach Gl. (143.16), (143.17)

$$A = g\frac{3}{8\pi}\lambda^2\frac{2}{3} = \frac{\lambda^2}{4\pi}g. \tag{143.19}$$

Abb. 14.11. Schema einer Empfangsantenne mit Verbraucher Z_L.

Es fehlt noch der Nachweis der Gl. (143.17) für den HERTZschen Dipol. An den Klemmen einer Empfangsantenne wird nach dem Vierpol-Ersatzschema eine Spannung U_A von der Größe $Z_{21}\cdot$ (Strom der Sendeantenne) erzeugt; wenn also (siehe Abb. 14.11) die Empfangsantenne mit einem Verbraucher $Z_L = R_L + \mathrm{j}X_L$ belastet ist, so gilt

$$I_A = \frac{U_A}{Z_A + Z_L}.$$

Die im Verbraucher erzeugte Wirkleistung

$$P_L = \frac{1}{2}|I_A|^2 R_L = \frac{1}{2}\,\frac{|U_A|^2 R_L}{(R_A+R_L)^2 + (X_A+X_L)^2}$$

ist maximal für $X_L = -X_A$, $R_L = R_A$, d. h. $Z_L = Z_A^*$ (optimale Anpassung):

$$P_{L,\max} = \frac{1}{8}\,\frac{|U_A|^2}{R_A}.$$

Die eingestrahlte Leistung hat die Flächendichte

$$|\boldsymbol{S}| = \frac{|\boldsymbol{E}_A|^2}{2Z_0},$$

wobei im HERTZschen Dipol $|U_A| = |\boldsymbol{E}_A|\, l \sin\vartheta$ zu setzen ist, wenn die Welle unter dem Winkel ϑ gegen die Dipolachse einfällt. $|U_A|$ wird maximal für $\vartheta = \frac{\pi}{2}$. Daher erhält man mit Gl. (142.2)

$$A = \frac{P_{L,\max}}{|\boldsymbol{S}|} = \frac{1}{8}\,\frac{l^2\, 3\lambda^2\, 2Z_0}{2Z_0\,\pi\, l^2} = \frac{3}{8\pi}\lambda^2,$$

wie behauptet.

144 Das Fernfeld paralleler Gruppen von Linearantennen.

Wir nehmen in diesem Abschnitt eine Gruppe von M parallelen linearen Antennen an, die sich wechselseitig nicht beeinflussen sollen. Das E-Fernfeld der einzelnen Strahler ist dann ebenfalls parallel — besitzt die Richtung des Azimuts, wenn die Stromrichtung mit der Achse eines räumlichen Polarkoordinatensystems zusammenfällt — und kann daher algebraisch addiert werden: Es ist nach Gl. (141.15), (141.18)

$$E = \sum_1^M E_n = -\mathrm{j}\,\omega\,\frac{\exp(-\mathrm{j}\,k\,R)}{R}\sin(\boldsymbol{R}, \boldsymbol{i}) \sum A_{0,n} \tag{144.1}$$

mit

$$A_{0,n} = \frac{\mu}{4\pi}\int\limits_{\zeta=-l_n}^{+l_n} I_n(\zeta)\exp \mathrm{j}\, k\, R_n''\, \mathrm{d}\zeta. \tag{144.2}$$

Das Integral ist längs des n-ten Strahlers zu erstrecken, auf dem der Strom I_n angenommen wird.

Besonders einfach läßt sich die Charakteristik ausdrücken, wenn es sich um M gleiche parallele Strahler mit gleicher Stromverteilung handelt, die Ströme sich also in entsprechenden Punkten nur hinsichtlich der komplexen Amplitude unterscheiden. Bezieht man sich etwa auf den Strahler mit $n = 1$, so ist für $n = 2, 3, \ldots, M$

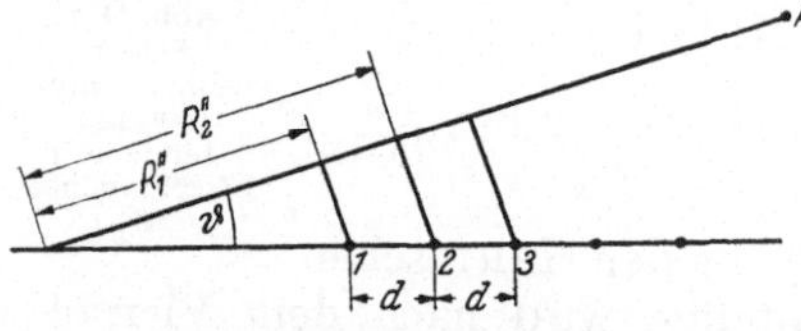

Abb. 14.12. Gruppe von Linearantennen, deren Mittelpunkte auf einer Geraden liegen.

$$I_n(\zeta) = a_n I_1(\zeta), \qquad (0 \leqq \zeta \leqq l_n), \tag{144.3}$$

mit komplexen Konstanten a_n. In Gl. (144.2) ist R_n'' der Nullpunktsabstand des Fußpunktes des Lotes vom Stromelement auf den Radiusvektor $\boldsymbol{R}$ (vgl. Abb. 14.3). Die Differenz $R_n'' - R_1''$ ist für je zwei entsprechende Punkte der Strahler 1 und n dieselbe und braucht nur z. B. für den Mittelpunkt berechnet zu werden. Daher ist

$$E_n = a_n \exp(\mathrm{j}\, k(R_n'' - R_1''))\, E_1 \tag{144.4}$$

und (mit $a_1 = 1$)

$$E = E_1 \sum_1^M a_n \exp(\mathrm{j}\, k(R_n'' - R_1'')) = E_1 G; \tag{144.5}$$

ebenso

$$K = K_1 \left|\sum_1^M a_n \exp[\mathrm{j}\, k(R_n'' - R_1'')]\right|^2 = K_1 |G|^2, \tag{144.6}$$

wenn K_1 die Leistungscharakteristik eines der Strahler ist. Beide Male erscheint also die Charakteristik als das Produkt der Einzelcharakteristik (E_1 bzw. K_1) mit einer „Gruppencharakteristik" (G bzw. $|G|^2$), die von den relativen (komplexen) Stromamplituden und der geometrischen Anordnung abhängt.

Dieses einfache Ergebnis erlaubt die Berechnung des Fernfeldes einer Reihe von Antennenanordnungen [*55, 38*]. Wir wenden uns gleich dem folgenden speziellen Problem zu: Die Mittelpunkte der M Strahler liegen auf einer Geraden[1] $\vartheta = 0$ in gleichem Abstand d (Abb. 14.12), so daß

$$R_n'' - R_1'' = (n-1)\, d \cos\vartheta$$

und die Gruppencharakteristik

$$G = \sum_1^M a_n \exp[\mathrm{j}\, k (n-1)\, d \cos\vartheta] = \sum_1^M a_n \Xi^{n-1} \tag{144.7}$$

($\Xi = \exp(\mathrm{j}\, k \cos\vartheta)$) ist. Durch die Wahl der Stromamplituden a_n werden die Eigenschaften der Antennengruppe beeinflußt. Der übersichtlichste Fall liegt vor, wenn alle Ströme dem Betrage nach gleich sind und sich nur um eine feste Phasendifferenz zwischen je zwei benachbarten unterscheiden:

$$I_n = I_1 \exp[-\mathrm{j}(n-1)\,\delta], \qquad a_n = \exp[-\mathrm{j}(n-1)\,\delta].$$

Dann ist

$$G = \sum_1^M \exp[\mathrm{j}(n-1)(k\, d\cos\vartheta - \delta)] = \frac{1 - \exp[\mathrm{j}\, M (k\, d \cos\vartheta - \delta)]}{1 - \exp[\mathrm{j}(k\, d\cos\vartheta - \delta)]}$$

$$= \exp\left[-\mathrm{j}\,\frac{M-1}{2}(k\, d\cos\vartheta - \delta)\right] \frac{\sin\left[\frac{M}{2}(k\, d\cos\vartheta - \delta)\right]}{\sin\left[\frac{1}{2}(k\, d\cos\vartheta - \delta)\right]}$$

und

$$|G|^2 = \frac{\sin^2\left[\frac{M}{2}(k\, d\cos\vartheta - \delta)\right]}{\sin^2\left[\frac{1}{2}(k\, d\cos\vartheta - \delta)\right]}. \tag{144.8}$$

$|G|^2$ hat das Maximum M^2 für $k\, d\cos\vartheta - \delta = 0$ (oder = einem Vielfachen von 2π) und außerdem je ein Nebenmaximum in den „Nebenzipfeln" zwischen den Nullstellen des Zählers. Für $\delta = 0$ (alle Ströme in Phase) liegt das Hauptmaximum bei $\vartheta_{\max} = \frac{\pi}{2}$; die Beiträge aller Strahler addieren sich phasenrichtig senkrecht zur Richtung der Antennenanordnung („broadside array").

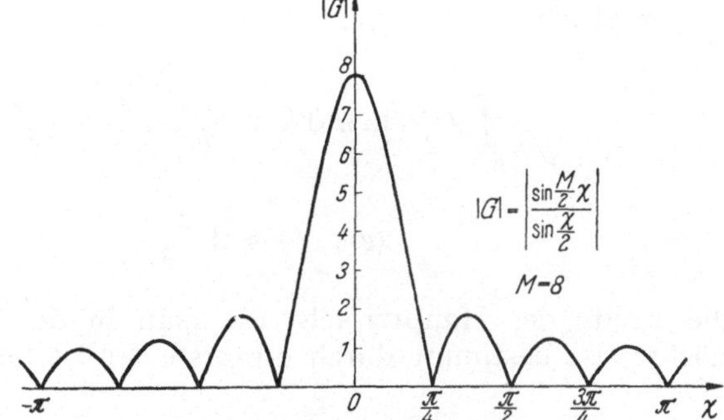

Abb. 14.13. Gruppencharakteristik für eine Anordnung von $M = 8$ Linearantennen nach Abb. 14.12 mit gleichen Stromamplituden $|I_n|$.

Ist andererseits $\delta = k\, d$, so daß die Phasendifferenz zwischen den Strömen gerade die Phasenverzögerung einer in Richtung der Anordnung laufenden Welle ausgleicht, so fällt auch das Hauptmaximum in diese Richtung: $k\, d(\cos\vartheta - 1) = 0$ für $\vartheta_{\max} = 0$.

[1] Nicht notwendig parallel zur Stromrichtung.

Abb. 14.13 zeigt $|G|$ nach Gl. (144.8) aufgetragen über $\chi = k\,d\cos\vartheta - \delta$ für $M = 8$. Für große M kann in der Umgebung von $\chi = 0$ der Nenner $\sin^2(\chi/2)$ in $|G|^2$ durch $(\chi/2)^2$ ersetzt werden:

$$|G|^2 \approx M^2 \frac{\sin^2(M\chi/2)}{(M\chi/2)^2}. \tag{144.9}$$

Der Gewinn der Strahlergruppe ist definiert als

$$g = \frac{4\pi\,|G_{\max}|^2}{2\pi \int\limits_0^\pi |G|^2 \sin\vartheta\,\mathrm{d}\vartheta}. \tag{144.10}$$

Nun ist $|G_{\max}| = M$ und mit der Approximation Gl. (144.9) — die verwendet werden kann, da die Umgebung von $\chi = 0$ den größten Beitrag zum Integral im Nenner erbringt —

$$\int\limits_0^\pi |G|^2 \sin\vartheta\,\mathrm{d}\vartheta \approx M^2 \int\limits_0^\pi \frac{\sin^2(M\chi/2)}{(M\chi/2)^2} \sin\vartheta\,\mathrm{d}\vartheta = \frac{M^2}{k\,d} \int\limits_{-k\,d-\delta}^{k\,d-\delta} \frac{\sin^2(M\chi/2)}{(M\chi/2)^2}\,\mathrm{d}\chi.$$

Für $\delta = 0$ ist

$$\int\limits_0^\pi |G|^2 \sin\vartheta\,\mathrm{d}\vartheta \approx \frac{4M}{k\,d} \int\limits_0^{M k d/2} \frac{\sin^2(M\chi/2)}{(M\chi/2)^2}\, d(M\chi/2) \approx \frac{4M}{k\,d} \int\limits_0^\infty \frac{\sin^2\xi}{\xi^2}\,\mathrm{d}\xi = \frac{4M}{k\,d}\,\frac{\pi}{2}.$$

Die letzte Approximation gilt für $M d \gg \lambda$, d. h. bei einer Gesamtlänge der Anordnung, die groß gegen die Wellenlänge ist. Dann wird

$$(g)_{\delta=0} \approx \frac{2M^2 k\,d}{2M\pi} = 2\frac{M d}{\lambda}.$$

In der gleichen Näherung erhält man für $\delta = k\,d$

$$\int\limits_0^\pi |G|^2 \sin\vartheta\,\mathrm{d}\vartheta \approx \frac{2M}{k\,d} \int\limits_0^{2Mkd} \frac{\sin^2\xi}{\xi^2}\,\mathrm{d}\xi \approx \frac{2M}{k\,d}\,\frac{\pi}{2},$$

$$(g)_{\delta=k\,d} \approx 4\frac{M d}{\lambda}.$$

Die Breite des Hauptzipfels, die man in der Praxis möglichst klein haben möchte, ist bestimmt durch die erste Nullstelle von $|G|$; diese liegt bei

$$\chi = \pm\frac{2\pi}{M}, \quad \text{d. h.} \quad |\cos\vartheta - \cos\vartheta_{\max}| = \frac{2\pi}{M k\,d} = \frac{\lambda}{M d}.$$

Die Differenz $\Delta\vartheta = 2(\vartheta - \vartheta_{\max})$ gibt die Breite des Hauptzipfels. Für $\vartheta_{\max} = \frac{\pi}{2}$ und große M folgt

$$\Delta\vartheta \approx \frac{2\lambda}{M d},$$

während für $\vartheta_{\max} = 0\,(\delta = k\,d)$ wegen $|\cos\vartheta - \cos\vartheta_{\max}| = 2\sin^2(\Delta\vartheta/2)$

$$\Delta\vartheta \approx 4\sqrt{\frac{\lambda}{2M d}}.$$

Der erste Nebenzipfel liegt bei diesen Anordnungen mit übereinstimmenden $|I_n|$ um etwa 12 db unter dem Hauptmaximum. In manchen Anwendungen ist es erwünscht, die Größe dieser Nebenzipfel herunterzudrücken. Dies ist möglich, wenn man die $|I_n|$ nicht mehr gleichmäßig verteilt, was allerdings mit einer Einbuße an Antennengewinn verbunden ist. SCHELKUNOFF [113] konnte durch das Studium der Polynome Gl. (144.7) in der komplexen Ξ-Ebene eine Reihe allgemeinerer Fälle diskutieren.

Eine Untersuchung von DOLPH [73] behandelt symmetrisch verteilte Ströme, die sämtlich in Phase sind, im Hinblick auf folgende Fragen: Wie müssen die (reellen) $a_n = I_n/I_1$ gewählt werden, damit bei gegebener Breite des Hauptzipfels die Höhe des ersten Nebenzipfels möglichst klein wird? Die Lösung ist auch im umgekehrten Sinne optimal: kleinste Breite des Hauptzipfels bei gegebener Höhe des Nebenzipfels. Die im folgenden angegebene Lösung dieses Problems nach DOLPH ist auch in mathematischer Hinsicht von Interesse.

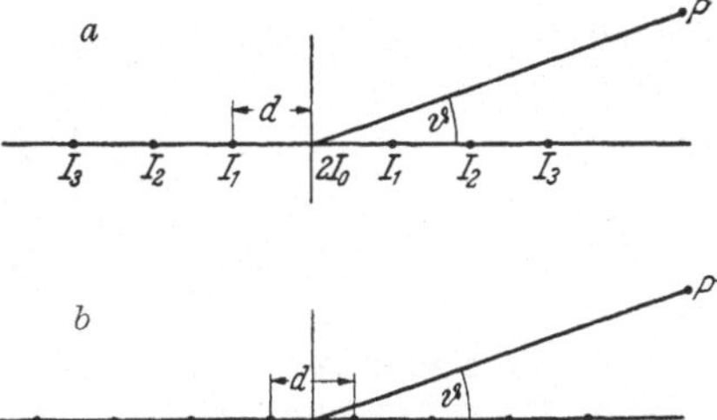

Abb. 14.14a u. b. Symmetrische Anordnung von Linearantennen. Anzahl M der Strahler, a) ungerade, b) gerade.

Als Koordinatenursprung wird der Mittelpunkt der Anordnung gewählt, in dem sich bei ungerader Strahlenanzahl $M = 2N + 1$ ein Strahler befindet, bei gerader Anzahl $M = 2N$ nicht. Bezüglich dieser Mitte seien die Ströme symmetrisch verteilt, die Amplitude im Mittelelement bei ungeradem M heiße $2I_0$ (Abb. 14.14). Die Gruppencharakteristik G ist in reeller Schreibweise

$$G = \begin{cases} 2\sum_{0}^{N} I_n \cos(n\,k\,d\cos\vartheta) & \text{für} \quad M = 2N+1, \\ 2\sum_{1}^{N} I_n \cos\left(\frac{2n-1}{2}\,k\,d\cos\vartheta\right) & \text{für} \quad M = 2N. \end{cases} \tag{144.11}$$

Das Maximum liegt bei $\vartheta = \frac{\pi}{2}$ und ist $G_{\max} = 2\sum I_n$.

Die Funktionen $\cos(n\,k\,d\cos\vartheta)$, $\cos\left(\frac{2n-1}{2}\,k\,d\cos\vartheta\right)$ lassen sich durch $x = \cos\frac{k\,d\cos\vartheta}{2}$ ausdrücken:

$$\cos n\,\alpha = \operatorname{Re}\exp \mathrm{j}\,n\,\alpha = \operatorname{Re}[\cos\alpha + \mathrm{j}\sin\alpha]^n$$

$$= \cos^n\alpha - \binom{n}{2}\cos^{n-2}\alpha\sin^2\alpha + \binom{n}{4}\cos^{n-4}\alpha\sin^4\alpha - + \cdots.$$

Wenn noch $\sin^2\alpha$ durch $1 - \cos^2\alpha$ ersetzt wird, so hat man die gewünschte Darstellung, in der $\cos n\,\alpha$ als ein Polynom n-ten Grades in α erscheint. Man findet

$$\cos 2n\,\alpha = \sum_{m=0}^{n} A_{m,2n}\cos^{2m}\alpha, \qquad \cos(2n-1)\,\alpha = \sum_{m=1}^{n} A_{m,2n-1}\cos^{2m-1}\alpha$$

mit

$$A_{m,2n} = (-1)^{n-m}\sum_{p=n-m}^{n}\binom{p}{p-n+m}\binom{2n}{2p}.$$

$$A_{m,2n-1} = (-1)^{n-m}\sum_{p=n-m}^{n-1}\binom{p}{p-n-m}\binom{2n-1}{p}.$$

Daher ist auch G als ein Polynom $2N$-ten bzw. $(2N-1)$-ten Grades in $x=\cos\left(\frac{k\,d\cos\vartheta}{2}\right)$ ausdrückbar, und zwar als ein Polynom, in dem lauter gerade bzw. nur lauter ungerade Potenzen von x vorkommen:

$$\frac{G}{2}=\begin{cases}\sum\limits_{n=0}^{N} I_n \sum\limits_{m=1}^{n} A_{m,2n}\,x^{2m} & (M=2N+1),\\ \sum\limits_{n=0}^{N} I_n \sum\limits_{m=1}^{n} A_{m,2n-1}\,x^{2m-1} & (M=2N).\end{cases}$$

Nach Umordnung läßt sich dies auch schreiben

$$\frac{G}{2}=\begin{cases}\sum\limits_{s=0}^{N}\left(\sum\limits_{n=s}^{N} I_n A_{s,2n}\right)x^{2s},\\ \sum\limits_{s=0}^{N}\left(\sum\limits_{n=s}^{N} I_n A_{s,2n-1}\right)x^{2s-1}.\end{cases} \tag{144.12}$$

An dieser Stelle kann nun ein Zusammenhang mit den aus Kap. 093 bekannten TSCHEBYSCHEFFschen Polynomen hergestellt werden, die für $|z|<1$ durch

$$\mathrm{T}_M(z)=\cos(M\arccos z)$$

definiert sind. Mit den obigen Koeffizienten $A_{m,\nu}$ ist

$$\mathrm{T}_{2N}(z)=\sum_{m=0}^{N} A_{m,2N}\,z^{2m},$$

$$\mathrm{T}_{2N-1}(z)=\sum_{m=1}^{N} A_{m,2N-1}\,z^{2m-1}.$$

Sollen die Nullstellen nicht im Intervall $|z|<1$, sondern in $|x|<\frac{1}{z_0}$ liegen, so setze man $x=z/z_0$ und hat dann

$$\begin{aligned}\mathrm{T}_{2N}(z_0 x)&=\sum_{m=0}^{N} A_{m,2N}\,z_0^{2m}\,x^{2m},\\ \mathrm{T}_{2N-1}(z_0 x)&=\sum_{m=1}^{N} A_{m,2N-1}\,z_0^{2m-1}\,x^{2m-1}.\end{aligned} \tag{144.13}$$

Es ist stets möglich, die I_n so zu wählen, daß G nach Gl. (144.12) mit $2\,T_{M-1}(z_0 x)$ übereinstimmt. Dazu muß für $M=2N+1$ das Gleichungssystem

$$\sum_{n=s}^{N} I_n A_{s,2n}=A_{s,2N}\,z_0^{2m}\quad (s=0,1,\ldots,N)$$

erfüllt werden. Da die Koeffizientendeterminante dieses Systems unterhalb der Hauptdiagonalen lauter Nullen hat,

$$\begin{vmatrix} A_{0,0} & A_{0,2} & \cdots & A_{0,2N}\\ 0 & A_{1,2} & \cdots & A_{1,2N}\\ 0 & 0 & \ddots & \vdots\\ 0 & 0 & \cdots & A_{N,2N}\end{vmatrix},$$

braucht man nur unten nach oben (beginnend bei $s = N$) sukzessive einzusetzen. Ähnlich für $M = 2N$. Über z_0 ist bis jetzt noch nicht verfügt. Die größte Nullstelle von

$$G = 2\,\mathrm{T}_{M-1}(z_0\,x) \tag{144.14}$$

liegt bei

$$z_0\,x = \cos\frac{\pi}{2(M-1)}\,. \tag{144.15}$$

Man kann nun vorschreiben entweder a) die relative Höhe der Nebenzipfel (auf Grund der Eigenschaften der TSCHEBYSCHEFF-Polynome sind sie alle gleich) oder b) die Lage der ersten Nullstelle, d. h. die Breite des Hauptzipfels.

Ist im Falle a) das vorgeschriebene Verhältnis des Hauptmaximums zu den Nebenmaxima $= q$, so bestimme man z_0 aus

$$\mathrm{T}_{M-1}(z_0) = q\,.$$

Mit $q > 1$ fällt auch $z_0 > 1$ aus, liegt also außerhalb des Intervalls, in dem die Nullstellen von T_{M-1} zu finden sind.

Damit wird nach Gl. (093.3), (093.7)

$$G = \begin{cases} 2\cos\left[(M-1)\arccos\left(z_0\cos\frac{k\,d\cos\vartheta}{2}\right)\right] & (z_0\,x < 1)\,, \\ 2\cosh\left[(M-1)\,\mathrm{arcosh}\left(z_0\cos\frac{k\,d\cos\vartheta}{2}\right)\right] & (z_0\,x > 1)\,, \end{cases}$$

$$z_0 = \cosh\frac{\mathrm{arcosh}\,q}{M-1}\,.$$

Im Falle b), bei vorgeschriebener erster Nullstelle ϑ_0, ist nach Gl. (144.15)

$$z_0 = \frac{\cos\frac{\pi}{2(M-1)}}{\cos\frac{k\,d\cos\vartheta_0}{2}}$$

zu setzen. Dabei ist das Verhältnis Hauptmaximum zu Nebenmaximum $= (\sum I_n) : 1$.

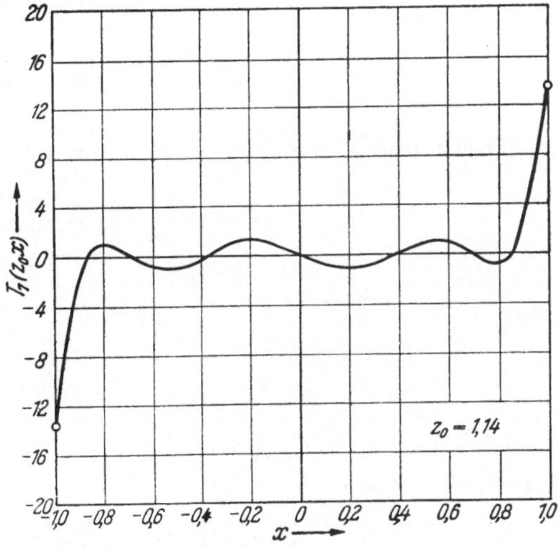

Abb. 14.15. TSCHEBYSCHEFFsches Polynom $\mathrm{T}_7(z_0\,x)$ für $z_0 = 1{,}14$.

Wenn z_0 festgelegt ist, können die I_n wie oben beschrieben berechnet werden. Die so erhaltene Verteilung der I_n ist nun optimal in dem folgenden Sinne: Sie führt a) bei vorgegebenem Verhältnis g zur kleinsten erreichbaren Breite des Hauptzipfels und b) bei vorgegebener Breite des Hauptzipfels zur kleinsten erreichbaren relativen Höhe des Nebenmaximums. Diese Tatsache ist eine direkte Folge des am Ende von Kap. 093 angegebenen Satzes. Denn jedes andere Polynom in x vom Grad M ergibt bei gleicher größter Wurzel x in Gl. (144.12) ein größeres Nebenmaximum bzw. bei gleichem Verhältnis q eine kleinere größte Wurzel x_0 und damit einen breiteren Hauptzipfel als $\mathrm{T}_{M-1}\,(z_0\,x)$.

Den in [73] praktisch durchgerechneten Beispielen ist Abb. 14.15 entnommen. Für $M = 8$ und $z_0 = 1{,}14$ ist $T_7(z_0 x)$ über x aufgetragen; diese Anordnung führt zu einem q von 25.8 db.

Die vorstehenden Betrachtungen bezogen sich nur auf die Gruppencharakteristik. Für eine Anordnung spezieller Linearantennen ist dann nach Gl. (144.5) (144.6) die Charakteristik eines Elementes als Faktor hinzuzufügen.

Literatur: [*1, 20, 38, 41, 55*].

15 Elektronenströmungen.

151 Bewegungsgleichungen.

Ein Elektron, das sich in einem elektromagnetischen Feld mit der Geschwindigkeit $\boldsymbol{v}$ bewegt, steht unter dem Einfluß der LORENTZ-Kraft

$$\boldsymbol{K} = -e(\boldsymbol{E} + \boldsymbol{v} \times \boldsymbol{B}). \tag{151.1}$$

Ist $\boldsymbol{R}$ der Ortsvektor des Elektrons, so lautet daher bei Abwesenheit anderer Kräfte die Bewegungsgleichung für das Elektron

$$m\ddot{\boldsymbol{R}} = -e(\boldsymbol{E} + \boldsymbol{v} \times \boldsymbol{B}).\,^{1} \tag{151.2}$$

Diese Vektorgleichung zerfällt in einem kartesischen Koordinatensystem ($\boldsymbol{R} = x\,\mathbf{e}_x + y\,\mathbf{e}_y + z\,\mathbf{e}_z$) in die drei skalaren Gleichungen

$$\begin{aligned} \ddot{x} &= -\frac{e}{m}(E_x + B_z\dot{y} - B_y\dot{z}),\\ \ddot{y} &= -\frac{e}{m}(E_y + B_x\dot{z} - B_z\dot{x}),\\ \ddot{z} &= -\frac{e}{m}(E_z + B_y\dot{x} - B_x\dot{y}); \end{aligned} \tag{151.3}$$

in Kreiszylinderkoordinaten ($\dot{\boldsymbol{R}} = \boldsymbol{v} = \dot{r}\,\mathbf{e}_r + r\,\dot{\varphi}\,\mathbf{e}_\varphi + \dot{z}\,\mathbf{e}_z$) in die Gleichungen

$$\ddot{r} - r\dot{\varphi}^2 = -\frac{e}{m}(E_r - B_\varphi\dot{z} + B_z r\dot{\varphi}), \tag{151.4a}$$

$$r\ddot{\varphi} + 2\dot{r}\dot{\varphi} = \frac{1}{r}\frac{\mathrm{d}}{\mathrm{d}t}(r^2\dot{\varphi}) = -\frac{e}{m}(E_\varphi - B_z\dot{r} + B_r\dot{z}), \tag{151.4b}$$

$$\ddot{z} = -\frac{e}{m}(E_z - B_r r\dot{\varphi} + B_\varphi\dot{r}). \tag{151.4c}$$

In statischen Feldern ist $\boldsymbol{E} = -\nabla U$, und durch Multiplikation der Gl. (151.2) mit $\dot{\boldsymbol{R}} = \boldsymbol{v}$ folgt

$$\frac{1}{2}\frac{\mathrm{d}}{\mathrm{d}t}\dot{\boldsymbol{R}}^2 = \frac{e}{m}(\nabla U)\,\boldsymbol{v} = \frac{e}{m}\frac{\mathrm{d}U}{\mathrm{d}t}$$

$\left[\text{vgl. Gl. (012.25) und beachte } \frac{\partial U}{\partial t} = 0\right]$. Integration ergibt den Energiesatz

$$v^2 = \frac{2e}{m}(U - U_0) \tag{151.5}$$

---

[1] Punkte sollen (totale) Ableitungen nach der Zeit bedeuten.

mit $U = U_0$ für $v = 0$. Gewöhnlich legt man $U_0 = 0$ fest und hat dann

$$v = \sqrt{\frac{2e}{m} U}, \qquad \frac{v}{\text{cm/sec}^{-1}} = 5{,}95 \cdot 10^7 \sqrt{\frac{U}{\text{V}}}, \qquad \frac{v}{c} = \frac{1}{505} \sqrt{\frac{U}{\text{V}}} \tag{151.6}$$

(c = Lichtgeschwindigkeit).

In einem statischen Feld mit Symmetrie um die z-Achse $\left(\frac{\partial}{\partial \varphi} = 0\right.$, also auch $\left.E_\varphi = -\frac{1}{r} \frac{\partial U}{\partial \varphi} \equiv 0\right)$ und den Annahmen $B_r = 0$ und $B_z = \text{const} = B_0$ folgt aus Gl. (151.4b)

$$\frac{d}{dt}\left(r^2 \dot{\varphi} - \frac{1}{2} \frac{e}{m} B_0 r^2\right) = 0,$$

$$m r^2 \left[\dot{\varphi} - \frac{e}{2m} B_0\right] = \text{const.} \tag{151.7}$$

Links steht ein verallgemeinertes Impulsmoment um die z-Achse. Gl. (151.7) besagt, daß für ein bestimmtes Elektron dieses Impulsmoment zu allen Punkten der Bahn (oder für alle t) dasselbe ist.

Die Größe $\frac{e}{2m} B_0 = \omega_L$, von der Dimension einer Frequenz, heißt LARMOR-Frequenz. Gl. (151.7) lautet daher auch

$$\dot{\varphi} = \omega_L + \frac{\text{const}}{r^2}. \tag{151.8}$$

Ein allgemeineres Ergebnis läßt sich gewinnen, wenn man zwar weiterhin Achsensymmetrie voraussetzt, jedoch sonst bezüglich $\boldsymbol{B}$ keine Annahmen trifft. Zur Integration der Gl. (151.4b) bedenke man, daß der magnetische Kraftfluß durch eine Kreisscheibe $r = r_1$ senkrecht zur Achse

$$\Phi(r_1, z) = \int_0^{2\pi} \int_0^{r_1} \boldsymbol{B}(r, z)\, \boldsymbol{n}\, r\, \mathrm{d}r\, \mathrm{d}\varphi = 2\pi \int_0^{r_1} B_z(r, z)\, r\, \mathrm{d}r$$

beträgt; r_1 sei die Koordinate eines Elektrons zur Zeit t. Ableitung nach t ergibt

$$\frac{\mathrm{d}\Phi(r_1, z)}{\mathrm{d}t} = \frac{\partial \Phi}{\partial r_1} \dot{r}_1 + \frac{\partial \Phi}{\partial z} \dot{z} = 2\pi r_1 \dot{r}_1 B_z(r_1, z) + 2\pi \dot{z} \int_0^{r_1} \frac{\partial B_z}{\partial z} r\, \mathrm{d}r.$$

Auf Grund von $\operatorname{div} \boldsymbol{B} = 0$ ist

$$\frac{\partial B_z}{\partial z} = -\frac{1}{r} \frac{\partial (r B_r)}{\partial r};$$

und daher

$$\frac{1}{2\pi} \frac{\mathrm{d}\Phi(r_1, z)}{\mathrm{d}t} = r_1 \dot{r}_1 B_z - \dot{z} \int_0^{r_1} \frac{1}{r} \frac{\partial (r B_r)}{\partial r} r\, \mathrm{d}r = r_1(\dot{r}_1 B_z - \dot{z} B_r).$$

Daher ist nach Gl. (151.4b), wenn wir wieder r für r_1 schreiben,

$$\frac{\mathrm{d}}{\mathrm{d}t}(r^2 \dot{\varphi}) = \frac{e}{m} \frac{1}{2\pi} \frac{\mathrm{d}\Phi(r, z)}{\mathrm{d}t},$$

$$r^2 \dot{\varphi} = \frac{e}{m} \frac{1}{2\pi} [\Phi(r, z) - \Phi(r_0, z_0)]. \tag{151.9}$$

Dabei haben wir angenommen, daß das Elektron bei r_0, z_0 mit der Winkelgeschwindigkeit $\dot{\varphi} = 0$ gestartet ist. Diese Gleichung sagt aus, daß für die Bahnkoordinaten $r^2\dot{\varphi}$ bis auf einen konstanten Faktor gleich der Differenz der Kraftflüsse an der Stelle r, z und am Startpunkt ist. Unter Kraftfluß ist dabei der durch einen Kreis vom Radius der jeweiligen Elektronenkoordinate r hindurchtretende Fluß zu verstehen.

Die Koordinate φ kommt in dieser Beziehung nicht vor, es sind ja alle Größen nach Voraussetzung von ihr unabhängig. Auch das statische elektrische Feld geht direkt nicht ein; da aber die Bahnkurve auch von $\boldsymbol{E}$ abhängt, bestimmt es beiderseits in Gl. (151.9) den Radius r an der Stelle z.

152 Elektronenbewegung in statischen Feldern.

Aus der Fülle der Probleme, die mit Elektronenbewegung in statischen Feldern verbunden sind, besprechen wir kurz zwei einfache, die für Höchstfrequenzröhren Bedeutung besitzen. Einmal die Bahnen in gekreuzten elektrischen und magnetischen Feldern, wie sie in einem kreiszylindrischen oder ebenen Magnetron vorkommen. Es sind dies ebene Bahnen, so daß von den Gl. (151.3) bzw. (151.4)

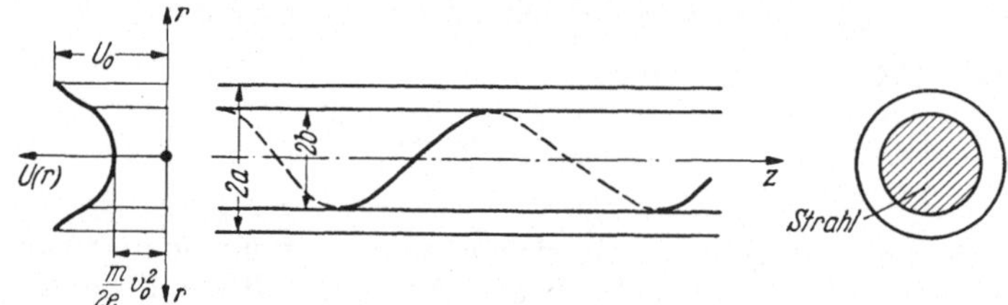

Abb. 15.1. Brillouin-Strahl mit radialer Potentialverteilung.

je eine fortfällt. — Der andere Bewegungszustand ist ein zur z-Achse paralleler Elektronenstrahl mit konstantem Kreisquerschnitt (Abb. 15.1) unter der Wirkung der abstoßenden Raumladungskräfte zwischen den Elektronen. Beginnen wir mit dieser speziellen Lösung der Bewegungsgleichungen, da hierfür das am Ende des vorigen Abschnitts gewonnene Ergebnis von Nutzen ist.

1521 Brillouin-Strömung. Die Elektronen der Strömung vom konstanten kreisförmigen Querschnitt $r \leqq b$ sollen alle die gleiche Längsgeschwindigkeit $\dot{z} = v_0$ besitzen und ihre Koordinate r längs der Bahn nicht ändern. Ob und wie diese Bewegungsform zu realisieren ist, bleibe zunächst offen; es soll nur untersucht werden, unter welchen Bedingungen sie mit den Bewegungsgleichungen verträglich ist. Die Strömung wird als ein kontinuierliches Medium behandelt, in dem $\boldsymbol{E}$ und die (bis auf den Strahlrand $r = b$ stetige) Funktion ϱ durch die Poissonsche Gleichung

$$\nabla \boldsymbol{E} = -\Delta U = \frac{\varrho}{\varepsilon_0}$$

verknüpft sind. Der Vektor $\boldsymbol{E}$ hat bei fehlender Beschleunigung ($\ddot{z} = 0$) nur eine r-Komponente, die von der Raumladung herrührt. Daher gilt

$$\frac{1}{r}\,\frac{\partial (r\,E_r)}{\partial r} = \frac{\varrho}{\varepsilon_0}\,. \tag{152.1}$$

Aus Gl. (151.4c) schließt man bei $\dot{r} = 0$, daß B_r verschwinden muß; damit folgt aber wie oben die Gl. (151.8) mit $\omega_L = \frac{e}{2m} B_0$. Gl. (151.4a) ergibt dann schließlich

$$r\,\dot{\varphi}^2 = r\left(\omega_L + \frac{\text{const}}{r^2}\right)^2 = -\frac{e}{m}\,E_r.$$

Der Strahl soll nach unseren Annahmen den Kreiszylinder $r \leqq b$ ganz ausfüllen. Die letzte Beziehung kann für $r = 0$ nur bestehen, wenn die Konstante verschwindet. Das bedingt aber

$$\dot{\varphi} = \omega_L, \qquad -\frac{e}{m}\,E_r = r\,\omega_L^2, \qquad \varrho = \varrho_0 = -\frac{m\,\varepsilon_0}{e}\,2\omega_L^2 \tag{152.2}$$

oder

$$2\omega_L^2 = \omega_p^2 \tag{152.3}$$

mit der sogenannten „Plasmafrequenz"[1]

$$\omega_p = \sqrt{\frac{-e}{m}\,\frac{\varrho_0}{\varepsilon_0}}. \tag{152.4}$$

Nach Gl. (152.3) muß also für einen Strahl vom Radius b zwischen dem Strom $I_0 = \varrho_0\,v_0\,\pi\,b^2$ und der Induktion B_0 des magnetischen Längsfeldes die Beziehung

$$I_0 = -\frac{\pi}{2}\,\frac{e\,\varepsilon_0}{m}\,b^2\,v_0\,B_0^2 \tag{152.5}$$

erfüllt sein, damit der gewünschte Bewegungszustand, die sogenannte „Brillouin-Strömung" [*61*] möglich ist. Alle Elektronen drehen sich dann mit der Winkelgeschwindigkeit ω_L um die Achse, die Bahnkurven sind Zylinderschraubenlinien mit gleicher Ganghöhe; in radialer Richtung halten sich Raumladungskraft, Zentrifugalkraft und die nach innen gerichtete Komponente $-r\,\dot{\varphi}\,B$ der Lorentz-Kraft das Gleichgewicht. Zwischen Längsgeschwindigkeit v_0 und dem Potential U besteht nach Gl. (151.6) der Zusammenhang

$$\frac{2e}{m}\,U(r) = v_0^2 + r^2\,\omega_L^2. \tag{152.6}$$

Befindet sich bei $r = b$ ein metallischer Zylinder auf dem Potential U_0, so ist die kinetische Energie nur für die äußeren Elektronen ($r = b$) gleich diesem Beschleunigungspotential U_0; nach der Strahlachse zu nimmt das Potential parabelförmig ab, ein wachsender Teil entfällt auf potentielle Energie der Raumladung. Ist zwischen dem Strahlrand und der auf U_0 befindlichen koaxialen Elektrode ($r = a$) ein ladungsfreier Raum, so gilt darin die Laplacesche Gleichung $\frac{1}{r}\,\frac{d}{dr}\left(\frac{dU}{dr}\right) = 0$ mit der Lösung $U = U_0 + U_1 \ln\frac{r}{a}$.

Der stetige Anschluß bei $r = b$ verlangt

$$U_1 \ln\frac{b}{a} + U_0 = \frac{m}{2e}\,(v_0^2 + b^2\,\omega_L^2), \qquad U_1 = \frac{m}{2e}\,2\omega_L^2\,b^2,$$

$$v_0^2 = \frac{e}{2m}\,U_0 - b^2\,\omega_L^2\left(2\ln\frac{a}{b} - 1\right). \tag{152.7}$$

1522 Kreiszylindrisches Magnetron. Unter einem kreiszylindrischen Magnetron versteht man das System der Abb. 15.2; wir denken es uns senkrecht zur Zeichenebene unendlich ausgedehnt. Ein konstantes Magnetfeld zeigt in z-Richtung, während $\boldsymbol{E}$ die Richtung r besitzt: $E_r(r) = -\frac{\partial U}{\partial r}$. Aus der auf

[1] Diese Größe dient als ein die Elektronendichte ϱ_0 kennzeichnender Parameter. Sie ist gleich der Eigenfrequenz eines ruhenden Plasmas, in dem die Raumladung durch Ionen kompensiert ist. Hier wird jedoch gerade angenommen, daß Ionen nicht vorhanden sind

dem Potential $U = 0$ liegenden, innen befindlichen Kathode ($r = b$) sollen die Elektronen mit der Geschwindigkeit 0 austreten:

$$\dot{r} = 0, \quad \dot{\varphi} = 0 \quad \text{für} \quad r = b.$$

Gl. (151.8) und (151.5) liefern dann

$$\dot{\varphi}(r) = \omega_L \left(1 - \frac{b^2}{r^2}\right), \tag{152.8}$$

$$\frac{2e}{m} U(r) = \dot{r}^2 + r^2 \dot{\varphi}^2 = \dot{r}^2 + r^2 \omega_L^2 \left(1 - \frac{b^2}{r^2}\right)^2. \tag{152.9}$$

Die Elektronen kehren nur dann zwischen Kathode und Anode nicht um, wenn $\dot{r}^2 \neq 0$ bleibt, d. h.

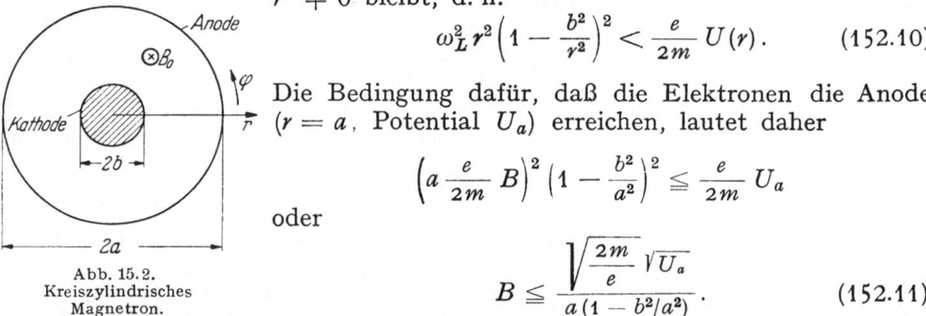

Abb. 15.2. Kreiszylindrisches Magnetron.

$$\omega_L^2 r^2 \left(1 - \frac{b^2}{r^2}\right)^2 < \frac{e}{2m} U(r). \tag{152.10}$$

Die Bedingung dafür, daß die Elektronen die Anode ($r = a$, Potential U_a) erreichen, lautet daher

$$\left(a \frac{e}{2m} B\right)^2 \left(1 - \frac{b^2}{a^2}\right)^2 \leqq \frac{e}{2m} U_a$$

oder

$$B \leqq \frac{\sqrt{\frac{2m}{e}} \sqrt{U_a}}{a(1 - b^2/a^2)}. \tag{152.11}$$

Im Falle des Gleichheitszeichens erreichen die Elektronen gerade streifend die Anode. Der zugehörige Wert von B heißt „kritische Induktion". Er ist von der Potentialverteilung $U(r)$ unabhängig.

Gl. (151.4a) kann man im vorliegenden Fall folgendermaßen schreiben:

$$\ddot{r} = \frac{e}{m} \frac{\partial U}{\partial r} + r \dot{\varphi}(\dot{\varphi} - 2\omega_L) = \frac{e}{m} \frac{\partial U}{\partial r} + r(\dot{\varphi} - \omega_L)^2 - r \omega_L^2. \tag{152.12}$$

Führt man ein neues Koordinatensystem ein, das gegen das ursprüngliche mit der Winkelgeschwindigkeit ω_L um die gemeinsame Achse rotiert, so hat das Elektron gegenüber diesem System die Drehgeschwindigkeit

$$\dot{\chi} = \dot{\varphi} - \omega_L = -\omega_L \frac{b^2}{r^2},$$

und Gl. (152.12) erhält die Form

$$\ddot{r} = \frac{e}{m} \frac{\partial U}{\partial r} + r(\dot{\chi}^2 - \omega_L^2) = \frac{e}{m} \frac{\partial U}{\partial r} - r \omega_L^2 \left(1 - \frac{b^4}{r^4}\right)$$
$$= \frac{\partial}{\partial r} \left[\frac{e}{m} U - \frac{1}{2} \omega_L^2 \left(r^2 + \frac{b^4}{r^2}\right)\right].$$

Das Elektron bewegt sich auf einer Kreisbahn, wenn $\ddot{r} = 0$ ist, d. h. die Funktion $\frac{e}{m} U - \frac{\omega_L^2}{2}\left(r^2 + \frac{b^4}{r^2}\right)$ von r nicht abhängt. Das ist mit $U(b) = 0$ nur bei der speziellen Potentialverteilung

$$U(r) = \frac{m}{2e} \omega_L^2 \left[r^2 + \frac{b^4}{r^2} - 2b^2\right] = \frac{m}{2e} \omega_L^2 r^2 \left(1 - \frac{b^2}{r^2}\right)^2 \tag{152.13}$$

möglich. Auf Grund der Poisson-Gleichung $\frac{1}{r} \frac{\mathrm{d}}{\mathrm{d}r}\left(r \frac{\mathrm{d}U}{\mathrm{d}r}\right) = \frac{-\varrho_0}{\varepsilon_0}$ gehört dazu eine bestimmte Raumladungsverteilung, für $b = 0$ insbesondere $\varrho_0 = \text{const}$ $= -\varepsilon_0 \frac{m}{2e} 4\omega_L^2$ oder $\omega_p^2 = 2\omega_L^2$ wie in Gl. (152.3).

Im raumladungsfreien System hingegen ist

$$U(r) = U_a \frac{\ln \frac{a}{r}}{\ln \frac{a}{b}},$$

und die Bahnkurven erhält man durch Integration der Gleichung

$$\frac{d^2 r}{d t^2} = -\frac{e}{m} \frac{U_a}{\ln \frac{a}{b}} \frac{1}{r} - \omega_L^2 \left(1 + 3 \frac{b^4}{r^4}\right).$$

1523 Planparalleles Magnetron. Das ebene Analogon des zuvor besprochenen Entladungssystems besteht aus zwei parallelen Elektroden im Abstand a auf den Potentialen $U_0 = 0$ (Kathode) und U_a (Anode) (Abb. 15.3). Das konstante statische Magnetfeld ist parallel zur x-Achse (senkrecht zur Zeichenebene). Die Bewegungsgleichungen Gl. (151.3) vereinfachen sich mit $\boldsymbol{B} = -B\,\mathbf{e}_x$

$$\ddot{y} = -\frac{e}{m}(E_y - B\dot{z}),$$
$$\ddot{z} = -\frac{e}{m}(E_z + B\dot{y}). \qquad (152.14)$$

Herrschen in z-Richtung einheitliche Verhältnisse, so ist $E_z = 0$ und $E_y = -\frac{\partial U}{\partial y} = -\frac{d\,U(y)}{d y}$. Es soll wieder das kritische Magnetfeld berechnet werden, bei dem Elektronen, die von der Kathode ($y = 0$) mit $\dot{y} = 0$, $\dot{z} = 0$ ausgehen, gerade streifend die Anode erreichen. Die zweite Gl. (152.14) liefert

$$\dot{z} = -\frac{e}{m} B y.$$

Daher ist nach dem Energiesatz

$$\dot{y}^2 + \left(\frac{e}{m} B y\right)^2 = \frac{2e}{m} U(y). \qquad (152.15)$$

Die Elektronen erreichen die Anode, wenn für $y = a$, $U(y) = U_a$, $\dot{y} \geqq 0$ ist, d. h. wenn

$$B_0 \leqq \sqrt{\frac{2m}{e}} \frac{\sqrt{U_a}}{a}. \qquad (152.16)$$

Das Gleichheitszeichen in dieser Beziehung gibt die kritische Induktion.

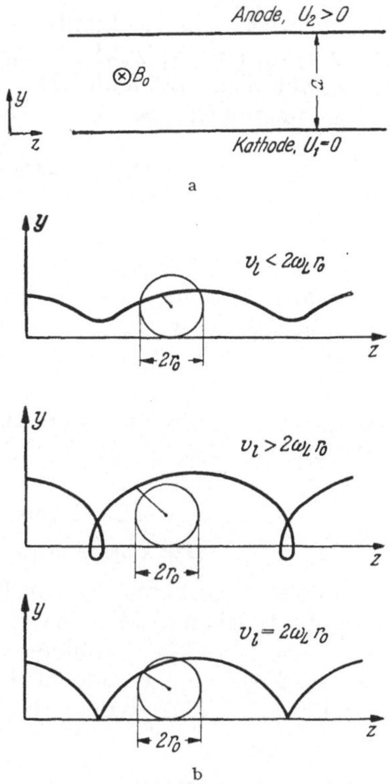

Bei vernachlässigbarer Raumladung ist $E_y = -\frac{U_a}{a} = E$, und die Gl. (152.14) lauten

$$\ddot{y} = -\frac{e}{m}(E - B\dot{z}), \qquad \ddot{z} = -\frac{e}{m} B\dot{y}.$$

Abb. 15.3 a u. b. Planparalleles Magnetron. a) Schema der Anordnung. b) Elektronenbahnen bei vernachlässigbarer Raumladung.

Transformiert man sie auf ein neues Koordinatensystem (η, ζ), das sich gegen das frühere mit der Geschwindigkeit $-\frac{E}{B}$ gleichförmig in z-Richtung bewegt,

$$\eta = y, \quad \zeta = z - \frac{E}{B} t,$$

so erhält man die einfache Form

$$\ddot{y} = 2\omega_L \dot{\zeta}, \quad \ddot{\zeta} = -2\omega_L \dot{y}, \quad \left(\omega_L = \frac{e}{2m} B\right).$$

Diese Gleichungen haben die allgemeine Lösung

$$y = r_0 \sin(2\omega_L t - \alpha_0) + c_1, \quad \zeta = r_0 \cos(2\omega_L t - \alpha_0) + c_2,$$

die in der (y, ζ)-Ebene einen Kreis darstellt. Der Bewegung auf diesen Kreisen überlagert sich die Translation mit der „Leitbahngeschwindigkeit" $v_l = \frac{E}{B}$. Die aus „Leitbahnbewegung" und „Rollkreisbewegung" resultierende Bahnkurve

$$y = r_0 \sin(2\omega_L t - \alpha_0) + c_1, \quad z = v_l t + r_0 \cos 2(\omega_L t - \alpha_0) + c_2 \quad (152.17)$$

ist eine allgemeine Zykloide (Abb. 15.3b), und zwar eine Hypozykloide für $v_l > 2\omega_L r_0$, eine Epizykloide für $v_l < 2\omega_L r_0$ und im Übergangsfall $v_l = 2\omega_L r_0$ eine gewöhnliche Zykloide. Der Rollkreisradius r_0 bestimmt sich aus den Anfangsbedingungen $\dot{y} = \dot{y}_0$, $\dot{z} = \dot{z}_0$ zur Zeit $t = 0$ für die Geschwindigkeit: Aus

$$\dot{z}_0 = v_l + 2\omega_L r_0 \sin\alpha_0, \quad \dot{y}_0 = 2\omega_L r_0 \cos\alpha_0$$

folgt

$$r_0^2 = \frac{(\dot{z}_0 - v_l)^2 + \dot{y}_0^2}{(2\omega_L)^2}, \quad (152.18)$$

und zwar unabhängig vom Bahnpunkt bei $t = 0$. Die Bedingungen $v_l \gtreqless 2\omega_L r_0$ sind daher gleichwertig mit

$$\dot{y}_0^2 \lesseqgtr \dot{z}_0(2v_l - \dot{z}_0).$$

Für $\dot{z}_0 = v_l$, $\dot{y}_0 = 0$ ist $r_0 = 0$, die Bahnkurve ist in diesem Fall parallel zu den Elektroden.

153 Ebene Elektronenströmungen. Die Llewellyn-Petersonschen Gleichungen.

In diesem Abschnitt ist von Elektronenströmungen zwischen zwei parallelen Äquipotentialebenen (Abb. 15.4) die Rede. Dies können wirkliche ebene Elektroden oder ideal durchlässige feinmaschige Gitter sein oder auch fiktive Ebenen konstanten Potentials. Zwischen den beiden Ebenen 1 und 2 bestehe eine Potentialdifferenz

$$U_{12} = \overline{U}_2 - \overline{U}_1 + \widetilde{U}(t) = \overline{U}_2 - \overline{U}_1 + U \exp j\omega t. \quad (153.1)$$

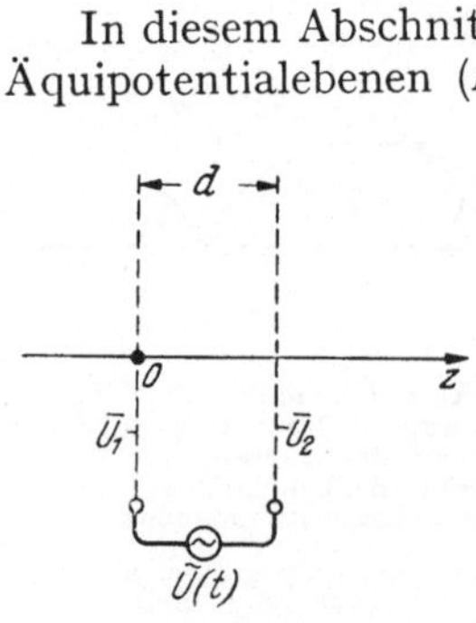

Abb. 15.4. Randbedingungen für eine ebene Elektronenströmung.

Ein statisches Magnetfeld sei nicht vorhanden. Die Elektronen sollen sich auf geraden Bahnen parallel zur z-Achse bewegen, einheitliche Eintrittsgeschwindigkeit $\bar{v}_1$ besitzen und als kontinuierliches Medium angesehen werden. Dessen Dichte und Geschwindigkeit sowie $E_z = E$ hängt nur von z ab. Zeitabhängige Größen werden mit der festen Frequenz harmonisch veränderlich angenommen, Produkte von Wechselamplituden vernachlässigt. So ist z. B. der Konvektionstyp

$$\bar{i} + \tilde{i}_c = (\bar{\varrho} + \tilde{\varrho})(\bar{v} + \tilde{v}) \approx \bar{\varrho}\bar{v} + \tilde{\varrho}\bar{v} + \tilde{v}\bar{\varrho} = \bar{\varrho}\bar{v} + (\varrho\bar{v} + v\bar{\varrho})\exp j\omega t.$$

Wenn die Elektronen die Ebene 1, wo die Feldstärke

$$\bar{E}_1 + E_1 \exp j\omega t_1 \tag{153.2}$$

herrscht, mit der Geschwindigkeit

$$\bar{v}_1 + v_1 \exp j\omega t_1 \tag{153.3}$$

und der Konvektionsstromdichte

$$\bar{i}_1 + i_{c1} \exp j\omega t_1 \tag{153.4}$$

verlassen (t_1 = Eintrittszeit), so beträgt die Dichte des gesamten Wechselstroms (Konvektions- und Verschiebungsstrom)

$$\tilde{i}_g = (i_{c1} + j\omega\varepsilon_0 E_1)\exp j\omega t_1. \tag{153.5}$$

Wegen $\operatorname{div}(\bar{\boldsymbol{i}}_g + \tilde{\boldsymbol{i}}_g) = \frac{\partial(\bar{i}_g + \tilde{i}_g)}{\partial z} = 0$ sind $\bar{i}_g = \bar{i}$ und $\tilde{i}_g$ ortsunabhängig.

$$i_g = i_{g1} = i_{c1} + j\,\omega\,\varepsilon_0 E_1.$$

Wir stellen uns die Aufgabe, bei gegebenen $\tilde{i}_{c1}$, $\tilde{v}_1$, $\tilde{U}$ die Größen $\tilde{i}_g$, $\tilde{i}_{c2}$, $\tilde{v}_2$ zu berechnen. Im Rahmen der linearen Theorie erwarten wir lineare Zusammenhänge zwischen diesen Größen; in der folgenden Form sind sie als LLEWELLYN-PETERSON*sche Gleichungen* bekannt [*96*]:

$$\left.\begin{aligned} \tilde{U} &= a_{11}\tilde{i}_g + a_{12}\tilde{i}_{c1} + a_{13}\tilde{v}_1, \\ \tilde{i}_{c2} &= a_{21}\tilde{i}_g + a_{22}\tilde{i}_{c1} + a_{23}\tilde{v}_1, \\ \tilde{v}_2 &= a_{31}\tilde{i}_g + a_{32}\tilde{i}_{c1} + a_{33}\tilde{v}_1 \end{aligned}\right\} \tag{153.6}$$

oder abgekürzt

$$\left\|\begin{matrix} \tilde{U} \\ \tilde{i}_{c2} \\ \tilde{v}_2 \end{matrix}\right\| = \|a_{ik}\| \left\|\begin{matrix} \tilde{i}_g \\ \tilde{i}_{c1} \\ \tilde{v}_2 \end{matrix}\right\|.$$

Die Koeffizienten a_{ik} darin sind abhängig von $\bar{v}_1$, $\bar{v}_2 = \sqrt{\bar{v}_1^2 + \frac{2e}{m}(\bar{U}_2 - \bar{U}_1)}$ und $\bar{i}$. Zu ihrer Herleitung geht man aus von der Bewegungsgleichung

$$\ddot{\bar{z}} + \ddot{\tilde{z}} = -\frac{e}{m}(\bar{E} + \tilde{E}) \tag{153.7}$$

und der Divergenzbeziehung

$$\operatorname{div}(\bar{\boldsymbol{E}} + \tilde{\boldsymbol{E}}) = \frac{\partial(\bar{E} + \tilde{E})}{\partial z} = \frac{\bar{\varrho} + \tilde{\varrho}}{\varepsilon_0}. \tag{153.8}$$

Die Feldstärke läßt sich eliminieren; es ist

$$\frac{d}{dt}(\bar{E} + \tilde{E}) = \frac{\partial\tilde{E}}{\partial t} + (\bar{v} + \tilde{v})\frac{\partial(\bar{E} + \tilde{E})}{\partial z} = \frac{1}{\varepsilon_0}(j\,\omega\,\varepsilon_0\tilde{E} + \bar{i} + \tilde{i}_c) = \frac{\bar{i} + \tilde{i}_g}{\varepsilon_0},$$

so daß

$$\ddot{\bar{z}} + \ddot{\tilde{z}} = -\frac{e}{m\,\varepsilon_0}\{\bar{i} + i_g\}. \qquad (153.9)$$

Die rechte Seite hängt von z nicht ab. Beschäftigen wir uns zunächst mit dem Gleichstromfall. Für $\breve{i}_g = 0$ erhält man sofort, wenn τ die statische Laufzeit von der Ebene 1 ($z = 0$) bis z bezeichnet,

$$\ddot{\bar{z}} = -\frac{e}{m\,\varepsilon_0}(\bar{i}\,\bar{\tau} + \varepsilon_0\,\bar{E}_1), \qquad (153.10\text{a})$$

$$\dot{\bar{z}} = \bar{v} = -\frac{e}{m\,\varepsilon_0}\left(\frac{\bar{i}\,\bar{\tau}^2}{2} + \varepsilon_0\,\bar{E}_1\,\bar{\tau}\right) + v_1, \qquad (153.10\text{b})$$

$$z = -\frac{e}{m\,\varepsilon_0}\left(\frac{\bar{i}\,\bar{\tau}^3}{6} + \frac{\varepsilon_0}{2}\bar{E}_1\,\bar{\tau}^2\right) + \bar{v}_1\,\bar{\tau}. \qquad (153.10\text{c})$$

Gl. (153.10b), für $z = d$, $\bar{v} = \bar{v}_2$, $\bar{\tau} = \bar{\tau}_d$ angeschrieben, lautet

$$\bar{v}_2 = \bar{v}_1 - \frac{e}{m\,\varepsilon_0}\left(\frac{\bar{i}\,\bar{\tau}_d^2}{2} + \varepsilon_0\,\bar{E}_1\,\bar{\tau}_d\right)$$

oder

$$-\frac{e}{m}\bar{E}_1\bar{\tau}_d = \bar{v}_2 - \bar{v}_1 + \frac{e}{m\,\varepsilon_0}\,\frac{\bar{i}\,\bar{\tau}_d^2}{2} = \bar{v}_2 - \bar{v}_1 - \zeta(\bar{v}_1 + \bar{v}_2). \qquad (153.11)$$

Zur Kennzeichnung der Raumladung ist hier der dimensionslose Parameter

$$\zeta = -\frac{e}{m\,\varepsilon_0}\,\frac{\bar{i}\,\bar{\tau}_d^2}{2\,(\bar{v}_1 + \bar{v}_2)} = \frac{(\omega_p\,\bar{\tau}_d)^2}{4} \qquad (153.12)$$

eingeführt worden; ω_p ist eine mittlere Plasmafrequenz [vgl. Gl. (152.4)]

$$\omega_p = \sqrt{-\frac{e}{m\,\varepsilon_0}\,\frac{\bar{i}}{(\bar{v}_1 + \bar{v}_2)/2}}. \qquad (153.12\text{a})$$

Wenn alle Elektronen die Ebene 2 erreichen, liegt ζ zwischen 0 und 1; $\zeta = 1$ kennzeichnet den maximalen Strom, der zwischen den Elektroden 1 und 2 übergehen kann. Denn wenn man Gl. (153.11) in Gl. (153.10c) für $z = d$ verwendet, so erhält man durch einfache Umformungen die Beziehung

$$(\omega_p\,\bar{\tau}_d)^3 - 12\,\omega_p\,\bar{\tau}_d + 12\,\omega_p\,\bar{\tau}_{0d} = 0; \qquad (153.13)$$

τ_{0d} ist darin die Laufzeit bei fehlender Raumladung ($\bar{i} = 0$); nach Gl. (153.11) für $\zeta = 0$, $-\bar{E} = (\bar{U}_2 - \bar{U}_1)/d$, ist

$$\bar{\tau}_{0d} = \frac{2d}{\bar{v}_1 + \bar{v}_2}. \qquad (153.13\text{a})$$

Die Laufzeit $\bar{\tau}_d$ bei Raumladung muß größer sein als $\bar{\tau}_{0d}$; eine stabile Elektronenströmung ohne Umkehr ist daher nur möglich, solange Gl. (153.13) eine positiv reelle Wurzel $\bar{\tau}_d > \bar{\tau}_{0d}$ hat. Die Bedingung dafür lautet

$$(\omega_p\,\bar{\tau}_{0d})^2 \leqq \frac{16}{9}.$$

Für größere Werte von $(\omega_p\,\bar{\tau}_{0d})$ hat die kubische Gl. (153.13) zwei konjugiert-komplexe und eine negativ-reelle Wurzel. Im Falle des Gleichheitszeichens in dieser Beziehung ist

$$\omega_p\,\bar{\tau}_d = 2, \quad \frac{\bar{\tau}_d}{\bar{\tau}_{0d}} = \frac{3}{2}, \quad \zeta = 1. \quad \text{Für} \quad 0 \leqq \zeta \leqq 1 \quad \text{ist} \quad 1 < \frac{\bar{\tau}_d}{\bar{\tau}_{0d}} < \frac{3}{2}.$$ [1]

[1] Näheres zu den Vorgängen in Entladungsstrecken siehe z. B. [39].

Nach diesen Vorbereitungen gehen wir an die Integration der allgemeinen Gl. (153.9) unter den Anfangsbedingungen Gl. (153.2) bis (153.4) bei $z = 0$. Ein zur Zeit t_1 eintretendes Elektron befindet sich zur Zeit t an der Stelle z. Im Hochfrequenzfeld hat auch die Laufzeit von 0 bis z,

$$\tau = t - t_1 = \bar{\tau} + \tilde{\tau},$$

eine Wechselkomponente. Die Integration nach τ ergibt

$$\left.\begin{aligned}
\ddot{\bar{z}} + \ddot{\tilde{z}} &= -\frac{e}{m}(\bar{E}_1 + E_1 \exp \mathrm{j}\,\omega t_1) - \\
&\quad - \frac{e}{m\,\varepsilon_0}\left[\bar{i}\,\tau + \frac{i_g}{\mathrm{j}\,\omega}(\exp \mathrm{j}\,\omega t - \exp \mathrm{j}\,\omega t_1)\right], \\
\bar{v} + \tilde{v} &= \bar{v}_1 + v_1 \exp \mathrm{j}\,\omega t_1 - \frac{e}{m}(\bar{E}_1 \tau + E_1 \tau \exp \mathrm{j}\,\omega t_1) - \\
&\quad - \frac{e}{m\,\varepsilon_0}\left[\bar{i}\,\frac{\tau^2}{2} - \frac{i_g}{\mathrm{j}\,\omega}\tau \exp \mathrm{j}\,\omega t_1 + \frac{i_g}{(\mathrm{j}\,\omega)^2}(\exp \mathrm{j}\,\omega t - \exp \mathrm{j}\,\omega t_1)\right], \\
z &= \bar{v}_1 \tau + v_1 \tau \exp \mathrm{j}\,\omega t_1 - \frac{e}{m}\left(\bar{E}_1 \frac{\tau^2}{2} + E_1 \frac{\tau^2}{2} \exp \mathrm{j}\,\omega t_1\right) - \\
&\quad - \frac{e}{m\,\varepsilon_0}\left[\frac{\bar{i}\,\tau^3}{6} - \frac{i_g}{\mathrm{j}\,\omega}\,\frac{\tau^2}{2} \exp \mathrm{j}\,\omega t_1 - \right. \\
&\quad \left. - \frac{i_g}{(\mathrm{j}\,\omega)^2}\tau \exp \mathrm{j}\,\omega t_1 + \frac{i_g}{(\mathrm{j}\,\omega)^3}(\exp \mathrm{j}\,\omega t - \exp \mathrm{j}\,\omega t_1)\right].
\end{aligned}\right\} \quad (153.14)$$

Spaltet man auf in zeitlich konstante und periodisch veränderliche Glieder, so erhält man einmal die Gl. (153.10); zum anderen, wenn man nur lineare Terme beibehält und also auch

$$\tau^2 = \bar{\tau}^2 + 2\bar{\tau}\,\tilde{\tau}, \qquad \tau^3 = \bar{\tau}^3 + 3\bar{\tau}^2\,\tilde{\tau}, \qquad i_g \exp \mathrm{j}\,\omega t_1 = i_g \exp \mathrm{j}\,\omega(t - \bar{\tau})$$

setzt, drei weitere Beziehungen. Rechts kommt in Gl. (153.14) außer den Gleichstromgrößen und den Anfangswerten i_g und $\tilde{\tau}$ vor. Die dritte Gleichung, in der links keine Wechselgröße steht, kann zur Elimination von $\tilde{\tau}$ dienen. Man findet mit dem „Laufwinkel" $\omega\,\bar{\tau} = \bar{\Theta}$

$$\begin{aligned}
\bar{v}\,\tilde{\tau} = \Big\{ &-v_1 \bar{\tau} \exp(-\mathrm{j}\,\bar{\Theta}) + \frac{e}{m} E_1 \frac{\bar{\tau}^2}{2} \exp(-\mathrm{j}\,\bar{\Theta}) - \\
&- \frac{e}{m\,\varepsilon_0}\,\frac{i_g}{(\mathrm{j}\,\omega)^3}\left[1 - \left(1 + \mathrm{j}\,\bar{\Theta} + \frac{(\mathrm{j}\,\bar{\Theta})^2}{2}\right)\exp(-\mathrm{j}\,\bar{\Theta})\right]\Big\} \exp \mathrm{j}\,\omega t.
\end{aligned} \quad (153.15)$$

Damit kann man nun in die beiden anderen Gleichungen für $\ddot{\tilde{z}} = -\frac{e}{m}\tilde{E}$ und $\tilde{v}$ eingehen und erhält unter Verwendung von Gl. (153.10) und der Abkürzungen

$$\left.\begin{aligned}
P(\mathrm{j}\,\bar{\Theta}) &= 1 - (1 + \mathrm{j}\,\bar{\Theta}) \exp(-\mathrm{j}\,\bar{\Theta}), \\
Q(\mathrm{j}\,\bar{\Theta}) &= 1 - \exp(-\mathrm{j}\,\bar{\Theta}), \\
R(\mathrm{j}\bar{\Theta}) &= 1 - \left(1 + \mathrm{j}\,\bar{\Theta} + \frac{(\mathrm{j}\,\bar{\Theta})^2}{2}\right) \exp(-\mathrm{j}\,\bar{\Theta}), \\
S(\mathrm{j}\,\bar{\Theta}) &= 2 - \mathrm{j}\,\bar{\Theta} - (2 + \mathrm{j}\,\bar{\Theta}) \exp(-\mathrm{j}\,\bar{\Theta}),
\end{aligned}\right\} \quad (153.16)$$

$$\widetilde{E} = \left\{ \frac{i_g}{\mathrm{j}\,\omega\,\varepsilon_0} \left[Q - \frac{e\,\bar{i}}{m\,\varepsilon_0\,\bar{v}} \frac{R}{(\mathrm{j}\,\omega)^2} \right] + \right.$$

$$\left. + E_1 \left(1 + \frac{e\,\bar{i}}{m\,\varepsilon_0\,\bar{v}} \frac{\bar{\tau}^2}{2} \right) \exp(-\mathrm{j}\,\bar{\Theta}) - v_1 \frac{\bar{i}\,\bar{\tau}}{\varepsilon_0\,\bar{v}} \exp(-\mathrm{j}\,\bar{\Theta}) \right\} \exp\mathrm{j}\,\omega\,t, \tag{153.17a}$$

$$\tilde{v} = \left\{ \frac{e}{m\,\varepsilon_0} \frac{i_g}{(\mathrm{j}\,\omega)^2} \left[P + \frac{e}{m\,\bar{v}} \left(\bar{E}_1 + \frac{\bar{i}\,\bar{\tau}}{\varepsilon_0} \right) \frac{R}{\mathrm{j}\,\omega} \right] - \right.$$

$$\left. - \frac{\bar{v}_1 + \dfrac{e}{m\,\varepsilon_0} \dfrac{\bar{i}\,\bar{\tau}^2}{2}}{\bar{v}} \left[E_1 \frac{e}{m\,\mathrm{j}\,\omega}\, \mathrm{j}\,\bar{\Theta} \exp(-\mathrm{j}\,\bar{\Theta}) - v_1 \exp(-\mathrm{j}\,\bar{\Theta}) \right] \right\} \exp\mathrm{j}\,\omega\,t. \tag{153.17b}$$

Aus der ersten dieser Gleichungen kann die Wechselspannung $\widetilde{U}$ berechnet werden; es ist bei festem t mit $\omega\,\bar{\tau}_d = \bar{\Theta}_d$

$$\widetilde{U} = -\int_0^d \widetilde{E}\,\mathrm{d}z = -\int_0^{\bar{\tau}_d} \widetilde{E}\,\bar{v}\,\mathrm{d}\tau = -\frac{1}{\omega} \int_0^{\bar{\Theta}_d} \widetilde{E}\,\bar{v}\,\mathrm{d}\bar{\Theta}. \tag{153.18}$$

Der Ersatz von $\widetilde{E}\,\mathrm{d}z$ durch $\widetilde{E}\,\bar{v}\,\mathrm{d}\bar{\tau}$ ist im Rahmen der linearen Behandlung gerechtfertigt. Die endliche Ausbreitungszeit der Felder wird bei dieser Rechnung vernachlässigt. Die Gl. (153.17a) und (153.10b) geben den Integranden als Funktion von $\bar{\Theta}$. Die Integration ist etwas langwierig, bietet aber keinerlei Schwierigkeiten. Im wesentlichen kommen die folgenden Integrale vor:

$$\int_0^{\bar{\Theta}_d} \exp(-\mathrm{j}\,\bar{\Theta})\,\mathrm{d}\bar{\Theta} = -\mathrm{j}\,Q(\mathrm{j}\,\bar{\Theta}_d), \qquad \int_0^{\bar{\Theta}_d} \bar{\Theta} \exp(-\mathrm{j}\,\bar{\Theta})\,\mathrm{d}\bar{\Theta} = -P(\mathrm{j}\,\bar{\Theta}_d),$$

$$\int_0^{\bar{\Theta}_d} \bar{\Theta}^2 \exp(-\mathrm{j}\,\bar{\Theta})\,\mathrm{d}\bar{\Theta} = 2\mathrm{j}\,R(\mathrm{j}\,\bar{\Theta}).$$

Das Ergebnis lautet

$$\widetilde{U} = \left[\frac{i_g}{\varepsilon_0 (\mathrm{j}\,\omega)^4} \left\{ \frac{e\,\bar{i}}{m\,\varepsilon_0} \left(S + \frac{(\mathrm{j}\,\bar{\Theta})^3}{6} \right) - \mathrm{j}\,\omega \frac{e}{m} \bar{E}_1 R - (\mathrm{j}\,\omega)^2 \bar{v}_1 (Q - \mathrm{j}\,\bar{\Theta}) \right\} + \right.$$

$$\left. + \frac{E_1}{\mathrm{j}\,\omega} \left[\bar{v}_1 Q - \frac{e\,\bar{E}_1}{m\,\mathrm{j}\,\omega} P \right] - \frac{v_1}{(\mathrm{j}\,\omega)^2} \frac{\bar{i}}{\varepsilon_0} P \right] \exp\mathrm{j}\,\omega\,t.$$

Der Index d bei $\bar{\Theta}$ und $\bar{\tau}$ ist hier und im folgenden unterdrückt. Beachtet man

$$\mathrm{j}\omega\,\varepsilon_0\,E_1 = i_g - i_{c1},$$

so kann man jetzt U durch i_g, i_{c1}, v_1 ausgedrückt erhalten, also die erste der Gl. (152.6). Die Gl. (153.17) liefern ebenso für $\bar{\Theta} = \bar{\Theta}_d$ $\tilde{i}_{c2} = i_{c2} \exp\mathrm{j}\omega t$ und $\tilde{v}_2 = v_2 \exp\mathrm{j}\omega t$ als Funktionen dieser drei Argumente, mithin die beiden anderen LLEWELLYN-PETERSONschen Gleichungen. Wird schließlich statt des Gleichstroms $\bar{i}$ nach Gl. (153.12) der Raumladungsparameter ζ eingeführt und $\bar{E}_1$ nach Gl. (153.11) eingesetzt, so gewinnt man die Elemente der Matrix a_{ik} in Gl. (153.6), wie sie in der Tab. 15.1 zusammengestellt sind. Abb. 15.5 zeigt die Laufwinkelfunktionen Φ_2, Φ_3, Φ_4, die darin vorkommen, als Ortskurven in Abhängigkeit von $\bar{\Theta} = \bar{\Theta}_d$. Häufig braucht man einen der Sonderfälle $\zeta = 1$ oder $\zeta = 0$, die in der Tabelle enthalten sind; für $\zeta = 0$ ist $\bar{\tau}_d = \bar{\tau}_{0d}$.

Eine einfache Rechnung führt auf eine andere Form des Gleichungstripels, bei der die Wechselspannung U zu den gegebenen, die Gesamtstromdichte i_g zu den abhängigen Größen gezählt wird:

$$\left\| \begin{matrix} i_g \\ i_{c2} \\ v_2 \end{matrix} \right\| = \| b_{ik} \| \left\| \begin{matrix} U \\ i_{c1} \\ v_1 \end{matrix} \right\| .$$

Die Koeffizienten b_{ik} sind z. B. in [*54*] aufgeführt.

Die LLEWELLYN-PETERSONschen Gleichungen finden vielfach Anwendung in Verbindung mit hochfrequenten Vorgängen in Entladungsstrecken oder Laufräumen. Zum Beispiel läßt sich mit ihrer Hilfe der Influenzstrom an der Ebene 2, der durch den Elektronenübergang verursacht wird, erhalten. Eine Ladung q, die das Feld $E(z)$ von 1 nach 2 durchquert, nimmt längs des Wegstückes $\mathrm{d}z$ die Energie $qE\,\mathrm{d}z$ auf; die Bewegung von q hat an der Ebene 2 einen Influenzstrom I_{infl} zur Folge. Das Produkt $I_{\mathrm{infl}}\,U\,\mathrm{d}t$ ist die von der Spannungsquelle U im Außenkreis im Zeitintervall $\mathrm{d}t = \frac{\mathrm{d}z}{v(z)}$ gelieferte Energie. Die Gleichheit beider Energien besagt

$$I_{\mathrm{infl}} = q\,\frac{E(z)}{U}\,\frac{\mathrm{d}z}{\mathrm{d}t} = q\,\frac{E(z)}{U}\,v(z)\,. \qquad (153.19)$$

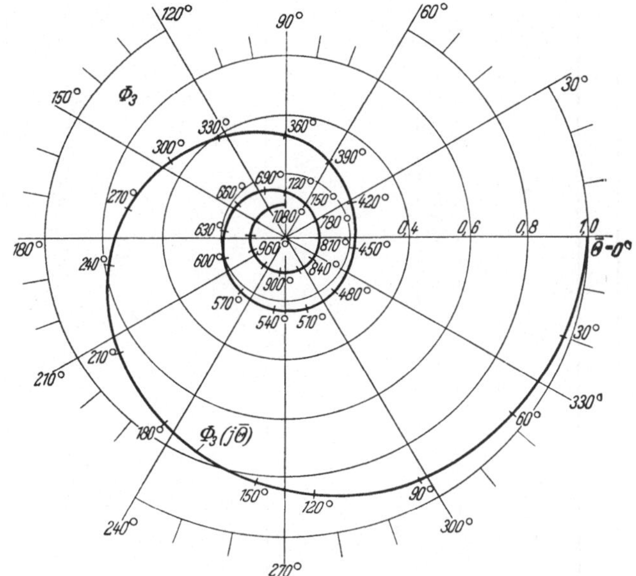

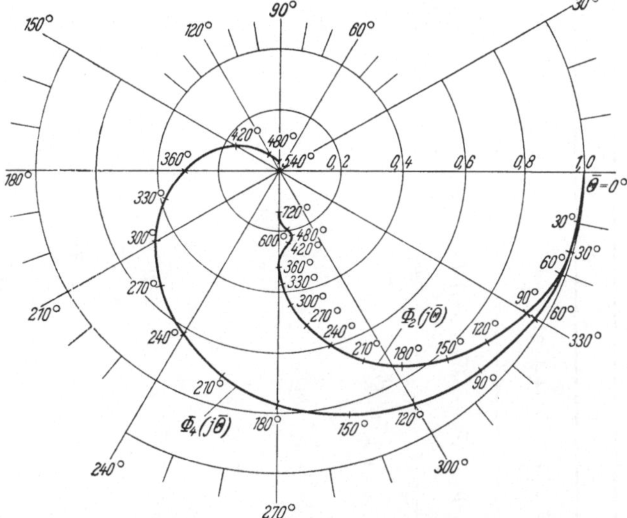

Abb. 15.5. Ortskurven der Laufwinkelfunktionen: $\Phi_2(\mathrm{j}\bar{\Theta})$, $\Phi_3(\mathrm{j}\bar{\Theta})$, $\Phi_4(\mathrm{j}\bar{\Theta})$.

Handelt es sich nicht um eine Punktladung, sondern um eine ebene kontinuierliche Ladungsverteilung der Dichte $\varrho(z)$, die zur Zeit t_1 die Ebene 1 verlassen hat, so gilt

$$\varrho(z)\,\mathrm{d}z = i_c(z)\,\mathrm{d}t = i_{c1}\,\mathrm{d}t_1\,.$$

Ihr Beitrag zur Influenzstromdichte auf 2 ist

$$\mathrm{d}i_{\mathrm{infl}} = i_c(z)\,\frac{E(z)}{U}\,\mathrm{d}z\,.$$

Tabelle 15.1. *Koeffizienten a_{ik} der* LLEWELLYN-PETERSON*schen Gleichungen.*

	$0 \leq \zeta \leq 1$	$\zeta = 1$	$\zeta = 0$
a_{11}	$\frac{\bar{v}_1 + \bar{v}_2}{2\varepsilon_0} \frac{\bar{\tau}^2}{j\bar{\Theta}} \left[1 - \frac{\zeta}{3}(1 + 2\Phi_4)\right]$	$\frac{\bar{v}_1 + \bar{v}_2}{3\varepsilon_0} \frac{\bar{\tau}^2}{j\bar{\Theta}} (1 - \Phi_4)$	$\frac{\bar{v}_1 + \bar{v}_2}{2\varepsilon_0} \frac{\bar{\tau}^2}{j\bar{\Theta}}$
a_{12}	$-\frac{\bar{\tau}^2}{2\varepsilon_0 j\bar{\Theta}} [\bar{v}_1 \Phi_2 + (\bar{v}_2 - \zeta(\bar{v}_1 + \bar{v}_2)) \Phi_3]$	$-\frac{\bar{\tau}^2}{2\varepsilon_0 j\bar{\Theta}} \bar{v}_1 (\Phi_2 - \Phi_3)$	$-\frac{\bar{\tau}^2}{2\varepsilon_0 j\bar{\Theta}} [\bar{v}_1 \Phi_2 + v_2 \Phi_3]$
a_{13}	$\frac{m}{e} \zeta (\bar{v}_1 + \bar{v}_2) \Phi_3$	$\frac{m}{e} (\bar{v}_1 + \bar{v}_2) \Phi_3$	0
a_{21}	$\zeta \frac{\bar{v}_1 + \bar{v}_2}{\bar{v}_2} \Phi_3$	$\frac{\bar{v}_1 + \bar{v}_2}{v_2} \Phi_3$	0
a_{22}	$\frac{\bar{v}_2 - \zeta(\bar{v}_1 + \bar{v}_2)}{\bar{v}_2} \exp(-j\bar{\Theta})$	$-\frac{\bar{v}_1}{\bar{v}_2} \exp(-j\bar{\Theta})$	$\exp(-j\bar{\Theta})$
a_{23}	$-\frac{m\varepsilon_0}{e} \frac{2\zeta}{\bar{\tau}^2} \frac{\bar{v}_1 + \bar{v}_2}{\bar{v}_2} j\bar{\Theta} \exp(-j\bar{\Theta})$	$-\frac{m\varepsilon_0}{e} \frac{2}{\bar{\tau}^2} \frac{\bar{v}_1 + \bar{v}_2}{\bar{v}_2} j\bar{\Theta} \exp(-j\bar{\Theta})$	0
a_{31}	$-\frac{e}{2m\varepsilon_0} \frac{\bar{\tau}^2}{\bar{v}_2 j\bar{\Theta}} [\bar{v}_2 \Phi_2 + (\bar{v}_1 - \zeta(\bar{v}_1 + \bar{v}_2)) \Phi_3]$	$-\frac{e}{2m\varepsilon_0} \frac{\bar{\tau}^2}{j\bar{\Theta}} (\Phi_2 - \Phi_3)$	$-\frac{e}{2m\varepsilon_0} \frac{\bar{\tau}^2}{\bar{v}_2 j\bar{\Theta}} [\bar{v}_2 \Phi_2 + \bar{v}_1 \Phi_3]$
a_{32}	$\frac{e}{m\varepsilon_0} \frac{\bar{\tau}^2}{2} (1 - \zeta) \frac{\bar{v}_1 + \bar{v}_2}{\bar{v}_2} \frac{\exp(-j\bar{\Theta})}{j\bar{\Theta}}$	0	$\frac{e}{m\varepsilon_0} \frac{\bar{\tau}^2}{2} \frac{\bar{v}_1 + \bar{v}_2}{\bar{v}_2} \frac{\exp(-j\bar{\Theta})}{j\bar{\Theta}}$
a_{33}	$\frac{\bar{v}_1 - \zeta(\bar{v}_1 + v_2)}{\bar{v}_2} \exp(-j\bar{\Theta})$	$-\exp(-j\bar{\Theta})$	$\frac{\bar{v}_1}{\bar{v}_2} \exp(-j\bar{\Theta})$

$$\Phi_2(j\bar{\Theta}) = \frac{2}{(j\bar{\Theta})^2}(-1 + j\bar{\Theta} + \exp(-j\bar{\Theta})),$$

$$\Phi_3(j\bar{\Theta}) = \frac{2P}{(j\bar{\Theta})^2} = \frac{2}{(j\bar{\Theta})^2}[1 - (1 + j\bar{\Theta})\exp(-j\bar{\Theta})],$$

$$\Phi_4(j\bar{\Theta}) = \frac{6S}{(j\bar{\Theta})^3} = \frac{6}{(j\bar{\Theta})^3}[-2 + j\bar{\Theta} + (2 + j\bar{\Theta})\exp(-j\bar{\Theta})].$$

Integration über die gesamte im Raum zwischen 1 und 2 vorhandene Ladung ergibt

$$i_{\text{infl}} = \frac{1}{U} \int_0^d i_c E \, \mathrm{d}z$$

und für den Wechselanteil

$$\tilde{i}_{\text{infl}} = \frac{1}{\bar{U}_2 - \bar{U}_1} \int_0^d \tilde{i}_c \bar{E} \, \mathrm{d}z. \tag{153.20}$$

Kann man homogenes Feld $\bar{E}$ zwischen 1 und 2 annehmen, d. h. die Wirkung der Raumladung vernachlässigen, so folgt einfacher

$$\tilde{i}_{\text{infl}} = \frac{1}{d} \int_0^d \tilde{i}_c \, \mathrm{d}z = \frac{1}{d} \int_0^d (\tilde{i}_g - \mathrm{j}\,\omega\,\varepsilon\,\tilde{E}) \, \mathrm{d}z = \tilde{i}_g - \frac{\mathrm{j}\,\omega\,\varepsilon_0}{d} \tilde{U}, \tag{153.21}$$

d. h. der Influenzstrom ist einerseits gleich dem Mittelwert des Konvektionsstromes, andererseits gleich der Differenz von Gesamtstrom und dem (bei Abwesenheit von Ladungsträgern berechneten) kapazitiven Ladestrom

$$\tilde{i}_{\text{cap}} = \mathrm{j}\,\omega \frac{\varepsilon_0}{d} \tilde{U}. \tag{153.22}$$

Zur Anwendung dieser Beziehungen in Mikrowellenröhren siehe [*24*].

Wir wenden uns jetzt einem Sonderfall zu, der später den Übergang zu einer für die Technik der modernen Höchstfrequenzröhren wichtigen Raumladungserscheinung gestatten wird, der wellenförmigen Ausbreitung einer höchstfrequenten Erregung längs der Elektronenströmung. Und zwar nehmen wir an, der Außenkreis zwischen den Elektroden 1 und 2 sei offen; es kann dann auch in der Strömung kein Wechselstrom vorhanden sein, d. h. $\tilde{i}_g = 0$. Die zweite und dritte der LLEWELLYN-PETERSONschen Gleichungen drücken dann i_{c2}, v_2 durch i_{c1}, v_1 aus:

$$\begin{aligned} i_{c2} &= a_{22}\, i_{c1} + a_{23}\, v_1, \\ v_2 &= a_{32}\, i_{c1} + a_{33}\, v_1. \end{aligned} \tag{153.23}$$

Benützt man den Energiesatz zur Definition einer dem Elektron an einer beliebigen Stelle z zukommenden Wechselspannung $\tilde{u}$,

$$\begin{aligned} \frac{2e}{m}(\bar{U} + \tilde{u}) &= (\bar{v} + \tilde{v})^2 \approx \bar{v}^2 + 2\bar{v}\,\tilde{v} = 2\frac{e}{m}\bar{U} + 2\bar{v}\,\tilde{v}, \\ \tilde{u} &= \frac{m\,\bar{v}}{e}\tilde{v}, \end{aligned} \tag{153.24}$$

so erhalten diese Gleichungen die Gestalt eines Vierpolschemas

$$\begin{aligned} i_{c2} &= a\,i_{c1} + b\,u_1, \\ u_2 &= c\,i_{c1} + d\,u_1 \end{aligned} \tag{153.25}$$

mit

$$a = a_{22}, \quad b = \frac{e}{m\,\bar{v}_1} a_{23}, \quad c = \frac{m\,\bar{v}_2}{e} a_{32}, \quad d = \frac{\bar{v}_2}{\bar{v}_1} a_{33}.$$

Setzt man die a_{ik} nach Tab. 15.1 ein, so bestätigt man

$$a d^* - b c^* = \frac{\bar{v}_2}{\bar{v}_1}(a_{22} a_{33}^* - a_{23} a_{32}^*) = 1\,. \tag{153.26}$$

Der formal wie eine Wirkleistung gebildete Ausdruck $\mathrm{Re}\,\tilde{u}\,\tilde{i}_c^* = \frac{m}{e}\,\mathrm{Re}\,\bar{v}\,\tilde{v}\,\tilde{i}_c^*$ ist längs einer ebenen Strömung, der von außen kein Wechselstrom zufließt, ortsunabhängig. Liegen insbesondere die Ebenen 1 und 2 auf dem gleichen Potential $\bar{U}\,(\bar{v}_2 = \bar{v}_1)$, während dazwischen das Potential zufolge der Raumladung durchhängt, so lauten die Koeffizienten in Gl. (153.25)

$$\begin{aligned} a &= d = (1 - 2\zeta)\exp(-\mathrm{j}\,\bar{\Theta}), \\ b &= -\frac{4\varepsilon_0\,\zeta}{\bar{v}_1\,\bar{\tau}^2}\,\mathrm{j}\,\bar{\Theta}\exp(-\mathrm{j}\,\bar{\Theta}), \qquad c = \frac{\bar{v}_1\,\bar{\tau}^2(1-\zeta)}{\varepsilon_0\,\mathrm{j}\,\bar{\Theta}}\exp(-\mathrm{j}\,\bar{\Theta}). \end{aligned} \tag{153.27}$$

Der Vierpol ist in diesem Fall symmetrisch.

154 Raumladungswellen.

1541 Grenzübergang von den Llewellyn-Petersonschen Gleichungen. Nach einem Vorschlag von H. W. König und G. Pokorny *[107]* gehen wir aus von einer Anzahl ebener Elektroden in gleichem Abstand d voneinander und auf gleichem Potential $\bar{U}$, die gegeneinander offen und für Elektronen ideal durchlässig sind (Abbildung 15.6). Kennt man i_{c1}, u_1 an der ersten dieser Ebenen, so kann man an jeder folgenden i_{cn}, u_n nach Gl. (153.25), (153.27) berechnen, und zwar mittels der Potenzen der Matrix

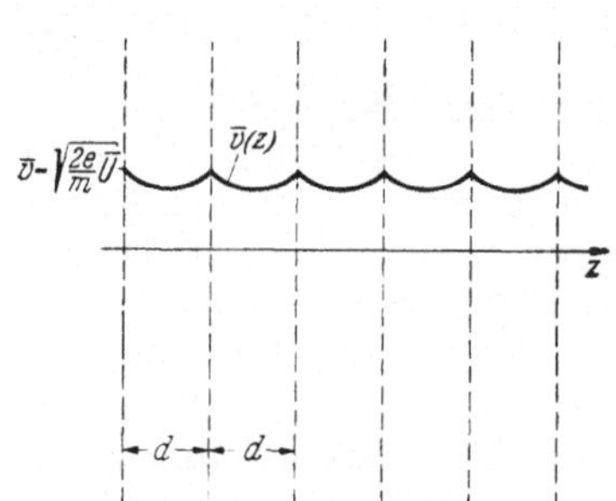

Abb. 15.6. Zur Herleitung der Raumladungswellen in einer ebenen Elektronenströmung.

$$\mathsf{M} = \begin{Vmatrix} a & b \\ c & d \end{Vmatrix}; \tag{154.1}$$

$$\begin{Vmatrix} i_{c,n+1} \\ u_{n+1} \end{Vmatrix} = \mathsf{M}^n \begin{Vmatrix} i_{c1} \\ u_1 \end{Vmatrix}. \tag{154.2}$$

Lassen wir für den Augenblick den allen Matrixelementen gemeinsamen Faktor $\exp(-\mathrm{j}\,\bar{\Theta})$ fort und berechnen M^2. Da $a d - b c = 1$ und $a = d$ ist, so folgt nach Gl. (023.23)

$$\mathsf{M}^2 = (a + d)\,\mathsf{M} - \begin{vmatrix} a & b \\ c & d \end{vmatrix}\,\mathsf{E} = 2a\,\mathsf{M} - \mathsf{E}. \tag{154.3}$$

Daher lassen sich auch alle höheren Potenzen von M durch M und E ausdrücken. Wir setzen allgemein an

$$\mathsf{M}^n = A_n\,\mathsf{M} + B_n\,\mathsf{E} \tag{154.4}$$

mit zu bestimmenden Koeffizienten A_n, B_n. Multipliziert man diese Gleichung mit M, so folgt mit Gl. (154.3)

$$\mathsf{M}^{n+1} = (2a\,A_n + B_n)\,\mathsf{M} - A_n\,\mathsf{E}$$

und daher nach Gl. (154.4)

$$A_{n+1} = 2a\,A_n + B_n, \qquad B_{n+1} = -A_n \tag{154.5}$$

oder

$$A_{n+1} - 2a A_n + A_{n-1} = 0. \tag{154.6}$$

Diese „Differenzengleichung“ wird durch den Ansatz $A_n = x^n$ gelöst mit

$$x = a \pm \mathrm{j}\sqrt{1-a^2}.$$

Nun ist $A_1 = 1$ und nach Gl. (154.3) $A_2 = 2a$. Mit diesen „Anfangsbedingungen“ ist jetzt A_n völlig bestimmt,

$$A_n = \frac{1}{2\mathrm{j}\sqrt{1-a^2}}\left[\left(a+\mathrm{j}\sqrt{1-a^2}\right)^n - \left(a-\mathrm{j}\sqrt{1-a^2}\right)^n\right] \tag{154.7}$$

und nach Gl. (154.4), (154.5) auch M^n gefunden:

$$\mathsf{M}^n = \left\|\begin{matrix} A_n a - A_{n-1} & A_n b \\ A_n c & A_n a - A_{n-1} \end{matrix}\right\|. \tag{154.8}$$

Darin ist

$$A_n a - A_{n-1} = \tfrac{1}{2}\left\{\left(a+\mathrm{j}\sqrt{1-a^2}\right)^n + \left(a-\mathrm{j}\sqrt{1-a^2}\right)^n\right\}. \tag{154.9}$$

Nach Gl. (153.12) ist für $\bar{v}_1 = \bar{v}_2 = \bar{v}$

$$a = 1 - 2\zeta = 1 - \frac{(\omega_p \bar{\tau})^2}{2}. \tag{154.10}$$

$\omega_p = \sqrt{-\frac{e\bar{i}}{m\,\varepsilon_0\,\bar{v}}}$ ist die an den begrenzenden Ebenen gültige Plasmafrequenz. Ferner

$$1 - a^2 = (\omega_p \bar{\tau})^2 - \frac{(\omega_p \bar{\tau})^4}{4}.$$

Nun nehme man an, das Intervall zwischen $z = 0$ und $z = z$ werde durch die $n+1$ auf dem Potential $\bar{U}$ befindlichen Ebenen in n gleiche Abschnitte der Länge d geteilt, d. h.

$$d = \frac{z}{n}.$$

Läßt man bei festem z $n \to \infty$, $d \to 0$ gehen, so kommt der Potentialdurchhang zum Verschwinden; aus Gl. (153.13) schließt man für $\bar{v}_1 = \bar{v}_2 = \bar{v}$

$$\bar{\tau} = \frac{d}{\bar{v}} + O(d^3) = \frac{1}{n}\frac{z}{\bar{v}} + O\left(\frac{1}{n^3}\right).$$

Es wird daher

$$\lim_{n\to\infty}\left\{a \pm \mathrm{j}\sqrt{1-a^2}\right\}^n = \lim_{n\to\infty}\left\{1 \pm \mathrm{j}\frac{\omega_p z}{n\bar{v}} + O\left(\frac{1}{n^2}\right)\right\}^n = \exp\left(\pm\mathrm{j}\frac{\omega_p z}{\bar{v}}\right), \tag{154.11}$$

da ja die Beziehung

$$\lim\left(1+\frac{x}{n}\right)^n = \exp x$$

auch für komplexe x gültig ist. Beachtet man noch $\zeta = (\omega_p\bar{\tau})^2/4$,

$$b = -\mathrm{j}\frac{\varepsilon_0}{\bar{v}}\,\omega\,\omega_p^2\,\bar{\tau}, \qquad c = -\mathrm{j}\frac{\bar{\tau}\,\bar{v}}{\varepsilon_0\,\omega}\left(1 - \frac{(\omega_p\bar{\tau})^2}{4}\right) \tag{154.12}$$

und

$$\lim_{n\to\infty} [\exp(-\mathrm{j}\,\omega\,\bar{\tau})]^n = \lim_{n\to\infty} \exp(-\mathrm{j}\,\omega\,n\,\bar{\tau}) = \exp\left(-\mathrm{j}\,\frac{\omega}{\bar{v}}\,z\right),$$

so erhält man bei diesem Grenzübergang

$$\lim_{n\to\infty} \mathsf{M}^n = \begin{Vmatrix} \cos\frac{\omega_p}{\bar{v}}\,z & -\mathrm{j}\,\frac{\varepsilon_0\,\omega\,\omega_p}{\bar{v}}\sin\frac{\omega_p}{\bar{v}}\,z \\ -\mathrm{j}\,\frac{\bar{v}}{\varepsilon_0\,\omega\,\omega_p}\sin\frac{\omega_p}{\bar{v}}\,z & \cos\frac{\omega_p}{\bar{v}}\,z \end{Vmatrix} \exp\left(-\mathrm{j}\,\frac{\omega}{\bar{v}}\,z\right) \tag{154.13}$$

oder

$$\tilde{i}_c(z) = \left[\tilde{i}_c(0)\cos\frac{\omega_p}{\bar{v}}\,z - \tilde{u}(0)\,\frac{\mathrm{j}}{Z_p}\,\sin\frac{\omega_p}{\bar{v}}\,z\right]\exp\left(-\mathrm{j}\,\frac{\omega}{\bar{v}}\,z\right),$$

$$\tilde{u}(z) = \left[-\tilde{i}_c(0)\,\mathrm{j}\,Z_p\sin\frac{\omega_p}{\bar{v}}z + \tilde{u}(0)\cos\frac{\omega_p}{\bar{v}}z\right]\exp\left(-\mathrm{j}\,\frac{\omega}{\bar{v}}\,z\right) \tag{154.14}$$

mit der auf die Flächeneinheit bezogenen „Strahlimpedanz"

$$Z_p = \frac{\bar{v}}{\varepsilon_0\,\omega\,\omega_p} = -2\,\frac{\bar{U}}{\bar{i}}\,\frac{\omega_p}{\omega}\,. \tag{154.15}$$

Der Inhalt dieser Gleichungen wird deutlich, wenn man z. B. $\tilde{u}(0) = 0$ setzt. Dann ist

$$\tilde{i}_c(z) = \frac{\tilde{i}_c(0)}{2}\left[\exp\left(-\mathrm{j}\,\frac{\omega+\omega_p}{\bar{v}}\,z\right) + \exp\left(-\mathrm{j}\,\frac{\omega-\omega_p}{\bar{v}}\,z\right)\right],$$

$$\tilde{u}(z) = \frac{\tilde{i}_c(0)}{2}\,Z_p\left[\exp\left(-\mathrm{j}\,\frac{\omega+\omega_p}{\bar{v}}\,z\right) - \exp\left(-\mathrm{j}\,\frac{\omega-\omega_p}{\bar{v}}\,z\right)\right].$$

Durch eine bei $z = 0$ vorhandene, der Strömung irgendwie aufgeprägte Wechselstromdichte (oder Wechselgeschwindigkeit) werden längs des Strahles zwei Wellen gleicher Amplitude erregt, die sich mit den Phasengeschwindigkeiten

$$v_{\mathrm{ph}} = \frac{\omega}{\omega \pm \omega_p}\,\bar{v} = \frac{\bar{v}}{1 \pm \frac{\omega_p}{\omega}} \tag{154.16}$$

in $+z$-Richtung ausbreiten[1]. Durch Überlagerung beider entsteht längs z eine Schwebung; die resultierende Amplitude hat für alle t Knoten in Abständen von der halben „Plasmawellenlänge" $\frac{\lambda_p}{2}$ $\left(\lambda_p = \frac{2\pi\,\bar{v}}{\omega_p}\right)$. Die Wechselspannung [oder Wechselgeschwindigkeit, siehe Gl. (153.24)] hat an den Orten dieser Knoten maximale resultierende Amplitude und Knoten an den Orten maximaler Amplitude von $\tilde{i}(z)$ und ist außerdem wegen des Faktors j zeitlich um eine Viertelperiode phasenverschoben. Längs z folgen also Strommaxima und Spannungsmaxima oder Stromknoten und Spannungsknoten in gleichen Abständen

[1] Wir nehmen $\frac{\omega_p}{\omega} < 1$ an.

aufeinander (Abb. 15.7). Diese Abstände sind durch den Raumladungsparameter ω_p bestimmt, der somit für die Ausbreitung des Paares von „*Raumladungswellen*" maßgebend ist.

Da die obige Herleitung der LLEWELLYN-PETERSONschen ebenen Strömung aus den Raumladungswellen in einer Gleichungen vielleicht etwas formal anmutet, geben wir noch eine direkte Lösung der Feld- und Bewegungsgleichungen zugleich als einen Hinweis auf die theoretischen Behandlungsmethoden derartiger hochfrequenter Vorgänge.

1542 Raumladungswellen in Elektronenströmungen einheitlicher Geschwindigkeit. Im ebenen System genügt es, bei linearer Behandlung der Wechselglieder neben der Bewegungsgleichung

$$\frac{d\tilde{v}_z}{dt} = \frac{\partial \tilde{v}_z}{\partial t} + \bar{v}\frac{\partial \tilde{v}_z}{\partial z} = -\frac{e}{m}\tilde{E}_z \qquad (154.17)$$

die Divergenzbeziehung

$$\operatorname{div}\tilde{\boldsymbol{E}} = \frac{\partial \tilde{E}_z}{\partial z} = \frac{\tilde{\varrho}}{\varepsilon_0} \qquad (154.18)$$

und die Kontinuitätsgleichung

$$\operatorname{div}\tilde{\boldsymbol{i}}_c = \bar{\varrho}\frac{\partial \tilde{v}_z}{\partial z} + \bar{v}\frac{\partial \tilde{\varrho}}{\partial z} = -\frac{\partial \tilde{\varrho}}{\partial t} \qquad (154.19)$$

heranzuziehen. Diese drei Gleichungen reichen gerade zur Bestimmung der drei Größen $\tilde{E}_z$, $\tilde{v}_z$, $\tilde{\varrho}$ aus. Durch Elimination zweier dieser Größen erhält man für die dritte eine Wellengleichung (siehe [24], Kap. 11). Man kann aber diese Gleichungen auch direkt durch den Ansatz

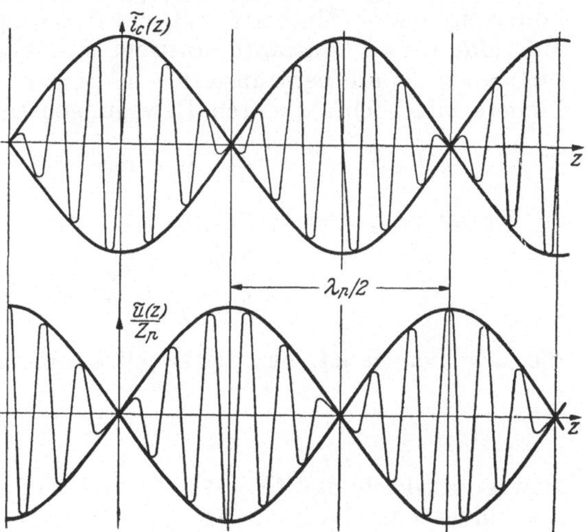

Abb. 15.7. Raumladungswellen: $i_c(z)$ und $u(z)$ längs der Ausbreitungsrichtung z.

$$\tilde{E}_z = E_z(0)\exp j(\omega t - \beta z), \quad \tilde{v}_z = v_z(0)\exp j(\omega t - \beta z), \quad \tilde{\varrho} = \varrho(0)\exp j(\omega t - \beta z) \qquad (154.20)$$

zu befriedigen suchen. Da dann $\frac{\partial}{\partial t} = j\omega$, $\frac{\partial}{\partial z} = -j\beta$ ist, erhält man die drei Gleichungen

$$j(\omega - \beta\bar{v})\tilde{v}_z = -\frac{e}{m}\tilde{E}_z, \qquad (154.21)$$

$$-j\beta\varepsilon_0\tilde{E}_z = \tilde{\varrho}, \qquad (154.22)$$

$$j(\omega - \beta\bar{v})\tilde{\varrho} = j\beta\bar{\varrho}\tilde{v}_z. \qquad (154.23)$$

Eliminiert man z. B. $\tilde{E}$ und $\tilde{\varrho}$, so findet man

$$(\omega - \beta\bar{v})^2\tilde{v}_z = \omega_p^2\tilde{v}_z;$$

d. h. der Ansatz ist mit den Gleichungen (154.17) bis (154.19) nur verträglich, wenn

$$\omega - \beta \bar{v} = \pm \omega_p, \quad \beta = \frac{\omega}{v_{\text{ph}}} = \frac{\omega \pm \omega_p}{\bar{v}}$$

ist; d. i. aber gerade Gl. (154.16).

Auf ähnliche Weise geht man vor, wenn nicht in einer ebenen, sondern z. B. in einer zylindrischen Strömung von endlichem Radius b die Raumladungswellen aufgesucht werden sollen. Nur muß man dann im Hinblick auf die radiale (und eventuell auch azimutale) Abhängigkeit der Feldgrößen mit den vollständigen Feldgleichungen rechnen. Wir beschränken uns bei der folgenden Erläuterung dieser Methode auf einen häufig herangezogenen Idealfall (siehe z. B. [*108*]): Die konstante statische Raumladung $\bar{\varrho}$ in $r \leqq b$ soll durch gleich viel Ionen gerade neutralisiert sein[1]; ein axiales Magnetfeld mit $B_0 = \infty$ verhindere alle hochfrequenten Bewegungen senkrecht zu z, so daß

$$\bar{\boldsymbol{v}} + \tilde{\boldsymbol{v}} = (\bar{v} + \tilde{v}_z)\, \mathbf{e}_z. \tag{154.24}$$

In der inhomogenen Wellengleichung Gl. (112.1)

$$\varDelta \tilde{\boldsymbol{E}} - \frac{1}{c^2}\frac{\partial^2 \tilde{\boldsymbol{E}}}{\partial t^2} = \mu_0 \frac{\partial \tilde{\boldsymbol{i}}_c}{\partial t} + \frac{1}{\varepsilon_0} \nabla \tilde{\varrho}, \tag{154.25}$$

die sich hier eignet, hat also auch $\boldsymbol{i}_c$ nur eine z-Komponente

$$\tilde{i}_{c,z} = (\bar{\varrho}\, \tilde{v}_z + \tilde{\varrho}\, \bar{v}).$$

Bewegungsgleichung[2] Gl. (154.17) und Kontinuitätsgleichung Gl. (154.18) bleiben unverändert; dies folgt aus den Gl. (012.25), (012.24) bzw. (012.19) mit Gl. (154.24). Ein der Gl. (154.20) entsprechender Ansatz

$$\tilde{E}_z(z, r, t) = E_z(0, r) \exp \mathrm{j}(\omega t - \beta z) \tag{154.26}$$

usf., der auf fortschreitende Wellen in z-Richtung abzielt, führt für $\tilde{E}_z$ zu der Differentialgleichung

$$\frac{1}{r}\frac{\partial}{\partial r}\left(r \frac{\partial \tilde{E}_z}{\partial r}\right) - \left(\beta^2 - \frac{\omega^2}{c^2}\right) \tilde{E}_z = \mathrm{j}\,\omega\,\mu_0 (\bar{\varrho}\, \tilde{v}_z + \tilde{\varrho}\, \bar{v}) - \mathrm{j}\,\beta \frac{\tilde{\varrho}}{\varepsilon_0}, \tag{154.27}$$

sowie wieder zu den beiden Gl. (154.21) und (154.23). Drückt man $\tilde{v}_z$ und $\tilde{\varrho}$ durch $\tilde{E}_z$ aus, so erhält man die homogene Differentialgleichung

$$\frac{1}{r}\frac{\partial}{\partial r}\left(r \frac{\partial \tilde{E}_z}{\partial r}\right) + T^2 \tilde{E}_z = 0 \tag{154.28}$$

mit

$$T^2 = \left(\beta^2 - \frac{\omega^2}{c^2}\right)\left(\frac{\omega_p^2}{(\omega - \beta \bar{v})^2} - 1\right). \tag{154.29}$$

---

[1] Läßt man die Ionen mit gleicher Geschwindigkeit mitlaufen, so wird auch das vom Elektronengleichstrom

$$\bar{I} = \bar{\varrho}\, \bar{v}\, \pi\, b^2$$

herrührende statische azimutale Magnetfeld kompensiert. Für $(v/c) \ll 1$ kann dessen Einfluß auch ohne diese Annahme vernachlässigt werden.

[2] Da $\tilde{H}_z$ für die Vorgänge in dieser achsensymmetrischen Strömung keine Rolle spielt, sind die darin fortgepflanzten Raumladungswellen als Wellen vom E-Typ anzusehen.

Die Lösung lautet

$$\tilde{E}_z = E_0\,\mathrm{J}_0(Tr)\exp\mathrm{j}(\omega t - \beta z).$$

Daraus folgt weiter

$$\tilde{i}_{c,z} = -\mathrm{j}\,\omega\,\varepsilon_0 \frac{\omega_p^2}{(\omega - \beta\bar{v})^2} E_0\,\mathrm{J}_0(Tr)\exp\mathrm{j}(\omega t - \beta z),$$

und nach der dritten Gl. (111.35)

$$\frac{1}{r}\frac{\partial}{\partial r}(r\tilde{H}_\varphi) = -\mathrm{j}\,\omega\,\varepsilon_0 \frac{T^2}{\beta^2 - (\omega/c)^2} E_0\,\mathrm{J}_0(Tr)\exp\mathrm{j}(\omega t - \beta z).$$

Für Wellen mit einer Phasengeschwindigkeit $\ll c$ kann ω^2/c^2 gegen β^2 vernachlässigt werden; es wird dann wegen $\frac{\mathrm{d}}{\mathrm{d}x}\left(x\,\mathrm{J}_1(x)\right) = -x\,\mathrm{J}_0(x)$

$$\tilde{H}_\varphi = \mathrm{j}\,\omega\,\varepsilon_0 E_0\,T\,\mathrm{J}_1(Tr)\exp\mathrm{j}(\omega t - \beta z).$$

Die Größe T und damit die Phasenkonstante β bestimmt sich aus den Randbedingungen. Ist der Strahl von einem koaxialen Metallzylinder vom Radius $a > b$ umgeben und der Zwischenraum $b < r < a$ ladungsfrei, so gilt dort

$$\tilde{E}_z = \{E_1\mathrm{I}_0(\beta r) + E_2\mathrm{K}_0(\beta r)\}\exp\mathrm{j}(\omega t - \beta z),$$
$$\tilde{H}_\varphi = -\mathrm{j}\omega\varepsilon_0\,\beta\{E_1\mathrm{I}_1(\beta r) - E_2\mathrm{K}_1(\beta r)\}\exp\mathrm{j}(\omega t - \beta z),$$

wenn wieder $\sqrt{\beta^2 - (\omega/c)^2} \approx \beta$ gesetzt wird. Die Randbedingung $\tilde{E}_z = 0$ bei $r = a$ verlangt

$$\frac{E_2}{E_1} = -\frac{\mathrm{I}_0(\beta a)}{\mathrm{K}_0(\beta a)}$$

und die Stetigkeit von E_z und H_φ, oder einfacher von H_φ/E_z, führt auf die transzendente Gleichung

$$-Tb\frac{\mathrm{J}_1(Tb)}{\mathrm{J}_0(Tb)} = \beta b\frac{\mathrm{I}_1(\beta b)\,\mathrm{K}_0(\beta a) - \mathrm{I}_0(\beta a)\,\mathrm{K}_1(\beta b)}{\mathrm{I}_0(\beta b)\,\mathrm{K}_0(\beta a) - \mathrm{I}_0(\beta a)\,\mathrm{K}_0(\beta b)}. \tag{154.30}$$

Deren Auflösung nach β, z. B. graphisch, ergibt eine unendliche Folge von Lösungen beiderseits der „Phasenkonstanten des Elektronenstrahls" $\beta_e = \frac{\omega}{\bar{v}}$; sie häufen sich gegen β_e. Für das äußerste, d. h. am weitesten von β_e entfernte, Lösungspaar findet man numerische Angaben z. B. in [*24*] oder [*90*]. An der zuletzt genannten Stelle wird auch eine Übersicht über allgemeinere feldtheoretische Probleme dieser Art gegeben; von praktischem Interesse sind vor allem solche, bei denen eine Wechselwirkung zwischen dem Strahl und einer, z. B. von einer Verzögerungsleitung, geführten Welle stattfindet. Wir können hier diese Fragen nicht weiter verfolgen und auch die Raumladungswellen in Beschleunigungs- und Verzögerungsfeldern nicht behandeln. Vielmehr bringen wir abschließend den mathematischen Ansatz in einem Falle, in dem eine unserer bisherigen Annahmen, die Einheitlichkeit der Elektronengeschwindigkeiten, nicht mehr erfüllt ist.

1543 Raumladungswellen in einer ebenen unbeschleunigten Elektronenströmung mit Geschwindigkeitsverteilung. Die aus einer Emissionswelle, z. B. Glühkathode, austretenden Elektronen besitzen eine thermische Geschwindigkeitsverteilung; werden sie auf Spannungen der Größenordnungen 100 V oder mehr beschleunigt, so spielt diese Verteilung nur noch eine geringe Rolle. In anderen Fällen kann aber die Geschwindigkeitsverteilung eine merkliche relative Breite besitzen. Wir denken sie uns durch eine Verteilungskurve $\bar{f}(\bar{v})$ charakterisiert mit $\int\limits_{\bar{v}} \bar{f}(\bar{v})\,\mathrm{d}\bar{v} = 1$;

$$\frac{\mathrm{d}\bar{i}}{\bar{i}} = \bar{f}(\bar{v})\,\mathrm{d}\bar{v} \tag{154.31}$$

sei der Anteil der Gleichstromdichte, der auf das Geschwindigkeitsintervall $(\bar{v},\ \bar{v} + \mathrm{d}\bar{v})$ entfällt. Wir nehmen wieder eine ebene Elektronenströmung als kontinuierliches Medium an und für die hochfrequenten Vorgänge $\frac{\partial}{\partial t} = \mathrm{j}\,\omega$ und kleine Wechselamplituden. In jedem Punkt ist dann die Geschwindigkeit $\bar{v}$ mit einer Wahrscheinlichkeitsdichte $\bar{f}(\bar{v})$ im Gleichstrom vertreten. Ein statisches Beschleunigungs- oder Verzögerungsfeld soll nicht vorhanden sein, so daß die Gleichstromgrößen von z unabhängig sind.

Die Gleichungen von LLEWELLYN und PETERSON sind nicht anwendbar, da sie voraussetzen, daß jeder Ebene $z = \mathrm{const}$ eindeutig eine Geschwindigkeit $\bar{v}$ zukommt. Während der Konvektionsstrom wieder $\bar{i} + \tilde{i}_c(z)$ lautet, haben die Geschwindigkeit $\bar{v} + \tilde{v}(\bar{v}, z)$ und die Verteilungsfunktion $\bar{f}(\bar{v}) + \tilde{f}(\bar{v}, z)$ einen Wechselanteil, der von z und $\bar{v}$ abhängt. An einer Anfangsebene $z = 0$ seien $\tilde{v}(\bar{v}, 0)$, $\tilde{f}(\bar{v}, 0)$ für alle v gegeben.

Wie in Kap. 153 ist der gesamte Wechselstrom $\tilde{i}_g$ unabhängig von z; bei fehlender Einströmung ist $\tilde{i}_g = 0$,

$$\tilde{i}_c + \mathrm{j}\omega\,\varepsilon_0\,\tilde{E}(z) = 0,$$

was wir annehmen wollen. Ferner gilt die Bewegungsgleichung

$$\mathrm{j}\,\omega\,\tilde{v}(\bar{v}, z) + \bar{v}\,\frac{\partial\tilde{v}(\bar{v}, z)}{\partial z} = -\frac{e}{m}\,\tilde{E}(z). \tag{154.32}$$

für jede Geschwindigkeit $\bar{v}$. Die Lösung dieser linearen Differentialgleichung 1. Ordnung für $\tilde{v}$ lautet

$$\tilde{v}(\bar{v}, z) = \tilde{v}(\bar{v}, 0)\exp\left(-\mathrm{j}\,\frac{\omega z}{\bar{v}}\right) - \exp\left(-\mathrm{j}\,\frac{\omega z}{\bar{v}}\right)\int\limits_0^z \frac{e}{m\bar{v}}\,\tilde{E}(\zeta)\exp\frac{\mathrm{j}\,\omega\,\zeta}{\bar{v}}\,\mathrm{d}\zeta. \tag{154.33}$$

Die Laufzeit der Teilchen mit der Geschwindigkeit $\bar{v}$ von 0 bis z beträgt

$$\tau(\bar{v}, z) = \bar{\tau}(\bar{v}, z) + \tilde{\tau}(\bar{v}, z) = \int\limits_0^z \frac{\mathrm{d}\zeta}{\bar{v} + \tilde{v}(\bar{v}, \zeta)}$$

$$\approx \frac{1}{\bar{v}}\int\limits_0^z \left(1 - \frac{\tilde{v}(\bar{v}, \zeta)}{\bar{v}}\right)\mathrm{d}\zeta = \frac{z}{\bar{v}} - \int\limits_0^z \frac{\tilde{v}(\bar{v}, \zeta)}{\bar{v}^2}\,\mathrm{d}\zeta.$$

Unter dem Integral ist $\tilde{v}$ nicht zu einer festen Zeit zu nehmen, sondern zu der Zeit, bei der sich das betreffende Teilchen an der Stelle ζ befand. Wenn man sich daher auf die Zeit t bei $z = 0$ bezieht und $\tilde{v}(\bar{v}, \zeta)$ nach Gl. (154.33) einsetzt, muß man einen Faktor $\exp\mathrm{j}\,\frac{\omega\,\zeta}{\bar{v}}$ hinzunehmen. Man erhält dann

$$\tilde{\tau}(\bar{v}, z) = -\frac{z}{\bar{v}}\,\frac{\tilde{v}(\bar{v}, 0)}{\bar{v}} - \frac{e}{m\,\bar{v}^3}\int\limits_0^z \mathrm{d}\zeta\int\limits_0^\zeta \tilde{E}(\eta)\exp\frac{\mathrm{j}\,\omega\,\eta}{\bar{v}}\,\mathrm{d}\eta. \tag{154.34}$$

Nun setzt sich der Konvektionsstrom $\tilde{i}_c$ in einem festen Zeitpunkt zusammen aus den Beiträgen aller Elektronen, die zu einer um $\tau(\bar{v}, z)$, entsprechend ihrer Geschwindigkeit, zurückliegenden Zeit bei $z = 0$ gestartet sind:

$$i_c(z) = \bar{i} \int_{\bar{v}} \{[\bar{f}(\bar{v}) + \tilde{f}(\bar{v}, 0)] \exp[-\mathrm{j}\omega(\bar{\tau}(\bar{v}, z) + \tilde{\tau}(\bar{v}, z))] - \bar{f}(\bar{v}) \exp(-\mathrm{j}\,\omega\bar{\tau}(\bar{v}, z))\} \mathrm{d}\bar{v}$$

$$= \bar{i} \int_{\bar{v}} [\tilde{f}(\bar{v}, 0) - \mathrm{j}\,\omega\tilde{\tau}(\bar{v}, z)\bar{f}(\bar{v})] \exp(-\mathrm{j}\,\omega\bar{\tau}(\bar{v}, z))\, \mathrm{d}\bar{v}.$$

Daher ist

$$\tilde{i}_c(z) = \bar{i} \int_{\bar{v}} [\tilde{f}(\bar{v}, 0) - \mathrm{j}\,\omega\tilde{\tau}(\bar{v}, z)\bar{f}(\bar{v})] \exp\left(-\mathrm{j}\,\omega \frac{z}{\bar{v}}\right) \mathrm{d}\bar{v},$$

und mit Gl. (154.34), (154.32) und den Abkürzungen

$$g(\bar{v}) = \frac{e\bar{f}(\bar{v})\,\bar{i}}{m\,\varepsilon_0\,\bar{v}^3}, \qquad \tilde{j}(z) = \bar{i} \int_{\bar{v}} \left[\tilde{f}(\bar{v}, 0) + \mathrm{j}\,\omega \frac{z}{\bar{v}} \frac{\tilde{v}(\bar{v}, 0)}{\bar{v}} \bar{f}(\bar{v})\right] \exp\left(-\mathrm{j}\,\omega \frac{z}{\bar{v}}\right) \mathrm{d}\bar{v}$$

erhält man schließlich

$$\tilde{i}_c(z) = \tilde{j}(z) - \int_{\bar{v}} g(\bar{v}) \exp\left(-\mathrm{j}\,\omega \frac{z}{\bar{v}}\right) \mathrm{d}\bar{v} \int_0^z \mathrm{d}\zeta \int_0^\zeta \tilde{i}_c(\eta) \exp\frac{\mathrm{j}\,\omega\,\eta}{\bar{v}}\, \mathrm{d}\eta. \qquad (154.35)$$

In $\tilde{j}(z)$ kommen nur die als bekannt angenommenen Anfangswerte vor. Schreibt man Gl. (154.35) in der Form

$$\tilde{j}(z) = \tilde{i}_c(z) + \int_{\bar{v}} \mathrm{d}\bar{v}\, g(\bar{v}) \int_0^z \mathrm{d}\zeta \exp\frac{\mathrm{j}\,\omega}{\bar{v}}(\zeta - z) \int_0^\zeta \mathrm{d}\eta\, \tilde{i}_c(\eta) \exp\frac{\mathrm{j}\,\omega}{\bar{v}}(\eta - \zeta),$$

so erkennt man unter dem Integral über $\bar{v}$ noch zwei Faltungsprodukte. Bei einer LAPLACE-Transformation [71] geht diese Gleichung nach dem Faltungssatz über in

$$\mathfrak{L}\{\tilde{j}\} = \left[1 + \int_{\bar{v}} \frac{g(\bar{v})\,\mathrm{d}\bar{v}}{\left(p + \mathrm{j}\frac{\omega}{\bar{v}}\right)^2}\right] \mathfrak{L}\{\tilde{i}_c\} = [1 + K(p)]\, \mathfrak{L}\{\tilde{i}_c\}$$

oder

$$\mathfrak{L}\{\tilde{i}_c\} = \mathfrak{L}\{\tilde{j}\} - \frac{K(p)}{1 + K(p)} \mathfrak{L}\{\tilde{j}\} \qquad (154.36)$$

mit

$$K(p) = \int_{\bar{v}} \frac{g(\bar{v})\,\mathrm{d}\bar{v}}{\left(p + \mathrm{j}\frac{\omega}{\bar{v}}\right)^2}.$$

Nach Umkehrung erhält man

$$\tilde{i}_c(z) = \tilde{j}(z) - \mathfrak{L}^{-1}\left\{\frac{K(p)}{1 + K(p)}\right\} * \tilde{j}(z). \qquad (154.37)$$

Nimmt man nun an, die Gleichung $K(p) = -1$, d. h.

$$-\frac{e\,\bar{i}}{m\,\varepsilon_0} \int_{\bar{v}} \frac{\bar{f}(\bar{v})\,\mathrm{d}\bar{v}}{\bar{v}^3\left(\mathrm{j}\,p - \frac{\omega}{\bar{v}}\right)^2} = 1, \qquad (154.38)$$

habe lauter einfache Nullstellen $\mathrm{j}p_n = \Gamma_n$ und der in Gl. (047.4) ausgedrückte Satz sei bei der Berechnung von $\mathfrak{L}^{-1}\{K(p)/[1 + K(p)]\}$ anwendbar[1]; diese

[1] Für $p \to \infty$ geht $K(p) \to 0$. Würde man in Gl. (154.36) die Glieder mit $\mathfrak{L}(\tilde{j})$ zusammenziehen, $\mathfrak{L}\{\tilde{i}_c\} = \frac{1}{1 + K(p)} \mathfrak{L}\{\tilde{j}\}$, so kann der Satz auf $\frac{1}{1 + K(p)}$ nicht angewendet werden.

Funktion von z erscheint dann wie in Gl. (062.18) als eine Summe

$$\mathfrak{L}^{-1}\left\{\frac{K(p)}{1+K(p)}\right\} = \sum a_n \exp(-\mathrm{j}\,\Gamma_n z)$$

mit

$$\frac{1}{a_n} = \left(\frac{\mathrm{d}K}{\mathrm{d}p}\right)_{p=-\mathrm{j}\Gamma_n} = 2\mathrm{j}\int\limits_{\bar{v}} \frac{g(\bar{v})}{\left(\Gamma_n - \frac{\omega}{\bar{v}}\right)^3}.$$

Nunmehr ist

$$\tilde{i}_c(z) = \tilde{j}(z) - \sum a_n \exp(-\mathrm{j}\,\Gamma_n z)\int\limits_0^z \tilde{j}(\zeta)\exp(\mathrm{j}\,\Gamma_n \zeta)\,\mathrm{d}\zeta. \tag{154.39}$$

Die Fortpflanzung der bei $z = 0$ aufgeprägten Störung erfolgt danach als Überlagerung eines mit den Elektronen mitlaufenden Anteils $(\tilde{j}(z))$ und von „Raumladungswellen" mit den als Lösungen der „Dispersionsgleichung" der ebenen Elektronenströmung Gl. (154.38) gewonnenen Phasenkonstanten Γ_n.

Bei einer stetigen differenzierbaren Funktion $\bar{f}(\bar{v})$ mit nur einem Maximum nach Art der Abb. 15.8a sind alle Γ_n reell. Den Beweis führen wir nach [88a] indirekt, indem wir annehmen, es gäbe eine komplexe Lösung $\Gamma = \beta - \mathrm{j}\alpha$ der Gleichung

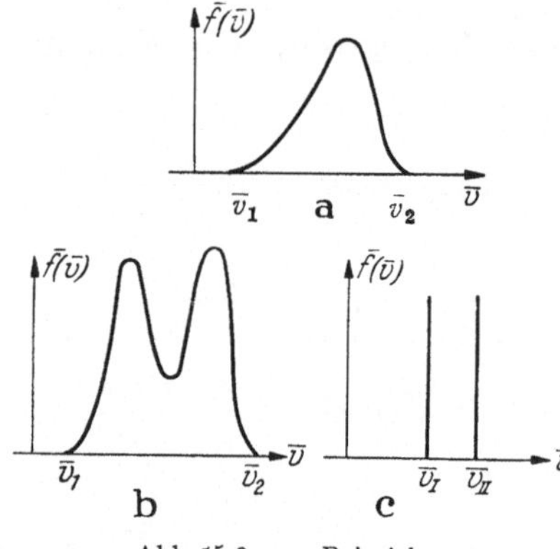

Abb. 15.8a—c. Beispiele von Verteilungsfunktionen $\bar{f}(\bar{v})$.

$$-\frac{e\,\bar{i}}{m\,\varepsilon_0}\int\limits_{\bar{v}_1}^{\bar{v}} \frac{\bar{f}(\bar{v})\,\mathrm{d}\bar{v}}{\bar{v}\,(\omega - \Gamma\,\bar{v})^2} = 1.$$

Mit

$$\frac{\omega}{\bar{v}} = s, \qquad \frac{\omega}{\bar{v}_1} = s_1, \qquad \frac{\omega}{\bar{v}_2} = s_2,$$

$$-\frac{e\,\bar{i}}{m\,\varepsilon_0\,\omega}\,\frac{\mathrm{d}}{\mathrm{d}s}\left(\left(\frac{s}{\omega}\right)^3 \bar{f}\left(\frac{\omega}{s}\right)\right) = h(s)$$

geht sie nach partieller Integration wegen $\bar{f}(\bar{v}_1) = \bar{f}(\bar{v}_2) = 0$ über in

$$\int\limits_{s_2}^{s_1} \frac{h(s)\,\mathrm{d}s}{\Gamma - s} = 1. \tag{154.40}$$

Setzt man $\Gamma = \beta - \mathrm{j}\alpha$ ein, so müßten bei Trennung in Real- und Imaginärteil die beiden Gleichungen

$$\int\limits_{s_2}^{s_1} \frac{h(s)\,(\beta - s)}{(\beta - s)^2 + \alpha^2}\,\mathrm{d}s = 1, \qquad \int\limits_{s_2}^{s_1} \frac{h(s)\,\mathrm{d}s}{(\beta - s)^2 + \alpha^2} = 0 \tag{154.41}$$

zugleich erfüllt sein. Setzt man die zweite in die erste ein, so folgt

$$\int\limits_{s_2}^{s_1} \frac{s\,h(s)\,\mathrm{d}s}{(\beta - s)^2 + \alpha^2} = -1. \tag{154.42}$$

Es war vorausgesetzt, daß $\bar{f}(\bar{v})$ im Intervall $(\bar{v}_1, \bar{v}_2)$ genau ein Maximum bei $\bar{v}_{\max}$ hat. Es ist daher $h(s) \leqq 0$ für

$$s_2 \leqq s \leqq s_{\max} = \frac{\omega}{\bar{v}_{\max}} \quad \text{und} \quad h(s) \geqq 0 \quad \text{für} \quad s_{\max} \leqq s \leqq s_1.$$

Somit

$$\int_{s_2}^{s_1} \frac{s\,h(s)\,\mathrm{d}s}{(\beta - s)^2 + \alpha^2} > s_{\max} \int_{s_2}^{s_1} \frac{h(s)\,\mathrm{d}s}{(\beta - s)^2 + \alpha^2},$$

da diese Ungleichung für die Integrationsintervalle $s_2 \leqq s \leqq s_{\max}$ und $s_{\max} \leqq s \leqq s_1$ einzeln besteht. Die rechte Seite soll aber nach der zweiten Gl. (154.41) verschwinden, was im Widerspruch zu Gl. (154.42) steht. Die Dispersionsgleichung kann daher in diesem Falle keine komplexe Lösung haben.

Für eine Verteilungsfunktion mit mehreren ausgeprägten Spitzen (Abb. 15.8b) können jedoch komplexe Γ_n und damit entdämpfte Wellen auftreten, d. h. Wellen mit einer Amplitude, deren Betrag mit z exponentiell anwächst. Ein Grenzfall ist die Zweistrahlröhre mit der Verteilungsfunktion in Abb. 15.8c; man hat sich dabei zwei ebene Strömungen mit den verschiedenen Geschwindigkeiten v_{I}, v_{II} innig gemischt zu denken. Die Verstärkung eines hochfrequenten Signals geht auf Kosten der Gleichstromenergie der schnelleren Strömung.

Eine andere Methode [*123*], die Fortpflanzung hochfrequenter Signale längs einer Strömung mit Geschwindigkeitsverteilung rechnerisch zu verfolgen, geht aus vom LIOUVILLEschen Theorem der statistischen Mechanik[1]. Führt man die Verteilungsfunktion $F(z, v, t)$ ein mit der Bedeutung, daß $\frac{1}{e} F(z, v, t)$ die Zahl der Elektronen zwischen z und $\mathrm{d}z$ mit Geschwindigkeiten zwischen v und $v + \mathrm{d}v$ pro Querschnittseinheit ist, so besagt dieser Satz:

$$\frac{\mathrm{d}F}{\mathrm{d}t} \equiv \frac{\partial F}{\partial t} + v\frac{\partial F}{\partial z} + \frac{\mathrm{d}v}{\mathrm{d}t}\frac{\partial F}{\partial v} = 0. \tag{154.43}$$

Mit v ist jetzt der Momentanwert der Geschwindigkeit gemeint. Die Konvektionsstromdichte lautet, durch $F(z, v, t)$ ausgedrückt,

$$\bar{i} + \tilde{i}_c = -\int v F(z, v, t)\,\mathrm{d}v.$$

Spaltet man die Verteilungsfunktion wieder in einen Gleichstrom- und einen Wechselstromanteil auf,

$$F(z, v, t) = \bar{F}(z, v) + \tilde{F}(z, v, t) = \bar{F}(z, v) + F(z, v)\exp \mathrm{j}\,\omega\, t,$$

so ist

$$\bar{i} = -\int v \bar{F}(z, v)\,\mathrm{d}v, \qquad i_c(z) = -\int v F(z, v)\,\mathrm{d}v.$$

Mit $\frac{m}{e}\frac{\mathrm{d}v}{\mathrm{d}t} = \bar{E}(z) + \tilde{E}(z, t)$ und Gl. (154.31) erhält man aus Gl. (154.43)

$$\mathrm{j}\,\omega F(z, v) + v\frac{\partial F(z, v)}{\partial z} + \frac{e}{m\,\varepsilon_0\,\mathrm{j}\,\omega}\frac{\partial \bar{F}(z, v)}{\partial v}\int v F(z, v)\,\mathrm{d}v - \frac{e}{m}\bar{E}(z)\frac{\partial F(z, v)}{\partial v} = 0.$$

Bei bekannten Funktionen $\bar{E}(z)$, $\bar{F}(z, v)$ kann diese Gleichung zur Bestimmung von $F(z, v)$ dienen, z. B. unter der Anfangsbedingung, daß $F(0, v)$ vorgegeben ist. Ist ein Beschleunigungs- oder Verzögerungsfeld nicht vorhanden, so fehlt das letzte Glied. Spezielle Anwendungen auf Strömungen mit MAXWELLscher Geschwindigkeitsverteilung siehe in [*123*].

Literatur: [*24, 42, 90*].

[1] Siehe z. B. A. SOMMERFELD: Vorlesungen über theoretische Physik. Bd. V: Thermodynamik und Statistik. Wiesbaden: Dieterich 1952.

Literaturverzeichnis.

1. Bücher.

[1] AHARONI, J.: Antennae — an introduction to their theory. Oxford: Clarendon Press 1946.

[2] ANGOT, A.: Compléments de mathématiques à l'usage des ingénieurs de l'électrotechnique et des télécommunications. 2ème éd. Paris: Éditions de la Revue d'Optique 1952.

[3] BECKER, R.: Theorie der Elektrizität und des Magnetismus. 1. Bd. 14. Aufl. Leipzig: Teubner 1949.

[4] BIEBERBACH, L.: Einführung in die konforme Abbildung. 4. Aufl. Sammlung Göschen Nr. 768 (1949).

[5] BODE, H.: Network analysis and feedback amplifier design. New York: van Nostrand 1945.

[5a] BORGNIS, F. E., u. CH. H. PAPAS: Randwertprobleme der Mikrowellenphysik. Berlin/Göttingen/Heidelberg: Springer 1955.

[6] BRILLOUIN, L.: Wave propagation in periodic structures. New York: McGraw-Hill 1946.

[7] CAMPBELL, G. A., u. R. M. FOSTER: FOURIER integrals for practical applications, New York: van Nostrand 1948.

[8] CAUER, W.: Theorie der linearen Wechselstromschaltungen. 2. Aufl. Berlin: Akademie-Verlag 1954.

[9] COLINO, A.: Teoria moderna de los campos electromagneticos. Madrid: Memorias de la Real Academia de Ciencias 1953.

[10] COLLATZ, L.: Eigenwertprobleme und ihre numerische Behandlung. Leipzig: Akad. Verlagsges. 1944.

[11] COURANT, R., u. D. HILBERT: Methoden der mathematischen Physik. 2 Bände. Berlin: Springer 1937 bzw. 1935.

[12] DAUDT, W.: Einführung in die Lehre von den komplexen Zahlen und Zeigern. Stuttgart: Hirzel 1951.

[13] DOETSCH, G.: Theorie und Anwendung der LAPLACE-Transformation. Berlin: Springer 1937.

[14] —: Tabellen zur LAPLACE-Transformation und Anleitung zum Gebrauch. Berlin: Springer 1947.

[15] —: Handbuch der LAPLACE-Transformation. Bd. 1. Basel: Birkhäuser 1950.

[16] FELDTKELLER, R.: Einführung in die Vierpoltheorie der elektrischen Nachrichtentechnik. 6. Aufl. Stuttgart: Hirzel 1953.

[17] GOLDMAN, S.: Frequency analysis, modulation and noise. New York: McGraw-Hill 1948.

[18] GÜTTINGER, P.: Frequenzmodulation. Zürich: Leeman 1951.

[19] GUILLEMIN, E. A.: The mathematics of circuit analysis. New York: Wiley 1950.

[20] GUNDLACH, F. W.: Grundlagen der Höchstfrequenztechnik. Berlin/Göttingen/Heidelberg: Springer 1950.

[21] HÖLZLER, E., u. H. HOLZWARTH: Einführung in die Theorie und Technik der Puls-Modulation. Berlin/Göttingen/Heidelberg: Springer. *In Vorbereitung.*

[22] JAHNKE, W., u. F. EMDE: Tafeln höherer Funktionen. 4. Aufl. Leipzig: Teubner 1948.

[23] JEFFREYS, H., u. E. S. JEFFREYS: Methods of mathematical physics. Cambridge: University Press 1946.

[24] KLEEN, W.: Einführung in die Mikrowellen-Elektronik. Teil I. Stuttgart: Hirzel 1952.

[25] KNOPP, K.: Elemente der Funktionentheorie. 2. Aufl. Sammlung Göschen Nr. 1109 (1949).

[26] —: Funktionentheorie. 2 Bände. 7. Aufl. Sammlung Göschen Nr. 668 u. 703 (1954).

[27] KÜPFMÜLLER, K.: Einführung in die theoretische Elektrotechnik. 5. Aufl. Berlin/Göttingen/Heidelberg: Springer 1952.

[28] —: Die Systemtheorie der elektrischen Nachrichtenübertragung. Stuttgart: Hirzel 1949.

[29] LEWIN, L.: Advanced theory of waveguides. London: Iliffe 1951.
[30] MAGNUS, W., u. F. OBERHETTINGER: Formeln und Sätze für die speziellen Funktionen der mathematischen Physik. 2. Aufl. Berlin: Springer 1948.
[31] MARCUVITZ, N.: Waveguide handbook (Massachusetts Institute of Technology, Radiation Lab. Series, Vol. 10). New York: McGraw-Hill 1947.
[32] MEINKE, H. H.: Die komplexe Berechnung von Wechselstromschaltungen. Sammlung Göschen Nr. 1156 (1949).
[33] —: Theorie der Hochfrequenzschaltungen. München: Oldenbourg 1951.
[34] MÖLLER, H. G.: Die physikalischen Grundlagen der Hochfrequenztechnik. 3. Aufl. Berlin/Göttingen/Heidelberg: Springer 1955.
[35] MOTZ, H.: Electromagnetic problems of microwave theory. London: Methuen 1951.
[36] PETERS, J.: Einschwingvorgänge, Gegenkopplung, Stabilität. Berlin/Göttingen/Heidelberg: Springer 1954.
[37] PIPES, L. A.: Applied mathematics for engineers and physicists New York: McGraw-Hill 1946.
[38] RAMO, S., u. J. R. WHINNERY: Fields and waves in modern radio. 2nd ed. New York: Wiley 1953.
[39] ROTHE, H., u. W. KLEEN: Hochvakuum-Elektronenröhren. 1. Teil: Physikalische Grundlagen. Frankfurt a. M.: Akad. Verlagsges. 1955.
[40] SAUTER, F.: Differentialgleichungen der Physik. 2. Aufl. Sammlung Göschen Nr. 1070 (1950).
[41] SCHELKUNOFF, S. A.: Electromagnetic waves. 6th ed. New York: van Nostrand 1948.
[42] SLATER, J. C.: Microwave electronics. New York: van Nostrand 1950.
[43] SOMMERFELD, A.: Vorlesungen über theoretische Physik. Bd. III: Elektrodynamik. Wiesbaden: Dieterich 1948.
[44] —: Vorlesungen über theoretische Physik. Bd. IV: Partielle Differentialgleichungen der Physik. Wiesbaden: Dieterich 1947.
[45] STRATTON, J. A.: Electromagnetic theory. New York: McGraw-Hill 1941.
[46] STRECKER, F.: Die elektrische Selbsterregung, mit einer Theorie der aktiven Netzwerke. Stuttgart: Hirzel 1947.
[47] STRUTT, M. J. O.: Verstärker und Empfänger. 2. Aufl. Berlin/Göttingen/Heidelberg: Springer 1951.
[48] VALLEY, G. E., u. WALLMAN: Vacuum tube amplifiers. (Massachusetts Institute of Technology, Radiation Lab. Series, Vol. 18). New York: McGraw-Hill 1948.
[49] WAGNER, K. W.: Operatorenrechnung und LAPLACEsche Transformation nebst Anwendungen in Physik und Technik. 2. Aufl. Leipzig: Barth 1950.
[50] WARNECKE, R., u. P. GUÉNARD: Les tubes électroniques à commande par modula de vitesse. Paris: Gauthier-Villars 1951.
[51] WATSON, G. N.: Theory of BESSEL funktions. Cambridge: University Press 1946.
[52] WEBER, E.: Electromagnetic fields. Vol. I: Mapping of fields. New York: Wiley 1950.
[53] WHITTAKER, E. T., u. G. N. WATSON: A course of modern analysis. 4th ed. Cambridge: University Press 1946.
[54] VAN DER ZIEL, A.: Noise. New York: Prentice Hall 1954.
[55] ZUHRT, H.: Elektromagnetische Strahlungsfelder. Berlin/Göttingen/Heidelberg: Springer 1953.
[56] ZURMÜHL, R.: Praktische Mathematik für Ingenieure und Physiker. Berlin/Göttingen/Heidelberg: Springer 1953.

2. Aufsätze.

[57] ALBERT, G. E., u. J. L. SYNGE: The general problem of antenna radiation. Quart. appl. Math. Bd. 6 (1948) S. 117—156.
[58] BERTRAM, S.: Determination of the axial potential distribution in axially symmetric electrostatic fields. Proc. Inst. Radio Engrs., N. Y. Bd. 28 (1940) S. 418—420.
[59] BOLINDER, F.: FOURIER transforms in the theory of inhomogenous transmission lines. K. Tekn. Högsk. Handlingar (Stockholm) Nr. 48 (1951).
[60] BORGNIS, F.: Elektromagnetische Eigenschwingungen dielektrischer Räume. Ann. Phys. Lpz. Bd. 35 (1939) S. 359—384.
[61] BRILLOUIN, L.: A theorem of LARMOR and its importance for electrons in magnetic fields. Phys. Rev. Bd. 67 (1945) S. 260—266.
[62] BRINER, H., u. W. GRAFFUNDER: Die geometrische Transformation von Impedanzdiagrammen. Telefunken-Ztg. Bd. 26, H. 99 (1953) S. 102—110.
[63] BUCHHOLZ, H.: Die Quasioptik der Ultrakurzwellen-Leiter. ENT Bd. 15 (1938) S. 297—320.

[64] CAMPBELL, N. R., u. J. R. FRANCIS: A theory of valve and circuit noise. J. Instn. electr. Engrs. Bd. 93, Part III (1946), S. 45—52.
[65] CARLSON, J. F., u. T. HENDRICKSON: Variational problems in resistance. J. appl. Phys. Bd. 24 (1953) S. 1462—1465.
[65a] CHODOROW, M., u. E. L. CHU: Cross-wound twin helices for traveling-wave tubes. J. appl. Phys. Bd. 26 (1955) 33—43.
[66] CHU, E. L., u. W. W. HANSEN: The theory of disk-loaded wave-guides. J. appl. Phys. Bd. 18 (1947) S. 996—1008.
[67] —: Disk-loaded wave guides. J. appl. Phys. Bd. 20 (1949) S. 280—285.
[68] COLOMBO, S.: La fonction de DIRAC et son application en physique mathématique. Ann. Télécomm. Bd. 7 (1953) S. 131—144.
[69] COMBE, R.: Bande passante et dispersion des guides d'ondes chargés par des iris circulaires. C. R. Acad. Sci., Paris Bd. 238 (1954) S. 1697—1699.
[70] CORRINGTON, M. S., T. MURAKAMI u. R. W. SONNENFELDT: The complete specification of a network by a single parameter. RCA Rev. Bd. 15 (1954) S. 349—444.
[71] CONVERT, G.: Sur le calcul du bruit électronique dans des espaces interélectrodes sans champ magnétique transversal. Ann. Radioél. Bd. 7 (1952) S. 10—19.
[72] DÖRR, J.: Funktionentheoretische Methoden bei Übertragungs- und Regelungsproblemen. Z. angew. Math. Mech. Bd. 34 (1954) S. 287—289.
[73] DOLPH, C. L.: A current distribution for broadside arrays which optimizes the relationship between beam width and sidelobe level. Proc. Inst. Radio Engrs., N. Y. Bd. 34 (1946) S. 335—348.
[74] FRÄNZ, K.: Ein einfaches Verfahren zur Berechnung von Bauelementen. Funk u. Ton Bd. 1 (1947) S. 46—52.
[75] —: Beziehungen zwischen Signalen und Spektren. AEÜ Bd. 5 (1951) S. 10—14.
[76] FRANZ, W.: Einfache Herleitung der allgemeinen KIRCHHOFFschen Beugungsformel und ihres elektromagnetischen Analogons. Z. angew. Math. Mech. Bd. 32 (1951) S. 26—27.
[77] FETZER, V.: Der Zusammenhang zwischen Zeitfunktion und Frequenzfunktion nebst praktischen Beispielen zur Bestimmung des Einschwingvorganges in linearen Übertragungssystemen. AEÜ Bd. 8 (1954) 163—172.
[78] FREEMAN, J. J.: On the relation between the conductance and the noise power spectrum of certain electron streams. J. appl. Phys. Bd. 23 (1952) S. 1223—1225.
[79] GUILLEMIN, E. A.: A summary of modern methods of network synthesis. Advances in Electronics Bd. III (1951) S. 261—303.
[80] GUNDLACH, F. W.: Grundsätzliches über Antennen für Raumfahrzeuge. In: Hochfrequenztechnik und Weltraumfahrt. Stuttgart: Hirzel 1951.
[81] HAHN, W. C.: A new method for the calculation of cavity resonators. J. appl. Phys. Bd. 12 (1941) S. 62—68.
[82] HANSEN, W. W.: A new type of expansion in radiation problems. Phys. Rev. Bd. 47 (1935) S. 139—143.
[83] —: A type of electrical resonator. J. appl. Phys. Bd. 9 (1938) S. 654—663.
[84] —: On the resonant frequencies of closed concentric lines. J. appl. Phys. Bd. 10 (1939) S. 38—54.
[85] HARTLEY, R. V. L.: A more symmetrical FOURIER analysis applied to transmission problems. Proc. Inst. Radio Engrs., N. Y. Bd. 30 (1942) S. 144—150.
[85a] HEYN, E.: Beweis der Vollständigkeitsrelation für die ckarakteristischen Vektorfelder der Hohlleitertheorie. Math. Nachr. Bd. 13 (1955) S. 25—56.
[86] HOLZWARTH, H.: Ein Vergleich der wichtigsten Modulationsverfahren in Richtfunkverbindungen nach neueren Erkenntnissen. AEÜ Bd. 7 (1953) S. 213—222.
[87] HONERJÄGER, R.: Elektromagnetische Wellenleiter. Erg. exakt. Naturw. Bd. 26 (1952) S. 1—55.
[88] KADEN, H.: Fortschritte in der Theorie der Drahtwellen. AEÜ Bd. 5 (1951) S. 399 bis 414.
[88a] KENT, G.: Space charge waves in inhomogenous electron beams. J. appl. Phys. Bd. 25 (1954) S. 32—41.
[89] KLEEN, W., L. BRÜCK, O. DÖHLER u. H. HUBER: Steuerungen von Elektronenströmungen durch fortschreitende elektromagnetische Wellen (Lauffeldröhren). In: Fortschritte der Hochfrequenztechnik Bd. 3 (1951) S. 226—346.
[90] KLEEN, W., J. LABUS u. K. PÖSCHL: Raumladungswellen. Erg. der exakten Naturwiss. Bd. 29. *In Vorbereitung.*
[91] KLEINWÄCHTER, H.: Die einheitliche Berechnung des Strahlungswiderstandes des elektrischen und des magnetischen Dipols sowie der Schlitz- und der Spiegelantenne mit der KIRCHHOFFschen Formel. AEÜ Bd. 6 (1952) S. 247—253.
[92] KRAUS, G.: Über passive lineare Vierpole und deren Rauschen. *Unveröffentlicht.*

[93] KULP, M.: Über den Effektivwert modulierter Schwingungen. Frequenz Bd. 6 (1952) S. 290—295.

[94] LABUS, J.: Rechnerische Ermittlung der Impedanz von Antennen. Hochfrequenztechn. Bd. 41 (1933) S. 17—23.

[95] LEDINEGG, E., u. P. URBAN: Über die Vollständigkeit der Hohlrohrwellen des E- und H-Typs. AEÜ Bd. 6 (1952) S. 109—113.

[96] LLEWELLYN, F., u. L. C. PETERSON: Vacuum tube networks. Proc. Inst. Radio Engrs., N. Y. Bd. 32 (1944) S. 144—166.

[97] MACFARLANE, G. G.: Quasi-stationary field theory and its application to diaphragms and junctions in transmission lines and waveguides. J. Inst. electr. Engrs. Bd. 93, Part IIIa (1946) S. 703—719.

[98] MEINKE, H. H.: Die Anwendung der konformen Abbildung auf Wellenfelder. Z. angew. Phys. Bd. 1 (1949) S. 245—252 — Ein allgemeines Lösungsverfahren für inhomogene zylindersymmetrische Wellenleiter. Z. angew. Phys. Bd. 1 (1949) S. 509bis 516.

[99] MEISSEL, E.: Beitrag zur Theorie der BESSELschen Funktionen. Astronom. Nachr. Bd. 128 (1891) S. 435—438.

[100] MENDEL, J. T., C. F. QUATE u. W. H. YOCOM: Electron beam focusing with periodic, permanent magnetic fields. Proc. Inst. Radio Engrs., N. Y. Bd. 42 (1954) S. 800—810.

[101] MEYER-EPPLER, W.: Korrelation und Autokorrelation in der Nachrichtentechnik. AEÜ Bd. 7 (1953) S. 501—504, 531—536.

[102] MILES, J. W.: The equivalent circuit for a plane discontinuity in a cylindrical waveguide. Proc. Inst. Radio Engrs., N. Y. Bd. 34 (1946) S. 728—742.

[103] MOON, P., u. D. E. SPENCER: The meaning of the vector Laplacian. J. Franklin Inst. Bd. 256 (1953) S. 551—558.

[104] MÜLLER, J.: Untersuchungen über elektromagnetische Hohlräume. Hochfrequenztechn. Bd. 54 (1939) S. 157—161.

[105] PÄSLER, M.: Die Anwendung des Matrizenkalküls auf Probleme der HF-Technik. Hochfrequenztechn. Bd. 59 (1942) S. 78—85.

[105a] PETERS, J.: Über die praktische Bedeutung komplexer Frequenzen in der elektrischen Übertragungstechnik. AEÜ Bd. 6 (1952) 401—413.

[106] PILOTY, R.: Die Anwendung der konformen Abbildung auf die Feldgleichungen in inhomogenen Rechteckrohren. Z. angew. Phys. Bd. 1 (1949) S. 441—448 — Das Feld in inhomogenen Rechteckrohren bei Anregung mit der H_{10}-Welle. Z. angew. Phys. Bd. 1 (1949) S. 490—502.

[106a] PÖSCHL, K.: Grundlegendes zur Behandlung von Schwankungserscheinungen. NTF Heft 2 (1955) S. 5—10.

[107] POKORNY, G.: Raumladungswellen von Rauschstörungen. Dissertation, Techn. Hochsch. Wien (1953).

[108] RAMO, S.: The electronic wave theory of velocity modulation tubes. Proc. Inst. Radio Engrs., N. Y. Bd. 27 (1939) S. 757—763.

[109] RAMSAY, J. F.: FOURIER transforms in aerial theory. Marconi Rev. Bd. 9 (1946) S. 139—145; Bd. 10 (1947) S. 17—22, 41—58, 81—90, 157—165; Bd. 11 (1948) S. 45—50.

[110] RICE, S. O.: Mathematical analysis of random noise. Bell System techn. J. Bd. 23 (1944), S. 282—332; Bd. 24 (1945) S. 46—156; wieder abgedruckt in „Noise statistics", edited by N. Wax, New York, Dover Publications (1954).

[111] ROBIN, L., u. A. PEREIRA GOMES: L'antenne biconique, symétrique, d'angle quelconque. Ann. Télécomm. Bd. 8 (1953) S. 382—390.

[112] RUNGE, W.: Vergleich der Rauschabstände von Modulationsverfahren. AEÜ Bd. 3 (1949) S. 155—159.

[113] SCHELKUNOFF, S. A.: A mathematical theory of linear arrays. Bell System techn. J. Bd. 22 (1943) S. 80—107.

[114] SENSIPER, S.: Electromagnetic wave propagation on helical conductors. Massachusetts Institute of Technology, Research Lab. of Electronics, Techn. Rep. Nr. 194 (1951).

[115] SHANNON, C. E.: Communication in the presence of noise. Proc. Inst. Radio Engrs., N. Y. Bd. 37 (1949) S. 10—21.

[116] SHAW, I. J.: FOURIER-analysis and negative frequencies. Wireless Engr. Bd. 29 (1931) S. 3—12.

[117] SOLOMON, S. S.: Thermal and shot fluctuations in electrical conductors and vacuum tubes. J. appl. Phys. Bd. 23 (1952) S. 109—112.

[118] TWISS, R. Q.: Propagation in electron-ion streams. Phys. Rev. Bd. 88 (1952) S. 1392 bis 1407.

[118a] —: NYQUISTS and THEVENINS theorem generalized for nonreciprocal linear networks. J. Appl. Phys. Bd. 26 (1955) 599—602.

[119] UNGER, H. G.: Dielektrische Rohre als Wellenleiter. AEÜ Bd. 8 (1954) S. 241—252.
[120] WAGNER, K. W.: Über den Zusammenhang zwischen Amplituden- und Phasenverzerrung. AEÜ Bd. 1 (1947) S. 17—18.
[121] WALKINSHAW, W.: Theoretical design of linear accelerator for electrons. Proc. Phys. Soc., Lond. Bd. 61 (1948) S. 246—254.
[122] WALTHER, A., u. J. DÖRR: Typische Einschwingvorgänge zu fundamentalen Übertragungsfunktionen. AEÜ Bd. 7 (1953) S. 379—386.
[123] WATKINS, D. A.: The effect of velocity distribution in a modulated electron beam. J. appl. Phys. Bd. 23 (1952) S. 568—573.
[124] WHEELER, H. A.: Wide band amplification for television. Proc. Inst. Radio Engrs. N. Y. Bd. 27 (1939) S. 429—438.
[125] WIENER, N.: Generalized harmonic analysis. Acta math., Stockh. Bd. 55 (1930) S. 117—258.

Sachverzeichnis.